高等职业教育机电类规划教材

数控机床及其应用

第 2 版

主　编　李善术

参　编　刘同新　刘向红　周永喜

　　　　段文洁　刘　清　朱　锋

主　审　付维亚

机 械 工 业 出 版 社

全书共分七章：第一章数控机床概述，第二章数控机床的程序编制，第三章计算机数控（CNC）系统，第四章数控机床的机械结构与部件，第五章进给伺服驱动及主轴驱动系统，第六章数控机床用可编程序控制器，第七章数控机床的使用和维修。本次修订参考FANUC数控系统最新使用说明书对第二章数控机床程序编制和第六章数控机床用可编程控制器作了较大修改。每章后附有适当的习题与思考题，便于学生复习。

本书可以作为高职院校数控技术专业、机电一体化技术专业、机械制造与自动化专业的教材，也可作为大专、中职、职大、电大师生及工程技术人员的参考用书。

本书配有电子教学课件，凡使用本书作为教材的教师可登录机械工业出版社教材服务网 www.cmpedu.com 下载。咨询邮箱：cmpgaozhi@sina.com。咨询电话：010-88379375。

图书在版编目（CIP）数据

数控机床及其应用/李善术主编．—2版．—北京：机械工业出版社，2011.11（2018.8重印）

高等职业教育机电类规划教材

ISBN 978-7-111-34605-0

Ⅰ.①数… Ⅱ.①李… Ⅲ.①数控机床—高等职业教育—教材 Ⅳ.①TG659

中国版本图书馆CIP数据核字（2011）第212999号

机械工业出版社（北京市百万庄大街22号 邮政编码100037）

策划编辑：郑 丹 责任编辑：郑 丹 王英杰 王德艳

版式设计：霍永明 责任校对：申春香

封面设计：鞠 杨 责任印制：李 昂

三河市宏达印刷有限公司印刷

2018年8月第2版第4次印刷

184mm×260mm・21.25印张・521千字

标准书号：ISBN 978-7-111-34605-0

定价：49.80元

凡购本书，如有缺页、倒页、脱页，由本社发行部调换

电话服务

服务咨询热线：010－88379833

读者购书热线：010－88379649

网络服务

机 工 官 网：www.cmpbook.com

机 工 官 博：weibo.com/cmp1952

教育服务网：www.cmpedu.com

金 书 网：www.golden-book.com

第 2 版前言

数控机床是发展高新技术产业最有效的装备。各国航空、航天、国防、机械制造等行业都广泛使用数控机床，以提高制造能力和水平，提高对市场的适应能力和竞争能力。因此，大力培养数控机床应用人才已成为加速经济发展、提高综合国力的重要途径。

本教材是在各学校使用十多年的《数控机床及其应用》的实际教学基础上，结合当前工厂数控机床实际使用情况，广泛征求专家、教师的意见，充分考虑职业技术教育特点，在第1版基础上进行修订的机电类专业教材。

本着职业技术教育以应用为主的教学原则，主要参考FANUC0i-MA数控系统操作说明书，对第二章数控机床的程序编制做了较多修改，增加了实际数控机床操作经常使用的工件坐标系预置指令、极坐标系指令、坐标系旋转指令等；另外，目前机床主流数控系统的宏程序比原教材中介绍的宏程序功能更强、更加透明，当然内容也较多，故单列第六节“用户宏程序”，既可作为教学内容，也可作为专题讲座；取消原第八节计算机自动编程，因为使用批处理方式编写加工源程序的方法现在用得很少，概念移入第九节，原第九节的内容也适当删除；经过修改后，第二章内容总量不变。第六章数控机床用可编程序控制器参考FANUC PMC梯形图编程语言说明书重新进行了修改，与当前机床使用的FANUC数控系统一致，内容做了修正。第一章和第三章的部分文字做了修改，使文字更简练，便于理解。为了满足课程设计和毕业设计教学的需要，保留了第三章的经济型CNC装置硬件结构和第七章的普通机床数控化改造等内容。

数控机床涵盖科学技术最新成果，课程内容涉及面广。考虑到机电类各专业对该课程内容需求的侧重不同，教材各章节内容相对独立，以便在教学中根据专业设置、学生知识结构情况及教学计划时数等灵活选用相关章节，组织教学。例如，数控机床加工、机械制造、模具制造类专业，应以第二章数控机床的程序编制为主，适当选取其他章节内容进行教学；数控机床维修类专业，应对数控机床全面了解，侧重第四章数控机床的机械结构与部件、第六章数控机床用可编程序控制器、第七章数控机床的使用与维修以及第五章伺服驱动系统；数控技术应用类专业，则应以第三章计算机数控（CNC）系统、第五章伺服驱动系统和第六章数控机床用可编程序控制器为主组织教学。第一章数控机床概述对各类专业来说，都是重点，通过该章的讲述，使学生尽快建立起数控机床的完整概念。

本教材满足高职院校数控技术专业、机电一体化技术专业、机械制造与自动化专业等教学要求，也可作为大专、中职、职大、电大师生及工程技术人员参考。

本教材由李善术主编，付维亚主审，参加修订的有刘同新、刘向红、周永喜、刘清、段文洁、朱锋等。同时对多年来参与、关心本教材编写，对本教材提出过宝贵建议和意见，使用本教材的各兄弟院校的教师们表示由衷的感谢。

因教材涉及内容广泛，编者水平有限，难免出现错误和处理不妥之处，欢迎读者批评指正。

编　者

第1版前言

本书是在各学校多年使用《数控机床及其应用》教材的实际教学基础上，广泛征求教师、专家意见，结合高等职业技术教学特点和大纲精神，重新进行编写的机电类专业教材。

本着职业技术教育以应用为主的教学原则，适当增加了“数控机床的程序编制”一章的内容，除保留数控车床、数控铣床程序编制内容外，增加了加工中心程序编制等内容，以满足数控加工技术的发展。原第七章内容取消，改为第六章“数控机床用可编程控制器”，为学生实际调试数控机床奠定基础。增加第七章“数控机床的使用与维修”，并对其他章节的相关内容也做适当的调整，以满足厂矿企业对数控机床使用维修人员的需求。第四章“数控机床的机械结构与部件”也做了恰当的修改。为了满足课程设计和毕业设计教学需要，保留了“经济型CNC装置硬件结构”、“普通机床数控化改造”等课节内容。经编写后，教材的内容既突出应用为主，又能使学生对数控机床有全面的认识；既讲述基本原理，又注意理论与实际的结合；每章都附有适当的思考题及习题。

数控机床涵盖科学技术最新成果，课程内容涉及面广。考虑到机电类各专业对该课程内容需求的侧重不同，教材的各章节内容相对独立，以便于在教学中根据专业设置、学生知识结构情况及教学计划时数等灵活选用相关章节，组织教学。例如，数控机床加工、机械制造、模具制造类专业，应以第二章“数控机床程序编制”为主，适当选取其他章节内容进行教学；数控机床调试维修类专业，应当对数控机床全面了解，侧重第四章“数控机床的机械部件与结构”、第六章“数控机床用可编程控制器”、第七章“数控机床的使用与维修”以及第五章“伺服驱动系统”等；数控技术应用类专业，则应以第三章“计算机数控（CNC）系统”、第五章“伺服驱动系统”和第六章“计算机用可编程控制器”为主组织教学。第一章“数控机床概述”对各类专业来说，都是重点，通过该章的讲述，使学生尽快的建立起数控机床的完整概念。

本书可以满足职业技术学院机电类专业的教学要求，可供大专、职大、电大师生及工程技术人员参考。

本书由陕西工业职业技术学院李善术主编，付维亚主审。参加修编的有赵云龙、刘向红、周永喜、刘清、段文洁等，周永喜在绘制插图和文字整理工作中做了大量的工作，在此表示感谢。同时对多年来参与、关心该教材编写，对该教材提出过宝贵建议和意见，使用该教材的各兄弟院校的教师们表示由衷感谢。

因教材涉及内容广泛，编者水平有限，难免出现错误和处理不妥之处，请读者批评指正。

编　者

目 录

第一章 数控机床概述

第一节 数控机床简介

一、计算机促进了数控机床的发展

20世纪最伟大的发明之一——计算机的出现和应用，为人类提供了实现机械加工工艺过程自动化的理想手段。当科技人员首次把计算机作为一种信息处理装置移植到古老机床中时，一种新的产品——数控机床诞生了。随着计算机的发展，数控机床也得到迅速的发展和广泛的应用，特别是加工中心（MC，Machining Center）、直接数字控制系统（DNC，Direct Numerical Control）、柔性制造系统（FMS，Flexible Manufacturing System）、计算机集成制造系统（CIMS，Computer Integrated Manufacturing System）、智能制造系统（IMS，Intelligent Manufacturing System）等的出现，使数控机床已成为现代制造技术的基础，同时使人们对传统的机床传动及结构的概念发生了根本的转变。数控机床水平的高低和拥有量的多少，是衡量一个国家工业现代化的重要标志。

数控机床以数字信息技术为基础，集传统的机械制造技术、微电子技术、计算机技术、成组技术、现代控制技术、传感检测技术、信息处理技术、网络通信技术、液压气动技术、光机电技术等技术的最新成果而迅速发展和广泛应用，使得普通机械加工设备逐渐被高效率、高精度的数控机床所取代，从而形成了巨大的生产力，导致机械制造业发生根本的变化。

二、数控机床与自动化加工

在机械制造行业中，长期以来，人们一直在探索如何实现机械加工工艺自动化。实现自动化，不仅可以提高产品的质量，提高生产率，降低成本，而且能改善工人的劳动条件。

传统的机械制造行业，如汽车、拖拉机、家用电器等行业中采用自动机床、组合机床和专用自动生产线实现机械加工自动化，这种自动化设备适合大批量的生产条件，并需要很大的资金以及较长的生产准备时间。机床生产厂、国防部门等机械制造行业，其生产特点是加工批量小，改型频繁，零件的形状复杂，而且精度要求高，采用专用自动化机床显然不合理，因为经常改装、调整专用自动化机床是不可能实现的，长期以来只能采用普通机床进行加工。随着市场竞争日趋激烈，为满足市场不断变化的需要，必须改变产品单一且长期不变的生产方式，开发研制新产品，改变大批大量的生产格局。传统的机械加工自动设备和普通机床的缺点日益暴露，不能适应市场竞争要求，采用高质量、高效益、多品种和小批量柔性生产方式已是现代企业生存与发展的必要条件。而数控机床能极其有效地解决这一系列矛盾，为加工出精度高、形状复杂的单件或小批量零件提供自动加工手段。

机床数字控制技术，简称机床数控技术，是以数字化的信息处理实现机床自动控制的一门技术。采用数字化信息处理控制的机床称为数字控制机床，简称数控机床。

数控机床把刀具和工件之间的相对位置，机床电动机的起动和停止，主轴变速，工件松开、夹紧，刀具的选择，冷却泵的起动、停止等各种操作和顺序动作等信息用数码化的数据记录在控制介质（如穿孔带或磁带）上，然后将数字信息送入数控装置或计算机，经过译码、运算，发出各种指令控制机床伺服系统或其他执行元件，使机床自动加工出所需工件。

数字化信息的处理是在数字控制系统进行的。最初的数字控制（NC，Numerical Control）系统是由数字逻辑电路构成的，因而称为硬件数控系统。随着计算机技术的发展，硬件数控系统已逐渐被淘汰，被计算机数控（CNC，Computer Numerical Control）系统取代。CNC 系统完全由软件处理数字信息，具有真正意义上的柔软性，可以处理逻辑电路难以处理的复杂信息，使数控机床的性能大大提高。

数控机床的突出特点是当工件改变时，除了重新装夹工件和更换刀具之外，只需要更换含有该工件加工信息的介质（例如穿孔带），而不需要对数控机床作任何调整。这种灵活、通用并能迅速适应工件变更的特性，称为柔性。传统的自动加工机械不具备柔性特点。

数字控制和顺序控制是两个不同的概念。数字控制过程是自动化控制过程，进行自动控制的指令，是由数字控制系统对数字化信息经过信息处理（数字运算）后生成的，并对各种动作的位移量、速度和顺序实现自动控制。顺序控制只能控制各种自动加工动作的先后顺序，对运动部件的位移量不能控制，位移量的改变是靠预先调整好尺寸的挡块等方式实现的。

数控技术不仅用于数控机床的控制，还用于控制其他机械设备，例如自动绘图仪、数控测量机、数控编织机、数控剪裁机、机器人等。

三、数控机床的产生

第一台数控机床是为了适应航空工业制造复杂工件的需要产生的。1952 年，美国麻省理工学院和帕森斯公司合作研制成功了世界上第一台具有信息存储和处理功能的新型机床，即数控机床。之后，随着电子技术，特别是计算机技术的发展，数控机床不断更新换代。

第一代数控机床从 1952 年～1959 年，采用电子管元件；第二代数控机床从 1959 年开始，采用晶体管元件；第三代数控机床从 1965 年开始，采用集成电路；第四代数控机床从 1970 年开始，采用大规模集成电路及小型通用计算机；第五代数控机床从 1974 年开始，采用微处理器或微型计算机。

我国从 1958 年开始研制数控机床，1975 年又研制出第一台加工中心。改革开放以来，由于引进国外的数控系统与伺服系统，我国的数控机床在品种、数量和质量方面都得到迅速发展。从 1986 年开始，我国数控机床开始进入国际市场。我国有几十家机床厂能够生产数控机床和加工中心。不过数控系统依然主要引进国外数控系统。目前，我国机械加工设备数控化率大约在 15%～20%，是全球最大的数控机床消费国，也是世界上最大的数控机床进口国，而且设备数控化率还会加快。

第二节　数控机床的组成、工作原理和特点

数控机床是一种利用信息处理技术进行自动加工控制的金属切削机床，是数控技术运用的典范。熟悉数控机床的组成，不仅能掌握数控机床的工作原理，同时还能掌握数控技术在其他行业的应用。

一、数控机床的组成及工作原理

数控机床由控制介质、人机交互设备、计算机数控装置、进给伺服驱动系统、主轴驱动系统、辅助控制装置、可编程序控制器（PLC，Programmable Logic Controller）、反馈系统和适应控制装置等部分组成，如图 1-1 所示。各部分的工作原理简述如下。

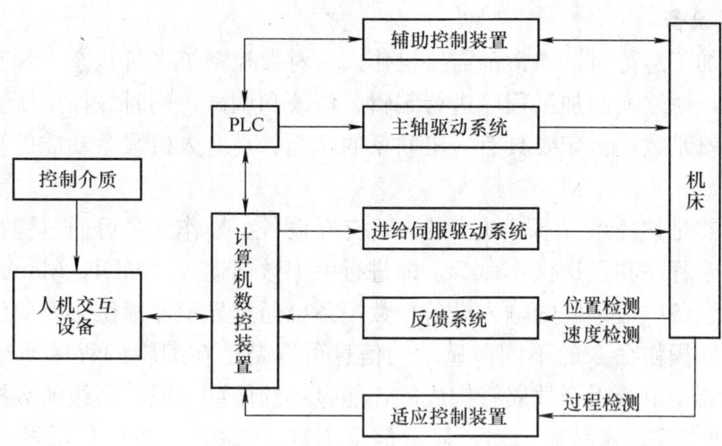

图 1-1　数控机床的组成框图

1. 控制介质

要对数控机床进行控制，就必须在人与数控机床之间建立某种联系，这种联系的中间媒介物就是控制介质，又称为信息载体。在使用数控机床之前，先要根据工件图上规定的尺寸、形状和技术条件，编制出工件的加工程序，将加工工件时刀具相对于工件的位置和机床的全部动作顺序，按照规定的格式和代码记录在信息载体上。需要在数控机床上加工该工件时，把信息载体上存放的信息（即工件加工程序）输入计算机控制装置。常用的控制介质有穿孔带、穿孔卡、磁盘和光盘。

传统的方式是将编制好的程序记录在穿孔带上，穿孔带是八单位标准黑色穿孔纸带的简称，它的尺寸如图 1-2 所示。穿孔带每行共有 9 个孔，其中ϕ1.17mm 的小孔是同步孔，ϕ1.33mm 孔为信息孔。信息采用代码形式按规定格式存储在穿孔带上。代码就是由一些信息孔按标准排列的一行二进制图案，每一行代码分别表示一个十进制数或一个英文字母或一个功能符号。国际上通用 EIA 代码和 ISO 代码（见附录 A 和附录 B)。穿孔带上的代码信息可由光电阅读机送入计算机控制装置。

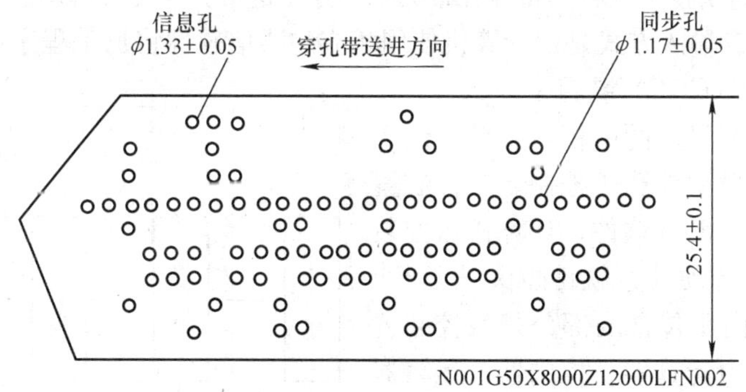

图 1-2　八单位标准黑色穿孔纸带

随着计算机技术的发展，计算机中的通用外设存储装置也融入数控系统，例如计算机中的软、硬磁盘驱动器和光盘驱动器作为存储信息的介质引入数控系统。与穿孔带相比，它们存储容量大，存取速度快，存取方便，所以成为数控机床的主要控制介质。

2. 人机交互设备

数控机床在加工运行时，通常都需要操作人员对数控系统进行状态干预和输入控制介质存放的加工程序，对输入的加工程序进行编辑、修改和调试，同时数控系统要显示数控机床运行状态等，也就是数控机床要具有人机联系的功能。具有人机联系功能的设备统称人机交互设备。

键盘和显示器是数控系统不可缺少的人机交互设备。操作人员可通过键盘输入简单的加工程序、编辑修改程序和发送操作命令，即进行手工数据输入（MDI，Manual Data Input），因而键盘是交互设备中最重要的输入设备。数控系统通过显示器提供必要的信息，根据数控系统所处的状态和操作命令的不同，显示的信息可以是正在编辑的程序或是机床的加工信息。简单的显示器是由若干个数码管构成的，能显示的信息有限；高级的数控系统一般都配有 CRT 显示器或点阵式液晶显示器，显示信息丰富。低档的 CRT 显示器或液晶显示器只能显示字符，高档显示器还能显示加工轨迹图形。

光电阅读机是一种传统的人机交互设备，也称读带机，它的作用是将穿孔带上的代码逐行地转换成数控装置可以识别和处理的电信号。图 1-3 所示是其结构示意图，灯泡 5 发出的光，经过透镜 4 会聚成一条窄光带，再穿过穿孔带 6 照到九个光敏元件 10 上，九个光敏元件与穿孔带上八个信息孔和一个同步孔的位置一一对应。由于穿孔带上有孔或无孔使光敏元件受光或不受光而改变阻值，再转换为电压高低变化的电信号，输入数控装置。走带时，先起动小电动机 2 带动主动轮 3，这时制动电磁铁 9 断电，启动电磁铁 12 吸合衔铁 11，使压轮 13 把穿孔带压向主动轮 3，主动轮带动绕在左右导向轮 1 和 8 上的穿孔带自右向左移动。当穿孔带代码出现程序结束的信息时，制动电磁铁 9 将衔铁 7 吸合，将穿孔带夹住并停止送带。穿孔带移动速度可达 200 行/s。

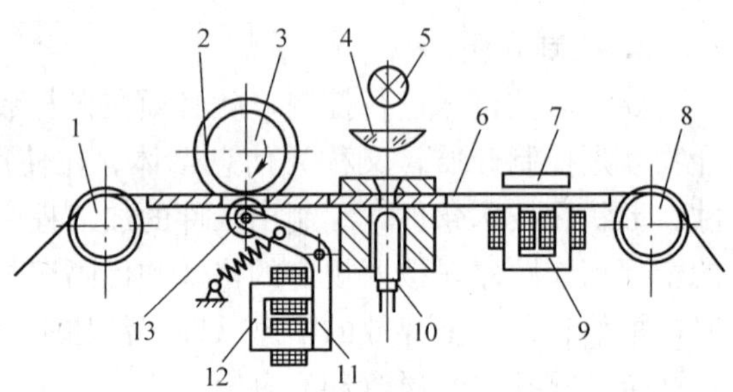

图 1-3 光电阅读机结构示意图

1、8—导向轮 2—电动机 3—主动轮 4—透镜 5—灯泡 6—穿孔带 7、11—衔铁 9、12—电磁铁 10—光敏元件 13—压轮

目前常用的信息输入方式是由计算机使用相应的通信软件将加工程序送入数控机床。

3. 计算机数控（CNC）装置

数控装置是数控机床的中枢，目前，绝大部分数控机床采用微型计算机控制。数控装置由硬件和软件组成，没有软件，计算机数控装置就无法工作；没有硬件，软件也无法运行。图 1-4 中点画线框内所包含的部分是数控装置硬件结构框图，它由运算器、控制器（运算器和控制器构成 CPU）、存储器、输入接口、输出接口等组成。

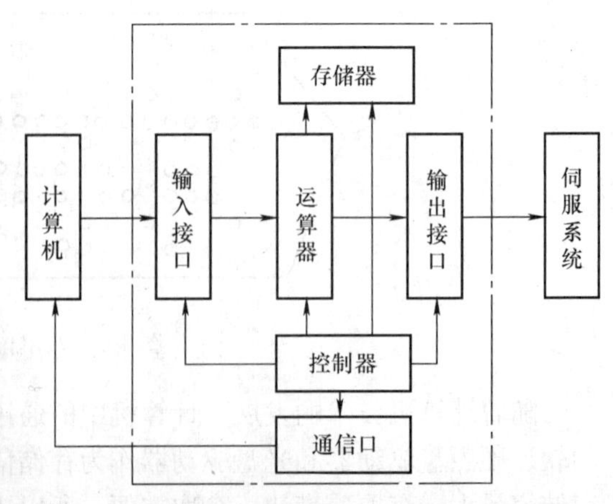

图 1-4 数控装置结构框图

图 1-4 中，输入接口接收由计算机送入的代码信息，经过识别与译码之后送到指定存储区，作为控制与运算的原始数据，信息传递过

程是由数控系统通信程序控制。简单的加工程序可用手动数据输入方式（MDI）输入，即在键盘控制程序的控制下，操作人员直接用键盘把工件加工程序输入存储器。数控机床的加工过程可概括为数据处理、插补运算、位置控制三个基本部分，整个过程在系统管理程序的控制下有条不紊地进行工作。

4. 进给伺服驱动系统

进给伺服驱动系统由伺服控制电路、功率放大电路和伺服电动机组成。进给伺服系统的性能是决定数控机床加工精度和生产效率的主要因素之一，图 1-5 所示是进给伺服驱动系统框图。

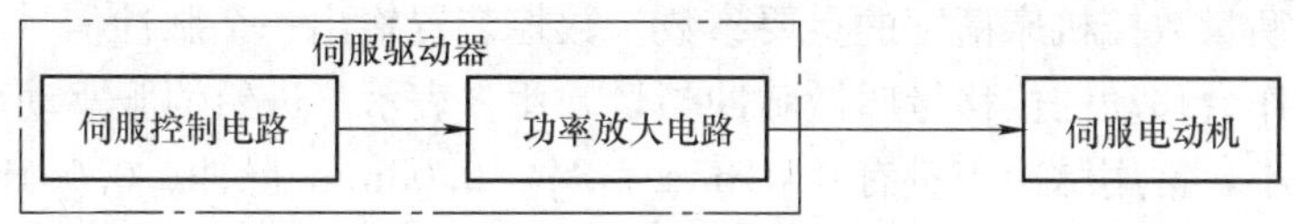

图 1-5　进给伺服驱动系统框图

伺服驱动的作用是把来自数控装置的位置控制移动指令转变成机床工作部件的运动，使工作台按规定轨迹移动或精确定位，加工出符合图样要求的工件。因为进给伺服驱动系统是数控装置和机床本体之间的联系环节，所以伺服控制电路和功率放大电路负责处理数控装置发送来信号并驱动伺服电动机。早期伺服系统把控制电路、功率放大电路制作成电路板，体积较大，接线复杂。由于科技迅速发展，目前将伺服控制电路和功率放大电路做成一体，由计算机控制，装配成小箱体结构，称伺服驱动器。通常伺服电动机和编码器做成一体，电缆线单独引出。伺服驱动器和伺服电动机匹配使用，构成闭环控制。图 1-6 所示是伺服驱动器和伺服电动机的外形图，图 1-6a 是伺服驱动器；图 1-6b 是伺服电动机。

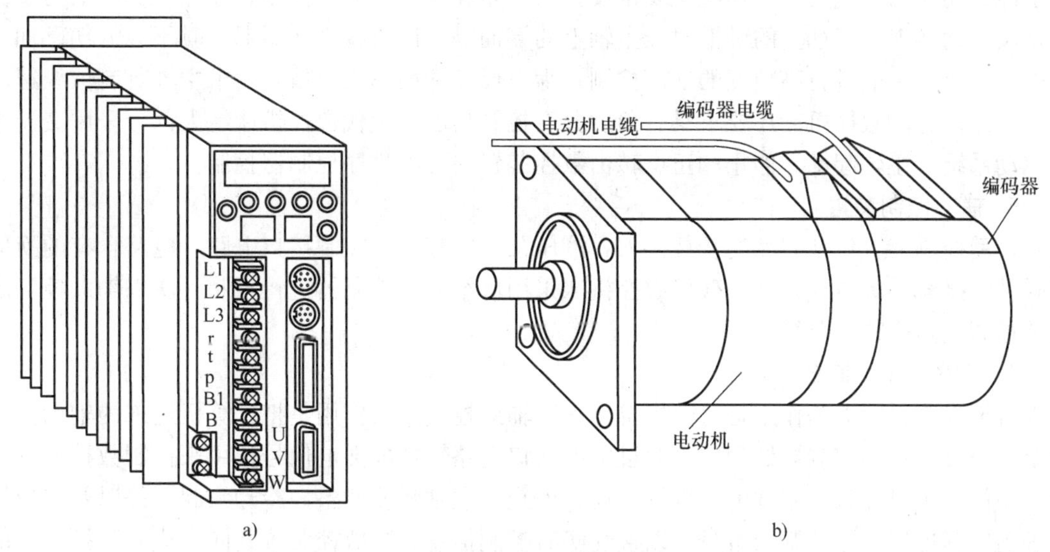

图 1-6　伺服驱动器和伺服电动机

a）伺服驱动器　b）伺服电动机

常用的伺服电动机有步进电动机、直流伺服电动机和交流伺服电动机。根据接收指令的不同，伺服驱动有脉冲式和模拟式，而模拟式伺服驱动方式按驱动电动机的电源种类不同，可分为直流伺服驱动和交流伺服驱动。步进电动机采用脉冲式伺服驱动方式，交、直流伺服电动机采用模拟式伺服驱动方式。

进给伺服驱动系统是控制数控机床工作台或移动刀架的位置控制系统。为了保证数控机床的加工精度，一般要求定位精度为 0.01～0.001mm，精密数控机床要求定位精度达到 0.0001mm；要求响应要快，稳定性要好，为保证系统的跟踪精度，要求动态过程在 200ms 甚至几十毫秒以内，同时要求超调量要小；要求进给速度在 0～24m/min 能正常工作，高性能数控机床要求在 0～240m/min 可以连续调整；要求在低速进给时输出较大的转矩。

脉冲当量是衡量数控机床精度的重要参数。数控装置输出一个脉冲信号（一个移位节拍指令）使机床工作台移动的位移量叫做脉冲当量，用 δ 表示。进给伺服驱动系统定位精度越高，脉冲当量越小，常用脉冲当量有 0.01mm/脉冲、0.05mm/脉冲、0.001mm/脉冲，精密数控机床要求达到 0.0001mm/脉冲。

5. 主轴驱动系统

机床的主轴驱动系统和进给伺服驱动系统差别很大，机床主轴的运动是旋转运动，机床进给运动主要是直线运动。早期的数控机床一般采用三相感应同步电动机配上多级变速器作为主轴驱动的主要方式。现代数控机床对主轴驱动提出了更高的要求，要求主轴具有很高的转速（液压冷却静压主轴可以在 20000r/min 的高速下连续运行）和很宽的无级调整范围，能在 1∶100～1∶1000 内进行恒转矩调整和在 1∶10～1∶30 内进行恒功率调整；主传动电动机应具有 2.2～250kW 的功率，既要能输出大的功率，又要求主轴结构简单，同时要求数控机床的主轴驱动系统在主轴的正反方向都可以实现转动和加减速运行。

为了使数控车床进行螺纹车削加工，要求主轴和进给驱动实现同步控制；在加工中心上为了能自动换刀，还要求主轴能实现正反方向旋转和加速、减速控制；在加工中心上为了保证每次自动换刀时刀柄上的键槽对准主轴上的端面键，以及精镗孔后退刀时不会划伤已加工表面，要求主轴能进行高精度的准停控制；为了保证端面加工质量，要求主轴具有恒线速度切削功能；有的数控机床还要求具有角度分度控制功能。现代数控机床绝大部分采用交流主轴驱动系统，主轴起动、停止和正反转由数控装置内可编程序控制器控制。

6. 辅助控制装置

辅助控制装置包括刀库的转位换刀，液压泵、冷却泵等控制接口电路，电路含有的换向电磁铁、接触器等电气元件。现代数控机床采用可编程序控制器进行控制，所以辅助控制装置的控制电路变得十分简单。

7. 可编程序控制器

可编程序控制器的作用是对数控机床进行辅助控制，其作用是把计算机送来的辅助控制指令，经可编程序控制器处理后，通过辅助接口电路转换成强电信号，用来控制数控机床的顺序动作，定时计数，主轴电动机的起动、停止，主轴转速调整，冷却泵起、停以及转位换刀等动作。可编程序控制器本身可以接受实时控制信息，同数控装置共同完成对数控机床的控制。

可编程序控制器（PC，Programmable Controller）是一种以微处理器为核心的通用型工业控制装置，能在使用条件较差的工业环境下应用。由于最初研制这种装置的目的是为了解决机械设备的逻辑及开关量控制，故也称可编程序逻辑控制器（PLC，Programmable

Logic Controller)。当 PLC 用于控制机床顺序动作时，也可称为可编程序机床控制器(PMC，Programmable Machine Controller)。现在通常用 PLC 表示可编程序控制器，而用 PC 表示个人计算机（Personal Computer)。

PLC 采用存放在程序存储器中的编程程序进行工作，编程程序包括逻辑运算、顺序控制、定时计数和算术运算等操作指令，并通过输出数字量或模拟量形式控制机械设备的生产过程。

在 PLC 出现之前，机床的动作顺序控制是以机床当前运行状态为依据，控制机床按规定好的动作依次有序地工作。实现动作顺序控制的手段是传统的继电器逻辑电路（RLC，Relay Logic Circuit)，这种电路是将继电器、接触器、开关、按钮等电气分立元件用导线连接而成的控制回路，由于继电器逻辑电路存在体积大、耗电量多、寿命短、可靠性差、动作迟缓、柔性低、不易扩展等许多缺点，逐渐被 PLC 组成的顺序控制系统所取代。PLC 已成为数控机床不可缺少的控制装置。

CNC 和 PLC 协调配合共同完成数控机床的控制，其中 CNC 主要完成与数字运算和管理有关的功能，如工件程序的编辑、插补运算、译码、位置伺服控制等；PLC 主要完成与逻辑运算有关的动作，如工件装夹、刀具的更换、切削液的开停等辅助动作，它还接受机床操作面板的控制信息，一方面直接控制机床的动作，另一方面将一部分指令送往 CNC 用于加工过程的控制。

数控机床上使用的 PLC 可以分成两类：一类是 CNC 生产厂家为实现数控机床的顺序动作控制，而将 CNC 和 PLC 综合起来设计，称为内装型 PLC，内装型 PLC 是 CNC 装置的一部分；另一种是以独立、专业化的 PLC 生产厂家的产品实现数控机床的顺序控制功能，称为独立型 PLC。

内装型 PLC 与 CNC 之间的信息传送在 CNC 内部进行，PLC 与机床（MT，Machine Tool）之间信息传送通过 CNC 的输入/输出接口电路实现。这种类型的 PLC 不能独立工作，只是 CNC 向 PLC 功能的扩展，两者不能分离。内装型 PLC 可与 CNC 共用一个 CPU，如西门子的 SINUMERIK 810、820 等数控系统，也可以单独使用一个 CPU，如 FANUC 的 0 系统和 15 系统，美国 A-B 公司 8400、8600 等。由于 CNC 功能和 PLC 功能在设计时一同考虑，因而这种类型的数控系统在硬件和软件整体结构上合理、实用，性能价格比高，适用于同类型或类型变化不大的数控机床。由于 PLC 和 CNC 之间没有多余的连线，并且 PLC 上的信息能通过 CNC 显示器显示，PLC 的编程更为方便，而且故障诊断功能和系统的可靠性也有提高。

数控机床生产厂家也可选用独立型 PLC，特别是当数控机床的功能扩展和变更时，如向 FMC、CIMS 发展时，不至于使原数控系统做很大的变动。独立型 PLC 与 CPU 之间通过输入/输出接口连接。

目前，国内引进的 PLC 产品有百种之多，著名的有西门子公司的 SIMATI-C 系列，日本立石公司的 OMRON-SYS-MAC 系列，以及日本 FANUC 公司的 PMC 系列。

8. 反馈系统

反馈系统的作用是通过测量装置将机床移动的实际位置、速度参数检测出来，转换成电信号，并反馈到 CNC 装置中，使 CNC 能随时判断机床的实际位置、速度是否与指令一致，并发出相应指令，纠正所产生的误差。

测量装置安装在数控机床的工作台或丝杠上，相当于普通机床的刻度盘和人的眼睛。按有无检测装置，CNC 系统可分为开环与闭环系统，而按测量装置安装的位置不同又可分为闭环与半闭环数控系统。开环数控系统的控制精度取决于步进电动机和丝杠的精度，闭环数控系统的精度取决于测量装置的精度。因此，检测装置是高性能数控机床的重要组成部分。目前，由于进给伺服系统功能更加完善，可以把电动机直接连在丝杠上，因而电动机和测量元件编码器做成一体，脉冲当量调整也十分方便，只要调整驱动器中的位置指令脉冲分频（俗称电子齿轮）参数，就可获得满意的结果。

9. 适应控制装置

数控机床工作台的位移量和速度等过程参数可在编写程序时用指令确定，但是有一些因素在编写程序时是无法预测的，如加工材料力学性能的变化引起切削力变化，加工现场的温度等，这些随机变化的因素也会影响数控机床的加工精度和生产效率。适应控制（AC，Adaptive Control）的目的就是把加工时出现的随机因素对加工的影响减到最小。

适应控制是采用各种传感器测出加工过程中的温度、扭矩、振动、摩擦、切削力等因素的变化，与最佳参数比较，若有误差及时补偿，以期提高加工精度或生产率。目前，适应控制仅用于高效率和加工精度高的数控机床，一般数控机床很少采用。

二、数控机床的特点

数控机床是高精度和高生产率的自动化加工机床，与普通机床相比，应具有更好的抗振性和刚度，要求相对运动面的摩擦因数要小，进给传动部分之间的间隙要小。所以其设计要求比通用机床更严格，加工制造要求精密，并采用加强刚性、减小热变形、提高精度的设计措施。

在大批量生产条件下，采用机械加工自动化可以取得较好的经济效益。大批量生产中加工自动化的基础是工艺过程的严格性，从而可以建立自动流水线。对于小批量的产品生产，由于生产过程中产品品种变换频繁，批量小，加工方法的区别大，因此实现加工自动化存在相当的难度，不能采用大批量生产的刚性自动化方式。因此，大力发展柔性制造技术成为机械加工自动化必然出路。

柔性制造技术实际上是由计算机控制的自动化制造技术，包含计算机数控的单台加工设备和各种规模的自动化制造系统。所以数控机床是实现柔性自动化的重要设备，与其他加工设备相比，数控机床具有如下特点：

（1）适应性强，适合加工单件或小批量复杂工件　在数控机床上改变加工工件时，只需要重新编制新工件的加工程序，更换新的控制介质或用手动方式输入工件程序，就能实现新工件加工。数控机床加工工件时，只需要简单的夹具，所以改变加工工件后，也不需要制作特别的工装夹具，更不需要重新调整机床。因此，数控机床特别适合单件、小批量及试制新产品的工件加工。

（2）加工精度高，产品质量稳定　数控机床的脉冲当量普遍可达 0.001 mm/脉冲，传动系统和机床结构都具有很高的刚度和热稳定性，工件加工精度高，进给系统采用消除间隙措施，并对反向间隙和丝杠螺距误差等由数控系统实现自动补偿，所以加工精度高。特别是因为数控机床加工完全是自动进行的，这就消除了操作者人为产生的误差，使同一批工件的尺寸一致性好，加工质量十分稳定。

（3）生产率高　工件加工所需时间包括机动时间和辅助时间，数控机床能有效地减少这两部分时间。数控机床主轴转速和进给量的调速范围都比普通机床的大，机床刚性好，快速移动和停止采用了加速、减速措施，因而既能提高空行程运动速度，又能保证定位精度，有效地减少了加工时间。

数控机床更换工件时，不需要调整机床，同一批工件加工质量稳定，无需停机检验，故辅助时间大大缩短。特别是使用自动换刀装置的加工中心，可以在一台机床上实现多工序连续加工，生产效率的提高更加明显。

（4）减轻劳动强度，改善劳动条件　数控机床加工是自动进行的，工件加工过程不需要人为干预，加工完毕后自动停车，工人的劳动条件大为改善。

（5）良好的经济效益　虽然数控机床价格昂贵，分摊到每个工件上的设备费用较大，但是使用数控机床可节省许多其他费用。例如，工件加工前不用划线工序，工件安装、调整、加工和检验所花费的时间少，特别是不要设计制造专用工装夹具，加工精度稳定，废品率低，减少了调度环节等，所以总体成本下降，可获得良好的经济效益。

（6）有利于生产管理现代化　数控机床使用数字信息与标准代码处理、传递信息，特别是在数控机床上使用计算机控制，为计算机辅助设计、制造以及实现生产过程的计算机管理与控制奠定了基础。

第三节　数控机床的分类

数控机床的品种很多，通常按下面四种方法进行分类。

一、按工艺用途分类

1. 一般数控机床

普通的数控机床有钻床、车床、铣床、镗床、磨床和齿轮加工机床。图 1-7 所示是 CK7815 数控车床，图 1-8 所示是 XK5040 A 型数控铣床。它们和传统的通用机床工艺用途相似，但生产率和自动化程度比传统机床高，都适合加工单件、小批量和复杂形状的工件。

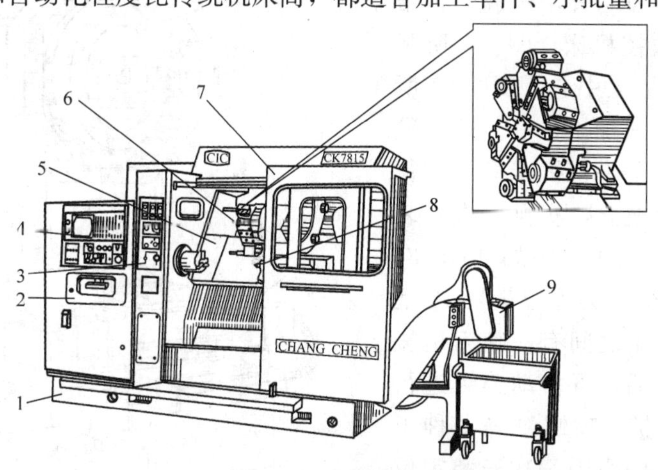

图 1-7　CK7815 数控车床

1—床体　2—光电读带机　3—机床操作台　4—数控系统操作面板

5—倾斜 60°导轨　6—刀盘　7—防护门　8—尾架　9—排屑装置

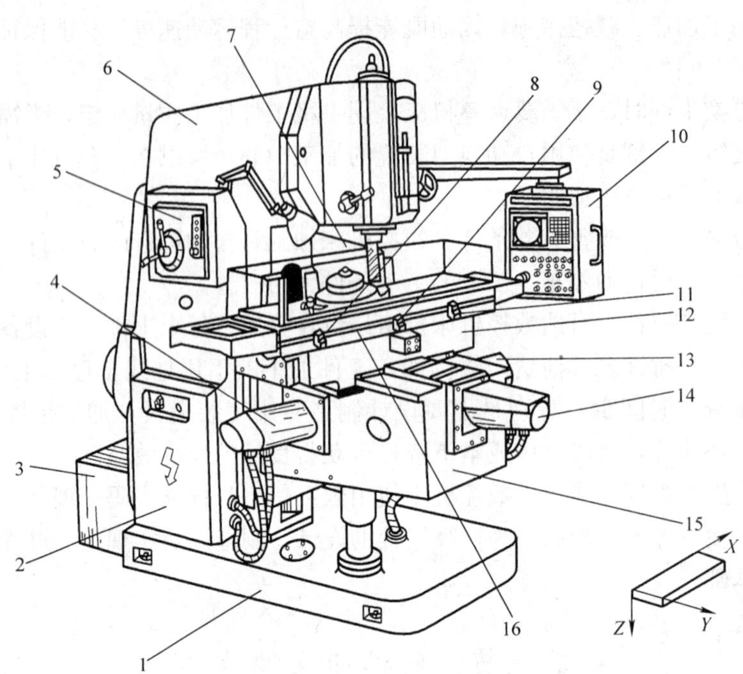

图 1-8 XK5040A 型数控铣床

1—底座 2—强电控制柜 3—变压器箱 4—升降进给伺服电动机 5—主轴变速手柄和按钮板 6—床身立柱 7—数控柜 8、11—纵向行程限位保护开关 9—纵向参考点设定挡铁 10—操纵箱 12—横向溜板 13—纵向进给伺服电动机 14—横向进给伺服电动机 15—升降台 16—纵向工作台

2. 加工中心

加工中心是在一般数控机床上加装一个刀库和自动换刀装置，构成一种带自动换刀装置的数控机床。图 1-9 所示是 XH754 型卧式加工中心，图 1-10 所示是 TH5632 型立式加工中心。这类数控机床的出现打破了一台机床只能进行单工种加工的传统概念，实行一次安装定位，完成多工序加工。例如 TH5632 型立式加工中心，它的刀库容量是 16 把刀具，在刀具和主轴之间有一换刀机械手，工件一次装夹后，可自动连续进行铣、钻、镗、铰、扩、攻螺纹等多种工序加工。数控加工中心因一次安装定位完成多工序加工，避免了多次安装造成的误差，减少机床台数，提高了生产效率和加工自动化程度。

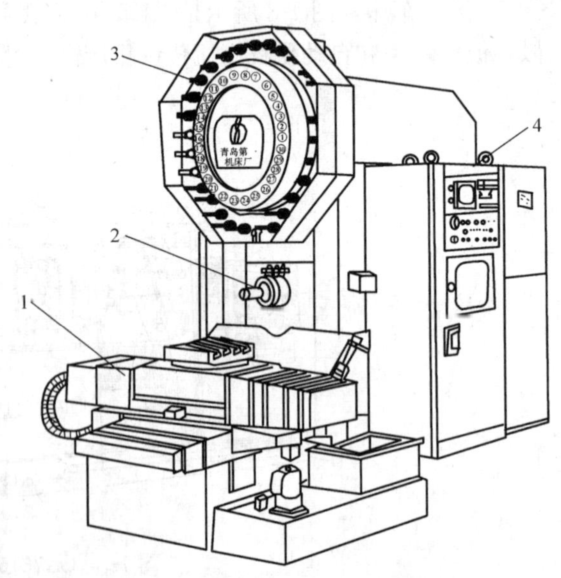

图 1-9 XH754 型卧式加工中心

1—工作台 2—主轴 3—刀库 4—数控柜

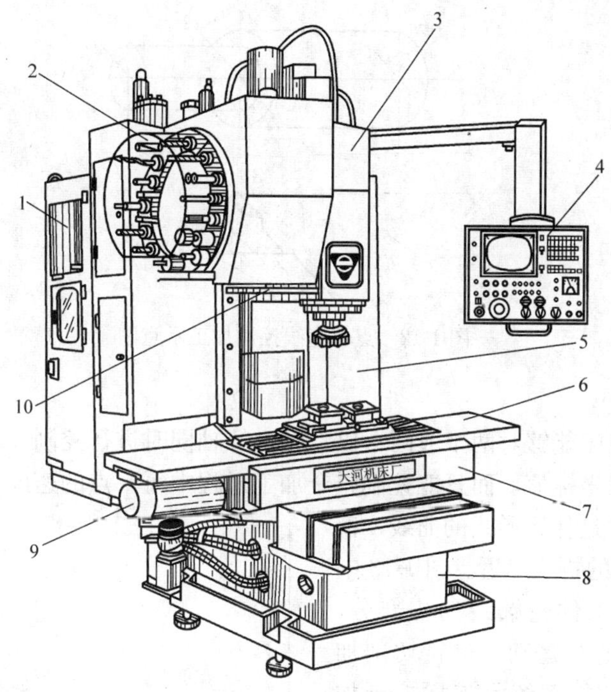

图 1-10　TH5632 型立式加工中心

1—数控柜　2—刀库　3—主轴箱　4—操纵台　5—驱动电源柜　6—纵向工作台
7—滑座　8—床身　9—X 轴进给伺服电动机　10—换刀机械手

3. 多坐标轴数控机床

有些复杂的工件，例如螺旋桨、飞机发动机叶片曲面等用三坐标数控机床无法加工，于是出现了多坐标轴的数控机床，其特点是控制轴数较多，机床结构比较复杂。坐标轴的轴数取决于加工工件的工艺要求。

二、按控制的运动轨迹分类

1. 点位控制

点位控制数控机床只要求获得准确的加工坐标点的位置。由于数控机床只是在刀具或工件到达指定位置后才开始执行切削任务，在运动过程中并不进行加工，所以从一个位置移动到另一个位置的运动轨迹不需要严格控制。数控钻床、数控坐标镗床和数控冲床等均采用点位控制。图 1-11 所示是点位控制加工示意图。因为这类机床最重要的性能指标是要保证孔的相对位置，并要求快速点定位，以便减少空行程时间，经常采用的控制方式是当刀具或工件接近定位点时，分两步完成，首先降低移动速度，然后实现准确停止。

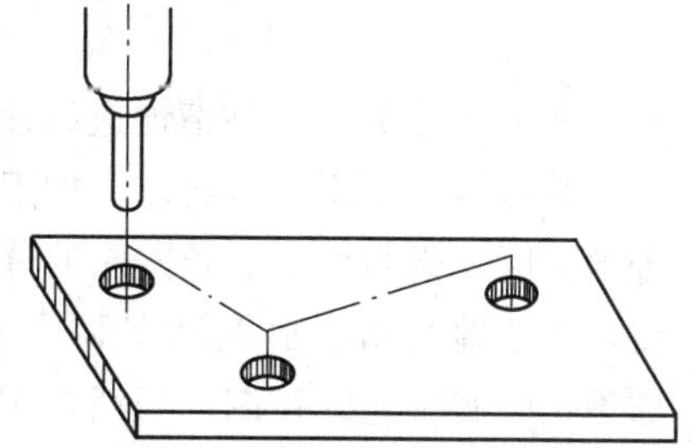

图 1-11　点位控制加工示意图

2. 点位直线控制

点位直线控制数控机床，除了要求控制位移终点位置外，还能实现平行坐标轴的直线切削加工，并且可以设定直线切削加工的进给速度。例如在车床上车削阶梯轴、在铣床上铣削台阶面等。图 1-12 所示是点位直线控制加工示意图。

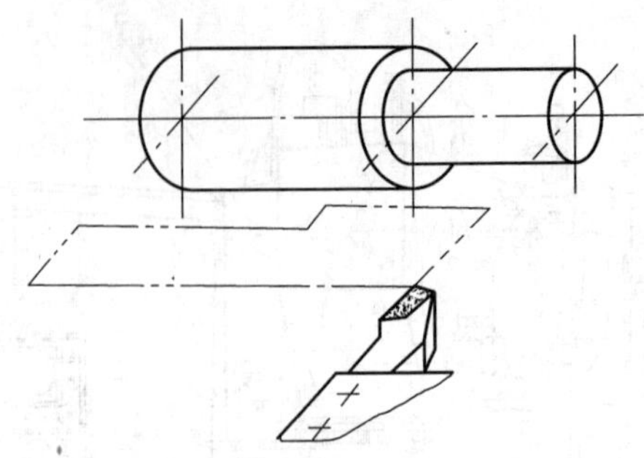

图 1-12 点位直线控制加工示意图

3. 轮廓控制

轮廓控制数控机床能够对两个或两个以上的坐标轴同时进行控制，不仅能够控制机床移动部件的起点与终点坐标值，而且能控制整个加工过程中每一点的速度与位移量。

无论工件的轮廓是什么形式的曲线，都可以用简单线段构成的折线逼近。图 1-13 中的曲线 L 是被加工工件轮廓线的一部分，要求刀具沿工件曲线 L 运动，进行切削加工，以此为例解释数控系统是怎样控制加工过程每一点的速度与位移量。

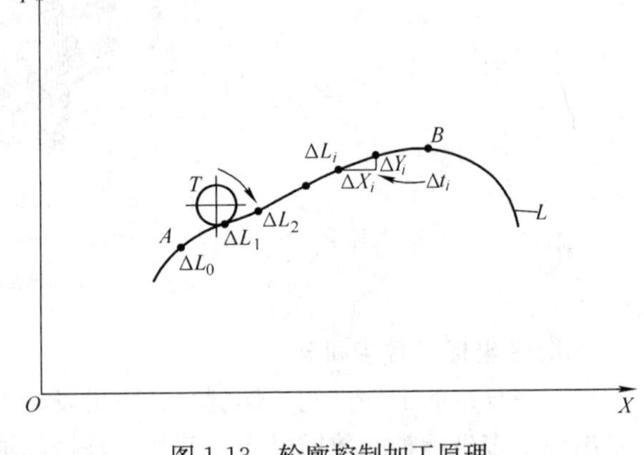

图 1-13 轮廓控制加工原理

将 L 分解成 ΔL_0，ΔL_1，…，ΔL_i 等线段。

设切削 ΔL_i 所需时间为 Δt_i

$$\lim_{\Delta t\to 0}\sum_{i=0}^{\infty}\Delta L_i=L$$

$$\Delta L_i=\sqrt{\Delta X_i^2+\Delta Y_i^2}$$

则当 $\Delta t\to 0$ 时，折线线段之和接近曲线。即如果在 Δt 时间内，在 X 坐标和 Y 坐标方向移动量分别为 ΔX_i、ΔY_i，则进给速度

$$v_i=\frac{\Delta L_i}{\Delta t_i}=\sqrt{\left(\frac{\Delta X_i}{\Delta t_i}\right)^2+\left(\frac{\Delta Y_i}{\Delta t_i}\right)^2}=\sqrt{\Delta v_{xi}^2+\Delta v_{yi}^2}$$

若 v_i＝常数时，称谓恒进给速度。

数控机床采用恒进给速度加工。要求进给速度不变，但速度方向随时变化，为了保证恒进给速度，必须使 X、Y 方向的分速度不断地变化。数控装置根据给定的进给速度和轮廓曲线，连续地自动控制 X 和 Y 两个方向的速度比值，就可以实现工件轮廓曲线的恒进给速度加工，即实现轮廓控制。当然，用折线逼近实际曲线，存在一定的误差，但由于数控机床的脉冲当量通常是 0.01mm/P～0.001mm/P，误差在允许范围内。

综上所述，在进行曲线加工时，首先确定曲线线段 AB 的数学函数式，然后，在已知点 A 和 B 之间，增加若干中间点，即进行数据点的密化，这种方法称为插补。能实现插补的装置叫插补器。处理插补的算法，称为插补运算。

图 1-14 所示是两坐标轮廓控制数控机床的结构框图，根据输入的关于工件轮廓的形状

信息，插补器进行插补运算，根据运算结果，实时地向各坐标轴发出速度控制指令，通过伺服电动机使机床工作台沿坐标轴做相应动作，实现折线逼近，加工出工件轮廓线。点位直线控制和轮廓控制的根本区别是前者没有插补器，所以只能加工沿坐标轴的直线。插补运算原理详见第三章。

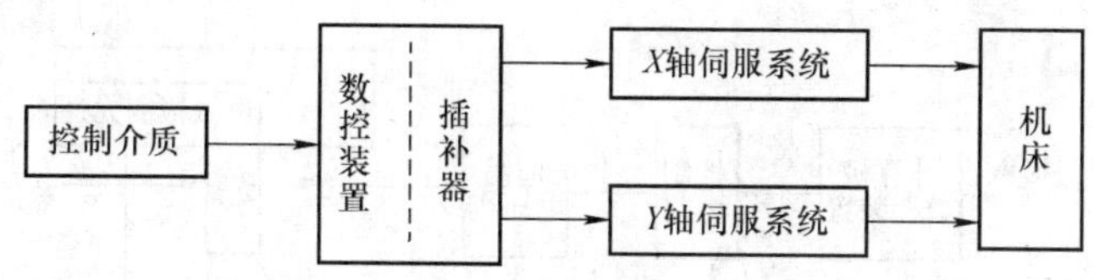

图 1-14　两坐标轮廓控制数控机床的结构框图

用插补器能控制两坐标轴完成平面内任意线段加工的数控机床称为两轴联动数控机床，用插补器能控制三坐标轴完成三坐标空间内任意线段加工的数控机床称三轴联动数控机床。三轴数控铣床，在任一时刻只能控制任意两轴联动，称三轴两联动，有时称两轴半联动。

三、按控制方式分类

数控机床按照对被控量有无检测反馈装置可分为开环控制和闭环控制两种。在闭环系统中，根据测量装置安放的部位又分为全闭环控制和半闭环控制两种。

1. 开环控制数控机床

图 1-15 所示为开环控制数控系统框图。开环控制系统中没有检测反馈装置。数控装置将工件加工程序处理后，输出数字指令信号给伺服驱动系统，驱动机床运动，但不检测运动的实际位置，即没有位置反馈信号。开环控制的伺服系统主要使用步进电动机。插补器进行插补运算后，发出指令脉冲（又称进给脉冲），经驱动电路放大后，驱动步进电动机转动。一个进给脉冲使步进电动机转动一个角度，通过齿轮丝杠传动使工作台移动一定距离，因此，工作台的位移量与步进电动机转动角位移成正比，即与进给脉冲的数目成正比。改变进给脉冲的数目和频率，就可以控制工作台的位移量和速度。由图 1-15 可见，指令信息单方向传送，并且指令发出后，不再反馈回来，故称开环控制。

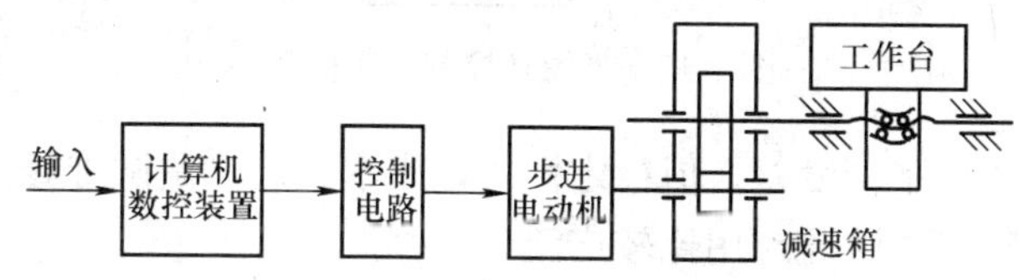

图 1-15　开环控制数控系统框图

受步进电动机的步距精度、工作频率以及传动机构传动精度的影响，开环系统的速度和精度都较低。但由于开环控制结构简单、调试方便、容易维修、成本较低，仍被广泛应用于经济型数控机床上。

2. 闭环控制数控机床

开环控制系统的控制精度不高，主要是没有检测工作台移动的实际位置，也就没有纠正偏差的能力。图 1-16 所示为闭环控制系统数控框图，安装在工作台上的位置检测元件将工作台实际位移量反馈到计算机中，与所要求的位置指令进行比较，用比较的差值进行控制，直到差值消除为止。可见，闭环控制系统可以消除机械传动部件的各种误差以及工件加工过程中产生的干扰的影响，从而使加工精度大大提高。速度检测元件作用是将伺服电动机的实际转速变换成电信号送到速度控制电路中，进行反馈校正，保证电动机转速保持恒定不变。传统速度检测元件是测速电动机，交流伺服系统多采用编码器。

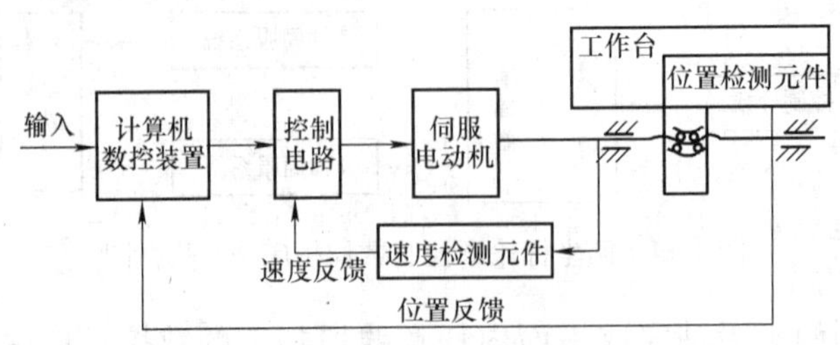

图 1-16　闭环控制系统数控框图

闭环控制的特点是加工精度高，移动速度快。这类数控机床采用直流伺服电动机或交流伺服电动机作为驱动元件，电动机的控制电路比较复杂，检测元件价格昂贵，因而调试和维修比较复杂，成本高。

3. 半闭环控制数控机床

半闭环控制系统框图如图 1-17 所示，它不是直接检测工作台的位移量，而是采用转角位移检测元件，如光电编码器，测出伺服电动机或丝杠的转角，推算出工作台的实际位移量，反馈到计算机中进行位置比较，用比较的差值进行控制。由于反馈环内没有包含工作台，故称半闭环控制。

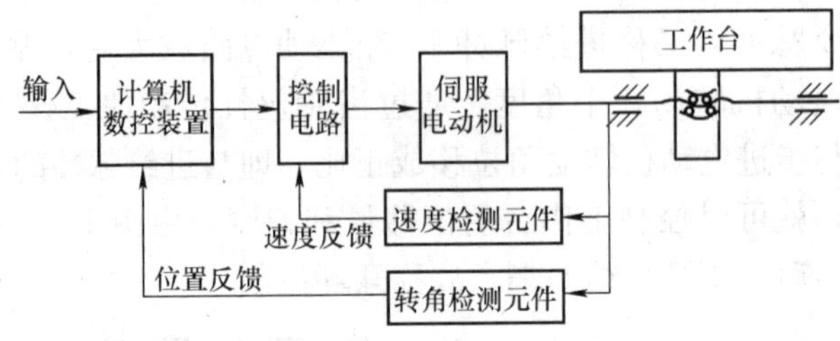

图 1-17　半闭环控制系统框图

半闭环控制较闭环控制精度差，但稳定性好，成本较低，调试维修也较容易，兼顾了开环控制和闭环控制的特点，因此应用比较广泛。

四、按功能分类

1. 经济型数控机床

在计算机中一般用一个微处理器作为主控单元，伺服系统大多使用步进电动机驱动，采用开环控制方式，脉冲当量为 0.01～0.005mm/P，机床快速移动速度为 5～8 m/min，精度较低，功能较简单，用数码管或简单的 CRT 字符显示，基本具备了计算机控制数控机床的主要功能。

2. 全功能型数控机床

在计算机中采用 2～4 个微处理器进行控制，其中一个是主控微处理器，其余为从属微处理器。主控微处理器完成用户程序的数据处理、粗插补运算、文本和图形显示等，从属微

处理器在主控微处理器管理下，完成对外部设备、主要是伺服控制系统的控制和管理，从而实现同时对各坐标轴的连续控制。

全功能型数控机床允许最大速度一般为 8～24m/min，脉冲当量为 0.01～0.001mm/P，采用交、直流伺服电动机，广泛用于加工形状复杂或精度要求较高的工件。

3. 精密型数控机床

精密型数控机床采用闭环控制，它不仅具有全功能型数控机床的全部功能，而且机械系统的动态响应较快，其脉冲当量一般小于 0.001 mm/P，适用于精密和超精密加工。

第四节　数控机床的发展趋势

数控机床是综合应用了当代最新科技成果发展起来的新型机械加工机床。近年来，数控机床在品种、数量、加工范围与加工精度等方面有了惊人的发展，大规模集成电路和微型计算机的发展和完善，使数控系统的价格逐年下降，而精度和可靠性大大提高。

数控机床不仅表现为数量迅速增长，而且在质量、性能和控制方式上也有明显改善。目前，数控机床正朝着以下几个方面发展。

一、机床结构的发展

数控机床加工工件时，完全根据计算机发出的指令自动进行加工，不允许频繁测量和进行手动补偿，这就要求机床结构具有较高静刚度与动刚度，同时要提高结构的热稳定性，提高机械进给系统的刚度并消除机械传动间隙，消除爬行。这样可以有效避免和减少振动、热变形、爬行和间隙对加工工件精度的影响。

同时数控机床由一般数控机床向加工中心发展。加工中心可使工序集中在一台机床上完成，减少了机床数量，压缩了半成品库存量，减少了工序间的辅助时间，提高了生产率和加工质量。

继加工中心出现之后，又出现了由数控机床、工业机器人、单元控制器和工件台架组成的加工单元，工件装卸、加工实现全自动化控制，如图 1-18 所示。

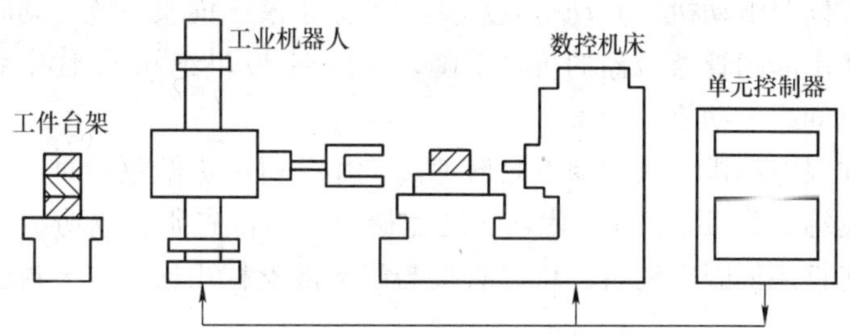

图 1-18　加工单元示意图

为实现工件自动装卸，以镗铣床为基础的加工中心使用了两个可交换工作台。一个工作台加工工件时，另一个工作台由工人装夹待加工的工件，在计算机控制下，自动地把待加工工件送去加工，并自动卸下已加工好的工件，工件由自动输送车搬运，如图 1-19 所示。如果这种加工中心有较多的交换工作台，便可实现长时间无人看管加工。这种形式的数控机床称为柔性制造单元（FMC）。

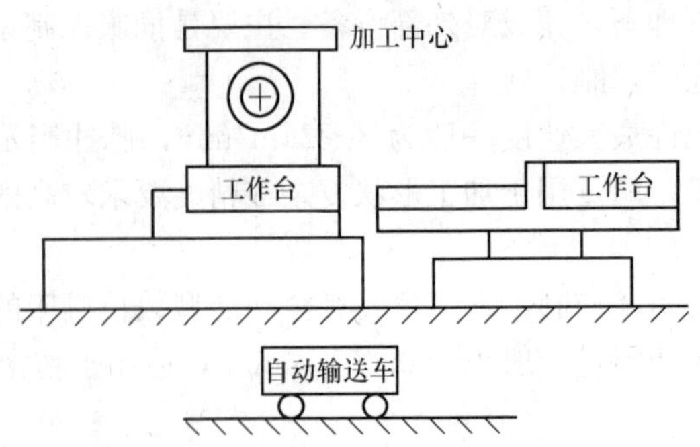

图 1-19 柔性制造单元（FMC）示意图

二、计算机控制性能的发展

目前，数控系统大都采用多个微处理器（CPU）组成的微型计算机作为数控装置（CNC）的核心，因而使数控机床的功能增强。但随着人们对数控机床的精度和进给速度要求进一步提高，要求计算机的运算速度就更高。现在在计算机控制系统使用的16位CPU不能满足这种要求，所以国外各大公司竞相开发具有32（或64）位微机处理器的计算机数控系统。这种控制系统更像通用的计算机，可以使用硬盘作为外存储器并且允许使用高级语言，例如C语言和PASCAL语言编程。

计算机数控系统还配置高速、功能强的内装式可编程序控制器（PLC），可完全代替传统的继电器逻辑控制，取消了庞大的电气控制箱。PLC与CNC配合，使控制速度大大提高，利用PLC的监控功能，使数控机床的故障诊断和维修更为方便。

三、伺服驱动系统的发展

最早的数控机床采用步进电动机和液压扭矩放大器（又称电液脉冲马达）作为驱动电动机。功率型步进电动机出现后，因为其功率较大，可直接驱动机床，使用方便，逐渐取代了电液脉冲马达。

20世纪60年代初期和中期，美国和欧洲采用液压伺服系统。同期，日本首先研制出一种新型小惯量直流伺服电动机，其动态响应快，不亚于液压伺服系统，同时，用来驱动直流伺服电动机的大功率晶闸管整流器的价格下降，所以在20世纪60年代中后期数控机床上普遍采用小惯量直流伺服电动机。

小惯量直流伺服电动机最大的缺点是转速高，用于机床进给驱动时，必须使用齿轮减速器。为了省去齿轮箱，20世纪70年代，美国盖梯茨公司首先研制成功了大惯量直流伺服电动机，又称宽调速直流伺服电动机，可以直接与机床的丝杠相连。许多数控机床都使用大惯量直流伺服电动机。

直流伺服电动机结构复杂，经常需要维修。20世纪80年代初期，美国通用电气公司研制成功笼式异步交流伺服电动机。交流伺服电动机的优点是没有电刷，避免了滑动摩擦，运转时无火花，进一步提高了可靠性。交流伺服电动机也可以直接与滚珠丝杠相连接，调速范围与大惯量直流伺服电动机相近。据统计，20世纪90年代末欧、美、日生产的数控机床，采用交流伺服电动机进行调速占80%以上，采用直流伺服电动机所占比例不足20%。可以看出，采用交流伺服电动机调速已经成为数控机床的主要调速方法。

此外，微处理器在伺服系统中得到广泛应用，这种伺服系统称数字式伺服系统。它排除

了通常模拟电路的非线性误差以及电压飘移和温度变化的影响，脉冲当量从 0.001mm/脉冲提高到 0.0001mm/脉冲，最大进给速度可以达 15m/min。

四、自适应控制

在闭环控制的数控机床中，位置反馈系统主要监控机床和刀具的相对位置或移动轨迹的精度。数控机床严格按照加工前编制的程序自动进行加工，但有一些因素，如工件毛坯余量不均匀、材料硬度不一致、刀具磨损或破损、工件变形、机床热变形、润滑和切削液等因素，在编程时事先难以预测，往往根据可能出现的最坏情况估算，在实际加工时，很难实现最佳参数进行切削，这样就没有充分发挥数控机床的能力。如果能在加工过程中，根据实际参数的变化值，自动改变机床切削进给量，使数控机床能适应任一瞬时的变化，始终保持在最佳加工状态，这种控制方法称为自适应控制。图 1-20 所示是自适应控制结构框图，其工作过程是通过各种传感器测得加工过程参数的变化信息并传送到自适应控制器，与预先存储的有关数据进行比较分析，然后发出校正指令送到数控装置，自动修正程序中的有关数据。

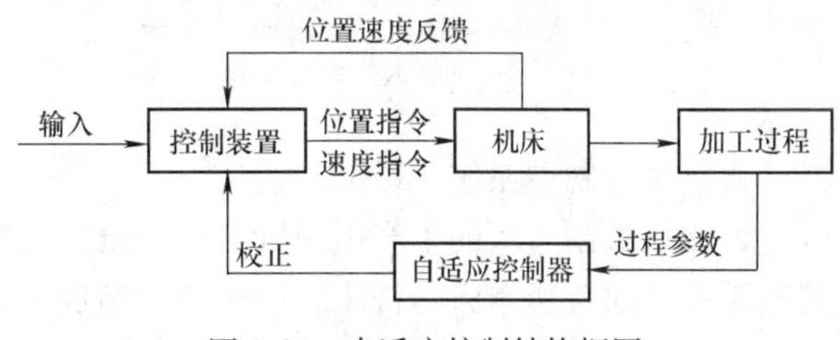

图 1-20 自适应控制结构框图

计算机控制装置为自适应控制提供了物质条件，只要在传感器检测技术方面有所突破，数控机床的自适应能力必将大大提高。

五、计算机群控

计算机群控可以简单地理解为用一台大型通用计算机直接控制一群机床，简称 DNC 系统。根据机床群与计算机连接的方式不同，计算机群控可以分为间接型、直接型和计算机网络三种不同方式。

图 1-21 所示是间接型 DNC 系统框图。间接型 DNC 使用主计算机控制每台数控机床，加工程序全部存放在主计算机内，加工工件时，由主计算机将加工程序分送到每台数控机床的数控装置中，每台数控机床仍保留插补运算等控制功能。

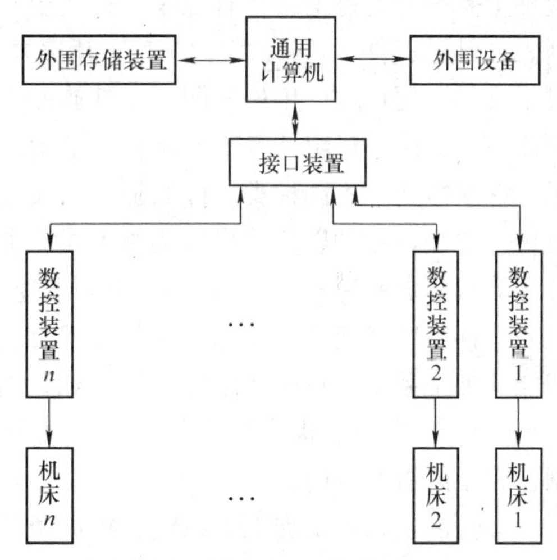

图 1-21 间接型 DNC 系统框图

图 1-22 所示是直接型 DNC 系统框图。在直接型 DNC 中，机床群中每台机床不再安装数控装置，只有一个由伺服驱动电路和操作面板组成的机床控制器，加工过程所需要的插补运算等功能全都集中由主计算机完成。这种系统内的任何一台数控机床都不能脱离主计算机单独工作。

图 1-23 所示是计算机网络 DNC 系统框图，该系统使用计算机网络协调各数控机床工作，最终可以将该系统与整个工厂的计算机联成网络，形成一个较大的、完整的制造系统。

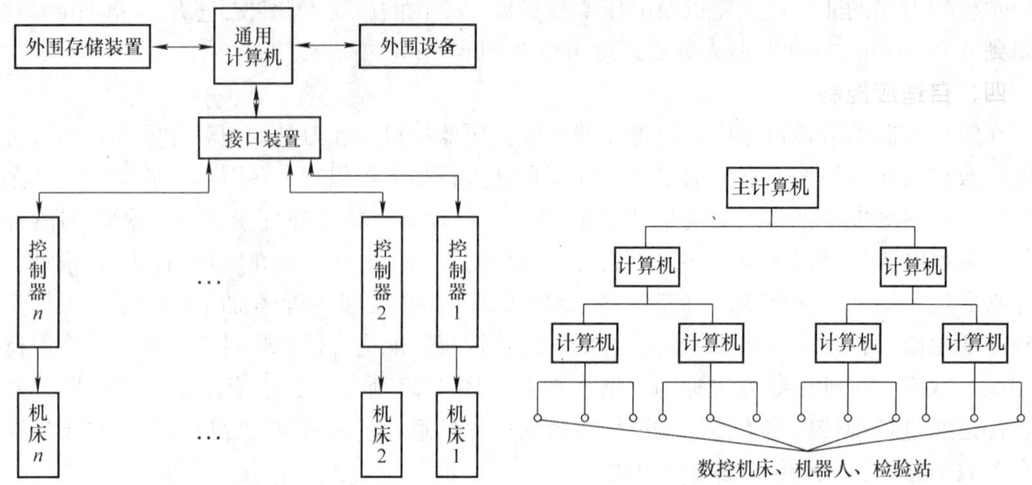

图 1-22 直接型 DNC 系统框图　　图 1-23 计算机网络 DNC 系统框图

六、柔性制造系统（FMS）

许多机械制造厂的生产组织针对中小批量生产。为了适应中小批量生产，通常用大量的普通设备（如普通车床、铣床、磨床等）组成按一定工艺顺序的流水生产线，或者按机床种类不同组成不同的生产机群进行生产。为了提高生产效率，保证加工精度，对不同的工件设计不同的专用工装夹具。这种生产方式虽然适应不同产品工件的加工，但效率低，工装费用高，精度质量难以保证。另一种生产组织方法叫成组技术（GT），这种技术是把形状各异的工件按基本形体分别归于不同的“组”或“工件族”，例如，轴类工件不论尺寸长短，也不论轴上是否开有键槽或车有螺纹，都是由圆柱面这一基本形体构成，因此，可以将这类工件划入“轴类工件”这一“工件族”，用基本相同的机床和工装夹具或专门设计的成组机床、成组夹具，便可加工出处于同一工件族的不同工件，从而提高生产效率。因为“工件族”范围比较窄，所以成组技术不能从根本上解决工件加工过程中辅助时间过长和工装费用高的问题。探求能适应不同种类工件的加工而又能节省大量辅助时间的加工方法是机械加工追求的目标。于是，一种以数控机床为核心的柔性制造单元（FMC）和柔性制造系统（FMS）以及计算机集成制造系统（CIMS）得到迅速发展。

柔性制造系统是一种把自动化加工设备、物流自动化处理和信息流自动处理融为一体的智能化加工系统。目前使用较多的 FMS 大都是单一工件族内具有柔性的加工系统，如车削 FMS、镗铣 FMS、板材生产 FMS、焊接 FMS 等。具有不同族工件加工能力的 FMS 是机械制造发展的重要方向。

柔性制造系统由加工子系统、物流子系统和信息流子系统三个基本部分组成，如图 1-24 所示。图 1-25 是北京机床研究所研制的一条由五台国产数控机床组成的具有不同族工件加工能力的 FMS，该系统可以加工直流伺服电动机的轴类、法兰盘类、刷架体类、壳体类等四大类共 14 种零件。根据图 1-25 所示实例，柔性制造系统各部分的组成作用简述如下。

1. 加工子系统

该加工子系统由数控车床（单元 1）、数控端面外圆磨床（单元 2）、数控车床（单元 3）、立式加工中心（单元 4）、卧式加工中心（单元 5）组成，是 FMS 的基础部分。加工子

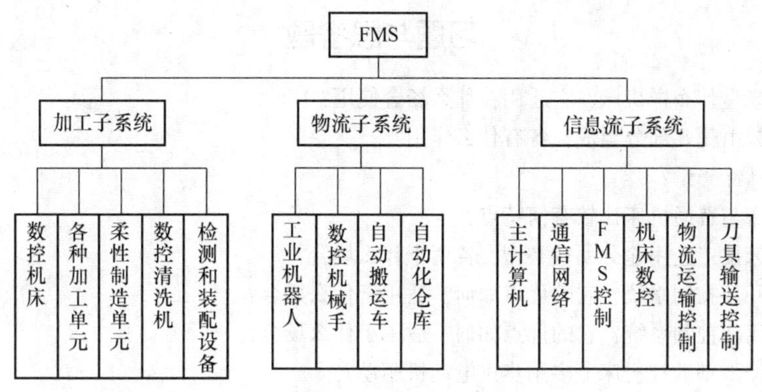

图 1-24 FMS 的构成

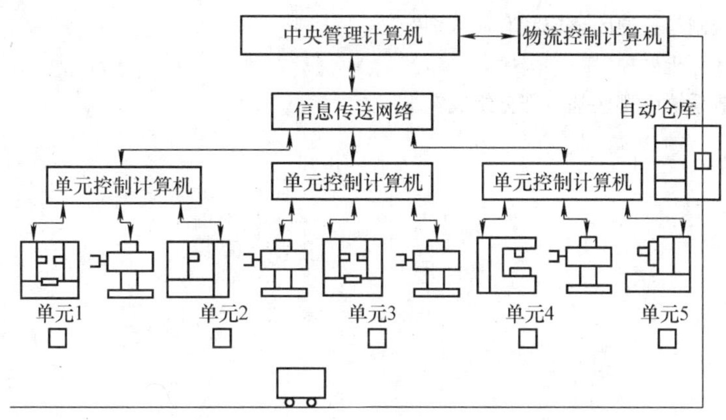

图 1-25 一个 FMS 组成实例

系统内的加工机床除具有自动化加工的功能外，还具有通过计算机能与外界进行物流和信息流交换的功能。

所谓物流交换功能，就是指在 FMS 中的加工机床应能与外界自动进行刀具、工件的更换（既能将损坏和磨损的刀具清理出机床刀库，又能将新刀具装入机床刀库待使用；既能将加工好的工件送出机床的加工位置，又能将待加工工件送到加工位置并定位夹紧）。

所谓的信息流交换功能是指 FMS 内的加工机床必须具有与上一级计算机进行信息交换的能力，即数控机床能接收上一级计算机送来的加工程序和各种命令，同时能向上一级计算机反馈各种机床状态信号和检测信号。

2. 物流子系统

该系统由四个机器人、自动仓库、工件出入托盘站，五个机床前托盘站和一辆自动搬运车组成。物流子系统在计算机的控制下能自动完成工件的输送工作。

3. 信息流子系统

信息流子系统由中央管理计算机、物流控制计算机、单元控制计算机、各数控机床中和机器人中的数控装置以及信息传送网络组成。信息流子系统的主要功能是实现各子系统之间的信息联系，并对系统进行管理，确保系统的正常工作。对一个复杂系统，只有通过计算机分级管理才能对系统进行卓有成效的管理，以保证系统在工作时，各部分保持协调一致。

习题与思考题

1-1　数控机床是什么样机床？它适用在什么场合使用？

1-2　数控机床由哪几部分组成？各有什么作用？

1-3　什么叫脉冲当量？

1-4　数控机床与普通机床比较有何特点？

1-5　数控机床按工艺用途分哪些类型？各用于什么场合？

1-6　什么是开环控制系统？它的优点如何？适用于什么场合？

1-7　什么是闭环控制系统？它的优点如何？适用于什么场合？

1-8　为什么经济型数控机床上多用步进电动机驱动？

1-9　点位控制方式与轮廓控制方式有什么不同？各适用于什么场合？

1-10　插补器有什么用途？

1-11　自适应控制与普通闭环控制有何区别？

1-12　什么是计算机群控？

1-13　柔性制造系统由哪些基本部分组成？

第二章　数控机床的程序编制

第一节　程序编制的基本知识

数控机床是按照事先编制好的加工程序自动地对工件进行加工的高效自动化设备。理想的加工程序不仅应保证加工出符合图样要求的合格工件，同时应能使数控机床的功能得到合理的应用与充分的发挥。在数控机床上加工工件时，首先要将被加工工件的全部工艺过程以及其他辅助动作（变速、换刀、冷却、夹紧等）按运动顺序，用规定的指令代码程序格式记录在控制介质上，通过人机交互设备送入数控装置，以此为依据完成工件的全部加工过程。从工件图样开始，到获得数控机床所需控制介质（例如穿孔带）的过程称为程序编制。

一、程序编制的内容

为了理解数控机床加工过程和加工程序之间的关系，首先讨论在立式数控铣床上加工一个简单工件的实例。图 2-1a 所示为工件图，要求在立式数控铣床上加工沟槽，沟槽的宽度是 10mm，深度是 5mm，故选用直径ϕ10mm 的立铣刀，刀具的位置和加工时刀具中心移动轨迹如图 2-1b 所示，采用增量值编程方式，Z 坐标轴方向同主轴一致，主轴向上移动为 Z 轴的正方向，加工程序如下：

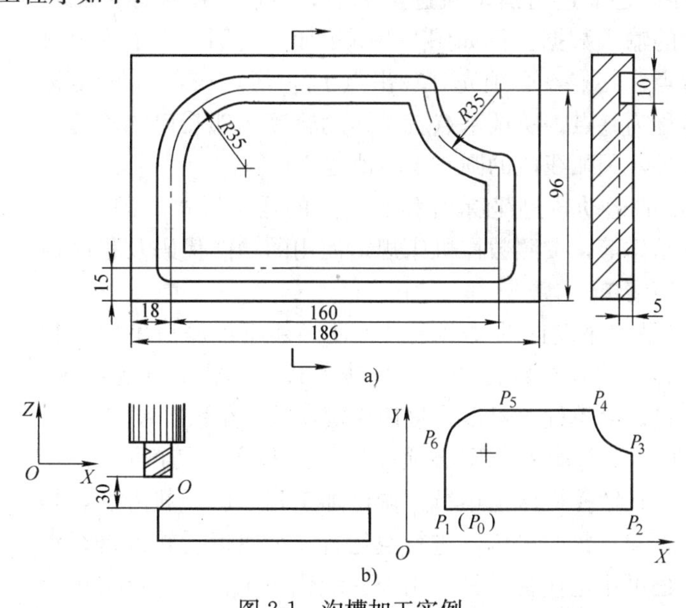

图 2-1　沟槽加工实例

N001　G91 G00 X18.0 Y15.0　；由 O 点移至 P_0 点。

N002　S500 M03　；主轴正转，转速 500r/min。

N003　M08　；冷却泵起动。

N004　Z−27.0　；由 P_0 点快速下移 27mm。

```
N005  G01 Z-8.0 F140                ；以140mm/min速度下移至槽底P1点。
N006  X160.0                        ；由P1点加工至P2点。
N007  Y46.0                         ；由P2点加工至P3点。
N008  G02 X-35.0 Y35.0 R35.0        ；顺时针加工圆弧P3点至P4点。
N009  G01 X-90.0                    ；由P4点加工至P5点。
N010  G03 X-35.0 Y-35.0 R35.0       ；逆时针加工圆弧P5点至P6点。
N011  G01 Y-46.0                    ；由P6点加工至P1点。
N012  G00 Z35.0                     ；由P1点快速上升至P0点。
N013  M09                           ；关切削液。
N014  M05                           ；主轴停止转动。
N015  X-18.0 Y-15.0                 ；快速反回起始点。
N016  M30                           ；程序结束。
```

根据以上实例，可以归纳出程序编制的一般内容和过程如下（参考图 2-2）：

1）首先分析工件图样。根据工件图样，对工件的形状、尺寸、精度、表面质量、材料、毛坯种类、热处理和工艺方案等进行详细分析，从而确定加工方法、定位夹紧以及加工工步顺序、使用刀具和切削用量等，即制订加工工艺。在制订加工工艺时，除考虑一般的工艺原则外，还应考虑充分发挥数控机床功能，做到加工路线要短、进给次数要少、换刀次数要少、加工安全可靠。同时，对毛坯的基准面和加工余量要有一定要求，以便毛坯的装夹和加工能顺利进行。

2）在编制程序前还要进行运动轨迹坐标值计算，这些坐标值就是编制程序时所需要的输入数据。例如图 2-1 所示加工实例，为了确定每一段运动轨迹的起点和终点，必须先计算出点 P_1，P_2，…，P_6 的坐标值，通常把这些点称为基点。所谓基点就是运动轨迹相邻几何要素的交点。除了计算基点外，圆弧线段的圆心坐标值也要计算。

3）根据计算出的运动轨迹坐标值和已确定的运动顺序、刀具号、切削参数以及辅助动作等，按照数控机床规定使用的功能代码及程序格式逐段编写加工程序清单。

4）程序清单只是程序设计的文字记录，还必须将程序清单的内容记录在输入介质上，再输入至数控装置。传统方式是制作成穿孔纸带，现在通常使用计算机。简单程序可以直接使用键盘输入至数控装置。

5）由程序清单制作的输入介质必须经过调试和实际切削运行后，才可以使用或保存。在数控机床上运行、调试加工程序的一般方法，是在不装夹工件情况下起动数控机床，进行空运行，观察运动轨迹是否正确。在数控铣床上还可用笔代替刀具，用坐标纸代替工件，进行空运行绘图，检查运动轨迹是否正确。然后进行首件试切，进一步考察程序清单或控制介质的正确性，并检查是否满足加工精度要求。只有首件试切通过检查，方可制作供加工使用和存档的控制介质。

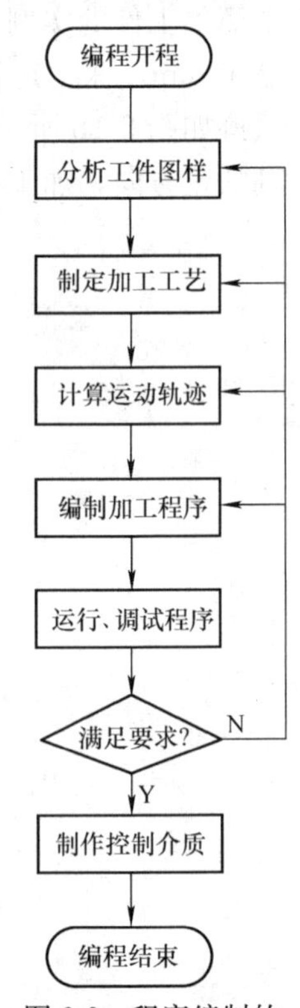

图 2-2 程序编制的一般内容和过程

二、程序编制方法

程序编制方法可以分为手工编程和自动编程两大类。

1. 手工编程

手工编程是指编制工件加工程序的各个步骤，即从工件图样分析、工艺处理、确定加工路线和工艺参数、计算程序中所需的数据、编写加工程序清单直到程序的检验，均由人工来完成。对几何形状较为简单的工件，所需程序不多，坐标计算也比较简单，程序又不长，使用手工编程既经济又及时。因此，手工编程在点位直线加工及由直线、圆弧组成的轮廓加工中仍被广泛应用。

但是，工件轮廓复杂，特别是加工非圆弧曲线、曲面等表面，或工件加工程序较长时，使用手工编程既繁琐又费时，而且容易出错，常会出现手工编程工作跟不上数控机床加工的情况，影响数控机床的开动率。此时，必须解决程序编制的自动化问题。

2. 自动编程

自动编程又称计算机辅助编程。自动编程在自动编程系统上进行，自动编程系统由一台通用计算机配上打印机、自动穿孔机和自动绘图仪等组成。自动编程系统使用数控语言描述切削加工时刀具和工件的相对运动、轨迹和一些加工工艺过程，程序员只需使用规定的数控语言编一个简短的工件源程序，然后输入计算机，自动编程系统自动完成运动轨迹的计算、加工程序编制和穿孔带制作等工作，所编程序还可以通过屏幕显示或绘图仪进行模拟加工演示。有错误时可以在屏幕上进行编辑、修改，直至程序正确为止。自动编程与手工编程相比，减轻了编程工作量，缩短了编程时间，提高了编程的准确性。特别是复杂工件的编程，其技术经济效益显著。

三、数字控制国际标准代码

为了设计、制造、维修和使用的方便，在输入代码、坐标系统、加工指令、辅助功能及程序格式等方面逐渐形成了两种国际通用数字控制标准，即 ISO（International Standard Organization）国际标准化组织标准和 EIA（Electronic Industries Association）美国电子工业协会标准，详见附表 B 和附表 A。代码是采用 7 位二进制编码，在附录 B 中，字符 1 的代码是 0110001。代码按 8 位二进数（1 个字节）方式传递，为了便于校验，ISO 编码采用偶数校验，即每个字符中的‘1’的个数必为偶数，例如字符 1 的代码是 0110001，‘1’的个数是奇数，则在二进制数的第 8 位（b8）补 1，代码传递时是 10110001；字符 A 的代码是 1000001，‘1’的个数是偶数，因此不补 1，代码传递时是 01000001。EIA 编码采用奇数校验，即每个字符中的‘1’的个数必为奇数。代码符号及定义见附录 D 和附录 C。计算机中采用的 ASCⅡ代码与 ISO 代码相同。字符“1”代码传递过程示意图如图 2-3 所示。

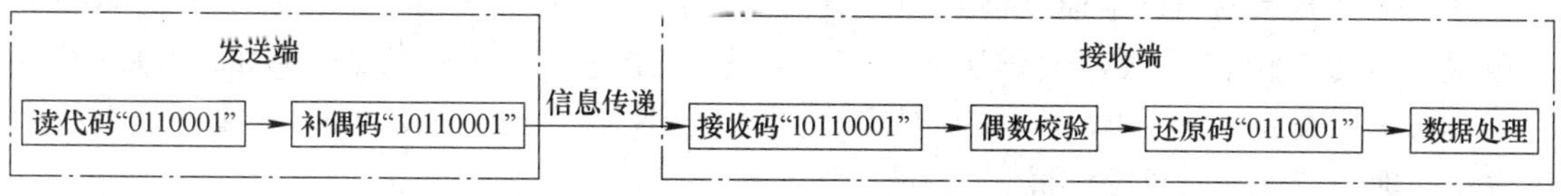

图 2-3　字符“1”代码传递过程示意图

四、程序中的信息字和程序格式

1. 信息字及其含义

通过图 2-1 所示沟槽加工程序实例可以看出，一个完整的程序由若干程序段组成，程序段又由若干个信息字组成。数控装置处理程序时是以信息字为单元进行处理。信息字又称功能字，是组成程序的最基本单元，由地址字符和数字字符组成。地址字符及其含义见表 2-1。

数控机床编制程序时经常使用的信息字的含义介绍如下：

表 2-1 ISO 代码中地址字符及其含义

字符	含义	字符	含义
A	绕 X 坐标的角度尺寸	O	不用
B	绕 Y 坐标的角度尺寸	P	平行于 X 坐标的第三坐标
C	绕 Z 坐标的角度尺寸	Q	平行于 Y 坐标的第三坐标
D	绕特殊坐标的角度尺寸，或第三种进给速度功能	R	平行于 Z 坐标的第三坐标
E	绕特殊坐标的角度尺寸，或第二种进给速度功能	S	主轴转速功能
F	进给速度功能	T	刀具功能
G	准备功能	U	平行于 X 坐标的第二坐标
H	永不指定	V	平行于 Y 坐标的第二坐标
I	平行于 X 坐标的插补参数或螺纹螺距	W	平行于 Z 坐标的第二坐标
J	平行于 Y 坐标的插补参数或螺纹螺距	X	X 坐标方向的主运动
K	平行于 Z 坐标的插补参数或螺纹螺距	Y	Y 坐标方向的主运动
L	永不指定	Z	Z 坐标方向的主运动
M	辅助功能	:	对准功能，倒带停止，可以代替序号 N
N	程序号		

（1）程序段序号字 N 程序段的序号由字母 N 和后续三位数字表示，例如 N003，表示程序中第三段程序。数控装置读取某段程序时，该程序段序号由屏幕显示，以便操作者了解或检查程序执行情况。

（2）准备功能字 G 由字母 G 和两位数字（G00～G99）组成，用来指定坐标系，指定定位方式、插补方式，指定攻螺纹和各种固定循环以及刀具补偿等功能（参阅附录 E，G 代码一览表）。

（3）坐标字 坐标字给定机床在各坐标轴上移动方向和位移量，由坐标地址字符和带正、负号的数字（正号通常省略）组成，例 X40.0，表示 X 轴正方向 40mm。坐标地址所用字符较多（参考表 2-1），每个字符的含义详见后续课节。

（4）进给功能字 F 进给功能字用来指定刀具相对于工件的进给速度，单位是 mm/min；例如，N005 G01 Z－8.0 F140，表示刀具的进给速度是 140mm/min。但在车削螺纹、攻螺纹等工序中，因进给速度和主轴转速有关，用 F 直接指定螺纹的导程。例如，N022 G33 Z12.0 F2.0，表示车削公制螺纹的加工程序段，螺纹的导程是 2mm。

除使用 F 直接给出进给速度值外，在经济型数控机床上常采用二位代码指定实际的进给速度，称为二位代码法，代码法规定了 100 种进给速度，见表 2-2。例如，N005 G01 Z－8.0 F40，查表 2-2 可知，代码 40 对应的实际进给速度是 100 mm/min，查表过程由数控装置在处理加工程序时自动完成。

（5）主轴转速功能字 S 主轴转速功能字用于指定主轴转速，单位是 r/min，一般是直接指定，也有用二位代码法指定的。例如，直接指定 S2500，表示主轴转速为 2500r/min。

（6）刀具功能字 T 功能完善的数控系统，地址字 T 后接四位数字，前二位是刀具号，后二位是刀具补偿值组别号。例如 T0303 表示使用第三把刀具，并且调用第三组刀具补偿值。刀具补偿值一般是作为参数设定并由手动输入（MDI）方式输入数控装置。经济型数控机床则在引导程序中设定刀具补偿值。

表 2-2 二位代码法的进给速度对照表

代码	速度/(mm/min)	代码	速度/(mm/min)	代码	速度/(mm/min)	代码	速度/(mm/min)	代码	速度/(mm/min)
00	停	20	10.0	40	100	60	1000	80	10000
01	1.12	21	11.2	41	112	61	1120	81	11200
02	1.25	22	12.5	42	125	62	1250	82	12500
03	1.40	23	14.0	43	140	63	1400	83	14000
04	1.60	24	16.0	44	160	64	1600	84	16000
05	1.80	25	18.0	45	180	65	1800	85	18000
06	2.00	26	20.0	46	200	66	2000	86	20000
07	2.24	27	22.4	47	224	67	2240	87	22400
08	2.50	28	25.0	48	250	68	2500	88	25000
09	2.80	29	28.0	49	280	69	2800	89	28000
10	3.15	30	31.5	50	315	70	3150	90	31500
11	3.55	31	35.5	51	355	71	3550	91	35500
12	4.00	32	40.0	52	400	72	4000	92	40000
13	4.50	33	45.0	53	450	73	4500	93	45000
14	5.00	34	50.0	54	500	74	5000	94	50000
15	5.60	35	56.0	55	560	75	5600	95	56000
16	6.30	36	63.0	56	630	76	6300	96	63000
17	7.10	37	71.0	57	710	77	7100	97	71000
18	8.00	38	80.0	58	800	78	8000	98	80000
19	9.00	39	90.0	59	900	79	9000	99	高速

采用刀具补偿值编程，可对因刀具磨损、测量等产生的误差进行补偿，提高实际的加工精度。

（7）辅助功能字 M　辅助功能字由地址字 M 后接两位数字（M00～M99）组成，用于指定主轴旋转方向和起动、停止，切削液供给和关闭，夹具夹紧和松开，刀具更换等功能。在加工中心和 FMS 系统中，还用 M 指定机器人、机械手、托盘等多种自动化外围设备工件。

2. 程序段格式

程序段格式就是指信息字的特定排列方式。目前广泛使用地址字程序段格式，例如：

N001 G01 X70.0 Z－40.0 F140 S300 T0101 M03 LF

这段程序表示一种操作，除程序段结束字符“LF”外，它由 8 个功能字组成：N001 是程序段序号，表示工件加工程序中的第一段程序；G01 是准备功能字，定义为直线插补，即加工直线；X70.0 是坐标字，表示向 *X* 轴正向位移至 70mm；Z－40.0 是坐标字，表示刀具位移至 *Z* 轴负方向 40mm 处；F140 是进给功能字，表示刀具相对工件的进给量是 140mm/min，S300 是主轴转速功能字，表示主轴转速 300r/min；T0101 是刀具功能字，表示使用一号刀具并调用第一组刀具补偿值；M03 是辅助功能字，表示主轴起动正转。可见，该程序段的含义是命令数控机床主轴以 300r/min 的转速正向旋转，使用一号刀具以 140mm/min 的进给量从当前位置按直线插补方式移至坐标点 X70mm 和 Z－40mm 处加工工件。

图 2-1 所示沟槽加工程序实例中，采用了地址字程序段格式，地址字程序段格式的特点如下：

1）在程序段中功能字排列顺序并不严格，没有必要的功能字可以省去。

2）有一些功能字属模态指令。所谓模态指令就是由前面程序段指定的某些 G 功能和 M、S、T 功能，若本程序段仍然有效，可以省略。

3）要取消模态指令功能，必须重新设定相关指令，例如，G00 是模态指令，表示快速点定位功能，若在后面程序段中出现 G01，则 G00 功能被取消，改为直线插补功能，G01 和 G00 是相关指令，非相关指令不能取消模态指令的功能。

4）坐标字后面的数字只要求写有效数字，不要求写满固定位数。例如坐标字后的数字，规定在小数点前取五位数，在小数点后取三位数，若程序要求沿 X 坐标正方向移动 70mm，可以写成 X00070.000，也可以写成 X70.0。

正是由于地址字程序段格式具有上述特点，所以在一个程序中每个程序段的长短不一样，故又称其为可变程序段格式。

也有少数数控系统，如线切割机床用的数控系统，采用分隔符的固定程序段格式。但这种程序不直观，易出错，其他数控机床都不采用，所以，本教材中不作介绍。

3. 主程序和子程序

在实际加工程序中，常常会进行多次相同操作。例如，加工几处几何形式完全相同的工件，如果每次加工都编写相同的程序，不仅麻烦而且浪费时间。这时，可将这些重复的程序段编成子程序，并事先存到存储器的特定区域。子程序以外的程序段为主程序。主程序在执行过程中，如果需要执行子程序时调出该子程序使用即可，并可多次重复调用，从而简化了编程。主程序与子程序的关系如图 2-4 所示。主程序与子程序的内容不同，但二者的程序格式应相同。具体编程方法应参照数控机床说明书的规定。

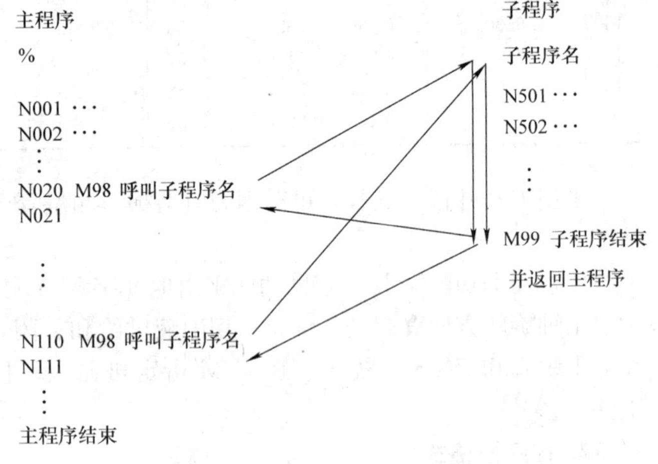

图 2-4 主程序与子程序关系图

五、数控机床坐标系和运动方向的规定

不同的数控机床有不同的运动形式，可以是刀具相对于工件的运动，也可以是工件相对于刀具的运动。为了使编程人员能按工件图要求编写加工程序，而不必过多关心机床的运动形式，并使所编程序在同类型数控机床中有互换性，国际上统一采用标准坐标系。我国参考国际标准也制定了 GB/T 19660—2005《工业自动化系统与集成机床数值控制坐标系和运动命名》标准。

机床坐标系采用右手直角坐标，如图 2-5 所示，规定空间直角坐标系 X、Y、Z 三者的关系及其方向由右手定则判定，X、Y、Z 各轴的回转运动及其正

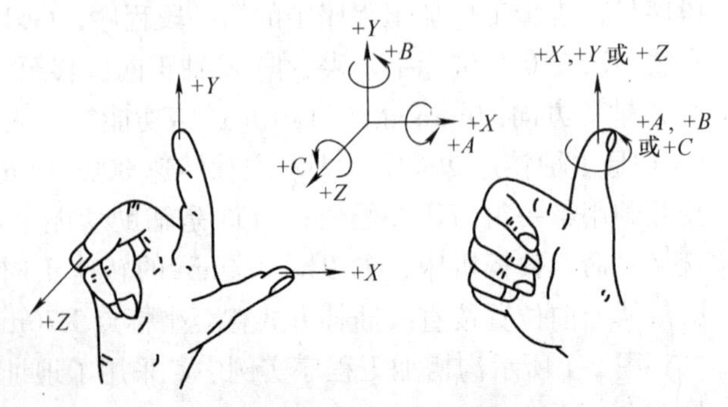

图 2-5 坐标系和方向的确定

方向$+A$、$+B$、$+C$分别用右手螺旋法则判定。工件固定，刀具移动时采用上面规定的法则；如果工件移动，刀具固定时，工件移动的正方向与$+X$、$+Y$…$+C$相反，正方向用带“′”的$+X'$、$+Y'$……$+C'$表示。

在使用和判别坐标系时，作如下规定：

1）编写程序时，采用工件固定不动、刀具相对移动的原则编程，编程人员不需要考虑数控机床的实际运动形式。

2）确定数控机床的标准坐标系时，若工件固定不动、刀具移动，坐标系正方向字母不带“′”；若刀具固定不动、工件移动，坐标系正方向字母带“′”表示。

3）确定数控机床各坐标轴时，先确定Z轴，然后确定X、Y轴。具体过程如下（参考图2-6～图2-8）。

Z坐标轴与传递切削动力的主轴方向一致，使工件和刀具的之间距离增大的方向是Z坐标轴的正方向$+Z$，刀具进入工件的方向是Z坐标的负方向$-Z$。

X坐标轴一般是水平方向，与工件装夹面平行，且垂直Z坐标轴。对于工件旋转的机床，例如数控车床，取平行刀具移动面的工件径向射线作为X坐标轴，刀具离开主轴中心线方向是X坐标轴的正方向$+X$。对于刀具旋转的数控机床，当Z坐标轴处在水平面上时，从刀具主轴后端看工件，$+X$方向指向右向；当Z坐标轴处在垂直面上时，面对主轴看立柱，$+X$方向指向右向。

Y坐标轴的方向可以根据Z和X方向由右手定则判别。

4）与主坐标系平行的坐标系称为辅助坐标系，分别用U、V、W表示。如果还有第二辅助坐标系，则用P、Q、R表示。

图2-6～图2-8所示为几种典型数控机床的坐标系。

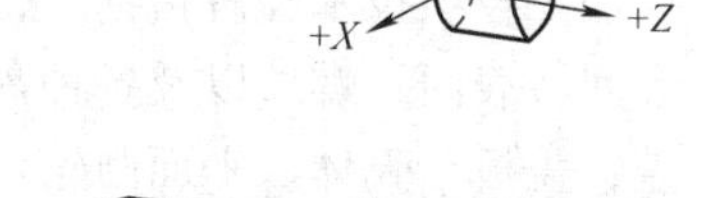

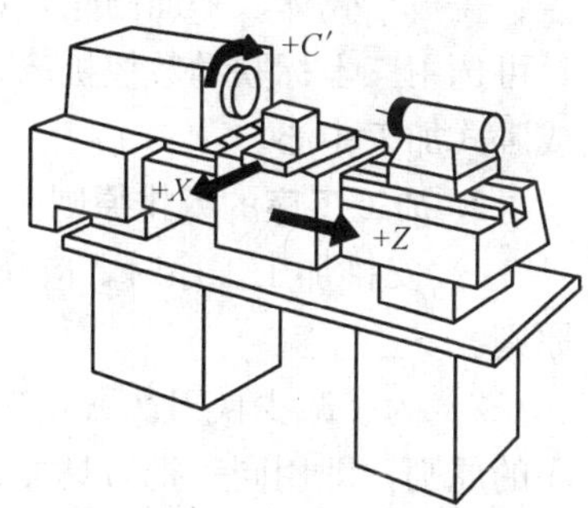

图2-6 数控车床坐标系

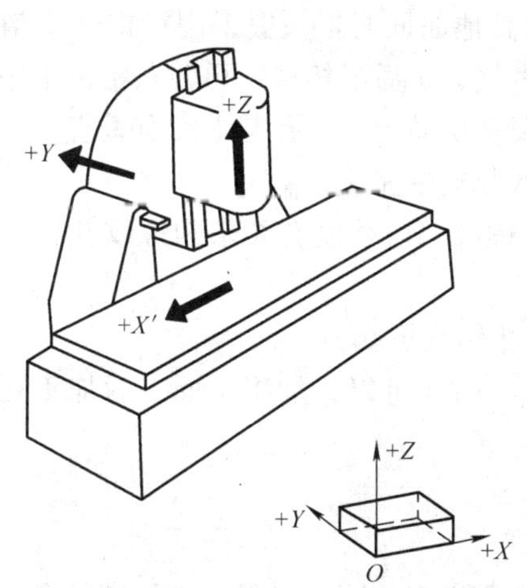

图2-7 数控铣床坐标系

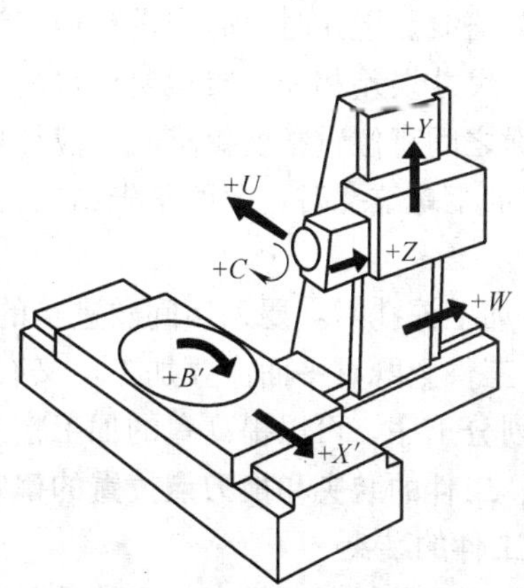

图2-8 数控镗铣床坐标系

第二节 数控机床加工工艺分析

在数控机床上加工工件时，加工程序中应考虑机床的运动、工件的加工工艺、刀具的形状及切削用量、进给路线等比较广泛的工艺问题。为了编制出一个合理的、实用的加工程序，编程人员不仅要了解数控机床的工作原理、性能特点及结构，掌握编程语言和标准程序格式，还应熟练掌握工件加工工艺，合理确定切削用量，正确选用刀具和夹紧方法，并熟悉检测方法，优秀的数控机床编程员首先是一个好的工艺员。数控机床加工工艺知识的获得除了通过课本知识的学习以及正确使用工艺手册外，主要是参加实际编程和操作，以获取丰富的经验知识。下面就工艺分析中的几个问题作简单介绍。

一、数控机床的选择和加工工序的安排

1. 数控机床选择

首先应根据被加工工件的尺寸、技术要求进行工艺分析，根据工件的加工数量并考虑工件加工各项技术经济指标，合理地选用数控机床。若被加工工件是圆柱形、圆锥形、各种成形回转表面、螺纹以及各种盘类工件并进行钻、扩、镗孔加工，可选用数控车床；箱体、箱盖、盖板、壳体、平面凸轮，可选用立式数控铣镗床或立式加工中心；复杂曲面、叶轮、模具可选用三坐标联动数控机床；复杂的箱体工件、泵体、阀体、壳体可选用卧式数控铣镗床或卧式加工中心。

2. 加工工序的编排原则

1）安排加工工序时，应充分考虑数控机床的特点，采用一次装夹多工序集中加工的原则。

2）为了减少换刀次数，减少空行程时间，消除不必要的定位误差，采用按刀具划分工序的原则，即用同一把刀具加工工件所有该刀具应加工的部位后，再换接第二把刀具。

3）在数控车床上加工轴类工件时，视加工精度的不同，可采用按粗车→半精车→精车→螺纹加工的工艺路线。有同轴度要求的内外圆柱面或有垂直度要求的外圆与端面，尽可能在一次装夹中完成。

4）在数控铣床或加工中心上铣平面、台阶或其他曲面时，一般采用粗铣→半精铣→精铣的工艺路线。镗孔时也需先进行粗、半精镗或者钻、扩后半精镗，再转入精镗工序。对几何形状、尺寸误差和表面质量要求较高的孔，需要多次精镗。当孔与端面有垂直度要求或平面与平面之间有位置精度要求时，应尽可能在一次装夹中完成。

5）加工螺纹孔时，一般是先钻底孔，然后攻螺纹。对精度有要求的螺纹孔，常需二次攻螺纹。

6）加工深孔时，要采用间歇进给的方法，防止钻头折断。

7）工件上既有平面需要加工，又有孔需要加工时，可以先加工平面，后加工孔，按这种方法划分工序，可以提高孔的加工精度。

二、工件的装夹和换刀点位置的确定

1. 工件的装夹

在数控机床上，工件定位安装的基本原则与普通机床相同。但因数控机床是高度自动化加工机床，为了能保证在长时间无人看管的情况下自动加工出符合精度要求的工件，充分发

挥数控机床的特点，装夹工件时应考虑以下几个因素：

1）尽量采用组合夹具，必要时才设计专用夹具。

2）工件的定位基准应与设计基准保持一致，应防止过定位，箱体工件最好选择一面两销作为定位基准。定位基准在数控机床上要细心找正。为了找正方便，有的机床，例如卧式加工中心工作台侧面，安装专用定位板。

3）因为在数控机床上通常一次装夹完成工件的全部工序，因此应防止工件因夹紧引起的变形对工件加工造成不良影响。夹紧力应靠近主要支承点，力求靠近切削部位。

4）若需要设计专用夹具，夹具应有足够的刚度和强度。

2. 选择刀具程序起始点

编制加工程序时需要选择一个合理的刀具起始点，如图 2-9 中的 R_0。因为数控机床执行程序命令时从该点开始动作，所以刀具的起始点就是程序的起始点，有时又称对刀点或换刀点。程序起始点可由程序设定（详见本章第三节），在设定起始点时，应考虑以下几项因素：

1）刀具在起始点换刀时，不能与工件或夹具产生干涉碰撞。

2）刀具退回到起始点时，应能方便地安装工件或能测量加工中的工件。

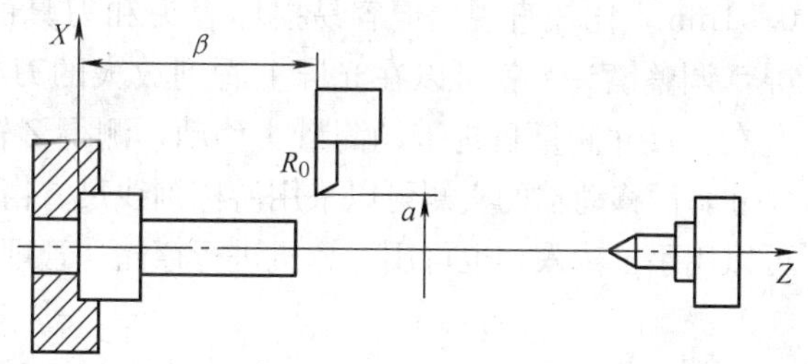

图 2-9　刀具起始点

3）起始点可以选在工件上的某一基准点，也可以选在工件外的某一点。在数控铣床上，起始点应尽可能选在工件设计基准或工艺基准上。若以孔定位的工件，起始点应放在孔的中心线上，这样不仅便于测量，也能减少误差，提高加工精度。

3. 刀具测量

在数控机床上使用一把刀具加工工件时，常采用实切法确定程序中刀具的起始点，即用刀具在被加工工件上进行少量实际切削，根据测量加工出的工件实际尺寸，修改加工程序的起始点。采用实切法占用了机床的加工时间，效率很低，不利于自动加工。

图 2-10 所示的回转刀架上装夹有六把刀，分别完成不同加工工序，由于每把刀具的刀尖距回转刀架中心 O 点的距离都不相同，所以每次回转换刀后，刀具起始点的位置都会发生变化，给编程工作带来许多麻烦，特别是刀具磨损换刀后，问题更加突出。解决的办法是把回转刀架的中心 O 点作为起始点进行编程，利用对刀仪测出每把刀具刀尖相对刀架的中心 O 点的坐标值，送入控制系统中，在加工时自动补偿（详见本章第四节）。采用这种方式编写程序，如果机床上某把刀具因磨损需要更换时，不需要修改原先编写的程序，只需要将更换后刀具刀尖的坐标值输入数控系统即可进行加工。对刀仪是提高数控机床使用率必不可少的设备之一。

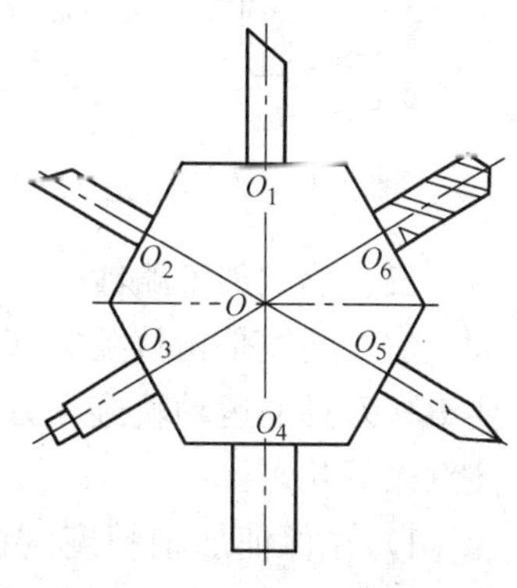

图 2-10　回转刀架

对刀仪以检测对象分类，可分为数控车床车刀对刀仪和数控镗铣床、加工中心用对刀仪，也有综合两种功能的综合对刀仪。由于车床车刀夹持标准化程度低，车刀对刀精度要求相对较低。数控镗铣床、加工中心的主轴与刀具连接形式采用锥柄结构（见本节五、数控机床的刀具配备），标准化程度很高，所以对刀仪主要用来测量锥柄结构刀具。

图 2-11 是在数控车床上使用的一种光学对刀仪外形图，使用时把对刀仪固定安装在车床床身的某一位置，然后将基准刀安装在刀架上，调整对刀仪的镜头位置，使显微镜内的十字线交点对准基准刀的对刀点，以此作为其他刀具安装时的基准。这种对刀方法精度不高。

图 2-12 所示是锥柄类刀具用对刀仪示意图，由锥柄定位机构、测量头、尺寸测量机构和测量数据处理装置四部分组成。为了使刀具定位基准面与对刀仪的锥孔可靠接触，在锥孔的底部有拉紧机构；锥孔主轴还应具有回转精度很高的旋转机构，以便转动锥孔主轴找出刀具上刀齿的最高点；对刀仪主轴中心线对测量轴 Z、X 有很高的平行度和垂直度要求。测量头有接触式和非接触式两种，图 2-12 中是接触式测量用百分表，测量精度为 0.002～0.01mm，比较直观，但容易损坏表头和刀具的切削刃。非接触式测量用的较多是投影光屏，调整镜头，就可以在光屏上看到放大的刀具刃口部分的影像，其测量精度在 0.005mm 左右。尺寸测量机构带动测量头移动，测得 Z 轴和 X 轴方向尺寸，即刀具的轴向尺寸和半径尺寸，两移动轴的实测可以采用游标刻线尺、精密丝杠和刻线读数头等。测量的数据在加工时可以用手工输入，也可用计算机进行存储、管理，加工时对刀具的长度和半径进行自动补偿。

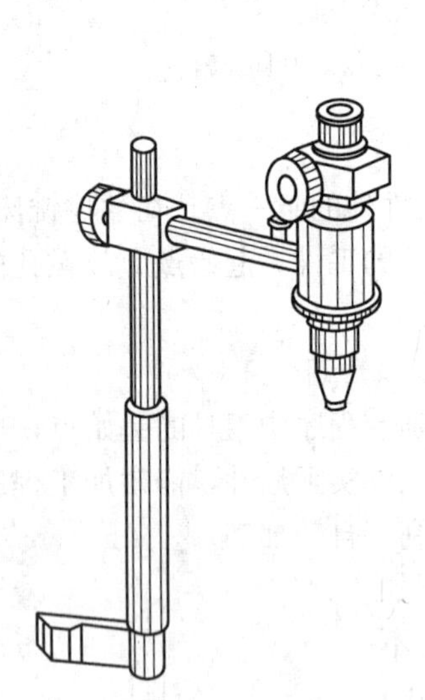

图 2-11 车床用光学对刀仪

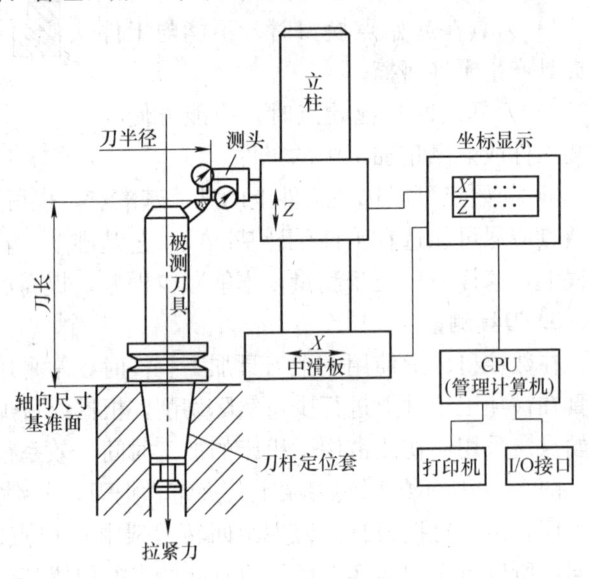

图 2-12 对刀仪示意图

三、确定加工路线

加工路线是指数控机床在加工过程中，刀具中心的运动轨迹和方向。编写加工程序，主要编写刀具的运动轨迹和方向。确定加工路线时，应注意以下几点：

1）在保证加工精度的前提下，应尽量缩短加工路线。例如，对于平行坐标轴的矩阵孔，可采用单坐标轴方向的加工路线，如图 2-13 所示。

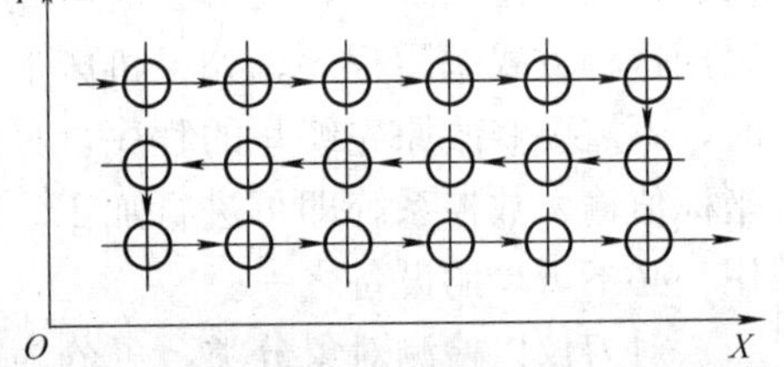

图 2-13 平行坐标轴矩阵孔加工路线

2）对多次重复的加工动作，可编写成子程序，由主程序调用。例如，图 2-14 所示是加工一系列孔径、孔深和孔距都相同的孔，每一个孔的加工循环动作都一样：快速趋近，工进钻孔，快速退回，然后移动到另一待加工孔的位置后，重复同样的动作。这时，就可以把加工循环动作编写成子程序，不仅简化了编程，而且程序长度缩短。

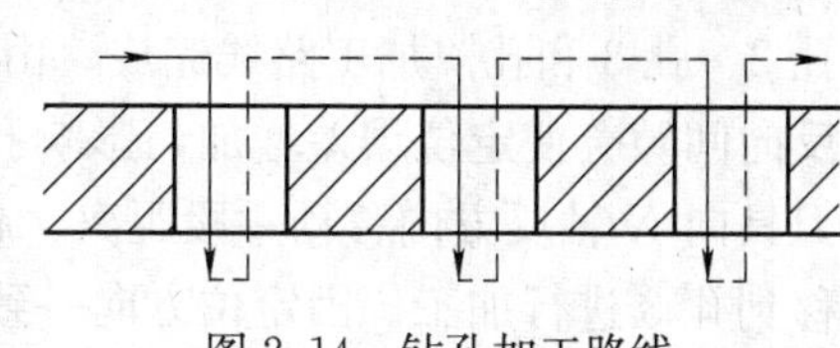
图 2-14　钻孔加工路线

3）在数控铣床上加工平面轮廓图形时，要安排好刀具切入和切出的加工路线，避免因交接处重复切削或法线方向切出（退刀）而在工件表面产生痕迹。

图 2-15a 所示是采用圆弧插补方式用立铣刀铣削整圆时的加工路线示意图，刀具从起始点沿圆周表面的切线方向进入，进行圆弧铣削加工，当整圆加工完毕开始退刀时，顺着圆周表面切线方向退刀，并退出一段距离，防止取消刀具半径补偿时，刀具和工件表面发生碰撞，造成工件报废。铣削内孔时，也应遵循切线方向切入和切出的原则。图 2-15b 所示是铣削内孔壁加工路线，起始点在圆孔的中心处，刀具应从切线方向切入加工，切出时，可多走一段圆弧，再退到起始点，这样可以降低接刀处的刀痕，提高内孔精度。

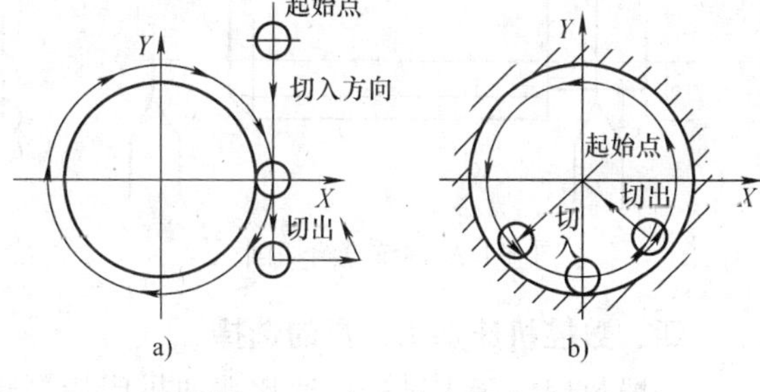

图 2-15　切入和切出方式

4）确定轴向移动尺寸时，应考虑刀具的引入长度和超越长度。加工工件时，刀具的轴向工作循环一般包括快速前进、工作进给和快速退回等运动，工件进给距离应当是刀具的引入长度 δ_1、工件加工长度 L 和刀具的超越长度 δ_2 的和，如图 2-16 所示。常用刀具的引入长度和超越长度可参考表 2-3 和表 2-4。

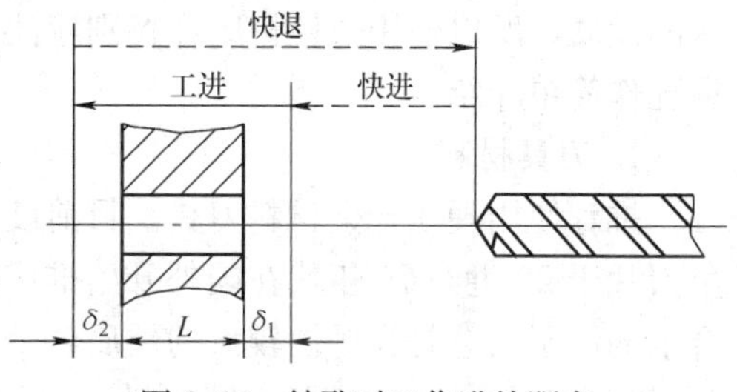

图 2-16　钻孔时工作进给距离

表 2-3　刀具的引入长度 δ_1　　(单位：mm)

工序名称	钻　孔	镗　孔	铰　孔	攻螺纹
加工表面	2～3	3～5	3～5	5～10
毛坯表面	5～8	5～8	5～8	5～10

表 2-4　刀具的超越长度 δ_2　　(单位：mm)

工序名称	钻　孔	镗　孔	铰　孔	扩　孔
超越长度	$d/3+(3\sim8)$	5～10	10～15	10～15

在数控车床上加工螺纹时，因开始加速时和加工结束减速时，主轴转速和螺距之间的速比不稳定，加工螺纹会发生乱扣现象，因此也要有引入长度 δ_1 和超越长度 δ_2，如图 2-17 所示，这样可以避免在进给机构加速或减速阶段进行螺纹切削。一般 δ_1 取 2～5mm，螺纹精度要求较高时取大值，δ_2 一般可取 $\delta_1/4$。若螺纹收尾处无退刀槽，收尾处的形状按 45°退刀收尾。

5）镗孔加工时，若位置精度要求较高，加工路线的定位方向应保持一致。例如，

图 2-18 中工件上有 4 个孔需要加工，可以采用两种方案加工：图 2-18a 所示方案按照孔 1、孔 2、孔 3 和孔 4 加工路线完成，由于孔 4 的定位方向与孔 1、孔 2、孔 3 方向相反，X 轴的反向间隙会使定位误差增加，影响孔距间的位置精度；图 2-18b 所示方案是加工完孔 2 后，刀具向 X 轴反方向移动一段距离，越过孔 4 后，再向 X 轴正方向移至孔 4 进行加工，最后移到孔 3 进行加工。因定位方向一致，所以孔间位置精度较高。

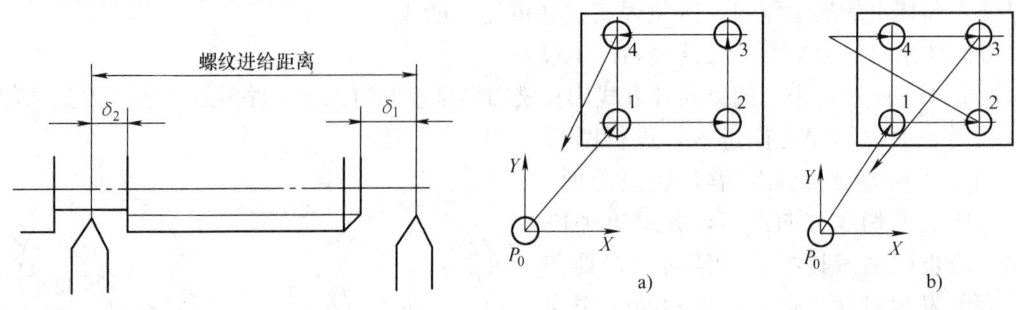

图 2-17 螺纹进给切削

图 2-18 镗孔加工路线示意图

四、数控机床加工刀具的选择

一般数控机床主轴的转速比普通机床最高转速高 1～2 倍，某些特殊用途的数控机床转速更高，并能在大切削用量情况下实现长时间无人自动加工，所以数控机床使用的刀具必须具有较高强度和寿命。数控机床需要新型高效刀具，新型刀具的出现和使用又促进了数控机床的发展，所以使用数控机床，特别应注意加工刀具的选择。下面主要对加工中心刀具使用情况作简单介绍。

1. 刀具材料

推荐使用硬质合金材料刀具。目前硬质合金刀片分涂层刀片与非涂层刀片。涂层硬质合金刀片于 20 世纪 70 年代在国外开始推广应用，20 世纪 80 年代中期应用已极为普遍。硬质合金的涂层工艺是在韧性较大的硬质合金基体表面用气相沉积或电泳沉积等方法沉积一薄层（一般 5～7μm）高硬度的耐磨材料（如 TiC、TiN、TiC＋TiN 和 Al_2O_2）。把硬度和韧性高度地结合在一起，从而改善硬质合金刀片的切削性能。切削实验表明：涂层硬质合金刀片与非涂层硬质合金刀片相比，切削速度可以提高 20%～30%，在同等切削速度下刀具寿命延长 1～3 倍。比起非涂层硬质合金刀片，涂层硬质合金刀片的适用范围广，往往一种涂层牌号刀片能覆盖几种非涂层牌号刀片的适应范围。

加工余量较小并且表面质量要求较高时，可采用立方氮化硼（CBN）复合刀片面铣刀或镶陶瓷刀片的面铣刀。立方氮化硼是在超高压、高温条件下人工合成的新型刀具材料，其结构与金刚石相似，硬度略逊于金刚石，但热稳定性远高于金刚石。立方氮化硼复合刀片是在硬质合金基体上烧结一层厚度约为 0.5mm 的立方氮化硼，其硬度高达 8000～9000HV，耐磨性极好，耐热性高达 1400℃，可对高温合金、淬硬钢、冷硬铸铁进行半精加工和精加工。陶瓷是以非金属矿或人造化合物为原料，经粉碎、成形和高温烧结而制成的非金属刀具材料。由于陶瓷在高温条件下硬度高、化学稳定性好，所以在高温高压下切削时与被加工材料间的亲和力很小，故能进行高速切削。

2. 铣削加工刀具

铣削平面时，应选用镶有不重磨多面硬质合金刀片的面铣刀和立铣刀。图 2-19 所示是不重磨硬质合金面铣刀，该结构是将放在刀垫上的多边形硬质合金刀片，用楔块和螺钉直接夹固在铣刀体的刀槽内。刀片的切削刃经铣削磨损变钝后，松开夹紧刀片的螺钉，转换切削刃的位置或换掉一个刀片即可继续使用。这就避免了焊接夹固式铣刀因焊接导致硬质合金刀片质量下降的问题，提高了刀具的强度和寿命。

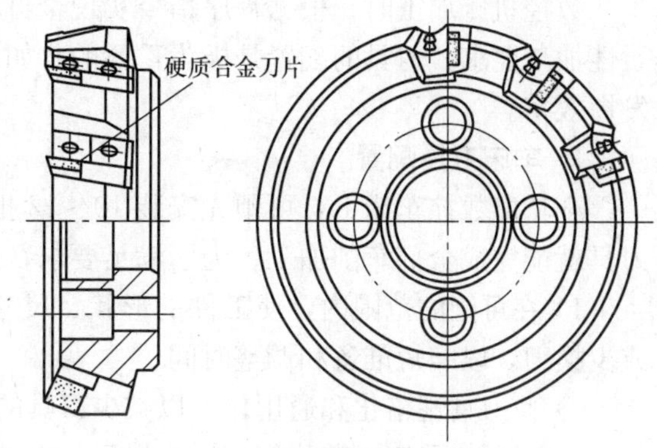

图 2-19　不重磨硬质合金面铣刀

粗铣平面时，因被加工表面质量不均，选择铣刀时直径要小一些。精铣时，铣刀直径要大，最好能包容加工面的宽度。

在加工工件时最好不要用立铣刀加工毛坯面，因为立铣刀是高速钢材料，毛坯表面有硬化层和夹砂现象，刀具会很快磨损。

图 2-20 是玉米齿硬质合金螺旋立铣刀，可用于加工凹槽、窗口面、凸台和毛坯表面。

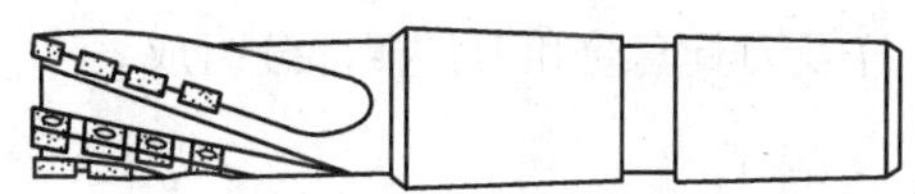
图 2-20　玉米齿硬质合金螺旋立铣刀

精度要求较高的凹槽内表面可采用直径尺寸比槽尺寸小的立铣刀，先铣槽的中间部分，然后利用刀补功能，铣削槽的四周，如图 2-21 所示。铣削平面轮廓曲线型工件时，铣刀半径应小于工件轮廓的最小凹圆半径，如图 2-22 所示。

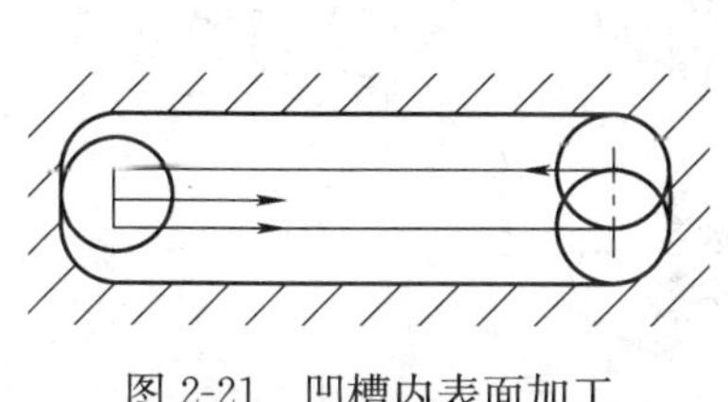
图 2-21　凹槽内表面加工

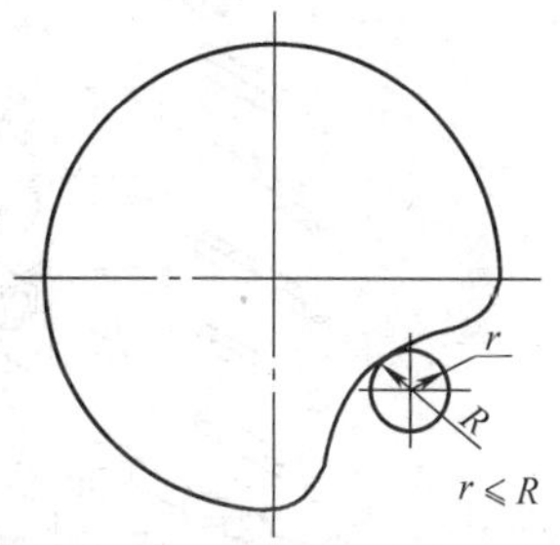

图 2-22　铣刀半径选择

3. 钻削加工刀具

数控机床钻孔一般不采用钻模，钻孔深度为直径的 5 倍左右。在钻孔时先用中心钻钻一中心孔或用一直径较大的短钻头划窝引正，然后钻孔，这样，既可解决钻孔引正问题，还可以代替孔口倒角，如图 2-23 所示。过硬毛坯表面，可先用硬质合金铣刀铣一个平面，然后进行钻孔加工，如图 2-24 所示。

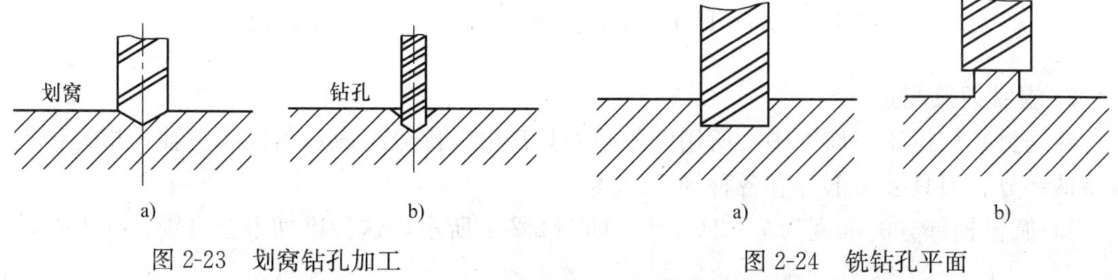

图 2-23　划窝钻孔加工

图 2-24　铣钻孔平面

五、数控机床的刀具配备

数控机床加工时，根据程序指令实现全自动换刀。为了缩短数控机床的准备时间，适应柔性加工要求，刀具的配置是极为重要的。如果刀具配置不当，价值昂贵的数控机床也不会发挥效率。

1. 车床刀具配置

全功能数控车床上，可预先安装 10～12 把刀具，当加工工件改变后，一般不需要更换刀具就能完成全部车削加工。为了满足要求，刀具配备时应注意以下几个问题：

1）在可能的范围内，使工件的形状、尺寸标准化，从而减少刀具的种类，实现不换刀或少换刀，以缩短准备和调整时间。

2）使刀具规格化和通用化，以减少刀具的种类，便于刀具管理。

3）尽可能采用可转位刀片，磨损后只需更换刀片，增加了刀具的互换性。

4）在设计或选择刀具时，应注意采用高效率切削的刀具。

图 2-25 所示为某数控车床的刀具配备，其构成大体由旋转刀架体、刀具装夹底座、刀杆及刀具套筒和刀具四部分组成。

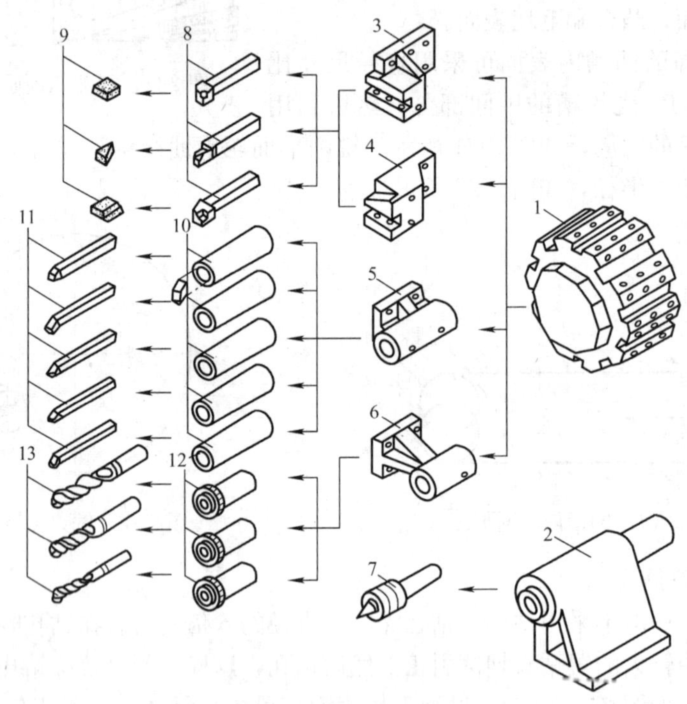

图 2-25 数控车床刀具配备

1—回转刀架 2—尾座 3、4、5、6—刀具装夹底座 7—尾座顶尖 8—刀杆 9—刀片 10、12—刀具套筒 11—车刀 13—标准钻头

2. 镗铣刀具配置

镗铣类数控机床与加工中心所用的各种刀具都由三部分组成：与机床主轴孔相配合的刀具锥柄部分、刀具装夹部分和各种加工刀具。

1）圆锥柄部分的锥度为 7∶24，结构如图 2-26a 所示，这种锥柄不会自锁，换刀比较方便，具有较高的定心精度和刚度。刀具锥柄有内螺纹孔，内螺纹孔与拉钉的外螺纹尺寸一致，拉钉结构如图 2-26b 所示，拉钉与机床主轴内锥孔后拉紧机构相连，把刀具固定在机床的主轴上（详见第四章第二节）。刀柄上 30°环槽是自动换刀机构机械手抓拿部位。

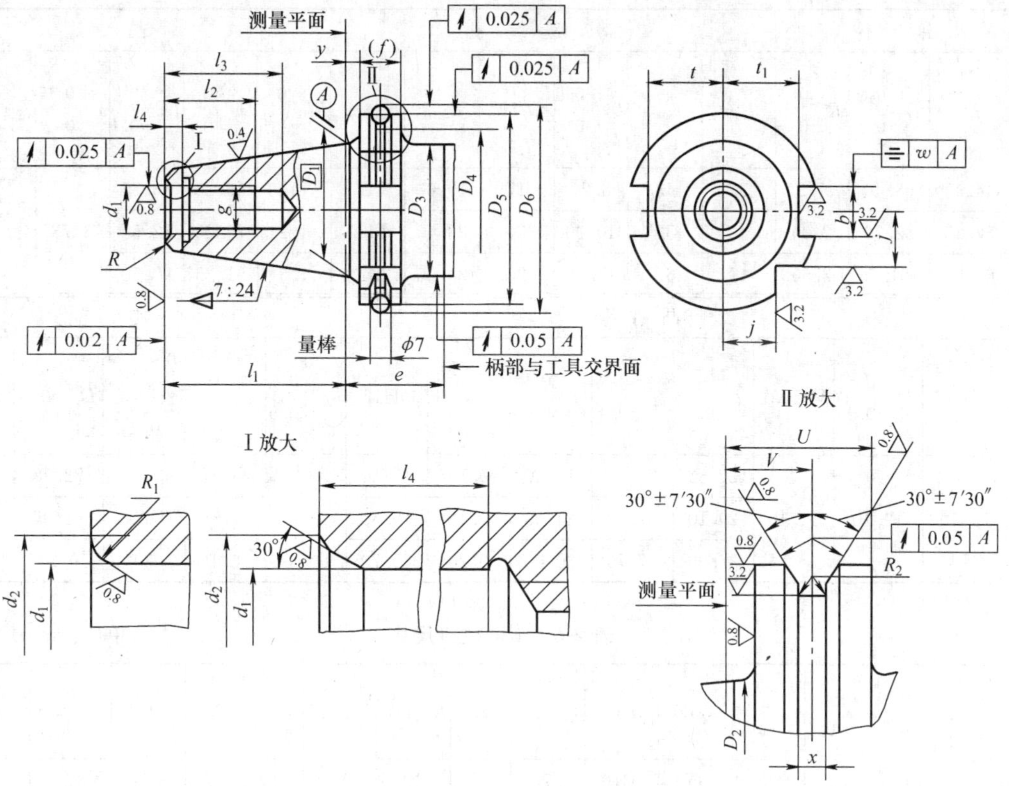

a)

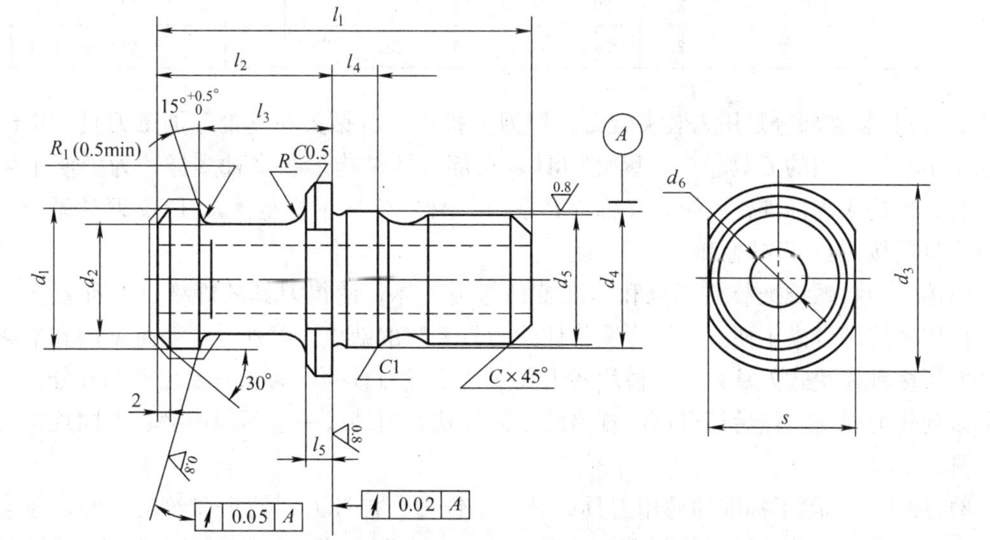

b)

图 2-26 TSG 刀具系统锥柄和拉钉结构图

锥柄和拉钉结构都已标准化（GB/T 10944.1—2006 和 GB/T 10945.1—2006），按尺寸分为 40、45 和 50 三种型号，具体尺寸见表 2-5 和表 2-6。

表 2-5 柄部尺寸 （单位：mm）

柄部型号	锥体			螺纹孔							凸缘			
	D_1	$l_1{}_{-0.3}^{0}$	$R{}_{-0.5}^{0}$	l_{2min}	l_{3min}	$l_4{}_{0}^{+0.5}$	d_1H7	d_{2max}	g6H	$R_1{}_{-0.5}^{0}$	$D_4{}_{-0.5}^{0}$	$D_5{}_{-0.1}^{0}$	$x{}_{0}^{+0.15}$	$y\pm0.1$
40	44.45	68.40	1.2	32	43	8.20	17	19.00	M16	1	56.25	63.55		
45	57.15	82.70	2.00	40	53	10.00	21	23.40	M20	1.2	75.25	82.55	3.75	3.20
50	69.85	101.75	2.50	47	62	11.50	25	28.00	M24	1.5	91.25	97.50		

柄部型号	凸缘									其他			
	f	$U{}_{-0.1}^{0}$	$V\pm0.1$	$t{}_{-0.4}^{0}$	$t_1{}_{-0.4}^{0}$	$j{}_{-0.3}^{0}$	w	bH12	$R_2{}_{-0.5}^{0}$	$D_3{}_{-0.5}^{0}$ 一般	$D_3{}_{-0.5}^{0}$ 特殊	$D_6\pm0.5$	e_{min}
40				22.80	25.00	18.50	0.12	16.10		44.70	50	72.30	
45	15.90	19.10	11.10	29.10	31.30	24.00	0.12	19.30	1	57.40	63	91.35	35
50				35.50	37.70	30.00	0.20	25.70		70.10	80	107.25	

表 2-6 A 型拉钉尺寸 （单位：mm）

拉钉型号	$d_1{}_{-0.1}^{0}$	$d_2{}_{-0.1}^{0}$	$d_3{}_{-0.2}^{0}$	d_4h6	d_5g6	$d_6{}_{0}^{+0.1}$	l_1	$l_2\pm0.1$	$l_3\pm0.1$	l_4	l_5	R	$s{}_{-0.33}^{0}$	C
LDA—40	19	14	23	17	M16	7	54	19	14	23	17	M16	7	54
LDA—45	23	17	30	21	20	9.5	65	23	17	30	21	M20	9.5	65
LDA—50	28	21	36	25	24	11.5	74	28	21	36	25	M24	11.5	74

2）刀具装夹部分是用来装夹铣刀、镗刀、扩铰刀、钻头和丝锥等加工刀具，由于在镗铣加工中心上要用的刀具较多，因此刀具装夹部分的结构形状多种多样。为了便于生产管理，装夹机构采用标准化系统，又称刀具系统。图 2-27 所示是整体式 TSG 刀具系统，国内多家工具厂按刀具 TSG 系统生产刀具。

整体式刀具系统把装夹部分和标准锥柄做成一体，使得刀具的规格、品种繁多，给生产、使用和管理带来不便。为了克服整体式刀具系统的缺点，国外（主要是德国和瑞典）相继开发了多种模块式刀具系统。模块式刀具系统是把刀具的锥柄部分和装夹部分分开，制成各种系列化的模块，然后经过不同规格的中间模块，组装成一套不同用途、不同规格的模块式刀具。

3）加工刀具除了标准的通用刀具如铣刀、镗刀、扩铰刀、钻头和丝锥等外，还会使用一些高效刀具，如前面提到的硬质合金螺旋铣刀、高刚度麻花钻、可转位钻头、微调镗刀、球头铣刀等，它们的共同特点是采用可换硬质合金刀片，故刀具的性能指标比通用刀具高得多。

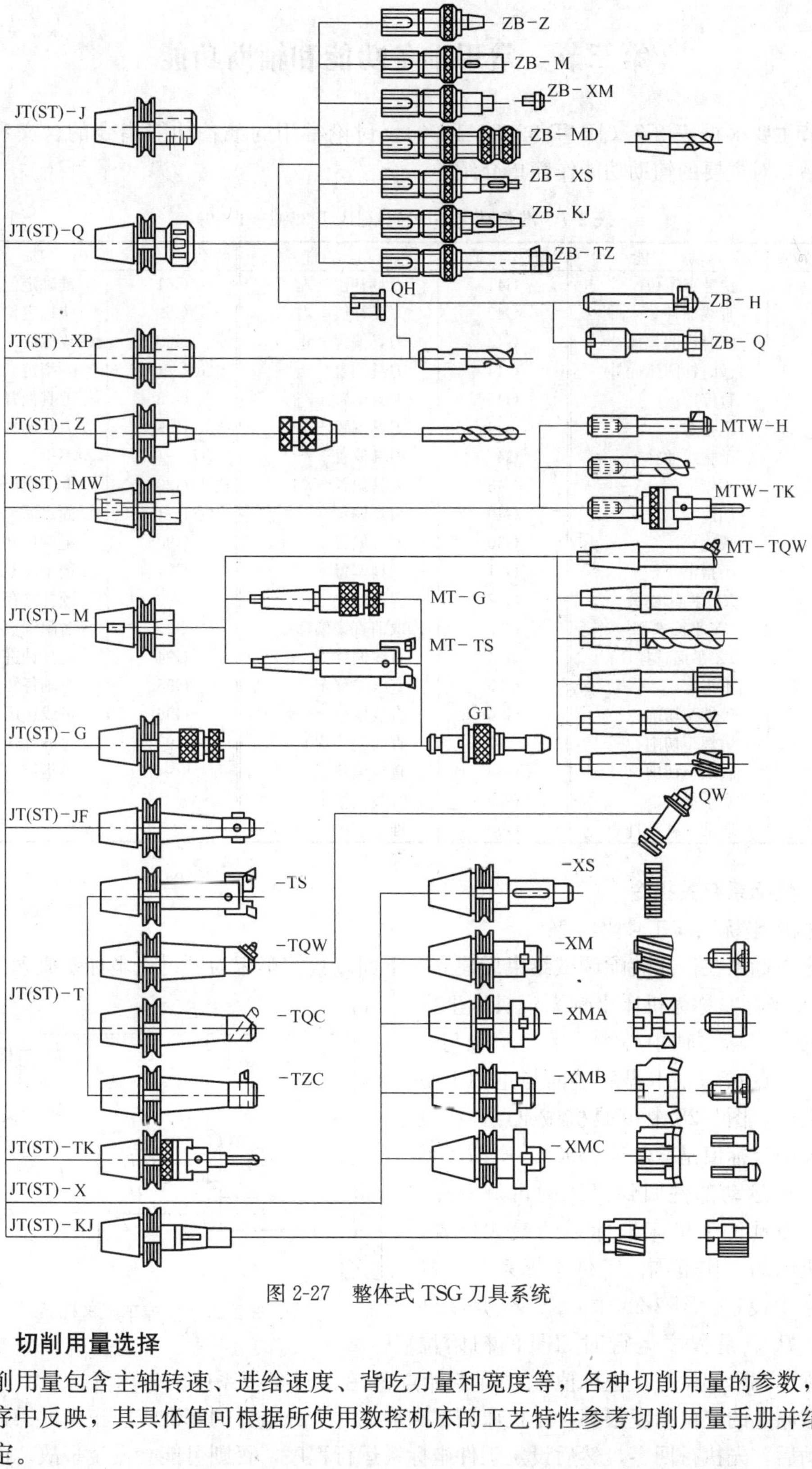

JT(ST)-J
JT(ST)-Q
JT(ST)-XP
JT(ST)-Z
JT(ST)-MW
JT(ST)-M
JT(ST)-G
JT(ST)-JF
JT(ST)-T
JT(ST)-TK
JT(ST)-X
JT(ST)-KJ
ZB-Z
ZB-M
ZB-XM
ZB-MD
ZB-XS
ZB-KJ
ZB-TZ
QH
ZB-H
ZB-Q
MTW-H
MTW-TK
MT-TQW
MT-G
MT-TS
GT
QW
-TS
-TQW
-TQC
-TZC
-XS
-XM
-XMA
-XMB
-XMC

图 2-27 整体式 TSG 刀具系统

六、切削用量选择

切削用量包含主轴转速、进给速度、背吃刀量和宽度等，各种切削用量的参数，都应在加工程序中反映，其具体值可根据所使用数控机床的工艺特性参考切削用量手册并结合实践经验确定。

第三节　常用准备功能和辅助功能

本节主要根据表 2-7（JB/T 3208—1999），讨论常用的准备功能指令的含义和编程方法。最后，对主要的辅助功能作简单介绍。

表 2-7　准备功能 G 代码（JB/T 3208—1999）

代　码	功　能	代　码	功　能	代　码	功　能
G00	快速点定位	G41	刀具补偿—左	G61	准确定位 2（中）
G01	直线插补	G42	刀具补偿—右	G62	快速定位（粗）
G02	顺时针圆弧插补	G43	刀具偏置—正	G63	攻螺纹
G03	逆时针圆弧插补	G44	刀具偏置—负	G64～G67	不指定
G04	暂停	G45	刀具偏置＋/＋	G68	刀具偏置，内角
G05	不指定	G46	刀具偏置＋/－	G69	刀具偏置，外角
G06	抛物线插补	G47	刀具偏置－/－	G70～G79	不指定
G07	不指定	G48	刀具偏置－/＋	G80	取消固定循环
G08	加速	G49	刀具偏置 0/＋	G81～G89	固定循环
G09	减速	G50	刀具偏置 0/－	G90	绝对尺寸
G10～G16	不指定	G51	刀具偏置＋/0	G91	增量尺寸
G17	*XY* 平面选择	G52	刀具偏置－/0	G92	预置寄存
G18	*ZX* 平面选择	G53	取消直线偏移	G93	时间倒数，进给率
G19	*YZ* 平面选择	G54	直线偏移 *X*	G94	每分钟进给
G20～G32	不指定	G55	直线偏移 *Y*	G95	主轴每转进给
G33	等螺距切削	G56	直线偏移 *Z*	G96	恒线速度
G34	增螺距切削	G57	直线偏移 *XY*	G97	每分钟转数
G35	减螺距切削	G58	直线偏移 *XZ*	G98～G99	不指定
G36～G39	永不指定	G59	直线偏移 *YZ*		
G40	取消刀补/刀偏	G60	准确定位 1（精）		

一、坐标系有关指令

1. 机床坐标系与工件坐标系

机床坐标系在机床装配调试结束后建立。下面以数控车床为例讨论坐标系概念。图 2-28 中，OXZ 坐标系称为机床坐标系，机床坐标系的 Z 轴与车床主轴中心线一致，X 轴与 Z 轴垂直，原点 O 取在卡盘后端面与主轴中心线的交点处，图 2-28 中 O' 是机械原点，在机床坐标系中坐标值是（200，500）。所谓回零操作就是使运动部件回到机床的机械原点，回零后，刀具位于机床坐标系的最大位置，表明了机床的工作范围。工件坐标系是在机床坐标系中设定。图 2-28 中 $O_1X_1Z_1$ 是工件坐标系，P_0 点是程序运行时刀具的初始位置，又称作编程起始点，坐标值 α、β 是起始点 P_0 在工件坐标系中的坐标值。

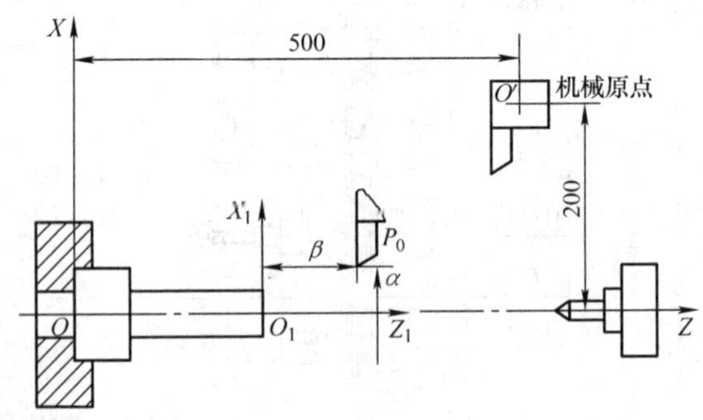

图 2-28　数控车床坐标系

机械原点的定位精度很高，是机床调试和加工时十分重要的基准点。正确的操作是数控机床起动后，先执行回零，然后设定工件坐标系运行程序，否则可能会发生事故。由于机械原点是机床上一确定点，通常机床坐标系坐标原点放在机械原点，这时机床原点的值变成负值，例如，图 2-28 所示车床原点值是 O（-200，-500），机械原点值是 O'（0，0），执行回零后数控机床坐标页面显示值是（0，0）。

工件坐标系可由准备功能指令设定。工件坐标系设定之后，刀具在工件坐标系中的实际位置称为参考点。

2. 坐标系设定指令——G92（在 EIA 代码中为 G50）

使用准备功能指令 G92 可以设定刀具在工件坐标系中的坐标值，例如：

G92　X250.0　Z350.0　　；设定工件坐标系为 $X_1O_1Z_1$。

或　G92　X250.0　Z10.0　　；设定工件坐标系为 $X_2O_2Z_2$。

所设定的工件坐标系如图 2-29 所示。可见，G92 的作用是以工件坐标系的原点为基准点，设定刀具起始点在该坐标系中的坐标值，并把这个坐标值寄存在数控装置的存储器内，作为后续各程序段计算移动距离的参数。

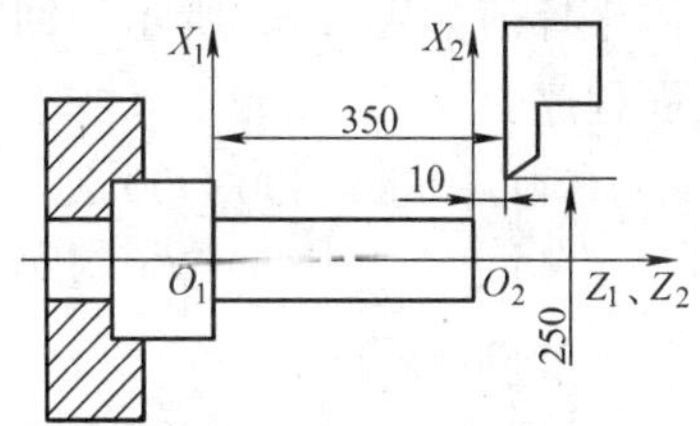

图 2-29　工件坐标系设定

G92 是模态指令，其设定值在重新设定前一直有效。

G92 可以把工件坐标系原点设定到任何位置，即工件坐标系是浮动的。

3. 绝对尺寸与增量尺寸指令——G90、G91

通常使用两种方法确定参考点的坐标值：一种方法是用 G92 设定一个工件坐标系，参考点的坐标值由工件坐标系标定；另一种方法是设定工件坐标系的原点自始至终和刀尖重合，参考点的坐标值相对前一点的位置标定。前者称绝对值编程方式，后者称增量值（相对值）编程方式，分别用准备功能指令 G90 和 G91 设定，是模态指令。

图 2-30 表示绝对值和增量值的关系，OXY 坐标系是由 G92 设定，A 点在该坐标系的坐标值是（80，48），B 点在该坐标系的坐标值是（30，28）。$AX'Y'$ 坐标系可由 G91 设定，A 点是该坐标系的原点，因为 $AX'Y'$ 坐标系的方向和 OXY 坐标系的方向一致，所以 B 点在 $AX'Y'$ 坐标系中的坐标值应是（-50，-20）。刀尖由 A 点移动到 B 点的两种编程方式如下：

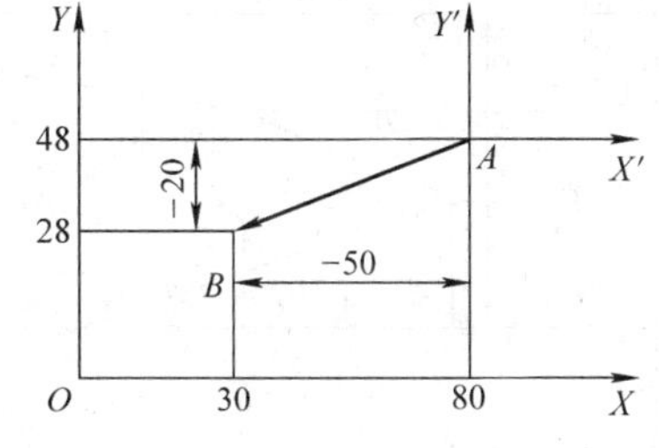

图 2-30　绝对尺寸和增量尺寸关系

G90 G00　X30.0　　Y28.0　　；绝对值编程方式，G00 是快速移动指令。

或　G91 G00　X-50.0　Y-20.0　　；增量值编程方式。

注意，在数控车床上常采用 U、W 分别表示 X 轴方向和 Z 轴方向的增量尺寸，详见本章第四节。

4. 工件坐标系预置指令——G54～G59

数控机床进行批量加工时，使用预置指令 G54～G59 建立工件坐标系更加实用方便。数控系统内部预先设定了 6 个工件坐标系，分别称工件坐标系 1～工件坐标系 6，采用手动数据输入方式预置，如图 2-31 所示。若使用了 G54～G59 指令，就不再使用 G92（或 G50）设定工件坐标系。当机床返回机械原点时（回零），不但建立了机床坐标系，工件坐标系 1～6 自动建立，并默认 G54。

图 2-32 中有两个预置的工件坐标系 G54 和 G57，其坐标原点与机床坐标系的相关值如图 2-32 所示，通过 MDI 方式打开工件坐标系原点偏置值显示页面，在 G54 和 G57 位置键入相关值，按“输入”键，相关值储存到相应存储器单元中，两个工件坐标系建立，如图 2-33 所示。图 2-32 中有三个点 A、B 和 C，A、B 点是 G54 坐标系中的点，C 点是 G57 坐标系中的点，具体坐标值如图 2-32 所示。回零后，执行下面程序：

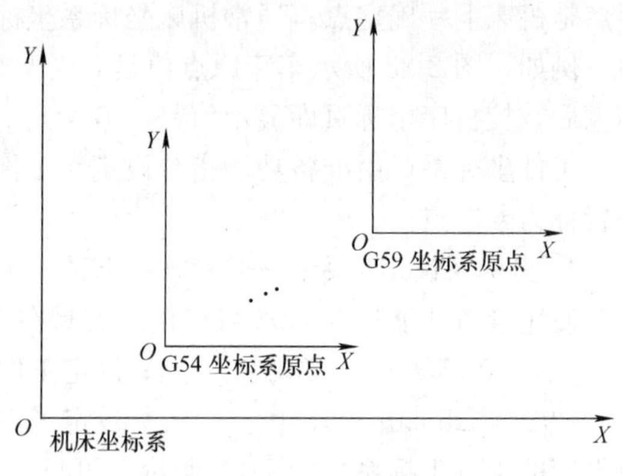

图 2-31　6 个工件坐标系

```
N001 G54 G90 G00 X80.0 Y48.0   由机械原点移动到 A 点
N002         G00 X30.0 Y28.0   由 A 点移动到 B 点
N003 G57                       转到工件坐标系 G57
N004         G00 X80.0 Y28.0   由 B 点移动到 C 点
⋮
```

执行 N001 和 N002 时，系统选定工件坐标系 G54，执行 N003 时，系统选定工件坐标系 G57，移动轨迹如图 2-33 所示。

G92 设定的工件坐标系在关机或断电后自动消失，通电后要重新设定；G54～G59 工件坐标系再次通电后依然存在。因此，实际操作机床时，经常使用 G54～G59 指令。

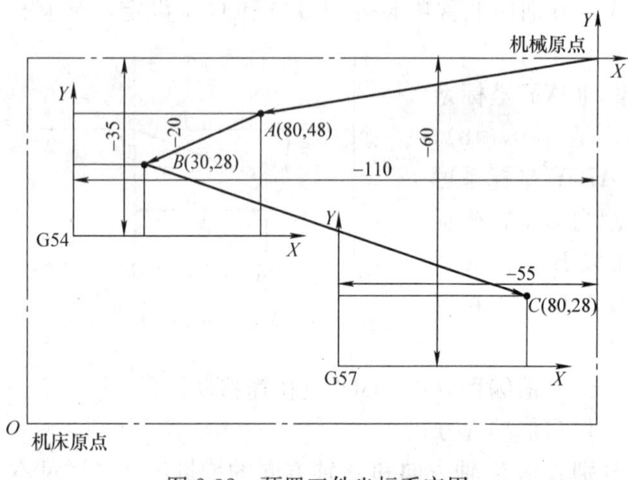

图 2-32　预置工件坐标系应用

设置			O0001 Z00000
G54	X-110.000 Y-35.000 Z0.000	G55	X0.000 Y0.000 Z0.000
G56	X0.000 Y0.000 Z0.000	G57	X-55.000 Y-60.000 Z0.000
地址			录入方式
[偏置]　[设置]　[G54～G59]			

图 2-33　预置工件坐标系显示示意图

5. 坐标平面指令——G17、G18、G19

准备功能指令 G17、G18、和 G19 分别指定空间坐标系中的三个平面：XY 平面、ZX 平面和 YZ 平面，是模态指令，如图 2-34 所示，编写加工程序时，首先要确定加工平面。例如，图 2-35 所示工件安装在数控铣床工作台上，坐标方向如图 2-35 所示。当铣削圆弧面 1 时，在 XY 平面内进行圆弧插补，应使用准备功能 G17 设定插补平面；铣削圆弧面 2 时，在 ZX 平面内进行插补加工，故选用 G18 设定插补平面，否则在该平面就不能实现插补功能。

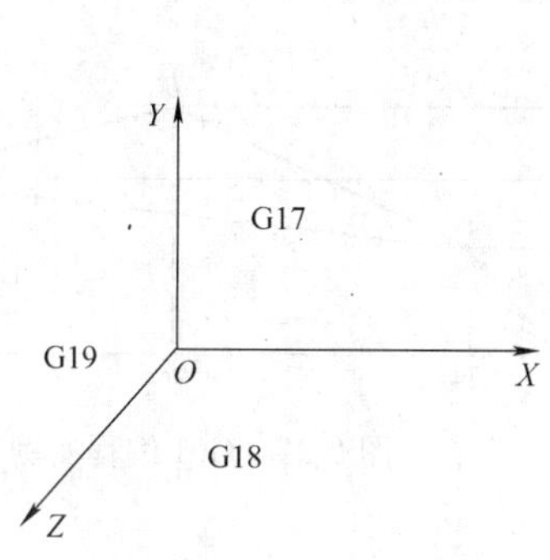

图 2-34　坐标平面指令

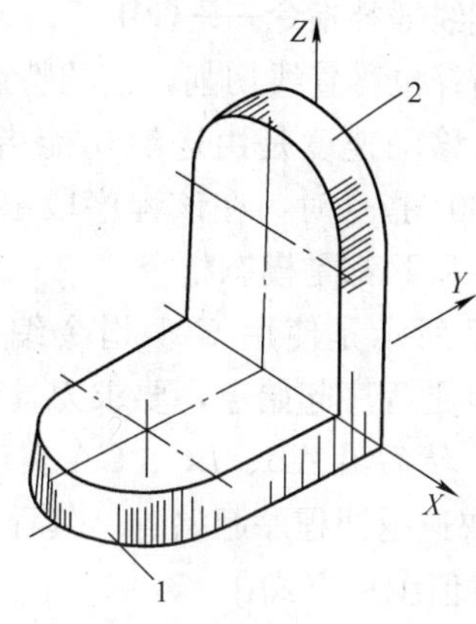

图 2-35　不同插补平面

对于三坐标数控铣床和铣镗加工中心，开机后数控装置自动将机床设置成 G17 状态，如果在 XY 坐标平面内进行轮廓加工，就不需要由程序指定 G17。数控车床总是在 XZ 坐标平面内运动，在程序中也不需要用指令指定。

二、快速点定位指令——G00

G00 指令要求刀具以点位控制方式从刀具所在位置用最快的速度移动到指定位置。它只实现快速移动，并保证在指定的位置停止，在移动时对运动轨迹与运动速度并没有严格的精度要求。如果两坐标轴的脉冲当量和最大速度相等，运动轨迹是一条 45°斜线；如果指定点不在 45°斜线上，刀具的运动轨迹可能是一条折线。如图 2-36 所示，要求用快速点定位指令 G00 编写程序，程序的起始点是工件坐标系原点 O，先从 O 点快速移动到参考点 A，紧接着快速移至参考点 B，其程序如下：

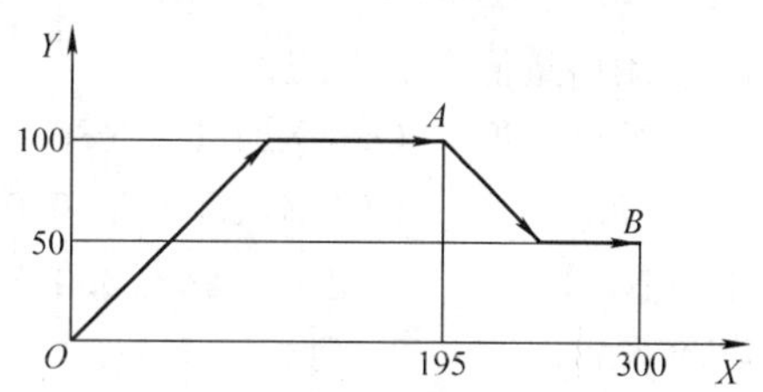

图 2-36　快速点定位 G00 移动轨迹

采用绝对值编程方式：

```
G92  X0  Y0                  ；工件坐标系设定。
G90 G00 X195.0 Y100.0        ；由 O 点快速移至 A 点。
        X300.0 Y 50.0        ；由 A 点快速移至 B 点。
```

采用增量值编程方式：

```
G91 G00 X195.0 Y100.0        ；由 O 点快速移至 A 点。
        X105.0 Y-50.0        ；由 A 点快速移至 B 点。
```

执行程序时刀具移动轨迹是两条折线，如图 2-36 粗线所示。

使用 G00 时，应注意以下几点：

1）G00 是模态指令，上面例子中，由 A 点到 B 点实现快速点定位时，因前面程序段已设定了 G00，后面程序段就可不再重复设定 G00，只写出坐标值即可。

2）快速点定位移动速度不能用程序指令设定，它的速度已由生产厂家预先调定或由引导程序确定。若在快速点定位程序段前设定了进给速度 F，指令 F 对 G00 程序段无效。

3）快速点定位 G00 执行过程是刀具由程序起始点开始加速移动至最大速度，然后保持快速移动，最后减速到达终点，实现快速点定位。这样可以提高数控机床的定位精度。

三、直线插补指令——G01

直线插补也称直线切削，它的特点是刀具以直线插补运算联动方式由某坐标点移动到另一坐标点，移动速度是由进给功能指令 F 设定。机床执行 G01 指令时，在该程序段中必须含有 F 指令。G01 和 F 都是模态指令。

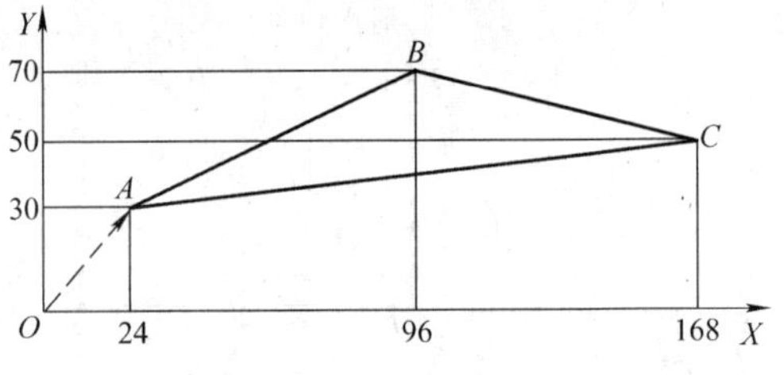

图 2-37 G01 编程实例

图 2-37 所示是使用 G01 指令编程实例，坐标系原点 *O* 是程序起始点，要求刀具由 *O* 点快速移至 *A* 点，然后沿 *AB*、*BC*、*CA* 实现直线切削，再由 *A* 点快速返回程序起始点。其程序如下：

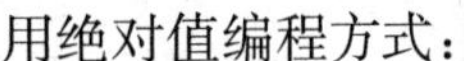

用绝对值编程方式：

```
N001 G92   X0   Y0                        ；坐标系设定。
N002 G90 G00 X24.0   Y30.0 S300 T01 M03   ；快速移至 A 点，主轴正转转速
                                            300r/min，使用一号刀具 T01。
N003   G01 X96.0   Y70.0 F100             ；以 100mm/min 进给速度加工直
                                            线段 AB。
N004       X168.0 Y50.0                   ；加工直线段 BC，进给速度不变。
N005       X24.0   Y30.0                  ；加工直线段 CA，进给速度不变。
N006   G00 X0   Y0   M30                  ；快速返回 O 点，程序结束。
```

用增量值编程方式：

```
N001 G91   G00 X24.0   Y30.0 S300 T01 M03   ；
N002       G01 X72.0   Y40.0 F100           ；
N003       X72.0   Y−20.0                   ；
N004       X−144.0 Y−20.0                   ；
N005   G00 X−24.0   Y−30.0   M30            ；
```

四、圆弧插补指令——G02、G03

圆弧插补指令可以自动加工圆弧曲线。G02 是顺时针方向圆弧插补指令，G03 是逆时针方向圆弧插补指令。各坐标平面的圆弧插补方向如图 2-38 所示。在圆弧插补程序段中必须包含圆弧的终点坐标值和圆心相对圆弧起点的坐标值或圆弧的半径，同时应指定圆弧插补所在的坐标平面。

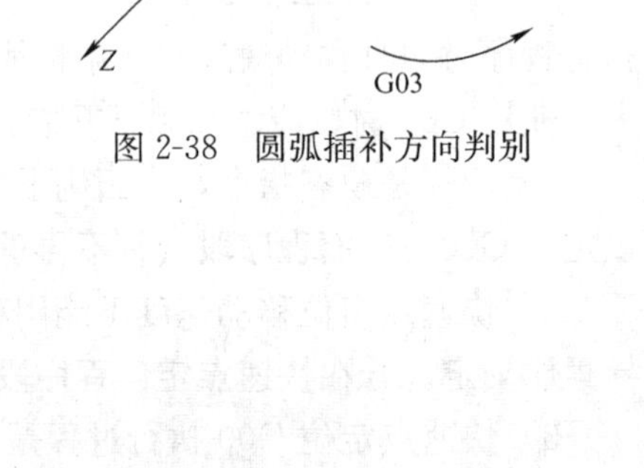

图 2-38 圆弧插补方向判别

在 *XY* 坐标平面上程序段格式：

G17 G02（G03） X_ Y_ I_ J_ F_ ；

或 G17 G02（G03） X_ Y_ R_ F_ ；

在 *XZ* 坐标平面上程序段格式：

G18 G02（G03） X_ Z_ I_ K_ F_ ；

或 G18 G02（G03） X_ Z_ R_ F_ ；

在 *YZ* 坐标平面上程序段格式：

G19 G02（G03） Y_ Z_ J_ K_ F_ ；

或　G19　G02（G03）　Y＿Z＿R＿F＿　；

式中　　R——圆弧半径；

I、J、K——圆弧圆心相对圆弧起始点的方向矢量。

机床只有一个平面时，平面指令可省略；当机床有三个坐标平面时，因为通常在 XY 平面内加工平面轮廓曲线，开机后自动进入 G17 指令状态，在编写程序时，也可以省略。

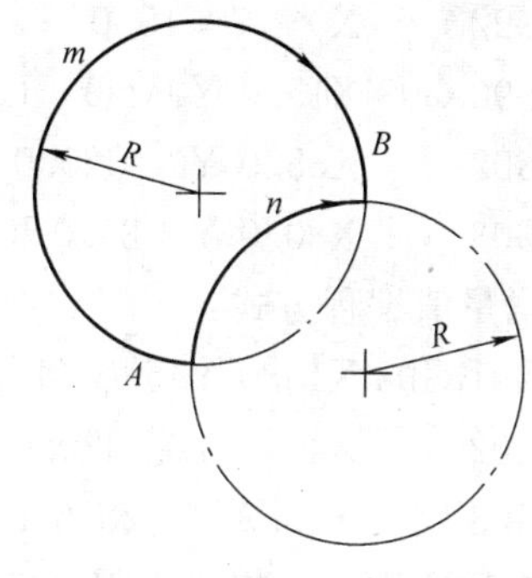

图 2-39　用 R 编程时两条圆弧线的处理

采用圆弧半径 R 编程时，从起始点到终点存在两条圆弧线段，它们的参数完全相同，如图 2-39 所示。图 2-39 中两条顺时针方向圆弧，不但起始点一致，而且圆弧半径相等。为了区分这两种情况，用参数 R 编程时规定：当圆弧小于或等于 180°时，如图 2-39 中 n 段圆弧，用 $+R$ 表示圆弧半径；当圆弧大于 180°时，如图 2-39 中 m 段圆弧，用 $-R$ 表示圆弧半径。

圆弧方向矢量就是圆弧线起始点和圆弧圆心连线，矢量方向指向圆心，如图 2-40 所示。图中，矢量 $\overrightarrow{AO}$ 是 XY 坐标平面上圆弧 AB 的方向矢量，I、J 是方向矢量在 X、Y 坐标轴上的分矢量，若分矢量与坐标轴正方向一致时取正值，与坐标轴正方向相反时取负值。图 2-40 中 I、J 的坐标值均取负值。可以看出，分矢量的坐标值采用增量值。

编程时，圆弧线的终点坐标可采用绝对值表示，也可以采用终点相对起点的增量值表示。现以图 2-41 中的三段圆弧线段为例，进一步讨论圆弧编程方法，刀具起始点是 A。

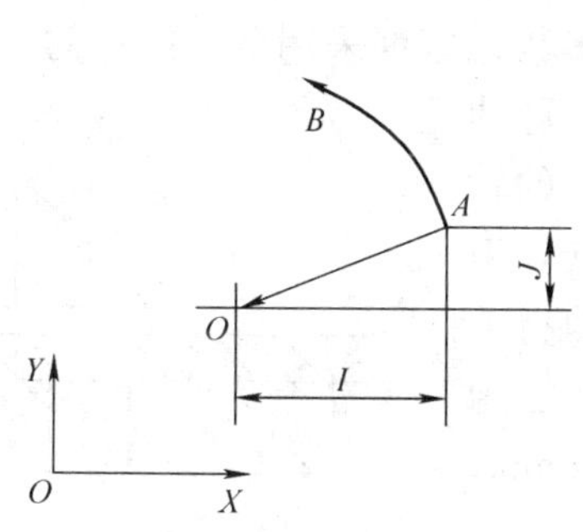

图 2-40　圆弧方向矢量

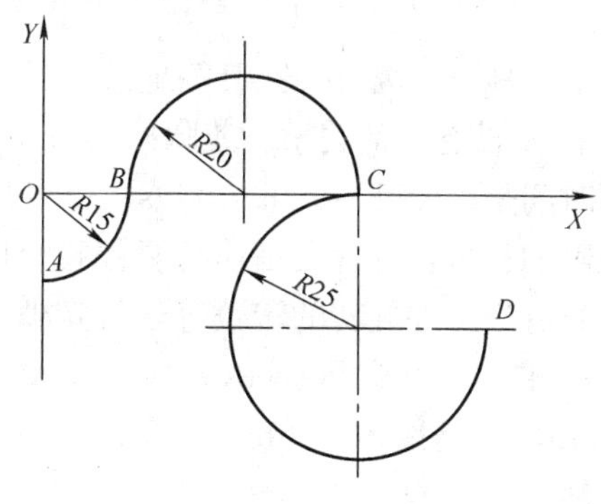

图 2-41　圆弧编程

（1）使用圆弧半径 R 编程

绝对值编程方式：

```
G92        X0   Y-15.0                       ；坐标系设定。
G90 G03 X15.0 Y0   R15.0 F100                ；逆时针圆弧插补由 A 移至 B。
G02        X55.0 Y0   R20.0                  ；顺时针圆弧插补由 B 移至 C。
G03        X80.0 Y-25.0 R-25.0               ；逆时针圆弧插补由 C 移至 D。
```

增量值编程方式

```
G91 G03 X15.0 Y15.0   R15.0 F100             ；
G02        X40.0 Y0   R20.0                  ；
```

G03　　X25.0 Y−25.0 R−25.0　　；

（2）使用分矢量 I、J 编程

绝对值编程方式：

G92　　X0　Y−15.0　　；坐标系设定。

G90 G03 X15.0 Y0　I0　J15.0 F100　　；方向矢量由 A 点指向圆弧圆心。

G02　　X55.0 Y0　I20.0 J0　　；方向矢量由 B 点指向圆弧圆心。

G03　　X80.0 Y−25.0 I0　J−25.0　　；方向矢量由 C 点指向圆弧圆心。

增量值编程方式：

G91 G03 X15.0 Y15.0　I0　J15.0 F100　　；

G02　　X40.0 Y0　I20.0 J0　　；

G03　　X25.0 Y−25.0 I0　J−25.0　　；

在程序中，分矢量为零（I0 或 J0）时，可以省略。

如果圆弧是一个封闭整圆，只能使用分矢量编程。图 2-42 所示是一封闭整圆，要求由 A 点开始，实现逆时针圆弧插补并返回 A 点，其程序段格式为：

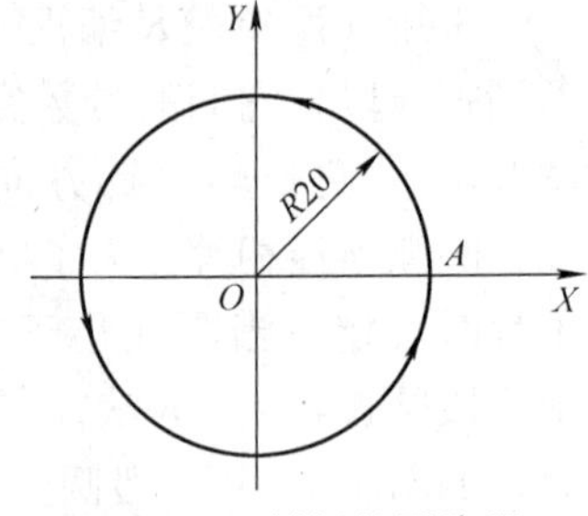

图 2-42　封闭整圆编程

G90 G03 X20.0 Y0　I−20.0 J0 F100；方向矢量由 A 点指向圆弧圆心。

或　G91 G03 X0　　Y0　I−20.0 J0 F100；方向矢量和绝对增量方式无关。

五、暂停（延时）指令——G04

在进行锪孔、车槽、车台阶轴清根等加工时，常要求刀具在短时间内实现无进给光整加工，此时可以用 G04 指令实现暂停，暂停结束后，继续执行下一段程序。其程序格式为：

G04　β__；

符号 β 是地址，常用 X、P 等地址字符表示，大多数机床都采用 X，这里的 X 和坐标系中使用的 X 没有任何关系。若脉冲当量是 0.001mm/脉冲时，停留时间是 0.001～99999.999s；也可用工件旋转的转数表示暂停的长短，其含义是执行暂停指令时工件旋转，刀具不动，只有当工件旋转的转数等于设定值时，立即执行下一段程序。图 2-43 所示是锪孔加工，锪钻进给速度为 100mm/min，进给距离 7.5mm，停留 3s 后，快退 10mm，其加工程序为：

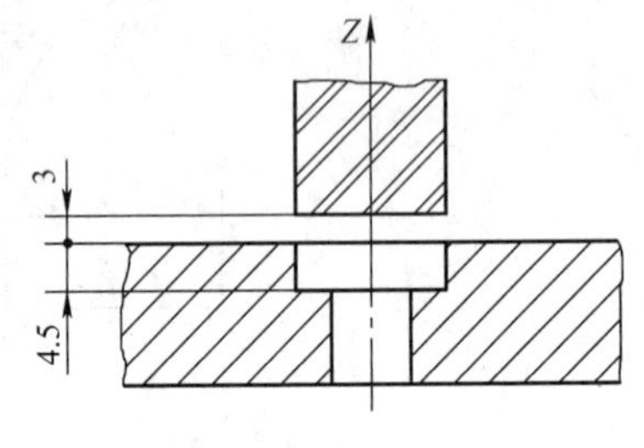

图 2-43　锪孔加工

G91 G01 Z−7.5 F100　　；刀具向下进给 7.5mm 锪孔。

G04 X3.0　　；刀具继续旋转而进给停止 3s。

G00　　Z10.0　　；刀具快速上升 10mm。

G04 是非模态指令，只在本程序段中有效。

六、返回参考点指令——G27、G28、G29

这里的参考点是指机械原点或由参数设定的基准点。返回参考点指令通常用于在参考点换刀，所以返回参考点可以理解为返回换刀点。

1. 返回参考点校验——G27

G27 指令可以检查机床是否准确返回参考点，其程序格式为：

G27　X__ Y__；

数控机床执行 G27 指令时，各坐标轴以快速点定位的方式返回各坐标轴参考点，同时，参考点指示灯亮。使用 G27 指令时，应取消刀具补偿功能，否则机床无法返回参考点。

G27 指令执行后，数控系统继续执行下面程序段，若需要机床停止，应在 G27 程序段后加 M00 或 M01 等辅助功能。

2. 自动返回参考点——G28

G28 指令可以使刀具从任何位置以快速定位方式经过中间点返回参考点，到达参考点时，返回参考点指示灯亮。其程序格式为：

G28 X__ Y__ ；

X、Y 中的坐标值是中间点的坐标值，参考点的坐标值不需要指定。G28 指令常用于刀具自动换刀的程序段，执行时应取消刀具补偿功能。

3. 从参考点自动返回——G29

其程序格式为：

G29 X__ Y__ ；

X、Y 中的坐标值是返回点的坐标值。该指令使刀具从参考点以快速点定位方式经过中间点返回到 G29 指令中设定的返回点，中间点的坐标值不需要指定，由前面程序段 G28 指令中设定。

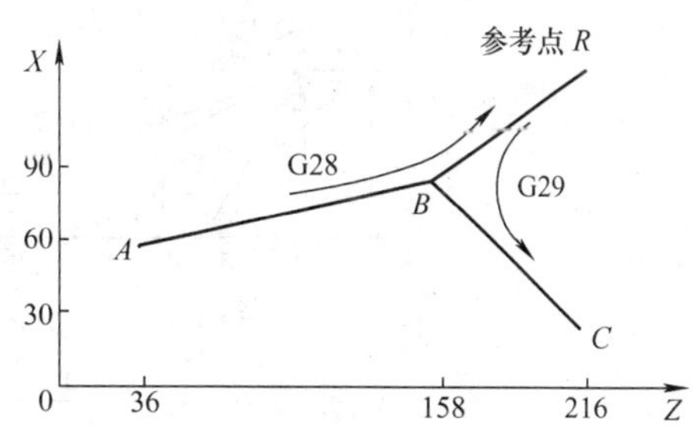

图 2-44 G28 和 G29 功能应用实例

机床刀架需要在参考点进行自动换刀时，常使用 G28、G29 功能。图 2-44 所示为 G28 和 G29 功能应用实例，按绝对值编程格式如下：

```
G28  X90.0  Z158.0  T0100  ；由 A 点快速移至 B 点，再移至 R 点，取消刀具补偿。
G00                 T0202  ；换上 2 号刀具。
G29  X30.0  Z216.0         ；由参考点返回，经中间点 B 再到参考点 C。
```

七、刀具半径自动补偿指令——G41、G42、G40

为了适应铣刀、圆头车刀等刀具加工的编程，数控机床一般都具有半径自动补偿功能。

图 2-45 所示是使用半径为 R 的立铣刀加工工件时的轮廓曲线，刀具在移动加工过程中，刀具的中心与被加工工件的轮廓之间始终保持刀具的半径值，通常称为刀具半径偏置。如果数控系统中不具备刀具半径补偿功能，就不能按照工件轮廓尺寸编程，必须依据刀具中心运动轨迹编程，数据计算工作量大而且复杂。即便是编出加工程序，由于刀具的磨损、重磨及更换新刀具等原因，必须重新计算，重新编程，十分繁琐，加工精度很难保证。若使用刀具半径补偿功能，上述问题可得到满意解决。这时，只需按照工件图样标定的轮廓尺寸编写程序，而将刀具的半径作为工件轮廓的偏置量，由操作者用 MDI 方式预先输入数控装置的指定存储单元中，在执行加工程序时，由半径自动补偿指令调出在指定存储单元中存放的偏置量，并自动计算刀具中心轨迹，加工出符合图样要求的工件轮廓。

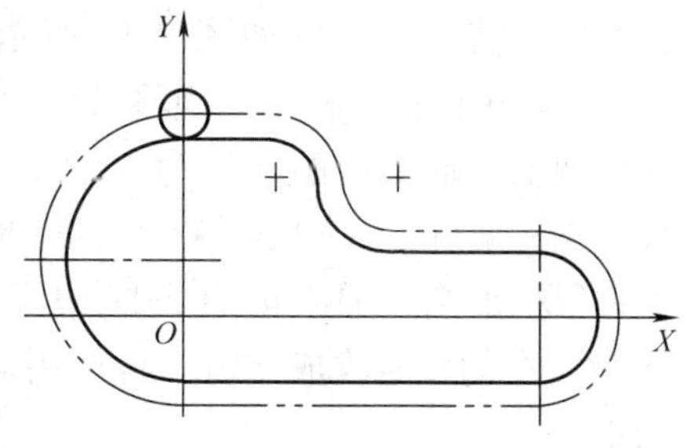

图 2-45 铣刀半径偏置

图 2-46 所示是使用刀具半径补偿功能实例，所用铣刀半径是 10mm，程序起始点是 P，

AB 是工件被加工轮廓线，图中细实线是编程轨迹线，双点画线是刀具中心轨迹线，图 2-46a 所示工件的加工程序为：

```
G91 G41 G00 X22.0 Y-34.0 D01      ；增量编程方式，刀具左补偿快速移至A点。
            G01 X50.0 F100        ；以100mm/min的速度从A点加工至B点。
        G40 G00 X-72.0 Y34.0      ；取消刀具补偿，快速返回P点。
```

图 2-46b 所示工件的加工程序为：

```
G91 G42 G00 X22.0 Y34.0  D01      ；增量编程方式，刀具右补偿快速移至A点。
            G01 X50.0 F100        ；以100mm/min的速度从A点加工至B点。
        G40 G00 X-72.0 Y-34.0     ；取消刀具补偿，快速返回P点。
```

地址 D01 中存放的偏置量是 10mm。

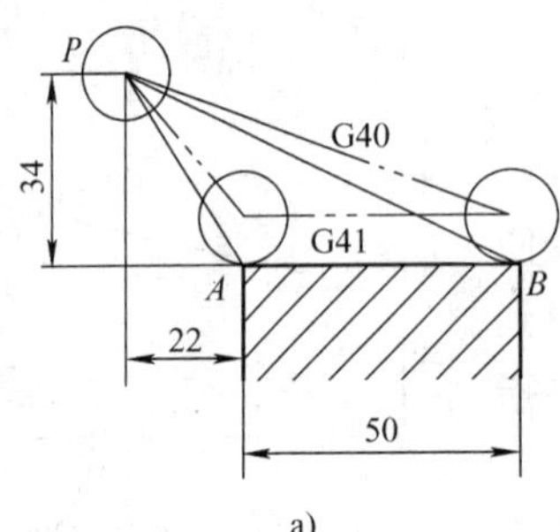

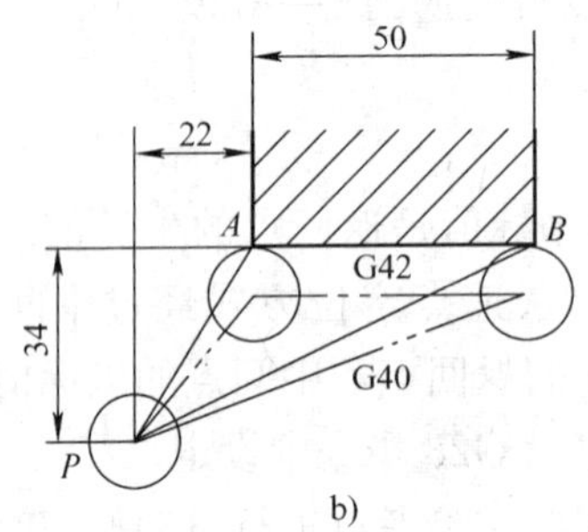

图 2-46 刀具半径补偿实例

从以上实例可以看出，G41 是左补偿指令，G42 是右补偿指令。左补偿是指顺着刀具前进方向观察，刀具偏移在工件轮廓线的左边；若刀具偏移在工件轮廓线的右边，就是右补偿。G41 和 G42 为模态指令。G40 是半径补偿取消指令，使用 G41 或 G42 完成轮廓加工之后，必须用 G40 指令消去偏置量，使刀具中心轨迹和编程轨迹重合，如图 2-46 所示。

显然，使用刀具补偿功能能避免繁琐的计算、简化编程。除此之外，若使用的刀具半径改变时，不用改变加工程序，仅需修改指定存储单元中存放的偏置量，就能使用新刀具加工工件。

同样道理，采用同一加工程序可以实现用一把刀具完成工件的粗、精加工。例如图 2-47 所示，加工 AB 线段的程序在图 2-46b 中已做了讨论，现将 AB 线段的加工分两次切削，第一次粗加工，加工后的余量为 δ；第二次精加工，加工到图样尺寸。先将偏置量 $(r+\delta)$ 存入 D01 地址中，使用上述程序，即可进行粗加工，加工至图 2-47 中虚线的位置。粗加工结束后，将 D01 中的数值改成 r 值，再使用同一加工程序，即可完成精加工。

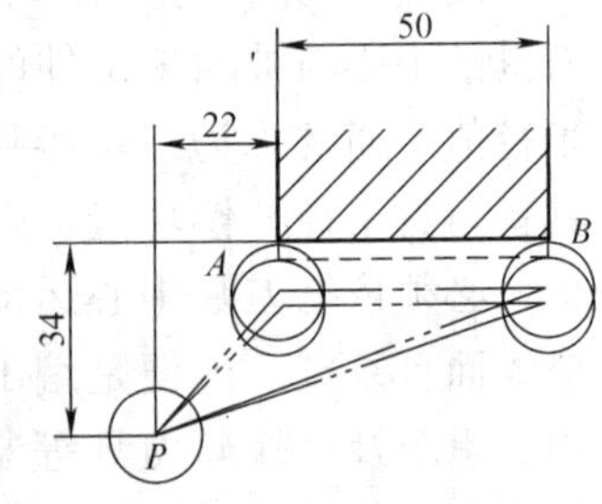

图 2-47 粗、精加工补偿法

八、刀具长度偏置指令——G43、G44

刀具长度偏置指令用来补偿刀具长度方向尺寸的变化。数控机床规定传递切削动力的主轴为数控机床的 Z 轴，所以通常是在 Z 轴方向进行刀具长度补偿。在编写工件加工程序时，先不考虑实际刀具的长度，而是按照标准刀具长度或确定一个编程参考点进行编程，如果实际刀具长度和标准刀具长度不一致，可以通过刀具长度偏置功能实现刀具长度差值的补偿。

指令格式为：

G91 G00 G43（G44）Z＿ H＿；

或 G90 G00 G43（G44）Z＿ H＿；

G43 指令实现正向补偿，G44 指令实现反向补偿，是模态指令，可由 G40（FANUC 系统用 G49）指令取消。H 是存放长度补偿偏置量存储器的地址代码，用于存放实际刀具长度和标准刀具长度的差值，即补偿值或偏置量。

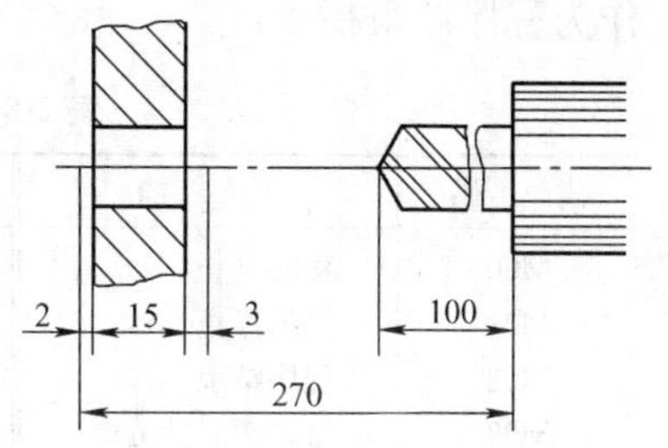

图 2-48 刀具长度补偿实例

图 2-48 所示是刀具长度补偿实例，在编程时以主轴端部为编程参考点，可以认为是标准刀具长度为零。刀具安装在主轴上后，测得刀尖到主轴端部（编程参考点）的距离为 100 mm，将 100 mm 作为长度偏置量存入 H01 地址单元中，加工程序为：

```
G92 X0 Y0 Z0                ；坐标原点设在主轴端面中心。
G90 G43 G00 Z0   H01        ；向 Z 轴正方向移动 100mm。
            Z－250.0 S500   ；主轴向 Z 负方向快速移动 250mm。
G01 Z－270.0 F300           ；主轴向 Z 负方向进给 20mm。
G40 G00 Z0                  ；取消长度补偿，快速退回 170mm。
```

如果在 H01 存放－100mm，将上面程序中的第二段改为 G90 G44 G00 Z0 H01，结果是一样的。这是因为采用 G43 实现正向补偿时，Z 坐标运动的实际距离等于指令值加长度补偿值，即 Z 坐标移动了 0＋100＝100mm；采用 G44 实现负向补偿时，Z 坐标运动的实际距离等于指令值减长度补偿值，即 Z 坐标移动了 0－(－100)＝100mm。

在同一程序段中既有运动指令，又有刀具长度补偿指令时，数控机床首先执行刀具长度补偿指令，然后执行运动指令。例如程序段：G90 G43 G00 Z0 H01，首先执行 G43 指令，后执行 G00 指令。在执行 G43 时，仅仅是把原 G92 指令设定的工件坐标系向 Z 坐标方向移动一个刀具长度补偿值＋100mm（坐标系平移），并建立起新的坐标系。在执行 G90 G00 Z0 时，机床在新坐标系中进行运动，执行快速返回新坐标系原点命令，所以向 Z 轴正方向移动 100mm。

九、辅助功能 M 简介

表 2-8 是 JB/T 3208—1999 标准规定的 M 代码定义。上面的讨论中，已经接触到各种辅助功能，下面对常用的 M 代码作简要说明。

M00——程序停止。在指定程序段完成后，使进给运动、主轴回转、切削液等均停止，以便进行手动换刀、手动变速等手动操作。要继续执行加工程序时，必须重新按启动按钮。

M01——计划停止。该功能和 M00 相似，但必须预先把面板上的选停旋钮旋转到计划停止处，才执行 M01 功能，否则程序不执行 M01。该指令主要用于加工零件的抽样检查。

M02——程序结束。M02 编在程序的最后一段，使主轴、冷却和进给全都停止，并使数控系统处于复位状态。

M03、M04、M05——分别命令主轴正转、反转和停止转动。主轴顺时针方向旋转为正，逆时针方向旋转则为反转。在同一程序段中既有运动指令，又有停止转动指令 M05，首先执行运动指令，然后才执行停止转动指令。

M06——换刀指令。

M07、M08——分别命令打开2号切削液及1号切削液，控制冷却泵起动。

M09——关闭冷却泵。

M30——程序结束，并返回开始状态。

因为现代数控机床基本不使用纸带，M02和M30没有区别，目前大部分机床使用M30作为程序结束指令。

表2-8 辅助功能M代码（JB/T 3208—1999）

代 码	功 能	代 码	功 能	代 码	功 能
M00	程序停止	M15	正运动	M49	进给修正旁路
M01	计划停止	M16	负运动	M50	3号切削液开
M02	程序结束	M17～M18	不指定	M51	4号切削液开
M03	主轴顺时针方向	M19	主轴定向停止	M52～M54	不指定
M04	主轴逆时针方向	M20～M29	永不指定	M55	刀具直线位移，位置1
M05	主轴停止	M30	程序结束	M56	刀具直线位移，位置2
M06	换刀	M31	互锁旁路	M57～M59	不指定
M07	2号切削液开	M32～M35	不指定	M60	更换工件
M08	1号切削液开	M36	进给范围1	M61	工件直线位移，位置1
M09	切削液关	M37	进给范围2	M62	工件直线位移，位置2
M10	夹紧	M38	主轴速度范围1	M63～M70	不指定
M11	松开	M39	主轴速度范围2	M71	工件角度位移，位置1
M12	不指定	M40～M45	需要时作齿轮换挡	M72	工件角度位移，位置2
M13	主轴顺时针切削液开	M46～M47	不指定	M73～M89	不指定
M14	主轴逆时针切削液开	M48	取消M49	M90～M99	永不指定

第四节 数控车床程序编制

数控车床是使用较广泛的数控机床，主要用于轴类和盘类回转体工件的加工，能自动完成内外圆面、柱面、锥面、圆弧、螺纹等的切削加工，并能进行切槽、钻、扩、铰孔等加工，适合复杂形状工件的加工。

一、数控车床的编程特点

1. 数控车床的编程实例

在某数控车床上加工图2-49所示工件，该数控车床使用G50设定工件坐标系，用坐标地址U、W表示X轴和Z轴的增量值编程值，选用刀具刀补或取消刀具刀补时，必须使用快速点定位指令G00。零件毛坯选用ϕ55mm钢棒料，端面不加工，棒料由车床卡盘装夹，编程时取工件右端面为工件坐标系的原点，加工程序如下：

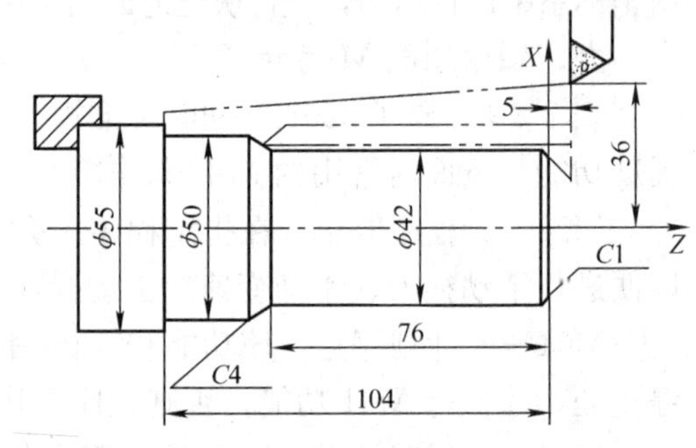

图2-49 数控车床编程实例

```
N001 G50 X72.0 Z5.0      ；坐标系设定，刀具起始点（36，5）。
N002 G00 T0101           ；选用01号车刀，刀补01号。
N003 S600 M03            ；主轴正转，600r/min。
N004 X50.0               ；沿X轴负方向快速移至坐标点（25，5）定位。
```

```
N005 G01 Z−76.0 F0.2         ；车外圆，进给量 0.2mm/r，沿 Z 轴负方向移至 76mm。
N006 G00 U6.0 W3.0           ；采用增量值，退刀至坐标点（28，−73）。
N007 Z5.0                    ；沿 Z 轴正方向快速移至坐标点（28，5）定位。
N008  X30.0                  ；沿 X 轴负方向快速移至坐标点（15，5）定位。
N009 G01 X42.0 Z−1.0         ；倒角 C1，在坐标点（21，−1）定位。
N010 Z−76.0                  ；车φ42mm 外圆，在坐标点（21，−76）定位。
N011 X50.0 W−4.0             ；倒角 C4，W 表示增量，在坐标点（25，−80）定位。
N012 Z−104.0                 ；车φ50mm 外圆，在坐标点（25，−104）定位。
N013 X60.0                   ；车台阶端面。
N014 G00 X72.0 Z5.0 T0100    ；退回起始点，消除刀补。
N015 M05                     ；主轴停。
N016 M30                     ；程序结束。
```

2. 数控车床编程特点

由上述编程实例可以看出，数控车床编程有如下特点：

1）数控车床大都使用准备功能指令 G50 完成工件坐标系设定。

2）在程序段中，根据图样尺寸，坐标值可以用绝对尺寸值，或增量尺寸值，或二者混合编程。使用坐标地址 X、Z 时为绝对值编程方式，使用坐标地址 U、W 时为增量值编程方式。

3）采用绝对值编程时，X 的编程值用工件直径表示。用增量值编程时，U 的编程值应是 X 轴方向增量值的二倍，并要标正负号。例如图 2-49 编程实例中，N006　G00　U6.0　W3.0 程序段表示刀具沿 X 轴的正方向移动 3mm，沿 Z 轴的正方向移动 3mm。

4）车床进给量 F 通常采用工件旋转一圈时刀具相对工件的位移量，单位 mm/r。

5）为提高径向尺寸精度，X 轴方向的脉冲当量常取 Z 轴的一半，例如，Z 轴的脉冲当量为 0.001mm/P，X 轴的脉冲当量取 0.0005mm/P。

下面主要参考 FANUC-12T 系统的准备功能讨论数控车床的程序编制。

二、车削固定循环指令

在数控车床上被加工工件的毛坯常用棒料或铸、锻件，所以车削加工时加工余量大，一般需要多次重复循环加工，才能车去全部加工余量。为了简化编程，数控车床的控制系统具备不同形式的固定循环功能，它们可以实现固定顺序动作自动循环和多次重复循环切削。下面介绍几种常用的循环功能。

1. 简单固定循环指令——G77、G79

G77 指令可实现车削内外圆柱面和圆锥面的自动固定循环。

图 2-50a 所示是使用 G77 指令车削圆柱表面的情况。其加工顺序按 1、2、3、4 进行，1（R）、4（R）表示快速移动，2（F）、3（F）表示按 F 代码指定的进给速度车削外圆柱面和端面，其程序段格式为：

G77　X（U）__ Z（W）__ F __；

绝对值编程时，使用 X 和 Z 字符；增量值编程时，使用 U 和 W 字符。增量值的符号可根据轨迹 1、2 的移动方向是否与 X、Z 轴方向一致来确定。

图 2-50b 所示是使用 G77 固定循环指令车削圆锥表面的情况。其程序段格式为：

G77　X（U）__ Z（W）__ I __ F __；

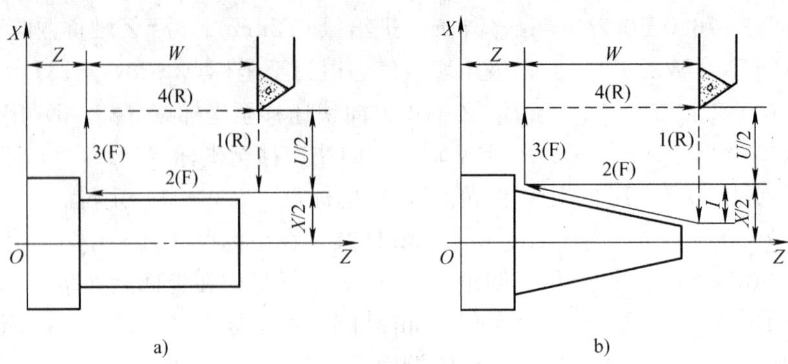

图 2-50 车削圆柱表面固定循环

格式中的 I 是锥体斜线在 X 轴的投影距离。若动作 2 的进给方向在 X 轴投影方向与 X 轴方向一致，I 值取负号；若投影方向与 X 轴方向相反，I 值取正号。图 2-50b 中，因动作 2 的进给方向在 X 轴投影与 X 轴正方向一致，故 I 值取负号。

G79 指令可实现端面加工固定循环。图 2-51a 所示是使用 G79 指令车削端面的情况。其加工顺序按照 1、2、3、4 进行，1（R）、4（R）表示快速移动，2（F）、3（F）表示按 F 代码指定的进给速度车削端面和外圆柱面，其程序段格式为：

G79　X（U）_ Z（W）_ F _；

格式中地址字符的含义和 G77 相同。

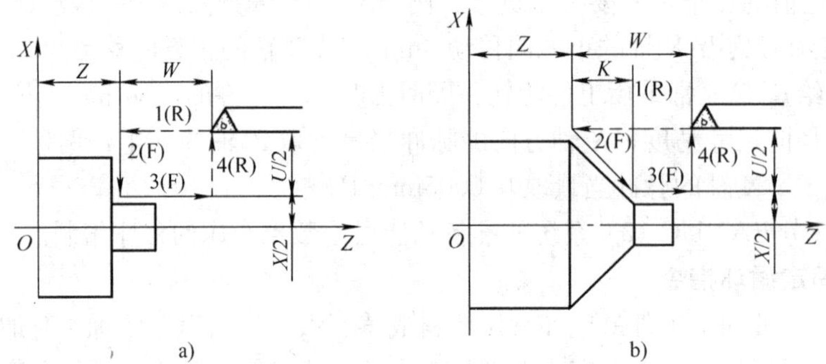

图 2-51 端面车削固定循环

图 2-51b 是使用 G79 指令车削有斜度端面时的情况，其程序段格式：

G79　X（U）_ Z（W）_ K _ F _；

格式中的 K 是端面斜度线在 Z 轴的投影距离。若动作 2 的进给方向在 Z 轴投影方向与 Z 轴方向一致，K 值取负号；若投影方向与 Z 轴方向相反，K 值取正号。图 2-51b 中，因动作 2 的进给方向在 Z 轴投影与 Z 轴正方向一致，故 K 值取负号。

2. 轮廓切削循环指令——G71、G72、G73、G70

在数控车床上加工工件时，首先进行粗加工，然后进行精加工。粗加工时，需要多次重复切削，才能加工至规定尺寸。因此，即使是按照固定循环指令编程，程序也很复杂。如果采用轮廓切削循环指令，可大大简化粗加工程序。轮廓切削循环指令又称组合切削循环指令，主要有以下几种：

1）粗车循环指令 G71、G72 适合车削棒料毛坯的大部分余量。根据工件几何形状的差异，粗车循环有两种形式。图 2-52a 所示是采用 G71 指令进行纵向粗车循环示意图。图 2-52b 所示是采用 G72 指令进行横向粗车循环示意图。两种粗车循环方式都留有精加工余量，在 Z 轴方向是 Δw，在 X 轴方向是 Δu，Δu 是 X 轴方向实际精加工余量的二倍。其程序段格式为：

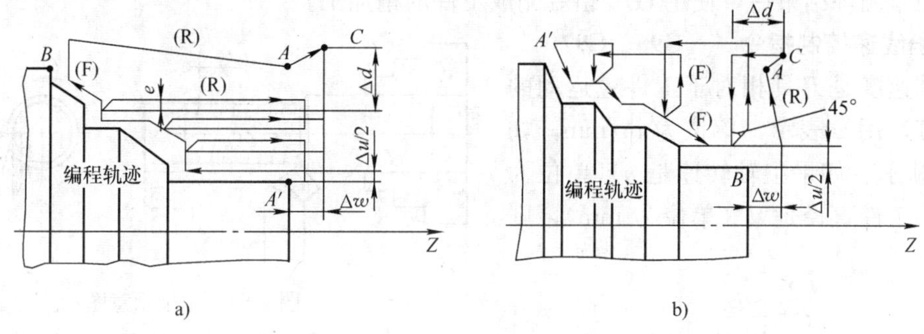

图 2-52　粗车循环

G71(或 G72)　P (ns)　Q (nf)　U (Δu)　W (Δw)　D (Δd)　F (f)　S (s)　T (t)；

程序段中各地址字符的含义是：

P——从 A' 点到 B 点轨迹的精加工程序中的第一个程序段的顺序号 ns；

Q——从 A' 点到 B 点轨迹的精加工程序中的最后一个程序段的顺序号 nf；

U——X 轴方向上的精车余量，采用直径编程方式时为 Δu；

W——Z 轴方向上的精车余量 Δw；

D——每一次循环的背吃刀量 Δd，沿 $A'A$ 方向，无正负号。

F、S、T 分别表示粗车循环时进给速度、主轴转速和刀具号，设定的参数仅在执行粗车循环加工时有效，而在顺序号 ns 至 nf 程序段中无效。

机床执行粗车循环指令时，刀具先从粗车起始点 A 移动到 C 点，AC 的距离与 Δu 和 Δw 值有关，即

$$AC=\sqrt{(\Delta u/2)^2+\Delta w^2}$$

2）精车循环指令 G70 可以完成粗车循环后留下的精车余量车削加工，加工轨迹是工件的轮廓线。其程序段格式为：

G70　P (ns)　Q (nf)；

P (ns)、Q (nf) 含义和粗车循环指令中的含义相同。

3）轮廓粗车循环指令 G73 常用于在铸、锻毛坯表面进行粗加工，因为这类毛坯的轮廓尺寸与精车后形状基本相符，所以粗加工循环轨迹也基本和轮廓尺寸相符，如图 2-53 所示。粗加工后留有精车余量，在 X 轴方向是 Δu，在 Z 方向是 Δw。其程序段格式：

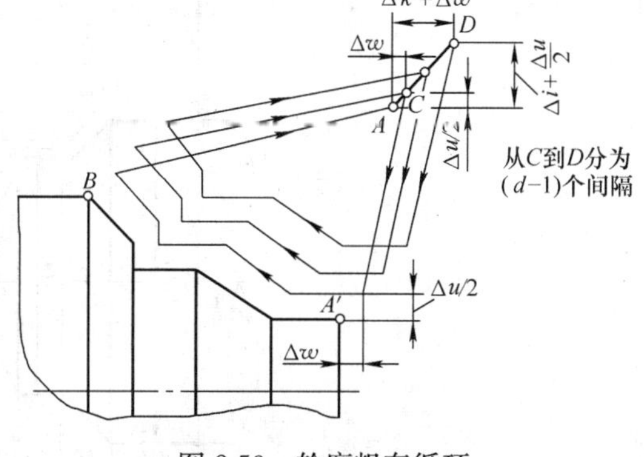

图 2-53　轮廓粗车循环

G73　P (ns)　Q (nf)　I (Δi)　K (Δk)　U (Δu)　W (Δw)　D (d)　F (f)　S (s)　T(t)；

I——粗车时，X 轴方向上的预留量（半径值编程）；

K——粗车时，Z 轴方向上的预留量；

D——粗车循环次数 d。

其余地址字符的含义和 G71 相同。

执行 G73 粗车循环指令时，刀具先从粗车起始点 A 移动到 D 点，AD 的距离如图 2-53 所示。粗车循环结束后，使用 G70 指令完成工件的精加工。

3. 恒线速控制指令——G96、G97

切削速度是刀具相对于工件主运动的瞬时速度，用 v 表示，单位为 m/min，如图 2-54 所示。如果主轴转速是 n（单位为 r/min），工件直径是 d（单位为 mm），则切削速度

$$v=\frac{\pi dn}{1000}$$

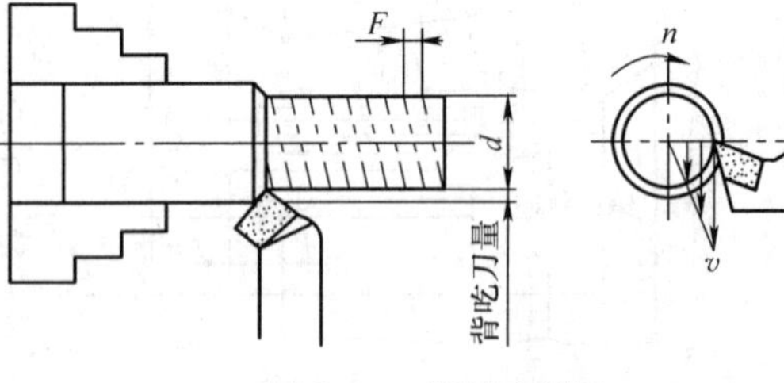

图 2-54 车削示意图

可见，如果主轴转速保持不变，则随着被加工工件直径的减小，切削速度也会下降，最佳车削状态被破坏。为了保证加工时切削速度不变，可以用恒线速控制指令 G96 设定。执行该指令时，随着工件直径减小，主轴转速自动增加，从而保持切削速度不变。指令格式：

G96 S＿；S 单位是 m/min。

G96 是模态指令，可以用 G97 指令取消，指令格式：

G97 S＿；S 单位是 r/min。

4. 最大主轴转速限制——G92

G96 设定为恒线速加工方式时，主轴的转速随半径值减小而升高，会对设备造成损害。采用 G92 可以把主轴转速限制在最大值以内。指令格式：

G92 S＿；S 单位是 r/min。

【实例 1】 图 2-55 所示台阶轴采用 G71 粗车循环指令和 G70 精车循环指令加工，工件毛坯是ϕ140mm 的棒料，程序起始点在工件坐标系 OXZ 中的坐标值为 $X=100$mm、$Y=220$mm，每一次粗车循环背吃刀量 Δd 取 7mm，横向精车余量 Δu 取 2mm，纵向精车余量 Δw 取 2mm。工件加工程序如下：

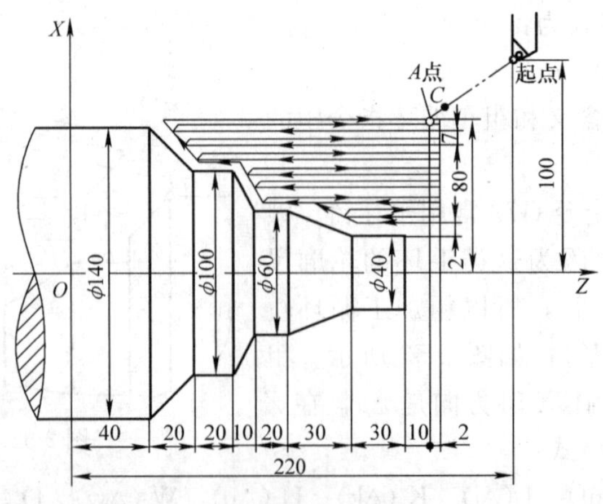

图 2-55 使用 G71、G72 加工举例

```
N010 G50 X200.0 Z220.0                    ；工件坐标系设定。
N011 G00 T0100                            ；刀架转位，选用1号刀，无刀具补偿值。
N012 G96 S55 M03                          ；主轴正转，恒线速切削，速度55m/min。
N013 G00 X160.0 Z180.0 T0101 M08          ；移至A点，加刀补值，开切削液。
N014 G71 P015 Q021 U4.0 W2.0 D7.0 F0.3    ；纵、横精车余量2mm，背吃刀量为7mm。
N015 G00 X40.0                            ；
N016 G01          W-40.0 F0.15 S58        ；
N017   X60.0      W-30.0                  ；精车循环程序段，粗车时恒线速度为
N018              W-20.0                  ；55m/min，进给量为0.3mm/r。
N019   X100.0     W-10.0                  ；
N020              W-20.0                  ；
N021   X140.0     W-20.0                  ；
N022 G70 P015 Q021                        ；精车速度58m/min，进给量为0.15mm/r。
N023 G28 X220.0 Z210.0 T0100              ；经中间点（110，210）回零，取消刀补。
N024   M30                                ；程序结束。
```

执行N014程序段时，刀尖由图中的A点退后到C点，然后由C点沿X方向快进一个背吃刀量，开始沿Z方向车削循环，最后一次粗车时在各加工表面留下精车余量。粗车结束时刀具刀尖返回到A点。执行N022程序段时，开始精车循环，结束时刀具返回至A点。有关车刀刀具补偿概念在本节后介绍。

【实例2】　图2-56所示是铸件采用G73粗车循环指令和G70精车循环指令的加工实例，纵、横向预留量14mm，纵、横向精车余量2mm。工件加工程序如下：

```
N010 G50 X260.0 Z220.0                                 ；工件坐标系设定。
N011 G00 T0100                                         ；刀架转至1号刀位，无刀补。
N012 G92 S3000 M03                                     ；限定最大转速3000r/min。
N013 G96 S55                                           ；恒线速切削，速度55m/min。
N014 G00 X220.0 Z160.0 T0101 M08                       ；移至A点，加刀补，开切削液。
N015 G73 P016 Q021 I14.0 K14.0 U4.0 W2.0 D03 F0.3      ；粗车循环3次。
N016 G00 X80.0  Z123.0                                 ；
N017 G01        Z100.0   F0.15                         ；精车循环程序段，粗车时
N018   X120.0   Z90.0                                  ；恒线速度为55m/min，进给量
N019            Z70.0                                  ；为0.3mm/r。
N020 G02 X160.0 Z50.0 I20.0                            ；
N021 G01 X180.0 Z40.0                                  ；
N022 G70 P016 Q021                                     ；速度55m/min，F=0.16mm/r。
N023 G28 X280.0 Z190.0 T0100                           ；返回机械原点，取消刀补。
N024 M30                                               ；程序结束。
```

执行N015程序段时，刀尖由图2-56中的A点退后到B点，后退量为预留量与精车余量之和，然后由B点开始粗车循环。粗车循环3次，每次背吃刀量由系统自动计算，最后一次粗车时在各加工表面留下精车余量2mm，粗车结束时刀具刀尖返回到A点。执行N022

程序段时，开始精车循环，结束时刀具返回至 A 点。

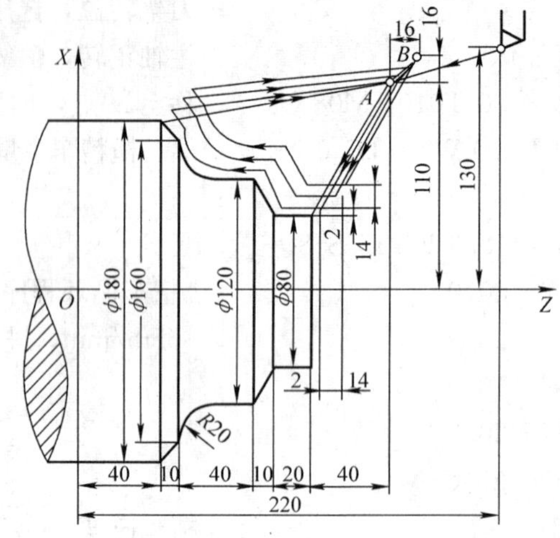

图 2-56 使用 G73、G70 加工举例

三、螺纹切削指令

1. 简单螺纹切削指令——G33

G33 指令可以加工圆柱螺纹和圆锥螺纹。该指令实现刀具直线移动，并使刀具的移动和主轴旋转保持固定传动比，即主轴转一转，刀具移动一个螺距。G01 指令也能实现直线移动，但因刀具的移动和主轴的旋转不存在固定传动比关系，所以用 G01 加工螺纹时会产生乱牙现象。数控机床执行 G33 指令时，由于机床伺服系统本身具有滞后特性，会在起始段和停止段发生螺纹的螺距不规则现象，所以，实际加工螺纹的长度 W 应包括切入和切出的空行程量，如图 2-57 所示，即

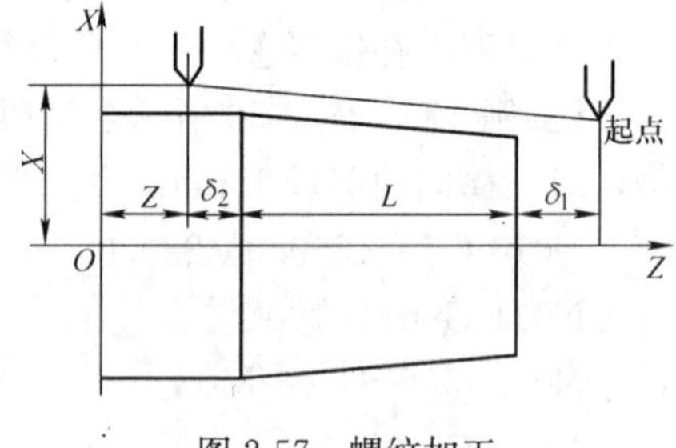

图 2-57 螺纹加工

$$W=L+\delta_1+\delta_2$$

式中 δ_1——切入空刀行程量，取螺距的 3～5 倍；

δ_2——切出空刀行程量，取 0.5δ_1。

螺纹加工程序段一般格式为：

G33 X__ Z__ F__；

X、Z 是加工螺纹时的终点坐标值，F 为螺距。若程序段中给出了 X 坐标值，并且和加工螺纹起始点的 X 坐标值不等，则加工圆锥螺纹；若程序段中没有指定 X，则加工圆柱螺纹。

【实例 3】 图 2-58 所示是圆柱螺纹加工实例，螺纹的螺距是 2mm，车削螺纹前工件直径为φ48mm，分四次进行螺纹车削，第一次切削量为 0.4mm，第二次切削量为 0.3mm，第三次切削量为 0.25mm，第四次切削量为 0.15mm，切削量指径向切削量，采用绝对值编程，工件坐标 OXZ 如图 2-58 所示，加工程序如下：

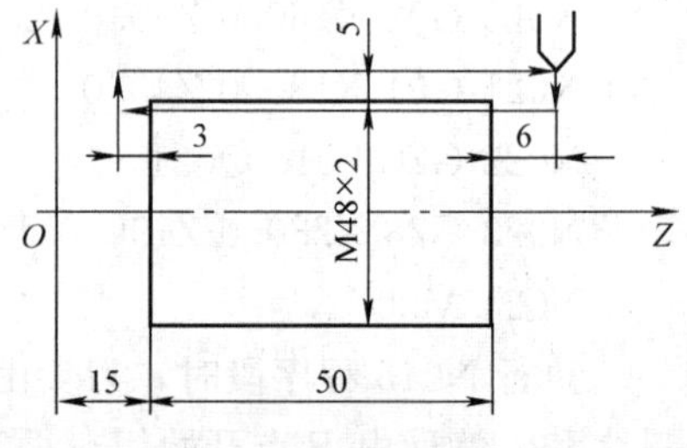

图 2-58 圆柱螺纹加工实例

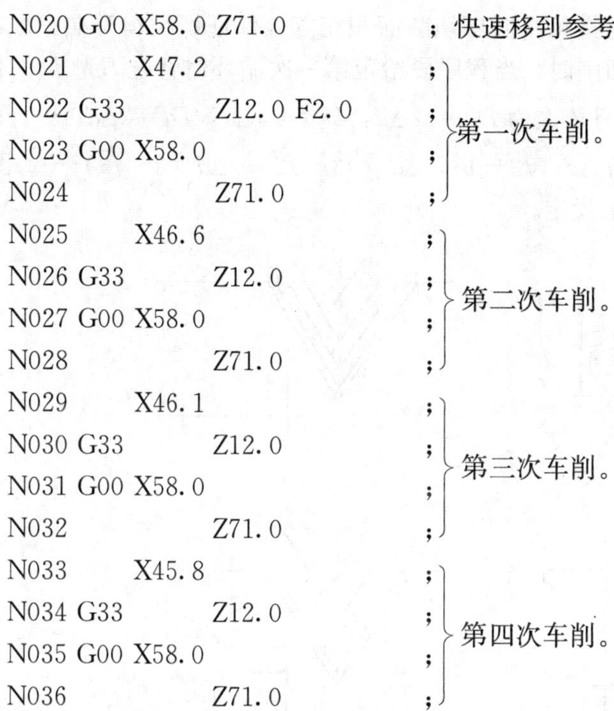

```
N020 G00 X58.0 Z71.0          ；快速移到参考点（29，71）。
N021     X47.2                ；┐
N022 G33       Z12.0 F2.0     ；│
N023 G00 X58.0                ；├第一次车削。
N024           Z71.0          ；┘
N025     X46.6                ；┐
N026 G33       Z12.0          ；│
N027 G00 X58.0                ；├第二次车削。
N028           Z71.0          ；┘
N029     X46.1                ；┐
N030 G33       Z12.0          ；│
N031 G00 X58.0                ；├第三次车削。
N032           Z71.0          ；┘
N033     X45.8                ；┐
N034 G33       Z12.0          ；│
N035 G00 X58.0                ；├第四次车削。
N036           Z71.0          ；┘
```

可见，采用 G33 指令编写螺纹加工程序繁琐，计算量较大。

2. 螺纹切削循环指令——G76

G76 指令可以完成如图 2-59 所示多次循环加工螺纹功能，其程序段格式为：

G76　X＿Z＿I＿K＿D＿F＿A＿P＿；

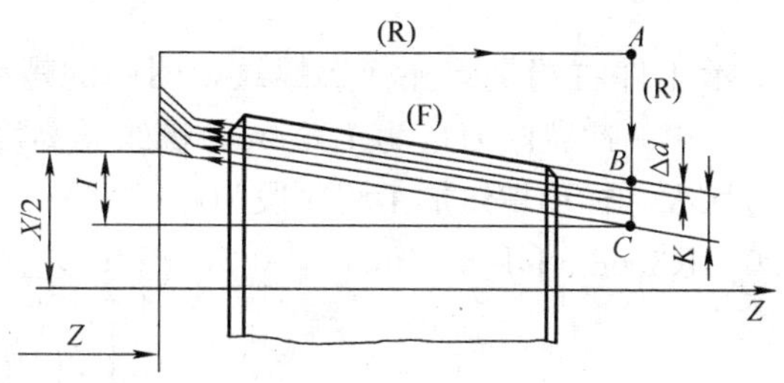

图 2-59　螺纹切削循环功能

X——螺纹加工终点处 X 轴坐标值；

Z——螺纹加工终点处 Z 轴坐标值；

I——螺纹加工起点和终点的差值，若 I=0 时，进行圆柱螺纹切削；

K——螺纹牙型高度，按半径值编程；

D——第一次循环时背吃刀量 Δd；

F——螺纹导程；

A——螺纹牙型顶角角度，可在 0°～120°之间任意选择；

P——指定切削方式。

P 指定的切削方式有四种：P1 表示等切削量单边切削（见图 2-60a）；P2 表示等切削量双边切削（见图 2-60b）；P3 表示等背吃刀量单边切削（见图 2-60c）；P4 表示等背吃刀量双

边切削（见图 2-60d）。切削量相等是指每次循环切削面积相等，保证螺纹车刀在车削过程中受力均匀。在执行等切削量单边切削时，当程序段给定第一次循环时背吃刀量 D 的值为 Δd 时，第二次以后的每次总背吃刀量依次为 $D_2=\sqrt{2}\Delta d$，$D_3=\sqrt{3}\Delta d$，$D_4=2\Delta d$，…，即第二次以后每次粗切的背吃刀量依次为 Δd（$\sqrt{2}-1$），Δd（$\sqrt{3}-\sqrt{2}$），Δd（$2-\sqrt{3}$）…。图 2-60 中的 a 是精加工余量，可以由参数设定。

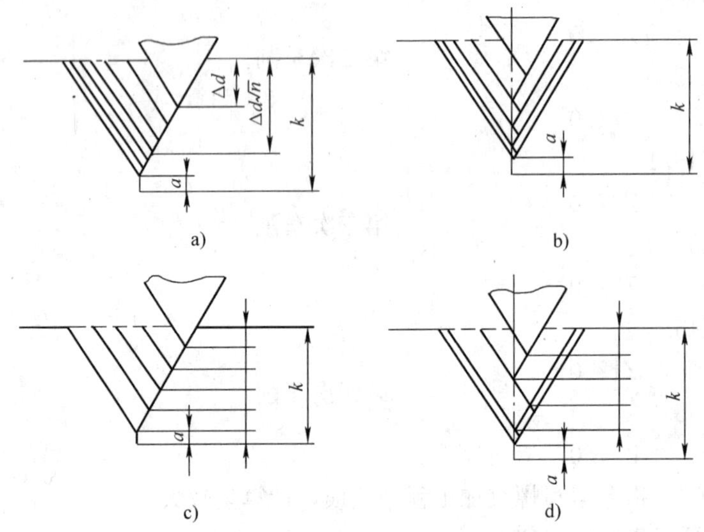

图 2-60 指定切削方式

a）等切削量单边切削 b）等切削量双边切削

c）等背吃刀量单边切削 d）等背吃刀量双边切削

【实例 4】 图 2-61 所示工件右端是圆柱梯形螺纹，图中的螺纹导程是 6mm，外径是 ϕ36mm，底径是ϕ28.64mm，第一次背吃刀量为 1.8mm，螺纹总高度为 3.68mm，螺纹牙型顶角角度是 60°，采用单边切削，梯形螺纹加工程序段为：

G76 X28.64 Z25.0 K3.68 D1.8 F6.0 A60 P1；

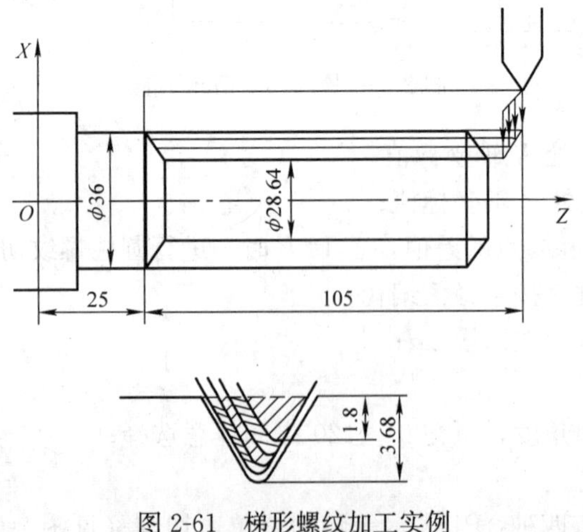

图 2-61 梯形螺纹加工实例

四、车刀刀具补偿

全功能数控车床具备刀具位置补偿功能和刀尖圆弧半径补偿功能，下面对两种补偿功能作简单介绍。

1. 刀具位置补偿

加工过程中，若使用多把刀具，通常取刀架中心位置作为编程原点，即以刀架中心 A 作为程序的起始点，如图 2-62 所示，而刀具实际移动轨迹由刀具位置补偿值控制。由图 2-62a 可见，刀具位置补偿值包含刀具几何补偿值和磨损补偿值。

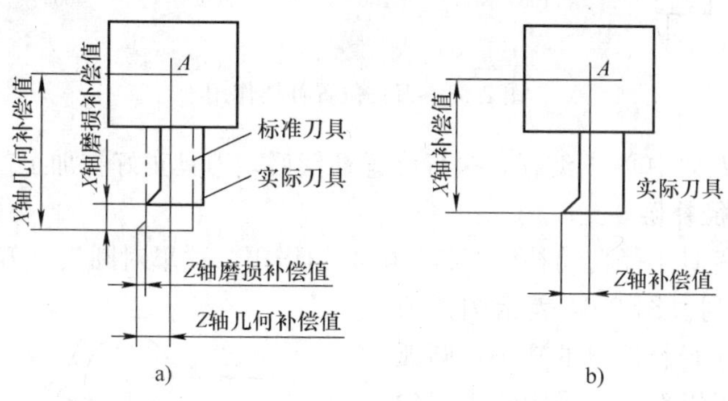

图 2-62 刀具位置补偿

在实际刀具所在位置安装一把标准刀具，标准刀具刀尖相对刀架中心的偏移量称为几何补偿值。实际刀具不可能和标准刀具的位置完全重合，特别是刀具重磨安装，实际刀具的位置会发生变化。所谓磨损补偿值就是实际刀具刀尖的位置相对标准刀具刀尖位置的偏移量。由于存在两种形式的偏移量，所以刀具位置补偿使用两种方法，一种方法是将几何补偿值和磨损补偿值分别设定存储单元存放补偿值，其格式为：

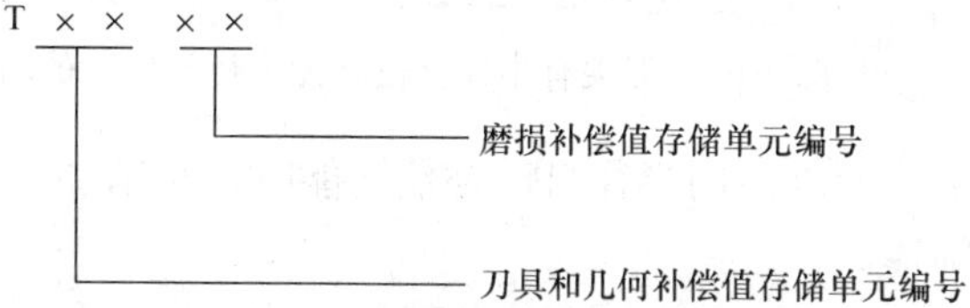

另一种方法是将几何偏移量和磨损偏移量合起来补偿，如图 2-62b 所示，其格式为：

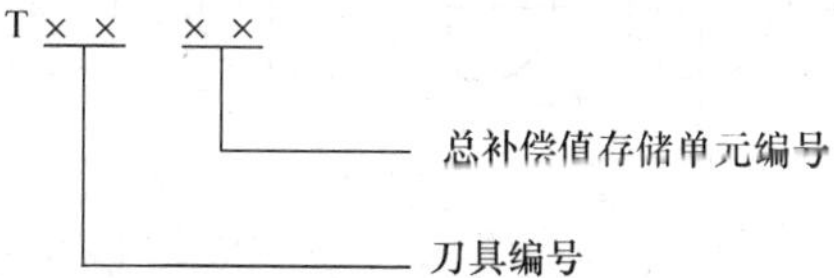

总补偿值存储单元编号有两个作用，一个作用是选择刀具号对应的补偿值，并执行刀具位置补偿功能；另一个作用是当存储单元编号 00 时，可以取消位置补偿，例如 T0100，表示取消 1 号刀具当前的补偿值。图 2-63 表示刀具位置补偿的作用，图中的实线是刀架中心 A 点的编程轨迹线，双点画线是执行位置补偿时 A 点的实际轨迹线，实际轨迹的方位和 X、Z 轴的补偿值有关，其程序为：

```
N010 G00 X50.0  Z100.0 T0202     ;
N020            Z300.0           ;
N030  X150.0 Z400.0 T0200        ;
```

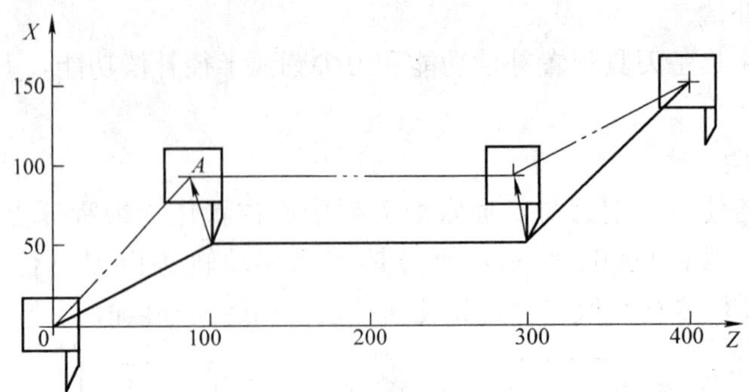

图 2-63 刀具位置补偿作用

可见，虽然按刀架中心 A 编程，执行位置补偿后，刀具正好在加工位置。

2. 圆头车刀半径补偿

上一节讨论过刀具半径自动补偿 G41、G42 的作用，这里对圆头车刀实际使用半径补偿功能作进一步的探讨。图 2-64 表示圆弧刀尖有半径补偿和无半径补偿时的轨迹，圆弧半径为 R。从图中可以看出，采用假想刀尖 A 编程序时，刀具圆弧中心轨迹如图 2-64 中双点画线所示，刀具实际加工轨迹和工件要求的轮廓形状存在误差，误差大小和圆弧半径 R 有关。若采用刀具圆弧中心编程并使用半径补偿功能时刀具圆弧中心的轨迹是图中的实线，加工轨迹和工件要求的轮廓相符。所以选用圆头车刀加工工件时，一定要采用圆弧半径补偿功能。

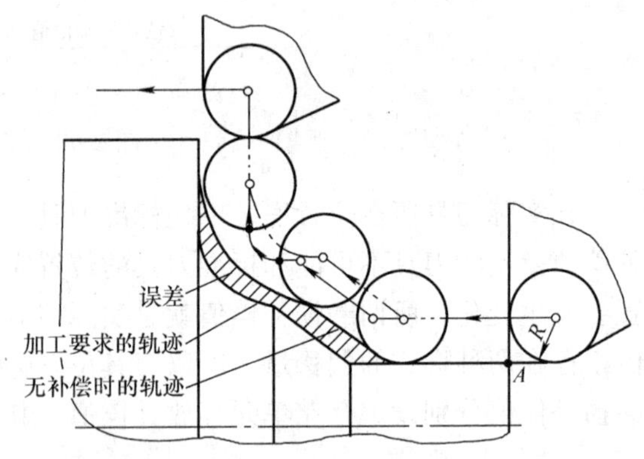

图 2-64 刀尖有半径补偿和无半径补偿时的轨迹

因为车刀的安装和几何形状比铣刀复杂，所以使用半径自动补偿功能时，车削加工比铣削加工复杂。下面通过几个方面作进一步阐述。

(1) 假想刀尖 A 的方位确定　假想车刀刀尖 A 相对圆弧中心的方位与刀具移动方向有关，它直接影响圆弧车刀补偿计算结果。图 2-65 是圆弧车刀假想刀尖方位及代码，从图中可以看出，刀尖 A 的方位有八种，分别用 1～8 八个数字代码表示，同时规定，刀尖取圆弧中心位置时，代码为 0 或 9，可以理解为没有圆弧补偿。

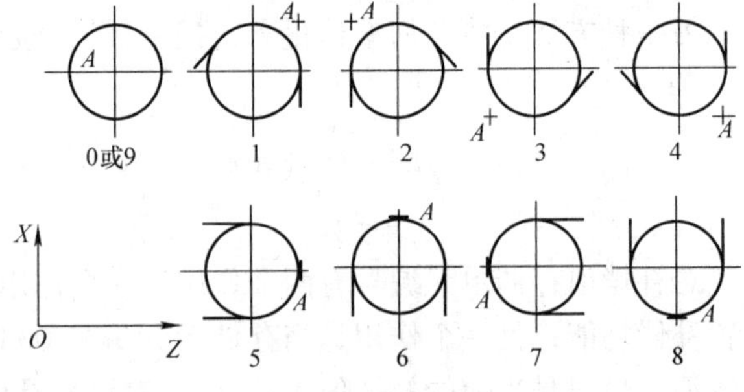

图 2-65 圆弧车刀假想刀尖方位及代码

(2) 圆弧半径补偿和位置补偿的关系　如果以刀架中心 A 点作为编程起始点，不考虑圆弧半径补偿，则车刀在 X 轴和 Z 轴补偿值按照图 2-62b 所示方法确定。既要考虑车刀位置补偿，又要考虑圆弧半径补偿，此时车刀在 X 轴和 Z 轴的补偿值可以按照图 2-66 所示方式确定，而将刀具的圆弧半径 R 值放入相应的存储单元，在加工时数控装置自动进行圆弧半径补偿。在刀具代码 T 中的补偿号对应的存储单元中，存放一组数据：X 轴、Z 轴的位置补偿值，圆弧半径补偿值和假想刀尖方位（0～9）。操作时，可以将每一把刀具的四个数据分别输入刀具补偿号对应的存储单元中，即可实现自动补偿（见表 2-9）。

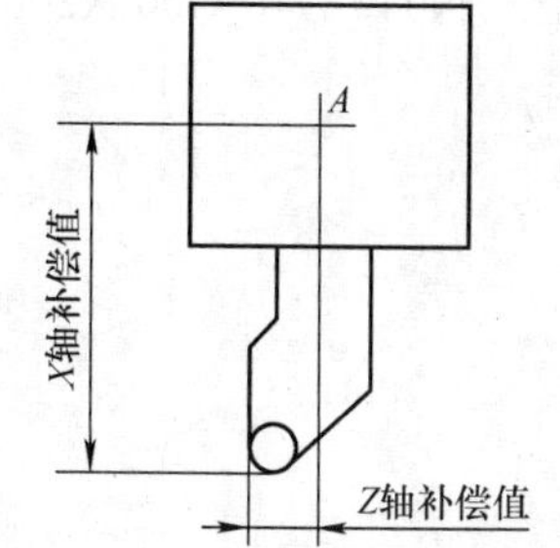

图 2-66　圆弧车刀位置补偿

（3）圆弧半径自动补偿轨迹　图 2-67 所示为使用圆弧半径补偿时刀具补偿过程，图中刀具补偿过程的程序格式为：

G40 __ ；消除补偿。

G42 __ ；半径补偿起始程序段。

由 G40 程序段变更为 G41 或 G42 程序段，称起始程序段。从图 2-67 中可以看出，在起始程序段中，刀具在移动过程中逐渐加上补偿值。当起始程序段结束之后，刀具圆弧中心停留在程序设定坐标点的垂线上，距离是半径补偿值。如果前面程序中没有使用 G41 或 G42 功能，可以不用 G40，直接写 G41 或 G42 即可。

若需要取消 G41 或 G42 功能，在加工程序段后面加 G40 程序段即可实现。图 2-68 所示为 G40 程序段执行过程。

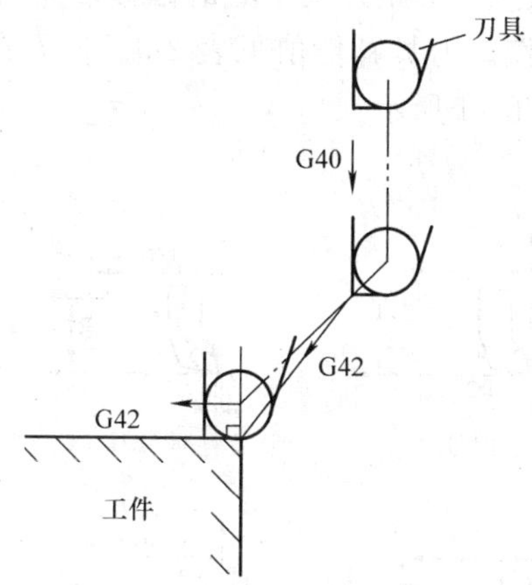

图 2-67　刀具半径补偿过程

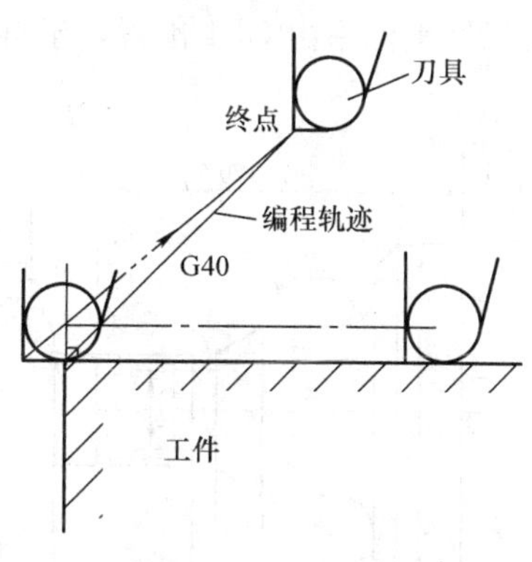

图 2-68　G40 程序段执行过程

编程时要防止发生过切现象，例如图 2-69 所示，若采用程序

G42 X __ Z __；

G40 G00 X __ Z __；

会产生过切现象。若使用程序

G42 X __ Z __；

G40 G00 X __ Z __ I __ K __ ；

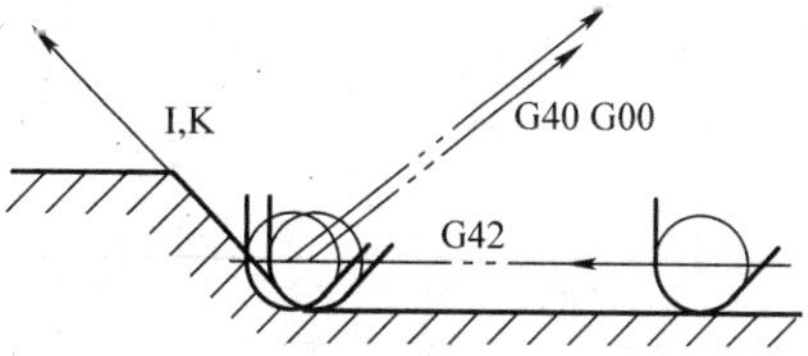

则可以避免过切现象。程序段中的 I、K 是执行 G40 时工件的几何轨迹走向，I 和 K 取几何轨迹走向的增量值，其正负号可根据几何轨迹走向是否与 X、Z 轴方向一致来判别。

图 2-69　过切现象

【实例 5】　图 2-70 所示为防止过切编程实例，其程序为：

N010 G50 X200.0 Z180.0　　；

N020 G42 G00 X50.0　　；

N030 G01 X100.0 Z60.0 F0.2 ;

N040 G40 G00 X200.0 Z180.0 I40.0 K-30.0 ;

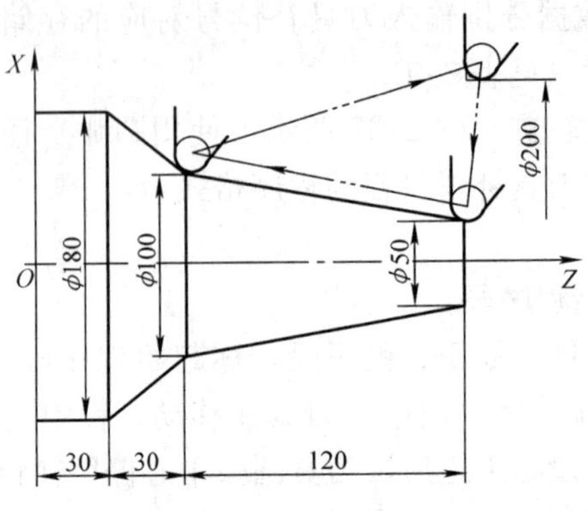

图 2-70 防止过切编程实例

五、车削加工编程实例

图 2-71 所示是数控车床车削工件的图样。加工时采用 01 号刀粗车端面和外圆，02 号刀精车外圆，03 号刀切槽，04 号刀车螺纹。刀尖和假想刀尖距刀架中心的偏移量如图 2-71 所示。编程原点取刀架中心位置，所以要设定刀具补偿。刀具补偿值见表 2-9。换刀在机械原点进行，工件坐标系由 G54 预置，坐标系原点如图 2-71 所示。

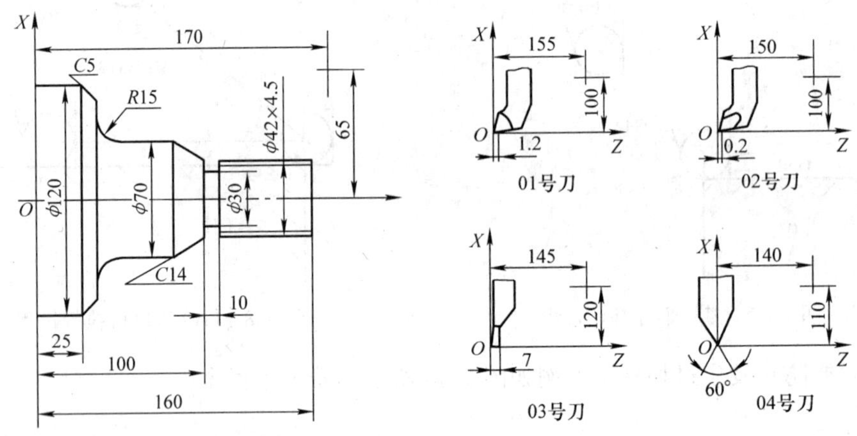

图 2-71 车削加工编程实例

表 2-9 刀具补偿值

NO	X	Z	R	T
01	100.0	155.0	1.2	3
02	100.0	150.0	0.2	3
03	120.0	145.0	0	0
04	110.0	140.0	0	0

车削加工程序如下：

N010 G54 G00 T0101 ；选粗车刀。

```
N020 G92 S3000 M03                          ；限定最大主轴转速。
N030 G96 S120                               ；设定恒线速切削速度。
N040      X130.0 Z170.0 M08                 ；快移并送切削液。
N050 G79 X0   Z160.0 F0.2                   ；端面固定循环。
N060 G77 X120.0 Z0   F0.3                   ；外圆固定循环。
N070 G42                                    ；圆弧半径补偿。
N080 G71 P090 Q150 U5.0 W2.5 D2.0 F0.25 S120 ；粗车循环。
N090 G00 X42.0   Z170.0 F0.05 S100          ；┐
N100 G01          Z100.0                    ；│
N110      X70.0   Z86.0                     ；│
N120              Z45.0                     ；├工件精车循环程序段。
N130 G02 X100.0 Z30.0 R15.0                 ；│
N140 G01 X110.0                             ；│
N150      X130.0 Z20.0                      ；┘
N160   M09                                  ；关切削液。
N170 G28 X200.0 Z183.0   T0100              ；经中间点回零，取消刀补。
N180 G00   T0202                            ；换精车刀。
N190 G29 X130.0 Z170.0   M08                ；返回并送切削液。
N200 G70 P090 Q150                          ；精车循环。
N210   M09                                  ；关切削液。
N220 G28 X200.0 Z183.0 T0200                ；经中间点回零，取消刀补。
N230 G00 G40   T0303                        ；换切槽刀。
N240 G29 X55.0   Z100.0                     ；返回定位。
N250 G01 X30.0   F0.2                       ；切槽。
N260 G04 X2.0                               ；暂停 2s。
N270 G00 X55.0                              ；快退。
N280              Z103.0                    ；右移定位。
N290 G01 X30.0                              ；切槽。
N300 G04 X2.0                               ；暂停 2s。
N310 G00 X55.0                              ；快退。
N320 G28 X200.0 Z183.0 T0300                ；经中间点回零，取消刀补。
N330 G00   T0404                            ；换螺纹车刀。
N340 G29 X50.0   Z180.0 S100                ；返回定位。
N350 G76 X36.3   Z105.0 K2.85 D1.0 F4.5 A60 ；车螺纹循环。
N360 M09                                    ；关切削液。
N370 G28 X200.0 Z183.0 T0400                ；经中间点回零，取消刀补。
N380 M30                                    ；程序结束。
```

程序中端面固定循环进给量是 0.2mm/r，外圆固定循环进给量是 0.3mm/r，粗车循环进给量是 0.25mm/r，精车循环进给量是 0.05mm/r；端面固定循环、外圆固定循环、粗车循环恒线切削速度 120m/min，精车恒线切削速度 100m/min；限定主轴最大转速是 3000r/min。

第五节 数控铣床程序编制

凸轮、螺旋桨等形状复杂的工件，构成工件形状的几何要素除直线和圆弧外，还有各种曲线。这类形状复杂的工件，特别适合在数控铣床上加工。

本节主要参考 FANUC 0i-MA 数控系统讨论数控铣床的程序编制。

一、数控铣床加工实例和编程特点

1. 数控铣床加工实例

图 2-72a 所示为模具冲头，毛坯选用ϕ50mm×55mm 的棒料，刀具用ϕ20mm 立铣刀，在数控立铣床上加工。程序起始点坐标是（0，60，200），加工路线如图 2-72b 所示，在加工时，使用刀具半径补偿功能和刀具长度补偿功能，故程序可以按图 2-72b 所示轨迹线编写。刀具半径补偿值存放在 D01 中，刀具长度补偿值存放在 H01 中。

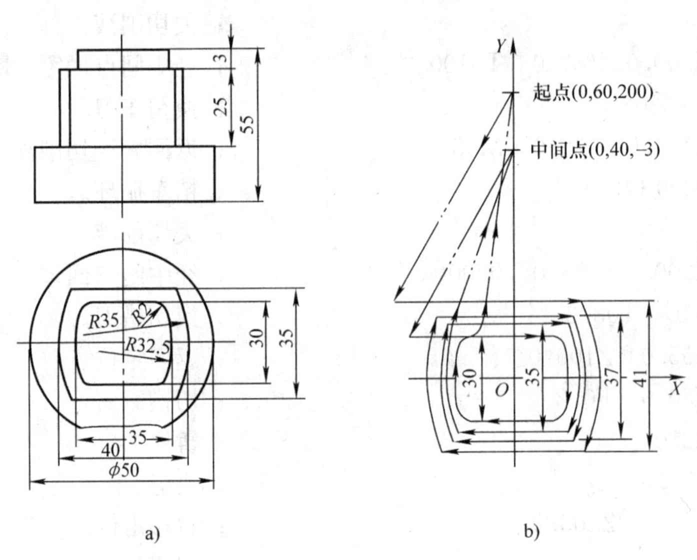

图 2-72 铣床加工实例

首先加工冲头下侧面，然后加工顶部凸台上侧面。下侧面加工时，先安排粗加工，进给量为 120mm/min，后安排精加工，进给量 60mm/min。粗加工又分两次完成。第一次粗加工后，前后平面间距离为 41mm，第二次粗加工的切削量为 2mm，加工后，前后平面间距离 37mm，两边各留 1mm 精加工余量。用同一把铣刀完成粗、精加工切削。精加工结束后，刀具移至中间点（0，40，−3），同时消除半径补偿。

顶部凸台四角各有半径 $r=2$mm 的小圆弧。加工顶部凸台上侧面时，重新设定半径补偿值，并存入 D02。两部位加工采用不同的补偿值，主要原因是铣削力不同，刀具变形不同。分别设定补偿值有利于加工精度的提高。工件坐标系的原点设在顶部凸台面中心。

编写加工程序，首先应当计算基点。由图 2-72a 可知，冲头前后及左右对称，所以，只要计算出第一象限的基点值，就可以确定其他象限的基点值。首先讨论加工下侧面时的基点计算，然后讨论上侧面的基点计算。

（1）下侧面的基点计算　由图 2-73 可知，第一象限基点的坐标为

$$X=\sqrt{R^2-Y^2}-R+a/2$$
$$Y=b/2$$

式中　R——侧圆弧面半径；

a——两圆弧侧面在水平轴上的距离；

b——前后侧面距离。

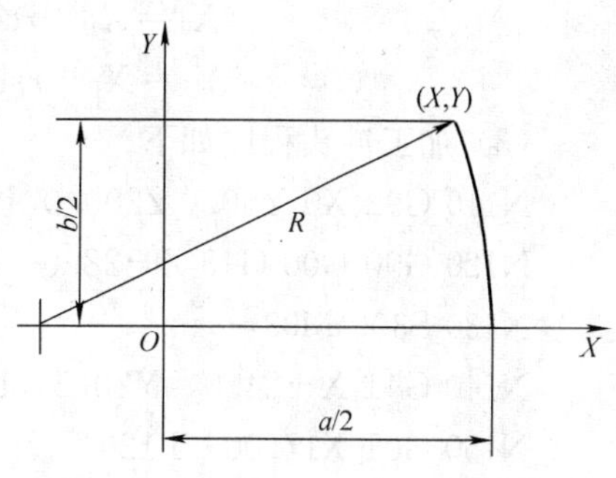

图 2-73　下侧面基点计算

下侧面基点计算结果见表 2-10。因为加工路线是从第二象限开始顺时针方向连续加工，故每次循环至第二象限时的 X 坐标值应按上面公式单独计算。

表 2-10　下侧面基点坐标值

工　序	R	a	b	X	Y	第二象限 X 值
粗加工 1	38	46	41	17.00	20.5	－18.19
粗加工 2	36	42	37	15.88	18.5	－16.46
精加工	35	40	35	15.31	17.5	－13.36

（2）上侧面的基点计算　由图 2-74 可知，因凸台拐角有小圆弧 r，所以在第一象限内应有两个基点 A 和 B。为计算方便，先解出小圆弧圆心的坐标 X_P、Y_P和角度 θ，其值为

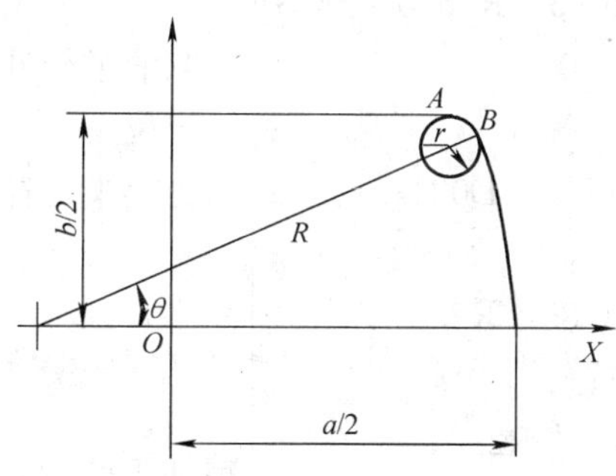

图 2-74　上侧面基点计算

$$X_P=\sqrt{(R-r)^2-(b/2-r)^2}-R+a/2$$
$$=[\sqrt{(32.5-2)^2-(15-2)^2}-32.5+17.5]\text{mm}$$
$$=12.59\text{mm}$$
$$Y_P=b/2-r=(15-2)\text{mm}=13\text{mm}$$
$$\theta=\arctan\frac{b/2-r}{\sqrt{(R-r)^2-(b/2-r)^2}}$$
$$=\arctan\frac{15-2}{\sqrt{(32.5-2)^2-(15-2)^2}}$$
$$=25.23°$$
$$X_A=X_P=12.59\text{mm}$$

$Y_A = b/2 = 15\text{mm}$

$X_B = X_P + r\cos\theta = (12.59 + 2\cos\theta)\text{mm} = 14.40\text{mm}$

$Y_B = X_P + r\sin\theta = (13.00 + 2\sin\theta)\text{mm} = 13.85\text{mm}$

(3) 加工冲头程序如下

```
N110 G92 X0 Y60.0 Z200.0            ;  坐标设定。
N120 G90 G00 G43 Z-28.0  H01        ;  刀具长度补偿。
N130 S300 M03                       ;  主轴正转。
N140 G41 X-24.0  Y20.5  D01 M08     ;  圆弧半径补偿。
N150 G01 X17.00  F120               ;  ┐
N160 G02  Y-20.5  R38.0             ;  │ 第一次粗加工。
N170 G01 X-17.00                    ;  │
N180 G02 X-18.19 Y18.5  R38.0       ;  ┘
N190 G01 X15.88                     ;  ┐
N200 G02  Y-18.5  R36.0             ;  │ 第二次粗加工。
N210 G01 X-15.88                    ;  │
N220 G02 X-16.46 Y17.5  R36.0       ;  ┘
N230 G01 X15.31  F60                ;  ┐
N240 G02  Y-17.5  R35.0             ;  │ 精加工。
N250 G01 X-15.31                    ;  │
N260 G02 X-13.36 Y20.5  R35.0       ;  ┘
N270 G00 G40 X0  Y40.0              ;  取消半径补偿，退回中间点。
N280  Z-3.0                         ;  定位。
N290 G41 X-24.0  Y15.0  D02         ;  更换半径补偿值。
N300 G01 X12.59  F60                ;  ┐
N310 G02 X14.40  Y13.85  R2.0       ;  │
N320  Y-13.85 R32.5;                   │
N330  X12.59  Y-15.0  R2.0;            │ 精加工凸台。
N340 G01 X-12.59                    ;  │
N350 G02 X-14.40 Y-13.85 R2.0       ;  │
N360  Y13.85 R32.5;                    │
N370  X-12.59 Y15.0  R2.0;             ┘
N380 G91 G03 X5.0 Y5.0  R5.0        ;  离开工件。
N390 G90 G00 G40 X0 Y60.0 M09       ;  取消半径补偿，返回起始点。
N400 G49 Z200.0 M05                 ;  取消长度补偿，主轴停止。
N401 M30                            ;  程序停止。
```

2. 数控铣床编程特点

1）使用 G92 完成工件坐标系设定。

2）使用 G90 定义绝对值编程方式，G91 定义增量值编程方式。

3）进给量 F 定义为刀具在运动方向相对工件的位移量，单位 mm/min。

4）使用 G40 取消刀具半径补偿，G49 取消刀具长度补偿。

二、数控铣床刀具补偿功能

数控铣床刀具补偿功能有刀具半径补偿功能（G41、G42、G40），刀具长度补偿功能（G43、G44、G49）和刀具位置补偿功能（G45、G46、G47、G48）。前两种补偿功能在前面已作了介绍，此处不再重复。本节先对棱角过渡处理问题作一般介绍，然后讨论刀具位置补偿。

1. 棱角过渡处理

数控铣床铣削棱角轮廓时，若刀具中心位移量与轮廓尺寸相同时，有可能发生过切现象或刀具中心轨迹不能连续现象，如图 2-75 所示。为此，在编写工件加工程序时，应考虑棱角的过渡轨迹，合理安排过渡程序。

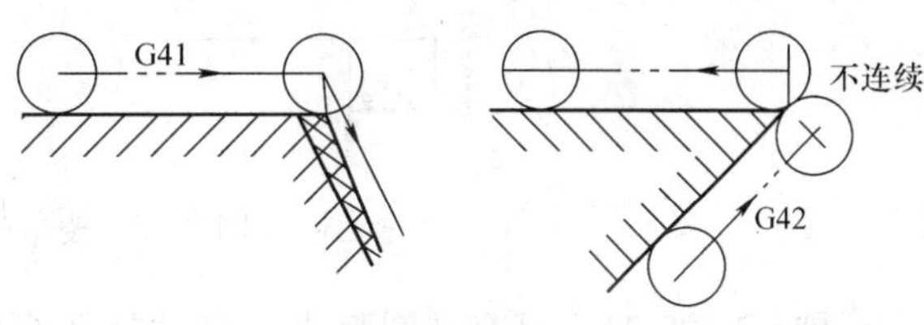

图 2-75　棱角过渡的过切与不连续现象

图 2-76 所示为棱角过渡处理常用实例。图 2-76a 中的棱角是由直线与直线轮廓线形成的，编写程序时，刀具的中心轨迹必须延伸至过渡点 *S*，由图可见，过渡点应是两条刀具中心轨迹的交点；图 2-76b 是由直线与圆弧轮廓曲线形成的棱角，编写程序时，刀具移动时的中心轨迹必须延伸至过渡点 *S*，再沿直线 *SA* 编写一段直线加工程序，然后编写圆弧加工程序；图 2-76c 是圆弧与直线轮廓线形成的棱角，加工程序中，增加三段直线程序；图 2-76d 是内轮廓刀具中心轨迹。其他棱角过渡处理方法可按上述方式处理。

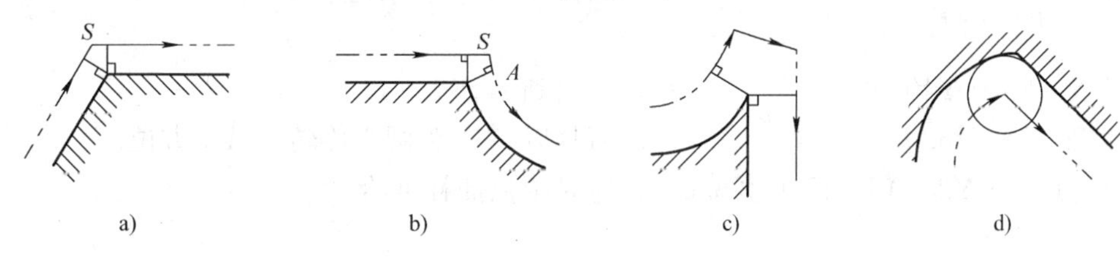

图 2-76　棱角过渡处理

2. 棱角过渡指令——G39

全功能数控铣床中，棱角过渡处理过程由数控装置完成。某些数控铣床中，具备棱角过渡指令 G39，其指令格式为：

G39　I＿J＿；

I、J——表示刀具中心绕棱角拐点旋转后的方向。

G39 是非模态指令，仅在指定的程序段有效。使用棱角过渡指令，必须先指定 G41 或 G42，G39 才有效。

圆 2-77a 是直线与直线轮廓线形成的棱角，编程时，在棱角拐点 *A* 处增加一段棱角过渡 G39 指令，I、J 取 *B* 点相对 *A* 点的增量坐标值，其加工程序如下：

```
G91                     ；增量尺寸编程。
G41                     ；圆弧半径自动左补偿。
⋮
G01 X15.0 Y25.0         ；进给到A点。
```

G39 I42.0 J12.0 ；刀具以 A 点为圆心旋转至 AB 方位。
G01 X42.0 Y12.0 ；进给到 B 点。
⋮

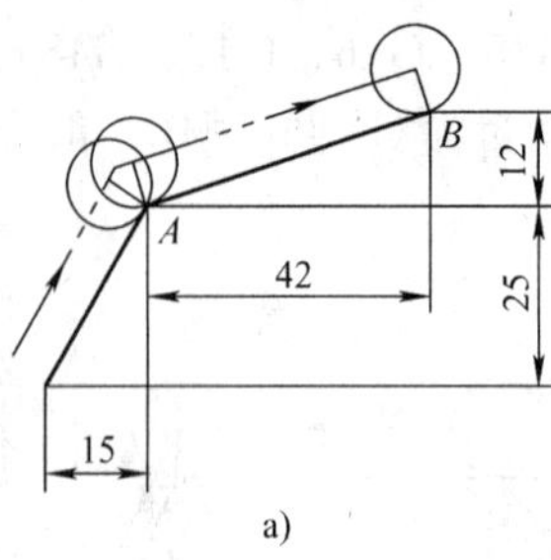

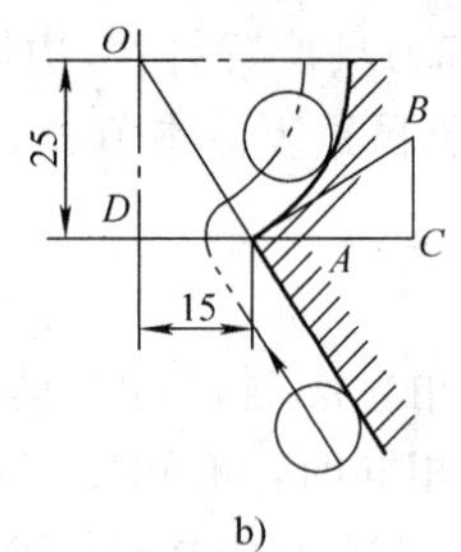

图 2-77 棱角过渡指令形式

使用 G39 时，只有在圆弧半径自动补偿 G41、G42 被指定的情况下才有效，刀具旋转半径就是圆弧半径补偿值。

图 2-77b 是直线与圆弧轮廓线形成的棱角，在 A 点执行 G39 指令旋转后的方向应是过 A 点作圆弧的切线 AB 的方向，因为三角形△ABC 和三角形△OAD 是相似三角形，所以，B 点相对 A 点的增量坐标值可以用圆弧圆心 O 点相对 A 点的增量坐标值代替。所以，如果知道圆弧中心坐标值时，可直接使用圆弧中心坐标值，其程序如下：

G91 ；增量尺寸编程。
G41 ；圆弧半径自动左补偿。
⋮
G01 X−20.0 Y40.0 ；进给到 A 点。
G39 I25.0 J15.0 ；刀具以 A 点为圆心旋转至 AB 方位。
G03 X14.15 Y25.0 I−15.0 J25.0 ；逆时圆弧插补进给。
⋮

【实例 6】 图 2-78 中棱角采用指令 G39。其程序清单如下：

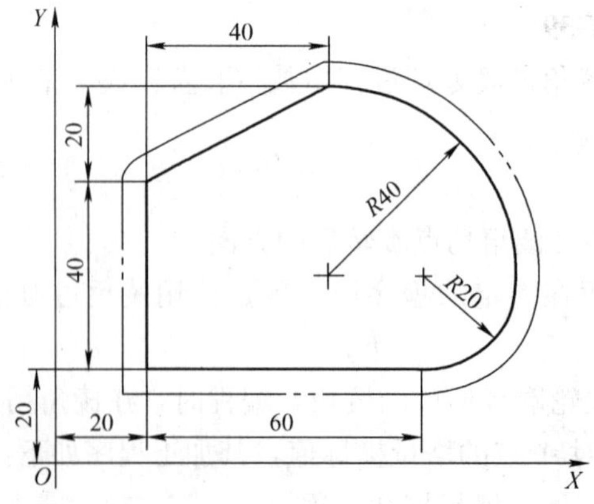

图 2-78 G39 应用实例

N001 G91 G00 G41 X20.0 Y20.0 D01 ；增量值编程，半径左补偿。
N002 G01 Z−25.0 F100 ；Z 轴负方向进给 25mm。

```
N003  Y40.0  F250                     ；Y 轴方向进给 40mm。
N004 G39 I40.0  J20.0                 ；环绕棱角旋转。
N005  X40.0  Y20.0                    ；沿斜线进给。
N006 G39 I40.0                        ；环绕棱角旋转至 X 轴方向。
N007 G02 X40.0  Y-40.0 R40.0          ；加工 R40mm 圆弧。
N008  X-20.0  Y-20.0 R20.0            ；加工 R20mm 圆弧。
N009 G01 X-60.0                       ；X 轴负方向进给 60mm。
N010 G00 Z25.0                        ；Z 轴正方向快退 25mm。
N011 G40 X-20.0  Y-20.0  M30          ；取消刀补，返回原位，程序结束。
```

3. 刀具位置偏置指令——G45、G46、G47、G48

刀具位置偏置指令功能见表 2-11。这种功能仅在指定的程序段有效，是非模态指令，刀具位置补偿值地址代码为 D。

表 2-11 刀具位置偏置功能

代　码	功　能
G45	刀具运动方向上增加一个位置偏置量
G46	刀具运动方向上减少一个位置偏置量
G47	刀具运动方向上增加两个位置偏置量
G48	刀具运动方向上减少两个位置偏置量

【实例 7】 工件轮廓形状如图 2-79 所示，使用立铣刀铣削工件侧面，立铣刀直径ϕ20mm，偏置量应是 10mm，将此值存入 D01 中。铣削加工程序如下：

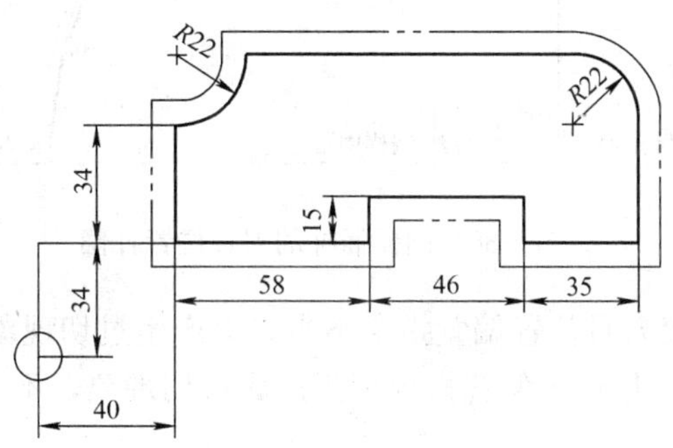

图 2-79 刀具位置偏置实例

```
N001 G91                              ；增量值编程。
N002 G46 G00 X40.0 Y34.0 D01          ；缩短 1 倍偏置量。
N003 G47 G01 X58.0  F120              ；延长 2 倍偏置量。
N004  Y15.0                           ；
N005 G48  X46.0                       ；缩短 2 倍偏置量。
N006  Y-15.0                          ；
N007 G47  X35.0                       ；延长 2 倍偏置量。
N008 G45  Y34.0                       ；延长 1 倍偏置量。
N009 G45 G03 X-22.0 Y22.0 I-22.0      ；延长 1 倍偏置量。
```

```
N010 G45 G01 X-95.0                    ；延长 1 倍偏置量。
N011 G46   Y0                          ；缩短 1 倍偏置量。
N012 G46 G02 X-22.0 Y-22.0 I-22.0      ；缩短 1 倍偏置量。
N013 G46  X0                           ；缩短 1 倍偏置量。
N014 G47   Y-34.0                      ；延长 2 倍偏置量。
N015 G46 G00 X-40.0 Y-34.0             ；缩短 1 倍偏置量。
```

使用刀具位置偏置指令时应注意以下几点：

1）两坐标联动（执行插补指令）时，如果程序段中使用了刀具位置偏置指令，刀具的偏置量对两个坐标轴同时有效。

2）对于圆弧插补指令程序段中，指令 G45～G48 只在 1/4 和 3/4 圆的情况中起作用。编程时，起点不要设在圆弧的起点上，如果设在圆弧的起点上，刀具中心轨迹与编程轨迹不是同心圆，如图 2-80 所示。

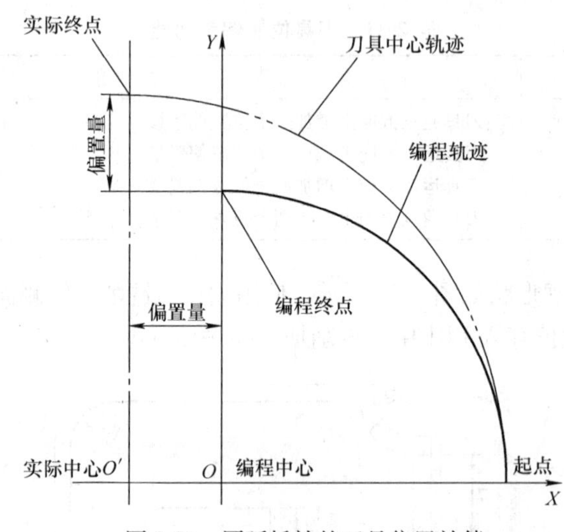

图 2-80 圆弧插补的刀具位置补偿

3）加工斜面时，使用刀具位置偏置指令不当，会产生过切现象或欠切现象。

图 2-81a 所示为采用刀具位置偏置指令不当造成过切现象，不当编程程序如下：

```
⋮
N1G01 X__ F__               ；水平向右移动。
N2G45 X__ Y__ D__           ；沿斜线移动，延长 1 倍偏置量。
N3   Y__                    ；垂直向上移动。
⋮
```

图 2-81b 所示为采用刀具位置偏置指令不当造成欠切现象，不当编程程序如下：

```
⋮
N1G01 G45 X__ F__ D__       ；水平向右移动，延长 1 倍偏置量。
N2   X__ Y__                ；沿斜线移动。
N3   G45   Y__              ；垂直向上移动，延长 1 倍偏置量。
⋮
```

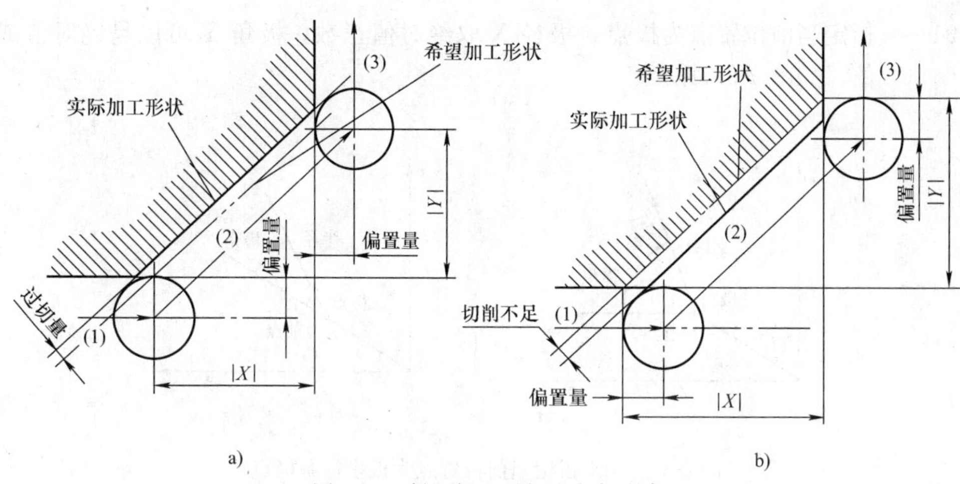

图 2-81　斜面加工过切和欠切现象

4）用增量值编程（G91）时，若坐标移动指令值为零，运动坐标系实际移动量等于偏置量，例如程序段 N011 G46 Y0，Y 坐标值是零，执行缩短 1 倍补偿指令时，向 Y 坐标的负方向移动 10mm。用绝对值编程（G90）时，若坐标移动指令值为零，机床不进行任何动作。

5）使用刀具半径补偿指令（G41、G42）编程时，不允许再用刀具位置补偿指令，否则机床会报警。

三、极坐标系指令（G15、G16）

G16 指定极坐标方式编程，属模态指令，G15 取消极坐标指令。使用极坐标指令对加工回转对称分布形状的工件十分方便。指令格式：

G90（G91）G16　　　　　　；设定极坐标方式。

G00 X＿ Y＿　　　　　　　；X 表示极径，Y 表示极角。

⋮

G15　　　　　　　　　　　；取消极坐标指令。

式中　X——极坐标的原点（极点）到参考点的射线长度（极径），单位为 mm；

Y——X 轴（极轴）方向到射线（极径）的角度（极角），逆时针方向为正，单位为°（度）；

G90——指定工件坐标系的原点为极点，极径 X 取绝对值正数，极角 Y 可以是绝对值或增量值，如图 2-82 所示；

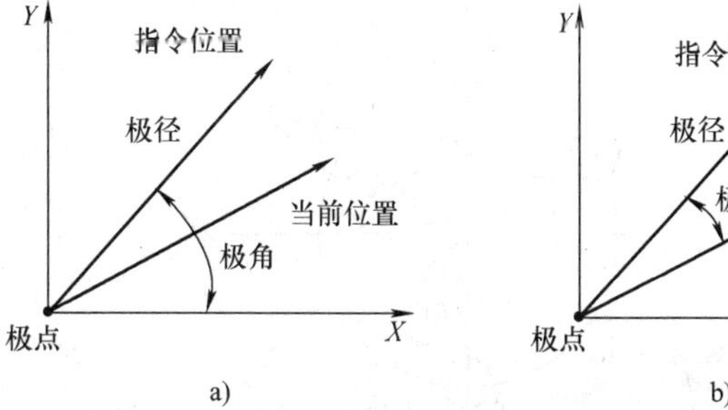

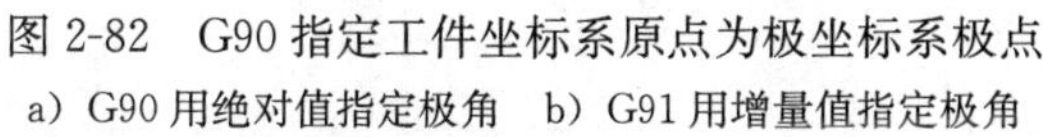
图 2-82　G90 指定工件坐标系原点为极坐标系极点

a）G90 用绝对值指定极角　b）G91 用增量值指定极角

G91——指定当前位置点为极点，极径 X 取绝对值正数，极角 Y 可以是绝对值或增量值，如图 2-83 所示。

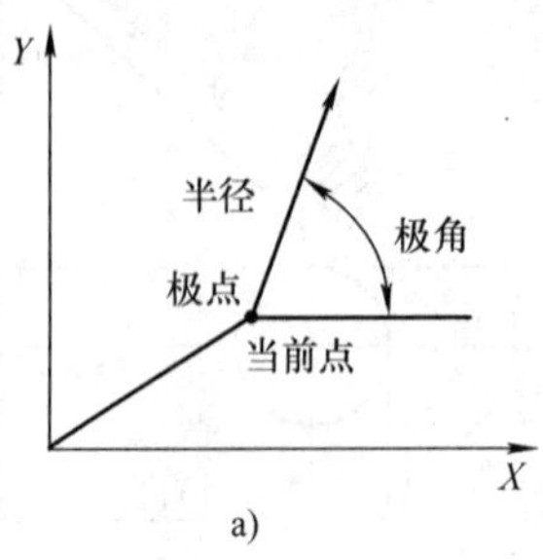

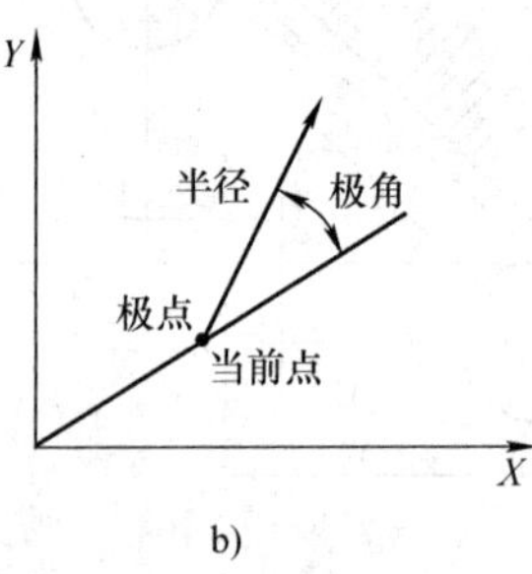

图 2-83 G91 指定当前位置点为极坐标系极点
a）G90 用绝对值指定极角 b）G91 用增量值指定极角

【实例 8】 用极坐标方式钻图 2-84 所示均布三孔，坐标系原点设定为极点，设刀具起始点距工件表面 5mm，孔深 15mm，极角用绝对值。

```
N001 G92  X0  Y0  Z5.0          ；坐标设定在圆心上方 5mm 处。
N002 G90 G16                    ；极坐标方式。
N003 G00 X120.0 Y30.0           ；移动到孔 1。
N004 G01  Z—23.0 F200           ；钻孔 1。
N005 G00  Z0                    ；快退。
N006  Y150.0                    ；移动到孔 2。
N007 G01  Z—23.0                ；钻孔 2。
N008 G00  Z0                    ；快退。
N009  Y270.0                    ；移动到孔 3。
N010 G01  Z—23.0                ；钻孔。
N011 G00  Z5.0                  ；快退。
N012 G15 X0  Y0                 ；取消极坐标方式，返回起始点。
```

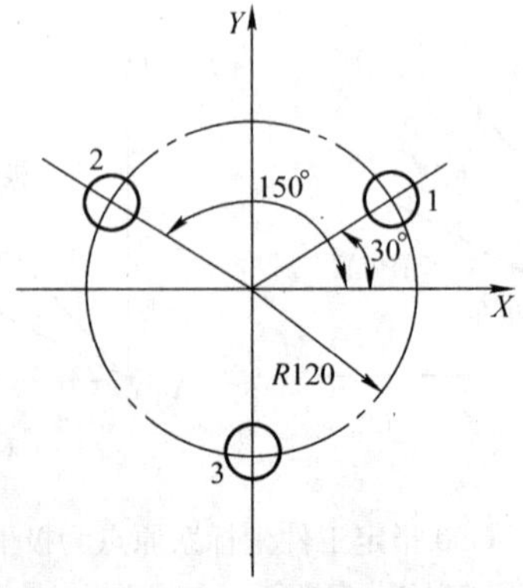

图 2-84 极坐标应用举例

四、坐标系旋转指令（G68、G69）

该功能可以将工件坐标系移动并旋转一个指定角度，如图 2-85 所示。指令格式：

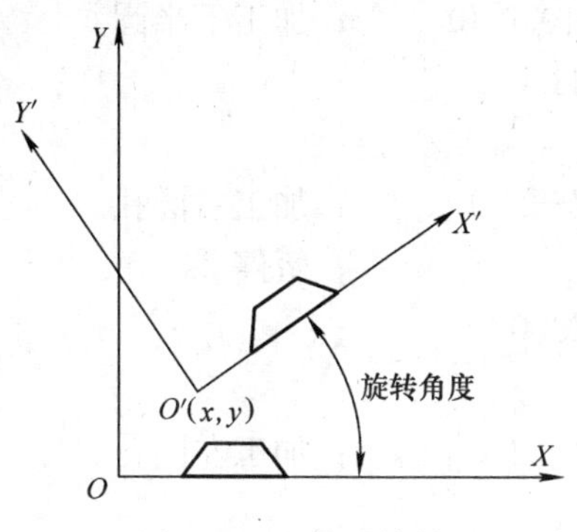

图 2-85　坐标系旋转

G68 X＿ Y＿ R＿　；坐标旋转有效，模态指令。

⋮

G69　；坐标旋转取消（返回参考点时取消坐标系旋转指令）。

式中　X，Y——指定旋转坐标中心；

R——坐标系旋转角度，逆时针为正，单位°（度）。

【实例 9】　在板上刻图 2-86 所示图案，铣刀直径ϕ3mm，刀具中心沿图案线移动，起始点在工件坐标系中心距工件表面 20mm 处，切削深度 2mm。加工程序如下：

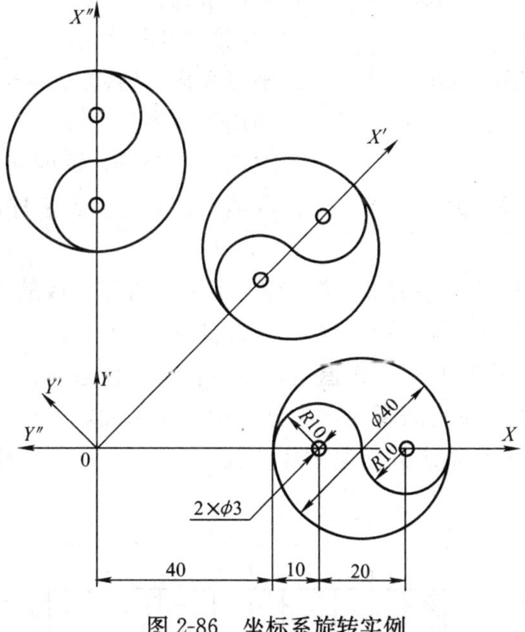

图 2-86　坐标系旋转实例

O0200 子程序

N201 G00 X40.0　；

```
N202 G01              Z−2.0 F200  ；切削深度2mm。
N203 G02 X40.0 Y0     I20.0 J0    ；加工整圆。
N204     X60.0 Y0     I10.0 J0    ；加工上半圆。
N205 G03 X80.0 Y0     I10.0 J0    ；加工下半圆。
N206 G00              Z3.0        ；
N207     X70.0                    ；
N208 G01              Z−2.0       ；加工右圆孔。
N209 G04 X2.0                     ；暂停2s。
N210 G00              Z3.0        ；
N211     X50.0                    ；
N212 G01              Z−2.0       ；加工左圆孔。
N213 G04 X2.0                     ；
N214 G00              Z3.0        ；
N215     X0   Y0                  ；返回到坐标中心平面上3mm。
N216 M99                          ；返回主程序。
O0001 主程序
N005  G92  X0   Y0   Z20.0        ；坐标系设定。
N010  G90  M03       S600         ；
N015  G00  Z3.0                   ；快速移到距工件表面3mm处。
N020  M98  P0200                  ；调用子程序。
N025  G68  X0   Y0   R45.0        ；坐标系旋转45°。
N030  M98  P0200                  ；调用子程序。
N035  G68  X0   Y0   R90.0        ；坐标系再旋转45°。
N040  M98  P0200                  ；调用子程序。
N045  G00  Z20.0                  ；取消长度补偿，返回起始点。
N050  G69  M05  M30               ；取消坐标系旋转，程序结束。
```

五、固定循环功能

钻孔、攻螺纹、镗孔、深孔钻削、拉镗等加工工序所需完成的顺序动作十分典型，并且在同一个面上完成数个相同的加工顺序动作，如图2-87所示钻孔加工路线，每个孔的加工过程相同：快速进给、工进钻孔、快速退出，然后在新的位置定位后重复同样的动作。编写程序时，同样的程序段需要编写若干次，十分麻烦。使用固定循环功能，可以大大简化程序的编制。表2-12是FANUC系统的固定循环功能，包括12种固定循环指令和1种取消固定循环指令（G80）。

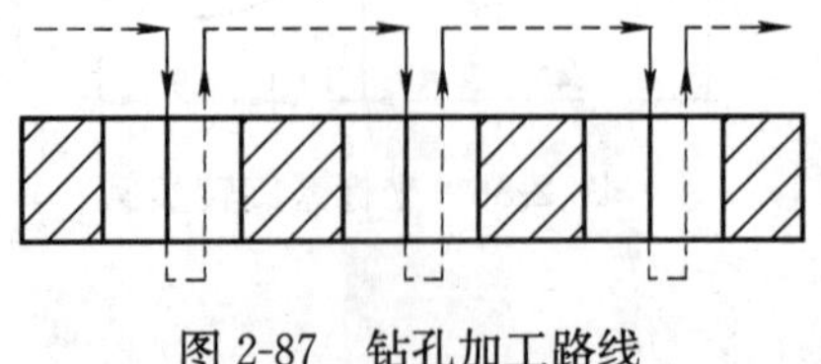

图2-87 钻孔加工路线

表 2-12　固定循环功能表

G码	开孔动作（-Z方向）	孔底动作	退刀方式（+Z方向）	机　能
G73	间歇进给	——	快速	高速深孔钻削
G74	切削进给	暂停—主轴正转	切削进给	左旋螺纹攻螺纹
G76	切削进给	主轴准停	快速	精镗循环
G80	——	——	——	取消固定循环
G81	切削进给	——	快速	钻孔循环
G82	切削进给	暂停	快速	钻、锪镗阶梯孔
G83	间歇进给	——	快速	深孔钻削循环
G84	切削进给	暂停、主轴反转	切削进给	攻螺纹循环
G85	切削进给	——	切削进给	镗孔循环
G86	切削进给	主轴停止	快速	镗孔循环
G87	切削进给	主轴正转	快速	反镗循环
G88	切削进给	暂停→主轴停止	手动	镗孔循环
G89	切削进给	暂停	切削进给	镗孔循环

1. 固定循环组成及动作顺序指定

（1）固定循环的组成　图 2-88 所示的固定循环由下面 6 个动作组成：

动作 1——X、Y 轴定位；

动作 2——快速移动到 R 点；

动作 3——孔加工；

动作 4——在孔底的动作，见表 2-12；

动作 5——退回到 R 点，退回方式见表 2-12；

动作 6——快速回到初始点。

图 2-88　固定循环的动作

固定循环坐标轴定位只能在 XY 平面内，要加工的孔在 Z 轴方向上，不能在其他平面内定位加工，与平面选择的 G 代码（G17、G18、G19）无关。

（2）固定循环指令三要素　指定指令应当考虑三个要素：① 数据使用绝对值编程（G90）方式还是增量值编程（G91）方式；② 返回点平面选在初始平面还是 R 点平面；③ 加工方式（G73～G89）。

当指定 G90 时，数据给定方式如图 2-89a 所示；指定 G91 时，数据给定方式如图 2-89b 所示。两种指定的区别是 G90 编程方式中的 Z、R 点的数据是工件坐标系 Z 轴的坐标值，而 G91 编程方式中的 Z、R 点的数据是相对前一点的增量值。

在返回动作中，若刀具返回 R 点平面，用 G99 指定；若返回初始平面，用 G98 指定，如图 2-90 所示。通常加工一组相同的孔时，加工第一个孔后，用 G99 返回 R 点平面，加工最后一个孔后，用 G98 返回初始平面。

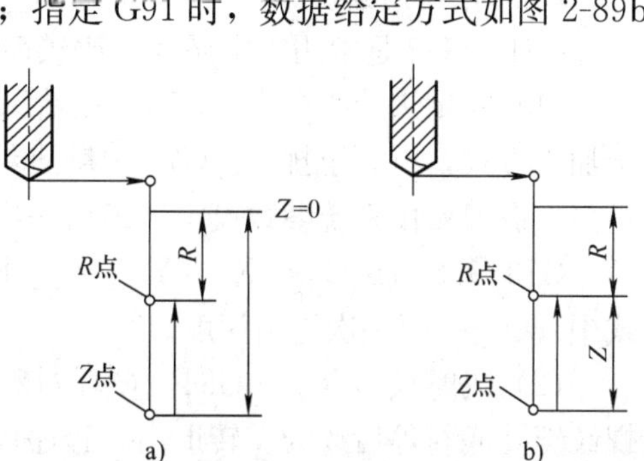

图 2-89　G90 和 G91 的坐标指定

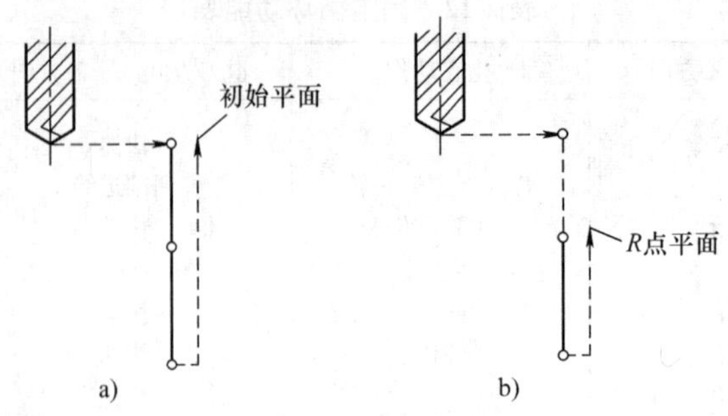

图 2-90 G98 和 G99 的平面指定

G73～G89 固定循环功能的程序段格式：

G90（G91）G98（G99）G73～G89 X_ Y_ Z_ R_ Q_ P_ F_ L_ ；

程序段中各地址的意义：

X、Y——平面定位点坐标值，可以用绝对值，也可以用增量值；

Z——使用增量值时，表示从 R 点到孔底 Z 点的距离，使用绝对值时，表示从 Z 坐标轴原点到孔底 Z 点的距离，参考图 2-89；

R——使用增量值时，表示从起始点到 R 点的距离，使用绝对值时，表示从 Z 坐标轴原点到 R 点的距离，参考图 2-89；

Q——在 G73 或 G83 指令中，指定每次进给的深度，G76 或 G87 指令中，指定刀具的位移量，用增量值给定（详见本节后）；

P——指定刀具在孔底暂停时间；

F——指定切削进给速度；

L——固定循环次数，不指定只进行一次。

G73～G89 都是模态指令。

固定循环加工方式一旦被指定后，在加工过程中保持不变，直到指定其他循环孔加工方式或使用取消固定循环的 G80 指令为止。所以，加工同一种孔时，加工方式连续执行，不需要对每个孔重新指定加工方式。因而在使用固定循环功能时，应给出循环孔加工所需要的全部数据，在加工后续相同孔时只给出该孔位置的数据。

固定循环指令由 G80 消除，同时，参考点 R、Z 的值也被取消，即 $R=0$、$Z=0$。

2. 几种常用固定循环

G81、G82 是常用固定循环，比较简单，在后面实例中介绍。下面介绍几种固定循环。

（1）间歇进给指令——G73 在钻深孔时，为了防止铁屑堵塞、折断钻头，采用间歇进给加工方式，有利于排屑。G73 间歇进给循环如图 2-91 所示，d 表示每次进给 Q 后的退刀距离，退刀量由系统参数设定，最后一次进给量≤Q。程序段格式：

G73 G98（或 G99）X_ Y_ Z_ R_ Q_ F_ L_ ；

式中 Q——每一次进给深度。

（2）攻螺纹指令——G84 循环过程如图 2-92 所示，主轴到 R 点起动，正转切入，攻螺纹至孔底暂停后改为反转退出。程序段格式为：

G84 G98（或 G99）X_ Y_ Z_ R_ P_ F_ L_ ；

式中，$F=st$，s 是主轴转速（r/min），t 是丝锥螺距。

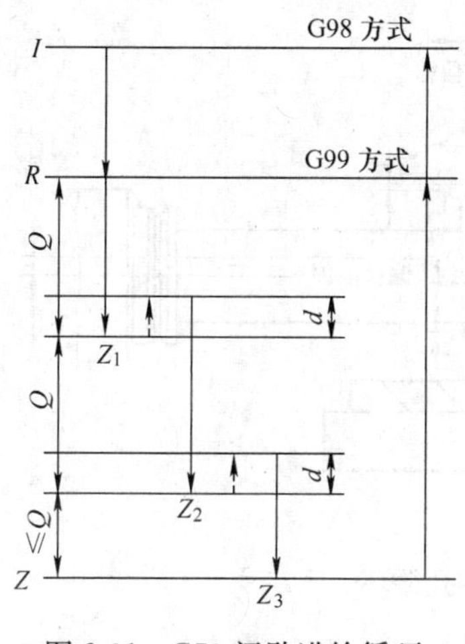

图 2-91　G73 间歇进给循环

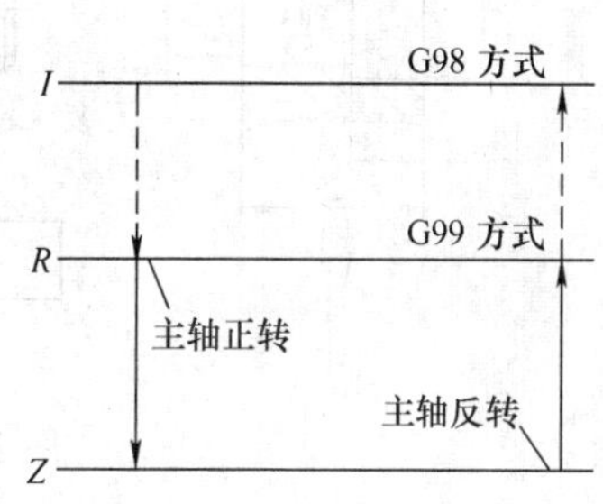

图 2-92　G84 攻螺纹循环

(3) 精镗内孔循环指令——G76　精镗内孔时，为了防止的退刀过程中划伤内孔表面，必须有准停让刀动作，用 G76 精镗循环指令具有这种功能。图 2-93 是精镗循环过程，执行 G76 时，刀具快速从初始点移至 R 点并开始进行精镗切削，到 Z 点进给停止、主轴定向停止（准停）、让刀（刀尖偏移内表面 Q 值）、快速返回到 R 点（或初始点）、主轴复位、重新起动，然后转入下一段程序。程序段格式为：

G76 G98（或 G99）X＿ Y＿ Z＿ R＿ Q＿ P＿ F＿ L＿；

图 2-93 程序如下：

```
N01 G92 X0 Y0 Z200.0                                ；设定工件坐标系。
N02 G90 G00 X100.0 Y150.0                           ；快速移到加工点。
N03 G43 Z0 H01 S500 M03                             ；长度补偿主轴正转。
N04 G76 G98（或 G99）Z-26.0 R-10.0 Q0.2 P2.0 F100   ；精镗。
N05 G00 G49 Z200.0 M05                              ；取消刀补快退 Z0 点。
⋮
```

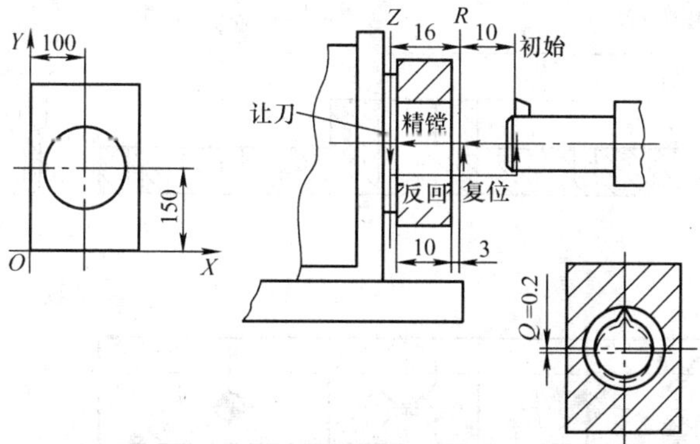

图 2-93　G76 精镗内孔循环

(4) 反镗内孔循环指令——G87　如图 2-94 所示工件图，为了一次定位完成孔ϕ30mm 的加工，必须通过ϕ25mm 孔加工ϕ30mm 孔，就要应用反镗（拉镗）内孔循环功能。

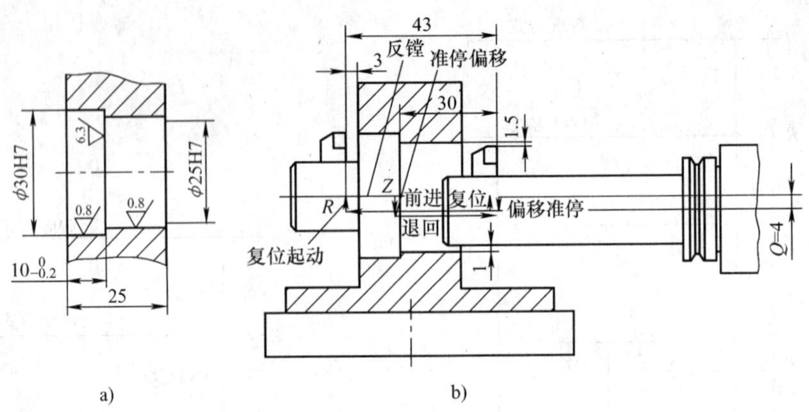

图 2-94 G87 反镗内孔循环

执行反镗循环指令时，在完成定位之后，主轴自动定向停止转动（即准停），并以反刀尖方向自动偏移一个 Q 值的距离，之后快速前进到位于孔底 R 点，刀尖上移 Q 值，并起动主轴顺时转动，进行拉镗切削，加工到孔右端面 Z 点，主轴准停，并偏移一个 Q 值，快速退回至初始点，之后按偏移量 Q 值复位，主轴正转，转入下一程序段。反镗程序段格式为：

G87 G98（或 G99）X＿ Y＿ Z＿ R＿ Q＿ P＿ F＿ L＿；

图 2-94 程序如下：

```
N01 G92 X0 Y0 Z200.0                          ；设定工件坐标系。
N03 G00 G43 Z0 H01 S500 M03                   ；长度补偿主轴正转快速定位。
N04 G87 G98 Z-30.0 R-43.0 Q4.0 P2.0 F50       ；反镗。
N05 G00 G49 Z200.0 M05                        ；取消刀补快退起始点。
⋮
```

3. 固定循环功能应用举例

图 2-95 所示工件有三种类型的孔需要加工：6×ϕ10mm 通孔，4×ϕ20mm 沉孔，3×

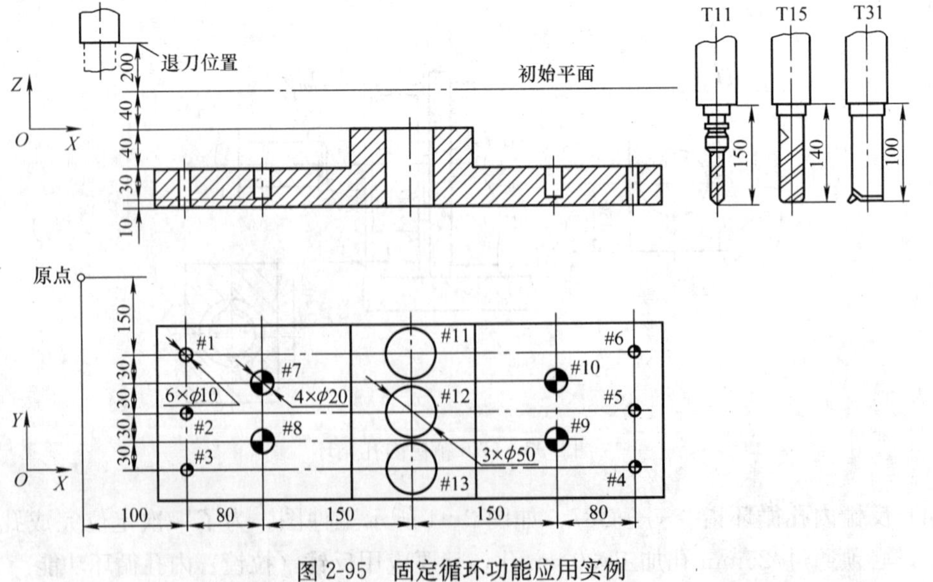

图 2-95 固定循环功能应用实例

ϕ50mm通孔，使用刀具代码分别为 T11、T15、T31，Z 轴主轴端面作为编程起始点，采用刀具长度补偿功能 G43，T11 的补偿值为＋150mm，T15 的补偿值为＋140mm，T31 的补偿值为＋100mm，将补偿值分别输入 H11、H15、H31 中。采用手工换刀，主轴回到换刀位，利用程序停止指令 M00 使程序暂停运行，换刀后按按钮继续运行。

加工程序如下：

```
N001 G40 G49 G80                                   ；消除刀补，保障加工安全。
N002 G92  X0  Y0  Z0                               ；设定坐标系。
N003 G90 G00 Z200.0 T11 M00                        ；换刀点停止，换刀后启动。
N004  G43 Z0      H11                              ；T11 刀具长度补偿。
N005 S600             M03                          ；主轴正转。
N006 G99 G81 X100.0 Y－150.0 Z－123.0 R－77.0 F120 ；采用 G81 固定循环，钻 1
                                                     号孔，返回 R 平面。
N007              Y－210.0                         ；钻 2 号孔，返回 R 平面。
N008 G98          Y－270.0                         ；钻 3 号孔，返回初始面。
N009 G99          X560.0                           ；钻 4 号孔，返回 R 平面。
N010              Y－210.0                         ；钻 5 号孔，返回 R 平面。
N011 G98          Y－150.0                         ；钻 6 号孔，返回初始面。
N012  G00 X0      Y0  M05                          ；主轴停止，返回起始点。
N013  G49 Z200.0 T15  M00                          ；消除长度补偿，换刀后启动。
N014  G43 Z0  H15                                  ；T15 刀具长度补偿。
N015 S300             M03                          ；主轴正转。
N016 G99 G82 X180.0 Y－180.0 Z－110.0 R－77.0 P300 F70 ；G82 固定循环，钻 7 号孔，
                                                     孔底停留 300ms，返回 R
                                                     平面。
N017 G98          Y－240.0                         ；钻 8 号孔，返回初始面。
N018 G99  X480.0                                   ；钻 9 号孔，返回 R 平面。
N019 G98          Y－180.0                         ；钻 10 号孔，返回初始面。
N020  G00 X0  Y0      M05                          ；主轴停止，返回起始点。
N021  G49 Z200.0 T31  M00                          ；消除刀补，换刀后启动。
N022  G43 Z0  H31                                  ；T31 刀具长度补偿。
N023 S200             M03                          ；主轴正转。
N024 G99 G85 X330.0 Y－150.0 Z－123.0 R－37.0 F50  ；使用 G85 固定循环，镗 11
                                                     号孔，返回 R 平面。
N025  G91         Y－60.0                          ；镗 12 号孔，返回 R 平面。
N026 G98          Y－60.0                          ；镗 13 号孔，返回初始面。
N027 G90 G00 X0  Y0   M05                          ；返回起始点，主轴停止。
N028  G49 Z200.0      M30                          ；消除补偿，程序结束。
```

G81 是钻削循环指令，程序段格式：G81 G98（或 G99）X_Y_Z_R_F_L_；G82 是锪、钻循环指令，程序段格式：G82 G98（或 G99）X_Y_Z_R_P_F_L_；

该指令和 G81 指令相似，区别在于加工到孔底后，可以用 P 指定暂停时间然后快速返回。G85 是镗孔循环指令，与精镗循环指令 G76 的区别是在孔底没有主轴准停功能，也没有让刀动作，主轴在孔底不停转，返回时为进给速度，程序段格式：G85 G98（或 G99）X__ Y__Z__R__F__L__。

4. 指定固定循环的注意事项

1）在指定固定循环之前，必须用辅助功能 M03 使主轴旋转，当使用了主轴停止转动指令 M05 之后，一定要重新使主轴旋转后，再指定固定循环。

2）指定固定循环状态时，必须给出 X、Y、Z、R 中的每一个数据，固定循环才能执行。

3）当使用控制主轴回转的固定循环功能如 G74、G84、G86 时，如果连续加工孔间距较小，或从初始平面到 *R* 平面距离短的孔时，往往在进入切削动作时，主轴尚未达到正常转速，这时，可以在各孔动作之间增加暂停指令 G04，以获得时间，使主轴转速正常。

4）操作时，若利用复位或急停按钮使数控装置停止，固定循环加工和加工数据仍然被保存，所以再次开始加工时，应该使固定循环剩余动作进行到结束。

5）G80 是取消固定循环指令，若程序中使用代码 G00、G01、G02、G03 时，循环加工方式及其加工数据也全部被取消。

第六节　用户宏程序

一、基本概念

1. 宏程序概念

在编写加工程序时，重复出现的加工过程可以编写成子程序，使用 M98 调用子程序，从而简化编程。无论是主程序还是子程序，功能字符后的数字都是常数，所以程序只能描述固定的几何形状及加工路线。在宏程序中，功能字后面不仅允许使用变量取代常数，而且允许使用算术和逻辑运算式、条件转移等功能语句。数控系统提供宏程序编程方式，在编制形状类似、但尺寸不同工件的加工程序时变得更加方便、更加简单、更具有通用性，可以将相同的加工过程编写成通用程序，采用调用子程序的相同方式调用宏程序，极大地提高了数控机床的功能。

在加工程序中使用变量、算术运算式、逻辑运算式和条件转移功能语句，通过变量赋值方式使程序具有加工功能，这种程序叫做用户宏程序。程序中含有变量的语句、具有算术运算和逻辑运算及条件转移功能的程序段称为宏语句，按国际标准代码构成的程序段称为 NC 语句。

本节主要依据 FANUC 0i-MA 讨论用户宏程序基本概念和编程方法。由于篇幅所限，对系统变量等不能详述，用 FANUC 系统编写宏程序时，请参考操作说明书。

2. 宏程序使用方式

（1）主程序与宏程序关系　如图 2-96 所示，用户宏程序中的＃1、＃2 等表示变量，最后一段程序用 M99。主程序中用 G65 语句调用宏程序，主程序执行 G65 语句后，转到用户宏程序，用户宏程序执行到 M99 后，转回到主程序 G65 语句下一段程序继续运行。

（2）用户宏程序调用方式

1）非模态调用指令 G65，在主程序中使用，仅在本段程序中起作用。

格式：G65 Pp Ll ＜自变量指定＞；

式中 G65——非模态调用宏程序指令；

Pp——被调用宏程序的程序号；

Ll——被调用宏程序重复执行次数，省略时默认值为 1；

自变量指定——对宏程序中的变量赋值。

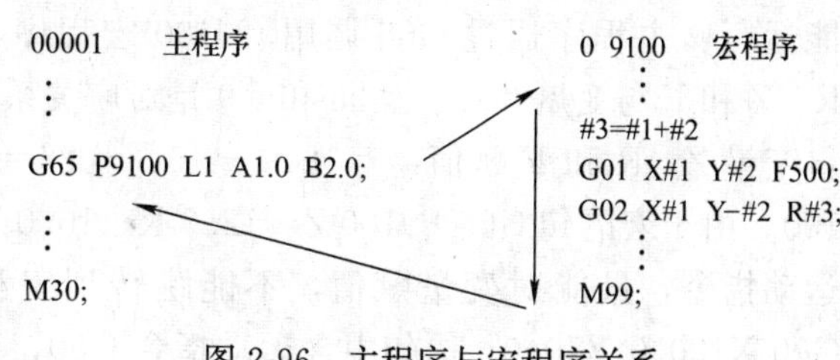

图 2-96 主程序与宏程序关系

【实例 10】

```
O0001 主程序
  ⋮
G65 P9100 L1 A10.0 B20.0；
  ⋮
M30；
```

```
O9100 用户宏程序
#3=#1+#2
IF [#3 GT 100] GOTO 09；
G91 G00 X#3；
N09 M99；
```

主程序通过 G65 调用 O9100 用户宏程序，宏程序中的变量由自变量 A 和 B 赋值，因为自变量 A、B 与变量#1、#2 是对应关系，故执行宏程序时，#1=10，#2=20。所以#3=#1+#2=30；IF [#3 GT 100] GOTO 09 宏语句是条件转移语句，含意是若变量#3 的值大于 100 时，转移到 N09 段语句执行 M99，返回主程序；因为变量#3 运算结果是 30，小于 100，所以执行 G91 G00 X#3 宏语句，向 *X* 轴正方向快速移动 30mm。

2）模态调用指令 G66，取消模态调用指令 G67。采用 G66 调用宏程序后，主程序中的后续程序段依然有效，与前面讲过的铣床固定循环指令类似。

格式：G66 Pp Ll ＜自变量指定＞；

⋮

G67；

式中 G66——模态调用宏程序指令；

G67——取消模态调用宏程序指令；

Pp——被调用宏程序的程序号；

Ll——被调用宏程序重复执行次数，省略时默认值为 1；

自变量指定——对宏程序中的变量赋值。

【实例 11】

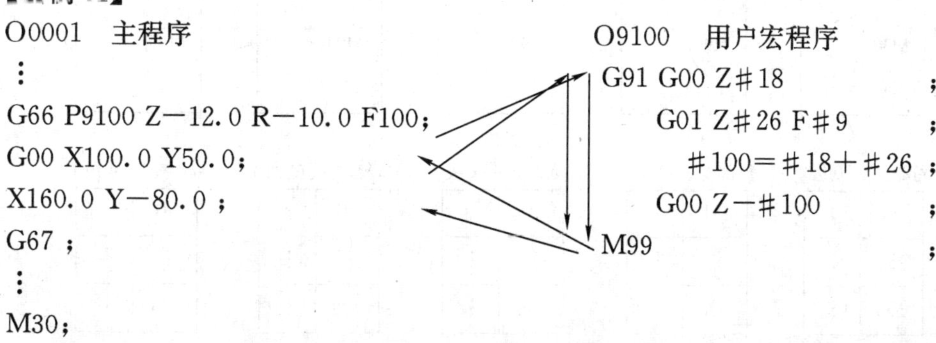

宏程序是通用钻孔程序（见图 2-97），本身不能运行，当所有变量被赋值并调用后，才

能运行。主程序通过 G66 调用 O9100 宏程序，因为自变量 R、Z 和 F 与变量＃18、＃26 和＃9 是对应关系，所以变量由自变量 Z、R 和 F 赋值：＃18＝－10，＃26＝－12，＃9＝100。由于宏语句 G66 P9100 Z－12.0 R－10.0 F100；中没有运动指令，只能对变量赋值，不能跳转到宏程序。下一段 G00 X100.0 Y50.0；语句中含运动指令 G00，所以执行后跳转到宏程序。宏程序执行到 M99 后，返回主程序 X160.0 Y－80.0；语句，因 G66 是模态调用指令，所以执行 G00 后，又一次转到宏程序。程序执行过程如箭头方向所示。主程序中指定 G67 后，其后面的程序段不再执行模态宏程序调用。

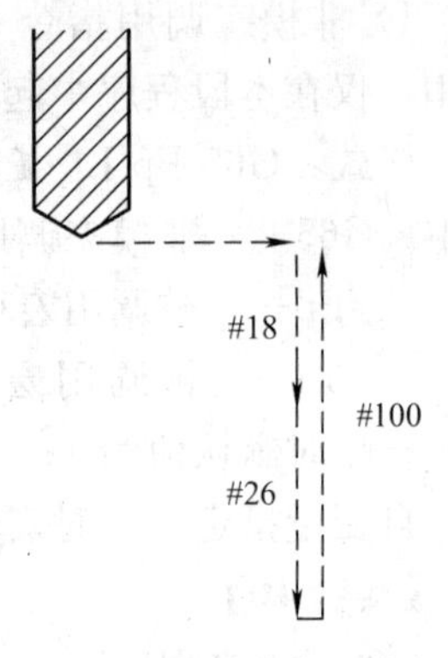

图 2-97　通用钻孔宏程序逻辑

综上所述：＃号和后面的数字组合表示变量，也称变量号，G65、G66 语句中的字母表示自变量，自变量和变量的关系见表 2-13。

表 2-13　自变量指定方法 1

自变量	变量号	自变量	变量号	自变量	变量号
A	＃1	I	＃4	T	＃20
B	＃2	J	＃5	U	＃21
C	＃3	K	＃6	V	＃22
D	＃7	M	＃13	W	＃23
E	＃8	Q	＃17	X	＃24
F	＃9	R	＃18	Y	＃25
H	＃11	S	＃19	Z	＃26

3）宏程序可以调用下级宏程序，最多可以嵌套 4 级，包括非模态调用（G65）和模态调用（G66），但不包括子程序调用（M98），如图 2-98 所示。

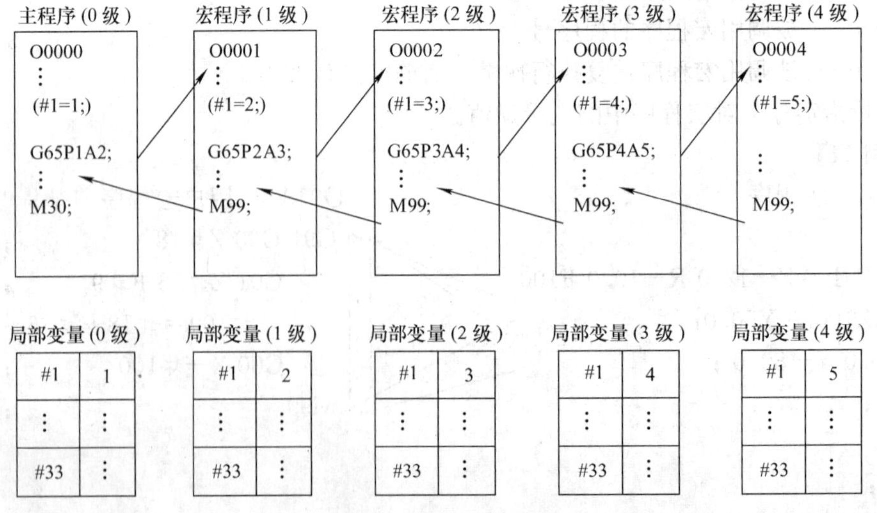

图 2-98　宏程序调用嵌套

每一级程序对应一级变量区域，且容量相同，编号由＃1～＃33。宏程序每调用一次，变量级别加1，前一级变量自动保存到数据存储器。执行M99时，返回到被调用的宏程序级，此时变量级别减1，并恢复该级程序保存的变量值。所以把这种变量＃1～＃33称为局部变量。

FANUK 0i系统还可以通过参数设置使用G、M、T代码调用宏程序，调用方式与非模态基本相同。参考系统操作说明书。

3. 变量表示形式

变量由变量符号＃和后面的变量号组成，变量号可以是数字字符，也可以使用表达式，表达式必须封闭在括号内。例如：＃3，＃［＃50］，＃［＃200－1］等。变量是用来置换地址字符后面的数字，例如G＃13 X－＃［＃1＋＃2］F＃3，若＃1＝4，＃2＝6，＃3＝100，＃10＝50，＃13＝1，则上面宏语句的含意是G01 X－50.0 F100。

4. 变量赋值

1）直接赋值。在操作系统面板上翻到相应变量显示页面，采用MDI方式赋值。

2）采用宏语句赋值。

例如：＃1＝＃2＋100；

＃2＝50；

G00 X＃1 F300；

上面程序中＃1＝50＋100＝150。

3）自变量指定赋值。使用G65、G66指令赋值，例如G65 P9100 A1.0 B2.0，其中A、B称为自变量地址，简称自变量，相对应变量＃1、＃2的具体值由自变量地址后的数值指定。

自变量地址指定变量的方式有两种，见表2-13和表2-14。自变量指定方法1使用了除G、L、N、O和P以外的其他字母作为自变量地址。自变量指定方法2使用A、B、C和I、J、K，其中I、J、K分别使用了10次，所以共33个变量，在编程时I、J、K不需要写下标，系统可以自动识别自变量地址对应的变量，例如，I第一次出现，对应是＃4，I第二次出现时，对应的一定是＃7。

表2-14 自变量指定方法2

自变量	变量号	自变量	变量号	自变量	变量号
A	＃1	K_3	＃12	J_7	＃23
B	＃2	I_4	＃13	K_7	＃24
C	＃3	J_4	＃14	I_8	＃25
I_1	＃4	K_4	＃15	J_8	＃26
J_1	＃5	I_5	＃16	K_8	＃27
K_1	＃6	J_5	＃17	I_9	＃28
I_2	＃7	K_5	＃18	J_9	＃29
J_2	＃8	I_6	＃19	K_9	＃30
K_2	＃9	J_6	＃20	I_{10}	＃31
I_3	＃10	K_6	＃21	J_{10}	＃32
J_3	＃11	I_7	＃22	K_{10}	＃33

自变量指定赋值时，可以使用其中一种指定方法，也可以两种指定方法混合使用，系统根据使用的自变量地址，自动识别对应的变量。混合使用时，如果两种自变量地址对应同一个变量，后面的自变量指定赋值有效，例如，G65 P9100 A1.0 B2.0 I－3.0 I4.0 D5.0，语句中，第二次出现的I按自变量指定方法2对应的变量是＃7（见表2-14），D按自变量指定方法1对应的变量也是＃7，所以自变量D赋值有效，赋值结果：＃1＝1.0，＃2＝2.0，＃4＝－3.0，＃7＝5.0。

二、变量类型

变量根据变量号可以分成四种类型。

1. 空变量

没有赋值的变量称为空变量。当系统断电时，表2-13和表2-14中的变量赋值被清除，再次通电后，变量也没有具体值，可以用＜空＞表达空变量的状态，例如，＃1＝＜空＞。打开系统变量显示页面，如果变量号（NO.）后的数据（DATA）是空白时，该变量号就是空变量。

变量号＃0始终是空变量，因为不能对＃0赋值（不能写），只能参与运算（只能读）。

空变量使用时应注意下面几点。

1）＜空＞和数值0的意义不同。如果＃1＝＜空＞，宏语句G90 G01 X100.0 Y＃1实际意义是G90 G01 X100.0，若＃1＝0，则宏语句实际意义是G90 G01 X100.0 Y0，前者没有改变Y坐标值，后者Y的坐标值改变为0。

2）在算术和逻辑运算式中，除了用＜空＞对其他变量直接赋值时有效外，其余情况＜空＞与0相同。例如，＃1＝＜空＞时：若＃2＝＃1（直接赋值），结果＃2＝＜空＞；若＃2＝＃1＊5或＃2＝＃1＋＃1（运算式赋值），结果＃2＝0。

3）在条件宏语句中，＜空＞和0不同。例如，若＃1＝＜空＞，则表达式＃1＝＃0、＃1≠0成立；若＃1＝0，表达式＃1＝＃0、＃1≠0不成立。

2. 局部变量

表2-13和表2-14中变量号为＃1～＃33是局部变量，用于存放数据或运算结果。断电后重新启动时，局部变量初始化为＜空＞，系统变量显示页面数据栏下方是空白。调用宏程序时，自变量对局部变量赋值。宏程序嵌套调用时，由于每一级局部变量自动保存到数据存储器，不同级中同一变量号相互之间不受影响。

3. 公共变量

变量号＃100～＃149，＃500～＃999是公共变量。宏程序嵌套调用时，不同级中变量赋值保持不变，所以把这类变量称为公共变量。断电后重新启动时，变量＃100～＃149被初始化为＜空＞，而变量＃500～＃999的赋值被保存，即断电后变量数据不会丢失。

4. 系统变量

变量号＃1000以上的变量是系统变量，用于读、写数控系统运行时各种数据值，例如刀具当前位置、刀具各种补偿值、报警信息、当前模态指令信息等。表2-15是模态指令信息的系统变量，正在处理的程序段以前的模态信息可以读出，例如，执行＃3＝＃4003时，在＃3中得到的值是90或91。

表 2-15　G 功能模态指令信息的系统变量

变量号	G代码	组	变量号	G代码	组
＃4001	G00，G01，G02，G03，G33	1	＃4010	G98，G99	10
＃4002	G17，G18，G19	2	＃4011	G50，G51	11
＃4003	G90，G91	3	＃4012	G65，G66，G67	12
＃4005	G94，G95	5	＃4013	G96，G97	13
＃4006	G20，G21	6	＃4014	G54～G59	14
＃4007	G40，G41，G42	7	＃4015	G61～G64	15
＃4008	G43，G44，G49	8	＃4016	G68，G69	16
＃4009	G73，G74，G76，G80～G89	9	＃4022	G50.1，G51.1	22

工件坐标系位置信息的系统变量是＃5001、＃5002、＃5003 和＃5004，分别储存当前加工参考点在 X、Y、Z 和第 4 轴的坐标值，只能读，不能赋值。

变量＃3000 是宏程序报警的系统变量，赋值为 0～200 时，系统停止运行且报警。其他系统变量参阅操作说明书。

三、变量运算及控制

1. 变量算术和逻辑运算

宏程序具有定义赋值、算术运算、函数运算、逻辑运算、数制转换等到功能，见表 2-16。运算式右边表达式可以是常数、变量名或由运算符组成的变量，运算规律与数学运算法则基本相同，可以采用括号嵌套方式进行运算，例如，＃1=SIN［［［＃2+＃3］＊＃4+＃5］＊＃6］。

2. 转移循环控制

操作系统具有三种转移循环语句可以改变程序流向。

1）无条件转移（GOTO）。

格式：GOTO n；n——顺序号（1～9999）

从该段程序跳转到顺序号 n 的程序段执行。

2）条件转移（IF）。

格式 1：IF［<条件表达式>］GOTO n；

<条件表达式>由运算符和前后两个变量或数构成，见表 2-16。条件表达式满足时，转移到顺序号 n 的程序段执行。如果条件表达式不满足，继续执行下一段程序。

格式 2：IF［<条件表达式>］THEN <宏语句>；

如果条件表达式满足时，只执行本段宏语句，否则本段<宏语句>不执行。例如，IF［＃1 EQ ＃2］THEN ＃3=0；，表示如果变量＃1 和变量＃2 相同，对变量＃3 赋值为 0，否则，继续执行下一段程序。

【实例 12】　用条件转移语句计算数值 1～10 的总和，总和存放在＃1 中。

```
O9500
#1=0                      ; 加数变量#1 赋值。
#2=1                      ; 被加数变量#2 赋值。
N1 IF [#2 GT 10] GOTO 2   ; 变量#2 中的值大于 10，转到 N2，否则顺序执行。
#1=#1+#2                  ; 计算每次相加和数，并存放在#1。
#2=#2+1                   ; 计算下次被加数的值。
```

GOTO 1　　　　　　　　　；返转到 N1 程序段执行。
N2 M30　　　　　　　　　；程序结束。
3）循环语句（WHILE）。
格式：WHILE［＜条件表达式＞］DO m；
　　　⋮
　　END m；m——1，2，3。

表 2-16　变量运算及控制

序号	功　能		形　式	定　义
1	定义赋值		＃i＝＃j；	赋值
2	算术运算		＃i＝＃j＋＃k； ＃i＝＃j－＃k； ＃i＝＃j＊＃k； ＃i＝＃j/＃k；	加法 减法 乘法 除法
3	函数运算		＃i＝SIN［＃j］； ＃i＝ASIN［＃j］； ＃i＝COS［＃j］； ＃i＝ACOS［＃j］； ＃i＝TAN［＃j］； ＃i＝ATAN［＃j］； ＃i＝SQRT［＃j］； ＃i＝ABS［＃j］； ＃i＝ROUND［＃j］； ＃i＝FIX［＃j］； ＃i＝FUP［＃j］； ＃i＝LN［＃j］； ＃i＝EXP［＃j］；	正弦（度） 反正弦（度） 余弦（度） 反余弦（度） 正切（度） 反正切（度） 平方根 绝对值 四舍五入整数化 小数点以下舍去 小数点以下进位 自然对数 指数函数
4	逻辑运算		＃i＝＃jOR＃k； ＃i＝＃jXOR＃k； ＃i＝＃jAND＃k；	或 异或 与
5	数制转换		＃i＝BIN［＃j］； ＃i＝BCD［＃j］；	BCD 码转为 BIN 码 BIN 码转为 BCD 码
6	转移循环	无条件转移	GOTO n；	跳转到顺序号 n
		条件转移 1	IF［＃j EQ ＃k（或常数）］GOTO n； IF［＃j NE ＃k（或常数）］GOTO n； IF［＃j GT ＃k（或常数）］GOTO n； IF［＃j GE ＃k（或常数）］GOTO n； IF［＃j LT ＃k（或常数）］GOTO n； IF［＃j LE ＃k（或常数）］GOTO n；	＃j＝＃k 跳转到顺序号 n ＃j≠＃k 跳转到顺序号 n ＃j＞＃k 跳转到顺序号 n ＃j≥＃k 跳转到顺序号 n ＃j＜＃k 跳转到顺序号 n ＃j≤＃k 跳转到顺序号 n
		条件转移 2	IF［＃j EQ ＃k（或常数）］THEN＜宏语句＞； IF［＃j NE ＃k（或常数）］THEN＜宏语句＞； IF［＃j GT ＃k（或常数）］THEN＜宏语句＞； IF［＃j GE ＃k（或常数）］THEN＜宏语句＞； IF［＃j LT ＃k（或常数）］THEN＜宏语句＞； IF［＃j LE ＃k（或常数）］THEN＜宏语句＞；	＃j＝＃k 执行本段宏语句 ＃j≠＃k 执行本段宏语句 ＃j＞＃k 执行本段宏语句 ＃j≥＃k 执行本段宏语句 ＃j＜＃k 执行本段宏语句 ＃j≤＃k 执行本段宏语句

（续）

序号	功能		形式	定义
6	转移循环	循环语句	WHILE [#j EQ #k（或常数）] DO m；	#j=#k执行到ENDm循环体
			WHILE [#j NE #k（或常数）] DO m；	#j≠#k执行到ENDm循环体
			WHILE [#j GT #k（或常数）] DO m；	#j>#k执行到ENDm循环体
			WHILE [#j GE #k（或常数）] DO m；	#j≥#k执行到ENDm循环体
			WHILE [#j LT #k（或常数）] DO m；	#j<#k执行到ENDm循环体
			WHILE [#j LE #k（或常数）] DO m；	#j≤#k执行到ENDm循环体

条件表达式满足时，执行从DO到END之间的程序段；如果条件表达式不满足，跳转到END后程序段执行。m是标号，要求DO和END后的标号相同，才能构成一个循环体程序。标号值是1、2、3，若使用其他值，系统报警。

【实例13】 用循环语句计算数值1～10的总和，总和存放在#1中。

```
O9500
#1=0                 ；加数变量#1赋值。
#2=1                 ；被加数变量#2赋值。
WHILE [#2 LE 10] DO1 ；变量#2中的值小于或等于10，执行循环体，否则执行N2。
#1=#1+#2             ；计算每次相加和数，并存放在#1。
#2=#2+1              ；计算下次被加数的值。
END 1                ；循环体结束。
N2 M30               ；程序结束。
```

四、应用举例

1. 编制宏程序

如图2-99所示，某工件圆周上均匀分布H个孔，根据此图讨论钻孔宏程序。图中各符号的含意如下：

X、Y——孔的分布圆圆心坐标值；

A——初始角，即第一孔与X轴的夹角；

B——两相邻孔之间夹角；

I——孔的分布圆半径；

H——孔的数目。

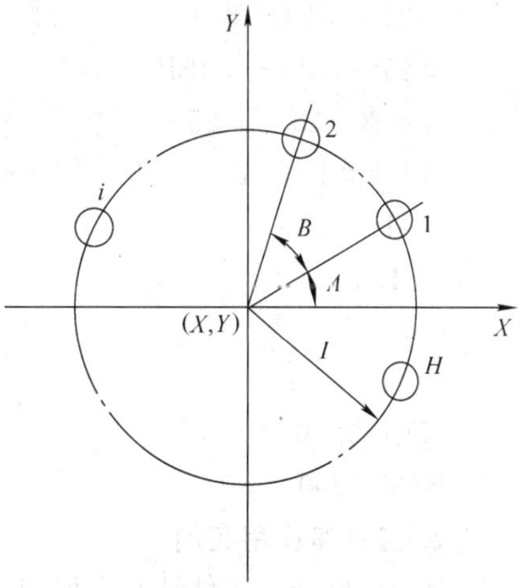

先分析任意孔i在工件坐标系中坐标值X_i、Y_i计算方法。假设第i孔与X轴的夹角为θ_i，前孔的夹角为θ_{i-1}，x_i、y_i是任意孔i相对圆心坐标值，则

$$\theta_i=\theta_{i-1}+B$$

所以

$$x_i=I\cos\theta_i$$

$$y_i=I\sin\theta_i$$

故

$$X_i=X+x_i=X+I\cos\theta_i$$

$$Y_i=Y+y_i=Y+I\sin\theta_i$$

图2-99 加工圆周分布孔

以上计算过程可以由宏程序完成，并使用钻孔循环指令G81加工。编写宏程序采用绝对值编程，调用宏程序时，允许使用者根据主程序具体情况采用绝对值或增量值。调用

格式：

G65 P9100 Xx Yy Zz Rr Ff Ii Aa Bb Hh；

式中 X——圆心在 X 轴坐标值（#24）；

Y——圆心在 Y 轴坐标值（#25）；

Z——孔深（#26）；

R——快速趋进到 R 平面距离（#18）；

F——钻孔进给量（#9）；

I——半径（#4）；

A——初始角（#1）；

B——两相邻孔之间夹角（#2）；

H——孔数（#11）；

#5——圆周上第 i 个孔的 X 坐标值（J）；

#6——圆周上第 i 个 孔的 Y 坐标值（K）。

用宏指令编程如下：

```
O9100                                  用户宏程序号
IF [[#4*#2*#11] EG 0] GOTO 990         ；不能用宏程序。
#3=#4003                               ；03 组代码值写入#3（见表 2-15）。
G98 G81 Z#26 R#18 F#9                  ；钻孔循环，不能移动。
IF [#3 EQ 90] GOTO 1                   ；若主程序是绝对值方式，转 N1。
#24=#24+#5001                          ；计算圆心的 X 绝对坐标值。
#25=#25+#5002                          ；计算圆心的 Y 绝对坐标值。
#26=#26+#18                            ；计算孔底的坐标值。
N1 WHILE [#11 GT 0] DO 1               ；循环至孔数为 0。
#24=#24+#4COS [#1]                     ；计算加工孔 X 坐标值。
#25=#25+#4SIN [#1]                     ；计算加工孔 Y 坐标值。
G90 X#24 Y#25                          ；执行 G81。
#1=#1+#2                               ；计算下一个孔角度。
#11-1                                  ；孔数减 1。
END 1                                  ；循环体结束。
G#3 G80                                ；返回 03 组代码原状态。
GOTO 999                               ；跳转结束。
N990 #3000=140                         ；报警。
N999 M99                               ；返回主程序。
```

2. 宏程序调用实例

图 2-100 所示工件钻 6 个均匀分布孔，而且沉孔口要求锪平。采用数控铣床加工。采用内孔及端面定位，压板夹紧。6 个孔加工完后，换刀、变速，进行 6 个沉孔的加工锪平工序。调用 2 次宏程序进行加工，主程序清单如下；

```
O0015                        主程序号
N001 G92 X0 Y0 Z0            ；设定坐标系。
```

```
N002 G90  Z200.0 T11 M00     ；换刀点停止，换 T11 刀具后启动。
N003 G43  Z0  H11            ；T11 刀具长度补偿。
N004S500  M03                ；主轴正转。
N005 G65 P9100 X0 Y0 Z-46.0 R-20.0 F500 I100.0 A0 B60.0 H6；调用赋值。
N006 G00 X0 Y0  M05          ；主轴停止，返回参考点。
N007 G49  Z200.0 T16 M00     ；取消长度补偿，换 T16 刀具后启动。
N008 G43  Z0  H16            ；T16 刀具长度补偿。
N009 S300  M03               ；主轴正转。
N010 G65 P9100 X0 Y0 Z-29.0 R-20.0 F500 I100.0 A0 B60.0 H6；调用赋值。
N011 G00 X0 Y0  M05          ；返回参考点，主轴停止。
N012 G49  Z200.0  M30        ；消除补偿，程序结束。
```

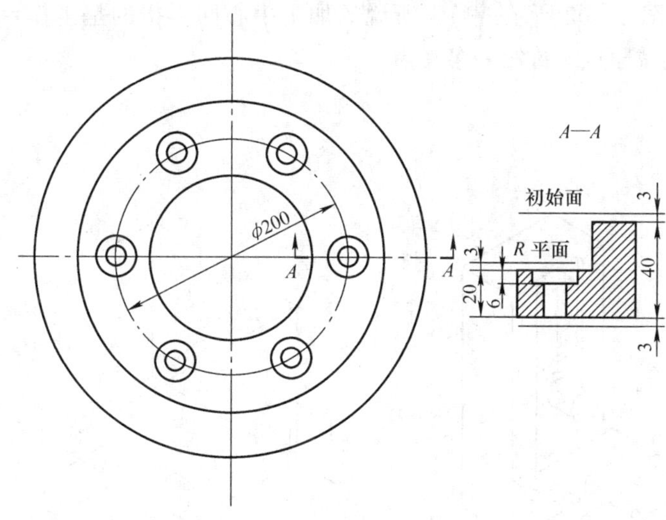

图 2-100 钻孔工件图样

从以上实例可以看出，对具有相同加工工艺的工件，可以先编写出宏程序存入内存，在加工工件时，只要用宏指令设定待加工工件的变量值，然后通过主程序直接调用宏程序即可完成加工，而不用一个一个地编写工件加工程序，因而主程序十分简单。

第七节 加工中心程序编制

加工中心程序编制与数控铣床的程序编制基本相同。因为加工中心有一个存放刀具的刀库，并且在加工过程中能实现自动换刀，因此在加工程序中含有自动换刀的程序段。为了掌握自动换刀程序段的编制，本节以 XH754 镗铣卧式加工中心为例，介绍加工中心坐标系、自动换刀过程、参考点确定和自动换刀程序，最后介绍编程实例。XH754 镗铣卧式加工中心的外形类似于图 1-7，刀库位于机床的顶部，有 30 个工位，可安装 29 把刀，刀库旋转范围－180°～＋180°，更详细的结构参阅第四章。

一、卧式加工中心标准坐标系

卧式加工中心的主轴在水平方向上，主轴能作上、下升降运动，根据机床坐标系标准规定，从刀具主轴的后端看工件，X 坐标轴的正方向应指向右，主轴后退方向应是 Z 坐标轴的正方向，根据右手定则可以判断 Y 坐标轴的正方向是主轴上升方向，如图 2-101 左上角所示。实际上，刀具主轴除 Y 轴能移动外，X 轴和 Z 轴的运动不是刀具的运动，而是由工件台的运动完成的，所以机床工作台移动的 X、Z 轴正方向和标准坐标系的正方向相反，用 X' 和 Z' 表示，如图 2-101 所示。工作台除能实现 X 和 Z 方向的运动，还能实现绕 Y 轴回转运动，回转坐标用 B 表示，回转方向如图 2-101 所示。

机械原点是机床调试和加工时十分重要的基准点，通常开机后或自动换刀时都要使机床回零，所谓回零操作就是使运动部件回到机床机械原点。机械原点一般设置在刀具或移动工件台的最大行程处，并且在机床标准坐标系的正方向。所以当加工中心执行回零操作时，主轴沿 Y 轴的正方向上升到极限位置，工作台沿 $+X'$、$+Z'$ 移动到极限位置，三轴极限位置就是机械原点，如图 2-102 所示。通常所说的加工中心回零指的是工作台回到 A' 点，主轴回到 Y 轴零点。机械原点又称第一参考点。

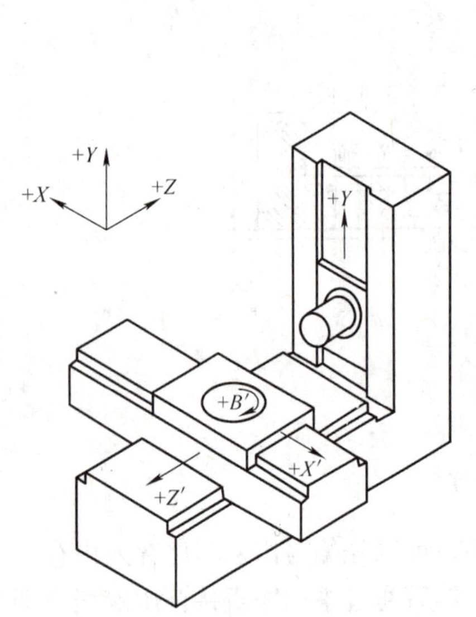

图 2-101　加工中心标准坐标系

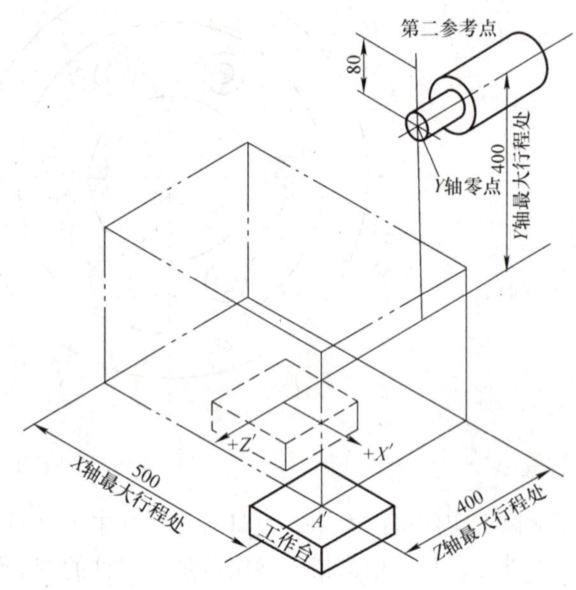

图 2-102　加工中心的第一、第二参考点

加工中心的换刀位置在 Y 轴零点上方 80mm 处，机床装配完毕后，换刀点经调试确定，再不能变动。换刀点与 Y 轴零点的距离可以由参数设定。换刀点称为第二参考点，用 P2 表示。

二、加工中心自动换刀过程

XH754 卧式加工中心换刀过程如图 2-103 所示：图 2-103a 是刀具处在任意点 A；图 2-103b 是刀具从 A 点经过第一参考点（Y 轴零点）向第二参考点 P2 运动；图 2-103c 是刀具到达第二参考点 P2 处；图 2-103d 是刀库右移，拔出主轴刀具；图 2-103e 是刀库旋转，将指定刀具转至主轴位置；图 2-103f 是刀库左移，将指定刀具插入主轴孔内；图 2-103g 是刀具从第二参考点经中间点（Y 轴零点）向 B 点运动；图 2-101h 是刀具经过中间点后定位

到指定的 B 点。

主轴结构及拔刀、插刀机构参阅第四章。

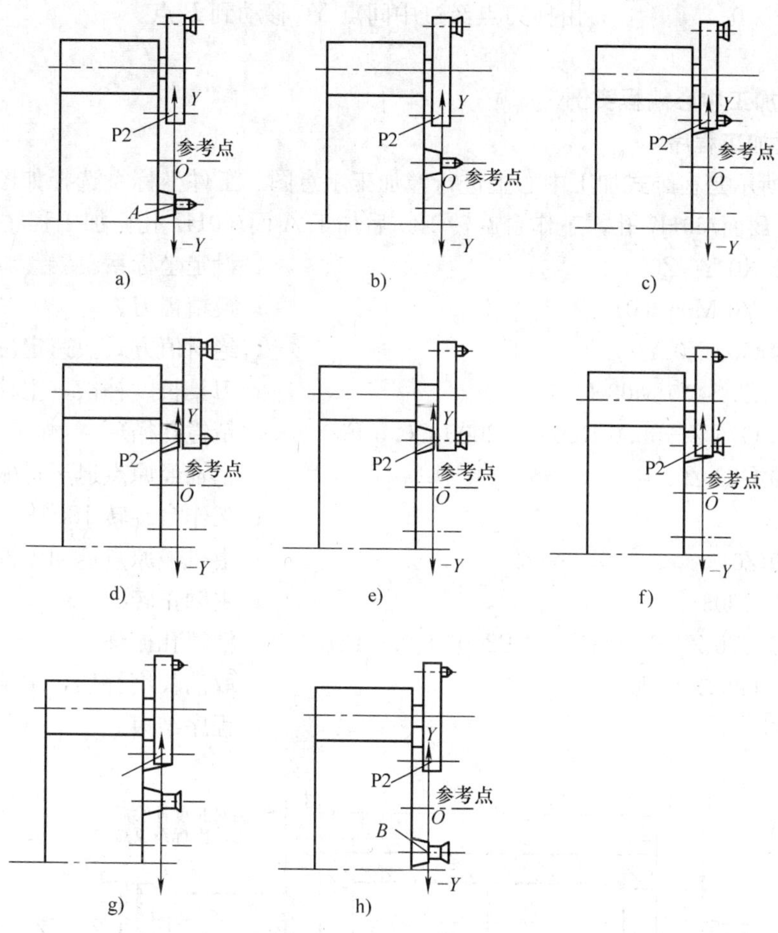

图 2-103　加工中心换刀过程

三、换刀指令及换刀程序

返回第二（或第三或第四）参考点指令 G30，指令的功能是主轴可以从任何位置经中间点返回到第二（或第三或第四）参考点。指令的格式如下：

G30 P2（或 P3 或 P4）X＿Y＿Z＿；

编写程序时，第二参考点 P2 可以省略不写。

XH754 卧式加工中心的换刀点就是第二参考点 P2，并且换刀过程必须经过 Y 轴零点，所以编程时的中间点是 Y0，这就相当于用 G28 指令通过中间点返回参考点一样。XH754 卧式加工中心换刀程序段如下：

G30Y0 M06 Tnn；

在程序段中 M06 是换刀命令，Tnn 是选用刀具号。执行 G30 指令之后，可以使用 G29 指令使刀具经由 G30 指令建立的中间点返回到 G29 所指定的坐标点。图 2-103 所示加工中心换刀过程的程序如下：

```
G92 X0 Y0 Z0          ；设定坐标系。
⋮
G30 Y0 M06 T02        ；刀具从A点经中间点Y0移动到换刀点P2，换刀。
G29 Y-30.0            ；由换刀点经过中间点Y0移动到B点。
⋮
```

四、卧式加工中心编程实例

1. 掉头镗加工程序

图2-104所示是在卧式加工中心上进行镗加工示意图。工件坐标系选择如图所示。加工顺序是先精镗 *B* 面ϕ60H7孔，工作台旋转180°后加工 *A* 面ϕ60H7孔。加工程序如下：

```
N001 G92 X0 Y0 Z0                            ；设定坐标系。
N002 G30 Y0 M06 T01                          ；换精镗刀。
N003 G90 G00 X0 Y0                           ；绝对值方式快速定位原点。
N004 G43 Z0 S400 M03 H01                     ；刀具长度补偿，主轴正转。
N005 G98 G76 Z-65.0 R25.0 P2000 Q0.5 F50     ；精镗孔循环。
N006 G00 G28 Z0                              ；主轴经原点退至机械原点。
N007 B180                                    ；工作台旋转180°。
N008 G29 Z0                                  ；由机械原点返回工件原点。
N009 S400 M03                                ；主轴正转。
N010 G98 G76 Z-65.0 R25.0 P2000 Q0.5 F50     ；精镗孔循环。
N011 G49 G00 Z0 M05                          ；取消长度补偿，主轴停转。
N012 M30                                     ；程序结束。
```

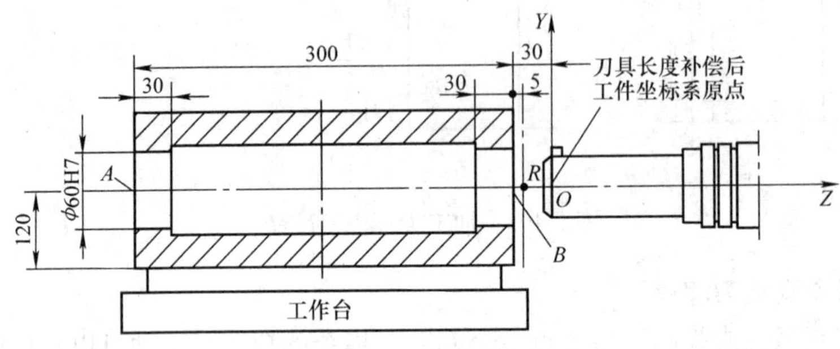

图2-104 调头精镗加工

2. 端盖加工程序

端盖是一种常见的工件，包括铣平面、镗孔、钻孔、扩孔、攻螺纹等多种工序。

(1) 确定工艺方案及工艺路线　端盖图样如图2-105所示，定位基准面 *A* 和4×M12螺纹孔已加工。加工时用弯板夹具装夹端盖，选择 *A* 面为装夹定位面，利用4×M12螺纹孔作为夹紧螺纹孔，用M12螺钉将工件夹于弯板上。

加工时按先面后孔，先粗后精的原则。*B* 面用面铣刀铣削加工，安排粗铣和精铣各一次；ϕ60H7孔采用三次镗削加工，分粗镗、半精镗和精镗三道工序进行；ϕ12H8孔按钻、扩、铰方式进行；ϕ16mm孔在ϕ12mm孔基础上再增加锪孔工序；螺纹孔采用钻孔后攻螺纹的方法加工；螺纹孔和阶梯孔在钻孔前都安排钻中心孔工序，螺纹倒角用钻头倒角。

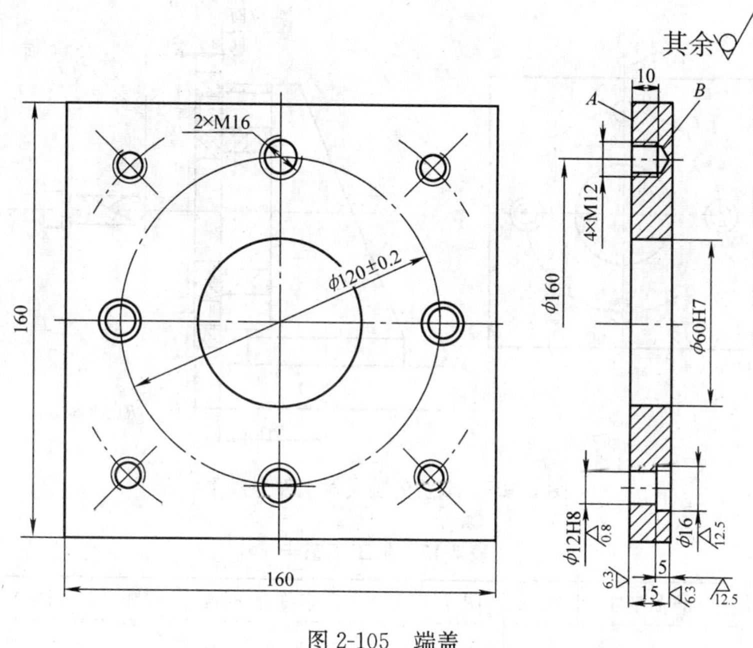

图 2-105 端盖

铣削平面时选用大于工件边长 1/2 的铣刀盘（ϕ100mm 的面铣刀），尽量缩短进给路径，铣削时加工路线如图 2-106 所示。

刀具和切削用量参阅相关手册确定。

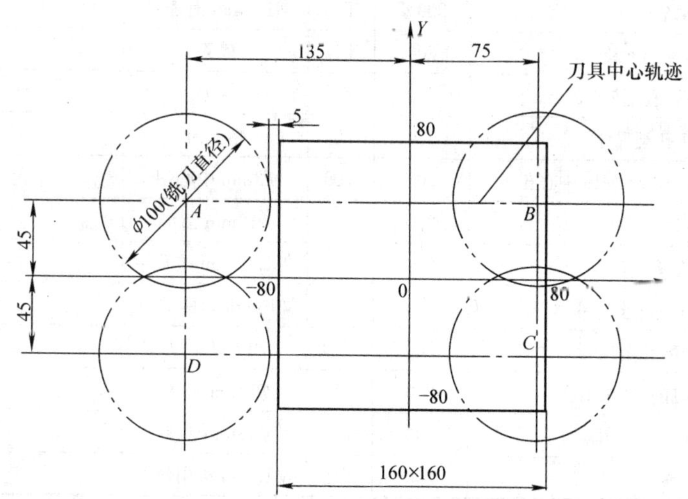

图 2-106 铣端盖平面加工路线

（2）加工程序的编制 选用ϕ60H7 孔中心为 $X-Y$ 工件坐标的原点，Z 坐标初始平面距离工件表面 30mm，R 点平面距离工件表面 5mm，如图 2-107 所示。刀具轨迹的坐标计算参考图 2-105 所示。

按工艺路线和坐标尺寸编制加工工艺卡见表 2-17。

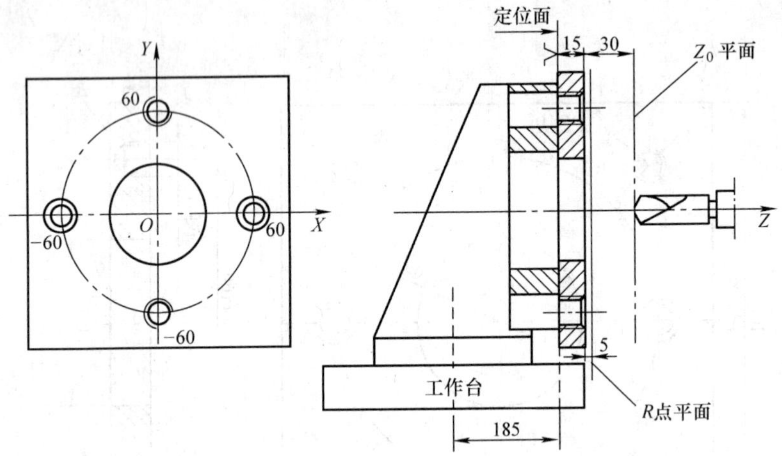

图 2-107 端盖的装夹及工件坐标系

表 2-17 加工工艺卡

程序号	O0003	产品型号	H210	图号	10020	名称	端盖	材料	HT200	编制
工序号	工序内容	加工面	加工面至回转中心值	刀具 T码	刀具 种类规格	刀具 长度	辅具	S	F	t
	工件安装在弯板上，定位面至回转中心 185mm									
1	粗铣 *B* 平面留余量 0.5mm		204	T01	ϕ100mm 面铣刀			300	70	3.5
2	精铣 *B* 平面至尺寸		200.5	T13	ϕ100mm 面铣刀			350	50	0.5
3	粗镗ϕ60H7 孔至ϕ58mm		200	T02	镗刀			400	60	
4	半精镗ϕ60H7 孔至ϕ59.95mm		200	T03	镗刀			450	50	
5	精镗ϕ60H7 孔至尺寸		200	T04	精镗刀			500	40	
6	钻 2×ϕ12mm，2×M16 中心孔		200	T05	ϕ3mm 中心钻			1000	50	
7	钻 2×ϕ12H8 孔至ϕ10mm		200	T06	ϕ10mm 钻头			600	60	
8	扩 2×ϕ12H8 孔至ϕ11.85mm		200	T07	ϕ11.85mm 扩孔钻			300	40	
9	锪 2×ϕ16mm 孔至尺寸		200	T08	ϕ16mm 阶梯铣刀			150	30	
10	铰 2×ϕ12H8 孔至尺寸		200	T09	ϕ12H8 铰刀			100	40	
11	钻 2×M16 底孔至ϕ14mm		200	T10	ϕ14mm 钻头			450	60	
12	倒 2×M16 底孔倒角		200	T11	ϕ18mm 钻头			300	40	
13	攻 2×M16 螺纹孔		200	T12	M16mm 机用丝锥			100	200	

（3）端盖加工程序清单

程序号：O0003

N001 G92 X0 Y0 Z0 ；设定坐标系。

N002 G30 Y0 M06 T01 ；换面铣刀。

```
N003 G90 G00 X0 Y0                        ；快速定位于 X—Y 坐标原点。
N004 X—135.0 Y45.0                        ；快速移至铣平面进刀点。
N005 S300 M05                             ；绝对值方式，主轴起动正转。
N006 G43 Z—29.5 H01                       ；刀具长度补偿，快速移至—29.5mm 处。
N007 G01 X75.0 F70                        ；进给铣平面加工。
N008 Y—45.0                               ；
N009 X—135.0                              ；
N010 G00 G49 Z0 M05                       ；取消刀补，退至 Z0 平面，停转。
N011 G30 Y0 M06 T13                       ；刀具交换，换加工平面精铣刀。
N012 G00 X0 Y0                            ；快速定位于 X—Y 坐标原点。
N013 X—135.0 Y45.0                        ；快速移至铣平面进刀点。
N014 G43 Z—30.0 H13 S350 M03              ；刀具长度补偿，快速移至—30.0mm 处。
N015 G01 X75.0 F50                        ；进给精铣平面加工。
N016 Y—45.0                               ；
N017 X—135.0                              ；
N018 G00 G49 Z0 M05                       ；取消刀补，退至 Z0 平面，停转。
N019 G30 Y0 M06 T02                       ；刀具交换，换粗镗刀。
N020 G00 X0 Y0                            ；快速定位于 X—Y 坐标原点。
N021 G43 Z0 H02 S400 M03                  ；刀具长度补偿，主轴起动正转。
N022 G98 G81 Z—52.0 R—25.0 F60            ；粗镗循环。
N023 G00 G49 Z0 M05                       ；取消刀补，退至 Z0 平面，停转。
N024 G30 Y0 M06 T03                       ；刀具交换，换半精镗刀。
N025 Y0                                   ；快速定位于 X—Y 坐标原点。
N026 G43 Z0 H03 S450 M03                  ；刀具长度补偿，主轴起动正转。
N027 G98 G81 Z—52.0 R—25.0 F50            ；半精镗循环。
N028 G00 G49 Z0 M05                       ；取消刀补，退至 Z0 平面，停转。
N029 G30 Y0 M06 T04                       ；刀具交换，换精镗刀。
N030 Y0                                   ；快速定位于 X—Y 坐标原点。
N031 G43 Z0 H04 S450 M03                  ；刀具长度补偿，主轴起动正转。
N032 G98 G76 Z—52.0 R—25.0 Q0.2 P200 F40；精镗循环。
N033 G00 G49 Z0 M05                       ；取消刀补，退至 Z0 平面，停转。
N034 G30 Y0 M06 T05                       ；刀具交换，换中心钻。
N035 X—60.0 Y0                            ；快速定位于左φ12H8 孔中心。
N036 G43 Z0 H05 S1000 M03                 ；刀具长度补偿，主轴起动正转。
N037 G99 G81 Z—35.0 R—25.0 F50            ；钻左φ12H8 中心孔。
N038 X0 Y60.0                             ；钻上 M16 中心孔。
N039 X60.0 Y0                             ；钻右φ12H8 中心孔。
N040 X0 Y—60.0                            ；钻下 M16 中心孔。
N041 G00 G49 Z0 M05                       ；取消刀补，退至 Z0 平面，停转。
```

```
N042 G30 Y0 M06 T06                       ；刀具交换，换φ10mm 钻头。
N043 X-60.0 Y0                            ；定位左φ12H8 孔中心。
N044 G43 Z0 H06 S600 M03                  ；刀具长度补偿，主轴起动正转。
N045 G99 G81 Z-50.0 R-25.0 F60            ；钻左φ12H8 孔至φ10mm。
N046   X60.0                              ；钻右φ12H8 孔至φ10mm。
N047 G00 G49 Z0 M05                       ；取消刀补，退至 Z0 平面，停转。
N048 G30 Y0 M06 T07                       ；刀具交换，换φ11.85mm 扩孔钻。
N049 X-60.0 Y0                            ；定位左φ12H8 孔中心。
N050 G43 Z0 H07 S300 M03                  ；刀具长度补偿，主轴起动正转。
N051 G99 G81 Z-50.0 R-25.0 F40            ；扩左φ12H8 孔至φ11.85mm。
N052 X60.0                                ；扩右φ12H8 孔至φ11.85mm。
N053 G00 G49 Z0 M05                       ；取消刀补，退至 Z0 平面，停转。
N054 G30 Y0 M06 T08                       ；刀具交换，换阶梯孔铣刀。
N055 X-60.0 Y0                            ；定位左φ12H8 孔中心。
N056 G43 Z0 H08 S150 M03                  ；刀具长度补偿，主轴起动正转。
N057 G99 G82 Z-35.0 R-25.0 P2000 F60     ；锪左φ16mm 孔至尺寸。
N058 X60.0                                ；锪右φ16mm 孔至尺寸。
N059 G00 G49 Z0 M05                       ；取消刀补，退至 Z0 平面，停转。
N060 G30 Y0 M06 T09                       ；刀具交换，换精铰刀。
N061 X-60.0 Y0                            ；定位左φ12H8 孔中心。
N062 G43 Z0 H09 S100 M03                  ；刀具长度补偿，主轴起动正转。
N063 G99 G86 Z-70.0 R-25.0 F100           ；铰左φ12H8 孔至尺寸。
N064 X60.0                                ；铰右φ12H8 孔至尺寸。
N065 G00 G49 Z0 M05                       ；取消刀补，退至 Z0 平面，停转。
N066 G30 Y0 M06 T10                       ；刀具交换，换φ14mm 钻头。
N067 X0 Y60.0                             ；定位上 M16 中心。
N068 G43 Z0 H10 S450 M03                  ；刀具长度补偿，主轴起动正转。
N069 G99 G81 Z-50.0 R-25.0 F60            ；钻上 M16 底孔至φ14mm。
N070 Y-60.0                               ；钻下 M16 底孔至φ14mm。
N071 G00 G49 Z0 M05                       ；取消刀补，退至 Z0 平面，停转。
N072 G30 Y0 M06 T11                       ；刀具交换，换倒角钻头。
N073 X0 Y60.0                             ；定位上 M16 中心。
N074 G43 Z0 H11 S300 M03                  ；刀具长度补偿，主轴起动正转。
N075 G99 G82 Z-35.0 R-25.0 P1000 F60     ；上 M16 底孔倒角。
N076 Y-60.0                               ；下 M16 底孔倒角。
N077 G00 G49 Z0 M05                       ；取消刀补，退至 Z0 平面，停转。
N078 G30 Y0 M06 T12                       ；刀具交换，换丝锥。
N079 X0 Y60.0                             ；定位上 M16 中心。
N080 G00 G43 Z0 H12 S100 M03              ；刀具长度补偿，起动正转。
```

```
N081 G99 G84 Z−60.0 R−25.0 F200     ；攻上 M16 螺纹。
N082 Y−60.0                          ；攻下 M16 螺纹。
N083 G00 G49 Z0 M05                  ；取消刀补，退至 Z0 平面，停转。
N084 X0 Y0                           ；快速定位于 X−Y 坐标原点。
M085 M30                             ；程序结束。
```

第八节　数控编程的数学处理

由于数控机床已具备直线和圆弧插功能，所以由直线和圆弧几何元素组成的轮廓曲线，在编写加工程序时，只需要计算相邻几何元素的基点坐标值或铣刀中心轨迹基点坐标值（交点或切点），就可以进行程序编制。这些计算仅限一般几何、三角知识，比较简单。但是当工件轮廓是非圆曲线时，只能用直线或圆弧线段对非圆曲线进行拟合，代替原来的轮廓曲线。通常把拟合非圆曲线的直线或圆弧线段称拟合线段，拟合线段与轮廓曲线的交点称为节点。如果计算出拟合后的所有节点，就可以用直线插补和圆弧插补功能编制非圆曲线的加工程序。按照拟合方式编写的加工程序加工工件时，工件的轮廓曲线是近似的曲线，存在一定的误差。采用直线或圆弧线段对非圆曲线进行拟合处理产生的误差称拟合误差。所谓编程的数学处理就是计算出拟合处理后的所有节点，并使拟合误差满足工件精度要求。

工件轮廓非圆曲线有两种：一种是非圆曲线的方程已知，例如阿基米德螺线、抛物线、双曲线以及其他二次、三次曲线方程等；另一种是非圆曲线不能用数学公式表达，由列表形式给出，又称为列表曲线。下面主要讨论第一种曲线的拟合方法和节点计算方法。

一、已知非圆曲线方程式的数学处理

1. 等间距法

已知工件轮廓曲线的方程式为 $y=f(x)$，它是一条连续曲线，如图 2-108 所示。等间距法是将曲线的某一坐标轴划分成若干等间距，如图 2-108 所示的 X 轴，然后求出曲线上相应的节点 A、B、C、D、E、F 等的坐标值。将相邻节点连成直线，用这些直线组成的折线代替原来的轮廓曲线，采用直线插补方式编程。由图 2-108可见，Δx 取得越大，产生的拟合误差越大。

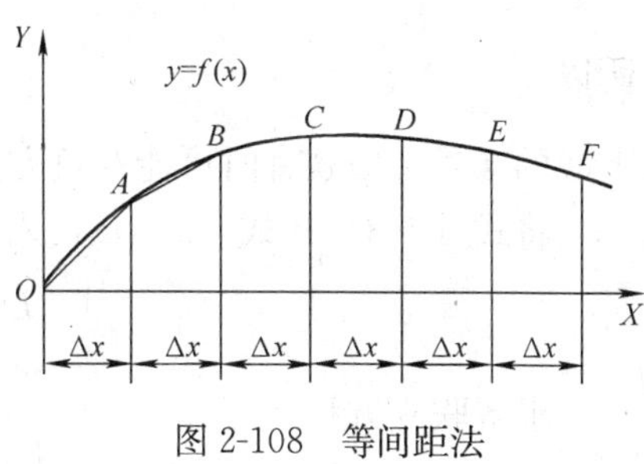

图 2-108　等间距法

设工件的允许拟合误差是 δ，则直线和曲线之间最大距离等于 δ，如图 2-109a 所示。通常允许拟合误差 δ 取工件公差的 1/5～1/10。图 2-109b 表示拟合误差在允许范围内，而图 2-109c 表示超差。

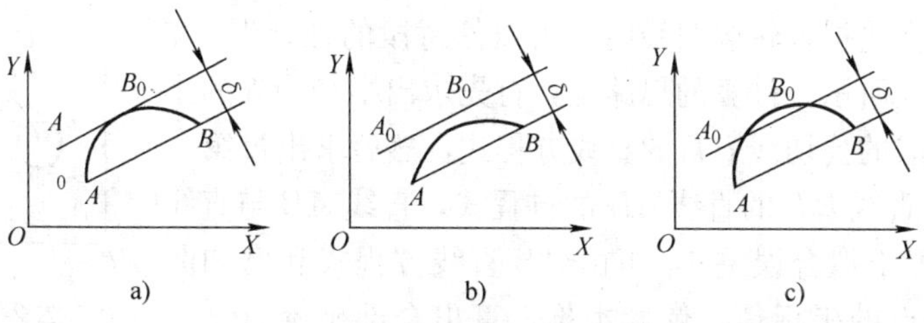

图 2-109　允许的拟合误差

由图 2-109 的讨论可知，Δx 的取值取决于曲线的曲率和允许误差。一般方法是先取 $\Delta x=0.1$mm 试算出节点坐标值，然后进行误差校验。误差校验的原理是：根据允许拟合误差（参考图 2-109），推出与拟合线 AB 平行的直线 A_0B_0 方程式，让其与轮廓曲线方程 $y=f(x)$联解，若无解，表示直线 A_0B_0 不与轮廓曲线 $y=f(x)$相交，如图 2-109b 所示情况；若只有一解，表示直线 A_0B_0 与轮廓曲线 $y=f(x)$相切，如图 2-109a 所示情况，拟合误差刚好等于 δ；若有两解，如图 2-109c 所示情况，表示超差，此时应当减小 Δx 的取值并重新计算，直到满足要求为止。

计算公式推导如下：

设直线段拟合形成的节点 A 和 B 的坐标分别为（X_A，Y_A）和（X_B，Y_B），则直线 AB 的方程式为

$$\frac{X-X_A}{Y-Y_A}=\frac{X_A-X_B}{Y_A-Y_B} \tag{2-1}$$

令 $D=Y_A-Y_B$，$E=X_A-X_B$，$C=Y_AX_B-X_AY_B$，则上式可以改写成

$$DX-EY=C \quad 或 \quad Y=\frac{D}{E}X-\frac{C}{E} \tag{2-2}$$

AB 直线方程的斜率是 $$k=D/E \tag{2-3}$$

设直线 A_0B_0 方程式为 $$y=k_0x+b \tag{2-4}$$

因为 $$A_0B_0 /\!/ AB \quad 所以 \quad k_0=k$$

又因 $$b=-\frac{C}{E}\pm\frac{\delta}{\cos\alpha}$$

而 $$\tan\alpha=k=D/E \quad \cos\alpha=\pm\frac{E}{\sqrt{D^2+E^2}}$$

所以 $$b=-\frac{C}{E}\pm\delta\frac{\sqrt{D^2+E^2}}{E} \tag{2-5}$$

上式的$\pm$号考虑 δ 有时可能在负方向。

将式（2-3）和式（2-5）代入式（2-4），化简后得直线 A_0B_0 的方程式为

$$DX-EY=C\pm\delta\sqrt{D^2+E^2} \tag{2-6}$$

求解联立方程式

$$\left.\begin{aligned} &y=f(x)\\ &DX-EY=C\pm\delta\sqrt{D^2+E^2}\end{aligned}\right\} \tag{2-7}$$

即可判断是否超差。

等间距法计算简单，但由于 Δx 是定值，当曲率变化较大时，程序段数目过多，计算工作量很大。

2. 等误差法

用等误差法直线拟合轮廓曲线时，可以使每段的拟合误差 δ 相等，如图 2-110 所示。计算的思路是，首先求出半径为 δ 的小圆和轮廓曲线形成的公切线 PT 的直线方程式，然后求出过第一个点 A 且平行于直线 PT 的直线 AB 的方程式，直线 AB 与直线 PT 之间的距离等于拟合误差 δ，再由 AB 直线方程式和已知曲线方程式算出 B 点的坐标值，依此类推，算出全部坐标点。下

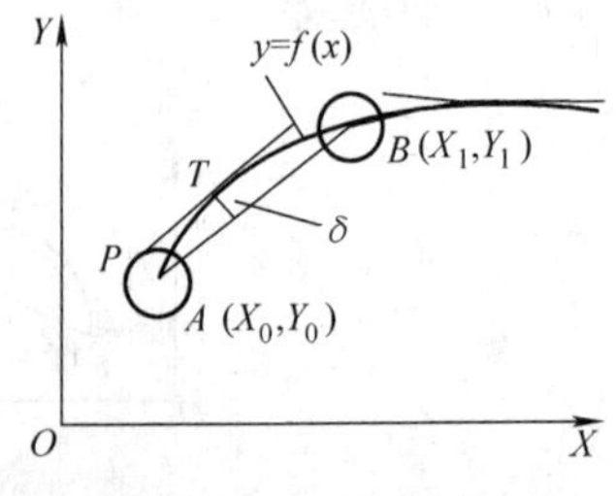

图 2-110 等误差法

面讨论等误差的计算过程。

在轮廓曲线 $y=f(x)$ 的第一个点处，以 A 为圆心，δ 为半径作一个圆，设 A 点的坐标为（X_0，Y_0），则此圆的方程式为

$$(x-X_0)^2+(y-Y_0)^2=\delta^2 \tag{2-8}$$

过圆上一点 P 作圆与轮廓曲线的公切线 PT，T 是曲线上的切点。公切线 PT 的斜率为

$$k=\frac{Y_T-Y_P}{X_T-X_P} \tag{2-9}$$

式中的（X_P，Y_P）、（X_T，Y_T）是点 P 和 T 的坐标值。

若过 P 点求式（2-8）的导数，直线的斜率 PT 又可以表示为

$$k=\left.\frac{dy}{dx}\right|_P=-\frac{X_P-X_0}{Y_P-Y_0} \tag{2-10}$$

过 T 点求轮廓曲线方程 $y=f(x)$ 的导数，直线 PT 的斜率还可以表示为

$$k=\left.\frac{dy}{dx}\right|_T=f(X_T) \tag{2-11}$$

由式（2-8）～式（2-11）可以得到下列联立方程式

$$\left.\begin{aligned}&\frac{Y_T-Y_P}{X_T-X_P}=-\frac{X_P-X_0}{Y_P-Y_0}\\&\frac{Y_T-Y_P}{X_T-X_P}=f(X_T)\\&Y_T=f(X_T)\\&Y_P=\sqrt{\delta^2-(X_P-X_0)^2}+Y_0\end{aligned}\right\} \tag{2-12}$$

由式（2-12）解得 X_T、Y_T 和 X_P、Y_P。切点 P 和 T 的坐标值求出后，可从式（2-9）求出 k 值。

由于拟合直线 AB 平行于 PT，所以直线 AB 的方程式为

$$y-Y_0=k(x-X_0) \tag{2-13}$$

式（2-13）与 $y=f(x)$ 联立求解，可以求出 B 点的坐标值（X_1，Y_1），再以 B 点为圆心作圆，按上面讨论的方法，求出（X_2，Y_2）。依此类推，求出全部节点。

用等误差法时，计算比较复杂，但可以在保证精度的条件下，得到最少的程序段数目，使编程工作量减少。拟合计算可以用计算机辅助设计完成。

3. 等步长法

用等步长法直线拟合轮廓曲线时，每段拟合线段的长度都相等，如图 2-111 所示。

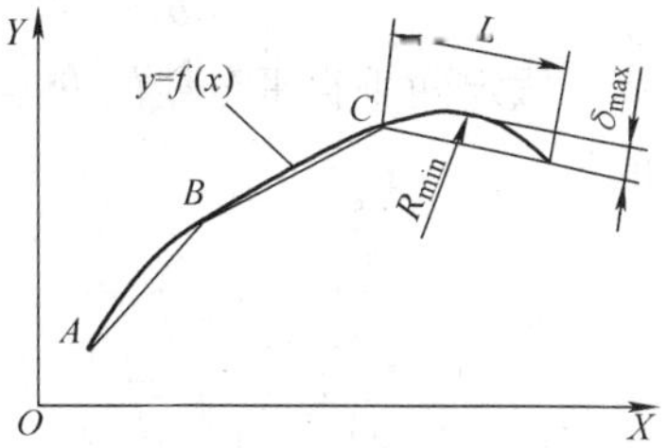

图 2-111 等步长法

由于拟合线段长度相等，所以每段拟合线的拟合误差不相等，最大误差必定在曲率半径最小处。所以采用等步长法时，首先求出最小曲率半径 R_{min}，根据最小曲率半径 R_{min} 确定允许步长 L，最后按步长 L 计算各节点坐标值。计算步骤如下：

（1）求出最小曲率半径 R_{min} 曲线 $y=f(x)$ 中任一点的曲率半径为

$$R=\frac{\sqrt{(1+y'^2)^3}}{y''} \tag{2-14}$$

取导数 $dR/dx=0$ 时存在极值，曲率半径求导方程式为

$$3y'y''^2-(1+y'^2)y'''=0 \tag{2-15}$$

根据 $y=f(x)$ 求得 y'、y''、y'''，并代入式（2-15）求得 x，再将 x 值代入式（2-14）即可求得 R_{min}。

（2）确定允许步长 L　由几何关系可以求得方程式

$$(R_{min}-\delta)^2+(L/2)^2=R_{min}{}^2$$

所以

$$L=2\sqrt{R_{min}{}^2-(R_{min}-\delta)^2}\approx 2\sqrt{2\delta R_{min}}$$

（3）计算节点 B 的坐标值　以起点 A 为圆心，作半径为 L 的圆，和 $y=f(x)$ 曲线相交于 B 点，联立求解下列方程

$$\left.\begin{aligned}&(x-X_0)^2+(y-Y_0)^2=L^2\\&y=f(x)\end{aligned}\right\} \tag{2-16}$$

即可求得 B 点的坐标值。式中的 X_0、Y_0 是 A 点坐标值。

对于曲线各处的曲率相差较大时，采用等步长法求得的节点数过多，编程麻烦，所以等步长法常用在曲线曲率变化不大时的节点计算。

4. 圆弧线拟合方法

采用圆弧线拟合非圆轮廓曲线时，与直线拟合相比，圆弧拟合计算繁琐，但可以减少程序段数目。下面介绍三点近似圆心计算方法及其应用实例。

在图 2-112 中，已知曲线上三点 A、B、C 的坐标值分别为（X_A，X_A）、（X_B，Y_B）和（X_C，Y_C），则

$$a_1=X_B-X_A$$

$$b_1=Y_B-Y_A$$

$$a_2=X_C-X_A$$

$$b_2=Y_C-Y_A$$

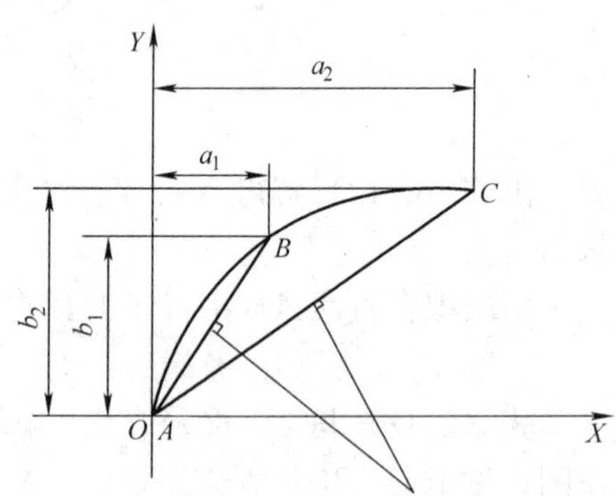

图 2-112　三点近似圆心计算

作 AB 连线，AB 的垂直平分线直线方程式为

$$y=-\frac{a_1}{b_1}x+\frac{1}{2b_1}(a_1^2+b_1^2) \tag{2-17}$$

作 AC 连线，AC 的垂直平分线直线方程式为

$$y=-\frac{a_2}{b_2}x+\frac{1}{2b_2}(a_2^2+b_2^2) \tag{2-18}$$

假定两垂直平分线的交点坐标为（X，Y），则根据式（2-17）和式（2-18）可求坐标值为

$$\left.\begin{aligned}X&=\frac{\frac{1}{b_1}(a_1^2+b_1^2)-\frac{1}{b_2}(a_2^2+b_2^2)}{2\left(\frac{a_1}{b_1}-\frac{a_2}{b_2}\right)}\\Y&=-\frac{a_1}{b_1}X+\frac{1}{2b_1}(a_1^2+b_1^2)\\R&=\sqrt{X^2+Y^2}\end{aligned}\right. \tag{2-19}$$

【实例 14】　图 2-113 是阿基米德螺线槽形凸轮，凸轮曲线由两段阿基米德螺线和半径为 15mm 及 30mm 的两段圆弧线组成。加工时先用 ϕ5.6mm 立铣刀进行粗加工，再用 ϕ6mm

的立铣刀进行精加工。精加工时，在粗加工的底面上立铣刀抬高 0.05mm，使精加工铣削能平稳运行。粗加工和精加工程序相同，采用手工换刀方式，只需改变刀具长度补偿值。工件坐标系取工件中心位置。表 2-18 是根据螺线端点坐标值用式（2-19）计算的近似圆弧半径值。

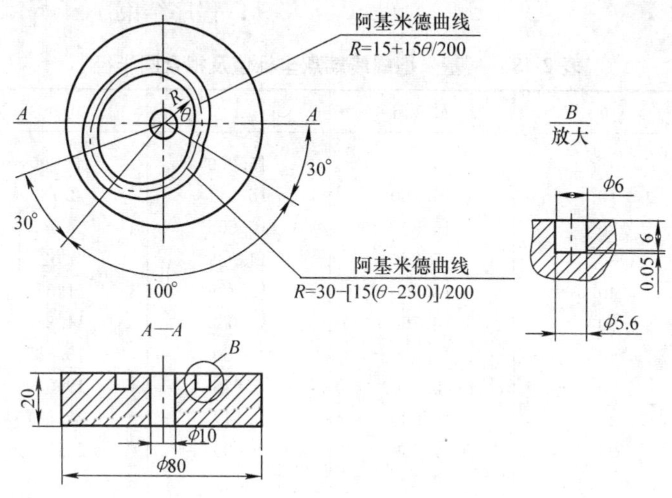

图 2-113 阿基米德螺线槽形凸轮加工实例

阿基米德螺线槽形凸轮加工程序如下：

```
N001 G92 X0 Y0 Z200.0                        ；设定坐标系。
N002 G90 G00 X15.0 Y0                        ；绝对值编程，快速定位。
N003 S800 M03                                ；主轴正转。
N004 G43 Z3.0 H01 M08                        ；长度补偿，开切削液。
N005 G01 Z-6.05 F70                          ；进给至-6.05mm 处。
N006 G03 X15.505 Y5.643       R15.27         ；⎫
N007   X13.789 Y11.57         R16.797        ；⎪
N008   X9.75   Y16.888        R18.324        ；⎪
N009   X3.647  Y20.681        R19.849        ；⎪
N010   X-3.907 Y22.158        R21.369        ；⎬用圆弧拟合 0°～200°的
N011   X-12.0  Y20.785        R22.89         ；⎪阿基米德螺线。
N012   X-19.534 Y16.391       R24.408        ；⎪
N013   X-25.372 Y9.235        R25.924        ；⎪
N014   X-28.5   Y0            R27.44         ；⎪
N015   X-28.191 Y-10.261      R28.954        ；⎭
N016   X-19.284 Y-22.981      R30.0          ；200°～230°的圆弧。
N017   X-9.235 Y25.372        R27.481        ；⎫
N018   X0      Y-24.0         R24.423        ；⎪
N019   X7.182  Y-19.734       R21.37         ；⎬用圆弧拟合 230°～330°的
N020   X11.57  Y-13.789       R18.339        ；⎪阿基米德螺线。
N021   X12.99  Y-7.5          R15.336        ；⎭
```

N022 X15.0 Y0 R15.0 ；230°～360°的圆弧。
N023 G00 G49 Z200.0 M09 ；取消补偿，关切削液。
N024 X0 Y0 M05 ；返回原位，主轴停止。
N025 M30 ；程序结束。

表 2-18 阿基米德螺线端点坐标值及拟合圆半径

点序	θ	R/mm	x	y	拟合圆半径/mm
0	0°	15.000	15.000	0.000	
1	10°	15.750	15.511	2.735	15.270
2	20°	16.500	15.505	5.643	
3	30°	17.250	14.939	8.625	16.797
4	40°	18.000	13.789	11.570	
5	50°	18.750	12.052	14.363	18.324
6	60°	19.500	9.750	16.888	
7	70°	20.250	6.926	19.029	19.849
8	80°	21.000	3.647	20.681	
9	90°	21.750	0.000	21.750	21.369
10	100°	22.500	−3.907	22.158	
11	110°	23.250	−7.952	21.848	22.890
12	120°	24.000	−12.000	20.785	
13	130°	24.750	−15.909	18.959	24.408
14	140°	25.500	−19.534	16.391	
15	150°	26.250	−22.733	13.125	25.924
16	160°	27.000	−25.372	9.235	
17	170°	27.750	−27.328	4.819	27.440
18	180°	28.500	−28.500	0.000	
19	190°	29.250	−28.806	−5.079	28.954
20	200°	30.000	−28.191	−10.261	
23	230°	30.000	−19.284	−22.981	
24	240°	28.500	−14.250	−24.682	27.481
25	250°	27.000	−9.235	−25.372	
26	260°	25.500	−4.428	−25.113	24.423
27	270°	24.000	0.000	−24.000	
28	280°	22.500	3.907	−22.158	21.370
29	290°	21.000	7.182	−19.734	
30	300°	19.500	9.750	−16.888	18.339
31	310°	18.000	11.570	−13.789	
32	320°	16.500	12.640	−10.606	15.336
33	330°	15.000	12.990	−7.500	

采用圆弧线拟合非圆轮廓曲线的方法很多，且计算繁琐，实际使用需借助计算机辅助设计完成。

二、列表曲线数学处理简介

有些工件的轮廓，例如飞机的机翼骨架、船舵等，是由实验和测量的方法先获得形值点，然后以列表的形式给出，所以称列表曲线。列表曲线没有具体方程式，当给出的列表曲线形值点已经密到不影响曲线精度的程度时，可以直接在相邻列表点间用直线段或圆弧段编程。通常只给出很少的点，为了保证精度和加工质量，必须增加新的节点。为此，处理列表曲线的一般方法是，根据已知列表点导出插值方程式（常称第一次拟合），再根据插值方程式进行插点密化，即求得新的节点（常称第二次拟合），然后根据这些足够多的节点编制拟合线段（常用直线段）的程序。

列表曲线的拟合方法较多，常用方法有三次样条曲线似合、圆弧样条拟合和双圆弧样条拟合，它们的数学处理复杂，已有不少专著作了详细论述。读者若需要，可以参考有关专著。

第九节 CAD/CAM 概述

一、计算机自动编程概述

手工编程中的几何计算、编写加工程序单、纸带穿孔直至程序校核，甚至工艺处理都可以由通用计算机自动处理完成。采用通用计算机代替手工编程称为计算机自动编程，简称自动编程。

1. 自动编程系统的组成

自动编程系统由数控语言、自动编程硬件系统和系统软件（编译程序）组成。

数控语言是由基本符号、字母以及数字按照一定的词法和语法关系组成的语句。数控语言可以描述工件轮廓曲线的几何形状、尺寸、几何元素之间的相互关系（相交、相切、平行等）以及运动顺序、工艺参数等。根据工件的图样，用数控语言编写的程序称为工件源程序。工件源程序是计算机的输入程序，它不能直接控制数控机床加工工件。工件源程序经过计算机处理后，才能变成数控机床能够使用的加工程序。

自动编程硬件主要有计算机、打字机、绘图仪等。计算机对工件源程序处理之后，可自动输出数控机床能够使用的加工程序单，也可以由绘图仪模拟工件的加工过程。

系统软件又称编译程序，它的作用是使计算机具有处理工件源程序并自动输出具体数控机床加工程序的能力。工件源程序的处理通常分成主信息处理和后置信息处理两个阶段。

主信息处理的作用是对输入计算机的源程序进行翻译和变换，主要是进行语法分析与检查，将几何定义语句处理成标准形式并求出标准参数，并变换成计算应用程序。例如，使用数控语言编写一条直线时有多种几何定义形式，经编译程序处理后形成的标准直线方程是 $ax+by=d$，标准参数为 a、b、d。根据标准方程计算出工件轨迹及其交点，并根据源程序的要求计算出刀具的轨迹。主信息处理的输出一般称为 CLDATA（Cutter Location Data），即刀具位置数据。显然，主信息处理与具体数控机床的数控系统无关，它主要用于计算刀具的运动轨迹。

后置信息处理也称后置处理，它可把主信息处理的刀具位置数据 CLDATA 转变成具体数控机床的加工程序。显然，后置处理与具体数控机床的数控系统有关，每一种数控机床都有其专用的后置处理程序。据有关资料介绍，用 APT 编写的后置信息处理程序有 1000 多种，并且还在继续增加。

图 2-114 所示是自动编程的处理过程。这种系统程序可以实现主信息处理通用化（即不考虑具体的机床），然后针对具体的数控机床编制相应的后置处理程序，即后置程序是专用的。后置处理程序较主信息处理程序的工作量小得多，编写简单，所以可以扩大主信息处理

程序的使用范围。

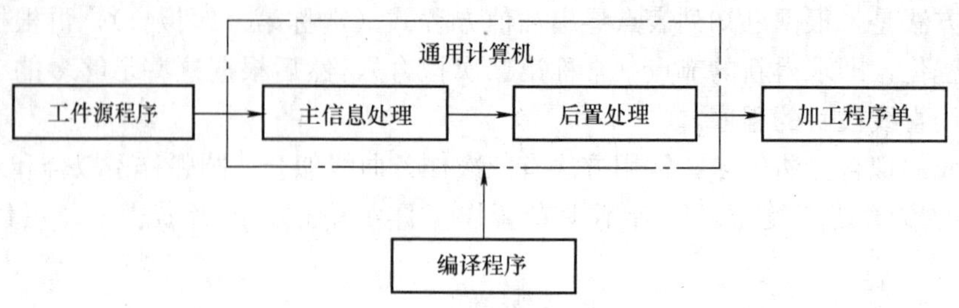

图 2-114 自动编程的处理过程

2. 自动编程的发展前景

最早研究数控自动编程系统的是美国。1952 年，美国麻省理工学院伺服机构实验室在美国空军的资助下，开始研究数控自动编程问题，1955 年开始研制 APT 系统，1961 年推出了 APTⅢ，20 世纪 70 年代，成立了计算机辅助制造国际机构，发展了 APTⅣ系统。APT 系统有 APTⅡ、APTⅢ、APTⅣ。APTⅡ可完成平面曲线的自动编程，APTⅢ可完成 3～5 坐标立体曲面的自动编程，APTⅣ可完成自由曲面的自动编程，并且可以联动和图形输入、采用 FORTRNIV 算法语言编写数控系统的程序。APT 系统是一个较大的系统，语句词汇较多，定义的几何类型较多，因此它要求使用大型的计算机。同时美国还发展了针对性较强的小型系统，如 ADAPT、AUTOSPOT，可以在小型计算机上使用。

继美国之后，其他国家也相继研制了类似 APT 的系统，如英国的 ZCL、德国的 EXAPT、法国的 IFAPT、意大利的 MODAPT、日本富士通会社的 FAPT 和日立会社的 HAPT 等自动编程系统等。发展至今自动编程系统已相当完善并广泛应用。

我国也在 20 世纪 70 年代开发了 SKC-1、SKC-2 和 ZCX 等类似 APT 的中型系统。在此基础上参考 APT 语言，制定了部颁标准 JB3112-1982 数字控制机床自动编程输入语言。

二、CAD/CAM 技术

APT 数控语言系统为数控机床自动编程提供了有力工具，但工件的源程序是采用批处理形式，包括工件几何轮廓形状，所以不直观，源程序的编写、编辑、修改仍不方便，逐渐被 CAD/CAM 取代。

CAD/CAM 即计算机辅助设计（Computer Aided Design）和计算机辅助制造（Computer Aided Manufacturing）的简称，它是以计算机为主要辅助手段来，进行产品的设计和制造。CAD 解决的是设计问题，CAM 则是利用 CAD 中建立的零件模型信息，再给予工艺信息与参数，自动生成 NC 代码，通过数控机床加工工件，完成传统机床难以达到的高精度的加工。CAD 中建立的模型是 CAM 的基础。

CAD/CAM 技术是 20 世纪末迅速发展起来的一门综合性计算机应用系统技术。CAD/CAM 起源于 20 世纪 60 年代初由麻省理工学院开发的 APT 程序系统。APT（Automatically Programmed Tools）语言是通过对刀具轨迹的描述来实现计算机辅助自动数控编程的系统。在发展 APT 的同时，人们提出了一种设想：能否不描述刀具轨迹，而直接描述被加工零件的形状及尺寸，由此产生了利用计算机进行辅助设计、加工的概念。1963 年，麻省理工学院的 Jvan Sutherland 在美国的计算机联合大会上宣读了他的题为：“人机对话图形通迅系统”的博士论文，由此开创了 CAD 的历史。

20 世纪 70 年代初，CAD/CAM 技术进入早期实用阶段。特别是针对某个特定问题的 CAD 系统蓬勃发展，如美国 Lockhead 飞机公司推出的 CAD/CAM 系统，英国 Shape Data 公司推出的 Romulus 实体造型系统等。这时 CAD/CAM 的应用进入了机械、船舶、建筑、电子等行业。进入 20 世纪 80 年代后，由于计算机硬件和软件产品的功能达到了新的水平，性能价格比大大提高，特别是 32 位小型机和高档微型计算机的出现，使 CAD/CAM 系统的硬件配置和软件的发展适应了中小企业的承受能力，逐渐打破了 CAD/CAM 系统只用于大型企业的局面。

随着 CAD/CAM 的广泛应用与高速发展，它的应用不再局限于专业设计院、研究院、大学、或大型企业的有关部门，许多行业如机械、电子、航空、船舶、建筑、服装等已普遍接受了 CAD。

CAD/CAM 技术从根本上改变了过去的手工设计绘图，凭图样组织整个生产过程的技术管理方式，而变成了在计算机上交互设计，用数据文件定义产品，在统一的数字化产品模型下进行产品设计、分析计算、制订工艺规程、设计工艺装备、数控加工质量控制等。

CAD/CAM 技术具有高智能、高效益、知识密集、更新速度快、综合性强等特点。它是科技领域中的前沿课题之一，也是当今的尖端技术——集成化制造系统 CIMS（Computer Integrated Manufacturing System）核心技术基础。CAD/CAM 技术的发展和应用水平已成为衡量一个国家科技和工业现代化水平的重要标志之一。

三、图形交互编程系统简介

这种系统的主要特点是以图形要素以及对话为输入方式，而不需要使用数控语言编制源程序。编程人员可以利用各种交互手段，通过图形系统，以人机“对话”的方式在计算机内逐步生成工件几何图形数据和进给轨迹数据，并在图形显示器屏幕上显示图形，可以对图形的内容、格式、大小或色彩等实行控制。在产生图形和进给过程中，能直观地表示了出每一次进给的运动过程和运动顺序，对实际加工过程进行模拟。编程人员在人机交互过程中，根据所设置的“菜单”命令和显示屏幕上的“提示”，有条不紊地操作。“菜单”一般有主菜单和各级分菜单。CATIA、COMPUTERVISION 系统新版本均属此类。这类系统本身具有集成的数据库，在几何元素与数控数据之间存在着逻辑关系，所以工件几何图形进行修改后，数控数据自动被修改。

这种系统具有形象、直观、高效及容易掌握等优点，甚至有些数控系统都可以配备这种的功能。缺点是处理复杂工件比较困难。

四、在 PC 机上实现图形交互编程

以上提到的几种图形交互编程系统一般要用大型计算机或系统工件站操作运行，普通学校、厂矿企业使用不方便。目前流行较广的图形交互编程系统有 SMATERCAM、MASTERCAM、P-RE 等，它们共同的特点是在个人计算机（PC）上就能操作运行，能满足普通数控机床的自动编程，生成的加工程序能直接送入数控机床，而且价格适中，很适合学校教学和一般企业的要求。下面简单扼要地介绍具有 Mastercam X 软件包的操作过程，全面掌握该软件的使用功能，可参阅相关 CAD/CAM 课程。

1. Mastercam X 简介

Mastercam X 是图形交互编程系统，具有二维、三维图形设计功能，能在显示屏幕上对加工过程运行动态模拟。

当运行了 Mastercam X 后，屏幕上将出现它的运行窗体，如图 2-115 所示，界面分六大部分：绘图区、主菜单区、状态栏、常用工具栏、提示区和操作管理区。各部分说明如下：

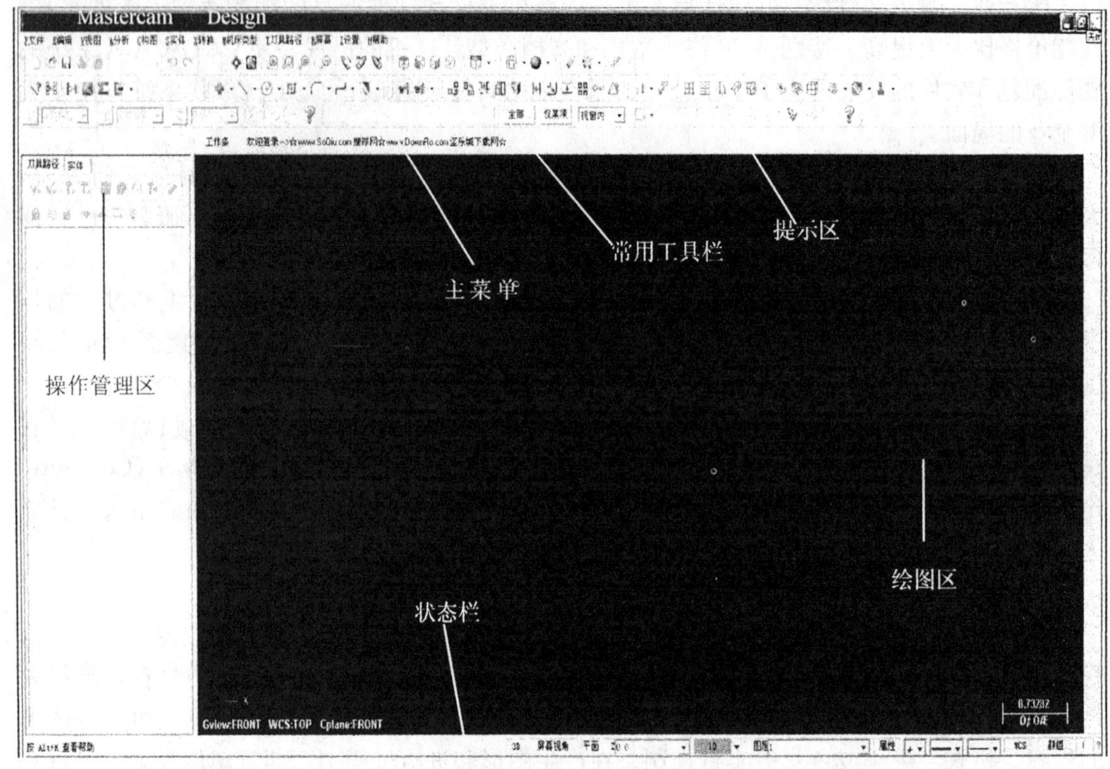

图 2-115 Mastercam X 运行窗体

1）绘图区——用户进行绘图、编辑等工作区，用于显示绘制的图形或选取图形对象等。

2）主菜单区——包括文件、编辑、视图、分析、构图、实体、转换、机床类型、屏幕、刀具路径、设置、帮助。主菜单中的每一项可能还有下一级分菜单，图 2-116a 中的指令与图形编辑有关，用鼠标单击图 2-116a 中的“Create（创建）”，显示屏幕上出现下级分菜单，如图 2-116c 所示，用鼠标单击图 2-116c 中的“Line（线）”，显示屏幕上出现 Line 的下级分菜单，如图 2-116d 所示。图 2-116b 中的指令与作图过程设置有关，也有下级分菜单。

3）状态栏——主要用于改变绘图参数，如改变绘图颜色、线条宽度等。

4）工具栏——工具栏上的按钮是快速功能键，只要选取相应的指令就能使用特定的功能，不需要再由多重菜单选取，可节省许多绘图时间。

5）提示区——用于进行数据的输入或显示操作向导、用户操作的反馈信息等。一般会提示下一步的动作或要求输入的数值或位置。

6）操作管理区——操作管理区分为刀具路径管理和实体管理。刀具路径管理主要是对刀具路径进行编辑、修改及确认等操作。实体管理主要是对当前所有实体的参数、图形等进行设置。

Analyze	(分析)
Create	(创建)
File	(文档)
Modefy	(修剪)
Xform	(形变)
Delete	(删除)
Screen	(屏幕显示)
Toolpaths	(轨迹)
Nc Utils	(选项)
Exit	(退出)
BACKUP	(返回上一级)
Main Menu	(返回主菜单)

a)

—Pm—	(参数)
Z: 0.0000	(高程)
Color: 10	(色彩)
Level: 1	(图层)
Mask: Off	(屏蔽)
Tplane: Off	(刀具平面)
Cplane: T	(构图平面)
Gview: T	(透视图)

b)

Point	(点)
Line	(线)
Arc	(圆弧)
Fillet	(倒圆角)
Spline	(样条曲线)
Curve	(曲线)
Surface	(曲面)
Rectangle	(四边形)
Drafting	(制图)
Next Menu	(下级菜单)

c)

Horizontal	(水平直线)
Vertical	(铅垂直线)
Endpoint	(两端点线)
Multi	(多义折线)
Polar	(极坐标线)
Tangent	(切线)
Perpendclr	(法线)
Parallel	(平分线)
Bisect	(角平分线)
Closest	

d)

图 2-116 主菜单和下级分菜单

2. 应用举例

加工图 2-117 所示的工件的轮廓曲线，工件厚度为 10mm，使用ϕ10mm 立铣刀。

(1) 图形绘制

步骤 1：进入 Mastercam Mill。

步骤 2：绘制一个矩形几何形体。

在主菜单上选择“创建/矩形/两点”；

输入左下角：0，0；

输入右上角：100，160；

同时按“Alt” + “F1”，然后按“F2”，图形充满屏幕。

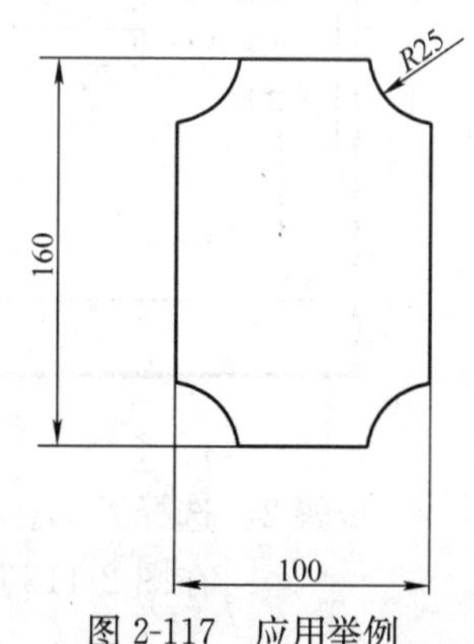

图 2-117 应用举例

步骤 3：在矩形的四个角上绘制四个圆。

在主菜单上选择“创建/圆弧/点半径圆”；

输入圆心点：0，0；

输入半径：25；

输入圆心：100，0；

输入半径：25；

输入圆心：100，160；

输入半径：25；

输入圆心：0，160；

输入半径：25；

步骤 4：修整所作图形。

在主菜单上选择“修剪/修剪延伸/三个物体”；

选择第一个物体去执行修整；

选择第二个物体去执行修整；

修整到某一个物体。

步骤 5：存盘。

在主菜单上选择“文挡/存档”，文件名：EX1。

(2) 加工参数设定

步骤 1：设定刀具路径。

在主菜单上选择“轨迹/外形加工”；

输入文件名“EX1”并单击“保存”；

从外形：选择串连 1 菜单中“串联”选项；

在工件轮廓线选取一点后；

从外形：选择串连 2 菜单中“执行”选项，系统出现图 2-118 所示对话框。

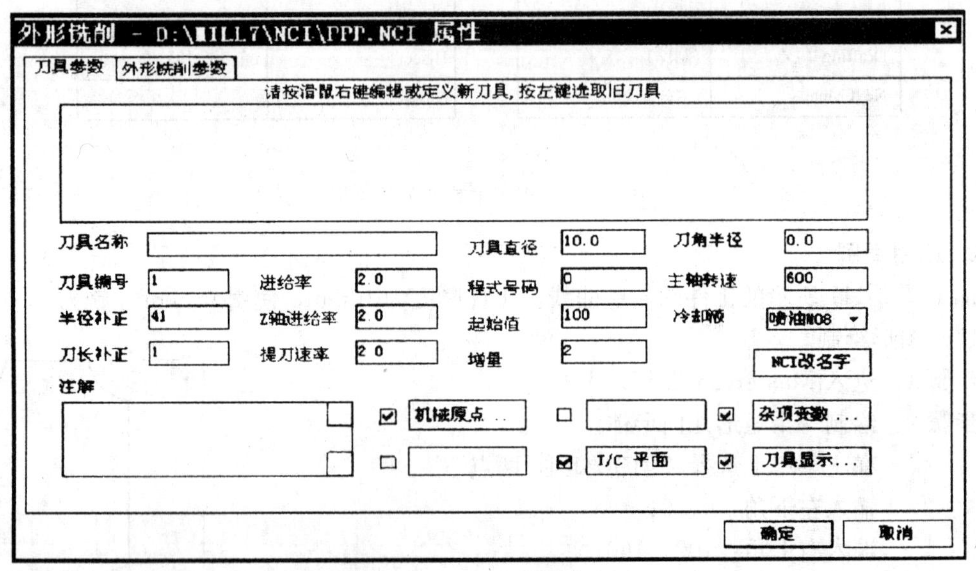

图 2-118 “外形铣削”对话框

步骤 2：选择刀具。

在图 2-118 所示对话框中，单击鼠标右键，系统出现图 2-119 所示对话框；

选择“从刀具资料库中取刀具资料”选项，系统出现图 2-120 所示对话框；
在图 2-120 所示对话框中选择“平铣刀”选项，填直径 10mm；
单击“确定”按钮，系统出现图 2-121 所示“刀具参数”选项卡。

从刀具资料库中取刀具资料…
建立新的刀具…
工作设定…

图 2-119　对话框

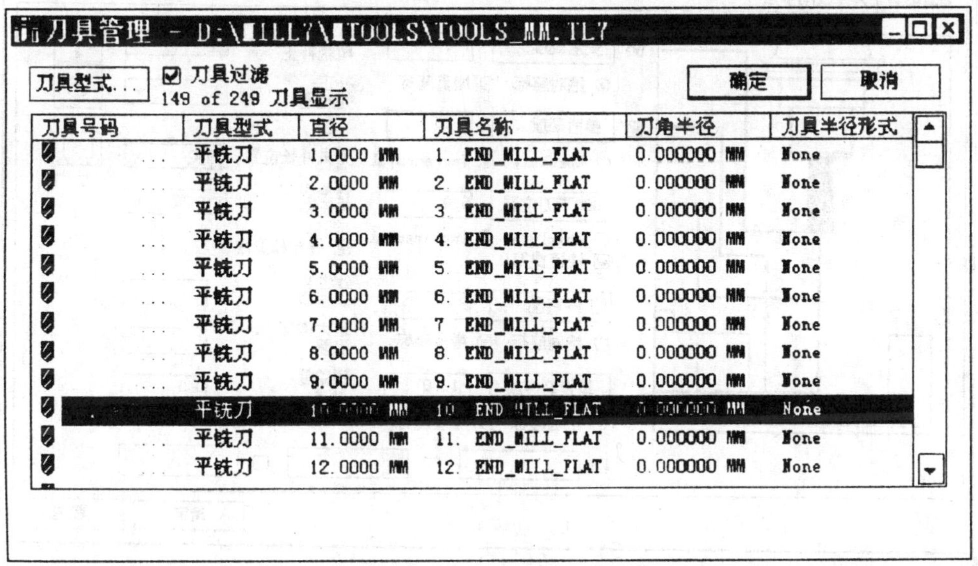
刀具管理 - D:\MILL7\MTOOLS\TOOLS_MM.TL7

刀具型式…　☑ 刀具过滤　确定　取消

149 of 249 刀具显示

刀具号码	刀具型式	直径	刀具名称	刀角半径	刀具半径形式
…	平铣刀	1.0000 MM	1. END_MILL_FLAT	0.000000 MM	None
…	平铣刀	2.0000 MM	2. END_MILL_FLAT	0.000000 MM	None
…	平铣刀	3.0000 MM	3. END_MILL_FLAT	0.000000 MM	None
…	平铣刀	4.0000 MM	4. END_MILL_FLAT	0.000000 MM	None
…	平铣刀	5.0000 MM	5. END_MILL_FLAT	0.000000 MM	None
…	平铣刀	6.0000 MM	6. END_MILL_FLAT	0.000000 MM	None
…	平铣刀	7.0000 MM	7. END_MILL_FLAT	0.000000 MM	None
…	平铣刀	8.0000 MM	8. END_MILL_FLAT	0.000000 MM	None
…	平铣刀	9.0000 MM	9. END_MILL_FLAT	0.000000 MM	None
…	平铣刀	10.0000 MM	10. END_MILL_FLAT	0.000000 MM	None
…	平铣刀	11.0000 MM	11. END_MILL_FLAT	0.000000 MM	None
…	平铣刀	12.0000 MM	12. END_MILL_FLAT	0.000000 MM	None

图 2-120　“刀具管理”对话框

外形铣削 - D:\MILL7\NCI\PPP.NCI 属性

刀具参数　外形铣削参数

请按滑鼠右键编辑或定义新刀具，按左键选取旧刀具

#1 - 10.0000
平铣刀

刀具名称 10. END_MILL_FLAT　刀具直径 10.0　刀角半径 0.0

刀具编号 1　进给率 15.52　程式号码 0　主轴转速 1940

半径补正 41　Z轴进给率 15.52　起始值 100　冷却液 喷油M08

刀长补正 1　提刀速率 15.52　增量 2　NCI改名字

注解

☑ 机械原点…　☐　☑ 杂项变数…

☐　☑ T/C 平面…　☑ 刀具显示…

确定　取消

图 2-121　“刀具参数”选项卡

步骤 3：设定刀具相关参数。

在图 2-121 中，输入刀具相关参数。

步骤 4：设定铣削参数。

选择图 2-121 中“外形铣削参数”选项，系统出现图 2-122 所示“外形铣削参数”选项卡；

填写所设参数如图 2-122 所示。

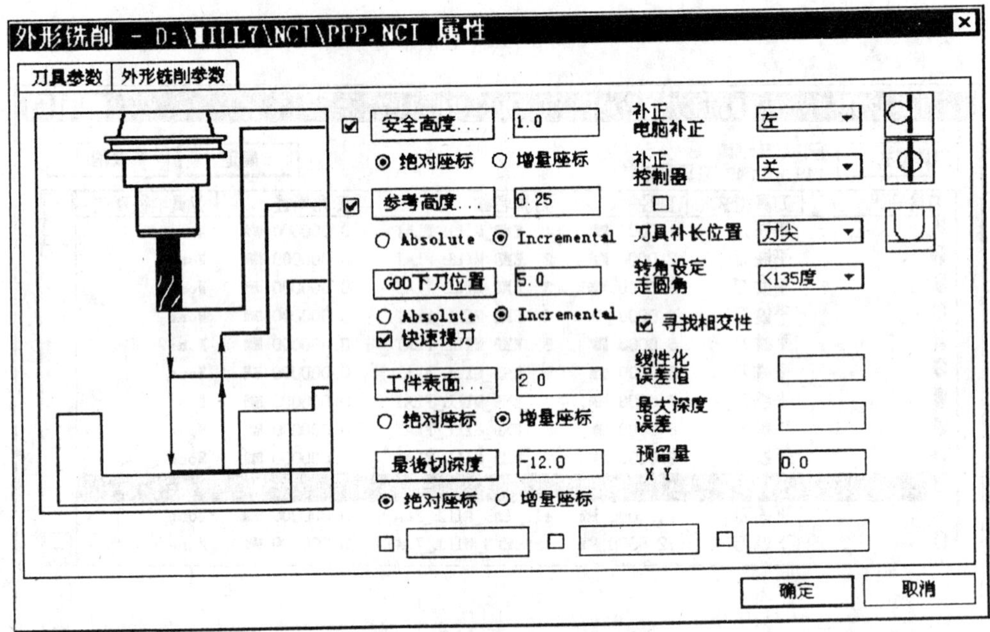

图 2-122 “外形铣削参数”选项卡

(3) 加工程序生成

步骤 1：后处理。

在主菜单上选择“选项”/“后处理”/“更换机种”；

选择所需的后处理的名称，如选“mpfan. pst”。

步骤 2：执行后处理生成 NC 代码。

选择“后处理”/“NCI”/“NC”；

输入保存的文件名“EX1”，单击“打开”。

自动生成的 NC 代码加工程序清单如下：

```
%
O0000
(PROGRAM NAME — EX1)
(DATE=DD—MM—YY —11—04—00 TIME=HH：MM — 15：29)
(12. END_MILL_FLAT TOOL — 1 DIA. OFF. — 21 LEN. — 1 DIA. — 12.)
N100G21
N102G0G40G49G80G90
N104T1M6
```

```
N106G0G90G55X－6. Y25. S600M3
N108G43H1Z7. M8
N110G1Z－10. F15.
N112Y135.
N114G2X0. Y141. I6.
N116G3X19. Y160. J19.
N118G2X25. Y166. I6.
N120G1X75.
N122G2X81. Y160. J－6.
N124G3X100. Y141. I19.
N126G2X106. Y135. J－6.
N128G1Y25.
N130G2X100. Y19. I－6.
N132G3X81. Y0. J－19.
N134G2X75. Y－6. I－6.
N136G1X25.
N138G2X19. Y0. J6.
N140G3X0. Y19. I－19.
N142G2X－6. Y25. J6.
N144G0Z1.
N146M5
N148G91G28Z0. M9
N150M30
%
```

习题与思考题

2-1　数控机床手工编程是什么意思？自动编程是什么意思？

2-2　数控的标准代码有几种？各有什么区别？

2-3　常用进给速度代码是哪两种？举例说明。

2-4　常用主轴代码是哪两种？

2-5　举例说明地址程序格式的特点。

2-6　采用标准坐标系的意义是什么？

2-7　在数控机床上编写加工程序应考虑哪些原则？

2-8　刀具的起始点是什么意思？设定起始点应考虑哪些因素？

2-9　数控机床使用的刀具应具有什么特点？

2-10　刀具配置时应注意哪些问题？

2-11　罗列常用准备功能 G，并说明功能的含义。

2-12　G90 G00 X20 Y15 与 G91 G00 X20 Y15 有什么区别？

2-13　G00 与 G01 指令的主要区别是什么？

2-14　常用的辅助功能 M 有哪几种？

2-15 MDI表示什么意思?

2-16 试编写图2-123所示圆弧几种正确的程序。

2-17 试编写图2-124所示工件的精加工程序。

2-18 试编写图2-125所示工件加工程序，设棒料直径为65mm。

2-19 试编写图2-126所示工件的精加工程序。

2-20 试编写图2-127所示工件钻孔加工程序，钻孔时刀具快进行程27mm，工进行程36mm，起始点在A点。

2-21 用固定循环指令和极坐标指令编写图2-84所示孔的加工程序。

2-22 为什么要对工件轮廓进行拟合?

2-23 等间距计算法的基本原理是什么?

2-24 等误差计算法的基本原理是什么?

2-25 什么是后置处理程序?

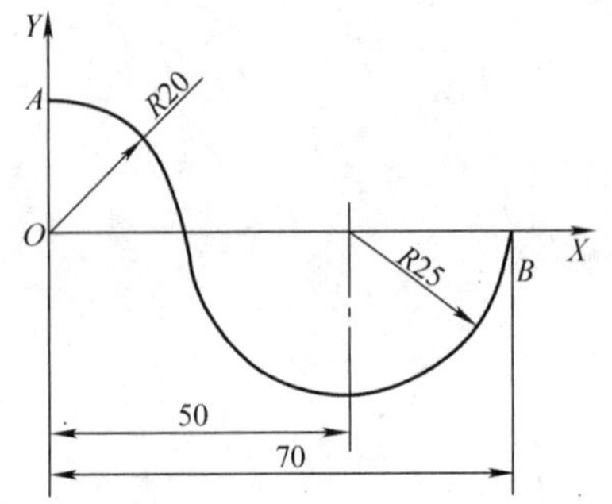

图2-123 题2-16图

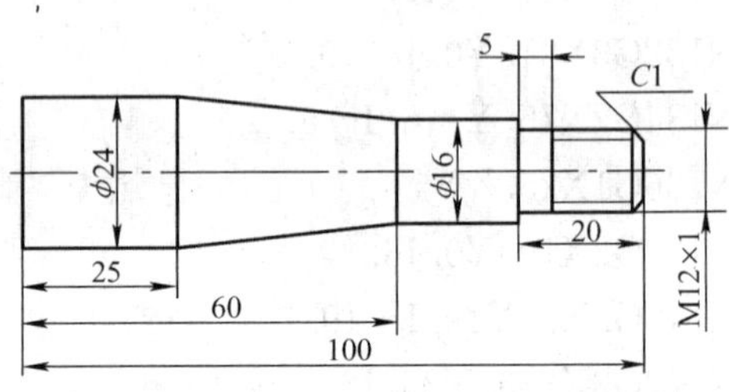

图2-124 题2-17图

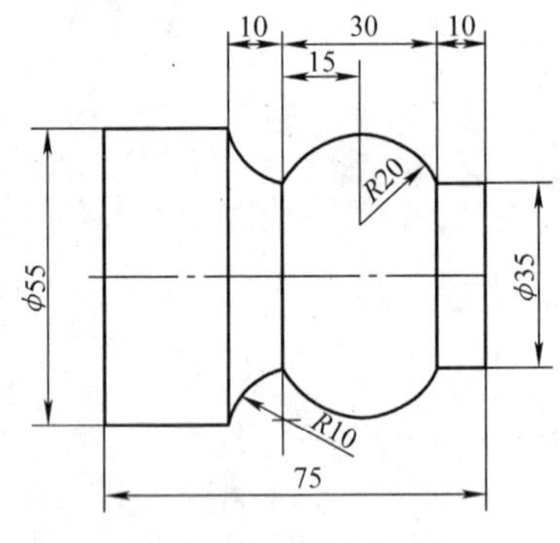

图2-125 题2-18图

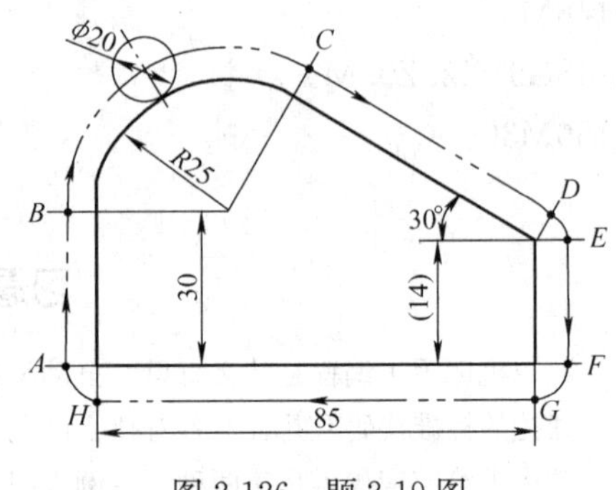

图2-126 题2-19图

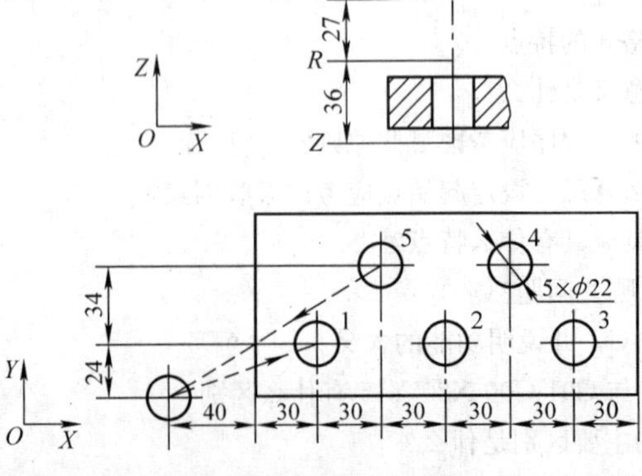

图2-127 题2-20图

第三章　计算机数控（CNC）系统

第一节　CNC 系统的基本概念

一、CNC 系统简介

计算机数控系统（Compute Numerical Control）简称 CNC 系统，是一种使用微处理器（CPU）执行其存储器内的程序来实现数字控制功能，并具有驱动伺服系统接口电路的专用计算机系统。

早期的数控机床采用硬件数控装置对机床进行控制，简称 NC 装置。20 世纪 70 年代前后引入了小型计算机取代传统的硬件数控装置，简称 CNC。随着计算机技术的发展，现代数控机床大都采用成本低、功能强、可靠性高的微型计算机进行控制，简称 MNC，但是习惯上仍称 CNC。采用计算机控制和采用微型计算机控制的工作原理基本相同。

CNC 系统是一种位置控制系统，其控制过程是根据输入的信息（加工程序），进行数据处理、插补运算，获得理想的运动轨迹信息，然后输出到执行部件，加工出所需要的工件。CNC 系统的核心是 CNC 装置。由于采用了计算机，CNC 装置的性能和可靠性不断提高，也促使 CNC 系统迅速发展。

二、CNC 系统组成

CNC 系统主要由硬件和软件两大部分组成。硬件和软件的关系密不可分。硬件为软件提供了活动舞台，软件是整个系统的灵魂。数控系统在软件的控制下，有条不紊地进行工作。

图 3-1 所示是 CNC 装置硬件组成框图。CNC 装置硬件除了一般计算机具有的微处理器

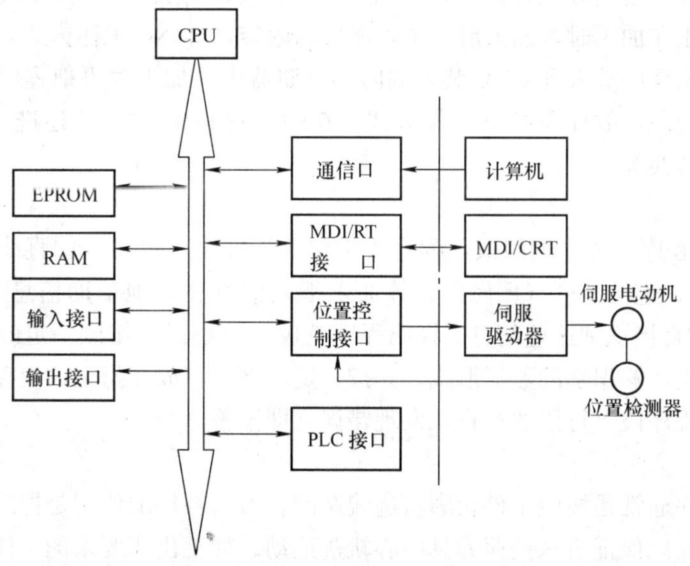

图 3-1　CNC 装置硬件组成框图

(CPU)、可编程只读存储器（EPROM)、随机存储器（RAM)、输入/输出（I/O）接口外，还具有数控要求的专用接口和部件，即位置控制器、通信接口、手动数据输入（MDI）接口和视频显示（CRT）接口等。

可编程只读存储器（EPROM）又称程序存储器，用来存放 CNC 软件。随机存储器（RAM）称数据存储器，用来存放用户编写的加工程序和加工运算的中间结果。CNC 软件是为实现 CNC 系统各项功能而编制的专用软件，又称系统软件，分为管理软件和控制软件两大部分，如图 3-2 所示。在系统软件的控制下，CNC 装置对输入的加工程序自动进行处理并发出相应的控制指令，控制机床加工工件。

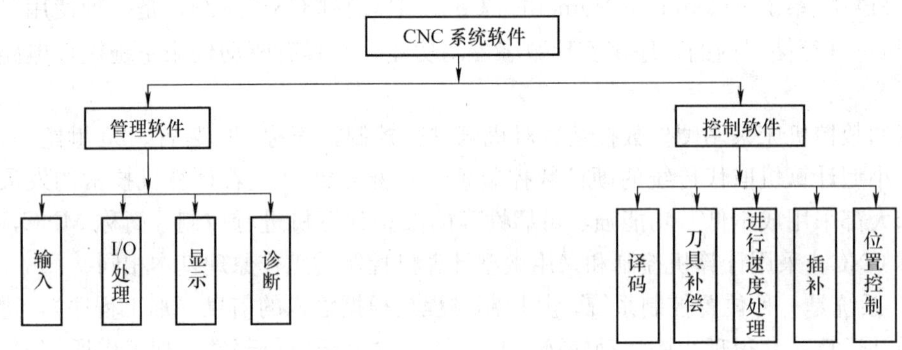

图 3-2　CNC 装置系统软件框图

三、CNC 系统的工作流程

CNC 装置的工作是在硬件支持下执行软件的全过程。下面通过图 3-2 中的软件功能简要说明 CNC 装置的工作过程。

1. 输入

输入功能是把加工程序、控制参数和补偿数据输入到 CNC 装置中去。输入的主要方法有键盘输入和计算机通信方式输入。CNC 工作方式一般有两种，一种是边输入边加工，即在前一个程序段正在加工时，输入后一个程序段的内容，称 NC 工作方式；另一种是一次性地将整个工件加工程序输入到 CNC 装置的内部存储器中，加工时再把程序段按顺序地从存储器中调出进行处理，故称为存储工作方式。在输入过程中，CNC 还进行删除无效代码、代码校验和代码转换等工作。

2. 译码

CNC 接受的程序由程序段组成，程序段中包含工件轮廓信息（如直线还是圆弧，线段的起点和终点等）、进给速度（F 代码）等加工工艺信息和其他辅助信息（M、S、T 代码等）。计算机不能直接识别这些信息。译码程序就像一位翻译，按照一定的语法规则将上述信息翻译成计算机能够识别的数据形式，并按一定的格式存放在指定的内存专用区域。在翻译过程中还要对程序段进行语法检查，发现错误立即报警。

3. 刀具补偿

工件加工程序通常是按照工件轮廓轨迹编制的。刀具补偿的作用是把工件轮廓轨迹换算成刀具中心轨迹，以保证机床按照刀具中心轨迹运动，加工出所要求的工件轮廓。刀具补偿运算包括刀具半径补偿和刀具长度补偿。

4. 进给速度处理

进给速度处理的任务是保证实现程序中指定的进给速度。指定进给速度是沿运动轨迹方向上的速度，它是沿各坐标方向运动速度合成的结果。速度处理时，根据此合成速度计算出各坐标方向上的分速度，某些辅助功能如换刀、换挡等也在这里处理。

5. 插补

插补的目的是控制加工运动轨迹，一个插补周期，控制机床移动一个单位（脉冲当量）。插补过程是进行插补运算后，实时（立即）把计算的结果送出，控制机床在相应的坐标方向上移动一个单位位移量，所以插补运算控制又称实时控制。计算和控制交替循环进行，形成一个一个微小的直线段，直到曲线加工完成，所以把插补称为数据点的密化。插补完一个程序段（即加工一条曲线）通常需经过成千上万次插补周期。

一段程序中如果含有插补功能和辅助功能，要在辅助功能（换刀、换挡、切削液起停等）完成之后才能允许插补。

6. 位置控制

位置控制作用是在插补运算的同时，对实际位置进行采样，将插补计算的指令位置与实际反馈位置相比较（相减），用其差值去控制伺服电动机。如果比较后差值为零，表示加工完成，插补运算停止。在位置控制中通常还应完成位置回路的增益调整、各螺距误差补偿和反向间隙补偿，以提高数控机床的定位精度。位置控制处在伺服回路的位置环上，如图 3-3 所示，可以由软件进行位置控制，也可以由硬件完成。

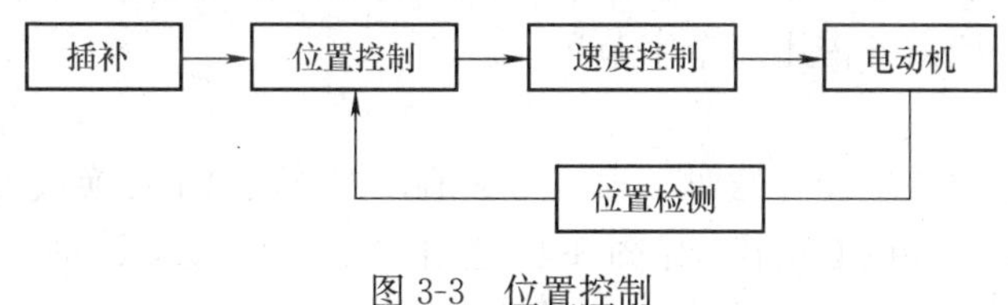

图 3-3 位置控制

7. I/O 处理

I/O 处理主要用来对 CNC 装置与机床之间的强电信号进行处理，其工作包括开关量信号的输入、输出和控制（如换刀、换挡、切削液起停等）。

8. 显示

在 CNC 装置中，显示的主要任务是为操作者提供方便，一般应包括：工件程序的显示、参数显示、刀具位置显示、机床状态显示、报警显示以及运动轨迹的静态图形显示，较高级的 CNC 装置还具有动态图形显示功能。

9. 诊断

现代 CNC 装置具有诊断功能，通过诊断显示页面操作员可以知道当前运行状态，如果出现问题，系统报警。报警种类有程序操作出错报警、超程报警、过热报警、驱动器报警、系统报警、外部信息报警等。诊断报警通过自诊断程序实现，由于自诊断程序融合于整个系统程序中，固称为联机诊断。诊断还可以在网络上进行，将 CNC 装置与远程诊断中心的计算机连接起来，由诊断中心计算机对 CNC 装置进行诊断、确定故障和修复，实现远程诊断。

四、CNC 系统的信息转换流程

由于在 CNC 装置中对直线、圆弧和其他曲线的信息转换流程大致相同，所以仅通过加工一条直线段（G01）的信息处理过程，说明在 CNC 装置中数据信息是怎样流动的。如图 3-4所示，图中每一个框中的变量表示进行一次信息转换后的结果，共有 5 次信息转换。

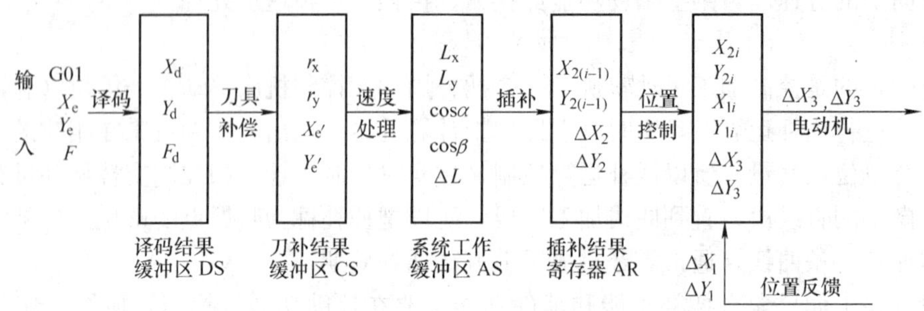

图 3-4 直线控制的数据信息转换流程

1. 译码

加工程序输入后存放在加工程序存储区中，处理直线时关键数据是终点坐标 E（X_e，Y_e）和进给速度 F。译码程序开始工作时，从加工程序存储区取出一段程序，读到代码 G01 时，即识别出该程序段要求处理的是直线，于是就把终点坐标 X_e 和 Y_e 以及进给速度代码 F 经过处理（如设标志、数制转换、数据装配、求补码等）转换成系统能识别的代码（BCD 或 BIN 等），存放到译码结果缓冲区 DS 中。图 3-4 中的 X_d，Y_d 和 F_d 就是译码后的数据形式，它们在内存中一般需各占用两个字节单元。

2. 刀具补偿

如果程序中要求刀具半径补偿时，根据刀补值，把 X_d、Y_d 转换成刀具中心轨迹的坐标值，存放到刀补结果缓冲区 CS 中，见图 3-4，图中的 r_x 和 r_y 表示刀具半径矢量在 x 和 y 方向上的投影，X_e'和 Y_e'表示考虑半径补偿后的终点坐标值。

3. 速度处理

速度处理主要为后续的插补运算提供直线移动时的方向角度。当线段长度和斜率为已知时，刀具补偿后直线段移动的方向余弦为

$$\cos\alpha = L_X/L$$

$$\cos\beta = L_Y/L$$

如图 3-5 所示，L 是刀具补偿后直线段的长度，L_X 和 L_Y 分别是刀具补偿后直线段在 X 和 Y 坐标方向上的投影。

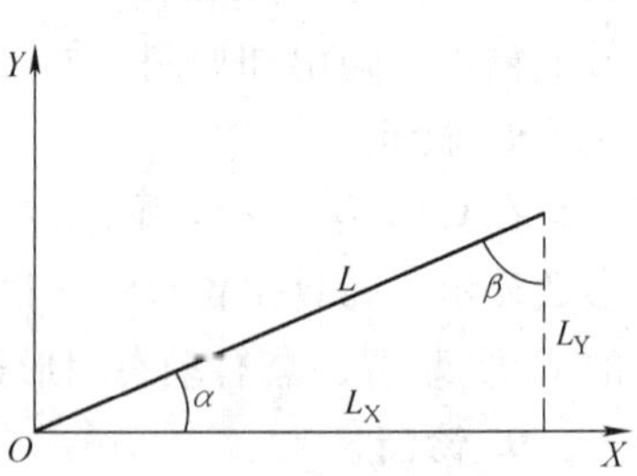

根据速度代码 F（mm/min）和插补周期 T（ms）可以求出每个插补周期内的插补进给量 ΔL（μm）

图 3-5 直线移动方向余弦

$$\Delta L = FT/60$$

其中，1/60 为单位换算常数。速度处理的结果存放在系统工作缓冲区 AS，如图 3-4 所示。

4. 插补

如果知道每个插补周期内的插补进给量 ΔL，根据已经完成的插补的次数就能计算出第 $i-1$ 次插补周期内动点到起点之间的距离（用 l 表示），该距离在 X 和 Y 方向上的投影（$X_{2(i-1)}$，$Y_{2(i-1)}$）值为

$$X_{2(i-1)}=l\cos\alpha$$
$$Y_{2(i-1)}=l\cos\beta$$

本次插补进给量 ΔL 在 X 和 Y 方向上的投影（ΔX_2，ΔY_2）值为

$$\Delta X_2=\Delta L\cos\alpha$$
$$\Delta Y_2=\Delta L\cos\beta$$

运算结果存放在插补结果寄存器 AR 中，如图 3-4 所示。

5. 位置控制

位置控制将插补输出的位置增量 ΔX_2 和 ΔY_2 加上本次插补之前的动点位置 $X_{2(i-1)}$ 和 $Y_{2(i-1)}$ 得到本次指令位置（X_{2i}，Y_{2i}），其值为

$$X_{2i}=X_{2(i-1)}+\Delta X_2$$
$$Y_{2i}=Y_{2(i-1)}+\Delta Y_2$$

机床的实际位置由反馈装置采样获得，反馈的实际位置为

$$X_{1i}=X_{1(i-1)}+\Delta X_1$$
$$Y_{1i}=Y_{1(i-1)}+\Delta Y_1$$

ΔX_1 和 ΔY_1 是反馈位置增量，$X_{1(i-1)}$ 和 $Y_{1(i-1)}$ 是本次采样前的实际位置。

由于机床移动时，实际位置和指令位置不一致，指令位置减去实际位置即为位置控制输出量（ΔX_3、ΔY_3），相应计算如下

$$\Delta X_3=X_{2i}-X_{1i}$$
$$\Delta Y_3=Y_{2i}-Y_{1i}$$

位置控制信息转换如图 3-6 所示。

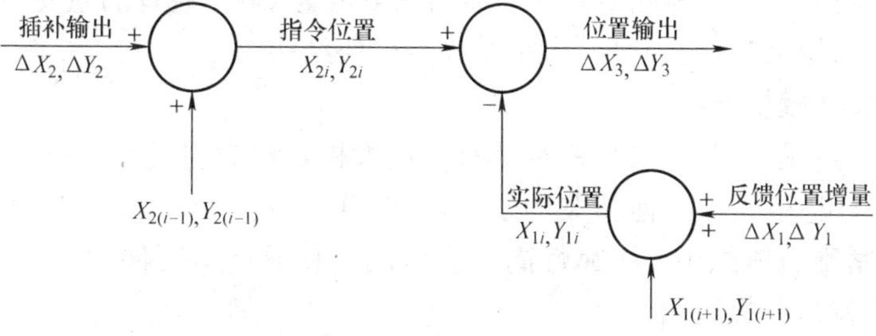

图 3-6 位置控制信息转换

在早期的数控（NC）中，信息转换全都由硬件电路完成，在计算机数控（CNC）系统中，信息转换处理过程由软件完成，部分转换也可以用硬件实现。

五、CNC 数控系统的特点

机床数控系统中的计算机系统是专门设计的工业控制计算机系统，它不仅具有通用计算机的特点，而且操作方便，可靠性高。计算机数控系统的特点概括如下：

（1）适应性好　早期的 NC 系统提供的某种控制功能，一般不能改变，除非改变相应的硬件电路。而对于 CNC 系统，控制功能容易变动，只要改变相应的控制程序即可。因此，CNC 系统具有很好的“柔性”。

（2）模块结构　采用模块结构，实现标准化电路，只要选择模块或改变程序就能满足各种类型数控机床的要求，使数控系统的性价比提高，促进了数控机床的推广应用。

(3) 可靠性高 在CNC系统中，工件加工程序通常是一次送入计算机程序存储器中，避免了在加工过程中由于通信系统故障而产生的停机现象。同时，由于许多功能均由软件实现，硬件系统元件减少，结构简单，整个系统的可靠性大大提高。特别是工业生产中使用的CNC系统具有很强的抗干扰能力，能在比较恶劣的环境中可靠工作，平均无故障率很高。日本FANUC公司称FANUC系统平均无故障时间已达23000h。

(4) 多功能化 通过开发系统软件，就能实现多功能控制，不但能实现上面提到各种功能，还能进行复杂的计算，实现高次曲线插补、多坐标联动控制，加工出普通机床不能不加工的复杂工件。

(5) 使用维修方便 CNC系统中备有诊断功能，可以防止输入非法数控程序或语句，给编程带来许多方便。出现问题时能自动报警，操作员调用诊断信息能方便地找到故障所在的位置，并进行维修，使停机时间减到最短。

(6) 具有通信功能 制造技术的发展，要求数控机床实现集中控制，例如前面提到的群控（DND）、柔性加工（FMS）等，CNC系统的通信功能为实现数控机床集中控制奠定了物质基础。

第二节 CNC系统的硬件结构

CNC装置硬件结构一般有单微处理器和多微处理器结构两大类。早期的CNC装置和一些经济型CNC装置采用的单微处理器结构。为满足数控机床高精度、高速度和智能化的要求，适应FMS、CIMS、IMS等系统的发展，数控系统正向更高层次发展，单微处理器的CNC装置已很难满足要求，因此多微处理器结构就成为CNC装置的主要趋势。

按照电路板的结构特点可以分为大板结构和模块结构。

一、大板结构和模块结构

大板结构的特点是CNC装置内一般都有一块大板，称为主板。主板上装有主CPU和各坐标轴的位置控制电路等，其他相关的子板，如ROM板、RAM板和PLC板都插在主板上。优点是结构紧凑、体积小、可靠性高，价格低。其缺点是硬件功能不易变动，柔性差。A-B公司的8601就是大板结构CNC。

模块结构的特点是将CPU、存储器、输入/输出控制、位置检测、显示部件等到分别做成插件板，又称硬件模块，相应的软件固化在硬件模块中。软硬件模块形成一个特定的功能单元，称功能模块。功能模块间有明确定义的接口，形成总线。所以，CNC装置可采用积木形式组成，使CNC装置设计简单，试制周期缩短，调整维护方便，可靠性提高，适应性好，扩展性强。A-A公司的8600的CNC装置采用模块结构。

二、单微处理器结构

单微处理器结构是指在CNC装置中只有一只微处理器（CPU），工作方式是集中控制、分时处理数控系统的各项任务，如存储、插补运算、输入/输出控制、CRT显示等。某些CNC装置中虽然用了两个以上的CPU，但能够控制系统总线的只是其中的一个CPU，它独占总线资源，通过总线与存储器、输入/输出控制等各种接口相连；其他的CPU则作为专用的智能部件，它们不能控制总线，也不能访问存储器，是一种主从结构，故被归纳到单微处理器结构中。单微处理器结构框图如图3-7所示，其结构简单，容易实现。

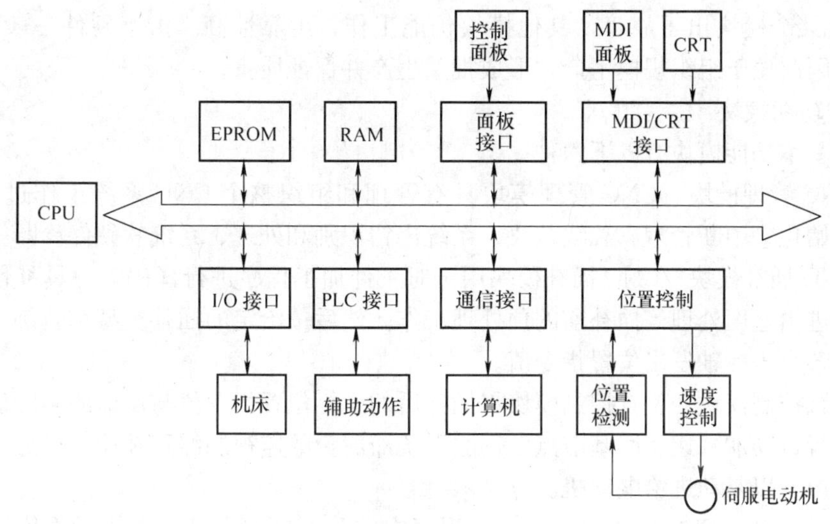

图 3-7 单微处理器结构框图

单微处理器结构的 CNC 装置可划分为计算机部分、位置控制部分、数据输入/输出接口及外围设备。

计算机部分由 CPU、总线以及存储器等组成。CPU 执行系统程序，首先读取工件加工程序，对加工程序段进行译码和数据处理，然后根据处理后得到的指令，进行对该加工程序段的实时插补和机床位置伺服控制；它还将辅助动作指令通过可编程序控制器 PLC 送到机床，同时接收由 PLC 返回的机床各部分信息并予以处理，以决定下一步的操作。

位置控制部分包括位置控制单元和速度控制单元。位置控制单元接收经插补运算得到的每一个坐标轴在单位时间间隔内位移量，并产生伺服电动机速度指令送往速度控制单元。速度控制单元将速度指令与速度反馈信号相比较，用其差值去控制伺服电动机以恒定速度运转；位置控制单元根据接收到的实际位置反馈信号，来修正速度指令，实现机床运动的准确控制。

数据输入/输出接口与外围设备是 CNC 装置与操作者之间交换信息的桥梁。传统方式使用纸带阅读机和纸带穿孔机，现代广泛使用计算机与通信接口进行信息交换，CRT 显示器和 MDI 接口设备是现场常用的交互手段，可实现手动操作，并能观察到加工过程中的各种信息。

在单微处理器结构中，由于仅由一个微处理器进行集中控制，故其功能将受 CPU 字长、数据字节数、寻址能力和运算速度等因素的限制。如果插补等功能采用软件运行方式，为了保证对机床实时控制，其他数控功能就无法实现。解决矛盾的措施可以有：增加浮点协处理器、由硬件分担精插补、采用带有 CPU 的 PLC 和 CRT 等智能部件。

三、多微处理器结构

在多微处理器中，由两个或两个以上的 CPU 构成处理部件，各处理部件之间通过一组公用地址和数据总线进行连接。每个 CPU 都可享用系统公用存储器或 I/O 接口，并分担一部分数控功能，从而将单微处理器的 CNC 装置中顺序完成的工作转变为多微处理器并行、同时完成的工作，因而大大增强了整个系统的性能。

多微处理器结构的 CNC 装置大都采用模块化结构，根据设备要求选用功能模块构成

CNC系统。某个模块出了故障，其他模块仍能工作，可靠性高。由于硬件一般是通用的，容易配置，因此便于组织规模生产，形成批量生产并保证质量。

1. 基本功能模块

常见的基本功能模块有以下六种。

（1）CNC管理模块　CNC管理模块具有管理和组织整个CNC系统工作过程的职能。例如系统初始化、中断管理、总线裁决、系统出错识别和处理、系统软硬件诊断等。

（2）CNC插补模块　CNC插补模块用于对工件加工程序进行译码、刀具补偿、坐标位移量计算和进给速度处理等插补前的预处理工作。然后按给定的插补类型和轨迹坐标进行插补计算，向各个坐标轴发出位置指令值。

（3）位置控制模块　位置控制模块将插补后的坐标位置指令值与反馈的实际位置值进行比较，并进行自动加减速、回基准点、伺服系统滞后量的监视和漂移补偿，最后得到速度控制的模拟电压，以驱动进给电动机。

（4）PLC模块　PLC模块用于对加工程序中的开关量和来自机床的开关信号进行逻辑处理，实现各功能与操作方式之间的连锁，如机床电气设备的起动与停止、刀具交换、回转台分度、工件数量和运行时间的计算等。

（5）I/O和显示模块　I/O和显示模块包括加工程序、参数和数据、各种操作命令的输入（如通过键盘或上级计算机等）和输出装置（如打印机等）以及显示（如CRT、液晶显示器等）所需要的各种接口电路。

（6）存储器模块　存储器模块是存放程序和数据的主存储器，也可以是各功能模块间传送数据用的共享存储器。

2. 多微处理器典型结构

多微处理器CNC装置有共享总线和共享存储器两种典型结构。

共享存储器结构采用多端口存储器来实现各处理器之间的互连和通信。由于同时只能由一个CPC对多端口存储器进行读或写操作，因此当功能复杂而要求增加CPU数量时，会因共享需用造成传输阻塞，降低系统效率，给扩展功能造成困难。

共享总线结构以系统总线为中心，把组成CNC装置的各种功能模块划分为带有CPU的各种主模块和不带CPU的各种从模块，如RAM/ROM模块或T/O模块是从模块，管理模块、控制模块、插补模块是主模块。所有主、从模块共享严格定义（协议）的标准系统总线。

系统总线的作用是连接各个模块，并按照协议交换各种数据和控制信息，构成一个完整的系统，其中只有主模块有权控制并使用系统总线。当多个主模块同时请求使用系统总线时，必须要有仲裁电路判别出各模块优先级的高低，优先级的高低按每个主模块担负任务的重要程度预先安排好。总线裁决通常有串行方式和并行方式两种。在串行总线裁决方式中，按链接顺序决定优先级的高低。对于某个主模块来说，只有当其前面优先级更高的主模块不占用总线时，才能使用总线。在并行总线裁决中，判别主模块优先级的高低由专用逻辑电路完成，一般采用优先权编码方案。

各模块之间的通信主要由公共存储器来实现。公共存储器直接插在系统总线上，有总线使用权的主模块都能访问，可供任意两个主模块交换信息。

能够支持共享总线结构的总线有：STD总线、Multi bus总线、S-100总线、VERSA总线以及 VME 总线等。

图 3-8 所示是一个采用多微处理器共享总线结构 CNC 装置典型框图。它共有 8 个功能模块，其中 6 个模块带有 CPU，为主模块，它们在 CNC 管理模块的统一管理下分担不同的控制任务。每个主模块都有各自的存储器及控制程序，当需要占用总线及其他公共资源（如主存储器、I/O 设备）时，先发出占用信号申请，由总线裁决机构按各个主模块优先级高低决定谁有权使用总线。

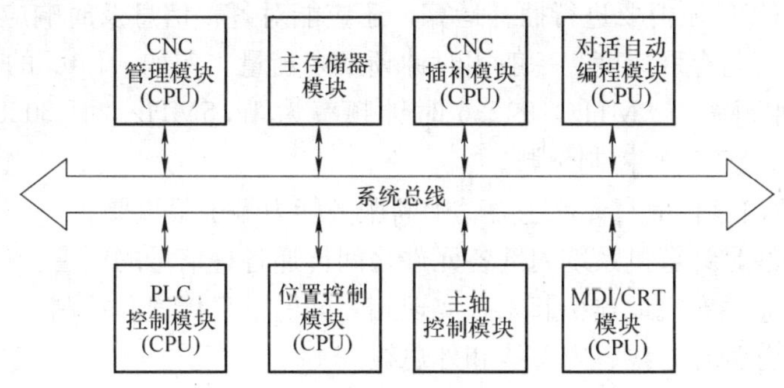

图 3-8　共享总线结构 CNC 装置

采用多微处理器共享总线的 CNC 装置中，当多个 CPU 共享总线时，会引起竞争，降低传输效率，一旦总线出现故障将影响整个系统。但它结构简单，系统配置灵活，易于实现，且无源总线成本低，因此常被采用。

四、主要硬件元部件功能

CNC 装置的硬件组成一般有：CPU 及总线、存储器、输入设备接口、I/O 电路接口、位置控制器、显示设备接口以及通信网络接口等。下面对主要元部件作一简单介绍。

1. CPU 与总线

(1) CPU 概述　CPU 是 CNC 装置的核心，具有执行计算的能力和控制能力。CNC 装置中常用的 CPU 为 8 位、16 位和 32 位微处理器。如 Intel 公司的 8080、8086、80186、80286、80386、80486；Motorola 公司的 6800、68000、680120、68020、68030、68040；Zilog 公司的 Z80、Z8000、Z80000 等。

64 位的微处理器也得到应用。其代表产品如 Intel 公司推出的 Pentium（奔腾）处理器，IBM、Apple、Motorola 等公司联合生产的 Power PC 处理器等。在一个芯片上集成的晶体管超过 100 万只，时钟频率高达 60MHz。

Intel 公司生产的 MCS—51 系列高档 8 位单片机具有很高的性能，许多功能超过了 8080CPU 和 Z80CPU，成为当前工业测控类应用系统的优选单片机。MCS—51 系列单片机主要型号有 8031、8051、8751。

(2) CNC 装置对 CPU 要求　作为 CNC 装置的核心，CPU 应满足软件执行的实时性要求，最主要的要求是 CPU 字长、运算速度等。

1) 字长。CNC 系统主要任务是完成机床的位置控制，由于机床精度不断提高，这就要求 CNC 系统脉冲当量要小，因此，需要更长位数的数字表示坐标值。例如，当最小脉冲当量是 0.001mm 时，用 16 位二进制数所能表示的最大数值为 $2^{16}=65.536$mm；若最高位是符号位，则最大坐标范围为 $-32.768\sim+32.767$mm，即便是普通车床的导轨长度也在 1m 以上，不能满足机床长度控制要求。若采用 32 位二进制数时，2^{32} = 4294967.296mm，坐标范围可达 − 2147483.648～＋2147483.647mm，大约为 − 2000～＋2000m，完全能满足大型机床的控制要求。若 CNC 系统设置的脉冲当量为 0.0001mm 时，最好采用 32 位的微处理器，如果采用 8 位 CPU 用 24 位二进制数表示坐标值，这时最大坐标值是 2^{24} = 16.777216m，需要 3 个字节表示并进行三字节运算，运算速度慢，只能满足一般要求。

2）速度。机床数控的实时性要求很高，在控制刀具按给定速度移动时，还要进行其他辅助控制。因此，CPU 不但要进行插补运算，还应能对各种信息及时响应。这就要求 CPU 具有很高的运算速度与存取速度，一般用时钟频率来衡量。例如，Intel 的 8086 时钟频率为 5MHz，80186 时钟频率为 8MHz，80286 时钟频率为 12.5MHz，而 80386 时钟频率高达 33MHz 以上，很适合于实时控制领域。

此外，CPU 的内存容量、寻址能力、中断服务能力等也很重要。

（3）总线　总线是计算机系统内部各元件之间传递各种信号的渠道。计算机系统中，各种功能元部件通过总线有机地连接起来，实现相互间的信息传送和控制。

总线通常可以分为片总线、内总线和外总线。

片总线为元件级总线，是组成一个小系统或微型机时各芯片间的连接总线，片总线包括地址总线、数据总线和控制总线，即所谓三总线结构。

内总线又称系统总线，为板级总线，用于 CNC 装置中各插件板之间的连接和通信。如 S-100 总线、PC 总线、Multi 总线、STB、IBM-AT 标准总线等。

外总线又称通信总线，用于系统与系统之间的通信。这类总线有 RS-232C、RS-422、IEEE-488 等。

STD 总线是一种比较好的工业总线，STD 总线的 CPU 模板几乎可以包容所有的 8 位和 16 位微处理器，如 Z80、8080、68-00、8086、8088、80286，以及单片机 8031、8098 等，并且可以与各种通用的存储器和 I/O 接口模块匹配。STD 总线的工业接口板可以与控制现场的各种机电设备直接连接，可以驱动各种功率的交、直流电动机，步进电动机，各种继电器、接触器等。减少了中间环节，不仅降低成本，也提高了系统的可靠性，并且简化了系统设计。STD 总线的特点简要地归纳如下：

1）小板结构，功能单一。模板标准尺寸 165mm×114mm，一块模板通常只有一种功能，用户可以根据需要灵活地组成自己的实用系统。

2）标准布局，安全可靠。各种模板都是按标准布局设计的，如图 3-9 所示。由图可见，模板上的布局基本是由总线驱动，经过功能模块，连到 I/O 接口。这种结构设计，具有最短的路径，以降低各种信号相互干扰，模块的可靠性提高。

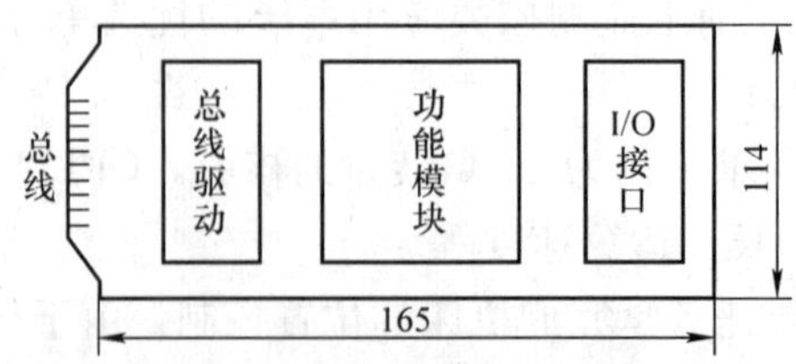

图 3-9　STD 模板功能分布示意图

3）产品配套，功能齐全。STD 总线产品已有近千种模板，能满足各种设备功能要求。

STD 总线一共有 56 根线（引脚），功能分配见表 3-1。

表 3-1　STD 总线引脚分配

	元件面				走线面			
	引脚	信号名称	流向	说明	引脚	信号名称	流向	说明
	1	VCC	入	逻辑电源（+5V）	2	VCC	入	逻辑电源（−5V）
	3	GND	入	逻辑地	4	GND	入	逻辑地
	5	VBB=1/VBAT	入	偏压♯1/后备电源	6	VBB=2/DPT1♯	入	偏压♯2/后备电源
数据总线	7	D3/A19	入/出	数据/地址总线扩展	8	D7/A23	入/出	数据/地址总线扩展
	9	D2/A18	入/出		10	D6/A22	入/出	
	11	D1/A17	入/出		12	D5/A21	入/出	
	13	D0/A16	入/出		14	D4/A20	入/出	
地址总线	15	A7	出	地址总线	16	A15/D15	出	地址/数据总线扩展
	17	A6	出		18	A14/D14	出	
	19	A5	出		20	A13/D13	出	
	21	A4	出		22	A12/D12	出	
	23	A3	出		24	A11D11	出	
	25	A2	出		26	A10/D10	出	
	27	A1	出		28	A9/D9	出	
	29	A0	出		30	A8/D8	出	
控制总线	31	WR*	出	存储器或 I/O 写	32	RD*	出	存储器或 I/O 读
	33	IORQ*	出	I/O 地址请求	34	MEMRQ*	出	存储器地址请求
	35	IOEXP*	入/出	I/O 扩展	36	MEMEX	入/出	存储器扩展
	37	REFRESH	出	刷新定时	38	MCSYNC*	出	CPU 机器周期同步
	39	STATUS1*	出	CPU 状态	40	STATUS0*	出	CPU 状态
	41	BUSAK*	出	总线响应	42	BUSRQ*	入	总线请求
	43	INTAK*	出	中断响应	44	INTRQ*	入	中断请求
	45	WAITRQ*	出	等待请求	46	NMIRQ*	入	非屏蔽中断
	47	SYSRESET*	出	系统复位	48		入	按钮复位
	49	CLOCK*	出	处理器时钟	50		入	辅助定时
	51	PCO	出	优先级链输出	52		入	优先级链输入
辅电	53	AUXGND	入	辅助地	54	AUXGND	入	辅助地
	55	AUX+V	入	辅助正电源(+12V)	56	AUX-V	入	辅助负电源(−12V)

2. 存储器

存储器用来存放程序、数据和参数。CNC 装置中一般有三种用途的内存储器和外存储器（视需要配置）。这三种内存储器是：

1）系统软件存储器。通常为只读存储器 EPROM，通过专用开发系统编程器写入程序，即使断电也不会丢失保存的内容。程序只能被读出，用来实现 CNC 各项功能，而不能随机写入。

2）过程数据存储器。一般采用随机存取存储器 RAM，它提供系统程序执行过程中的缓冲区域，存放运算过程的中间结果。运行时 RAM 内数据能随机读写，断电后，数据消失。

3）加工程序存储器。是一种带后备电源的随机存取存储器 CMOS RAM，可以保存工件加工程序、相关数据和设定的参数，既能随机读出，又能根据操作需要写入或修改，并且断电后，信息仍能保留。

内存储器位于主机内部，可与CPU直接联系，存取速度高，但存储容量有限。外存储器指的是穿孔纸带、磁带和磁盘等，大多放在主机外面，一般只与内存储器交换信息，存取速度低，但存储容量大。

CMOS RAM存储器是互补型场效应存储器，只需要极小的能量就能维持内部的信息。由于工业生产现场环境恶劣，掉电是难以避免的。为了避免在掉电的情况下，RAM中保存的信息不被丢失，CMOS RAM通常外接掉电保护电路。采用掉电保护之后，一旦掉电，CMOS RAM中存放的数据信息能妥善保存，恢复供电后能马上运行。

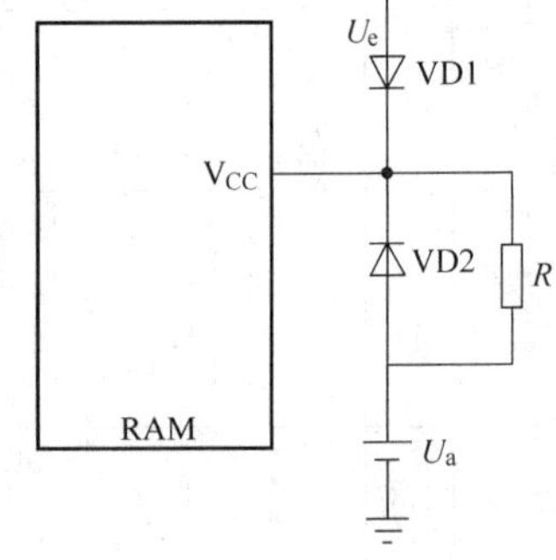

图3-10 简单的掉电保护电路

图3-10所示是一个最简单的掉电保护电路，图中U_a为备用电池，系统电源的电压$U_e=+5V$，并且$U_a<+5V$。V_{CC}是存储器RAM的电源端口。正常通电时，二极管VD1导通，VD2截止，RAM由系统电源U_e供电。同时，电源电压通过电阻R对备用电池充电。断电后，VD1截止，VD2导通，此时RAM的工作电压由备用电池U_a经过二极管VD2供给。U_a的值一般大于3V时，存储器就能可靠地保持存储的信息。

3. I/O接口

CNC数控机床上常配备的输入设备手动数据输入/CRT显示器、通信接口等，这里仅介绍与机床连接的接口电路。

（1）I/O接口电路的主要任务

1）进行电平转换和功率放大。CNC装置的信号一般是TTL电平，但被控制设备特别是机床的控制信号不一定都是TTL电平，因此有必要进行电平转换，即把开关或继电器具有的“开”、“关”两种状态信号，变成便于CNC装置识别的高、低电平。CNC装置输出的信号也必须经过驱动功放环节，将其放大后驱动继电器等动作。

2）防止干扰。为防止外围设备、电源等引起的干扰（如噪声引起的误动作），常使用光电耦合器、脉冲变压器和继电器，把CNC装置与控制设备的信号进行隔离，并实现不同电源的外设与CNC装置的接口。

图3-11所示是采用光电耦合器的隔离电路，可以实现电平转换、放大、防干扰。

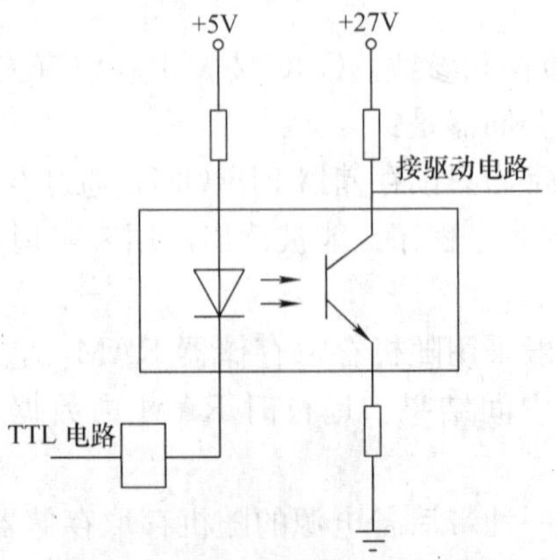

图3-11 光电耦合器的隔离电路

（2）输入接口电路 输入电路是CNC装置的接收电路，用于接收机床送入的信号，如机床操作面板开关信号、按钮信号和机床的各种限位开关信号等。图3-12所示是触点输入接收电路，当机床侧触点闭合时，＋24V电压加到接收器电路上，经滤波和电平转换处理后送入CNC装置，成为CNC可以接收和处理的信号。图3-13所示是电压输入接收电路，电压信号若是频率较高的信号，应使用屏蔽电缆并注意去除噪声。直流输入信号也可以采用光电耦合器，此时图中的滤波和电平转换电路由光电耦合器取代。

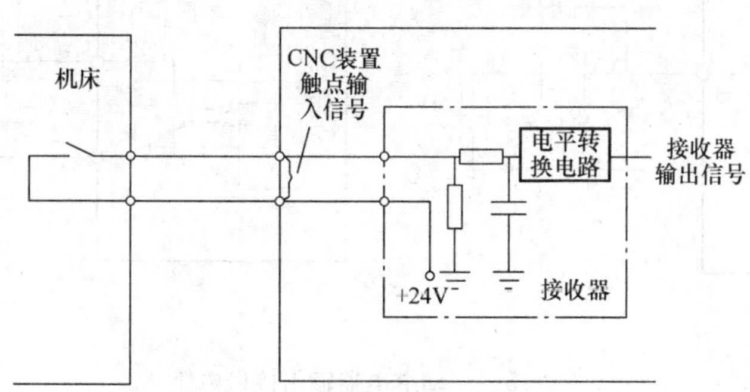

图3-12 触点输入接收电路

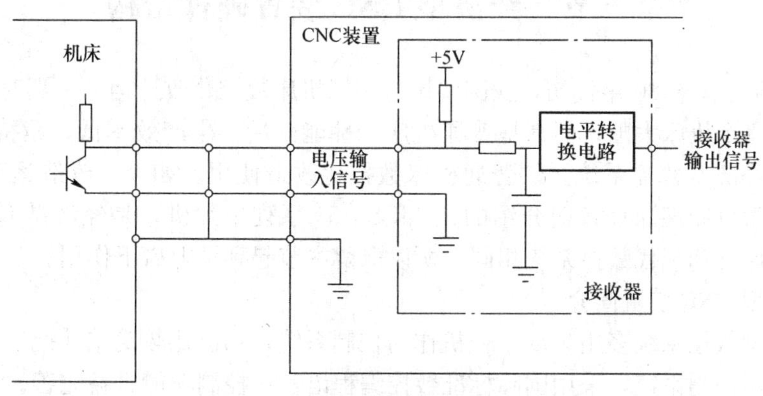

图3-13 电压输入接收电路

（3）输出接口电路 输出接口电路是CNC的输出电路，用于CNC装置给机床的信号，如将各种机床工作状态指示灯的信号送到操作面板和把控制机床动作的信号送到强电电路，即可以驱动指示灯或继电器。图3-14中CNC装置的输出电路采用继电器的触点输出，由于用触点直接点亮指示灯时会产生电流冲击，可能会损坏触点，因此应设置保护电路，图中电

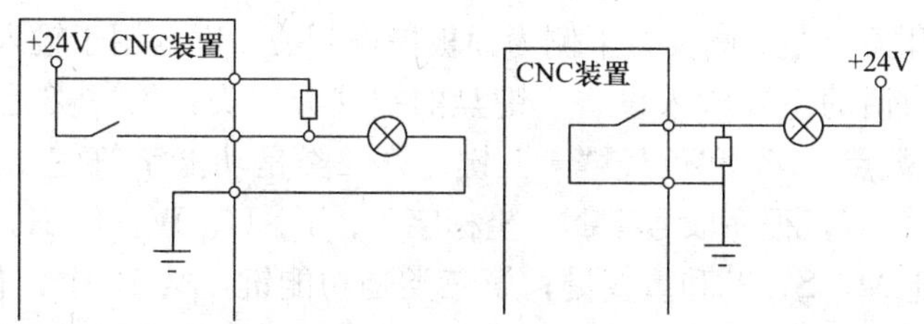

图3-14 驱动指示灯输出接口电路

路采用预通电线路，当触点断开时，加在灯上电压只有 8V，触点闭合后为 24V。图 3-15a 中 CNC 装置的输出电路采用晶体管，图 3-15b 采用光电耦合器，可实现无触点输出，驱动外部继电器电路相同。

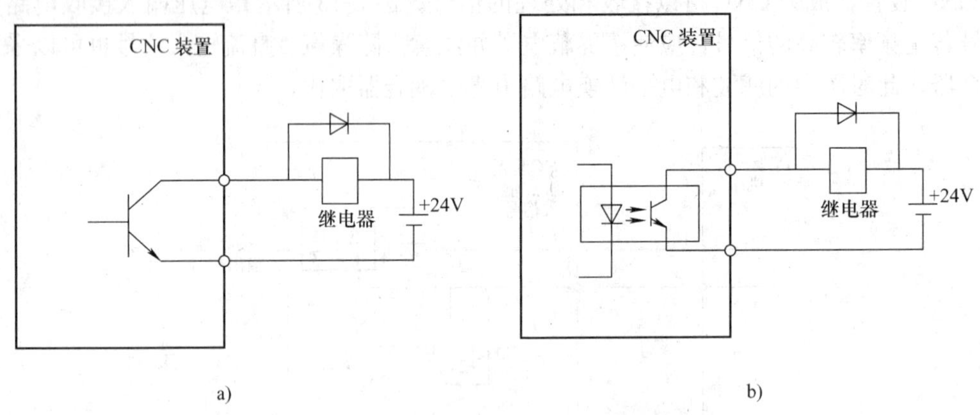

图 3-15 驱动继电器输出接口电路

第三节 经济型 CNC 装置硬件结构

20 世纪 70 年代末 80 年代初，我国曾掀起一场机床数控化改造运动。那时我国拥有 400 多万台机床，是个机床大国，但都是普通机床，性能落后，生产效率低，亟待改造。于是，很多厂家生产经济型数控系统，供普通机床数控化改造使用。如今，改造运动早已偃旗息鼓，由于现在微机原理课程普遍介绍的是 MCS—51 系列单片机，是经济型 CNC 装置的核心元件，工作原理和现代数控系统相同，所以保留本节起到承上启下作用。

一、经济型 CNC 装置简介

早期经济型数控系统多用 Z80 单板机作为控制系统，功能比较简单。此后多采用单片机为核心做成专用控制系统，采用国际标准数控编程语言，控制功能日益完善。这类控制系统一般都具有直线插补、圆弧插补、车螺纹功能、控制刀架转位、刀具补偿功能、自动循环等功能，机床进给速度可达 6m/min，可靠性明显提高。

单片机数控装置，大多采用 MCS—51 系列单片机。图 3-16 所示是一个典型的经济型数控装置硬件结构框图。该数控系统以 8031 芯片为核心，增加存储器扩展电路、接口和面板操作开关等组成，其功能比较完善，抗干扰能力强，是一种比较典型的经济型数控系统。

图 3-17 所示是该 CNC 装置的操作面板，图中右上部为显示器，中间部分为键盘，左下侧为功能选择波段开关，左上侧及右下侧为面板操作开关。键盘用于输入程序、数据和各种控制命令，是人机对话的主要输入设备。键盘的键共分三类：第一类是数字键，共 12 个，除 0～9 外，还有小数点“.”和负号“—”键；第二类是功能字符健，也叫地址键，共 14 个，包括程序号字“%”，程序段号字 N，坐标字 X、Y、U、W、I、K，准备功能字 G，进给功能 F，辅助功能 M、S、T 和重复健；第三类是功能键，共 10 个，包括复位健“ON”，换行键“LF”，特殊定义键 *，检索移动键↑、↓、→、←，程序重写键“CO”，删除键“DE”，检索键“SC”。

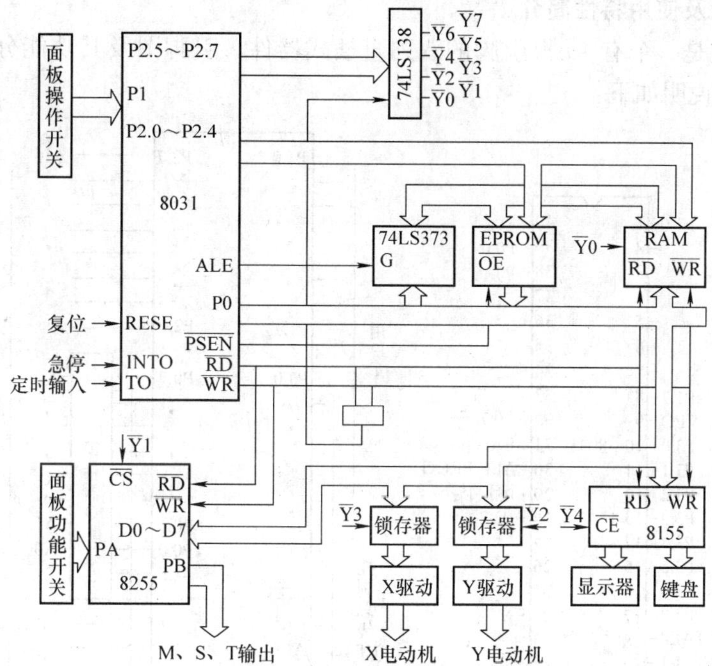

图 3-16　经济型数控装置硬件结构框图

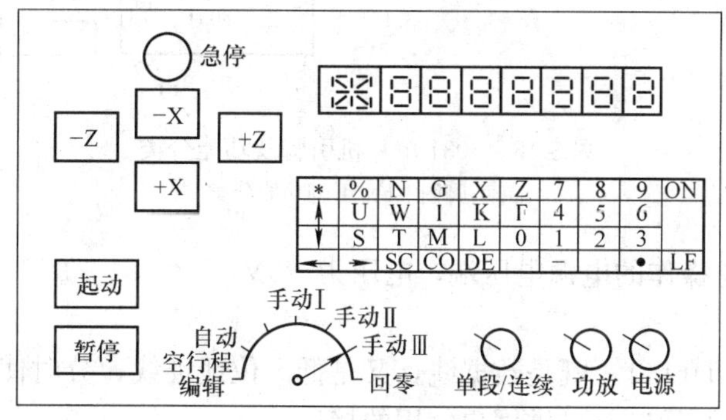

图 3-17　某经济型数控装置面板图

二、MCS—51 系列单片机

1. 8031 单片机的基本特性

8031 单片机是美国 Intel 公司的产品 MCS—51 系列单片机的一个型号。8031 单片机内部包含一个 8 位 CPU，128B 的 RAM，两个 16 位定时器，四个 8 位并行口，一个全双功能串行口，可扩展的外部程序存储器和数据存储器的容量各 64KB，具有五个中断源并配有两个优先级，还有二十一个特殊功能寄存器。

从上述特性可以看出，一块 8031 单片机的功能几乎相当一块 Z80CPU、一块 RAM、一块 Z80CTC、两块 Z80PIO 和一块 Z80SIO 组成的微型计算机系统。所以 8031 单片机是一种理想的 8 位单片微型计算机，在数控技术领域中得到广泛应用。

MCS—51 系列中的另外两种产品是 8051 和 8751 单片机，它们的特性和 8031 单片机一样，唯一的区别是 8051 内有 4KB ROM，8751 内有 4KB 的 EPROM。

2. 引脚功能及使用特性简介

8031单片机是一个有40根引脚的双列直插式器件，引脚图及其功能分类如图3-18所示。其引脚功能说明如下：

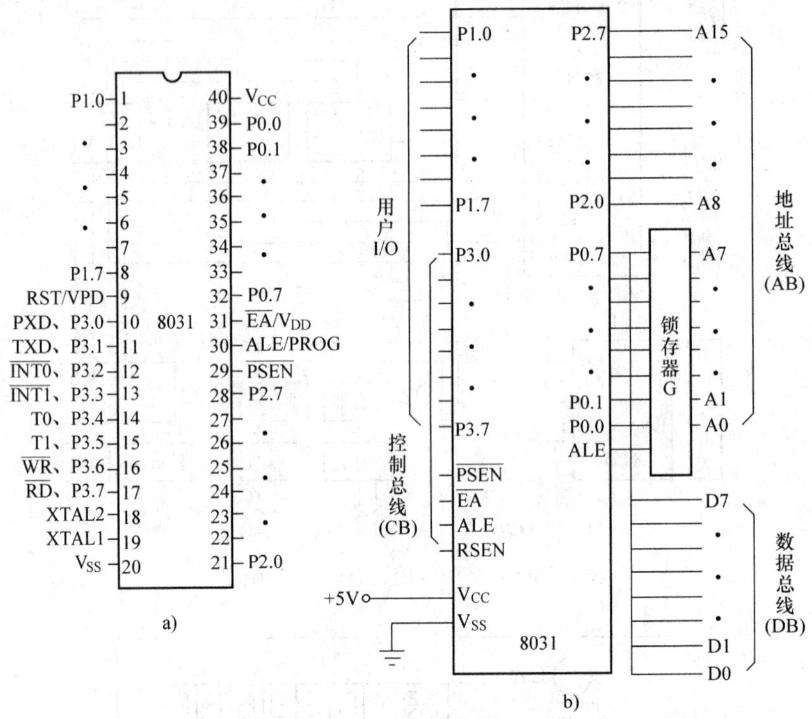

图3-18 8031单片机引脚及功能分类

a）引脚图 b）引脚功能分类

V_{CC}：编程和正常操作的电源电压端，电压为＋5V。

V_{SS}：地电平。

P0口：8位双向I/O口，既是数据线，又是低8位地址线，分时使用。

P1口：8位双向I/O口，可供用户使用的接口。

P2口：8位双向I/O口，系统外部存储器扩展时，作高8位地址线使用，系统不需要扩展时，也可以供用户使用。

P3口：8位双向I/O口，是一个双功能口，第一功能和P1口一样可以作为通用I/O口，工作于第二功能时，各端口的定义如下：

P3.0——RXD，串行输入；

P3.1——TXD，串行输出；

P3.2——$\overline{INT0}$，外部中断输入；

P3.3——$\overline{INT1}$，外部中断输入；

P3.4——T0， 定时器0外输入端；

P3.5——T1， 定时器1外输入端；

P3.6——$\overline{WR}$， 写信号；

P3.7——$\overline{RD}$， 读信号。

ALE/PROG：访问外部存储器时，用于锁存地址低 8 位字节的地址，锁存允许输出。ALE 提供一个定时信号，在与外部存储器存取数据时把 P0 口的低位地址字节锁存到外接的锁存器中。这个引脚也是 EPROM 编程时的编程脉冲输入端（PROG）。

$\overline{\text{PSEN}}$：程序存储器允许输出，是外部程序存储器的读选通信号。

$\overline{\text{EA}}/V_{DD}$：$\overline{\text{EA}}$为高电平时，CPU 执行内部程序存储器的指令；$\overline{\text{EA}}$为低电平时，CPU 执行外部程序存储器指令。使用 8031 单片机时，$\overline{\text{EA}}$必须接地。

XTAL1：振荡器的反相放大器输入，使用外部振荡器时必须接地。

XTAL2：振荡器的反相放大器输出，使用外部振荡器时，接收外部振荡信号。

RST/VPD：复位控制，在振荡器运行时，使 RST 引脚至少保持两个机器周期为高电平时，可实现复位操作。VPD 引脚是掉电保护电路输入口。

三、存储器扩展电路

8031 单片机内只是 128B 的 RAM，没有 ROM。机床数控系统需要的程序存储器和数据存储器的容量都较大，必须外接程序存储器（EPROM）和数据存储器（RAM）芯片。

1. 程序存储器扩展

常用的 EPROM 存储器有 2716、2732、2764、27128、27256 等，容量分别为 2KB、4KB、8KB、16KB、32KB。图 3-19 所示为数控装置使用的 EPROM 芯片是 27128。

（1）27128 EPROM 芯片介绍　27128 芯片是一个有 28 根引脚的双列直插式集成元件，引脚如图 3-19 所示。该芯片共有 14 根地址线 A0～A13，8 根数据线 D0～D7，其余的为控制线，定义分别是：

$\overline{\text{CE}}$——片选信号端。

$\overline{\text{OE}}$——取指允许端。

PGM——编程控制端。

$\overline{V_{PP}}$——编程电压端（21V 或 12.5V）。

V_{CC}——+5V 电源。

V_{SS}——地电平。

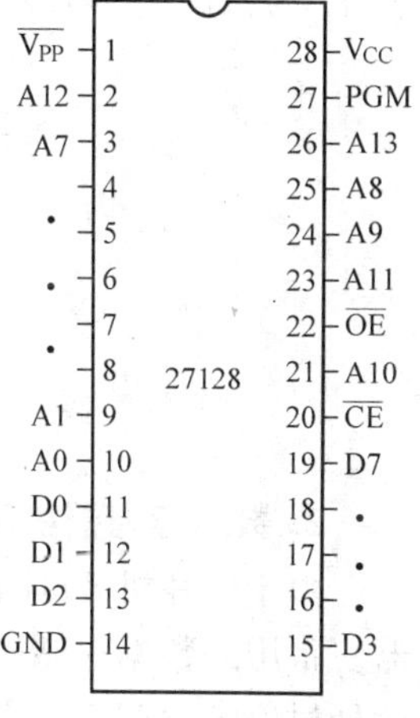

图 3-19　27128 引脚图

（2）地址锁存器 74LS373　单片机规定 P0 口提供低 8 位地址线，同时又要作为数据线，所以 P0 是一个分时输出低 8 位地址和数据的通道口。为了把地址信息分离出来保存，提供外接存储器的低 8 位地址信息，通常采用 74LS373 作为地址锁存器。74LS373 的引脚如图 3-20 所示，D1～D8 是输入端，Q1～Q8 是输出端，$\overline{\text{CE}}$是片选端，选通端 G 与 8031 单片机的地址锁存信号 ALE 连接。当选通端 G=1 时，74LS373 的输出端与输入端相通，当 G 端从高电平返回低电平（下降沿）时，输入的地址信息就被锁入 Q1～Q8 中。

（3）程序存储器扩展电路　27128EPROM 程序存储器、74LS373 锁存器和 8031 单片机总线连接如图 3-21 所示。因为电路中只有一块 27128 和 74LS373，所以它们的片选端$\overline{\text{CE}}$直接接地。27128 的容量是 16KB，故需用 14 根地址线，低 8 位地址线

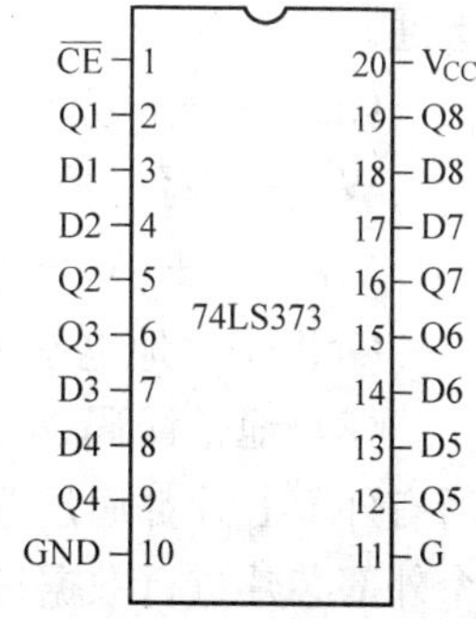

图 3-20　74LS373 引脚图

与 74LS373 的输出端连接，高 6 位地址线直接与单片机 8031 的 P2.0～P2.5 端口连接。8031 的地址锁存允许信号 ALE 和 74LS373 的选通端 G 连接，当 ALE=1 时，则 P0 口输出地址有效，当 ALE 由高电平返回低电平时，低 8 位地址信息被锁存到输出端 Q1～Q8。当 ALE 为低电平时，P0 口可作数据通道。存储器 27128 的 8 位数据线直接与 8031 的 P0 口连接，其取指允许端 $\overline{OE}$ 直接连接 8031 的 $\overline{PSEN}$ 端，$\overline{PSEN}$ 输出低电平时允许取指。由于 8031 单片机只能选通外部程序存储器，因而 $\overline{EA}$ 引脚必须接地。

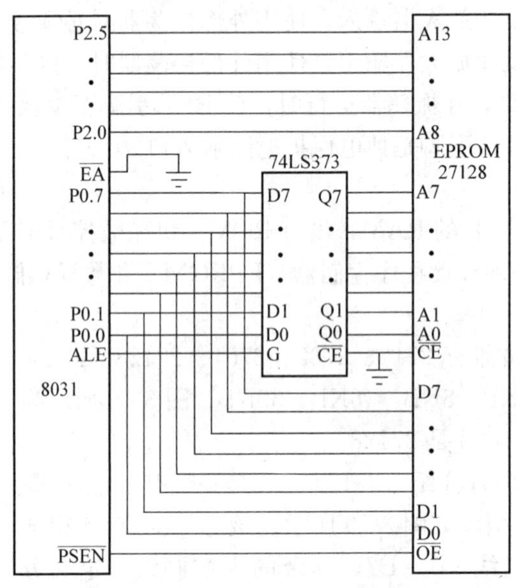

图 3-21 程序存储器扩展电路框图

2. 数据存储器扩展

由于单片机 8031 内部 RAM 只有 128B，不能满足系统的要求，故要扩展外部数据存储器。常用的数据存储器有 6116 和 6264 静态 RAM 数据存储器，容量分别为 2KB 和 8KB。此处讨论的 RAM 芯片是 6264。

(1) 6264RAM 芯片介绍 图 3-22 所示是 6264 引脚图，各引脚功能如下：

A0～A12——地址线，共 13 根。

IO0～IO7——数据线 8 根。

$\overline{CE1}$、$\overline{CE2}$——片选信号端，$\overline{CE1}$ 是低电平选通，$\overline{CE2}$ 是高电平选通。

$\overline{OE}$——输出允许（读）信号。

$\overline{WE}$——写信号。

V_{CC}——+5V 电源。

GND——地电平。

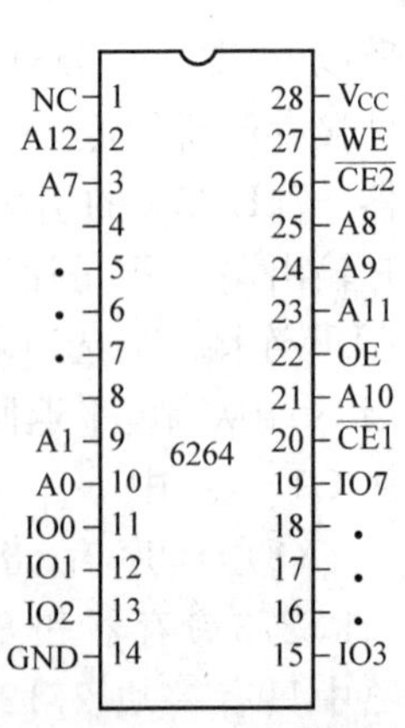

图 3-22 6264 引脚图

(2) 地址译码器 74LS138 及译码电路 在单片机应用系统中，所有外部芯片都通过总线与单片机连接。单片机数据总线分时地与各个外部芯片进行数据传送，故要进行片选控制。芯片内有多个地址单元时，还要进行片内地址选择。8031 单片机应用系统的地址译码规定，外部扩展芯片与数据存储器统一编址，所以外部芯片不仅占用数据存储器一定数量的地址单元，而且要使用读/写指令完成数据传送。

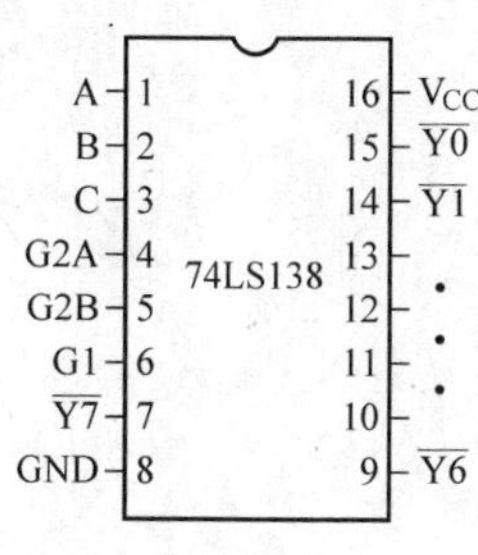

图 3-23　74LS138 引脚图

图 3-16 所示经济型数控硬件结构中采用全地址译码方式。所谓全地址译码是：低位地址作为片内地址，高位地址用译码器译码，译码器输出的地址选择信号作为片选线连至每个外部芯片的片选端。

地址译码常用 74LS138 译码器，其引脚如图 3-23 所示，G1、G2A 和 G2B 是赋能端，A、B、C 是选择端，$\overline{Y0}$～$\overline{Y7}$是输出端，其逻辑功能见表 3-2。

表 3-2　74LS138 逻辑功能

G1	G2A	G2B	A	B	C	$\overline{Y7}$	$\overline{Y6}$	$\overline{Y5}$	$\overline{Y4}$	$\overline{Y3}$	$\overline{Y2}$	$\overline{Y1}$	$\overline{Y0}$
1	0	0	0	0	0	1	1	1	1	1	1	1	0
1	0	0	0	0	1	1	1	1	1	1	1	0	1
1	0	0	0	1	0	1	1	1	1	1	0	1	1
1	0	0	0	1	1	1	1	1	1	0	1	1	1
1	0	0	1	0	0	1	1	1	0	1	1	1	1
1	0	0	1	0	1	1	1	0	1	1	1	1	1
1	0	0	1	1	0	1	0	1	1	1	1	1	1
1	0	0	1	1	1	0	1	1	1	1	1	1	1
其他状态			×	×	×	1	1	1	1	1	1	1	1

图 3-24 所示是使用 74LS138 的地址译码电路，输入端占用了 8031 单片机的 P2.5～P2.7 三根高位地址线，剩余 13 根地址线用作数据存储器的内地址线。74LS138 译码器每一个输出端可接一个外部芯片的片选端，实现分时片选控制，因此，一个 74LS138 译码器的 8 根输出端可以连接 8 个 8KB 地址空间。图 3-24 中，单片机的读/写信号经过与门后控制译码器的赋能端 G2A、G2B，这就保证只有在读/写状态时译码器输出端才会输出片选信号。

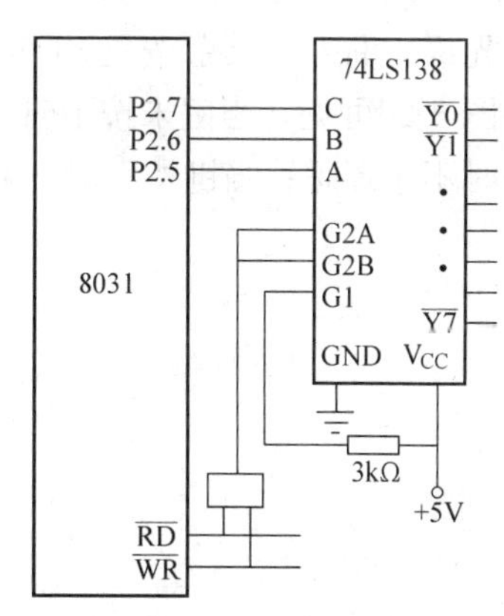

图 3-24　74LS138 地址译码电路

(3) 数据存储器扩展电路　图 3-25 所示是数据存储器扩展电路。6264 总共 13 根地址线，其中低 8 位地址线通过地址锁存器 74LS373 与 8031 单片机的 P0 口连接，高 5 位地址线直接与单片机的 P2.0～P2.4 端连接；6264 的 8 位数据线直接与 8031 单片机的 P0 口连接；读写控制引脚$\overline{OE}$、$\overline{WE}$与 8031 的读写控制引脚$\overline{RD}$、$\overline{WR}$直接连接。74LS138 译码器的输入端 C、B、A 分别与单片机的 P2.5～P2.7 连接，而 6264 的片选端$\overline{CE}$连在 74LS138 译码器的$\overline{Y0}$端，所以 6264 的空间地址为 0000H～1FFFH。

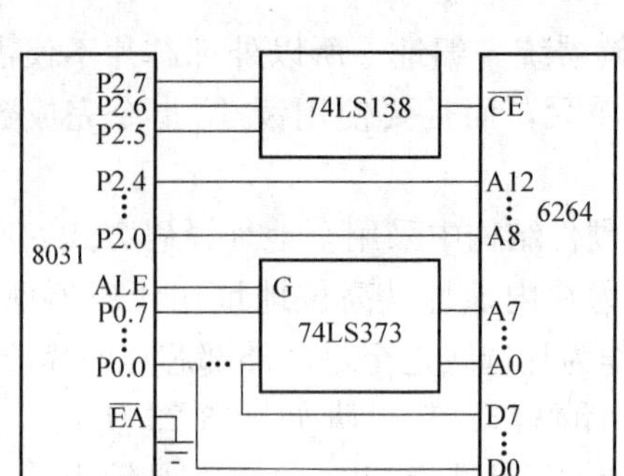

图 3-25 数据存储器扩展电路框图

四、面板操作键和方式选择开关

1. 面板操作键

由图 3-17 可知，在面板上有启动、暂停、单段/连续、坐标轴进给手动操作键和急停按钮等。

启动按键用于启动加工程序。

暂停按键可中断程序的运行，需要继续运行程序时应按下启动按键。

单段/连续控制开关控制实现单段或连续加工。置于单段位置时，每运行一条程序就暂停，只有重新按下启动按键，才运行下一段程序。将此开关置于连续位置时，程序将连续运行。

坐标轴进给操作按键 X、－X、Y、－Y，可实现手动操作工作台进给。按下其中一个按键，例如按下 X 按键，数控装置向 X 轴电动机发出连续进给信号，使工作台沿 X 轴正向连续移动，直到松开 X 按键为止。

面板操作键与 8031 单片机连接如图 3-26 所示，除急停按钮使用单片机 8031 的最高优先级中断外，其余按键均连至 P1 口。各操作键开关的连接方法和工作原理都相似。由图 3-26可见，当键未按下时，光电耦合管截止，P1 口为高电平，程序检测到 P1 口为高电平时不予理睬；当键按下时，光电耦合管饱和导通，对应的 P1 口变为低电平，8031 接收到此

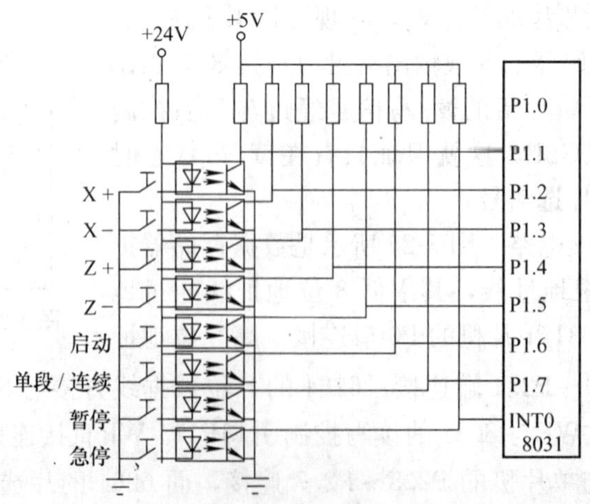

图 3-26 面板操作键与 8031 单片机连接

低电平时，转而执行该键功能。

图 3-26 中的光电耦合管起隔离作用，防止强电干扰信号进入计算机。

2. 方式选择开关

方式选择开关是一单刀 8 掷的波段开关，提供选择的方式有编辑、空运行、自动、回零、手动Ⅰ、手动Ⅱ、手动Ⅲ和通信，总共 8 种功能。

（1）编辑方式　可以对加工程序进行输入、检索、修改、插入和删除等操作。

（2）空运行方式　开关置于空运行时，启动加工程序，只执行加工指令，对 M、S、T 指令跳过不执行，而且刀具快速运动。因此，用这种方法可以检查程序编制是否正确。

（3）自动方式　只有开关置于这个位置时，按启动键才可以启动加工程序。在编辑状态下输入程序并经检查无误后，将开关置于自动方式，再按下启动键，认定现行刀具起始点，开始执行加工程序。

（4）手动方式　手动方式Ⅰ、Ⅱ、Ⅲ用于加工前对刀调整，或进行简单加工。操作时，将方式选择开关置于手动方式，配合方向操作键进行手动操作。

手动方式的三个位置对应选择 X 轴和 Z 轴三组不同的进给速度。

手动方式Ⅰ的速度：X 轴 15mm/min，Z 轴 30mm/min；

手动方式Ⅱ的速度：X 轴 150mm/min，Z 轴 300mm/min；

手动方式Ⅲ的速度：X 轴 1500mm/min，Z 轴 3000mm/min。

（5）回零方式　刀架沿 X 轴、Z 轴回到机械原点。

（6）通信方式　与外部设备联系，例如和磁带机通信，将输入到内存 RAM 中的加工程序转存到盒式磁带中。

方式选择开关通过接口芯片 8255 与 8031 单片机连接，如图 3-27 所示。选择开关的动片接地，选择开关的固定片接到并行 PA 口，将 PA 口设置成输入方式。PA 的 8 个接口经上拉电阻接＋5V，故为高电平。若某个接口被选中，则被选中的接口经动片接地，变为低电平。

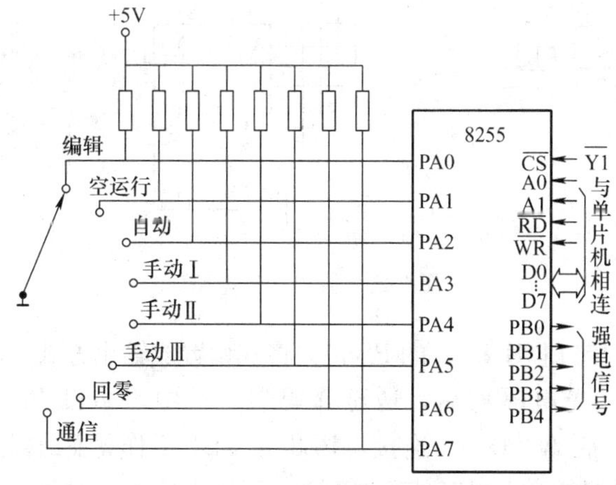

图 3-27　方式选择开关连接图

图 3-28 所示是 8255 接口芯片结构框图。8255 有三个 8 位并行的 I/O 端口，分别称为 PA 口、PB 口和 PC 口，CPU 通过三个口地址进行访问。其中 PC 口又分为高 4 位端口和低

4 位端口。在 PA 口和 PB 口作基本输入、输出方式使用时，PC 口也可作为输出、输入口。在 PA 口和 PB 口作选通输出、输入时，PC 口的高 4 位端口作为 PA 口的状态控制信号线，低 4 位端口作为 PB 口的状态控制信号线。8255 的工作方式可由软件编程设定。

单片机与 8255 之间可以直接连接，其数据线接到数据总线上，$\overline{RD}$和$\overline{WR}$分别接单片机的读写控制端，8255 的两根地址线 A0 和 A1 分别接地址总线的 A0 和 A1。片选信号$\overline{CS}$与译码器输出线$\overline{Y1}$连接。

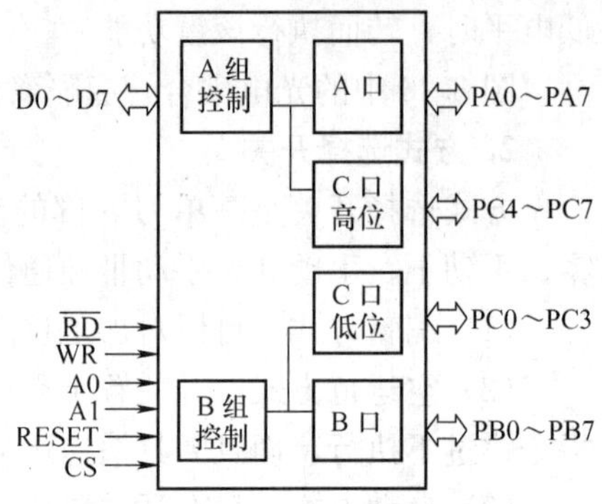

图 3-28 8255 接口芯片结构框图

五、强电接口电路

对机床的强电控制主要包括主轴电动机的起动、停止、调速以及冷却泵、液压泵等电动机的起、停和刀架转位换刀操作等，也就是前面所说的 M、S、T 功能。

M、S、T 信号控制的都是强电器件，通常在高压、大电流条件下工作，很容易对计算机造成干扰。所以这类接口电路有两个明显的特点：一是计算机送出的信号必须经功率放大后才能使用；二是为防止强电干扰，要进行严格的隔离。强电接口电路如图 3-29 所示，由图可见，由 8255PB 口输出的控制信号，先经过一次光电隔离，再经译码放大后，又由中间继电器 KA 再次隔离，因此具有较高的抗干扰性能。

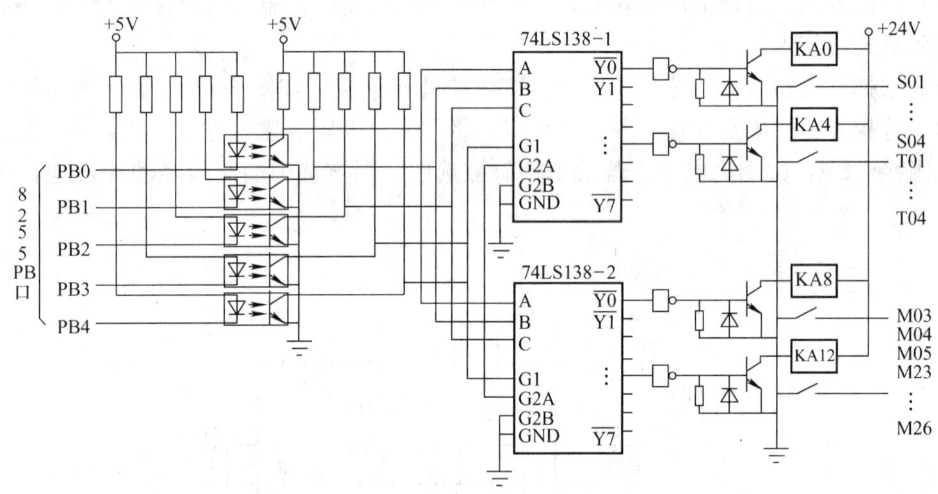

图 3-29 强电接口电路

强电接口电路采用接口芯片 8255 的 PB 口并将其设置成输出方式。5 个控制信号经PB0～PB4 端口输出，再经过光电隔离后，送至译码器。其中，端口 PB0、PB1、PB2 与两个 74LS138 译码器的输入端 A、B、C 连接，PB3 和 PB4 用作译码器的选通信号，当 PB3、PB4＝10 时，选通译码器的 74LS138-1，当 PB3、PB4＝01 时，选通译码器 74LS138-2。

74LS138-1 输出四种主轴转速信号 S01～S04 和四种换刀信号 T01～T04。译码器输出的信号，先经过晶体管放大，再驱动中间断电器，由继电器的常开触点输出。

74LS138-2 同样输出 8 个信号，其中 M03 主轴电动机正转，M04 主轴电动机反转，

M05 主轴停止，M08 冷却开，其余 M23～M26 的输出信号，留给用户自己定义使用。

各 M、S、T 信号地址见表 3-3。

表 3-3 M、S、T 信号地址表

PB4	PB3	PB2	PB1	PB0	输出信号	PB4	PB3	PB2	PB1	PB0	输出信号
0	1	0	0	0	S01	1	0	0	0	0	M03
0	1	0	0	1	S02	1	0	0	0	1	M04
0	1	0	1	0	S03	1	0	0	1	0	M05
0	1	0	1	1	S04	1	0	0	1	1	M08
0	1	1	0	0	T01	1	0	1	0	0	M23
0	1	1	0	1	T02	1	0	1	0	1	M24
0	1	1	1	0	T03	1	0	1	1	0	M25
0	1	1	1	1	T04	1	0	1	1	1	M26

六、键盘显示器接口电路

键盘和显示器是数控系统常用的人机对话的外围设备，键盘可以完成程序数据的输入，显示器显示计算机运行时的状态数据。

键盘和显示器接口电路常使用 8155 接口芯片，所以下面先介绍 8155 接口芯片，然后再介绍接口电路。

1. 8155 接口芯片简介

图 3-30 所示是 8155 接口芯片结构框图。8155 芯片内含有 256B 的静态 RAM，两个 8 位并行口 PA 和 PB，一个 6 位并行口 PC，工作方式可由程序设置。另外还有一个 14 位计数器，可以对输入脉冲进行减法计数。引脚 TIMIN 为定时器时钟输入端，由外部输入时钟脉冲；TIMOT 为定时器输出端。定时器启动后，能对输入端的脉冲进行计数，当减法计数器减至零时，在 TIMOT 端输出一个脉冲信号。D0～D7 是地址、数据线，因为芯片内含有地址锁存器，故既能传递地址信息，又能传送数据信息。

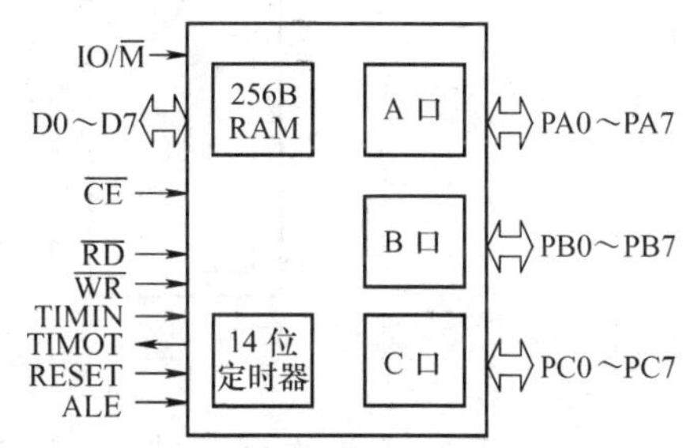

图 3-30 8155 接口芯片结构框图

2. 键盘接口电路

图 3-31 所示是键盘接口电路。8155 和 8031 可以直接连接。因电路中的 8155 只作为并行接口使用，不使用内部存储器，故 IO/$\overline{M}$ 引脚直接经电阻接高电平。8155 的地址、数据线和 8031 的 P0 接口直接连接，由 8031 的地址锁存信号 ALE 控制实现分时信息传递。片选信号端接 74LS138 译码器输出线 $\overline{Y4}$ 端口，当 $\overline{Y4}$ 为低电平时，选中该 8155 芯片。

8155 与键盘的连接如图 3-31 所示。键盘排成 5 行 8 列矩阵，共 40 个键。PC0～PC4 是 5 根行线，PA0～PA7 是 8 根列线，在列线与行线的交叉点上安装有按键。PA 口的 8 根列线按一定时间间隔轮流输出低电平。当扫描到某一列线上时，若无键按下，则行线都是高电平；若有一键按下时，交叉点上对应的行线变为低电平。这个低电平信号被计算机捕获后，

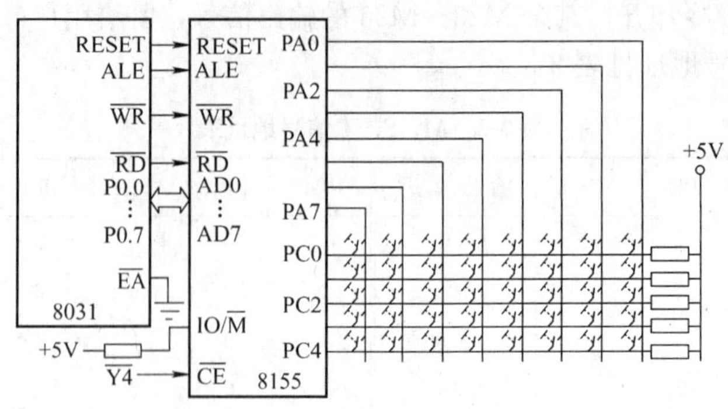

图 3-31 键盘接口电路

根据此键对应的行线和列线的位置，计算机可以判断出键值，执行该键信息功能。

3. 显示接口电路

LED 显示器有静态显示和动态显示两种方式，图 3-32 所示是一种静态显示接口电路，显示器由 7 位 LED 显示管组成，用以显示数据。最左边是十六段“米”字形显示器，可以显示字符 N、G、M、S、T、F 以及 X、Y、Z、V、W 字符等。

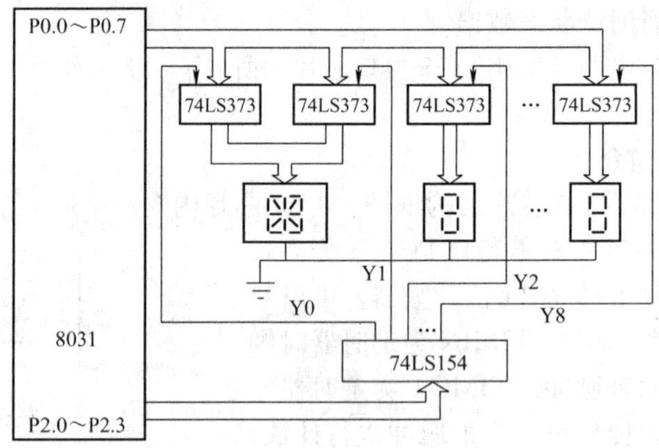

图 3-32 静态显示接口电路

显示器要显示的字符或数字信息直接由 8031 P0 口输出，并锁存在相应的锁存器 74LS373 中，74LS373 中锁存的信息，直接在显示器输入端显示出字符或数字。“米”字显示管有 16 段，故其数据信息用两只锁存器。电路中 74LS154 芯片是 4 线～16 线译码器，工作原理和 74LS138 译码器相似。74LS154 译码器的输入端接单片机的 P2.0～P2.3 端口，输出端 Y0～Y8 用作各锁存器的选通信号。当某个锁存器被选通时，要显示的字符或数字信息就被该锁存器接受并显示出相应的字符或数字。

第四节 软件插补方法

在早期的数控机床中，插补器是一种硬件数字逻辑电路装置，称为硬件插补器。而在 CNC 系统中，硬件插补器的部分或全部功能可由计算机中的插补程序实现。能实现插补的程序软件称软件插补器。

直线和圆弧是构成工件轮廓的基本几何元素，CNC 系统都具有直线和圆弧插补功能。编写工件加工程序时，在程序中仅给出直线的起点和终点，或圆弧的起点、终点、进给方向和圆心相对起点的偏移量，就可以由插补软件控制机床加工出直线或圆弧。插补软件的任务是完成轮廓的起点到终点之间的密化点坐标值计算。插补是计算机最重要的运算处理，插补程序的运行速度和运算精度直接影响 CNC 系统的性能指标。

人们一直在努力探求一种简单而有效的插补方法。目前应用的插补算法可分为两大类：脉冲增量插补和数字采样插补。脉冲增量插补算法主要为各坐标轴进行脉冲分配计算，插补结果产生单位行程增量，即工作台移动一个脉冲当量。常用的脉冲增量插补算法有逐点比较法和数字积分法，本节通过介绍直线、圆弧逐点比较插补法和数字积分法，让读者了解插补软件运行的过程。

一、逐点比较插补法

工件的轮廓无论是什么曲线，都可以用简单的直线、圆弧等逼近。例如图 3-33a 中，为了加工圆弧曲线 AB，可以让刀具先从 A 点沿 $-X$ 方向走一步，刀具处在圆内 1 点，然后沿 $+Y$ 方向走一步，使刀具靠近圆弧，刀具到达 2 点，但仍在圆内，故沿 $+Y$ 再前进一步，刀具到达圆外 3 点，为靠近圆弧应沿 $-X$ 方向走一步，如此继续移动，走完 9 步后到达终点 B。

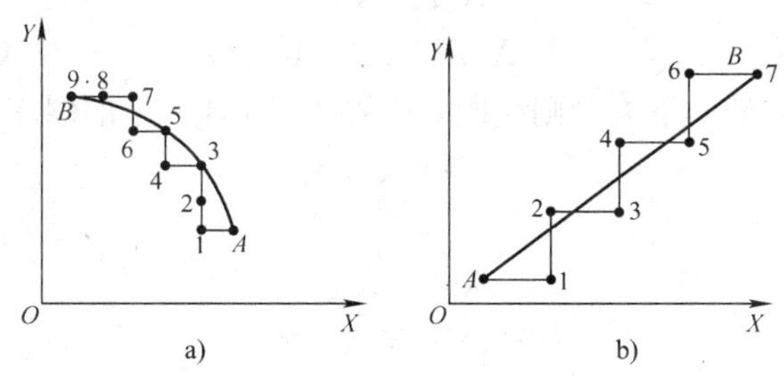

图 3-33 逐点比较插补示意图

加工图 3-33b 中的直线 AB 也一样，先从 A 点沿 $+X$ 方向走一步，刀具到达 1 点，为了逼近直线，第二步沿 $+Y$ 方向移动一步到达 2 点，如此继续进行，直到终点 B 结束。

这种插补方法是走一步计算一次，并比较刀具与工件轮廓的相对位置，使刀具向减小误差的方向进给，故称为逐点比较法。

用逐点比较法控制机床加工，需要四个节拍：

（1）偏差判别 根据刀具的实际位置，确定进给方向。

（2）进给 沿减少偏差的方向前进一步。

（3）偏差计算 计算出进给后的新偏差值，作为下一步偏差判别的依据。

（4）终点判别 判断是否到达终点，若未到达终点，返回去进行偏差判别，再重复上述过程。若到达终点，发出插补完成信号。

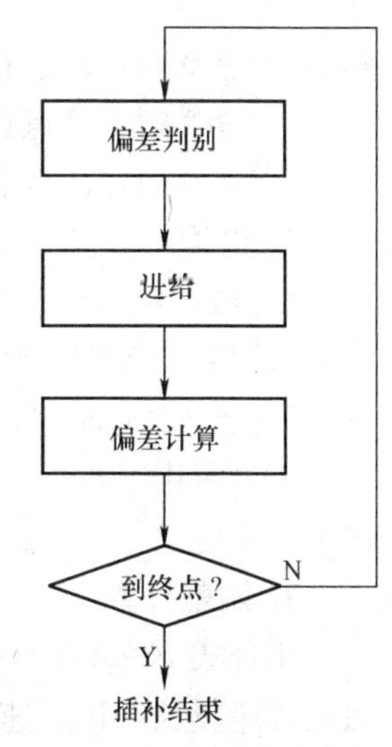

图 3-34 逐点比较插补法流程图

逐点比较插补法流程图如图 3-34 所示。由上述分析可见，加工时，各坐标轴分时进给，究竟哪个轴进给，完全取决偏差判别的结果，而偏差判别又是根据偏差计算结果进行的，因此找到一个简便的偏差计算公式十分重要。

二、直线插补运算

1. 偏差判别

偏差判别如图 3-35 所示，加工轨迹是一条直线 OE，坐标起点为 O（0，0），终点为 E（X_e，Y_e）。设刀具的任意位置 P 点的坐标值为（X，Y）。

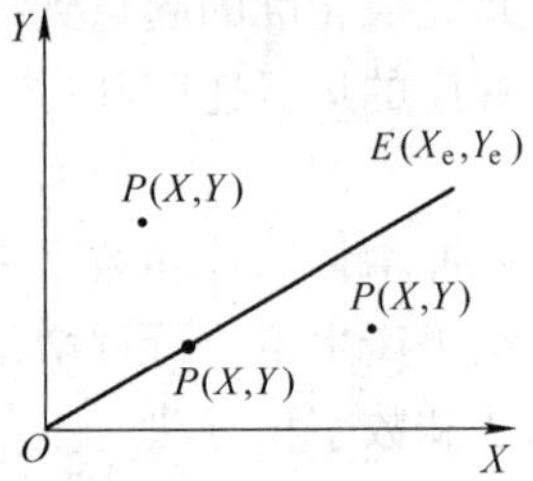

图 3-35 偏差判别

1）若 P 点在直线 OE 上，则线段 OP 与 OE 重合，它们的斜率相等，即

$$Y/X=Y_e/X_e$$

可改写成为

$$X_eY=XY_e$$

得

$$X_eY-XY_e=0$$

2）若 P 点在直线 OE 的上方，则线段 OP 的斜率大于 OE 的斜率，即

$$Y/X>Y_e/X_e$$

可改写为

$$X_eY>XY_e$$

得

$$X_eY-XY_e>0$$

3）若 P 点在直线 OE 的下方，则线段 OP 的斜率小于 OE 的斜率，即

$$Y/X<Y_e/X_e$$

可改写为

$$X_eY<XY_e$$

得

$$X_eY-XY_e<0$$

用 F 表示 P 点的偏差函数，并定义

$$F=X_eY-XY_e$$

则当 $F=0$ 时，P 点在直线 OE 上；

$F>0$ 时，P 点在直线 OE 的上方；

$F<0$ 时，P 点在直线 OE 的下方。

2. 进给

1）当 $F=0$ 时，规定刀具向 $+X$ 方向前进一步。

2）当 $F>0$ 时，控制刀具向 $+X$ 方向前进一步。

3）当 $F<0$ 时，控制刀具向 $+Y$ 方向前进一步。

刀具每走一步后，将刀具新的坐标值代入函数式 $F=X_eY-XY_e$，求出新的 F 值，以确定下一步进给方向。

3. 偏差计算

用公式 $F=X_eY-XY_e$ 计算偏差值时，要求进行两数乘法和减法运算。因两数乘法和减法的程序较长，运算速度慢，实际计算时应作如下变换。

图 3-36 所示为直线插补时坐标变换情况。设某一时刻刀具运动到点 P_i（X_i，Y_i），该点的偏差值为

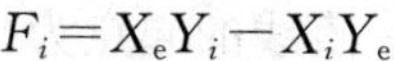

$$F_i = X_e Y_i - X_i Y_e$$

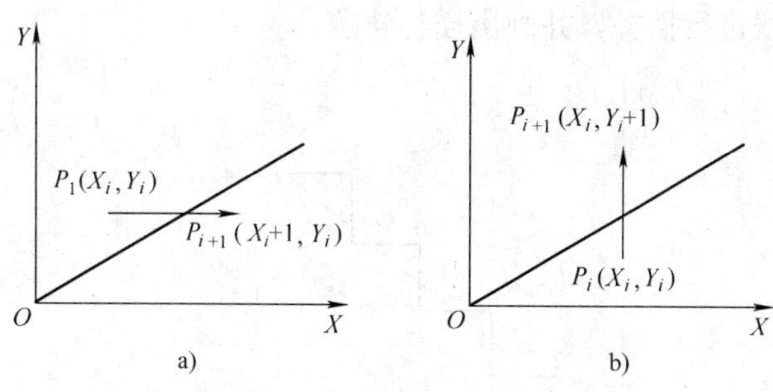

图 3-36 直线插补坐标变换

若 $F_i \geqslant 0$ 时，沿 $+X$ 方向走一步，到达点（X_i+1，Y_i），如图 3-36a 所示，新的偏差值为

$$\begin{aligned} F_{i+1} &= X_e Y_i - (X_i+1) Y_e \\ &= X_e Y_i - X_i Y_e - Y_e \\ &= F_i - Y_e \end{aligned}$$

若 $F_i < 0$ 时，沿 $+Y$ 方向走一步，到达点（X_i，Y_i+1），如图 3-36b 所示，新的偏差值为

$$\begin{aligned} F_{i+1} &= X_e (Y_i+1) - X_i Y_e \\ &= X_e Y_i - X_i Y_e + X_e \\ &= F_i + X_e \end{aligned}$$

可见，向 $+X$ 方向走一步后，可采用 $F_i - Y_e$ 计算新的偏差值；向 $+Y$ 方向步一步后，可采用 $F_i + X_e$ 计算新的偏差值。这种利用前一加工点的偏差，递推出新的加工点偏差的计算方法，称为递推法。递推计算法，不用乘除法，只用加减法，并且只需要直线的终点坐标值，而不用计算和保存刀具中间坐标点，故减少了计算量和运算时间，提高了插补速度，使插补器结构简单。

逐点比较法直线插补计算过程归纳见表 3-4。

表 3-4 逐点比较法直线插补计算过程

偏差判别	进给方向	偏差计算
$F_i \geqslant 0$	$+X$	$F_{i+1} = F_i - Y_e$
$F_i < 0$	$+Y$	$F_{i+1} = F_i + X_e$

4. 终点判别

最常用的终点判别方法是设置一个长度计数器，因为从直线的起点 O 移到终点 E，刀具沿 X 轴应走的步数为 X_e，沿 Y 轴应走的步数为 Y_e，所以计数长度应为两个方向进给步数之和，即

$$N = X_e + Y_e$$

无论 X 轴还是 Y 轴，每送出一个进给脉冲，计数长度减 1，当计数长度值减到零时，即 $N=0$ 时，表示到达终点，插补结束。

例 3-1 加工直线如图 3-37 所示，直线的起点为坐标原点，终点坐标为（5，4）。试用逐点比较法对该段直线进行插补，并画出插补轨迹。

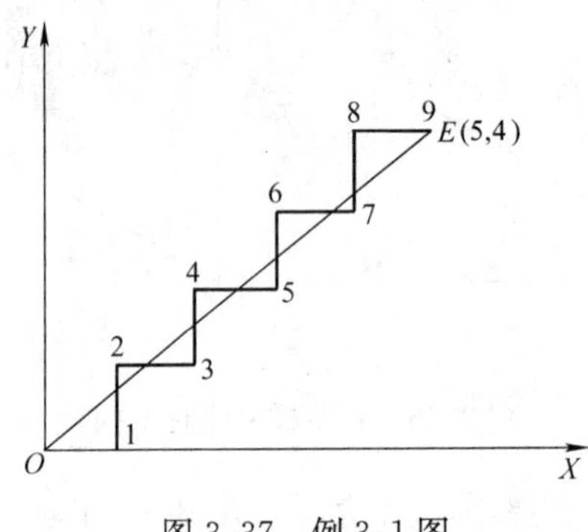

图 3-37 例 3-1 图

解 因插补起点与坐标原点重合，此时的偏差值

$$F_0=0$$

计数长度

$$N=X_e+Y_e=5+4=9$$

插补的运算过程见表 3-5。

表 3-5 例 3-1 的插补过程

序　号	偏差判别	进给方向	偏差计算	终点判别
0			$F_0=0$	$N=9$
1	$F_0=0$	$+X$	$F_1=F_0-Y_e=-4$	$N=8$
2	$F_1=-4<0$	$+Y$	$F_2=F_1+X_e=1$	$N=7$
3	$F_2=1>0$	$+X$	$F_3=F_2-Y_e=-3$	$N=6$
4	$F_3=-3<0$	$+Y$	$F_4=F_3+X_e=2$	$N=5$
5	$F_4=2>0$	$+X$	$F_5=F_4-Y_e=-2$	$N=4$
6	$F_5=-2<0$	$+Y$	$F_6=F_5+X_e=3$	$N=3$
7	$F_6=3>0$	$+X$	$F_7=F_6-Y_e=-1$	$N=2$
8	$F_7=-1<0$	$+Y$	$F_8=F_7+X_e=4$	$N=1$
9	$F_8=4>0$	$+X$	$F_9=F_8-Y_e=0$	$N=0$

第一象限直线插补流程图如图 3-38 所示。初始化主要包括读入终点坐标值（X_e，Y_e），求出计数长度，设置初始偏差值 $F=0$ 等。

5. 直线插补算法分析

插补误差、刀具进给速度和插补线段的最大长度是插补方法的重要指标。由上面分析过程可知，逐点比较法的插补误差在一个脉冲当量之内。下面讨论逐点比较法直线插补的合成进给速度和所能插补直线的最大长度。

（1）合成进给速度　根据插补运算的结果向各坐标轴分配脉冲，使机床移动。因此，对于某一坐标轴而言，进给脉冲的频率就决定了进给速度。以 X 坐标轴为例，设 f_x 为 X 轴的进给脉冲频率（脉冲/s），v_x 为 X 轴的进给速度（mm/min），脉冲当量用 δ 表示，两者之间

的关系是

$$v_x = 60\delta f_x$$

同理可得

$$v_y = 60\delta f_y$$

合成速度为

$$v = \sqrt{v_x^2 + v_y^2}$$

逐点比较法插补的特点是：每送出一个脉冲，X 或 Y 坐标轴方向走一步，因此进给脉冲源的频率 f_{MF} 为

$$f_{MF} = f_x + f_y$$

将上式两边同乘 60δ，得到脉冲源速度 v_{MF} 为

$$v_{MF} = 60\delta f_{MF} = v_x + v_y$$

可见，合成速度不等于脉冲源速度，只有当沿 X（或 Y）轴方向移动时，$f_y=0$（或 $f_x=0$），其合成速度才等于脉冲源的速度 v_{MF}。

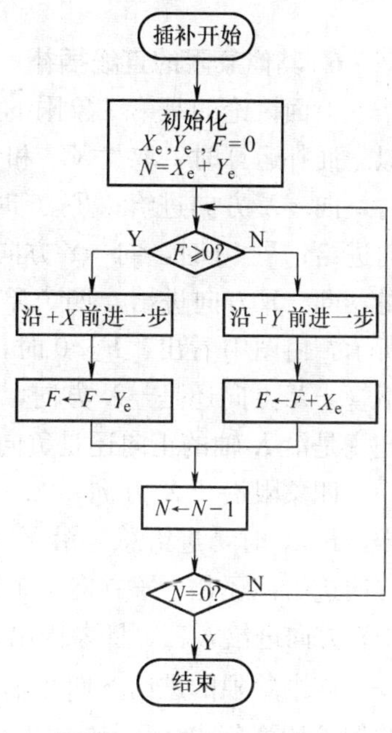

图 3-38　第一象限直线插补流程图

合成速度与脉冲源速度之比为

$$\frac{v}{v_{MF}} = \frac{\sqrt{v_x^2 + v_y^2}}{v_x + v_y} = \frac{\sqrt{\left(\frac{v_x}{v}\right)^2 + \left(\frac{v_y}{v}\right)^2}}{\frac{v_x}{v} + \frac{v_y}{v}}$$

$$= \frac{\sqrt{\cos^2\alpha + \sin^2\alpha}}{\cos\alpha + \sin\alpha} = \frac{1}{\cos\alpha + \sin\alpha}$$

又

$$\cos\alpha = \frac{X}{\sqrt{X^2+Y^2}}, \sin\alpha = \frac{Y}{\sqrt{X^2+Y^2}}$$

所以有

$$\frac{v}{v_{MF}} = \frac{\sqrt{X^2+Y^2}}{X+Y}$$

速度比 v/v_{MF} 随 α 变化的关系如图 3-39 所示，由图可见，合成速度 v 随 α 而变化，当 $\alpha=0°$（或 $90°$）时，$v/v_{MF}=1$，即轴向速度等于脉冲源速度；当 $\alpha=45°$ 时，$v/v_{MF}=0.707$。这一变化关系说明：在进给脉冲源不变的情况下，直线插补的合成速度随直线与 X 轴的夹角 α 而变化，其值变化范围是，$v=(0.707\sim1)\ v_{MF}$。最大速度与最小速度之比为 1.414，对一般机床来说已能满足要求，所以逐点比较法直线插补的进给速度是较平稳的。

$\frac{v}{v_{MF}}$
1.0
0.707
0
45°
90°
α

图 3-39　速度变化关系

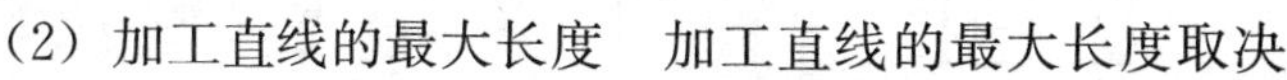

（2）加工直线的最大长度　加工直线的最大长度取决于寄存器位数。若存放偏差函数 F 和坐标值（X_e，Y_e）的寄存器是 n 位，则所允许的 X_e 或 Y_e 的最大值为 $2^{n-1}-1$，最大加工直线长度

$$L_{max} = \sqrt{X_e^2 + Y_e^2} = \sqrt{2}(2^{n-1}-1)$$

为了避免在插补中出现溢出，允许的最大直线长度为

$$L_{max}=2^{n-1}-1$$

6. 其他象限的直线插补

上面讨论的是第一象限的直线插补，其他象限的插补方法，和第一象限的插补方法类似。插补运算时，取｜X｜和｜Y｜代替 X，Y。进给方向规定：在第二象限时，若 $F\geqslant 0$ 时，向 $-X$ 方向进给；$F<0$ 时，向 $+Y$ 方向进给。在第三象限时，若 $F\geqslant 0$ 时，向 $-X$ 方向进给；$F<0$ 时，向 $-Y$ 方向进给。在第四象限时，若 $F\geqslant 0$ 时，向 $+X$ 方向进给；$F<0$ 时，向 $-Y$ 方向进给。四个象限的进给方向如图 3-40 所示，由图中看出，$F\geqslant 0$ 时，进给都是沿 X 轴方向，不管 $+X$ 方向还是 $-X$ 方向，X 的绝对值｜X｜增大。究竟是沿 X 轴的正向还是负向进给可由象限标志控制，一、四象限沿 $+X$ 方向，二、三象限沿 $-X$ 方向。同样，$F<0$ 时，进给总是沿 Y 方向进给，不论是沿 $+Y$ 方向进给，还是 $-Y$ 方向，｜Y｜增大。一、二象限沿 $+Y$ 方向进给，三、四象限沿 $-Y$ 方向进给。

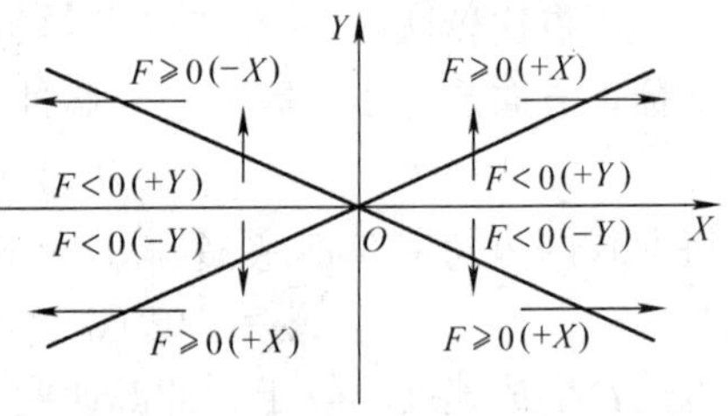

图 3-40 四个象限的进给方向

四个象限的进给方向和偏差计算归纳见表 3-6。不管是哪个象限，都用与第一象限相同的偏差计算公式，只是式中的终点坐标值（X_e，Y_e）均取绝对值。图 3-41 所示是四象限直线插补流程图。

表 3-6 四个象限的进给方向和偏差计算

偏差判别		$F_i\geqslant 0$	$F_i<0$
进给	第一象限	$+X$	$+Y$
	第二象限	$-X$	$+Y$
	第三象限	$-X$	$-Y$
	第四象限	$+X$	$-Y$
偏差计算		$F_{i+1}=F_i-\|Y_e\|$	$F_{i+1}=F_i+\|X_e\|$

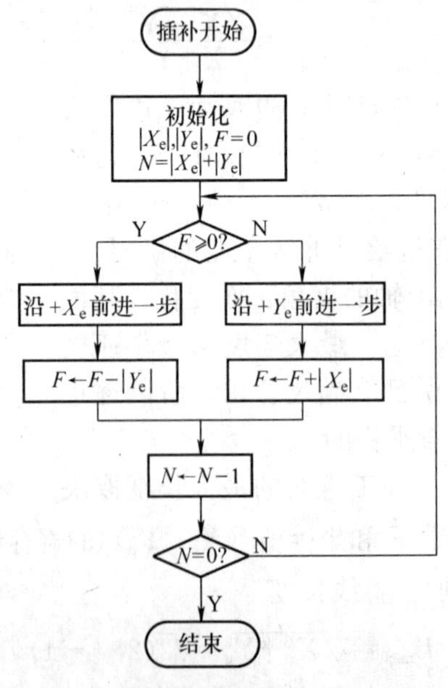

图 3-41 四象限直线插补流程图

由表 3-6 和图 3-41 可以看出，四象限的偏差计算公式相同，差别在于进给方向不同。所以，在插补前，应根据直线终点坐标值（X_e，Y_e）的符号判断直线属于那一个象限，图 3-42所示是直线象限判断流程图。

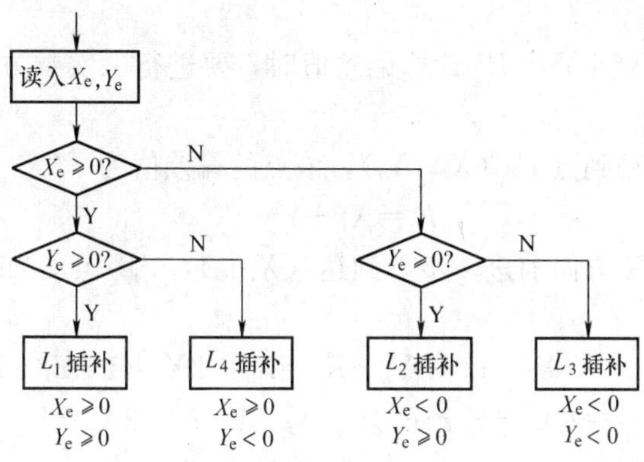

图 3-42　直线象限判断流程图

三、圆弧插补运算

圆弧曲线加工时分逆圆插补（G03）和顺圆插补（G02）。图 3-43 所示是插补第一象限逆圆插补图，图中以圆弧圆心为坐标原点，给出圆弧的起点 A（X_A，Y_A）和终点 B（X_B，Y_B），已知圆弧的半径为 R。

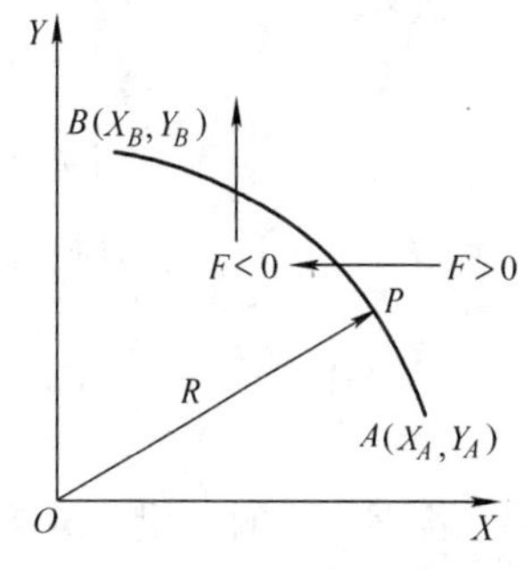

图 3-43　第一象限逆圆插补图

1. 偏差判别

任取一点 P，设 P 点的坐标是（X，Y），则 P 点相对圆弧 AB 的位置有三种情况。

1）P 点在圆弧 AB 上，则 OP 等于圆弧半径 R，即

$$X^2+Y^2=R^2$$

可改写成

$$X^2+Y^2-R^2=0$$

2）P 点在圆弧外侧时，则 OP 大于圆弧半径 R，即

$$X^2+Y^2>R^2$$

可改写成

$$X^2+Y^2-R^2>0$$

3）P 点在圆弧内侧时，则 OP 小于圆弧半径 R，即

$$X^2+Y^2<R^2$$

可改写成

$$X^2+Y^2-R^2<0$$

用 F 表示 P 点的偏差函数，并定义

$$F=X^2+Y^2-R^2$$

则当　$F=0$ 时，P 点在圆弧 AB 上；

$F>0$ 时，P 点在圆弧 AB 外侧；

$F<0$ 时，P 点在圆弧 AB 内侧。

2. 进给

1）当 $F=0$ 时，规定刀具向 $-X$ 方向前进一步。

2）当 $F>0$ 时，控制刀具向 $-X$ 方向前进一步。

3）当 $F<0$ 时，控制刀具向 $+Y$ 方向前进一步。

刀具每走一步后，将刀具新的坐标值代入 $F=X^2+Y^2-R^2$ 中，求出新的 F 值，以确定下一步进给方向。

3. 偏差计算

因为采用公式 $F=X^2+Y^2-R^2$ 计算偏差值时，要进行二次乘方的计算，比较费时，实际计算时作如下变换。

设某一时刻刀具运动到点 P_i（X_i，Y_i），该点的偏差值为

$$F_i=X_i^2+Y_i^2-R^2$$

若 $F_i\geqslant 0$ 时，沿 $-X$ 方向前进一步，到达（X_i-1，Y_i）点，如图 3-44a 所示，新的偏差值为

$$\begin{aligned}F_{i+1}&=(X_i-1)^2+Y_i^2-R^2=X_i^2-2X_i+1+Y_i^2-R^2\\&=(X_i^2+Y_i^2-R^2)-2X_i+1=F_i-2X_i+1\end{aligned}$$

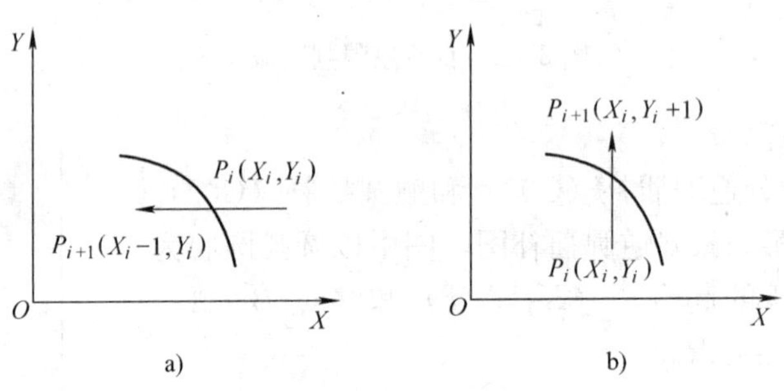

图 3-44 圆弧插补坐标变换

若 $F_i<0$ 时，沿 $+Y$ 方向前进一步，到达（X_i，Y_i+1）点，如图 3-44b 所示，新的偏差值为

$$\begin{aligned}F_{i+1}&=X_i^2+(Y_i+1)^2-R^2=X_i^2+Y_i^2+2Y_i+1-R^2\\&=(X_i^2+Y_i^2-R^2)+2Y_i+1=F_i+2Y_i+1\end{aligned}$$

上式与偏差函数式 $F=X^2+Y^2-R^2$ 相比，只进行加、减法运算，避免了乘方运算，计算机容易实现。

逐点比较逆圆插补的计算过程归纳见表 3-7。

表 3-7 逆圆插补计算过程

偏差判别	进给方向	偏差计算	坐标计算
$F_i\geqslant 0$	$-X$	$F_{i+1}=F_i-2X_i+1$	$X_{i+1}=X_i-1$，$Y_{i+1}=Y_i$
$F_i<0$	$+Y$	$F_{i+1}=F_i+2Y_i+1$	$X_{i+1}=X_i$，$Y_{i+1}=Y_i+1$

同理，可以推出第一象限顺圆插补偏差值的计算公式，此处不再叙述，读者可自行完成。第一象限顺圆插补的计算过程见表 3-8。

表 3-8 顺圆插补计算过程

偏差判别	进给方向	偏差计算	坐标计算
$F_i\geqslant 0$	$-Y$	$F_{i+1}=F_i-2Y_i+1$	$X_{i+1}=X_i$，$Y_{i+1}=Y_i-1$
$F_i<0$	$+X$	$F_{i+1}=F_i+2X_i+1$	$X_{i+1}=X_i+1$，$Y_{i+1}=Y_i$

4. 终点判别

与直线插补的终点判别一样，设置一个长度计数器，取 X、Y 坐标轴方向上的总步数作为计数长度值，即

$$N=|X_e-X_0|+|Y_e-Y_0|$$

无论 X 轴还是 Y 轴，每进一步，计数器减 1，当长度计数器减到零时，插补结束。

也可以设置两个长度计数器 N_x 和 N_y，N_x 存放 X 方向进给总步数，N_y 存放 Y 方向进给总步数。在 X 方向进给一次，N_x 减 1，在 Y 方向进给一次，N_y 减 1，直到 N_x 和 N_y 都减为零时，插补结束。

例 3-2 加工第一象限的一段圆弧 AB 如图 3-45 所示，起点 A 的坐标值为 $X_0=4$，$Y_0=3$，终点 B 的坐标值为 $X_e=0$，$Y_e=5$。试用逐点比较法进行圆弧插补。

解 因从起始点 A（4，3）开始插补，故初始插补的偏差值为

$$F_0=0$$

计数长度 $N=|X_e-X_0|+|Y_e-Y_0|=|0-4|+|5-3|=6$

插补的运算过程见表 3-9。

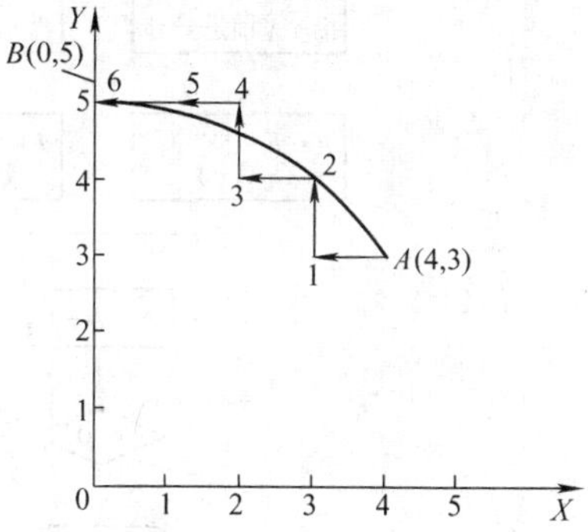

图 3-45 例 3-2 图

表 3-9 例 3-2 插补过程

序 号	偏差判别	进 给	偏差计算	终点判别
0			$F_0=0$，$X=4$，$Y=3$	$N=6$
1	$F_0=0$	$-X$	$F_1=F_0-2X+1=-7$，$X=4-1=3$，$Y=3$	$N=5$
2	$F_1<0$	$+Y$	$F_2=F_1+2Y+1=0$，$X=3$，$Y=3+1=4$	$N=4$
3	$F_2=0$	$-X$	$F_3=F_2-2X+1=-5$，$X=3-1=2$，$Y=4$	$N=3$
4	$F_3<0$	$+Y$	$F_4=F_3+2Y+1=4$，$X=2$，$Y=4+1=5$	$N=2$
5	$F_4>0$	$-X$	$F_5=F_4-2X+1=1$，$X=2-1=1$，$Y=5$	$N=1$
6	$F_5>0$	$-X$	$F_6=F_5-2X+1=0$，$X=1-1=0$，$Y=5$	$N=0$

第一象限逆圆插补流程如图 3-46 所示。

5. 圆弧插补算法分析

（1）合成进给速度 圆弧插补特点与直线插补相同，也是插补一次进给一步（沿 X 方向或 Y 方向）。因此，进给速度与脉冲源速度之比 v/v_{MF} 随 α 变化的关系与直线插补时完全相同，因为加工时刀具沿圆弧切线方向移动，同动点到圆心连线与 X 轴夹角成一定函数关系，可以用动点到圆心连线与 X 轴夹角 α 表示。如图 3-47 所示，在圆弧与坐标轴交点附近，进给速度最大；圆弧与 45°斜线的交点 B 点处，进给速度最小。最大和最小速度分别为

$$v_{max}=v_{MF}$$

$$v_{min}=0.707v_{MF}$$

（2）允许插补的最大圆弧半径 偏差函数 F 的最大绝对值为 $2X+1$（或 $2Y+1$），而 X（或 Y）的最大值为半径 R。因此，偏差函数 F 的最大绝对值为 $2R+1$。设偏差函数 F 的寄

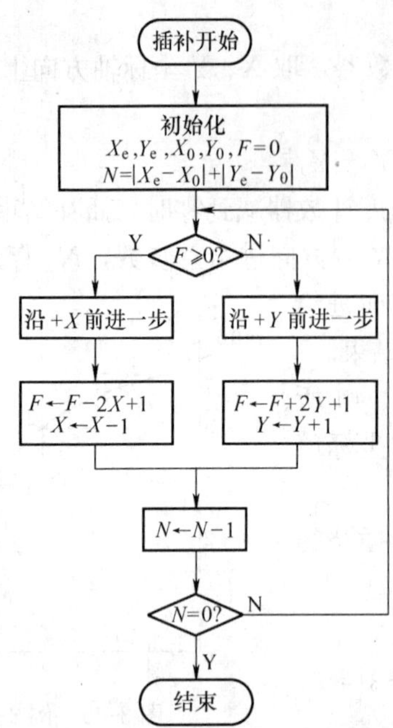

图 3-46 第一象限逆圆插补流程图

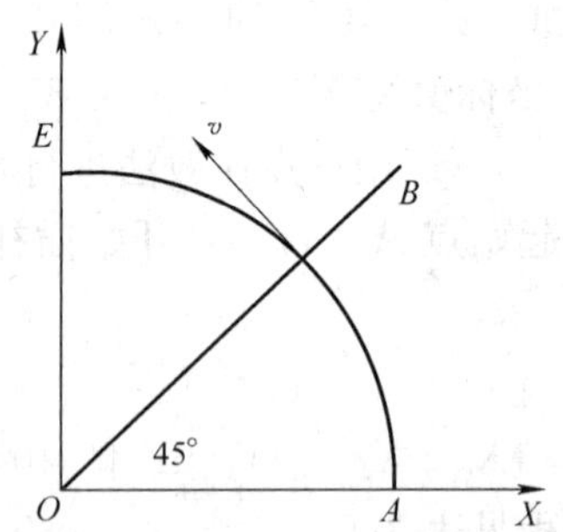

图 3-47 圆弧插补时速度变化关系

存器有 n 位，其中最高位用作符号位，则偏差函数的最大允许值为 $2^{n-1}-1$，即

$$2R+1\leqslant 2^{n-1}-1$$

能插补加工的最大圆弧半径为

$$R_{\max}=2^{n-2}-1$$

6. 其他象限的圆弧插补

上面讨论的是第一象限的圆弧插补方法。实际上，圆弧所在象限不同，进给方向不同，圆弧插补有 8 种形式，用 SR_1、SR_2、SR_3、SR_4 代表一、二、三、四象限的顺圆弧，NR_1、NR_2、NR_3、NR_4 表示四个象限中的逆圆弧，归纳成两组。

1）NR_1、SR_2、NR_3、SR_4 为一组，设都从圆弧起点开始插补，则刀具的进给方向如图 3-48所示。其共同特点是：当 $F\geqslant 0$ 时，沿 X 方向进给，NR_1、SR_4 沿 $-X$ 方向，SR_2、

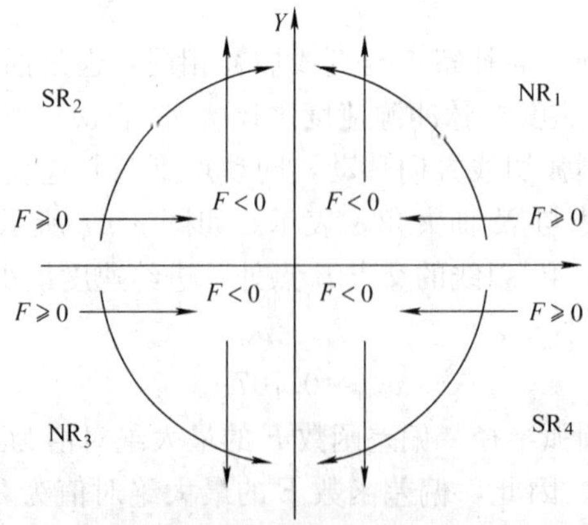

图 3-48 NR_1、SR_2、NR_3、SR_4 的进给方向

NR_3 沿 $+X$ 方向；当 $F<0$ 时，沿 Y 方向进给，NR_1、SR_2 沿 $+Y$ 方向，NR_3、SR_4 沿 $-Y$ 方向；偏差计算与第一象限逆圆插补相同，只是 X、Y 值都采用绝对值。这组圆弧的偏差计算公式归纳见表 3-10。

表 3-10 NR_1、SR_2、NR_3、SR_4 的插补方法

偏差判别		$F_i \geqslant 0$	$F_i<0$
进给脉冲	NR_1	$-X$	$+Y$
	SR_2	$+X$	$+Y$
	NR_3	$+X$	$-Y$
	SR_4	$-X$	$-Y$
偏差计算		$F_i+1=F_i-2\mid X_i\mid+1$ $X_{i+1}=\mid X_i\mid-1$，$Y_{i+1}=\mid Y_i\mid$	$F_i+1=F_i+2\mid Y_i\mid+1$ $X_{i+1}=\mid X_i\mid$，$Y_{i+1}=\mid Y_i\mid+1$

2）SR_1、NR_2、SR_3、NR_4 四种圆弧为另一组，设都从圆弧起点开始插补，则刀具的进给方向如图 3-49 所示。其共同特点是：当 $F\geqslant 0$ 时，沿 Y 方向进给，SR_1、NR_2 沿 $-Y$ 方向，SR_3、NR_4 沿 $+Y$ 方向；当 $F<0$ 时，沿 X 方向进给，SR_1、NR_4 沿 $+X$ 方向，NR_2、SR_3 沿 $-X$ 方向；偏差计算与第一象限顺圆插补相同，只是 X、Y 值都采用绝对值。这组圆弧的偏差计算公式归纳见表 3-11。

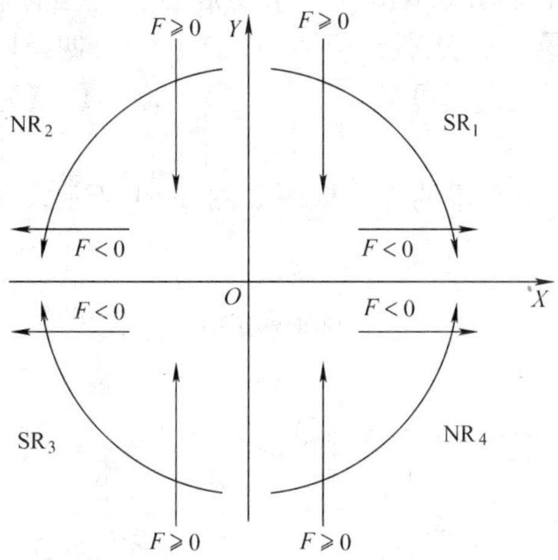

图 3-49 SR_1、NR_2、SR_3、NR_4 的进给方向

表 3-11 SR_1、NR_2、SR_3、NR_4 的插补方法

偏差判别		$F_i \geqslant 0$	$F_i<0$
进给脉冲	SR_1	$-Y$	$+X$
	NR_2	$-Y$	$-X$
	SR_3	$+Y$	$-X$
	NR_4	$+Y$	$+X$
偏差计算		$F_i+1=F_i-2\mid Y_i\mid+1$ $X_{i+1}=\mid X_i\mid$，$Y_{i+1}=\mid Y_i\mid-1$	$F_i+1=F_i+2\mid X_i\mid+1$ $X_{i+1}=\mid X_i\mid+1$，$Y_{i+1}=\mid Y_i\mid$

3）圆弧象限区分。从表 3-10 和表 3-11 可以看出，在偏差计算上可以归纳为两组，但进给情况各不相同。因此，任一种圆弧插补前，应对圆弧的类型进行判别。前面已经提到，工件加工程序中，已给定该圆弧是顺圆还是逆圆，可直接由输入的加工指令 G02、G03 来判定。下面只讨论象限的区分，如图 3-50 所示。

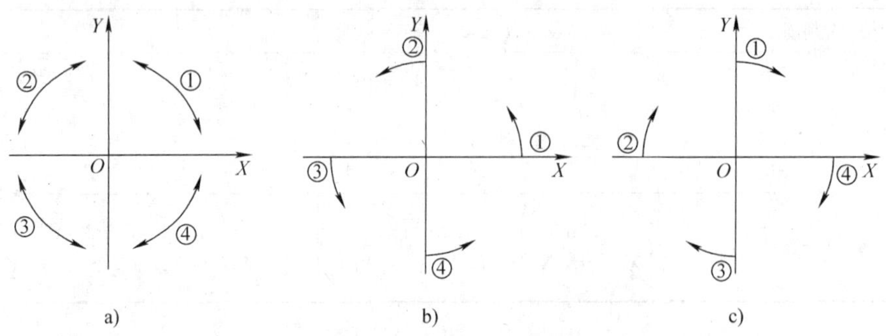

图 3-50　圆弧象限区分原理图

a）起点不在坐标轴上　b）起点在坐标轴上的逆圆　c）起点在坐标轴上的顺圆

图 3-50a 中，加工起点不在坐标轴上，直接由加工起点区分象限。图中以① 点为起点的圆弧，不管是顺圆还是逆圆，都属于第一象限；同样，以②、③、④ 点为起点的圆弧，分别属于第二、三、四象限。图 3-50b 中，加工起点位于坐标轴上，为逆圆走向，以①、②、③、④ 点为起点的逆圆圆弧分别属于第一、二、三、四象限。图 3-50c 中，加工起点也位于坐标轴上，但为顺圆走向，可见，以①、②、③、④ 点为起点的顺圆圆弧分别属于第一、二、三、四象限。

以顺圆为例，区分顺圆弧象限的程序框图如图 3-51 所示，图中的 X、Y 值为圆弧的起点坐标值。

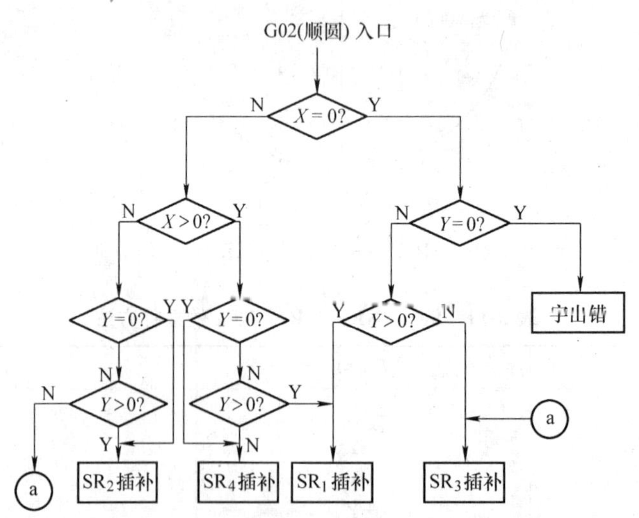

图 3-51　区分顺圆弧象限的程序框图

四、数字积分插补原理

数字积分插补又称 DDA，可以用来实现各种函数的运算，其最大优点是易于实现坐标

扩展，每个坐标是一个模块，几个相同的模块组合就可以实现多坐标联动控制。

1. 数字积分基本原理

从几何概念来看，函数 $Y=f(t)$ 的积分运算就是此函数曲线所包围的面积，如图 3-52 所示，即面积为

$$S=\int f(t)\mathrm{d}t$$

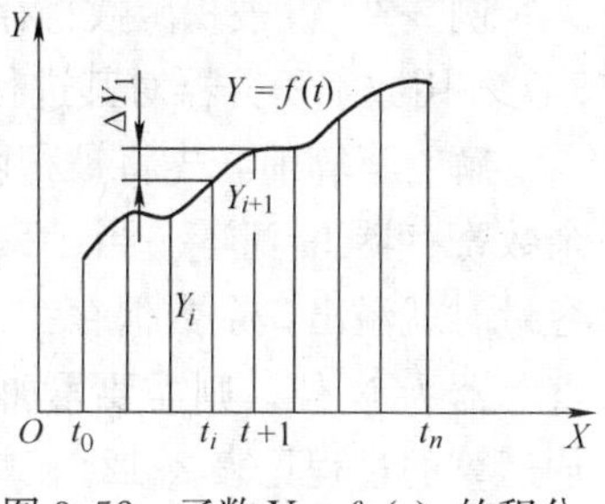

图 3-52 函数 $Y=f(t)$ 的积分

将区间 t_0-t_n 划分为间隔 Δt 的小区间，当 Δt 足够小时，则此面积可以看作是许多小长方形面积之和，长方形的宽为 Δt，高为 Y_i，则有

$$S=\int f(t)\mathrm{d}t=\sum_{i=1}^{n}Y_i\Delta t$$

上式表明，函数的积分运算可以用一系列微小矩形面积求和运算近似代替。如果取 Δt 为最小基本单位“1”，即表示一次运算脉冲，则函数的积分运算可以用数的累加运算来近似，上式可简化为

$$S=\sum_{i=1}^{n}Y_i$$

若 Y_i＝常数，则 $$S=Y_i\times n$$

数字积分器是一种用近似求和运算代替积分运算的逻辑电路，它通常由两个容量相同的移位寄存器和两个加法器组成，如图 3-53 所示，其中一个寄存器存放被积函数 Y_i，称被积函数寄存器 J_V，另一个存放被积函数累加运算的余数，称余数寄存器或累加寄存器 J_R。

数字积分器的工作原理如下：当积分指令到来后，把被积函数寄存器 J_V 中的被积函数 Y_i 送到加法器 $\sum Q_1$ 中与余数寄存器 J_R 中的余数相加，结果仍放在余数寄存器 J_R 中，J_R 中存放的数是第 i 次累加后的和 $\sum Y_i$。同时，被积函数寄存器中的 Y_i 送到加法器 $\sum Q_2$ 中与被积函数的变化量 ΔY_i 相加，参考图 3-52，结果放在被积函数寄存器 J_V 中，从而得到新的被积函数 $Y_{i+1}=Y_i+\Delta Y_i$。因为寄存器的容量大于被积函数的最大值，故被积函数寄存器中寄存的数在运算过程中不会发生溢出。

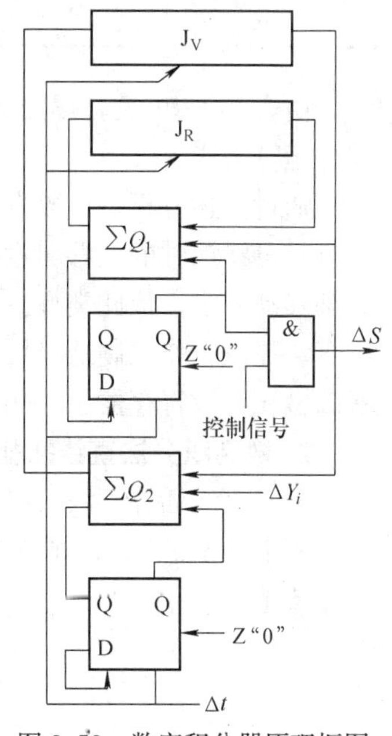

图 3-53 数字积分器原理框图

当新的积分运算指令 Δt 到来时，重复上述过程，即再进行一次累加运算。当余数寄存器 J_R 中的数值超出容量时，就会在加法器 $\sum Q_1$ 进位端产生进位，并由 D 触发器寄存，称为溢出 ΔS。若将余数寄存器 J_R 的容量看作一个单位面积值，则溢出一个 ΔS 表示获得一个单位面积值。因此，J_R 的溢出脉冲总数即为求得的积分值 S。溢出 ΔS 的获得是由控制信号控制，当一次累加运算结束，控制信号将与门打开，如果运算有进位（溢出），通过与门送出。

积分运算指令 Δt 实际是连一串运算移位脉冲序列，脉冲的个数应等于寄存器的位数。

假若函数 $f(t)$ 是一个常数，变化量 $\Delta Y_i=0$，被积函数寄存器 J_V 内的值保持不变。

例 3-3 设被积函数寄存器 J_V 和余数寄存器 J_R 均为 3 位，被积函数是常数 $Y=5$，积分 8 次。用数字积分器对其进行积分运算。

解 运算前，先将被积函数 5 存入被积函数寄存器 J_V 中，余数开始时应为零，故先将余数寄存器 J_R 清零。当运算脉冲 Δt 到来时，J_V 中的数与 J_R 中的数相加一次，其和超过 J_R 容量时就溢出，余数保存在 J_R 中，留给下一次累加用。累加次数取决于寄存器的容量，若寄存器为 N 位，则需要累加 2^N 次。已知寄存器 $N=3$，所以累加次数为 8。数字积分器累加运算的过程见表 3-12。

表 3-12 数字积分器累加运算过程

累加次数	被积函数 J_V	$J_R+J_V \to J_R$	余数 J_R	溢出 ΔS
0	5	0	0	0
1	5	0+5=5	5	0
2	5	5+5=8+2	2	1
3	5	2+5=7	7	0
4	5	7+5=8+4	4	1
5	5	4+5=8+1	1	1
6	5	1+5=6	6	0
7	5	6+5=8+3	3	1
8	5	3+5=8	0	1

由表 3-12 可见，累加到最后，余数寄存器余数为零，溢出了 5 个脉冲，共累加了 8 次，积分运算完毕。

通过上述分析，可以发现，数字积分器可以作为数控装置中一个坐标轴的移动控制器，此时，可将该轴的位移量存放在被积函数寄存器中，在进行积分运算时，如果有溢出 ΔS，该轴移动一步，依此类推。若采用两个以上的积分器就可对直线和圆弧或其他曲线进行插补运算。注意，作控制器使用时，被积函数是常数，此时，被积函数的变化量 ΔY_i 始终为零，所以被积函数寄存器 J_V 中的值保持常数，如同例 3-3。

2. 数字积分法直线插补

（1）直线插补算法 以平面直线为例。设直线 OE 在 OXY 平面内，起点为坐标原点 O，终点为 E（X_e、Y_e），如图 3-54 所示。假定进给速度 v 不变，则 X 轴和 Y 轴方向的分速度的比值是

$$\frac{v_x}{v_y}=\frac{X_e}{Y_e}$$

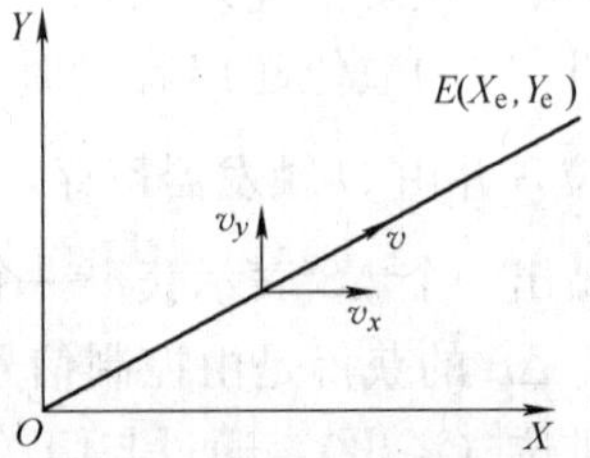

图 3-54 数字积分法直线插补

故

$$\frac{v_x}{X_e}=\frac{v_y}{Y_e}=k$$

所以 $v_x=kX_e, v_y=kY_e$

因此，沿直线 OE 运动时的微分方程为

$$\mathrm{d}x=v_x\mathrm{d}t=kX_e\mathrm{d}t$$
$$\mathrm{d}y=v_y\mathrm{d}t=kY_e\mathrm{d}t$$

可得，直线 OE 的运动参数方程为

$$X=\int\mathrm{d}x=\int kX_e\mathrm{d}t$$

$$Y=\int\mathrm{d}y=\int kY_e\mathrm{d}t$$

写成增量形式

$$\Delta X=v_x\Delta t=kX_e\Delta t$$
$$\Delta Y=v_y\Delta t=kY_e\Delta t$$

式中，k 为比例常数。

设 ΔX、ΔY 为 X 轴和 Y 轴方向上的微小位移增量，Δt 是直线插补时，一次插补运算的时间，则上述运动积分方程式可以用位移增量的累加运算方式表达，表达式为

$$X=\sum_{i=1}^{n}\Delta X=\sum_{i=1}^{n}kX_e\Delta t=kX_e\sum_{i=1}^{n}\Delta t$$

$$Y=\sum_{i=1}^{n}\Delta Y=\sum_{i=1}^{n}kY_e\Delta t=kY_e\sum_{i=1}^{n}\Delta t$$

由以上数学分析过程可见，采用两个数字积分器，在相同插补时间内分别对 X 轴和 Y 轴位移进行积分运算处理，并用积分结果的溢出，作为 X 轴或 Y 轴的进给信号，实现直线插补。这种插补方式称数字积分法直线插补。

下面讨论累加次数的确定。由例 3-3 可知，若被积函数寄存器的位数 $N=3$ 时，经过 $n=2^N=8$ 次累加后，溢出的脉冲个数恰好等于被积函数寄存器 $\mathrm{J_V}$ 中值，即

$$X=kX_e\sum_{i=1}^{n}\Delta t=X_e$$

$$Y=kY_e\sum_{i=1}^{n}\Delta t=Y_e$$

若取 $\Delta t=1$，则经过 n 次累加后

$$X=kX_en=X_e$$
$$Y=kY_en=Y_e$$

由此可以得到

$$kn=1,\quad 即\ n=1/k$$

为了保证插补精度，每次增量 ΔX、ΔY 不应大于 1，即

$$\Delta X=kX_e<1$$
$$\Delta Y=kY_e<1$$

若寄存器的位数为 N，则 X_e、Y_e 的最大寄存值为 2^N-1，

$$\Delta X = kX_e = k(2^N - 1) < 1$$

$$\Delta Y = kY_e = k(2^N - 1) < 1$$

所以

$$k < 1/(2^N - 1)$$

一般取 $k = 1/2^N$

累加次数为 $n = 1/k = 2^N$

经过 2^N 次累加后

$$X = kX_e n = (1/2^N) X_e 2^N = X_e$$

$$Y = kY_e n = (1/2^N) Y_e 2^N = Y_e$$

X 和 Y 的坐标值均到达终点。

数字积分直线插补的终点判别较简单，因为每个直线段进行 2^N 次累加运算后，一定到达终点，故可由一个与数字积分器容量相同的终点计数器 Jn 实现终点判别，其初值为零，每累加一次，Jn 加 1，当累加 2^N 次后，计数器 Jn 产生溢出信号，并使存储值为零，表示直线插补运算结束。

（2）数字积分直线插补运算流程　用数字积分法进行直线插补时，X 和 Y 两坐标可同时进行插补，即可以同时送出 ΔX、ΔY 进给脉冲，每累加一次进行一次终点判别。其流程图如图 3-55 所示。

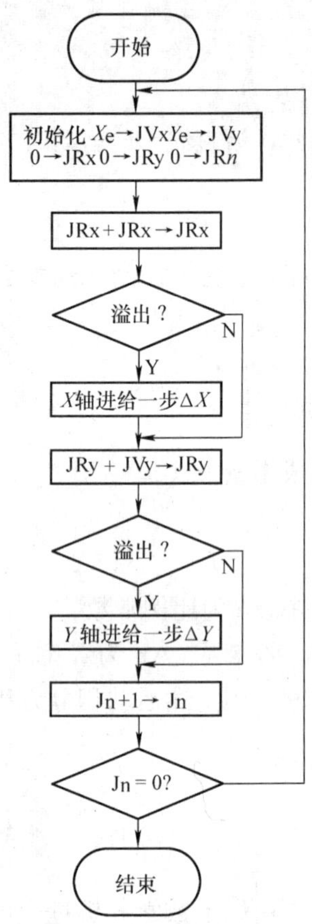

图 3-55　数字积分直线插补运算流程图

例 3-4　设有第一象限直线 OE，起点在坐标原点，终点 E 坐标值 $X_e=5$，$Y_e=7$。试用数字积分法对该直线进行插补运算。

解　将 $X_e=5$，$Y_e=7$ 作为被积函数，若寄存器位数 $N=3$，则需累加次数 $n=2^N=8$。插补运算见表 3-13，插补轨迹如图 3-56 所示。

表 3-13　数字积分直线插补运算

次　序	X 积分器		Y 积分器		终点判别 Jn
	JRx+JVx	溢出 ΔX	JRy+JVy	溢出 ΔY	
0	0	0	0	0	0
1	0+5=5	0	0+7=7	0	1
2	5+5=8+2	1	7+7=8+6	1	2
3	2+5=7	0	6+7=8+5	1	3
4	7+5=8+4	1	5+7=8+4	1	4
5	4+5=8+1	1	4+7=8+3	1	5
6	1+5=6	0	3+7=8+2	1	6
7	6+5=8+3	1	2+7=8+1	1	7
8	3+5=8+0	1	1+7=8+0	1	0（溢出）

注：JVx、JVy 分别是 X、Y 积分器的被积函数寄存器；JRx、JRy 分别是 X、Y 积分器的余数寄存器；Jn 是积分器的终点计数器。

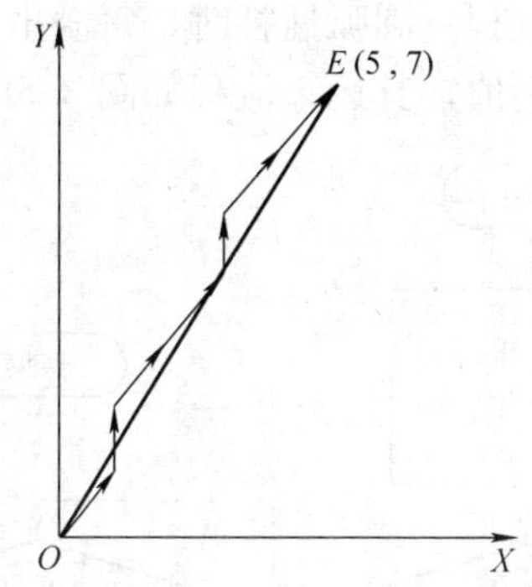

图 3-56　数字积分直线插补轨迹

3. 数字积分法圆弧插补

（1）圆弧插补算法　以第一象限逆圆为例，设圆弧 AE 的半径为 R，起点 A（X_a，Y_a），终点 E（X_e，Y_e），P（X_i，Y_i）为圆弧上的任一动点，如图 3-57 所示。

圆弧任一动点坐标为

$$X_i=R\cos\alpha$$

$$Y_i=R\sin\alpha$$

将 P 点的速度 v 分解为水平速度 v_x 和垂直速度 v_y，则有

$$v_x=-v\sin\alpha=-v(Y_i/R)=-(v/R)Y_i=-kY_i$$

$$v_y=v\cos\alpha=v(X_i/R)=(v/R)X_i=kX_i$$

P 点瞬时增量值参数方程为

$$\Delta X=v_x\Delta t=-kY_i\Delta t$$

$$\Delta Y=v_y\Delta t=kX_i\Delta t$$

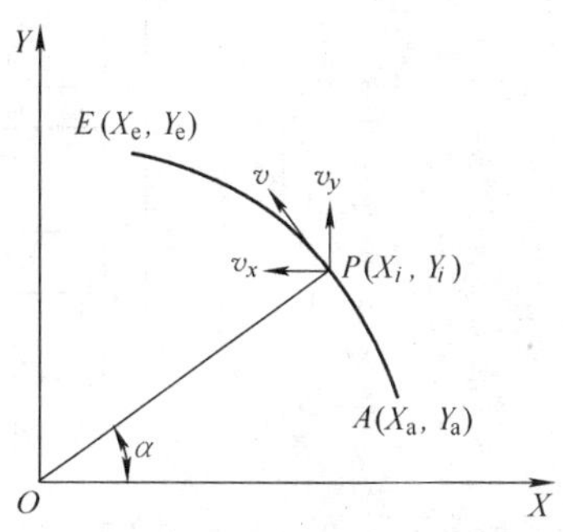

图 3-57　第一象限逆圆数字积分插补

由上推导可见，圆弧数字积分与直线数字积分相似，也可用两个积分器实现圆弧插补。圆弧插补积分器与直线插补积分器的主要区别有两点：第一，直线插补积分器的被积函数寄存器 JVx、JVy 中的数值是常数，是直线的终点坐标值，而圆弧插补时被积函数寄存器中存放的是动点坐标，是个变量。在插补过程中随刀具相对工件的移动，坐标值作相应的变化。第二，X 轴坐标值 X_i 存放在 Y 积分器的被积函数寄存器 JVy 中，而 Y 轴的坐标值 Y_i 存放在 X 积分器的被积函数寄存器 JVx。当刀具由起点 A 移动到终点 E 时，X 积分器的被积函数寄存器 JVx 中值 Y_i 由 Y_0 改变到 Y_e，而 Y 积分器的移位寄存器 JVy 中被积函数值 X_i 由 X_0 改变到 X_e。因此，当 X 或 Y 积分器有溢出时，要及时修正 Y 或 X 积分器中被积函数的值，是作 +1 修正还是作 −1 修正，取决于动点坐标所在象限和圆弧的走向。对于图 3-57 所示的第一象限逆圆插补来说，X 轴积分器溢出一个 $-\Delta X$ 时，Y 积分器的被积函数寄存器 JVy 中的值 X_i 要减 1，即 X_i-1；当 Y 轴积分器溢出一个脉冲 $+\Delta Y$ 时，X 积分器的被积函数寄存器 JVx 中的值 Y_i 要加 1，即 Y_i+1。

圆弧插补时，由于 X、Y 方向到达终点的时间不同，须对 X、Y 两坐标分别进行终点判别。因此，可以利用两个终点计数器 Jex 和 Jey，把 X、Y 坐标所需输出的脉冲数 $|X_0-X_e|$ 和 $|Y_0-Y_e|$ 分别存入两个计数器中，X 或 Y 积分器每输出一个脉冲，相应终点计数器减 1。当某一坐标的终点计数器为零时，说明该坐标已到达终点，停止该坐标的累加运算。当两个计数器均为零时，圆弧插补结束。

（2）数字积分圆弧插补运算流程　圆弧插补时，每溢出一个脉冲，就要对相应的坐标值进行修正，并计算该轴的终点判别值，其运算流程如图 3-58 所示。

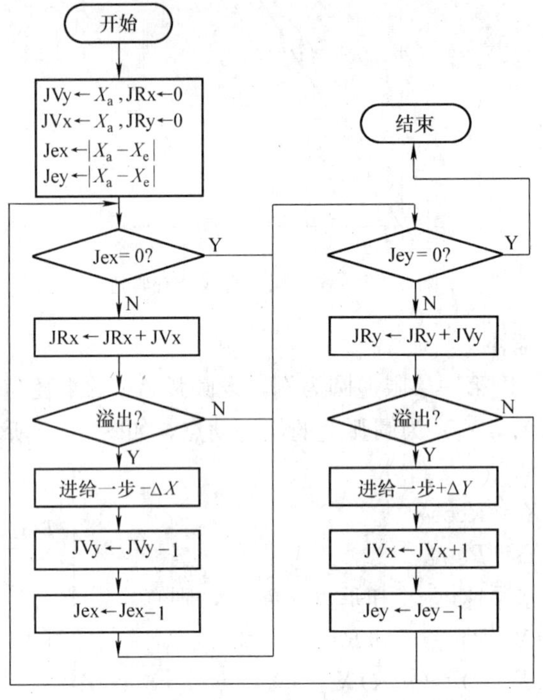

图 3-58　数字积分圆弧插补运算流程图

例 3-5　设有第一象限逆圆弧 AE，起点 A（5，0），终点 E（0，5）设寄存器的位数为 3。试用数字积分法插补此圆。

解　插补开始时，被积函数初值 $X_0=5$ 置入 Y 积分器的被积函数寄存器 JVy，而把 $Y_0=0$ 置入 X 积分器的被积函数寄存器 JVx，寄存器容量 $2^N=8$，故满 8 就溢出，两个终点计数器初值都是 5。运算过程见表 3-14，插补轨迹如图 3-59 所示。

表 3-14　数字积分圆弧插补运算

累加次数	X 积分器				Y 积分器			
	JVx	JVx+JRx→JRx	ΔX	Jex	JVy	JVy+JRy→JRy	ΔY	Jey
0	0	0	0	5	5	0	0	5
1	0	0	0	5	5	5	0	5
2	0	0	0	5	5	8+2	1	4
3	1	1	0	5	5	7	0	4
4	1	2	0	5	5	8+4	1	3
5	2	4	0	5	5	8+1	1	2
6	3	7	0	5	5	6	0	2
7	3	8+2	1	4	5	8+3	1	1
8	4	6	0	4	4	7	0	1
9	4	8+2	1	3	4	8+3	1	0
10	5	7	0	3	3	停止累加	0	0
11	5	8+4	1	2	3		0	0

（续）

累加次数	X积分器				Y积分器			
	JVx	JVx+JRx→JRx	ΔX	Jex	JVy	JVy+JRy→JRy	ΔY	Jey
12	5	8+1	1	1	2		0	0
13	5	6	0	1	1		0	0
14	5	8+3	1	0	1		0	0
15	5	停止累加	0	0	0		0	0

注：JVx、JVy 分别是 X、Y 积分器的被积函数寄存器；JRx、JRy 分别是 X、Y 积分器的余数寄存器；Jex、Jey 分别是 X、Y 积分器的终点计数器。

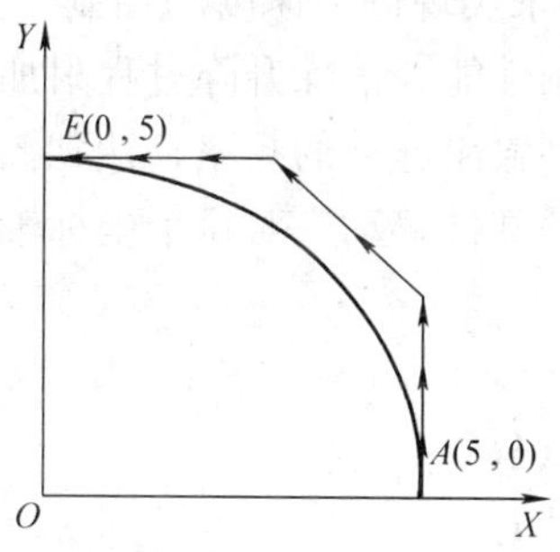

图 3-59 数字积分圆弧插补轨迹

第五节 进给速度控制

轮廓控制系统中，既要对运动轨迹严格控制，也要对运动速度严格控制，以保证被加工工件的精度和表面粗糙度、刀具和机床的寿命以及生产效率。因此数控系统应能提供足够宽的调速范围和灵活的调速方法。

在加工过程中，为了保证运动部件的平稳和精确定位，当速度超过一定数值时，在起动和停止阶段还应当进行加、减速控制，避免冲击、失步、超程和振荡。

一、进给速度给定

进给速度在工件加工程序中给定。此外，操作者也可以在加工中根据需要，对进给速度进行手动调节。

1. 程序给定

在加工工件程序中，用 F 代码来指定进给速度。进给速度的单位一般为 mm/min。当要求进给速度与主轴转速有关时，如车螺纹、攻螺纹或套螺纹等，单位为 mm/r。

通常称用 F 代码来指定的速度为指令进给速度，指令进给速度常用 F 后跟一串数字表示，具体有下面几种表示方法。

（1）直接指定进给速度　通常在 F 后跟 5 位数字，若采用每分钟进给，进给速度在 0～15000mm/min 范围内；若采用每转进给，进给速度为 0.01～500.00mm/r。

（2）F 后跟 2 位或 1 位数字表示　进给速度调节档次较少的数控系统，常用 F 后跟 2 位数字表示，除 F00 表示停止进给，F99 表示高速运行外，从 F01 到 F98 表示速度，速度按等比级数排列，上升比例系数近似等于 1.12，即相邻的后一速度比前一速度增加 12%。如

F20对应的速度为10mm/min，F21对应的速度则为11.2mm/min，F54对应的速度为500mm/min，F55对应的速度为560mm/min等。详细的对应关系可查表。速度档次更少的可用F后跟1位数字来表示，F0～F9表示10种进给速度。

2. 手动调节

在加工过程中，因发生各种事先不能确定或没有意料到的情况而需要改变进给速度时，操作者可以手动调节进给速度。因此，一般数控装置都设有手动调节进给速度的功能。

手动调节通过操作面板上的旋钮开关和按键进行。

二、进给速度控制

在CNC装置中，通常用软件来实现进给速度的控制。充分发挥软件的控制作用，可以简化电路，提高可靠性，改善控制性能，消除升降过程附加的运动误差。因为输出频率与进给速度成正比，所以采用软件控制输出脉冲的频率，达到控制进给速度的目的。插补程序向各坐标轴分配脉冲，驱动相应运动部件移动。对每个坐标轴而言，进给脉冲的频率就决定了该轴的进给速度，以X轴为例

$$v_x = 60 f_x \delta$$

式中 f_x——X轴进给脉冲频率（Hz）；

δ——脉冲当量（mm/脉冲）；

v_x——X轴方向进给速度（mm/min）。

当进给速度采用指令F直接指定方式给出时，上式可以写成

$$F = 60 f \delta$$

根据给定的速度，求得进给脉冲频率

$$f = F/60\delta$$

进给脉冲的周期（两次插补之间的时间间隔）

$$T = 1/f = 60\delta/F$$

可见，改变进给脉冲的周期，就可以改变进给脉冲的频率，实现进给速度控制。进给脉冲周期一般由程序延时法和时钟中断法两种方法控制。

1. 程序延时法

用程序延时法控制进给速度时，要根据进给脉冲频率，算出两次插补之间的时间间隔T，$T=1/f$。图3-60所示是在逐点比较流程图过程中增加一个环节延时T_2，如果每次插补运算所需的时间设为T_1，则两次插补之间的时间间隔T为

$$T = T_1 + T_2$$

其中插补运算所需的时间T_1是一定的，所以

$$T_2 = T - T_1$$

假设延时子程序的延时时间是t，就可以根据延时等待时间T_2计算出调用延时子程序的循环次数n，

$$n = T_2/t$$

因此，编写速度控制程序时，只要改变循环次数，就可以获得与给定速度F相对应的进给脉冲频率，实现速度控制。

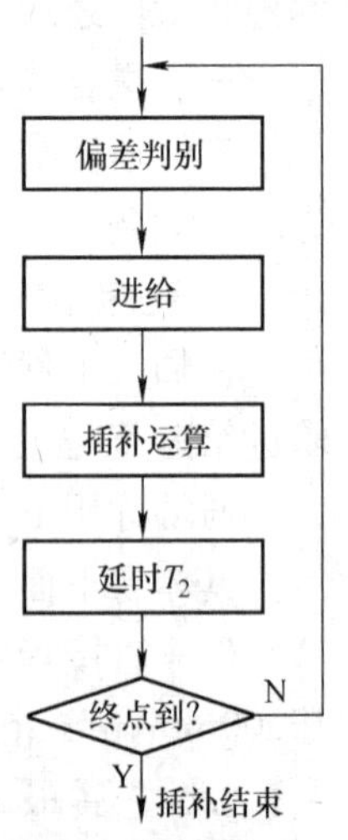

图3-60 程序延时控制进给速度

编写程序时，设定一个时间控制字（寄存器）存放延时子程序的循

环次数 n，在进给过程中，时间控制字内的数值不变，就是恒速控制进给；若控制字不断增大，T_2 跟着不断增大，则进给频率不断下降，就可获得减速控制。反之，若不断减小时间控制字内的数值，则得到升速控制。

这种速度控制方法，一般用在点位直线数控系统，这种系统中的插补运算比较简单，插补运算时间短，所以在两次进给脉冲之间，能有一定的等待时间，这是使用程序延时法实现进给速度控制的先决条件。前面曾提到插补运算公式要求简单，道理就在于此。

例 3-6 设 CNC 装置的脉冲当量为 $\delta=0.01$mm/脉冲，插补程序运行时间 $T_1=0.1$ms。若指令进给速度 $F=300$mm/min，延时子程序的运行时间 $t=0.1$ms，求延时子程序的循环次数 N。

解 由 $F=60f\delta$，可得

$$f=F/60\delta=300/(60\times0.01)\text{Hz}=500(\text{Hz})$$

则插补时间间隔

$$T=1/f=0.002\text{s}=2\text{ms}$$

相应延时的时间

$$T_2=T-T_1=(2-0.1)\text{ms}=1.9\text{ms}$$

则循环次数

$$n=T_2/t=1.9/0.1=19$$

2. 中断控制法

用中断方法，每隔规定的时间向 CPU 发出中断请求，CPU 响应中断，在中断服务程序中输出一个进给脉冲。因此，改变中断请求信号的频率，就等于改变了进给速度。中断请求信号一般通过可编程计数器/定时器产生。由程序设置时间常数，定时一到，就向 CPU 发出中断请求信号。改变时间常数 T_c，就可以改变中断请求信号的频率。

使用 MCS—51 系列单片机的计数器/定时器时，因为定时计数器采用加 1 计数方式，即在初值的基础上每来一个定时脉冲，定时计数器就加 1，一直加到计数器溢出并向 CPU 发出中断请求。假如要求两次进给之间的时间间隔（即定时器的定时时间）为 T，定时器的时间常数为 T_c，定时计数器为 n 位，由于 MCS—51 系列单片机的定时脉冲频率为系统振荡频率 F_{osc} 的 1/12，因此有

$$T=(2^n-T_c)\times12/f_{osc}$$

解得

$$T_c=2^n-Tf_{osc}/12$$

例 3-7 使用 MCS—51 系列单片机的计数器/定时器实现时钟中断法控制进给速度，若进给速度 $F=60$mm/min，系统脉冲当量 $\delta=0.001$mm/P，单片机的主振频率 $f_{osc}=11.06$MHz，采用定时方式 1，计数器位数 $n=16$。求定时器的时间常数 T_c。

解 已知进给速度 F 和脉冲当量 δ，则定时器中断请求信号的频率为 $f=F/60\delta$，其定时时间为

$$T=1/f=60\delta/F=60\times0.001/60\text{s}=1\text{ms}$$

定时器的时间常数为

$$\begin{aligned}T_c&=2^n-Tf_{osc}/12\\&=2^{16}-10^{-3}\times11.06/12\\&=64610D=FC62H\end{aligned}$$

对时间常数的处理程序有两种方法：第一种方法为查表法，即对每一种 F，预先算出对应的 T_c 值，按表格存放。工作时，根据输入的 F 值，查表找出对应的 T_c 值，装入定时器，从而得到指定的进给速度。由于表格长度有限，这种方法适用于有级变速。第二种方法为实际计算，根据输入的 F 值，由上面讨论的公式算出相应的 T_c 值，这种方法可输入任意的 F 值，实现无级调速。

用中断法实现进给速度控制的过程可归纳为：在主程序中，将要求的进给速度换算成计数器/定时器的时间常数，将该时间常数装入定时器，定时器开始计数时，定时一到，就发出中断请求，CPU 响应后执行中断服务程序，输出一个进给脉冲。在定时器工作的同时，主程序进行插补运算，速度调节，将定时器的下一个时间常数准备好。待中断服务程序发出进给脉冲后，主程序将新的时间常数装入定时器。如此不断重复，进给速度控制贯穿于整个插补过程，直到插补程序段结束。

时钟中断法控制进给速度的程序框图如图 3-61 所示。程序中设置标志 PF，供主程序查询，$PF=0$ 表示正在执行中断服务程序，输出进给脉冲；$PF=1$ 表示进给脉冲已输出完毕，于是给定时器重装时间常数，开始下一次插补。

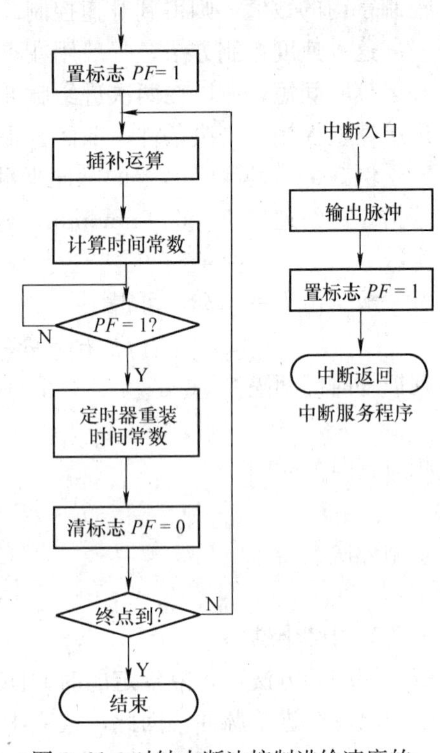

图 3-61 时钟中断法控制进给速度的程序框图

三、步进电动机升降速控制

步进电动机由于本身性能的限制，其起动频率都较低，带负载时的起动频率约为数百赫兹。而数控系统要求的工作频率通常都远大于起动频率，例如，数控机床快速运动时，速度可达 6m/min，相当于 10kHz 的工作频率。为此，必须采取升降速措施。步进电动机以较低的频率起动后，逐步升速，以保证不失步，升速到规定的运行频率后，开始恒速运行。在到达终点前要逐步降速，降到起动频率以下停车，以保证准确定位。电动机升降速曲线图如图 3-62 所示，图中 f_0 为步进电动机的起动频率，f_F 为工作运行频率，横坐标 L 为位移，L_1 为加速区，L_2 为降速区，L_3 为恒速区。

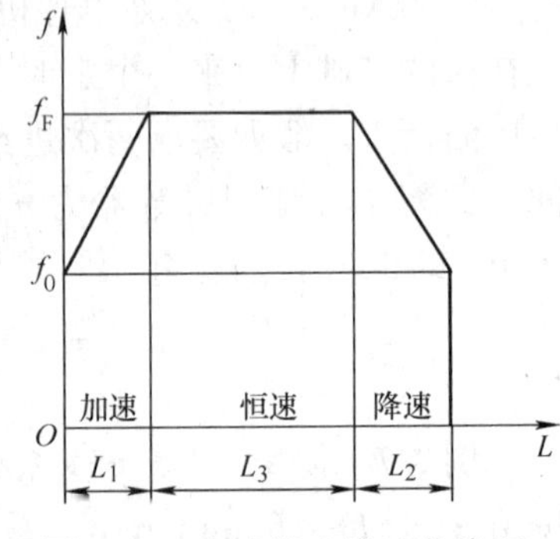

图 3-62 电动机升降速曲线图

在 CNC 装置中，上述升降速过程一般由软件控制实现。步进电动机的进给速度通常由计数器/定时器的时间常数控制，在运行过程中，不断改变定时器的时间常数，就可以连续改变脉冲的频率，从而达到升速和降速控制的要求。

在软件控制自动升降速时，应考虑下述几种情况：

1）若步进电动机的实际工作频率小于或等于起动频率时，则不需要升降速控制，直接以工作频率运行。

2）当要求电动机的运行频率高于起动频率时，要进行加减速控制。升速过程是从起动频率开始逐步升速，直到所要求的工作频率，才停止升速，而转入正常的恒速运行。当运行到达降速阶段时，就开始自动降速运行。

3）在升速过程中，当输出的脉冲已达到插补总脉冲数（总进给脉冲数）的一半，电动机还没有升到要求的工作频率时，就不再升速而转为降速运行。

步进电动机的升降速程序，可以按指数规律递增或递减的原理设计，也可以按线性增、减的方式设计，图 3-63 所示是一种比较简单的阶梯方式升降速控制示意图。

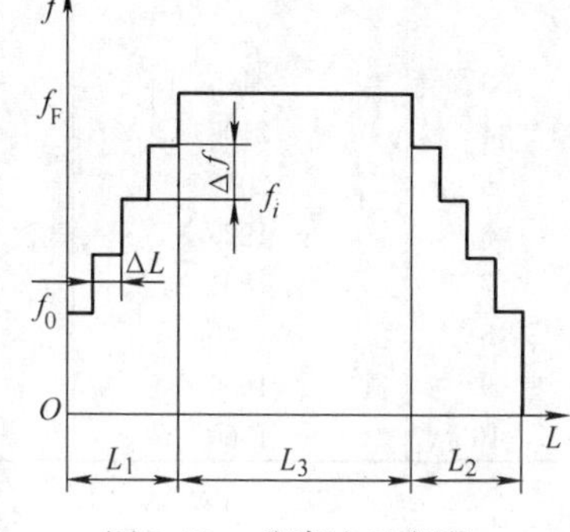

图 3-63　升降速示意图

图中 L_1 为升速区步长，L_2 为降速区步长，L_3 为恒速区步长。ΔL 为每一阶梯的步长，就是升降速过程中某一频率所走的步数，Δf 为两个阶梯之间的频率增量。

设 T_0 为对应于起动频率 f_0 的时间常数，T_F 为对应于工作频率 f_F 的时间常数，ΔT 为对应于 Δf 的时间常数阶梯增量。升速时，时间常数自动按 T_0，$T_0-\Delta T$，$T_0-2\Delta T$，…，$T_0-(n-1)\Delta T$，T_F 逐次递减，直到步进电动机依次经过这些时间常数对应的频率阶梯，达到工作频率 f_F。降速时，时间常数则自动按 T_F，$T_F+\Delta T$，$T_F+2\Delta T$……的规律递增，使步进电动机工作频率逐步降至起动频率 f_0，而后停止。

例 3-8　用程序控制步进电动机的升降速。插补总进给脉冲数为 5000 个，步进电动机起动频率 f_0 为 400Hz，要求经过 20 级升速以后达到工作频率 1500Hz。设插补程序运行一次需要占用 $T_1=34\mu s$，若以 $10\mu s$ 为延时基数，试计算 20 级升速对应的时间常数（循环次数）。

解　1）计算起动频率为 400Hz 时的时间常数

两次插补之间的时间间隔为

$$T=1/f_0=1/400s=2500\mu s$$

对应的延时时间为

$$T_{起}=T-T_1=(2500-34)\mu s=2466\mu s$$

因延时基数为 $10\mu s$，所以时间常数为

$$T_0=T_{起}/10=246D=F6H$$

2）计算工作频率为 1500Hz 时的时间常数

两次插补之间的时间间隔为

$$T=1/f_F=1/1500s=667\mu s$$

对应的延时时间为

$$T_{工}=T-T_1=(667-34)\mu s=633\mu s$$

因延时基数为 $10\mu s$，所以时间常数为

$$T_F=T_{工}/10=63D=3FH$$

3）20 级升速，时间常数阶梯增量为

$$\Delta T=(T_0-T_F)/14H=09H$$

4）20 级升速对应的时间常数（循环次数）见表 3-15。

表 3-15　时间常数（从 F6H 开始）

序　号	时间常数（十进制数）	时间常数（十六进制数）	序　号	时间常数（十进制数）	时间常数（十六进制数）
1	2370	EDH	11	1470	93H
2	2280	E4H	12	1380	8AH
3	2190	DBH	13	1290	81H
4	2100	D2H	14	1200	78H
5	2010	C9H	15	1110	6FH
6	1920	C0H	16	1020	66H
7	1830	B7H	17	930	5DH
8	1740	AEH	18	840	54H
9	1650	A5H	19	750	4BH
10	1560	9CH	20	660	42H

第六节　系统软件结构简介

CNC 是一个实时计算机控制系统，控制系统的基本功能是由各种功能子程序实现的。例如，插补运算子程序、输入子程序、数据处理子程序等。不同的软件结构，安排子程序的方式不同，管理程序的方式也不同。用得较多的系统软件结构大致有以下几种。

一、子程序结构

子程序结构框图如图 3-64 所示。开机后，转入主程序运行。运行时，首先检查条件 1，条件 1 满足时转入子程序 1；处理完条件 1 后，再依次往下检查条件 2、条件 3……。如果条件不满足，向下顺序执行。子程序可以嵌套。

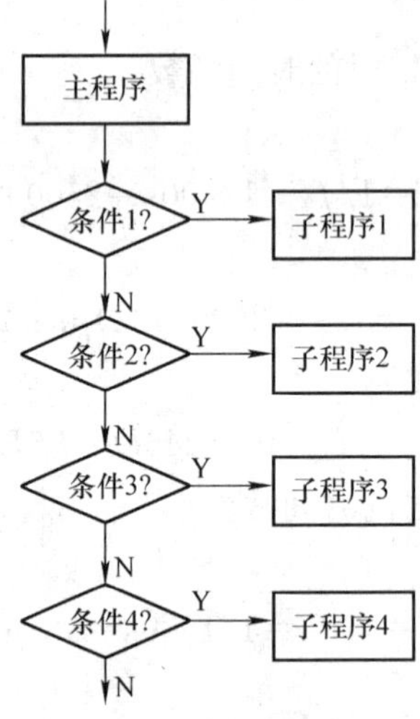

图 3-64　子程序结构框图

这种结构在经济型数控系统中应用较多。例如，某数控系统由波段开关实现下列功能的选择：编辑、空运行、自动运行、手动Ⅰ、手动Ⅱ、手动Ⅲ、回零。各功能作用在第三节已作介绍，不再重叙。数控系统的软件结构如图 3-65 所示。

由图 3-65 可见，在这种结构中，除了初始化程序以外，系统程序不断地扫描各种功能开关，当操作人员选择某一功能后，程序转入相应的功能处理程序（子程序）。该功能处理

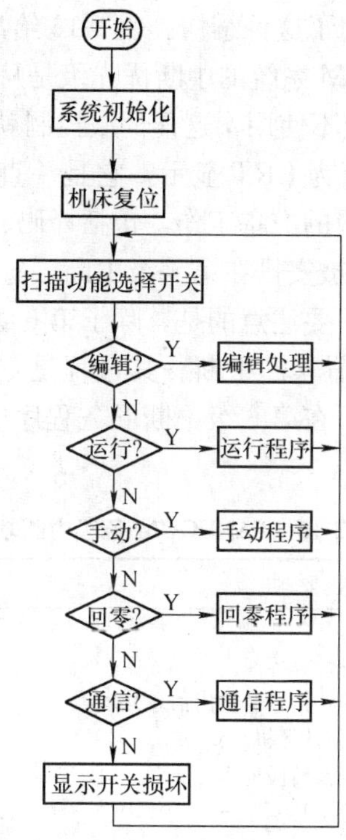

图 3-65　经济型数控系统软件结构框图

结束后，再返回到扫描功能选择开关程序继续扫描。如果扫描全部功能开关后，仍找不到操作者选定的开关，可能是选择开关坏了，此时，显示器显示开关损坏。

二、中断型软件结构

图 3-66 所示是中断型 CNC 系统软件结构原理图。在这种结构中，除了初始化程序以外，整个系统是一个中断控制系统，各种功能的子程序（如工件程序的输入、编辑、译码、数据处理、插补和伺服控制等功能）均被安排成优先级别不同的中断服务程序。

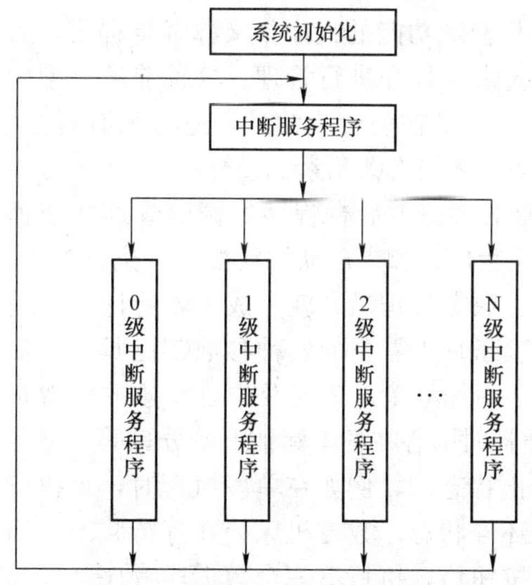

图 3-66　中断型 CNC 系统软件结构框图

例如 FANUC-7M 系统就采用了这种结构。表 3-16 给出了 FANUC-7M 系统根据程序功能配置的 8 级中断服务程序表。7M 系统的中断优先级是从 0 级到 7 级。0 级优先级别最低，7 级最高。在正常加工时，第 7 级不使用，这样伺服控制就被安排成最高级别，因为机床伺服控制实时性要求最高。0 级中断为 CRT 显示，它是一直开放的，系统没有其余事情可做时，就转入显示服务程序。插补前的准备工作，包括译码、刀具中心计算等，被安排在 1 级中断，16ms 发生一次。插补程序被安排在第 4 级中断，每 8ms 发生一次。伺服控制程序为 6 级中断，每 4ms 发生一次。这里要注意的是，除了第 6 级中断由时钟产生以外，其余各级中断均由第 6 级中断设置，即所谓软件中断。其过程是：开机→初始化→0 级 CRT 显示，经过 4ms，时钟请求第 6 级中断，在第 6 级中断服务程序中，设置第 1 级、第 2 级（16ms）和第 4 级（8ms）中断请求。

表 3-16　FANUC-7M 各级中断功能

中断级别	主要功能	中断源
0	CRT 显示	硬件（接地）
1	译码、刀具中心轨迹计算等	软件 16ms 定时
2	键盘及面板输入扫描，输入、输出信息处理等	软件 16ms 定时
3	（外部遥控面板和通信计算机）	
4	插补运算、终点判别及转段处理	软件 8ms 定时
5	阅读机中断	软件或硬件
6	伺服系统位置控制	4ms 硬件时钟
7	测试	硬件

中断型软件结构采用模块化结构，便于修改和扩充，编制程序较为方便。更重要的是这种结构便于向多微处理器数控系统发展。

三、前后台型软件结构

这种软件结构把系统软件分为前台程序和后台程序两大部分。前台程序是指实时中断程序，例如插补运算、伺服控制、机床逻辑控制和监控等功能，它们和机床的运动直接相关，并且实时性要求高。后台程序是指实现输入、译码、数据处理及管理功能的程序，又称背景程序，后台程序为前台程序的实施提供条件和进行管理。这种前后台型软件结构如同舞台演出，除了演员在前台表演外，还必须有音乐、灯光及舞台监督等配合，演出才能有条不紊地进行。

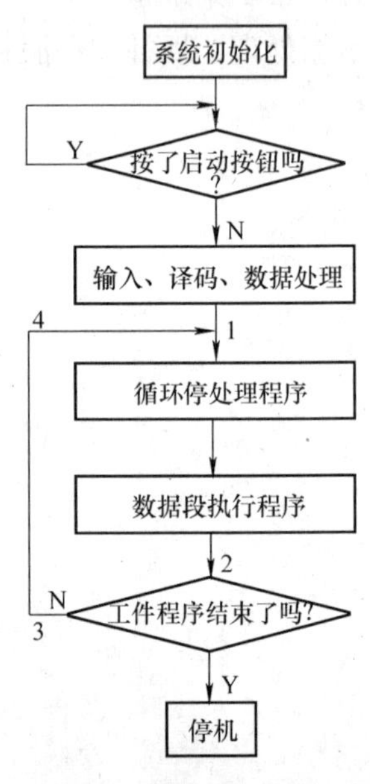

图 3-67　后台程序框图

图 3-67 所示是正常加工状态下后台程序的调度管理功能框图。开机后，先运行初始化程序。如果启动按钮按下，执行输入、译码和数据处理程序，经过数据处理后，就完成了轨迹计算及速度计算。也就是说，插补运算时所需要的各种参数都已具备，如数据段起点、终点，刀具中心偏移量，速度及中心轨迹的计数长度（总步数），以及圆弧插补时圆心在各坐标轴上的分量等。循环停处理程序是处理各种停止状态的，例如在单段执行时，每执行完一个数据段时就设置循环停状态，数控机床处在等待状态，当操作员重新按下循环启动按钮后，执行下一个数据段程序。操作员因故按下循环停按钮，则立即停止插补运行，只有重新按下循

环启动按钮，程序才能继续运行。如果系统处于连续自动加工状态，则跳过循环停处理程序。图 3-67 的第三框是指初始化状态后预先准备阶段，以备在第五框数据段执行程序时插补运行使用。以后加工程序段的数据处理由数据段执行程序完成。正常情况下，后台程序在 1→2→3→4 中循环，直到工件加工结束。

图 3-68 所示是前台程序框图，伺服程序用于控制伺服系统的速度和位置，按上一周期的插补结果实现进给；前扫描用于输入控制面板上设置工作状态标志，并处理输入的信息；辅助功能处理可调用机床逻辑功能子程序执行 M、S、T 辅助功能及机床逻辑状态监控；插补程序可算出位置的偏差值，作为下一周期实现伺服控制的依据；后扫描可输出系统信息并修改控制面板的状态标志，为操作员指明当前的状态，然后返回后台程序。

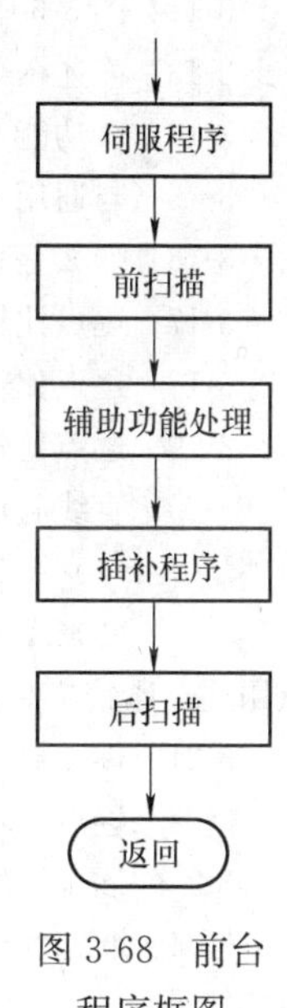

图 3-68　前台程序框图

前台程序是一个定时中断处理程序，这种中断处理程序按一定时间（例如 10ms）中断一次，CPU 执行一次前台程序。其过程是：程序启动，经过初始化程序后就进入后台程序，同时开放定时中断，每 10ms 定时中断发生一次，执行一次中断服务程序，即前台程序。此时，后台程序停止运行；定时中断程序执行完毕以后又返回后台程序；以后过 10ms 定时中断又发生，如此循环往复，共同完成数控系统的全部功能。值得注意的是，在执行中断处理程序时，若后台程序未做好准备工作，插补程序和伺服控制等都跳过去，不予执行，仅执行一些例行的扫描、监控等功能。

响应中断后，执行或不执行插补等功能是由后台程序图 3-67 的第五框数据段执行程序控制。数据段执行程序的三个功能：① 将数据处理结果传送到插补缓冲器，然后设置一个数据处理结束标志和一个开放插补标志，完成这两个标志后，前台程序可执行伺服进给和插补运算；② 在进行插补运算及伺服进给的同时，数据段执行程序进行下一加工程序段的译码及数据处理；③ 数据段执行程序在完成了下一段数据段的处理后，在等待本程序段插补期间，不断地进行 CRT 显示更新。

前后台型软件结构对数控装置的要求较高。这是因为所有的实时处理功能均要求在定时中断服务程序中一次完成。该中断服务程序的运行时间不能太长，要给后台程序留一部分时间，因而对数控装置的运行速度及指令功能要求较高。该结构比较适合单微处理器集中式的数控系统。

习题与思考题

3-1　CNC 装置硬件结构主要由哪几部分组成？

3-2　计算机数控系统常用的外部设备有哪几种？简述其功能。

3-3　简述 CNC 装置的数据转换过程。

3-4　数控系统软件包括哪些主要内容？

3-5　大板结构和模块结构的含义是什么？

3-6　单微处理器结构和多微处理器结构的区别是什么？

3-7　分别画出两种输入和输出接口电路，并简述工作原理。

3-8 光电隔离电路的作用是什么?

3-9 MCS—51系列单片机的基本特点是什么?

3-10 为什么硬件电路中要扩展存储器?

3-11 常用的程序存储器和数据存储器的型号有哪些?

3-12 图3-6中，74LS138译码器的作用是什么?

3-13 简述图3-17中面板按键的作用。

3-14 全功能CNC系统的特点是什么?

3-15 与通用计算机相比，工业控制机的特点是什么?

3-16 什么是总线?常用的总线分几类?STD总线的特点是什么?

3-17 逐点比较法直线插补的偏差函数如何确定?

3-18 逐点比较法直线插补时，刀具进给方向如何确定?偏差值如何计算?

3-19 逐点比较法直线插补时如何判别终点?

3-20 直线起点在坐标原点$O(0，0)$，终点A的坐标分别为

(1) $A(12，5)$　　(2) $A(9，4)$

(3) $A(10，10)$　　(4) $A(5，10)$

试用逐点比较法对这些直线进行插补，并画出插补轨迹。

3-21 逐点比较法圆弧插补的偏差函数如何确定?

3-22 逐点比较法圆弧插补时，刀具进给方向如何确定?偏差值如何计算?

3-23 逐点比较法圆弧插补时如何判别终点?

3-24 顺圆的起点、终点坐标为$A(0，10)$、$B(8，6)$，试用逐点比较法进行顺圆插补，并画出刀具轨迹。

3-25 逆圆的起点、终点坐标为$A(10，0)$、$B(6，8)$，试用逐点比较法进行逆圆插补，并画出刀具轨迹。

3-26 直线的起点在坐标原点$O(0，0)$，终点$E(5，4)$，试用数字积分直线插补法对直线进行插补，并画出插补轨迹。

3-27 步进电动机开环系统中，如何控制步进电动机的进给速度?

3-28 为什么要进行升降速控制?如何实现升降速控制?

3-29 数控系统软件有哪几种常见结构?各有什么特点?

第四章　数控机床的机械结构与部件

第一节　数控机床的结构组成及特点

数控机床是机械和电子技术相结合的产物，它的机械结构随着电子控制技术在机床上的应用及对机床性能提出的技术要求而逐步发展变化。从数控机床发展史看，早期的数控机床是对普通机床的进给系统进行革新、改造，而后逐步发展成一种全新的加工设备。1952 年，美国研制的世界第一台三坐标数控铣床，用三个数控伺服系统替代了传统的机械进给系统。早期的数控机床同普通机床相比，除进给系统是数控伺服系统外，外形和结构基本相同。经济型数控机床，就属于这种类型，因为这些产品是在普通机床的总体结构基础上经局部改进而发展起来的。

一、数控机床机械结构的主要组成

由于进给伺服驱动、主轴驱动和 CNC 技术的发展，以及为适应高生产率的需要，数控机床的机械结构已从初期对普通机床局部结构的改进，逐步发展为数控机床的独特机械结构。尽管如此，普通机床的构成模式仍适应于现代数控机床，数控机床零部件的设计方法和普通机床设计理论及计算方法基本相同。数控机床的机械结构，除机床基础部件外，其他部件有① 主传动系统；② 进给系统；③ 工件回转、定位装置及附件；④ 辅助功能的系统及装置，如液压、气动、润滑、冷却等系统和排屑、防护等装置；⑤ 刀架或自动换刀装置（ATC）；⑥ 自动托盘交换装置（APC）；⑦ 特殊功能装置，如刀具破损监控、精度检测和监控装置；⑧ 完成自动控制功能的各种反馈信号装置及元件。

机床基础件俗称机床大件，通常是指床身、底座、立柱、横梁、滑座、工作台等，它是整台机床的基础和框架。机床的其他零部件，或固定在基础件上，或工作时在基础件的导轨上运动。其他机械结构则按机床的功能需要选用，如一般的数控机床除基础件外，还有主传动系统、进给系统以及液压、润滑、冷却等其他辅助装置，这是数控机床机械结构的基本构成。加工中心则至少还应有 ATC，有的还有双工位 APC 等。柔性制造单元（FMC）除 ATC 外还带有工位数较多的 APC，有的配有上、下料工业机器人。数控机床可根据自动化程度、可靠性要求和特殊功能需要，选用各类破损监控、机床与工件精度检测、补偿装置和附件等。有些特殊加工数控机床，如电加工数控机床和激光切割机，其主轴部件不同于一般数控机床，但对进给伺服系统的要求则是相同的。

数控机床用的刀具，虽不是机床本体的组成部分，但它是机床实现切削功能不可分割的部分，对提高数控机床的生产效率有重大影响。

二、数控机床机械结构的主要特点

1. 高刚度和高抗振性

（1）机床刚度的基本概念　机床刚度是机床的技术性能之一，它反映了机床结构抵抗变形的能力。根据机床所受载荷性质的不同，机床在静态力作用下所表现的刚度称为机床的静刚度；机床在动态力作用下所表现的刚度称为机床的动刚度。在机床性能测试中常用机床柔度来说明机床的该项性能。柔度是刚度的倒数。

机床和机床零部件在静力负载下的静刚度为

$$K=\frac{\text{静力负载}}{\text{变形量}}$$

机床和机床零部件在动态力负载下的动刚度为

$$K_{\mathrm{d}}=K\sqrt{\left(1-\frac{\omega^{2}}{\omega_{\mathrm{n}}^{2}}\right)^{2}+4\xi^{2}\frac{\omega^{2}}{\omega_{\mathrm{n}}^{2}}}$$

式中 K——机床结构系数的静刚度（N/μm）；

ω——外加激振力的激振频率（Hz）；

ω_{n}——机床结构系数的固有频率，$\omega_{\mathrm{n}}=\sqrt{K/m}$；

ξ——机床结构系数的阻尼比。

由上式可见，机床弹性系统在动态力作用下的动刚度 K_{d} 与静刚度、激振频率与固有频率的频率比 $\omega/\omega_{\mathrm{n}}$ 及阻尼比有关。

当 $\omega/\omega_{\mathrm{n}}=1$ 时，即当两种频率相等时，此时为共振状态，动刚度最小，$K_{\mathrm{d}}=2\xi K$。

当 $\omega/\omega_{\mathrm{n}}\ll 1$ 时，即激振频率远比固有频率小时，动刚度接近于静刚度，$K_{\mathrm{d}}\approx K$。

当 $\omega/\omega_{\mathrm{n}}\gg 1$ 时，即激振频率远比固有频率大时，动刚度随着 ω 的加大而增加。

当在相同频率比的条件下，静刚度越大，动刚度也越大，两者成正比关系；阻尼越大，动刚度也越大。机床系统的综合刚度由机床各零、部件的刚度综合而成。

上述机床刚度分析的基本理论同样适用于数控机床。为满足数控机床高速度、高精度、高生产率、高可靠性和高自动化的要求，与普通机床比较，数控机床应有更高的静、动刚度，更好的抗振性。例如有的国家规定，数控机床的刚度系数比普通机床至少要高 50%。

（2）提高数控机床结构刚度的措施

1）提高机床构件的静刚度和固有频率，改善薄弱环节的结构或布局，以减少所承受的弯曲负载和扭矩负载。例如，数控车床上加大主轴支承轴径，尽量缩短主轴端部的受力悬伸长度以减少所受弯矩。采用合理布置的肋板结构，以便在较小重量下具有较高的静刚度和适当的固有频率。数控机床的主轴箱或滑枕等部件可采用卸荷装置来平衡载荷，以补偿部件引起的静力变形，常用的卸荷装置有重锤和平衡液压缸。改善构件间的接触刚度和机床与地基连接处的刚度等。

2）改善数控机床结构的阻尼特性。在大件内腔充填泥芯和混凝土等阻尼材料，在振动时因相对摩擦力较大而耗散振动能量。也可采用阻尼涂层法，即在大件表面喷涂一层具有高内阻尼和较高弹性的粘滞弹性材料（如沥青基制成的胶泥减振剂，高分子聚化物和油漆腻子等），涂层厚度越大，阻尼越大。阻尼涂层常用于钢板焊接的大件结构。采用间断焊缝，也可以改变结合面间的摩擦阻尼，间断焊缝虽可使静刚度略有下降，但阻尼比 ξ 大为增加。

3）采用新材料和钢板焊接结构。长期以来，机床大件材料主要采用铸铁，现部分机床大件已采用新材料代替，主要的新材料是聚化物混凝土，它具有刚度高、抗振性好、耐腐蚀和耐热的特点；用丙烯酸树脂混凝土制成的床身，其动刚度比铸铁高 6 倍。用钢板焊接构件代替铸铁构件的趋势也不断扩大，开始在单件和小批量生产的重型机床和超重型机床上应用，逐步发展应用到有一定批量的中型机床。采用钢板焊接构件的主要原因是焊接技术的发展，使抗振措施十分有效；轧钢技术的发展，提供了多种形式的型钢；其制造周期短，省去了制作木模和铸造工序，不易出废品等。

2. 减少机床热变形的影响

机床的热变形是影响机床加工精度的重要因素之一。由于数控机床主轴转速、进给速度远高于普通机床，大切削量产生的炽热切屑对工件和机床部件的热传导影响远比普通机床严重，而热变形对加工精度的影响操作者往往难以修正，因此，应特别重视减少数控机床热变形的影响。常采用以下几种措施：

（1）改进机床布局和结构

1）采用热对称结构。这种结构相对热源是对称的。在产生热变形时，其工件或者刀具回转中心对称线的位置基本保持不变，因而可以减少对加工工件的精度影响。例如，卧式加工中心采用框式双立柱结构，主轴箱嵌入立柱内，并且从立柱左右导轨内侧定位。这样，热变形时主轴中心将主要产生垂直方向的变化，而双立柱结构的单向热膨胀又很容易用垂直坐标（Y 轴方向）移动的修正量加以补偿。

2）采用倾斜床身和斜滑板结构。这样便于配置倾斜的防护罩，使炽热的切屑容易进入排屑口，被自动排屑装置及时排出。

3）采用热平衡措施。某些重型数控机床由于结构限制，不能采用上面所述的对称结构方法，可采用热平衡法。例如，立柱导轨部分和两侧及后壁的厚度相差很大时，热容量差别很大，当室温变化时，各部分的温度变化率不同，会造成立柱的弯曲变形。可采用保持温度场均匀（热平衡法）加以解决。

（2）控制温度　对机床发热部位（如主轴箱等）采用散热、风冷和液冷等控制温升的办法来吸收热源发出的热量，这是各类数控机床广泛采用的一种减少热变形影响的对策。

（3）对切削部位采取强冷措施　在大切削量切削加工时，落在工作台、床身等部件上的炽热切屑是重要的热源。现代数控机床，特别是加工中心和数控车床普遍采用多喷嘴、大流量切削液来冷却并排除这些炽热的切屑，并对切削液用大容量循环散热或用冷却装置制冷以控制温升。

（4）热位移补偿　预测热变形规律，建立数学模型存入计算机中进行实时补偿。图 4-1 所示是热变形自动补偿装置。

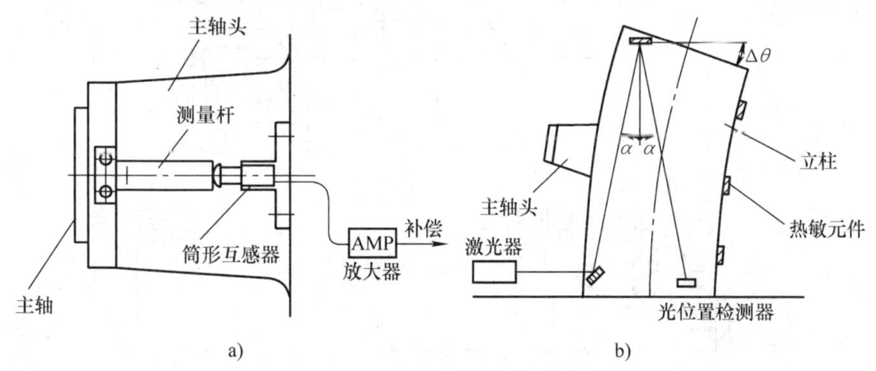

图 4-1　热变形自动补偿装置

a）轴向补偿　b）立柱热平衡补偿

3. 传动系统机械结构简单化

数控机床的主轴驱动系统和进给驱动系统分别采用交、直流主轴电动机和伺服电动机驱动，这两类电动机调速范围大，并可无级调速，因此使主轴箱、进给变速箱及传动系统大为简化，箱体结构简单，齿轮、轴承和轴类零件数量大为减少，甚至不用齿轮，由电动机直接带动主轴或进给滚珠丝杠。图 4-2 所示是某普通车床和数控车床的传动系统图，从图中可以看出，主轴箱内传动轴和齿轮数量大为减少。庞大而复杂的变速箱和溜板箱则被伺服电动机通过同步带驱动所代替。普通车床传统的两杠——即进给光杠和滑动丝杠以及交换齿轮架的功能由数控系统、伺服电动机和滚珠丝杠完成。

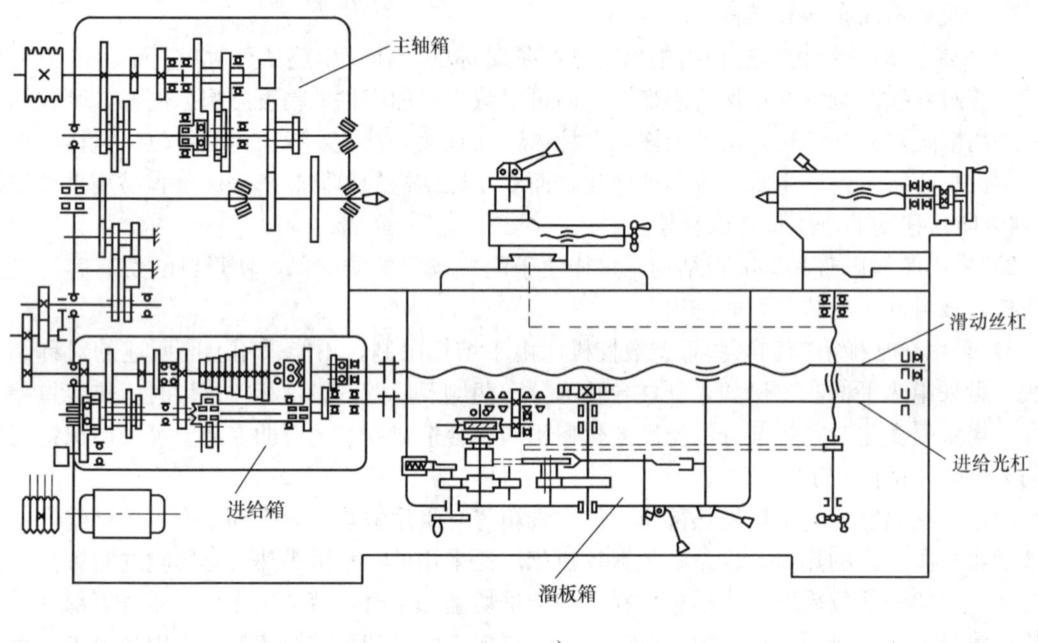

a)

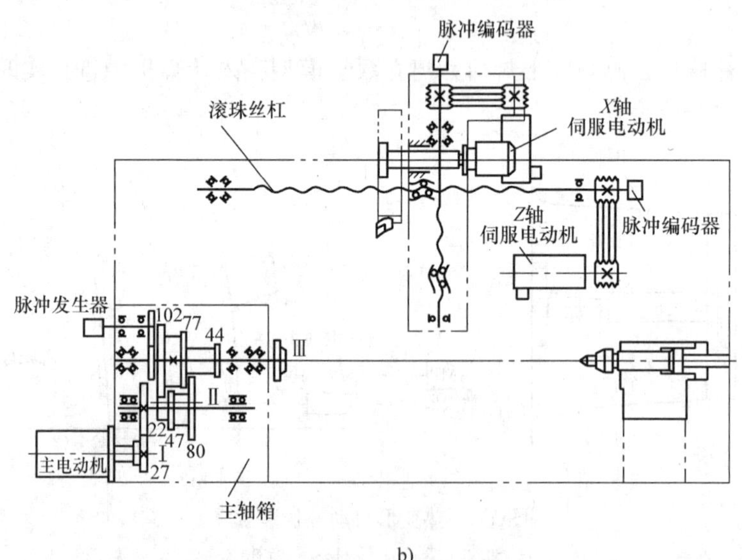

b)

图 4-2 传动系统比较

a）某普通车床 b）某数控车床

4. 传动效率高和采用无间隙传动装置

数控机床在高进给速度下，工作要求平稳，并有高定位精度，因此，对进给系统中的机械传动装置和元件要求具有高寿命、高刚度、无间隙、高灵敏度和低摩擦阻力的特点。目前，数控机床进给驱动系统中常用的机械装置主要有三种：滚珠丝杠副、静压蜗杆—蜗轮条机构和预加载荷双齿轮—齿条。本章第三节将对这三种进给系统机械传动装置作较详细介绍。

5. 导轨摩擦因数低

机床导轨是机床的基本结构之一。机床加工精度和使用寿命在很大程度上决定于机床导轨的质量。数控机床对导轨则有更高的要求，如在高速进给时不振动、低速进给时不爬行、具有很高的灵敏度、能在重载下长期连续工作、耐磨性要高、精度保持性要好等。现代数控机床使用的导轨，从类型上仍是滑动导轨、滚动导轨和静压导轨三种，但在材料和结构上已发生了质的变化，不同于普通机床的导轨。

（1）塑料滑动导轨　传统的铸铁一铸铁滑动导轨，除经济型数控机床外，在其他数控机床上已不采用，取而代之的是铸铁—塑料或镶钢—塑料滑动导轨。塑料导轨常用在导轨副的运动导轨上，与之相配的金属导轨是铸铁或钢质导轨两种。铸铁牌号为 HT300，表面淬硬度至 45～50HRC，表面粗糙度磨削至 R_a0.20～0.10μm；镶钢导轨常用 55 钢或其他合金钢，淬硬至 58～62HRC。导轨塑料常用聚四氟乙烯导轨软带和环氧耐磨导轨涂层两类。

1）聚四氟乙烯导轨软带。这种导轨软带材料是以聚四氟乙烯为基体，加入青铜粉、二硫化钼和石墨等填充剂混合烧结，并做成软带状。聚四氟乙烯导轨软带的特点主要有以下四点：

① 摩擦特性好：其动、静摩擦因数基本不变，而且摩擦因数很低，能防止低速爬行，运动平稳，能获得高的定位精度。普通导轨副的动、静摩擦因数相差较大，几乎近一倍。

② 耐磨性好：聚四氟乙烯导轨软带材料中含有青铜、二硫化钼和石墨，本身具有自润滑作用，对润滑油的供油量要求不高，采用间歇供油即可。此外塑料质地较软，即使嵌入金属碎屑、灰尘等，也不至损坏金属导轨和软带本身。

③ 减振性好：塑料的阻尼性能好，其减振消声性能对提高摩擦副的相对运动速度有很大的意义。

④ 工艺性好：可降低对粘贴塑料的金属基体的硬度和表面质量的要求，而且塑料易于加工（铣、刨、磨、刮），能获得优良的导轨表面质量。

由于聚四氟乙烯导轨软带具有上述优点，所以广泛地应用于中、小型数控机床的运动导轨，常用的进给移动速度为 15m/min 以下。图 4-3 所示为加工中心工作台和滑座的横剖面图，在移动工作台的各面都粘贴有聚四氟乙烯导轨软带。

导轨软带使用工艺很简单。首先将导轨粘贴面加工至表面粗糙度 R_a3.2～1.6μm，有时为了固定软带，将导轨粘贴面加工成 0.5～1mm 深的凹槽，如图 4-4 所示。用汽油、金属清净剂或丙酮清洗粘合面后，用胶粘剂粘合；固化 1～2h 后，再合拢到配对的固定导轨或专用夹具上，施加一定的压力，并在室温固化 24h，取下清除余胶即可开油槽和进行精加工。由于这类导轨采用粘贴方法，习惯称为贴塑导轨。

2）环氧型耐磨涂层。环氧型耐磨涂层是另一类已成功地用于金属—塑料导轨的材料。它是以环氧树脂和二硫化钼为基体，加入增塑料剂，混合成液状或膏状为一组和固化剂为另一组的双组份塑料涂层。德国 Gieitbelag-Technik 公司的 SKC3 导轨塑料涂层和 Diamant-

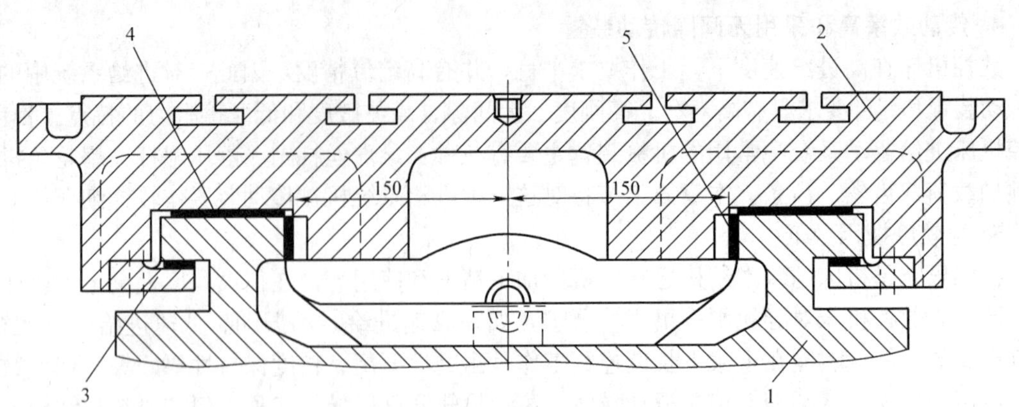

图 4-3 加工中心工作台和滑座的横剖面图

1—床身 2—工作台 3—下压板 4—导轨软带 5—粘导轨软带的镶条

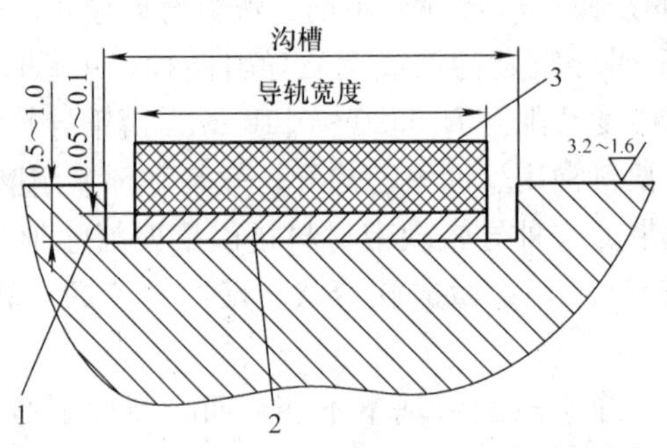

图 4-4 软带导轨粘合

1—粘结层厚度 2—粘结材料 3—导轨软带

kitte Sehulz 公司的 Moglice 钻石牌导轨塑料涂层最为有名。

SKC3 导轨塑料涂层具有良好的可加工性，可进行车、铣、刨、钻、磨削和刮削加工。具有良好的摩擦特性和耐磨性，而且其抗压强度比聚四氟乙烯导轨软带要高，固化时体积不收缩，尺寸稳定。特别是可在调整好固定导轨和运动导轨间的相关位置精度后注入涂料，可节省许多加工工时，特别适合重型机床和不能用导轨软带的复杂配合型面。

这类耐磨涂层材料使用工艺也很简单。以导轨副为例，首先将导轨涂层面粗刨或粗铣成如图 4-5 所示的粗糙表面，以便保证有良好的粘附力，图中，导轨面刀纹宽 1mm，刀纹深 0.5～0.8mm，两侧凸台宽 2mm，凸台高 1.5mm。与塑料导轨相配的金属导轨面或模具表面用溶剂清洗后涂上一薄层硅油或专用脱模剂，以防止与耐磨导轨涂层粘结。按配方加入固化剂调好耐磨涂层材料，涂抹于导轨面，然后叠合在金属导轨面或模具上。叠合前可放置形成油槽、油腔的模板，固化 24h 后，即可将两导轨分离。涂层硬化两三天后进行下一步加工。图 4-5 所示为注塑后的导轨示意图，从图中可以看出，塑料导轨面宽度与

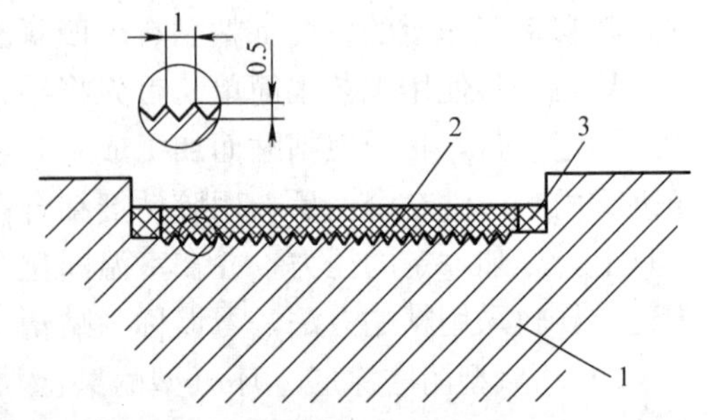

图 4-5 注塑后的导轨示意图

1—滑座 2—胶条 3—注塑层

贴塑导轨一样，需小于相配的金属导轨面。空隙处要用密封条堵住。由于这类涂层导轨采用注入膏状塑料的方法，习惯上称为注塑导轨。

（2）滚动导轨　滚动导轨具有摩擦因数低，一般是 0.003 左右；动、静摩擦因数相差小，几乎不受运动速度变化的影响；定位精度和灵敏度高，精度保持性好等优点。数控机床常用的滚动导轨有两种。

1）滚动导轨块。这是一种滚动体循环运动的滚动导轨。移动部件运动时，滚动体沿封闭轨道作循环运动，滚动体为滚珠或滚柱。图 4-6 所示为滚柱式滚动导轨块，多用于中等负荷导轨。滚动导轨块由专业厂生产，有各种规格、形式供用户选用。使用时，导轨块装在运动部件上，每一条导轨上至少用两块或更多导轨块，导轨块的数目取决于导轨的长度和负载的大小。与之相配的导轨多采用镶钢淬火导轨。

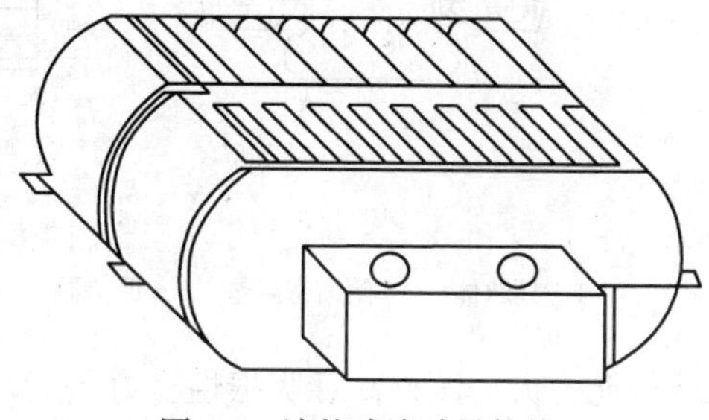

图 4-6　滚柱式滚动导轨块

由于滚柱的圆柱度一致性很难保证，滚动块容易引起轴线歪斜；对钢导轨表面在精度和硬度上也有很高的要求；并在装配调整时需要花费大量的人力和时间。因此，目前在加工中心上很少采用，最常见的是单元式直线滚动导轨。

2）单元式直线滚动导轨。单元式直线滚动导轨的外形如图 4-7 所示。这种滚动导轨是把轨道及相对运动的导轨块由生产厂家预先根据用户要求组装好，用户只要把导轨单元的轨道和导轨块分别固定在机床的固定导轨和运动导轨上即可。因此，用户在设计和装配调试上都十分简单方便。

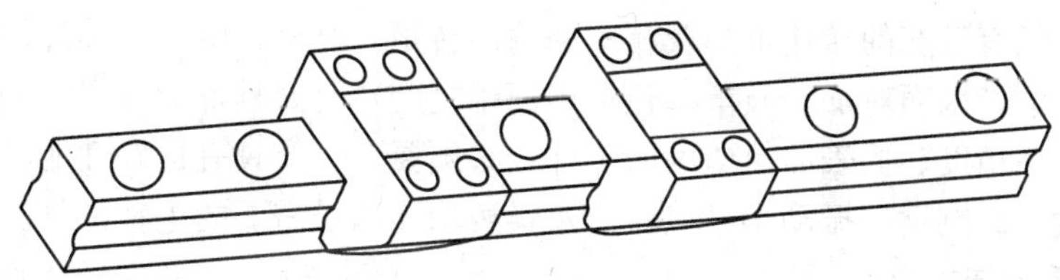

图 4-7　单元式直线滚动导轨

图 4-8 所示是单元式直线滚动导轨的结构，由导轨体、滑块、滚珠、保持器、端盖等组成。当滑块沿轨道移动时，滚珠在轨道和滑块之间的圆弧直槽内滚动，并通过端盖内的滚道，从负荷区移到非负荷区，然后继续滚动回到负荷区，不断地循环，从而把轨道和滑块之间的移动变成了滚珠的滚动。为防止灰尘和脏物进入导轨滚道，滑块两端及下部均装有塑料密封垫，滑块上还有润滑油环。

（3）静压导轨　静压导轨是在两个相对运动的导轨面间通入压力油，使运动件浮起。工作过程中，导轨面上的油腔中的油压能随着外加负载的变化自动调节，以平衡外加负载，保证导轨面间始终处于纯液体摩擦状态。

静压导轨的摩擦因数极小，约为 0.0005，功率消耗少。由于导轨工作在液体摩擦状态，故导轨不会磨损，因而导轨的精度保持性好，寿命长。油膜厚度几乎不受速度的影响，油膜

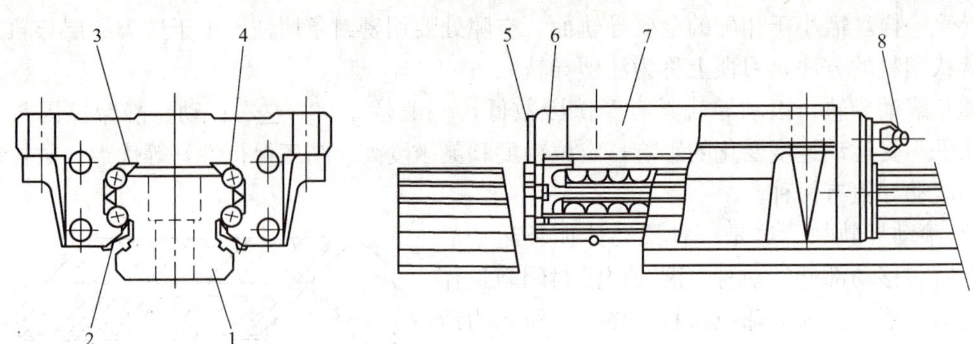

图 4-8 直线滚动导轨结构

1—导轨体 2—侧面密封垫 3—保持器 4—滚珠 5—端部密封垫 6—端盖 7—滑块 8—润滑油环

承载能力大、刚性高、吸振性良好，导轨运行平稳，既无爬行，也不会产生振动。但静压导轨结构复杂，并需要一套过滤精度高的液压装置，制造成本较高。

静压导轨较多地应用在大型、重型数控机床上。有关静压导轨的详细参数可参阅液压技术相关书籍。

第二节 数控机床的主传动系统及主轴部件

一、数控机床主传动系统

1. 主传动系统

数控机床主传动系统是指将主轴电动机的原动力通过该传动系统变成可供切削加工用的切削力矩和切削速度。为了适应各种不同材料的加工及各种不同的加工方法，要求数控机床的主传动系统要具有较宽的转速范围及相应的输出转矩。此外，由于主轴部件将直接装夹刀具对工件进行切削，因而对加工质量（包括表面粗糙度）及刀具寿命有很大的影响，为了能高效率地加工出高精度、低表面粗糙度的工件，必须要有一个具有良好性能的主传动系统和一个具有高精度、高刚度、振动小、热变形及噪声均能满足需要的主轴部件。

2. 主传动系统结构特点

数控机床的主传动系统一般采用直流或交流主轴电动机，通过带传动和主轴箱的变速齿轮带动主轴旋转。主轴电动机调速范围广，又可无级调速，使得主轴箱的结构大为简化。主轴电动机在额定转速时输出额定功率和最大转矩，随着转速的变化，功率和转矩将发生变化。在调压范围内（从额定转速调到最低转速）为恒转矩，功率随转速成正比例下降。在励磁调速范围内（从额定转速调到最高转速）为恒功率，转矩随转速升高成正比例减小。这种变化规律是符合正常加工要求的，即低速切削所需转矩大，高速切削消耗功率大。如果电动机在有效转速范围不能完全满足主轴的工作需要时，可以设置几挡变速（2～4 挡）。机械变挡一般采用液压缸推动滑移齿轮实现，这种方法，结构简单，性能可靠，一次变速只需 1s。有些小型的或者调速范围不需太大的数控机床，也常采用由电动机直接带动主轴或用带传动方式带动主轴旋转。

为了满足主传动系统的高精度、高刚度和低噪声的要求，主轴箱的传动齿轮都要经过高频淬硬，精密磨削。在结构允许的条件下，应适当增加齿轮宽度，提高齿轮的重叠系数。变

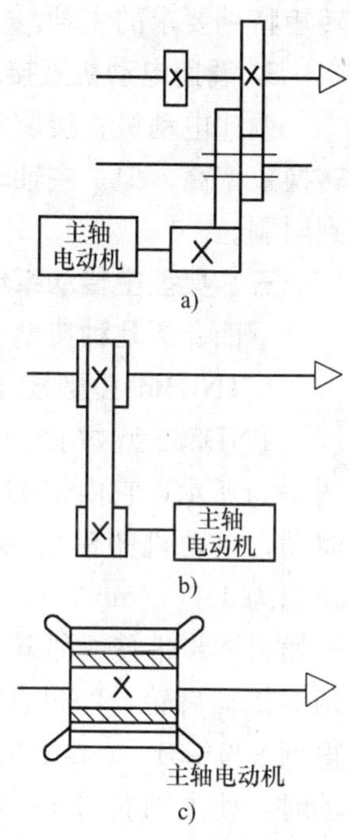

图 4-9 数控机床主传动系统分类

速滑移齿轮一般都用花键传动，采用内径定心。侧面定心的花键对降低噪声更为有利，因为这种定心方式传动间隙小，接触面大，但加工需要专门的刀具和花键磨床。带传动容易产生振动，在带长度不一致的情况下更为严重。因此，在选择传动带时，应尽可能缩短带长度。如因结构限制，带长度无法缩短时，可增设压紧轮，将带张紧，以减少振动。

二、主传动系统分类

为了适应不同的加工要求，目前主传动系统大致可以分为三类。

1. 二级以上变速的主传动系统

变速装置多采用齿轮变速结构。图 4-9a 所示是使用滑移齿轮实现二级变速的主传动系统，滑移齿轮的移位大都采用液压缸和拨叉或直接由液压缸带动齿轮来实现。因数控机床使用可调无级变速交、直流电动机，所以经齿轮变速后，实现分段无级变速，调速范围扩大。其优点是能够满足各种切削运动的转矩输出，且具有大范围调节速度的能力。但由于结构复杂，需要增加润滑及温度控制装置，成本较高，此外制造和维修也比较困难。图 4-10 所示是一种典型的二级齿轮变速主轴结构。

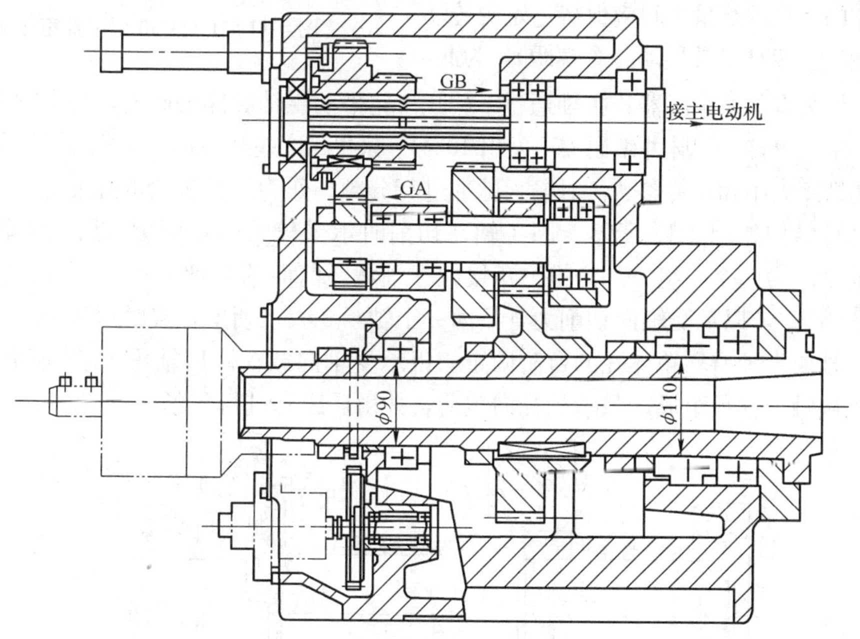

图 4-10 二级齿轮变速主轴结构

2. 一级变速器的主传动系统

目前多采用带（同步带）传动装置，如图 4-9b 所示。其优点是结构简单，安装调试方便，且在一定条件下能满足转速与转矩的输出要求。但系统的调速范围比值与电动机一样，受电动机调速范围的约束。这种传动方式可以避免齿轮传动时引起的振动与噪声，适用于低转矩特性要求的主轴。

3. 调速电动机直接驱动的主传动系统

调速电动机直接驱动的主传动系统如图 4-9c 所示，其优点是结构紧凑，占用空间少，转换效率高，但是主轴转速的变化及转矩的输出与电动机的输出特性完全一致，因而使用受到限制。

三、典型主传动系统及部件

下面介绍几种典型主轴传动系统和部件结构。

1. TND360 型数控车床主轴部件

TND360 型数控车床主轴箱传动系统如图 4-11所示，它由带测速发电机的直流电动机驱动，电动机的额定转速为 2000r/min，最高转速为 4000r/min，最低转速为 35r/min。电动机通过同步带使主轴箱Ⅰ轴旋转。主轴箱内有两对传动齿轮，经过 84/60 传动时，使主轴Ⅱ得到 800～3150r/min 的高速段，经过 29/86 传动时，使主轴获得 7～760r/min 的低速段，高速段和低速段的变换由液压缸推动滑移齿轮实现。为了在车床上加工螺纹，要求车床主轴转速与加工螺纹的刀具进给量之间应保持一定的传动比（当主轴转一转时刀具移动一个螺距），为此，主传动装置中装有脉冲编码器。主轴通过 60/60 齿轮带动主轴脉冲编码器，与主轴同步旋转，发出脉冲，主轴每转一转脉冲编码器可发出 1024 个脉冲。这些脉冲输入 CNC 装置后，根据程序段指令的螺距大小和相关参数，对输入脉冲进行分频，作为刀具进给的脉冲源。

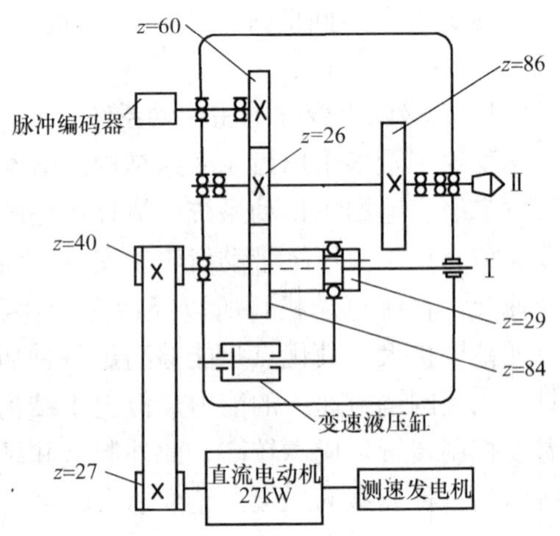

图 4-11 TND360 型主轴箱传动系统

主轴部件结构如图 4-12 所示。因主轴在切削时承受较大的切削力，所以其轴径较大，刚性好。前轴承为三个一组，均为推力角接触球轴承，前面两个轴承 4、5 大口朝向主轴前端，接触角为 25°，以承受轴向切削力，后面一个轴承 3 大口朝里，接触角为 14°，主轴前轴承的内外圈轴向由轴肩和箱体孔的台阶固定，以承受轴向载荷。后轴承 1、2 也由一对背对背的推力角接触球轴承组成，只承受径向载荷，并由后压套进行预紧。

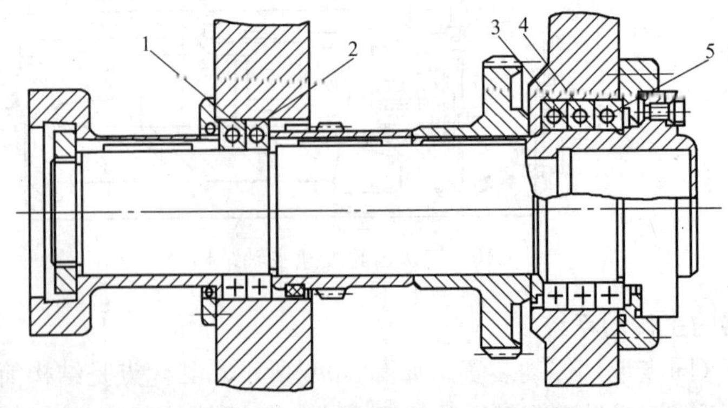

图 4-12 TND360 型车床主轴结构

1、2—后轴承 3—轴承 4、5—前轴承主轴为空心主轴，通过棒料的直径可达 60mm。

2. 动力卡盘

为了减少辅助时间和劳动强度，并适应自动化和半自动加工的需要，数控车床多采用动力卡盘装夹工件，目前使用较多的是自动定心液压动力卡盘。图 4-13 所示为液压动力卡盘液压缸结构图，由引油导套、液压缸和卡盘三部分组成，这种液压缸在 2.5MPa 压力下可产生 3300N 的拉力或推力。

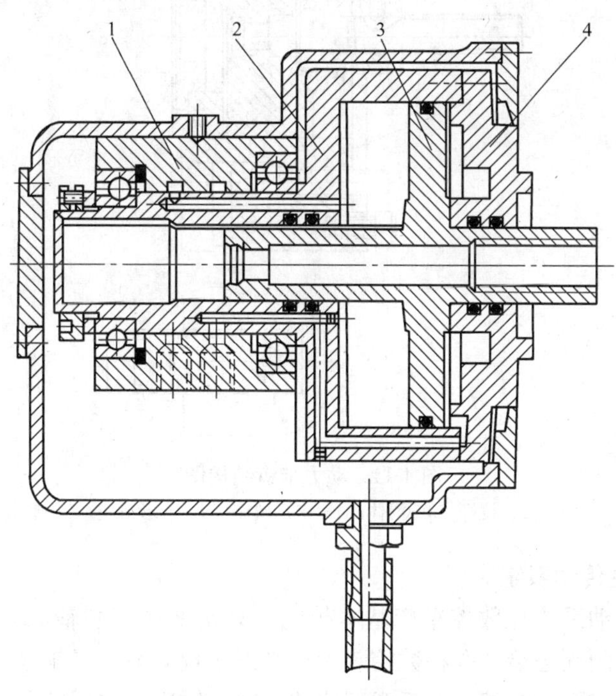

图 4-13　液压动力卡盘液压缸结构图
1—引油导套　2—液压缸体　3—活塞　4—法兰盘

液压缸体 2 通过法兰盘 4 及连接件固定在主轴尾端，随主轴一起旋转。引油导套 1 固定在动力卡盘的壳体上，通过前后滚动轴承支撑在转动液压缸上。当程序段指令发出夹紧或松开控制信息后，通过液压系统使压力油送入液压缸的左腔或右腔，使活塞 3 向左或向右移动，再通过拉杆使主轴前端动力卡盘的卡爪夹紧或松开。

图 4-14 所示是动力卡盘结构图。卡盘通过过渡法兰安装在机床主轴上，它有两组螺纹孔，分别适用于带螺纹主轴端部和法兰式主轴端部的机床。滑体 3 通过拉杆 2 与液压缸活塞杆相连，当液压缸作往复移动时，拉动滑体 3。卡爪滑座 4 和滑体 3 是以斜楔接触，当滑体 3 轴向移动时，卡爪滑座 4 可在盘体 1 上的三个 T 形槽内作径向移动。卡爪 6 用螺钉与 T 形滑块 5 紧固在卡爪滑座 4 的齿面上，与卡爪滑座构成一个整体。当卡爪滑座作径向移动时，卡爪 6 将工件夹紧或松开。根据需要夹紧工件直径的大小，改变卡爪 6 在齿面上的位置，即可完成夹紧调整。

这种液压动力卡盘夹紧力较大，性能稳定，适用于强力切削和高速切削，其夹紧力可以通过液压系统进行调整，因此，能够适应包括薄壁零件在内的各类零件加工。这种卡盘还具有结构紧凑，动作灵敏等特点。

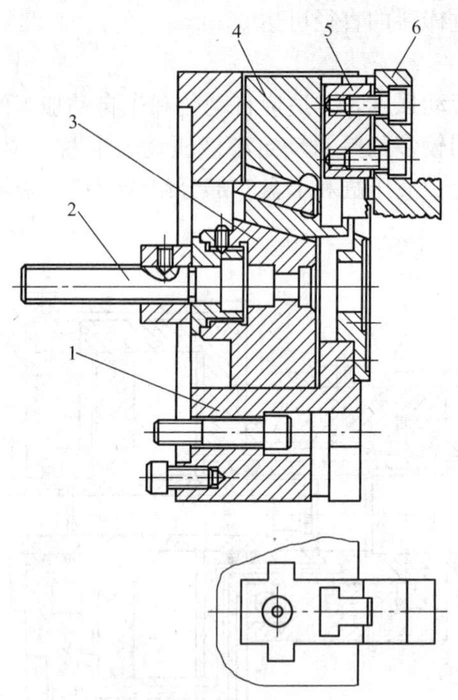

图 4-14 动力卡盘结构图

1—盘体 2—拉杆 3—滑体 4—卡爪滑座 5—T 形滑块 6—卡爪

3. 车削中心的主传动系统

车削中心的主传动系统与数控车床基本相同，只是增加了主轴的 C 轴坐标功能，以实现主轴的定向停车和圆周进给，并在数控装置控制下实现 C 轴、Z 轴联动插补，或 C 轴、X 轴联动插补，完成圆柱面上或端面上任意部位的钻削、铣削、攻螺纹及曲面铣加工。图 4-15 所示为 C 轴功能的示意图，图 4-15a 所示为 C 轴分度定位（主轴不转动）在圆柱面或端面上

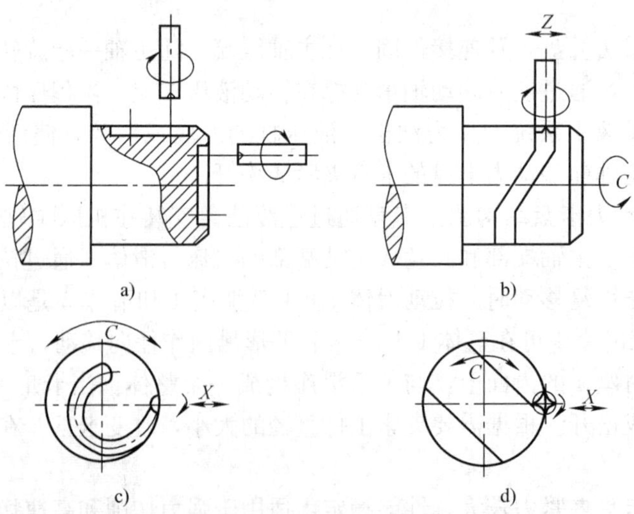

图 4-15 C 轴的功能简图

a）在圆柱面或端面上铣槽 b）在圆柱面上铣螺旋槽 c）在端面上铣螺旋槽 d）铣直线和平面

铣直槽；图 4-15b 所示为 C 轴、Z 轴实现插补进给，在圆柱面上铣螺旋槽；图 4-15c 所示为 C 轴、X 轴实现插补进给，在端面上铣螺旋槽；图 4-15d 所示为 C 轴、X 轴实现插补进给，在圆柱面或端面上铣直线和平面。

C 轴传动有多种结构形式。图 4-16a 所示为 M0C200MS3 的主轴结构简图，图 4-16b 所示为 C 轴传动及主传动系统简图。图 4-16 中 5 是主轴电动机，8 是 C 轴伺服电动机位置，伺服电动机驱动蜗杆 1 带动主轴上的蜗轮 3 使主轴 2 旋转，蜗杆副的精度很高，并且可以自动控制其脱开或啮合。主电动机工作时，蜗杆副脱开，主轴需要实现 C 轴回转或分度功能时，蜗杆与蜗轮啮合。C 轴的分度精度由脉冲编码器 7 保证，分度精度为 0.01°。

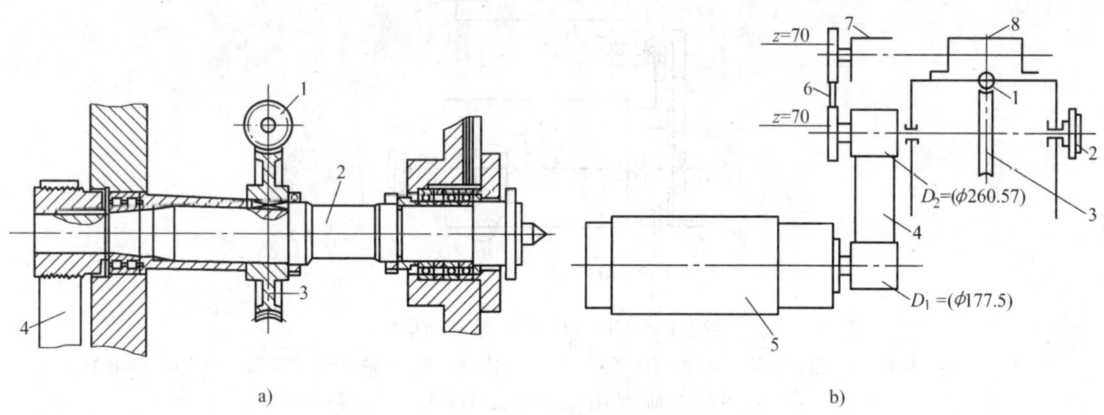

图 4-16　MOC200MS3 的 C 轴传动系统

a）主轴结构简图　b）C 轴传动及主传动系统简图

1—蜗杆　2—主轴　3—蜗轮　4、6—齿形带　5—主轴电动机　7—脉冲编码器　8—C 轴伺服电动机

图 4-17 所示为 CH6144 车削中心的 C 轴传动系统简图，该部件由主轴箱和 C 轴控制箱两部分组成。当主轴处在一般工作状态时，换位液压缸 6 使滑移齿轮 5 与主轴齿轮 7 脱离啮合，制动液压缸 10 脱离制动，主轴电动机通过 V 带带动 V 带轮 11 使主轴 8 旋转。当需要 C 轴控制主轴分度或回转时，主轴电动机停止工作，滑移齿轮 5 与主轴齿轮 7 啮合。在制动液压缸未制动状态下，C 轴伺服电动机根据指令脉冲值旋转，通过 C 轴变速箱变速，经滑移齿轮 5、主轴齿轮 7 使主轴分度，分度到位后，制动液压缸工作，主轴制动。进行连续铣削时，制动液压缸不制动主轴，此时主轴按指令作缓慢地连续旋转进给运动。

图 4-18 所示为 S3-317 型车削中心的 C 轴传动系统简图，1 是 C 轴伺服电动机，C 轴传动是通过安装在伺服电动机轴上的滑移齿轮 2 带动主轴 3 旋转，可实现主轴旋转进给和分度。当不使用 C 轴传动时，伺服电动机轴上的滑移齿轮脱开，主轴由主电动机带动（图 4-18中未画出）。为了防止主传动和 C 轴传动之间产生干涉，在伺服电动机上的滑移齿轮的啮合位置装有检测开关（图 4-18 中未画出），利用开关的检测信号识别主轴的工作状态，当 C 轴工作时，主电动机就不能起动。

主轴分度是采用安装在主轴上的三个 120 齿的分度齿轮 4 来实现的。在安装时，三个齿轮分别错开 1/3 个齿，以实现主轴的最小分度值 1°。主轴定位依靠带齿的插销连杆 5 完成，定位后通过压紧液压缸 6 压紧。三个液压缸分别配合三个连杆协调动作，用电气实现自动定位控制。

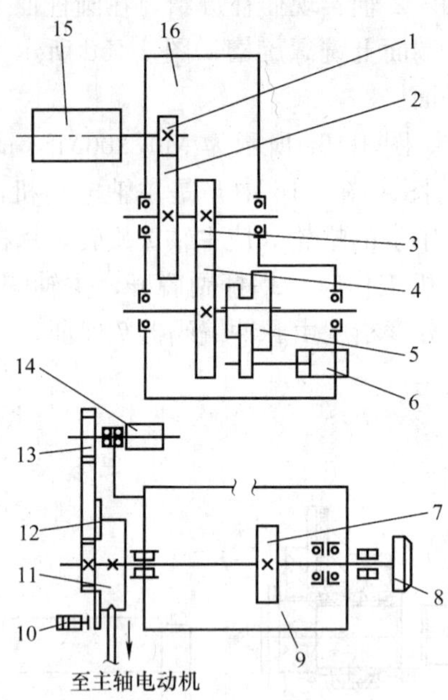

图 4-17 CH6144 的 C 轴传动系统

1～4—传动齿轮 5—滑移齿轮 6—换位液压缸 7—主轴齿轮 8—主轴 9—主轴箱 10—制动液压缸 11—V 带轮 12—主轴制动盘 13—同步带带轮 14—脉冲编码器 15—C 轴伺服电动机 16—C 轴控制箱

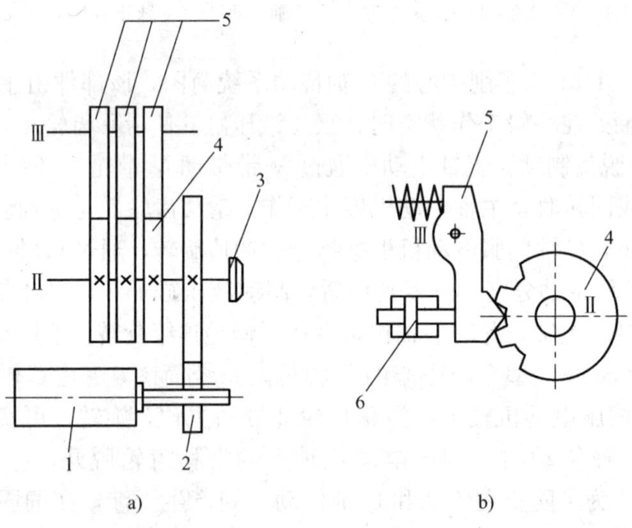

图 4-18 S3-317 型车削中心的 C 轴传动系统

1—C 轴伺服电动机 2—滑移齿轮 3—主轴 4—分度齿轮 5—插销连杆 6—压紧液压缸

4. XH754 型加工中心主轴

XH754 型卧式镗铣加工中心具有自动换刀、自动分度等功能。该机床能完成的工序较多，一次装夹可完成多面的钻、扩、镗、锪、铰、攻螺纹等多种工序的加工，既有粗加工，又有精加工，故除对主轴部件的精度和刚度有较高的要求外，主轴上还需设计有刀具自动装卸、主轴准停和主轴孔内的切屑清除装置。

图 4-19 所示为 XH754 型加工中心主轴结构图。主轴前端有 7∶24 锥孔，用于装夹锥柄刀具。端面定向键，既可作刀具定位用，又可通过它传递转矩。主轴是双支承结构，前支承与 TND360 型车床主轴相同，后支承是双列向心短圆柱滚子轴承。

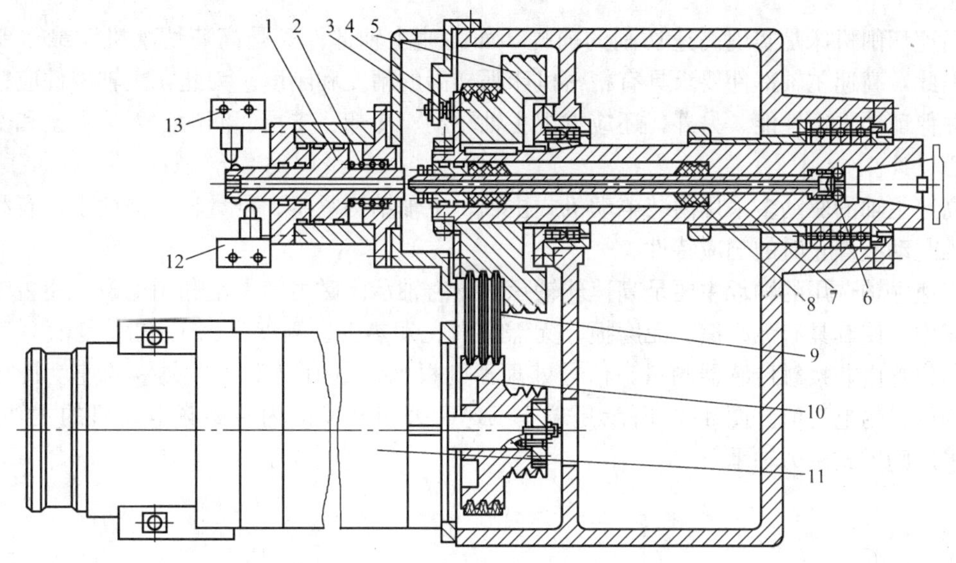

图 4-19　XH754 型加工中心主轴

1—活塞　2—螺旋弹簧　3—磁感应传感器　4—永久磁铁　5、10—带轮　6—钢球　7—拉杆　8—碟形弹簧　9—V 带　11—交流调速电动机　12、13—行程开关

为了实现刀具的自动装卸，主轴内设有刀具自动夹紧装置。从图 4-19 中可看出该机床是由拉紧机构拉紧刀具锥柄刀夹尾端的轴颈而实现刀夹的定位及夹紧。1 是松开刀具用的活塞，2 是螺旋弹簧，其作用是使活塞在左腔无油压时始终退到最左端。刀具在夹紧状态时，活塞处在最左端，活塞右端与拉杆 7 分离，拉杆 7 在碟形弹簧 8 的作用下向左拉紧，使钢球 6 在拉杆 7 前端的作用下向轴心收缩，拉住刀具锥柄刀夹尾端的轴颈。碟形弹簧产生的拉力可达 1000N。当液压缸左腔进入压力油时，活塞 1 右移，压缩碟形弹簧 8，并使拉杆 7 右移，钢球 6 进入主轴内孔右面直径较大的部位，即可将刀具取出。行程开关 12、13 由活塞 1 控制，发出刀具夹紧和松开信号。活塞 1 通孔左端为螺纹孔，可接压缩空气，在刀具取出后，通入压缩空气将主轴内锥孔等处的切屑吹净。

为了保证每次换刀时刀具锥柄处的键槽对准主轴上的端面键，以及在精镗孔完毕退刀时不会划伤已加工表面，要求主轴能准确地停在指定位置。主轴准停装置设置在主轴尾部带轮处，采用磁性传感器作为主轴到位的检测元件，由电气控制准停。图 4-19 中，3 是磁感应传感器，4 是永久磁铁，当接到停车指令后，主轴电动机以慢速回转，当带轮 5 左侧的永久磁铁 4 对准磁感应传感器 3 时，磁感应传感器产生电信号并送到定位信号处理电路与基准信号比较。当位置误差小于预定值时，便产生到位信号，并送往 CPU，发出主轴停止指令，主轴便准确地停止在准停位置。

5. 高速切削主轴

高速切削是20世纪70年代后期发展起来的一种新工艺。这种工艺采用的切削速度比常规的要高几倍至十多倍，如高速铣削铝件的最佳切削速度可达2500～4500m/min，加工钢件为400～1600m/min，加工铸铁件为800～2000m/min，进给速度也相应提高很多倍。这种加工工艺不仅切削效率高，而且具有加工表面质量好、切削温度低和刀具寿命长等优点。

高速切削机床是实现高速切削的前提，而高速主轴部件又是高速切削机床最重要的部件，因此，高速主轴部件要求具有精密机床那样高的精度和刚度。为此，主轴零件应精确制造和并保证动平衡性能。另外，还应重视主轴驱动、冷却、支承、润滑、刀具夹紧和安全等的精心设计。

高速主轴的驱动多采用内装电动机式主轴，主轴结构紧凑、重量轻、惯性小，有利于提高主轴起动或停止时的响应特性。

高速主轴选用的轴承主要是高速球轴承和磁力轴承。磁力轴承是利用电磁力使主轴悬浮在磁场中，使其具有无摩擦、无磨损、无需润滑、发热少、刚度高、工作时无噪声等优点。主轴的位置由非接触传感器测量，信号处理器则根据测量值以10000次/s的速度计算出校正主轴位置的电流值。图4-20所示是瑞士IBAG公司开发的内装高频电动机的主轴部件，轴承采用励磁式磁力轴承。

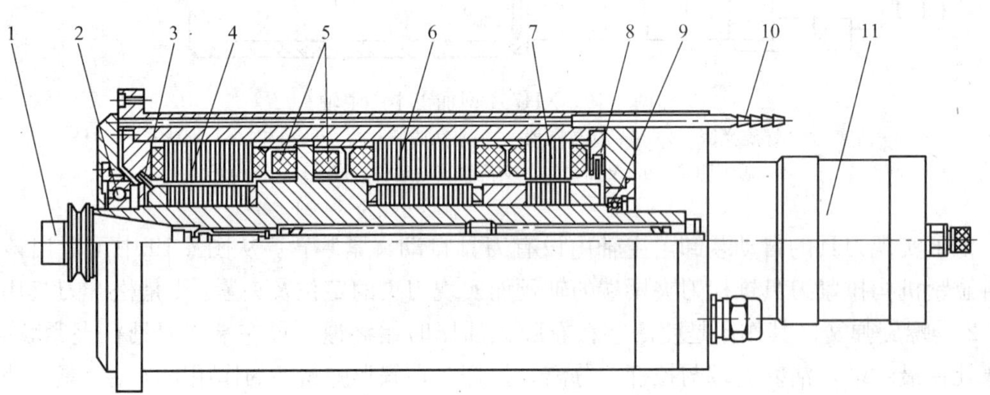

图4-20 用磁力轴承的高速主轴部件

1—刀具系统 2、9—轴承 3、8—传感器 4、7—径向轴承 5—轴向止推轴承
6—高频电动机 10—冷却水管路 11—气液压力放大器

第三节 数控机床进给系统机械传动部分元件

一、对进给系统的性能要求

进给系统即进给驱动装置，驱动装置是指将伺服电动机的旋转运动变为工作台直线运动的整个机械传动链，主要包括减速装置、滚珠丝杠螺母副及导向元件等。

数控机床通常对进给系统的要求有三点：传动精度、系统的稳定性和动态响应特性（灵敏度）。传动精度包括动态误差、稳态误差和静态误差，即伺服系统的输入量与驱动装置实际位移量的精确程度。系统的稳定性是指系统在启动状态或受外界干扰作用下，经过几次衰减振荡后，能迅速地稳定在新的或原来的平衡状态的能力。动态响应特性是指系统的响应时间以及驱动装置的加速能力。为确保数控机床进给系统的传动精度、系统的稳定性和动态响应特性，对驱动装置机械结构总的要求是：消除间隙，减少摩擦，减少运动惯量，提高部件精度和刚度。具体措施通常是采用低摩擦的传动副，如低摩擦因数滑动导轨、滚动导轨及静压导轨、滚珠丝杠等；保证机械部件的精度，采用合理的预紧、合理的支承形式以提高传动系统的刚度；选用最佳降速比，以提高机床的分辨率，并使系统折算到驱动轴上的惯量减少；尽量消除传动间隙，减小反向死区误差，提高位移精度等。

二、滚珠丝杠副

滚珠丝杠副是回转运动与直线运动相互转换的传动装置，在数控机床上得到了广泛应用。它的结构特点是在具有螺旋槽的丝杠螺母间装有滚珠作为中间传动元件，以减少摩擦。工作原理如图 4-21 所示，丝杠和螺母上都加工有圆弧形的螺旋槽，它们对合起来就形成了螺旋滚道。在滚道内装有滚珠，当丝杠与螺母相对运动时，滚珠沿螺旋槽向前滚动，在丝杠上滚过数圈以后通过回程引导装置，逐个地又滚回到丝杠和螺母之间，构成一个闭合的回路管道。

滚珠丝杠副的优点是摩擦因数小，传动效率高，效率 η 可达 0.92～0.96，所需传动转矩小；灵敏度高，传动平稳，不易产生爬行，随动精度和定位精度高；磨损小，寿命长，精度保持性好；可通过预紧和间隙消除措施提高轴向刚度和反向精度；运动具有可逆性，不仅可以将旋转运动变为直线运动，也可将直线运动变为旋转运动。缺点是制造工艺复杂，成本高，在垂直安装时不能自锁，因而需附加制动机构。

1. 滚珠丝杠副的结构

滚珠丝杠的螺旋滚道法向截面有单圆弧和双圆弧两种不同的形状，如图 4-22 所示。其中单圆弧加工工艺简单，双圆弧加工工艺较复杂，但性能较好。

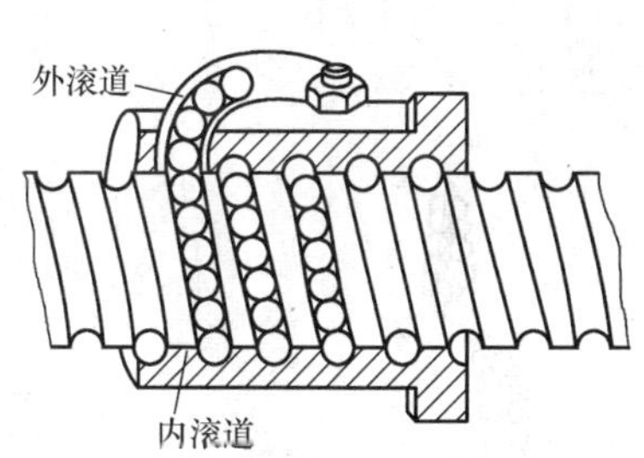

图 4-21 滚珠丝杠副的原理图

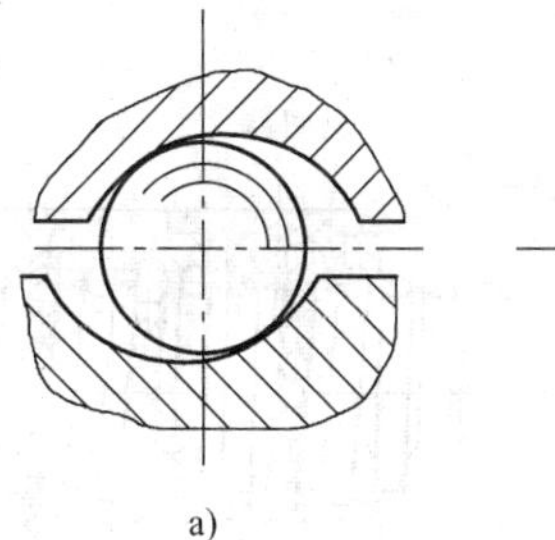

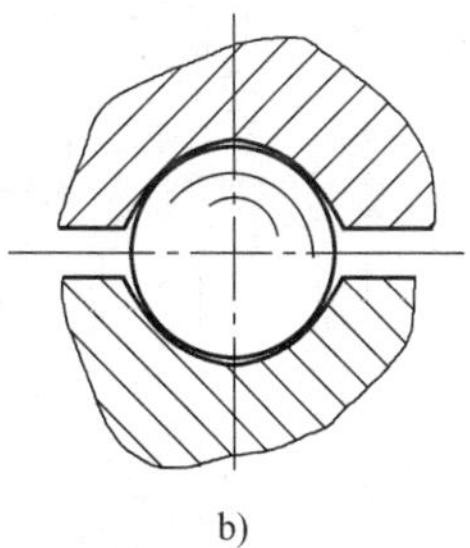

图 4-22 螺旋滚道截面
a）单圆弧 b）双圆弧

滚珠的循环方式有外循环和内循环两种：滚珠在返回过程中与丝杠脱离接触的为外循环；滚珠在循环过程中与丝杠始终接触的为内循环。在内、外循环中，滚珠在同一个螺母上只有一个回路管道的叫单循环，有两个回路管道的叫双列循环。循环中的滚珠称为工作滚珠，工作滚珠所走过的滚道圈数称为工作圈数。

外循环滚珠丝杠副按滚珠循环时的返回方式不同分为插管式和螺旋槽式。图 4-23a 所示为插管式，用弯管作为返回管道，结构工艺性好，但由于管道突出于螺母体外，径向尺寸较大。图 4-23b 所示为螺旋槽式，它是在螺母外圆上铣出螺旋槽，槽的两端钻出通孔并与螺旋滚道相切，形成返回通道，这种形式的结构比插管式结构径向尺寸小，但制造上较为复杂。

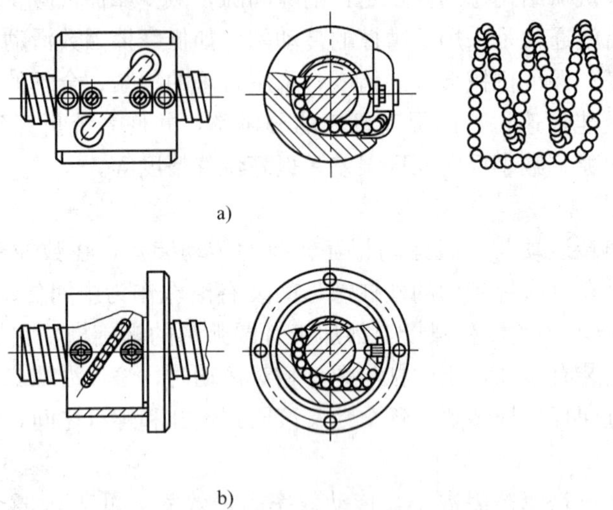

图 4-23 外循环滚珠丝杠副
a）插管式 b）螺旋槽式

图 4-24 所示为内循环滚珠丝杠副，在螺母的侧孔中装有圆柱凸键式反向器，反向器上铣有 S 形回珠槽，将相邻两螺旋滚道连接起来。滚动体从螺旋滚道进入反向器，借助反向器迫使滚珠越过丝杠牙顶进入相邻滚道，实现循环。一般一个螺母上装有 2～4 个反向器，反向器沿螺母圆周等分分布。其优点是径向尺寸紧凑，刚性好，原因是返回滚道较短，摩擦损失小。缺点是反向器加工困难。

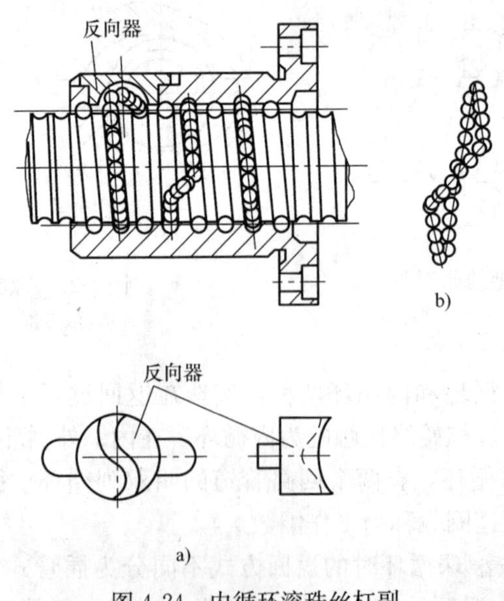

图 4-24 内循环滚珠丝杠副

滚珠丝杠螺母副的循环方式和结构特征标记见表 4-1 和 4-2。

表 4-1　循环方式

循环方式		标记代号
内循环	浮动式	F
	固定式	G
外循环	插管式	C

表 4-2　结构特征

结构特征	代　号
导珠管埋入式	M
导珠管凸出式	T

2. 滚珠丝杠副轴向间隙的调整

滚珠丝杠的传动间隙是轴向间隙。为了保证反向传动精度和轴向刚度，必须消除轴向间隙。消除间隙的方法常采用双螺母结构，利用两个螺母的相对轴向位移，使两个螺母中的滚珠分别贴紧在螺旋滚道的两个相反的侧面上。用这种方法预紧消除轴向间隙时，应注意预紧力不宜过大，预紧力过大会使空载力矩增加，从而降低传动效率，缩短使用寿命。此外，还要消除丝杠安装部分和驱动部分的间隙。常用的双螺母丝杠消除间隙方法有：

（1）垫片调隙式　如图 4-25 所示，调整垫片厚度使左右两螺母产生方向相反位移，使两个螺母中的滚珠分别贴紧在螺旋滚道的两个相反的侧面上，即可消除间隙和产生预紧力。这种方法结构简单，刚性好，但调整不便，滚道有磨损时不能随时消除间隙和进行预紧。

（2）螺纹调隙式　如图 4-26 所示，右螺母 4 外端有凸缘，而左螺母 1 左端是螺纹结构，用两个圆螺母 2、3 把垫片压在螺母座上，左、右螺母和螺母座上加工有键槽，采用平键联结，使螺母在螺母座内可以轴向滑移而不能相对转动。调整时，只要拧紧圆螺母 3 使左螺母 1向左滑动，就可以改变两螺母的间距，即可消除间隙并产生预紧力。螺母 2 是锁紧螺母，调整完毕后，将圆螺母 2 和圆螺母 3 并紧，可以防止螺母在工作中松动。这种调整方法具有结构简单、工作可靠、调整方便的优点，但调整预紧量不能控制。

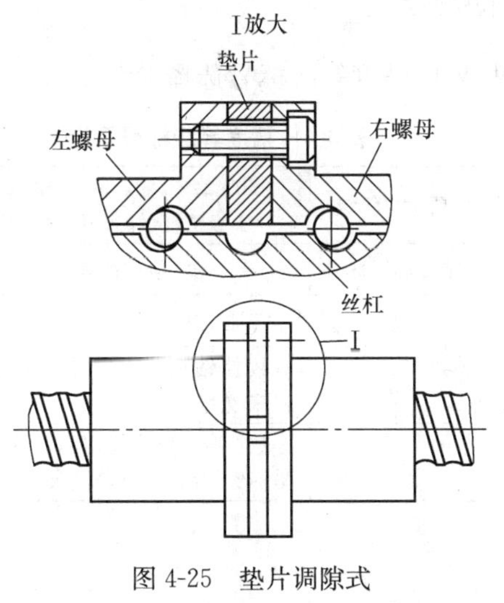

图 4-25　垫片调隙式

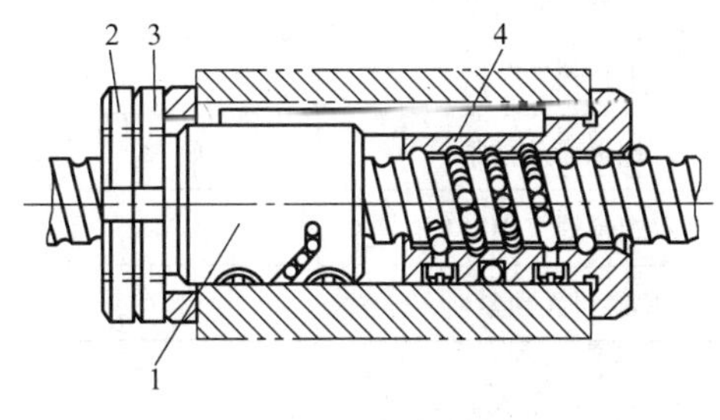

图 4-26　螺纹调隙式

1—左螺母　2、3—圆螺母　4—右螺母

（3）齿差调隙式　如图 4-27 所示，在左、右两个螺母的凸缘上各加工有圆柱外齿轮，分别与左、右内齿圈相啮合，内齿圈紧固在螺母座左、右端面上，所以左、右螺母不能转动。两螺母凸缘齿轮的齿数不相等，相差一个齿。调整时，先取下内齿圈，让两个螺母相对于螺母座同方向都转动一个齿，然后再插入内齿圈并紧固在螺母座上，则两个螺母便产生相对角位移，使两螺母轴向间距改变，实现消除间隙和预紧。设两凸缘齿轮的齿数分别为 z_1、z_2，滚珠丝杠的导程为 t，两个螺母相对于螺母座同方向转动一个齿后，其轴向位移量为

$$s=\left(\frac{1}{z_1}-\frac{1}{z_2}\right)t$$

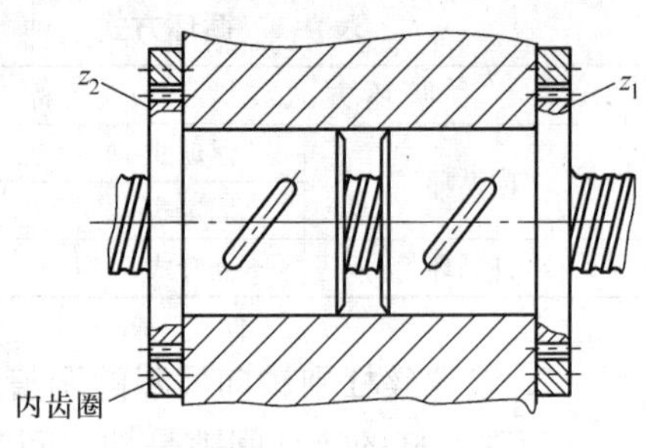

图 4-27 齿差调隙式

例如，$z_1=81$，$z_2=80$，滚珠丝杠的导程为 $t=6\text{mm}$ 时，则 $s=6/6480\text{mm}\approx0.001\text{mm}$。这种调整方法能精确调整预紧量，调整方便、可靠，但结构尺寸较大，多用于高精度的传动。

(4) 单螺母变位螺距式 如图 4-28 所示，它是在螺母体内的两列循环内螺旋滚道之间的轴向产生一个 ΔL_0 的导程变量，从而使两列滚珠在轴向错位实现预紧。这种调隙方法结构简单，但导程变量需预先设定且不能改变。

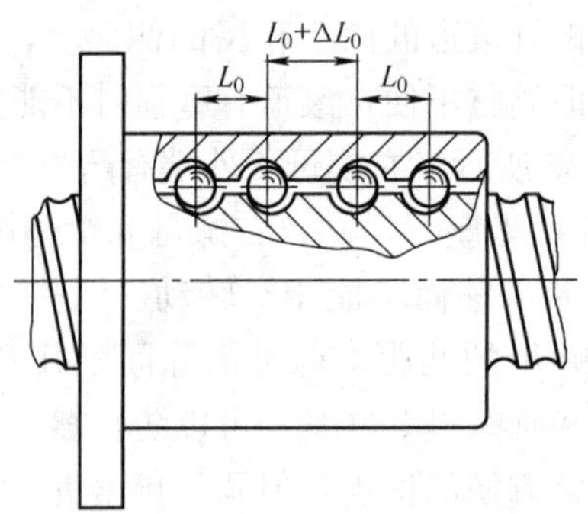

图 4-28 单螺母变位螺距式

滚珠丝杠副的预紧方式标记见表 4-3，滚珠丝杠副的精度等级标号选择参考 4-4。

表 4-3 预紧方式

预紧方式	标记代号
单螺母变位导程预紧	B
双螺母垫片预紧	D
双螺母齿差预紧	C
双螺母螺纹预紧	L
单螺母无预紧	W

表 4-4 精度等级标号及选择

精度等级	分 1、2、3、4、5、7 和 10 级。1 级精度最高，依次递减
精度等级标号	应用范围
5	普通机床
4，3	数控钻床、数控车、数控铣、机床改造
2，1	数控磨、数控线切割、数控镗、坐标镗、MC、仪表机床

3. 滚珠丝杠副的参数

滚珠丝杠副的基本参数（见图 4-29）有：

1）公称直径 d_0：用于标识的尺寸值（无公差）。

2）节圆直径 D_{PW}：滚珠与滚珠螺母体及滚丝杠位于理论接触点时滚珠球心包络的圆柱直径。

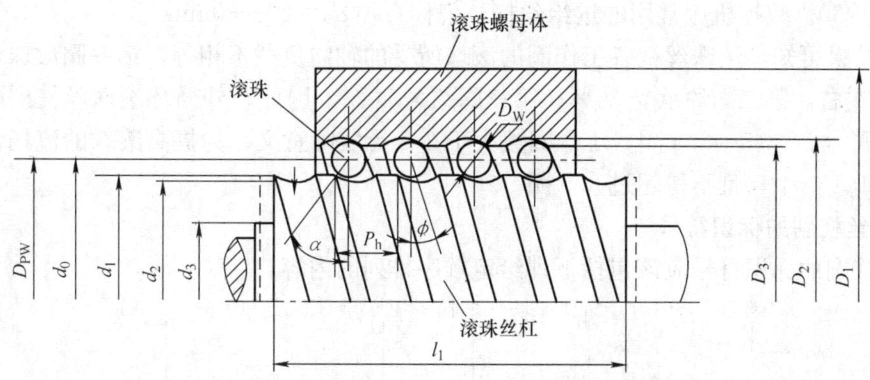

d_0—公称直径　d_1—滚珠丝杠螺纹外径　d_2—滚珠丝杠螺纹底径　d_3—轴颈直径　D_1—滚珠螺母体外径
D_2—滚珠螺母体螺纹底径　D_3—滚珠螺母体螺纹内径　D_{PW}—节圆直径
D_W—滚珠直径　l_1—螺纹全长　α—公称接触角　P_h—导程　ϕ—导程角

a)

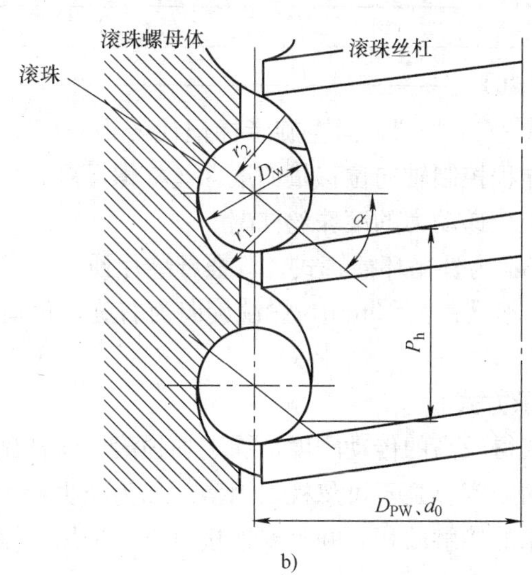

b)

图 4-29　滚珠丝杠副的基本参数

3）导程 P_h：滚珠螺母相对滚珠丝杠旋转 2π 弧度时的行程。

4）接触角 α：滚道与滚珠间所传递的负荷矢量与滚珠丝杠轴线的垂直面之间的夹角，如图 4-29b 所示，理想接触角 $\alpha=45°$。

此外，还有丝杠螺纹外径 d_1、丝杠螺纹底径 d_2、螺纹全长 l_1、滚珠螺母体螺纹外径 D_1、滚珠螺母体螺纹底径 D_2、滚珠螺母体螺纹内径 D_3 等参数（参阅国家标准 GB/T 17587.1—1998）。

导程的大小根据机床的加工精度要求确定，精度要求高时，应将导程取小些，可减小丝杠上的摩擦阻力，但导程取小后，势必将滚珠直径 d_0 取小，使滚珠丝杠副的承载能力降低。若丝杠副的公称直径 d_0 不变，导程小，则螺旋升角也小，传动效率 η 也变小。因此，导程的数值在满足机床加工精度的条件下尽可能取大些。

公称直径 d_0 与承载能力直接相关，有的资料推荐滚珠丝杠副的公称直径 d_0 应大于丝杠工作长度的 1/30。数控机床常用的进给丝杠，公称直径 d_0=20～80mm。

由试验结果可知，滚珠丝杠各工作圈的滚珠所受的轴向负载不相等，第一圈滚珠承受总负载的 50%左右，第二圈约承受 30%，第三圈约为 20%。因此，外循环滚珠丝杠副中的滚珠工作圈数取为 j=2.5～3.5 圈，工作圈数大于 3.5 无实际意义。为提高滚珠的流畅性，滚珠数目应小于 150 个，且不得超过 3.5 圈。

4. 滚珠丝杠副的标识符号

滚珠丝杠副的标识符号应该包括下列给定顺序排列的内容。

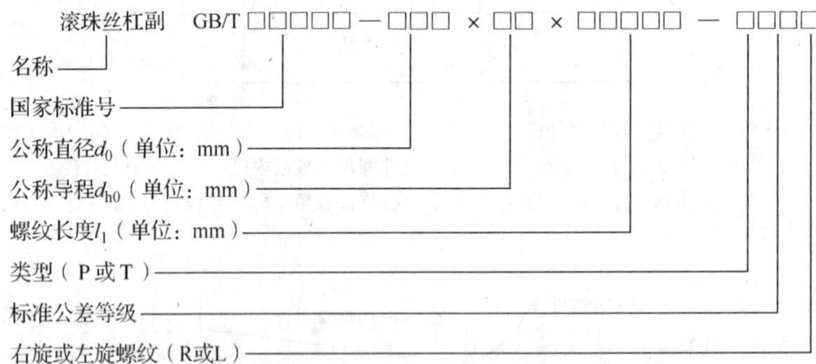

螺纹旋向为右旋者标记代号为“R”，向左旋者标记代号为“L”。P 类为定位滚珠丝杠螺母副，即通过旋转角度和导程控制轴向位移量的滚珠丝杠螺母副；T 类为传动滚珠丝杠螺母副，与旋转角度无关，用于传递动力的滚珠丝杠副。

示例：CDM5010-3-P3 表示为外循环插管式、双螺母垫片预紧、导珠管埋入式的滚珠丝杠副，公称直径为 50mm，基本导程为 10mm，螺纹旋向为右旋，负荷总圈数为 3 圈，精度等级为 3 级。

5. 滚珠丝杠副的安装支承方式

数控机床的进给系统要获得较高的传动刚度，除了加强滚珠丝杠副本身的刚度外，滚珠丝杠的正确安装及支承结构的刚度也是不可忽视的因素。如为减少受力后的变形，螺母座应有加强肋，增大螺母座与机床的接触面积，并且要连接可靠。采用高刚度的推力轴承以提高滚珠丝杠的轴向承载能力。

滚珠丝杠在机床上的支承方式有以下几种，见图 4-30 所示。

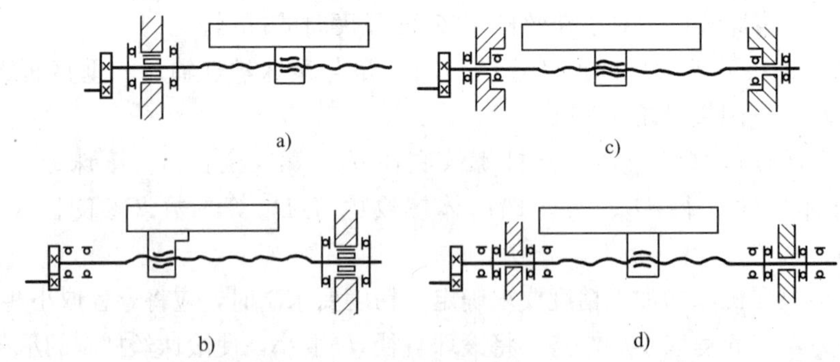

图 4-30 滚珠丝杠在机床上的支承方式

a）仅一端装推力轴承 b）一端装推力轴承，另一端装深沟球轴承

c）两端装推力轴承 d）两端装推力轴承和深沟球轴承

1）图 4-30a 所示为仅一端装推力轴承。这种安装方式只适用于行程小的短丝杠，它的承载能力小，轴向刚度低。一般用于数控机床的调节环节或升降台式铣床垂直坐标的进给传动结构。

2）图 4-30b 所示为一端装推力轴承，另一端装深沟球轴承。此种方式用于丝杠较长的情况，当热变形造成丝杠伸长时，其一端固定，另一端能作微量的轴向浮动。为减少丝杠热变形的影响，安装时应使电动机热源和丝杠工作时的常用段远离止推端。

3）图 4-30c 所示为两端装推力轴承。把推力轴承装在滚珠丝杠的两端，并施加预紧力，可以提高轴向刚度，但这种安装方式对丝杠的热变形较为敏感。

4）图 4-30d 所示为两端装推力轴承和深沟球轴承。它的两端均采用双重支承并施加预紧，使丝杠具有较大的刚度，这种方式还可使丝杠的温度变形转化为推力轴承的预紧力，但设计时要求提高推力轴承的承载能力和支架刚度。

6. 滚珠丝杠的防护

滚珠丝杠副也可用润滑剂来提高耐磨性及传动效率。润滑剂可分为润滑油和润滑脂两大类。润滑油一般为机械油或 90～180 号汽轮机油或 140 号主轴油。润滑脂可采用锂基润滑脂。润滑脂一般加在螺旋滚道和安装螺母的壳体空间内，而润滑油则经过壳体上的油孔注入螺母的空间内。

滚珠丝杠副和其他滚动摩擦的传动元件一样，应避免灰尘或切屑污物进入，因此，必须有防护装置。如果滚珠丝杠副在机床上外露，应采取封闭的防护罩，如采用螺旋弹簧钢带套管、伸缩套管以及折叠式套管等。安装时将防护罩的一端连接在滚珠螺母的端面，另一端固定在滚珠丝杠的支承座上。如果处于隐蔽的位置，则可采用密封圈防护，密封圈装在滚珠螺母两端。接触式的弹性密封圈用耐油橡胶或尼龙制成，其内孔做成与丝杠螺旋滚道相配合的形状。接触式密封圈的防尘效果好，但因有接触压力，摩擦力矩略有增加。非接触式的密封圈又称迷宫式密封圈，是用硬质塑料制成，其内孔与丝杠螺纹滚道的形状相反，并稍有间隙，这样可避免摩擦力矩，但防尘效果差。

三、进给系统传动齿轮间隙的消除

数控机床在加工过程中，经常变换移动方向。当机床的进给方向改变时，由于齿侧存在间隙会造成指令脉冲丢失，并产生反向死区从而影响加工精度，因此必须采取措施消除齿轮传动中的间隙。

1. 直齿圆柱齿轮传动

图 4-31 所示为最简单的偏心轴套式消除间隙的结构，电动机 2 通过偏心套 1 安装在壳体上。转动偏心套使电动机中心轴线的位置向上，而从动齿轮轴线位置固定不变，所以两啮合齿轮的中心距减小，从而消除了齿侧间隙。

图 4-32 所示为用轴向垫片消除间隙的结构，两个啮合齿轮 1 和 2 的节圆直径沿齿宽方向制成略带锥度形式，使其齿厚沿轴线方向逐渐变厚。装配时，两齿轮按齿厚相反变化走向啮合。改变调整垫片 3 的厚度，使两齿轮沿轴线方向产生相对位移，从而消除间隙。

上述两方法的特点是结构简单，能传递较大的动力。但齿轮磨损后不能自动消除间隙。

图 4-33 所示为双片薄齿轮错齿调整法。在一对啮合的齿轮中，其中一个是宽齿轮（图中未标出），另一个由两薄片齿轮组成。薄片齿轮 1 和 2 上各开有周向圆弧槽，并在两齿轮的槽内各压配有安装弹簧 4 的短圆柱 3。在弹簧 4 的作用下齿轮 1 和 2 错位，分别与

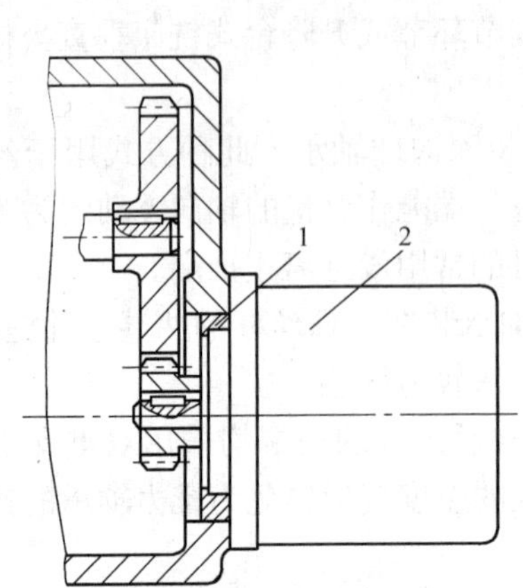

图 4-31 偏心轴套式消除间隙的结构
1—偏心套 2—电动机

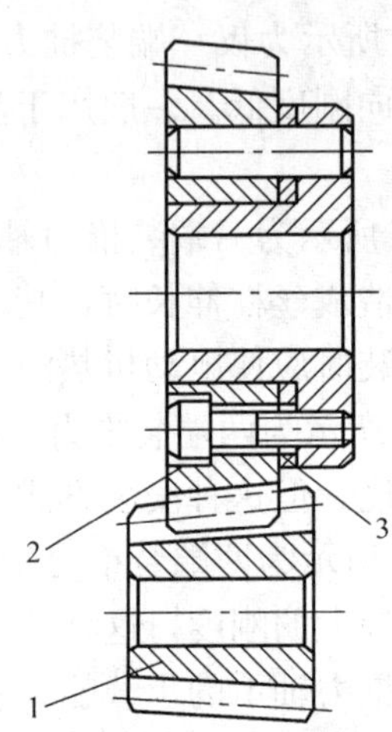

图 4-32 用轴向垫片消除间隙的结构
1、2—齿轮 3—垫片

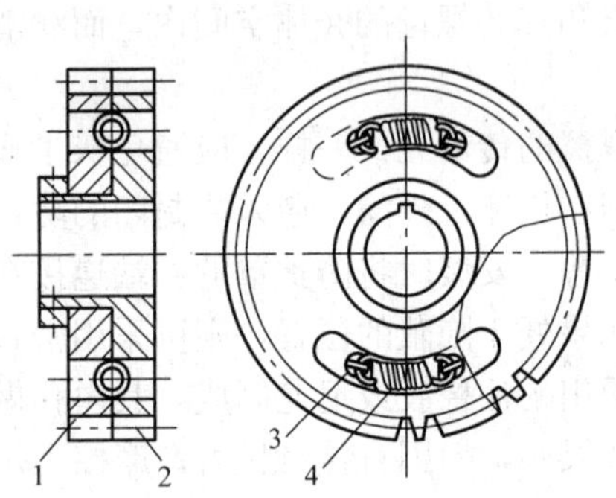

图 4-33 双片薄齿轮错齿调整法
1、2—薄片齿轮 3—短圆柱 4—弹簧

宽齿轮的齿槽左右侧贴紧，消除了齿侧间隙，但弹簧 4 的张力必须足以克服驱动转矩。由于齿轮 1 和 2 的轴向圆弧槽及弹簧的尺寸都不能太大，故这种结构不宜传递转矩，仅用于读数装置。

2. 斜齿圆柱齿轮传动

图 4-34 所示为斜齿轮垫片调整法，其原理与错齿调整法相同。斜齿轮 1 和 2 的齿形拼装在一起加工，装配时在两薄片齿轮间装入已知厚度为 t 的垫片 3，这样它的螺旋线便错开了，使两薄片齿轮分别与宽齿轮 4 的左、右齿面贴紧，消除了间隙。垫片 3 的厚度 t 与齿侧间隙 Δ 的关系可表示为

$$t=\Delta\cot\beta$$

式中 β——螺旋角。

图 4-35 所示为斜齿轮压簧调整法，原理同上。其特点是齿侧间隙可以自动补偿，但轴向尺寸较大，结构不紧凑。

3. 锥齿轮传动

锥齿轮同圆柱齿轮一样可用上述类似的方法来消除齿侧间隙。

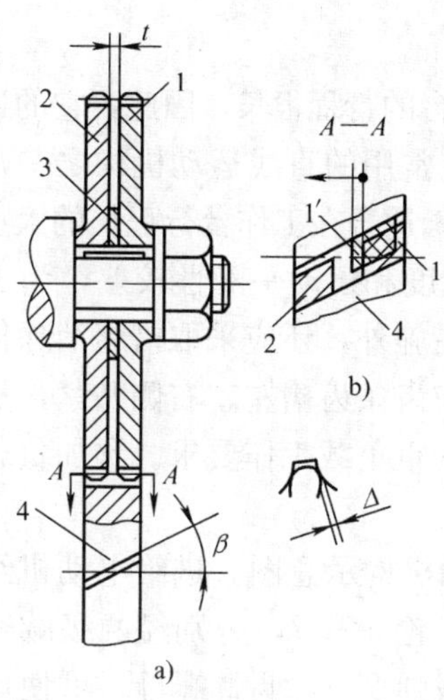

图 4-34　斜齿轮垫片调整法

1、2—薄片齿轮　3　垫片　4—宽齿轮

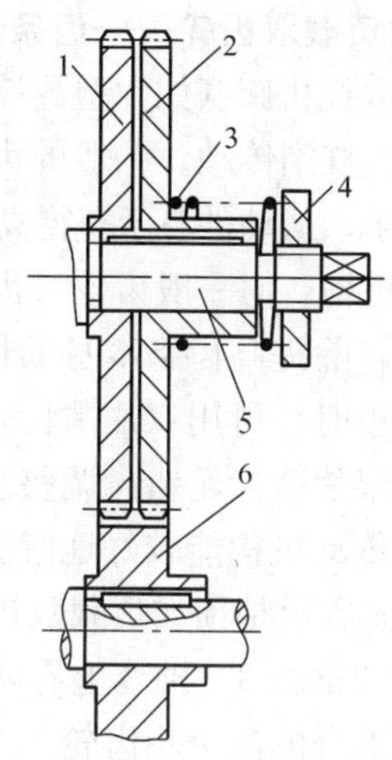

图 4-35　斜齿轮压簧调整法

1、2—薄片齿轮　3—弹簧

4—螺母　5—轴　6—宽齿轮

图 4-36 所示为锥齿轮轴向压簧调整法，两个啮合的锥齿轮 1 和 2，其中在安装锥齿轮 1 的传动轴 5 上装有压簧 3，锥齿轮 1 在弹簧力的作用下可稍作轴向移动，从而消除间隙。弹簧力的大小由螺母 4 调节。

图 4-37 所示为锥齿轮周向弹簧调整法。将一对啮合锥齿轮中的一个锥齿轮做成大、小两片 1 和 2，在大片上有三个圆弧槽，而在小片的端面上有三个凸爪 6，凸爪 6 伸入大片的圆弧槽中。弹簧 4 一端顶在凸爪 6 上，而另一端顶在镶块 3 上。为了安装方便，用螺钉 5 将大、小片齿圈相对固定，安装完毕之后将螺钉卸去，利用弹簧力使大、小片锥齿轮稍微错开，从而达到消除间隙的目的。

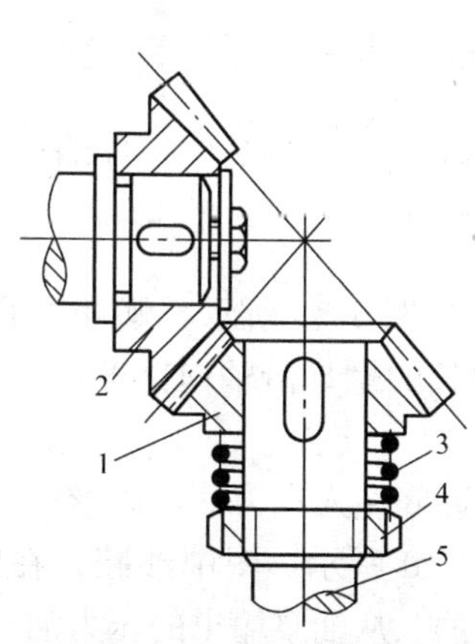

图 4-36　锥齿轮轴向压簧调整法

1、2—锥齿轮　3—压簧　4—螺母　5—传动轴

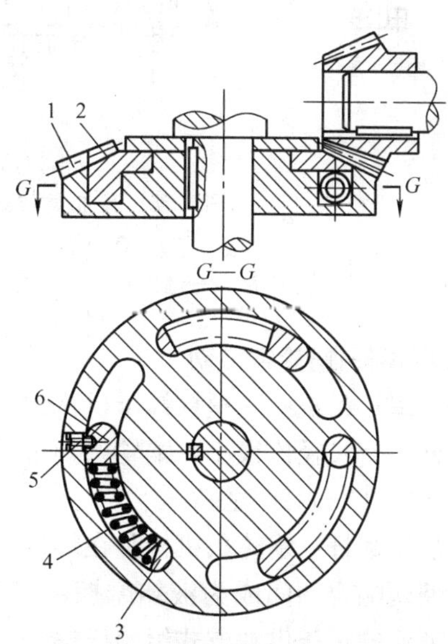

图 4-37　锥齿轮周向弹簧调整法

1、2—锥齿轮　3—镶块　4—弹簧　5—螺钉　6—凸爪

4. 预加负载双齿轮——齿条传动

在大型数控机床（如大型数控龙门铣床）中，工作台的行程很长，因此，它的进给运动不宜采用滚珠丝杠副传动。一般的齿轮齿条结构是机床上常用的直线运动机构之一，它的效率高，结构简单，从动件易于获得高的移动速度和长行程，适合在工作台行程长的大型机床上用作直线运动机构。但一般齿轮—齿条传动机构的位移精度和运动平隐性较差，为了利用其结构上的优点，除提高齿条本身的精度或采用精度补偿措施外，还应采取措施消除传动间隙。

当负载小时，可用双片薄齿轮错齿调整法，分别与齿条齿槽左、右侧贴紧，从而消除齿侧间隙。但双片薄齿轮错齿调整法不能满足大型机床的重负载工作要求。预加负载双齿轮—齿条无间隙传动机构能较好地解决这个问题。

图 4-38a 所示是预加负载双齿轮—齿条无间隙传动机构示意图。进给电动机经两对减速齿轮传递到调整轴 3，轴 3 上有两个螺旋方向相反的齿轮 5 和 7，分别经两级减速传至与床身齿条 2 相啮合的两个小齿轮 1。调整轴 3 端部有加载弹簧 6，调整螺母，可使调整轴 3 上下移动。由于调整轴 3 上两个齿轮的螺旋方向相反，因而两个与床身齿条啮合的小齿轮 1 产生相反方向的微量转动，以改变间隙。当螺母将调整轴 3 往上调时，将间隙调小或预紧力加大，反之则将间隙调大和预紧力减小。传动间隙的调整也可以靠液压缸增加负载，如图 4-38b所示。

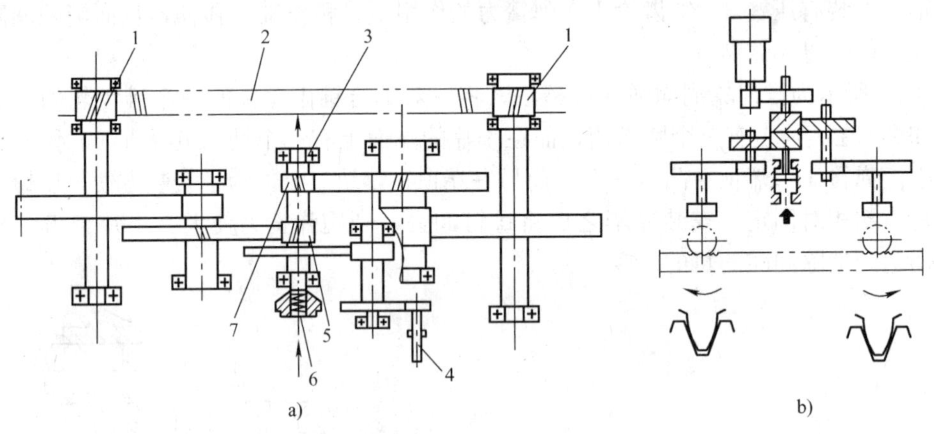

图 4-38 预加负载双齿轮-齿条无间隙传动机构

a）工作原理 b）液压预加负载式

1—小齿轮 2—齿条 3—调整轴 4—进给电动机轴 5—右旋齿轮 6—加载弹簧 7—左旋齿轮

5. 静压蜗杆-蜗轮条传动

蜗杆—蜗轮条机构是丝杠螺母机构的一种特殊形式。如图 4-39 所示，蜗杆可看作长度很短的丝杠，其长径比很小，蜗轮条则可以看做是一个很长的螺母沿轴向剖开后的一部分，其包容角常在 90°～120°之间。

液体静压蜗杆—蜗轮条机构是在蜗杆—蜗轮条的啮合面间注入压力油，以形成一定厚度的油膜，使两啮合面间成为液体摩擦，其工作原理如图 4-40 所示，图中油腔开在蜗轮上，用毛细管节流的定压供油方式给静压蜗杆—蜗轮条供压力油。从油泵输出的压力油，经过蜗杆螺纹内的毛细管节流器 10，分别进入蜗轮条齿的两侧面油腔内，然后经过啮合面之间的间隙，再进入齿顶与齿根之间的间隙，压力降为零，流回油箱。

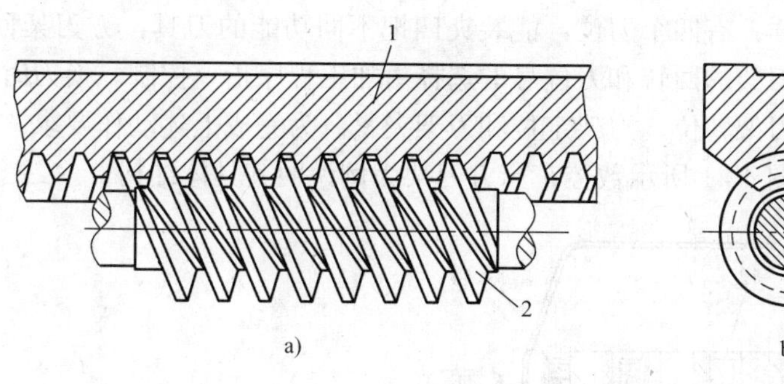

图 4-39　蜗杆—蜗轮条传动机构

1—蜗轮条　2—蜗杆

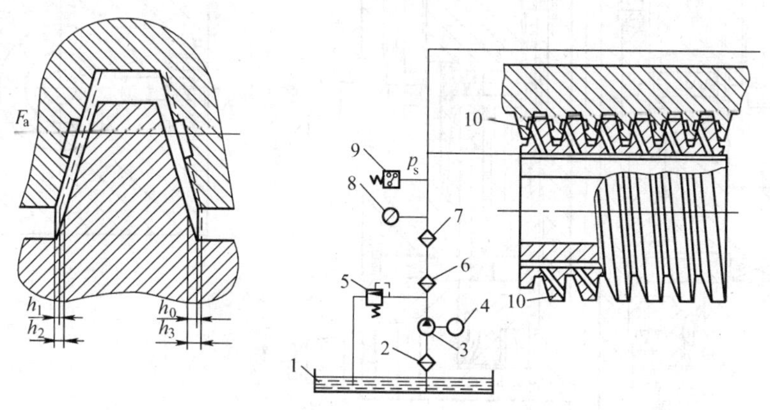

图 4-40　蜗杆—蜗轮条机构工作原理

1—油箱　2—过滤器　3—油泵　4—电动机　5—溢流阀　6—粗过滤器

7—精过滤器　8—压力表　9—压力继电器　10—节流器

静压蜗杆—蜗轮条传动由于既有纯液体摩擦的特点，又有蜗杆—蜗轮条机构结构的特点，因此特别适合在重型机床的进给传动系统上应用。其优点是：

1）摩擦阻力小，起动摩擦因数小于 0.0005，功率消耗少，传动效率高，可达 0.94～0.98，在很低的速度下运动也很平稳。

2）使用寿命长。齿面不直接接触，不易磨损，能长期保持精度。

3）抗振性能好。油腔内的压力油层有良好的吸振能力。

4）有足够的轴向刚度。

5）蜗轮条能无限接长，因此，运动部件的行程可以很长，不像滚珠丝杠受结构的限制。

第四节　自动换刀装置

一、数控车床刀架

刀架是数控车床的重要功能部件，其结构形式很多，主要取决于机床的形式、工艺范围以及刀具的种类和数量等。下面介绍几种典型刀架结构。

1. 经济型数控车床方刀架

经济型数控车床方刀架是在普通车床四方刀架的基础上发展的一种自动换刀装置，其功能和普通四方刀架一样：有四个刀位，能装夹四把不同功能的刀具，方刀架回转 90°时，刀具变换一个刀位，方刀架的回转和刀位号的选择由加工程序指令控制。换刀时方刀架的动作顺序是：刀架抬起、刀架转位、刀架定位和刀架夹紧。为完成上述动作要求，要有相应的机构来实现，下面就以图 4-41 所示数控车床方刀架为例说明其具体结构。

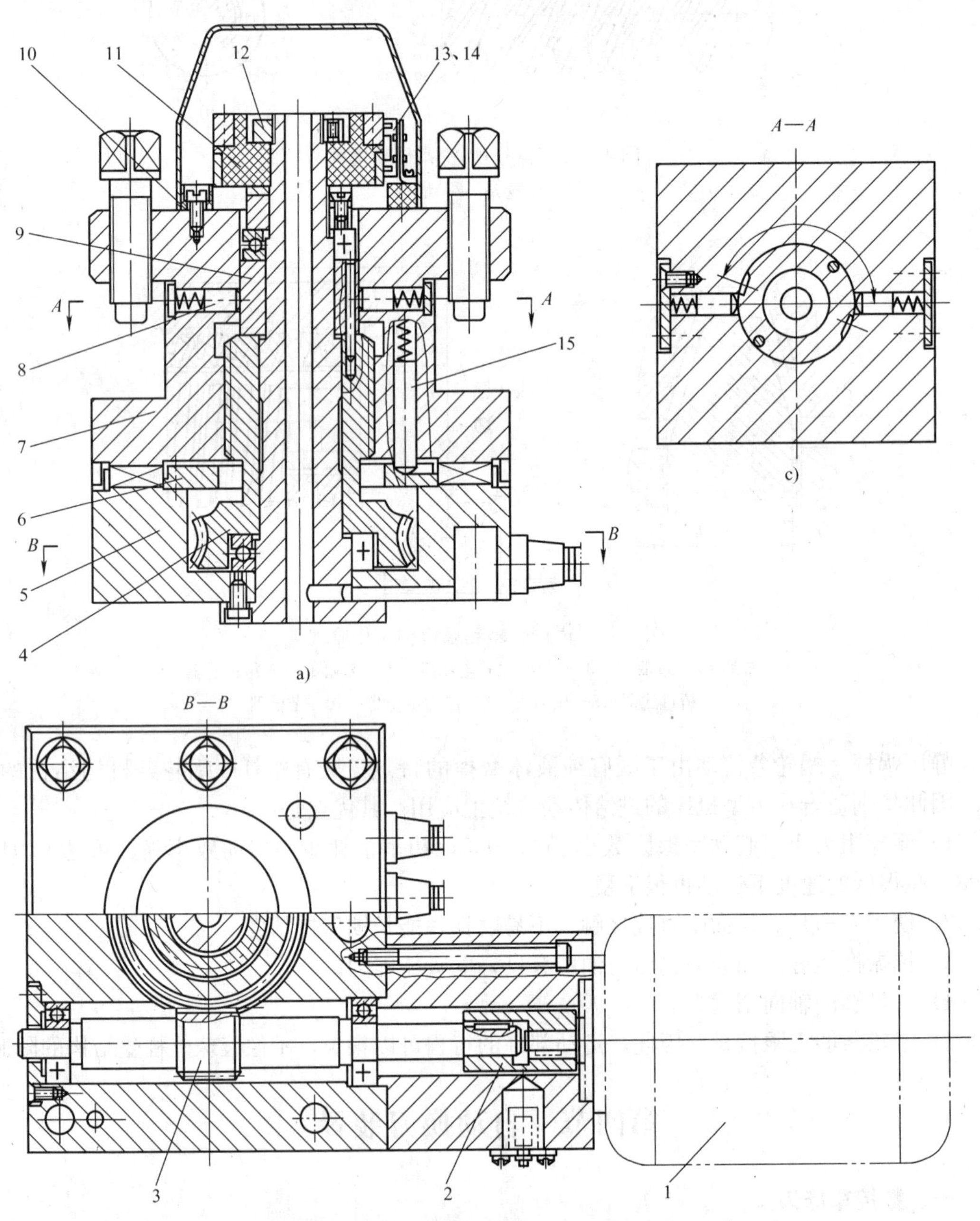

图 4-41 数控车床方刀架结构

1—电动机 2—联轴器 3—蜗杆轴 4—蜗轮 5—刀架底座 6—粗定位盘
7—刀架体 8—球头销 9—转位套 10—电刷座 11—发信体
12—螺母 13、14—电刷 15—定位销该刀架可以安装4把不同的刀具，转位信号由加工程序指定。当换刀指令发出后，小型电动机1起动正转，通过平键套筒联轴器2使蜗杆轴3转动，从而带动蜗轮4转动。蜗轮的上部外圆柱加工有外螺纹，所以该零件称蜗轮丝杠。刀架体7内孔加工有内螺纹，与蜗轮丝杠旋合。蜗轮丝杠内孔与刀架中心轴外圆是滑配合，在转位换刀时，中心轴固定不动，蜗轮丝杠环绕中心轴旋转。当蜗轮开始转动时，由于在刀架底座5和刀架体7上的端面齿处在啮合状态，且蜗轮丝杠轴向固定，这时刀架体7抬起。当刀架体7抬至一定距离后，端面齿脱开。转位套9用销钉与蜗轮丝杠4联接，随蜗轮丝杠一同转动，当端面齿完全脱开，转位套正好转过160°（见图*A*—*A*剖视图所示），球头销8在弹簧力的作用下进入转位套9的槽中，带动刀架体7转位。刀架体7转动时带着电刷座10转动，当转到程序指定的刀号时，定位销15在弹簧的作用下进入粗定位盘6的槽中进行粗定位，同时电刷13、14接触导通，使电动机1反转，由于粗定位槽的限制，刀架体7不能转动，使其在该位置垂直落下，刀架体7和刀架底座5上的端面齿啮合，实现精确定位。电动机继续反转，此时蜗轮停止转动，蜗杆轴3继续转动，随夹紧力增加，转矩不断增大时，达到一定值时，在传感器的控制下，电动机1停止转动。

译码装置由发信体11、电刷13、14组成，电刷13负责发信，电刷14负责位置判断。当刀架定位出现过位或不到位时，可松开螺母12调好发信体11与电刷14的相对位置。

这种刀架在经济型数控车床及普通车床的数控化改造中得到广泛的应用。

2. 盘形自动回转刀架

图4-42所示为CK7815型数控车床采用的BA200L回转刀架结构图。该刀架可配置12位（A型或B型）、8位（C型）刀盘。A、B型回转刀盘的外切刀可使用25mm×150mm标准刀具和刀杆截面为25mm×25mm的可调刀具，C型回转刀盘可用尺寸为20mm×20mm×125mm的标准刀具。镗刀杆直径最大为32mm。

刀架转位为机械传动，端面齿盘定位。转位开始时，电磁制动器断电，电动机11通电转动，通过传动齿轮10、9、8带动蜗杆7旋转，使蜗轮5转动。蜗轮内孔有螺纹与轴6上的螺纹配合。端面齿盘3被固定在刀架箱体上，轴6固连在端面齿盘2上，端面齿盘2和端面齿盘3处于啮合状态，所以，当蜗轮转动时，轴6、端面齿盘2和刀架1同时向左移动，直到端面齿盘2与3脱离啮合。轴6的外圆柱面上有两个对称槽，内装滑块4。蜗轮5的右侧固连圆环14，圆环左侧端面上有凸块，所以蜗轮和圆环同时旋转。当端面齿盘2、3脱开后，与蜗轮固定在一起的圆环14上的凸块正好碰到滑块4，蜗轮继续转动，通过圆环14上的凸块带动滑块连同轴6、刀盘一起进行转位。到达要求位置后，电刷选择器发出信号，使电动机11反转，这时蜗轮5及圆环14反向旋转，凸块与滑块4脱离，不再带动轴6转动；同时，蜗轮5与轴6上的旋合螺纹使轴6右移，端面齿盘2、3啮合并定位。压紧端面齿盘的同时，轴6右端的小轴13压下微动开关12，发出转位结束信号，电动机断电，电磁制动器通电，维持电动机轴上的反转力矩，以保持端面齿盘之间有一定的压紧力。

刀具在刀盘上由压板15及调节楔铁16（见图4-42b）夹紧，更换和对刀十分方便。

刀位选择由刷形选择器进行，松开、夹紧位置检测由微动开关12控制。整个刀架控制是一个纯电气系统，结构简单。

3. 车削中心用动力刀架

图4-43a所示为适用于全功能数控车及车削中心的动力转塔刀架。刀盘上既可以安装各

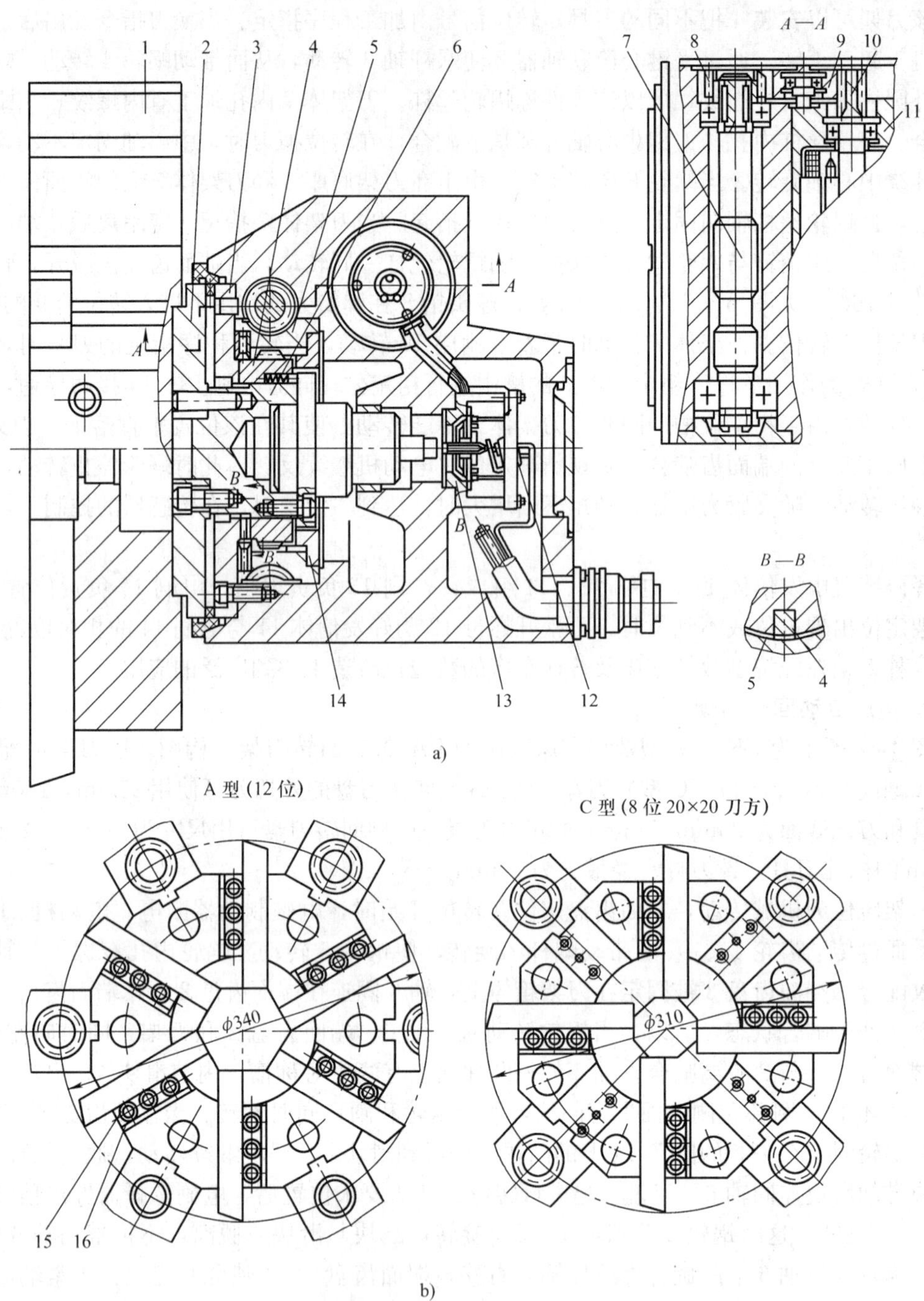

图 4-42 回转刀架

1—刀架 2、3—端面齿盘 4—滑块 5—蜗轮 6—轴 7—蜗杆 8、9、10—传动齿轮 11—电动机 12—微动开关 13—小轴 14—圆环 15—压板 16—楔铁

种非动力辅助刀夹（车刀夹、镗刀夹、弹簧夹头、莫氏刀柄），夹持刀具进行加工，还可安装动力刀夹进行主动切削，配合主机完成车、铣、钻、镗等各种复杂工序，实现加工程序自动化、高效化。

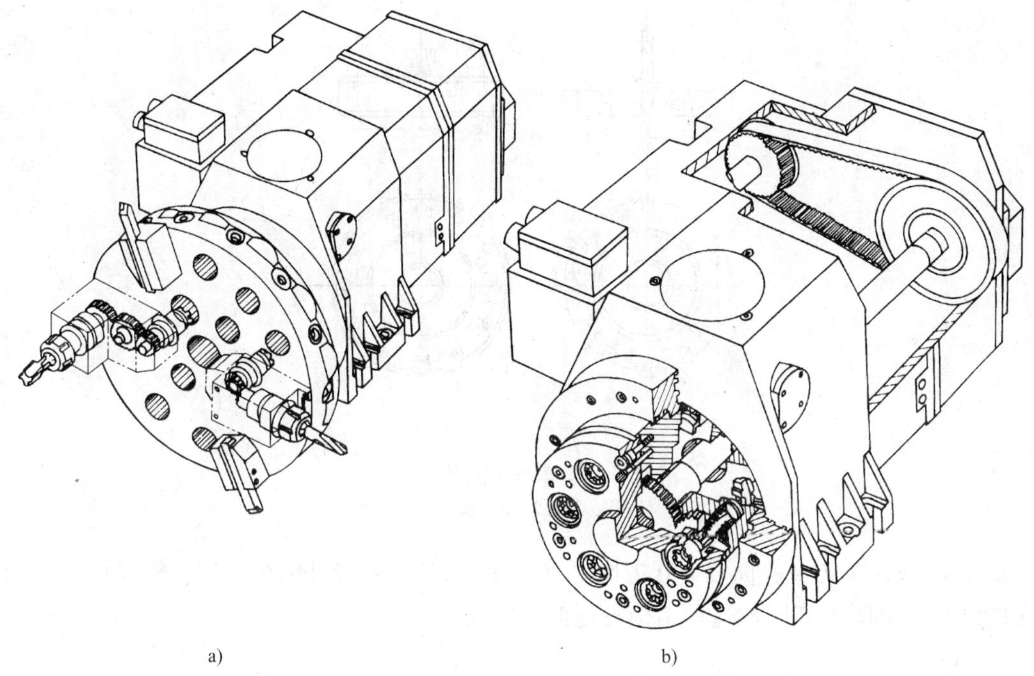

图 4-43　动力转塔刀架

a）刀架外形　b）传动示意图

图 4-43b 所示为转塔刀架的传动示意图。刀架采用端齿盘作为分度定位元件，刀架转位由三相异步电动机驱动，电动机内部带有制动机构，刀位由二进制绝对编码器识别，并可双向转位和任意刀位就近选刀。动力刀具由交流伺服电动机驱动，通过同步带、传动轴、传动齿轮、端面齿离合器将动力传递到动力刀夹，再通过刀夹内部的齿轮传动，使刀具回转，实现主动切削。

二、加工中心自动换刀系统

加工中心是一种装有刀库并能自动更换刀具对工件进行多工序加工的数控机床。工件经一次装夹后，数控系统能控制机床按不同工序自动选择和更换刀具；自动改变机床主轴转速、进给量和刀具相对工件的运动轨迹及其他辅助机能；依次完成工件几个面上多工序的加工。由于加工中心能集中完成多种工序，因此可减少工件装夹、测量和机床的调整时间，减少工件调度、搬运和存放时间，机床的切削利用率高，具有良好的经济效果。

自动换刀系统是加工中心的重要组成部分，主要包括刀库、刀具交换装置（机械手）等部件。刀库是存放加工过程要使用的全部刀具的装置。当需要换刀时，根据数控机床指令，由机械手将刀具从刀库取出并装入主轴中心。刀库的容量从几把到上百把。机械手的结构根据刀库与主轴的相对位置及结构的不同也有多种形式。

1. 刀库的形式

刀库的形式很多，结构也各不相同，加工中心最常用的刀库有鼓轮式刀库和链式刀库两种。

鼓轮式刀库的结构紧凑、简单，在钻削中心上应用较多，一般存放刀具不超过 32 把。图 4-44 所示为刀具轴线与鼓轮轴线平行分布的刀库，其中，图 4-44a 所示为径向取刀形式；图 4-44b 所示为轴向取刀形式。

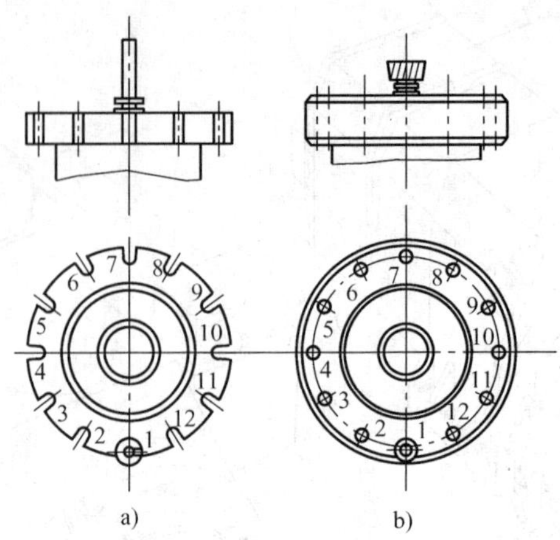

图 4-44 鼓轮式刀库之一

a）径向取刀形式 b）轴向取刀形式

图 4-45 所示为刀具径向安装在刀库上（见图 4-45a）和刀具轴线与鼓轮轴线成一定角度分布的结构（见图 4-45b），这种结构占地面积较大。

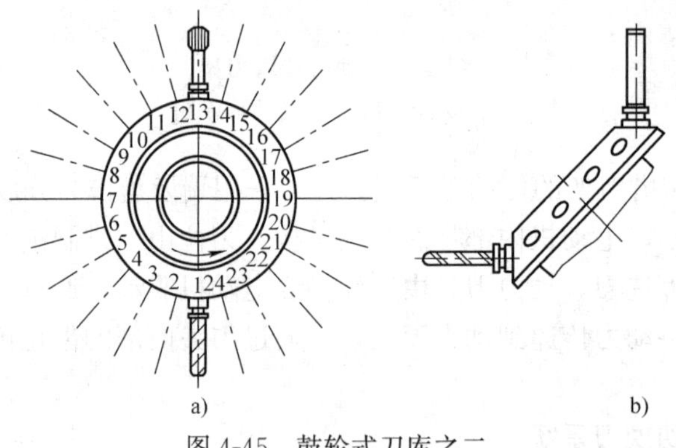

图 4-45 鼓轮式刀库之二

a）刀具径向安装 b）成一定角度分布的结构

链式刀库是在环形链条上装有许多刀座，刀座的孔中装夹各种刀具，链条由链轮驱动。链式刀库适用于刀库容量较大的场合，且多为轴向取刀。链式刀库有单环链式和多环链式等几种，如图 4-46a、b 所示。当链条较长时，可以增加支承链轮的数目，使链条折叠回绕，

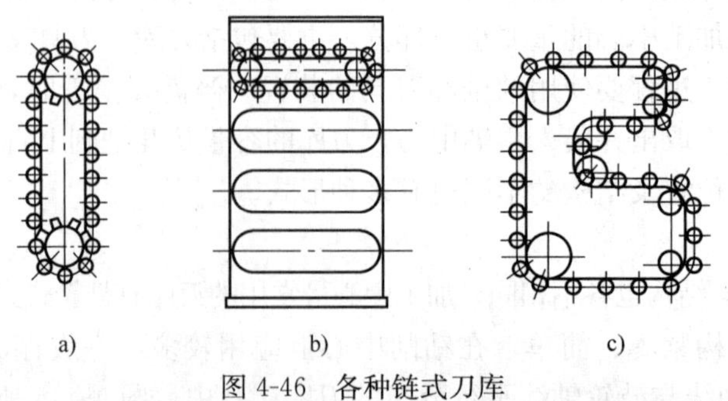

图 4-46 各种链式刀库

a）单环链式 b）多环链式 c）折叠链式

提高了空间利用率，如图 4-46c 所示。

除此之外，还有格子箱式刀库、直线式刀库、多盘式刀库等。

2. 刀具的选择

按数控装置的刀具选择指令，从刀库中挑选各工序所需要的刀具的操作称为自动选刀。常用的选刀方式有顺序选刀和任意选刀两种。

刀具的顺序选择方式是将刀具按加工工序的顺序，依次放入刀库的每一个刀座内，刀具顺序不能搞错。更换加工工件时，刀具在刀库上的排列顺序也要改变。这种方式的缺点是同一工件不能重复使用同一把刀具，因此，刀具的数量增加，降低了刀具和刀库的利用率，但其控制及刀库运动等比较简单。

任意选刀方式是预先把刀库中每把刀具（或刀座）都编上代码，按照编码选刀，刀具在刀库中不必按工件的加工顺序排列。任意选刀有四种方式：① 刀具编码方式；② 刀座编码方式；③ 附件编码方式；④ 计算机记忆方式。

刀具编码选择方式采用了一种特殊的刀柄结构，并对每把刀具进行编码。换刀时通过编码识别装置，根据换刀指令代码，在刀库中寻找出所需要的刀具。由于每一把刀具都有自己的代码，因而刀具可以放入刀库的任何一个刀座内，这样不仅刀库中的刀具可以在不同的工序中多次重复使用，而且换下来的刀具也不必放回原来的刀座，这对装刀和选刀都十分有利。

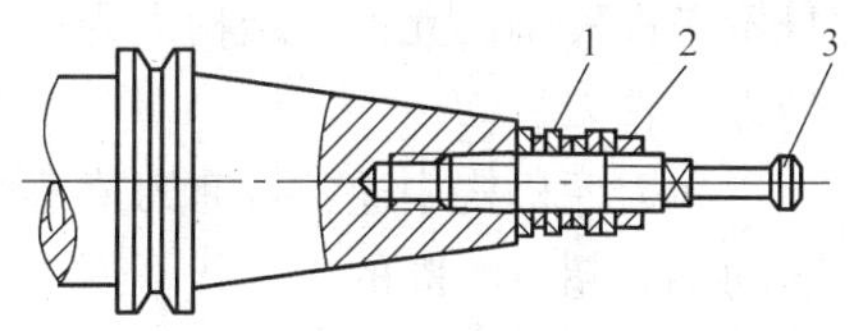

图 4-47 编码刀柄示意图

1—编码环 2—锁紧螺母 3 拉紧螺杆

刀具编码识别有两种方式，一为接触式识别，另一种为非接触式识别。接触式识别的编码刀柄如图 4-47所示，在刀柄尾部的拉紧螺杆 3 上套装着一组等间隔的编码环 1，并由锁紧螺母 2 将它们固定。编码环的外径有大小两种不同的规格，每个编码环的大小分别表示二进制数的“1”和“0”。通过对两种圆环的不同排列，可以得到一系列的代码。例如图 4-47 中所示的 7 个编码环，就能够区别出 127（2^7-1）种刀具。当刀库中带有编码环的刀具依次通过编码识别装置时，编码环的大小就能使相应的触针读出每一把刀具的代码。如果读出的代码与穿孔带上选择刀具的代码一致时，发出信号使刀库停止回转，这时加工所需要的刀具就准确地停留在取刀位置上，然后由机械手从刀库中将刀具取出。接触式编码识别装置的结构简单，但可靠性较差，寿命较短，而且不能快速选刀。

非接触式刀具识别采用磁性或光电识别方法。

磁性识别方法是利用磁性材料和非磁性材料磁感应的强弱不同，通过感应线圈读取代码。编码环分别由软钢和黄铜（或塑料）制成，前者代表“1”，后者代表“0”，将它们按规定的编码排列。当编码环通过感应线圈时，只有对应于软钢圆环的那些感应线圈才能感应出电信号“1”，而对应于黄铜的感应线圈状态保持不变“0”，从而读出每一把刀具的代码。磁性识别装置没有机械接触和磨损，因此可以快速选刀，而且具有结构简单、工作可靠、寿命长等优点。

光电识别方法的原理如图 4-48 所示。链式刀库带着刀座 1 和刀具 2 依次经过刀具识别位置Ⅰ，在此位置上安装有投光器 3，通过光学系统将刀具的外形及编码环投影到由无数光敏元件组成的屏板 5 上形成了刀具图样。装刀时，屏板 5 将每一把刀具的图样转换成对应的信息码，经过处理后将每一把刀具的“图形信息码”存入存储器中。选刀时，当某一把刀具在识别位置出现的“图形信息码”与存储器内指定刀具的“图形信息码”相一致时，便发出指令，使该刀具停在换刀位置Ⅱ，由机械手 4 将刀具取出。这种识别系统不但能识别编码，还能识别图样，因此给刀具的管理带来方便。

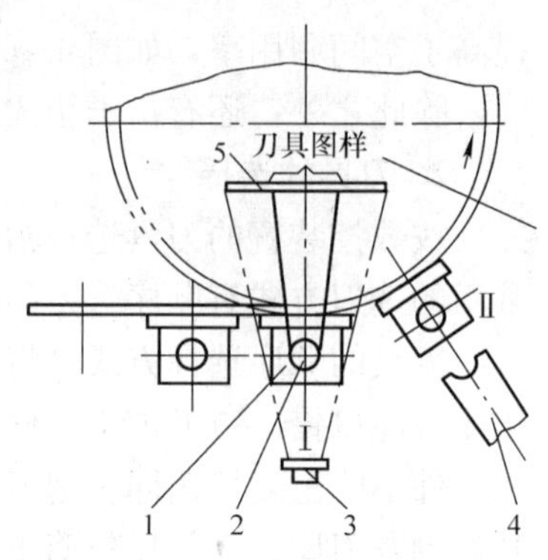

图 4-48 光电识别方法
1—刀座 2—刀具 3—投光器 4—机械手 5—屏板

刀座编码是对刀库中所有刀座预先编码，每把刀具放入相应刀座之后，就具有了相应刀座的编码，即刀具在刀库中的位置是固定的。在编程时，要指出哪一把刀具放在哪个刀座上。必须注意的是，在这种编码方式中必须将用过的刀具放回原来的刀座内，不然会造成事故。由于这种编码方式取消了刀柄中的编码环，刀柄结构大大简化，刀具识别装置的结构也不受刀柄尺寸的限制，可放置在较为合理的位置。刀具在加工过程中可重复多次使用. 缺点是必须把用过的刀具放回原来的刀座。

目前应用最多的是计算机记忆式选刀。这种方式的特点是，刀具号和存刀位置或刀座号（地址）对应地存放在计算机的存储器或可编程序控制器的存储器中。不论刀具存放在哪个刀座上，新的对应关系重新储存（记住），这样刀具可以在任意位置（地址）存取。刀具本身不必设置编码元件，结构大为简化，控制也十分简单。计算机控制的机床几乎全部采用这种方式选刀。

在刀库机构中通常设有刀库零位，执行自动选刀时，刀库可以正反方向回转，每次选刀运动不会超过一圈的 1/2。

3. 刀具交换装置

数控机床的自动换刀系统中，实现刀库与机床主轴之间刀具传递和刀具装卸的装置称为刀具交换装置。刀具的交换方式通常分为无机械手换刀和有机械手换刀两大类。

（1）无机械手换刀 无机械手换刀的方式是利用刀库与机床主轴的相对运动实现刀具交换。XH754 型卧式加工中心就是采用这类刀具交换装置的实例，XH754 型卧式加工中心的外形如图 1-9 所示。

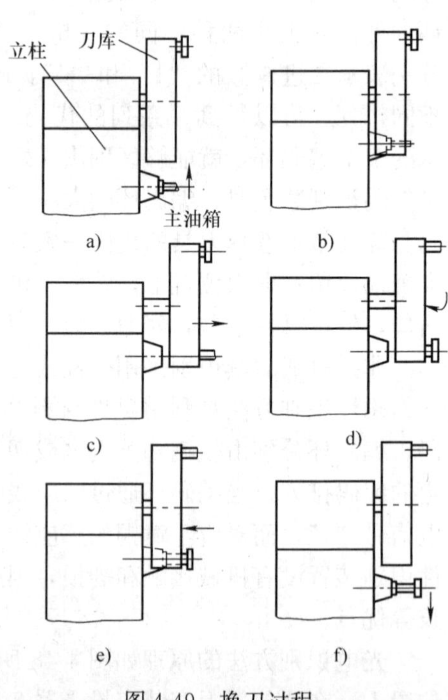

图 4-49 换刀过程

该机床主轴 2 在立柱上可以沿 Y 方向上下移动，工作台 1 沿 Z 轴横向运动，沿 X 轴纵向移动。鼓轮式刀库 3 位于机床顶部，有 30 个装刀位置，可装 29 把刀。4 为数控柜。换刀过程如图 4-49 所示。

图 4-49a：当加工工步结束后，执行换刀指令，主轴实现准停，主轴箱沿 Y 轴上升。这时机床上方刀库的空挡刀位正好处在交换位置，装夹刀具的卡

爪打开。

图 4-49b：主轴箱上升到极限位置，被更换刀具的刀杆进入刀库空刀位，即被刀具定位卡爪钳住，与此同时，主轴内刀杆自动夹紧装置放松刀具。

图 4-49c：刀库伸出，从主轴锥孔中将刀具拔出。

图 4-49d：刀库转位，按照程序指令要求将选好的刀具转到最下面的位置，同时，压缩空气将主轴锥孔吹净。

图 4-49e：刀库退回，同时将新刀具插入主轴锥孔。主轴内刀具夹紧装置将刀杆拉紧。

图 4-49f：主轴下降到加工位置后起动，开始下一工步的加工。

这种换刀机构不需要机械手，结构简单、紧凑。由于交换刀具时机床不工作，所以不会影响加工精度，但会影响机床的生产率。其次因刀库尺寸限制，装刀数量不能太多。这种换刀方式常用于小型加工中心。

刀库转位机构如图 4-50 所示，伺服电动机通过消隙齿轮 1、2 带动蜗杆 3，通过蜗轮 4 使刀库转动，蜗杆为右旋双导程蜗杆，可以用轴向移动的方法来调整蜗杆副的间隙。压盖 5 内孔螺纹与套 6 相配合，转动套 6 即可调整蜗杆的轴向位置，也就调整了蜗杆副的间隙。调整好后用螺母 7 锁紧。

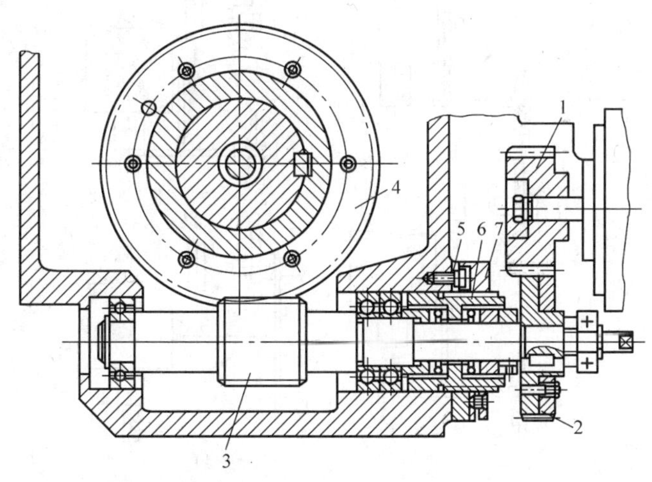

图 4-50 刀库转位机构

1、2—齿轮 3—蜗杆 4—蜗轮 5—压盖 6—转动套 7—螺母

刀库的最大转角为 180°，根据所换刀具的位置决定正转或反转，由控制系统自动判别，以使找刀路径最短。每次转角大小由位置控制系统控制，进行粗定位，最后由定位销精确定位。

刀库及转位机构在同一个箱体内，由液压缸实现其移动。图 4-51 所示为刀库液压缸结构图。

这种刀库，每把刀具在刀库上的位置是固定的，从哪个刀位取下的刀具，用完后仍然送回到哪个刀位去。

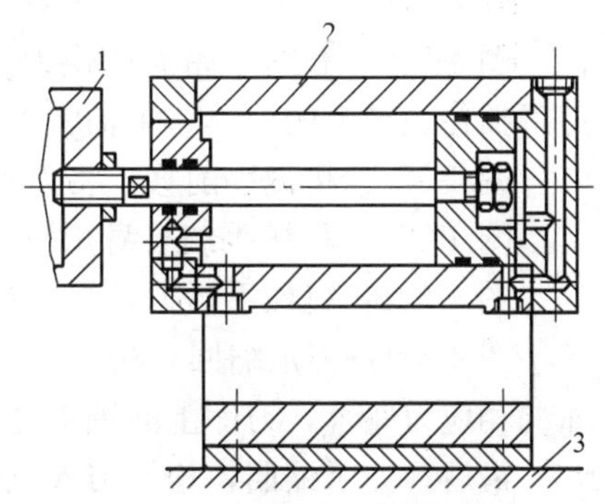

图 4-51 刀库液压缸结构图

1—刀库 2—液压缸 3—立柱顶面

（2）机械手换刀 采用机械手进行刀具交换的方式应用得最为广泛，这是因为机械手换刀有很大的灵活

性，而且可以减少换刀时间。机械手的结构形式是多种多样的，因此换刀运动也有所不同。下面以卧式镗铣加工中心为例说明机械手换刀的工作原理。

该机床采用的是链式刀库，位于机床立柱左侧。由于刀库中存放刀具的轴线与主轴的轴线垂直，因此机械手需要有三个自由度：机械手沿主轴轴线的插拔刀具动作，由液压缸来实现；绕竖直轴 90°的摆动进行刀库与主轴间刀具的传送，由液压马达实现；绕水平轴旋转 180°完成刀库与主轴上的刀具交换的动作，也由液压马达实现。其换刀分解动作如图 4-52a～f所示。

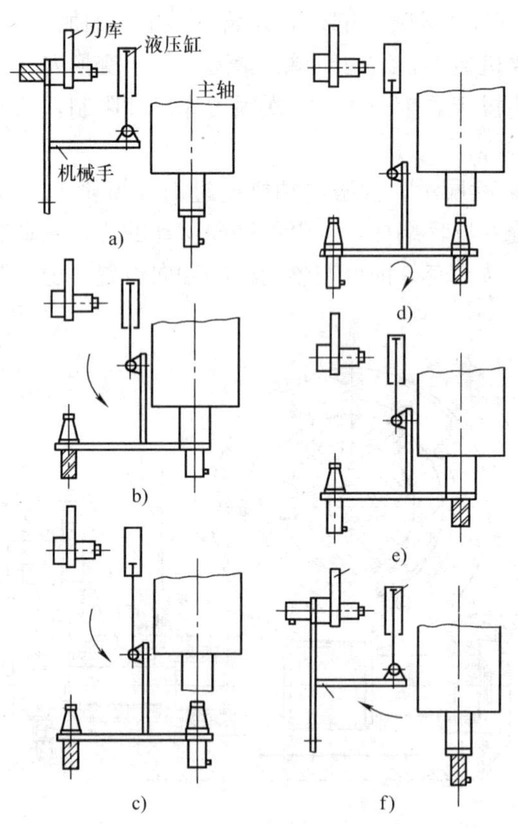

图 4-52 换刀分解动作示意图

图 4-52a：刀爪伸出，抓住刀库上的待换刀具，刀库刀座上的锁板拉开。

图 4-52b：机械手带着待换刀具绕竖直轴逆时针方向转 90°，与主轴轴线平行，另一个刀爪抓住主轴上的刀具，主轴将刀杆松开。

图 4-52c：机械手前移，将刀具从主轴锥孔内拔出。

图 4-52d：机械手绕自身水平轴转 180°，将两把刀具交换位置。

图 4-52e：机械手后退，将新刀具装入主轴，主轴将刀具锁住。

图 4-52f：刀爪缩回，松开主轴上的刀具。机械手绕竖直轴顺时针转 90°，将刀具放回刀库的相应刀座上，刀库上的锁板合上。

最后，刀爪缩回，松开刀库上的刀具，恢复到原始位置。

为防止刀具掉落，各种机械手的刀爪都必须带有自锁机构。图 4-53 所示为机械手臂和刀爪部分的构造，它有两个固定刀爪 5，每个刀爪上还有一个活动销 4，它依靠后面的弹簧 1，在抓刀后顶住刀具。为了保证机械手在运动时刀具不被甩出，有一个锁紧销 2，当活动销 4 顶住刀具时，锁紧销 2 就被弹簧 3 弹起，将活动销 4 锁住，再不能后退。当机械手处在上升位置要完成插拔刀动作时，活动销 6 被挡块压下使锁紧销 2 也退下，故可以自由地抓放刀具。

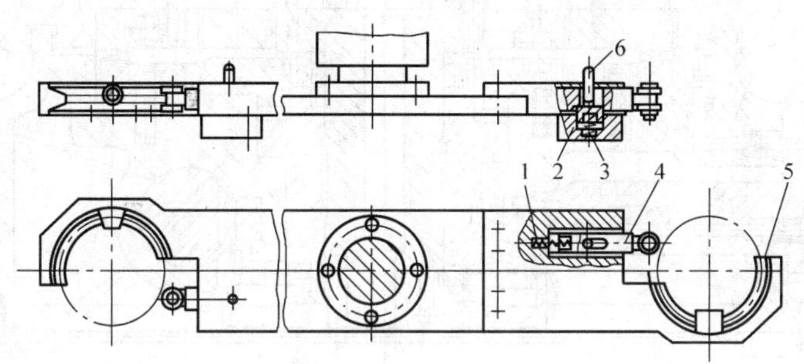

图 4-53　机械手臂和刀爪

1、3—弹簧　2—锁紧销　4—活动销　5　刀爪　6—活动销

第五节　分度工作台和回转工作台

工作台是数控机床的重要部件，主要有矩形、回转式以及倾斜成各种角度的万能工作台三种。回转工作台中又有 90°分度工作台和任意分度数控工作台，以及卧式回转工作台和立式回转工作台等。此外在 FMC 中，附加在数控机床上的还有交换工作台，在 FMS 中有工件缓冲台、工件上下料台、工件运输台等。本节主要介绍数控机床常用的定位、回转工作台的结构及工作原理。

一、分度工作台

分度工作台只完成分度辅助运动，即按照数控系统的指令，在需要分度时，将工作台及其工件回转一定角度（45°、60°或 90°等），改变工件相对于主轴的位置，以便加工工件的各个表面。分度工作台按其定位机构的不同分为端面齿盘式和定位销式两类。

1. 端面齿盘式分度工作台

端面齿盘式分度工作台是目前用得较多的一种精密的分度定位机构，可与数控机床做成整体的，也可以作为机床的标准附件。

端面齿盘式分度工作台主要由工作台面、底座、夹紧液压缸、分度液压缸及端面齿盘等零件组成（见图 4-54）。

机床需要分度时，数控装置就发出分度指令（也可用手压按钮进行手动分度），由电磁铁控制液压阀（图 4-54 中未画出），使压力油经管道 23 至分度工作台 7 中央的升降液压缸下腔 10，推动活塞 6 上移（液压缸上腔 9 回油经管道 22 排回），经推力轴承 5 使工作台 7 抬起，上齿盘 4 和下齿盘 3 脱离啮合。工作台上移的同时带动内齿圈 12 上移并与齿轮 11 啮合，完成了分度前的准备工作。

当工作台 7 向上抬起时，推杆 2 在弹簧作用下向上移动，使推杆 1 在弹簧的作用下右移，松开微动开关 D 的触头，控制电磁阀（图 4-54 中未画出）使压力油经分度液压缸进回油管道 21 进入分度液压缸的左腔 19 内，推动齿条活塞 8 右移（分度液压缸右腔 18 的油液

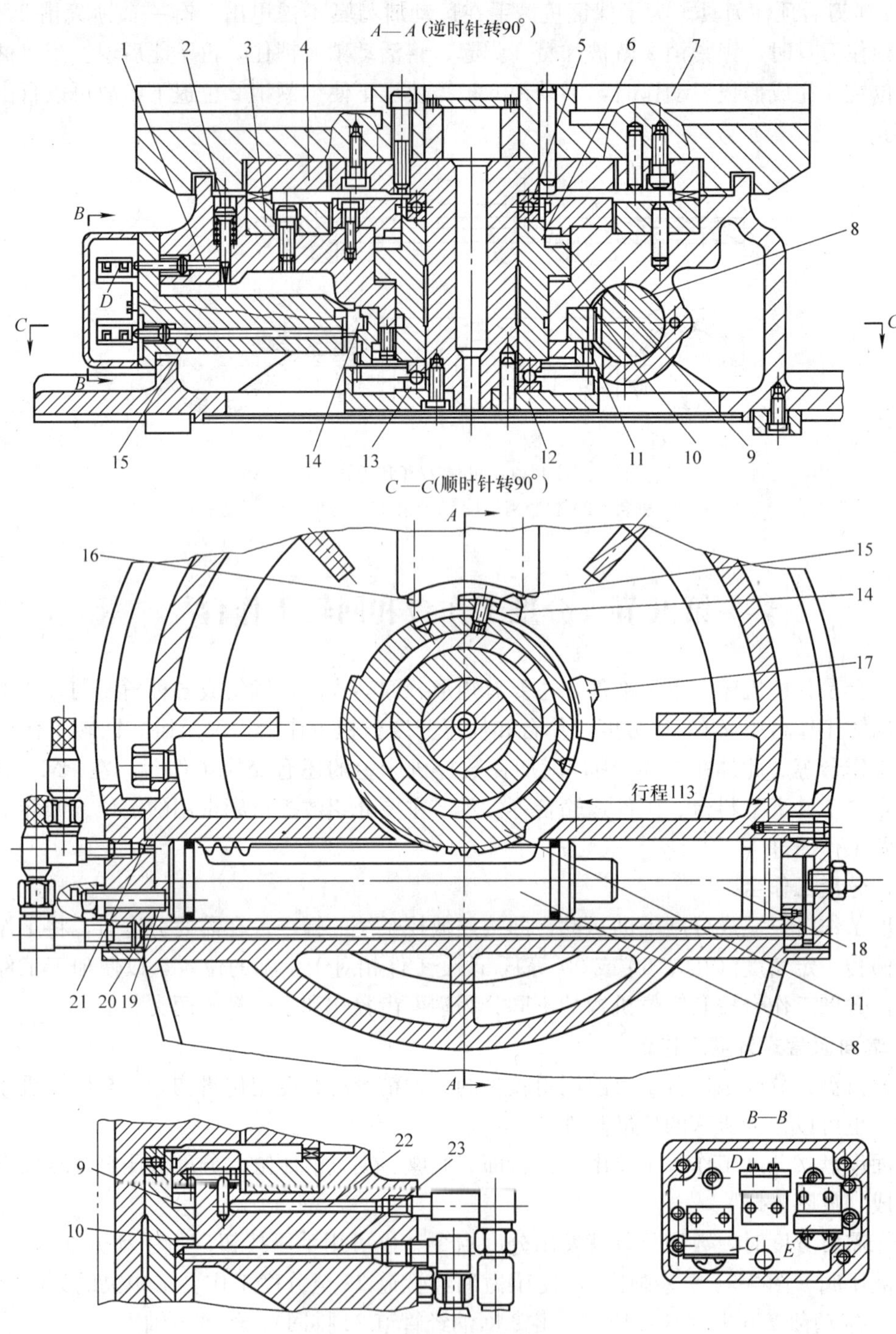

图 4-54 端面齿盘式分度工作台

1、2、15、16—推杆 3—下齿盘 4—上齿盘 5、13—推力轴承 6—活塞 7—工作台 8—齿条活塞 9—升降液压缸上腔 10—升降液压缸下腔 11—齿轮 12—齿圈 14、17—挡块 18—分度液压缸右腔 19—分度液压缸左腔 20、21—分度液压缸进回油管道 22、23—升降液压缸进回油管道

经分度液压缸进回油管道 20 及节流阀流回油箱)，与它相啮合的齿轮 11 作逆时针转动。根据设计要求，当齿条活塞 8 移动 113mm 时，齿轮 11 回转 90°，因此时齿圈 12 已与齿轮 11 相啮合，故分度工作台 7 也回转 90°。分度运动的速度快慢可由分度液压缸进回油管路 20 中的节流阀来控制齿条活塞 8 的运动速度。

齿轮 11 开始回转时，挡块 14 放开推杆 15，使微动开关 C 复位，当齿轮 11 转过 90°时，它上面的挡块 17 压推杆 16，使微动开关 E 被压下，控制电磁铁使升降液压缸上腔 9 通入压力油，活塞 6 下移（升降液压缸下腔 10 的油液经升降液压缸进回油管道 23 及节流阀流回油箱)，工作台 7 下降。上齿盘 4 和下齿盘 3 又重新啮合，并定位夹紧，这时分度运动已进行完毕。升降液压缸进回油管道 23 中有节流阀用来限制工作台 7 的下降速度，避免产生冲击。

当分度工作台下降时，推杆 2 被压下，推杆 1 左移，微动开关 D 的触头被压下，通过电磁铁控制液压阀，使压力油从分度液压缸进回油管道 20 进入分度液压缸的右腔 18，推动齿条活塞 8 左移（左腔 19 的油液经分度液压缸进回油管道 21 流回油箱)，使齿轮 11 顺时针回转。它上面的挡块 17 离开推杆 16，微动开关 E 的触头被放松。因工作台面下降夹紧后齿轮 11 下部的轮齿已与齿圈脱开，故分度工作台面不转动。当齿条活塞 8 向左移动 113mm 时，齿轮 11 就顺时针转 90°，齿轮 11 上的挡块 14 压下推杆 15，微动开关 C 的触头又被压紧，齿轮 11 停在原始位置，为下次分度做好准备。

端面齿盘式分度工作台的优点是分度和定心精度高，分度精度可达± (0.5～3)″，由于采用多齿重复定位，重复定位精度稳定，而且定位刚性好，只要分度数能除尽端面齿盘齿数，都能分度，适用于多工位分度。除用于数控机床外，还用在各种加工和测量装置中。缺点是端面齿盘的制造比较困难，此外，它不能进行任意角度的分度。

2. 定位销式分度工作台

图 4-55 所示为 THK6380 型自动换刀数控卧式镗铣床的定位销式分度工作台结构图。分度工作台 1 的两侧有长方形工作台 10。在不单独使用分度工作台时，它们可以作为整体工作台使用。

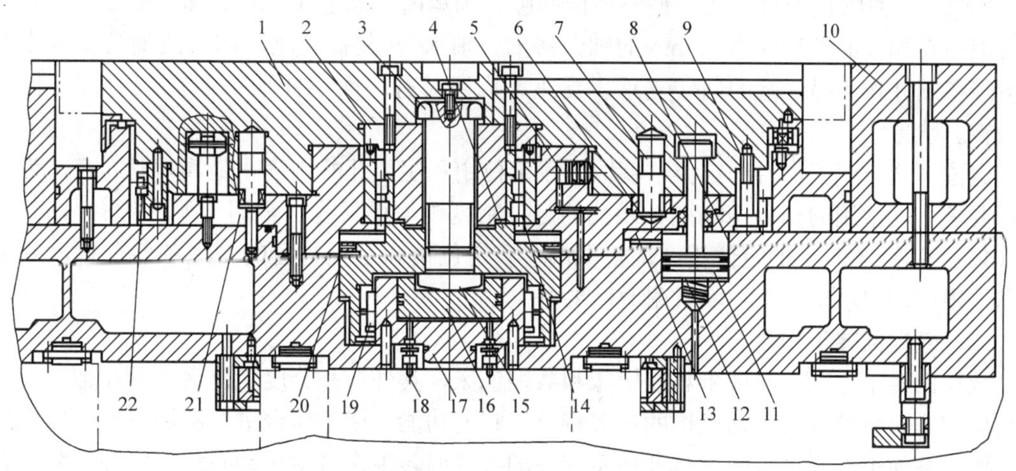

图 4-55 定位销式分度工作台的结构

1—分度工作台 2—锥套 3—螺钉 4—支座 5—消隙液压缸 6—定位孔衬套 7—定位销 8—锁紧液压缸 9—齿轮 10—长工作台 11—锁紧缸活塞 12—弹簧 13—油槽 14、19、20—轴承 15—螺栓 16—活塞 17—中央液压缸 18—油管 21—底座 22—挡块在分度工作台1的底部均布地固定有八个圆柱定位销7，在底座21上有一个定位孔衬套6及供定位销移动的环形槽。其中只有一个定位销7进入定位孔衬套6中，其他七个定位销则都在环形槽中。因为定位销之间的分布角度为45°，因此工作台只能作二、四、八等分的分度运动。

分度时机床的数控系统发出指令，由电器控制的液压缸使六个均布的锁紧液压缸8（图4-55中只示出一个）中的压力油，经环形油槽13流回油箱，锁紧缸活塞11被弹簧12顶起，分度工作台1处于松开状态。同时消隙液压缸5也卸荷，液压缸中的压力油经回油路流回油箱。油管18中的压力油进入中央液压缸17，使活塞16上升，并通过螺栓15、支座4把推力轴承20向上抬起15mm，顶在底座21上。分度工作台1用四个螺钉与锥套2相联，而锥套2用六角头螺钉3固定在支座4上，所以当支座4上移时，通过锥套使分度工作台1抬高15mm，固定在工作台面上的定位销7从定位衬套中拔出。

工作台抬起之后发出信号使液压马达驱动减速齿轮（图4-55中未示出），带动固定在工作台1下面的大齿轮9转动，进行分度运动。分度工作台的回转速度由液压马达和液压系统中的单向节流阀来调节，分度工作台作快速转动，在将要到达规定位置前减速，减速信号由固定在大齿轮9上的挡块22（共八个周向均布）碰撞限位开关发出。挡块碰撞第一个限位开关时，发出信号使工作台降速，当挡块碰撞第二个限位开关时，分度工作台停止转动。此时，相应的定位销7正好对准定位孔衬套6的中心。

分度完毕后，数控系统发出信号使中央液压缸17卸荷，油液经油管18流回油箱，分度工作台1靠自重下降，定位销7插入定位孔衬套6中。定位完毕后，消隙液压缸5通压力油，活塞顶向分度工作台1，以消除径向间隙。经油槽13来的压力油进入锁紧液压缸8的上腔，推动锁紧缸活塞11下降，通过11上的T形头将工作台锁紧。至此分度工作进行完毕。

分度工作台1的回转部分支承在加长型双列圆柱滚子轴承14和滚针轴承19中，轴承14的内孔带有1∶12的锥度，用来调整径向间隙。轴承内环固定在锥套2和支座4之间，并可带着滚柱在加长的外环内作15mm的轴向移动。轴承19装在支座4内，能随支座4作上升或下降移动并作为另一端的回转支承。支座4内还装有端面滚柱轴承20，使分度工作台平稳回转。

定位销式分度工作台的定位精度取决于定位销和定位孔的精度，最高可达±5″。为满足实际要求，把常用的相差180°同轴线孔的定位精度调整得高些（常用于调头镗孔），其他角度（45°、90°、135°）的定位精度调整得低些。定位销和定位衬套的制造和装配精度要求都很高，硬度的要求也很高，而且耐磨性要好。

二、数控回转工作台

数控回转工作台主要用于数控镗床和数控铣床，其外形和分度工作台十分相似，但其内部结构却具有数控进给驱动机构的许多特点。它的功能是使工作台进行圆周进给，以完成切削工作，并使工作台进行分度。开环系统中的数控回转工作台由传动系统、间隙消除装置及蜗轮夹紧装置等组成。

下面介绍JCS-013型自动换刀数控卧式镗铣床的数控回转工作台（见图4-56）。

当数控回转工作台接到数控系统的指令后，首先把蜗轮松开，然后起动电液脉冲马达，按指令脉冲来确定工作台的回转方向、回转速度及回转角度大小等参数。

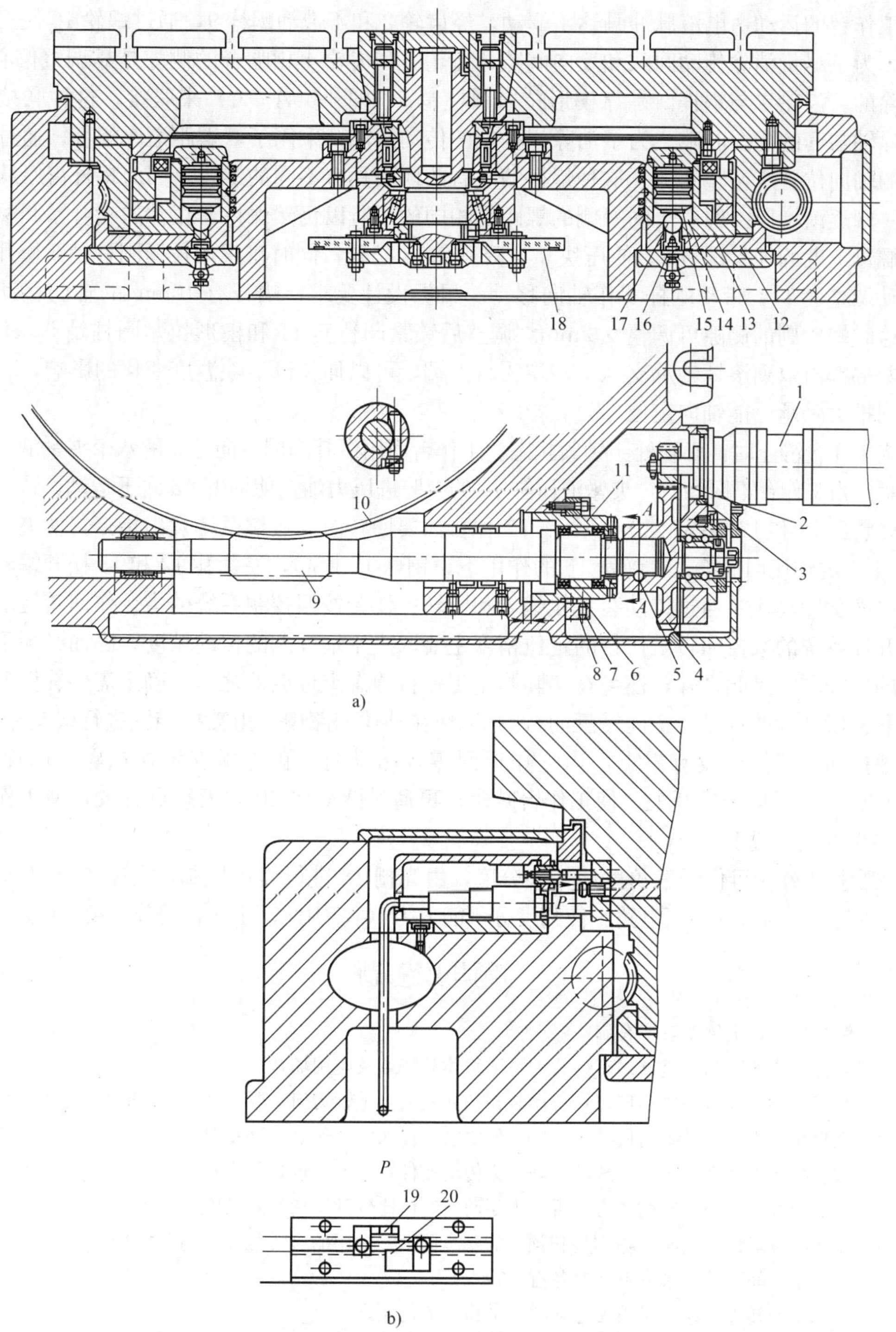

图 4-56 数控回转工作台

1—电液脉冲马达 2、4—齿轮 3—偏心环 5—楔形拉紧圆柱销 6—压块 7—螺母 8—锁紧螺钉 9—蜗杆 10—蜗轮 11—调整套 12、13—夹紧瓦 14—夹紧液压缸 15—活塞 16—弹簧 17—钢球 18—光栅 19—撞块 20—感应块

工作台的运动由电液脉冲马达1驱动，经齿轮2和4带动蜗杆9，通过蜗轮10使工作台回转。为了尽量消除传动间隙和反向间隙，齿轮2和齿轮4相啮合的侧隙是靠调整偏心环3来消除的。齿轮4与蜗杆9是靠楔形拉紧圆柱销5（图4-56*A*—*A*）来联接，这种联接方式能消除轴与套的配合间隙。为了消除蜗杆副的传动间隙，采用了双螺距渐厚蜗杆，通过移动蜗杆的轴向位置来调整间隙。这种蜗杆的左右两侧面具有不同的螺距，因此蜗杆齿厚从一端向另一端逐渐增厚。但由于同一侧的螺距是相同的，所以仍然保持着正常的啮合。调整时先松开螺母7上的锁紧螺钉8，使压块6与调整套11松开，同时将楔形拉紧圆柱销5松开。然后转动调整套11，带动蜗杆9作轴向移动。根据设计要求，蜗杆有10mm的轴向移动调整量，这时蜗轮副的侧隙可调整0.2mm。调整后锁紧调整套11和楔形拉紧圆柱销5。蜗杆的左右两端都由双列滚针轴承支承。左端为自由端，可以伸长以消除温度变化的影响；右端装有双列推力轴承，能轴向定位。

当工作台静止时，必须处于锁紧状态。工作台面用沿其圆周方向分布的八个夹紧液压缸进行夹紧。当工作台不回转时，夹紧液压缸14的上腔进压力油，使活塞15向下运动，通过钢球17、夹紧瓦13和12将蜗轮10夹紧。当工作台需要回转时，数控系统发出指令，使夹紧液压缸14上腔的油流回油箱，在弹簧16的作用下，钢球17抬起，夹紧瓦12和13松开蜗轮，然后由电液脉冲马达1通过传动装置使蜗轮和回转工作台按照控制系统的指令作回转运动。

开环系统的数控回转工作台的定位精度主要取决于蜗杆副的传动精度，因而必须采用高精度的蜗杆副。除此之外，还可在实际测量工作台静态定位误差之后，确定需要补偿的角度位置和补偿脉冲的符号（正向或反向），并记忆在补偿回路中，由数控装置进行误差补偿。

数控回转工作台设有零点，当它作返回零点运动时，首先由安装在蜗轮上的撞块19（见图4-56b）碰撞限位开关，使工作台减速；再通过感应块20和无触点开关，使工作台准确地停在零点位置上。

该数控工作台可作任意角度回转和分度，由光栅18进行读数控制，光栅18在圆周上有21600条刻线，通过6倍频电路，使刻度分辨能力为10″，因此，工作台的分度精度可达±10″。

习题与思考题

4-1 数控机床对主传动系统有哪些要求？

4-2 数控机床的主轴变速方式有哪几种？试叙述其特点及应用场合。

4-3 加工中心主轴是如何实现刀具自动装卸和夹紧的？主轴为何需要“准停”？如何实现“准停”？

4-4 数控机床对进给系统的机械传动部分的要求是什么？如何实现这些要求？

4-5 数控机床为什么常采用滚珠丝杠副作为传动元件？它的特点是什么？

4-6 滚珠丝杠副中的滚珠循环方式可分为哪两类？试比较其结构特点及应用场合。

4-7 试述滚珠丝杠副轴向间隙调整和预紧的基本原理。常用的有哪几种结构形式？

4-8 齿轮消除间隙的方法有哪些？各有何特点？

4-9 车床上回转刀架换刀时需要完成哪些动作？如何实现？

4-10 刀具交换方式有哪几类？试比较它们的特点及应用场合。

4-11 分度工作台的功用如何？试述其工作原理。

4-12 数控回转工作台的功用如何？试述其工作原理。

4-13 为什么采用双导程蜗杆传动能消除传动副间隙？

第五章 伺服驱动系统

第一节 概 述

一、伺服驱动系统概念

伺服驱动系统是CNC装置和机床的联系环节。CNC装置发出的控制信息，通过伺服驱动系统转换成坐标轴的运动，完成程序所规定的操作。伺服驱动系统是数控机床的重要组成部分。伺服驱动系统的作用归纳如下：

1）伺服驱动系统能放大控制信号，具有输出功率的能力。

2）伺服驱动系统能根据CNC装置发出的控制信息对机床移动部件的位置和速度进行控制。

数控机床的性能在很大程度上取决于伺服驱动系统的性能，对伺服驱动系统的主要要求有：

（1）进给调速范围要宽　调速范围 r_n 是指机床要求伺服电动机提供的最高转速 n_{max} 和最低转速 n_{min} 之比，即 $r_n = n_{max}/n_{min}$。

在各种数控机床中，由于加工用刀具、被加工材料及零件加工要求的不同，为保证在任何情况下都能得到最佳切削条件，就要求进给驱动必须具有足够宽的调速范围。

脉冲当量为1μm/脉冲情况下，最先进的数控机床的进给速度从0～240m/min连续可调。但对于一般的数控机床，要求进给驱动系统在0～24m/min进给速度下工作就足够了。

（2）位置精度要高　使用数控机床的主要目的是：① 保证加工质量的稳定性、一致性，减少废品率；② 解决复杂曲面零件的加工问题；③解决复杂零件的加工精度问题，缩短制造周期等。满足这些要求的关键之一是保证数控机床的定位精度和加工精度。数控机床在加工时免除了操作者的人为误差，按预先的程序自动进行加工，不可能应付事先没有预料到的情况。也就是说，数控机床不能像普通机床那样，可随时用手动操作来调整和补偿各种因素对加工精度的影响，因此，要求定位精度和轮廓切削精度要能达到数控机床要求的指标。为此，在位置控制中要求有高的定位精度，如1μm甚至0.1μm。在速度控制中，要求具有很高的调速精度和很强的抗干扰的能力，即要求工作稳定性要好。

（3）速度响应要快　为了保证轮廓切削形状精度和低的加工表面粗糙度，除了要求有较高的定位精度外，还要求有良好的快速响应特性，即要求跟踪指令信号的响应要快。一方面，要求过渡过程时间要短，一般在200ms以内，甚至小于几十毫秒；另一方面，要使过渡过程的前沿陡，亦即上升率要大。

（4）低速大转矩　根据数控机床大都是在低速时进行大切削用量加工的加工特点，在低速时进给驱动要有大的转矩输出。

为了满足上述四点要求，进给伺服驱动系统对执行元件——伺服电动机也相应提出了很高的要求：高精度、快反应、宽调速和大转矩等。具体的要求是：

1）电动机从最低进给速度到最高进给速度范围内都能平滑地运转；转矩波动要小，尤其在最低转速时，如 0.1r/min 或更低转速时，仍保持平稳的速度而无爬行现象。

2）电动机应具有大的、较长时间的过载能力，以满足低速大转矩的要求。例如，电动机能在数分钟内过载 4～6 倍而不损坏。

3）为了满足快速响应的要求，即随着控制信号的变化，电动机应能在较短时间内完成必需的动作。反应速度的快慢直接影响系统性能的好坏，因此，要求电动机必须具有较小的转动惯量和大的制动转矩、尽可能小的机电时间常数和起动电压。电动机必须具有 4000rad/s^2 以上的加速度，才能保证电动机在 0.2s 以内从静止加速到 1500r/min。

4）电动机应能承受频繁的起动、制动和反转。

二、伺服系统的组成和工作原理

图 5-1 所示为闭环伺服系统结构原理图。安装在工作台上的位置检测元件把机械位移变成位置数字量，并由位置反馈电路送到微机内部，该位置反馈量与输入微机的指令位置进行比较，如果不一致，微机送出差值信号，经驱动电路将差值信号进行变换、放大后驱动电动机，经减速装置带动工作台移动。当比较后的差值信号为零时，电动机停止转动，此时，工作台移到指令所指定的位置。这就是数控机床的位置控制过程。

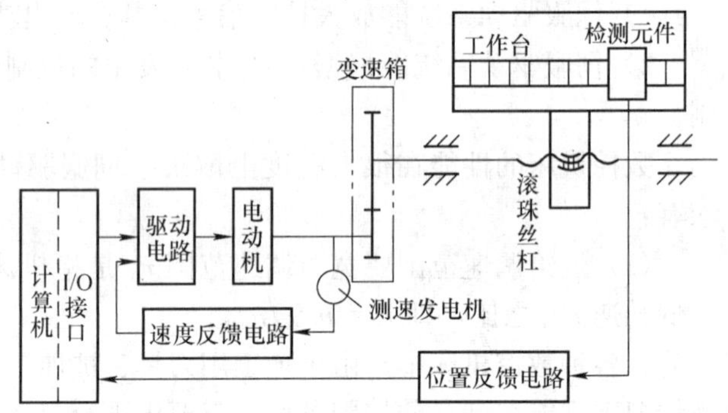

图 5-1 闭环伺服系统结构原理图

图 5-1 中的测速电动机和速度反馈电路组成反馈回路，可实现速度恒值控制。测速电动机和伺服电动机同步旋转。假如因外负载增大而使电动机的转速下降，则测速电动机的转速下降，经速度反馈电路，把转速变化的信号转变成电信号，送到驱动电路，与输入信号进行比较，比较后的差值信号经放大后，产生较大的驱动电压，从而使电动机转速上升，恢复到原先调定转速，使电动机排除负载变动的干扰，维持转速恒定不变。

该电路中，由速度反馈电路送出的转速信号是在驱动电路中进行比较，而由位置反馈电路送出的位置信号是在微机中进行比较。比较的形式也不同，速度比较是通过硬件电路完成的，而位置比较是通过计算机软件实现的。

图 5-1 所示闭环伺服系统结构原理图可以用框图表示，如图 5-2 所示。由上述原理图及框图可知，伺服系统主要由以下几个部分组成：

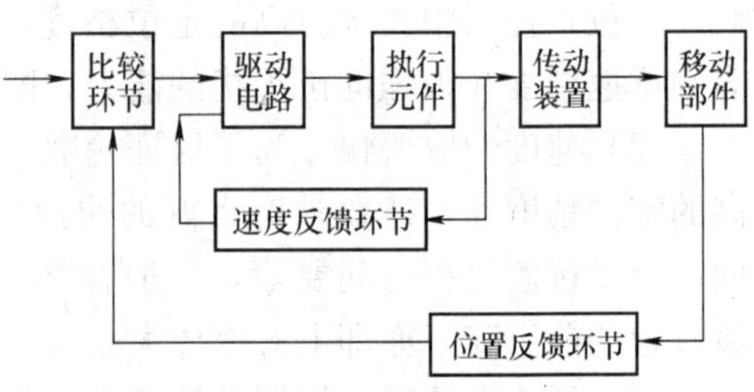

图 5-2 伺服系统框图

（1）计算机 它能接收输入的加工程序和反馈信号，经系统软件运行处理后，由输出口送出指令信号。

（2）驱动电路 接收计算机发出的指令，并将输入信号转换成电压信号，经过功率放大后，驱动电动机旋转。转速的大小由指令控制。若要实现恒速控制功能，驱动电路应能接收速度反馈信号，将反馈信号与微机的输入信号进行比较，将差值信号作为控制信号，使电动机保持恒速转动。

(3) 执行元件 可以是直流电动机、交流电动机，也可以是步进电动机。采用步进电动机通常是开环控制。

(4) 传动装置 包括变速箱和滚珠丝杠等。

(5) 位置检测元件及反馈电路 位置检测元件有直线感应同步器、光栅和磁尺等。位置检测元件检测的位移信号由反馈电路转变成计算机能识别的反馈信号送入计算机，由计算机进行数据比较后送出差值信号。

(6) 测速发电机及反馈电路 测速发电机实际是小型发电机，发电机两端的电压值和发电机的转速成正比，故可将转速的变化量转变成电压的变化量。

除计算机外，其余部分称为伺服驱动系统。

三、伺服系统的分类

伺服系统有多种分类方法，简述如下：

1) 按驱动方式不同，可分为液压伺服系统、气压伺服系统和电气伺服系统。

2) 按执行元件类别不同，可分为直流电动机伺服系统、交流电动机伺服系统和步进电动机伺服系统。

3) 按有无检测元件和反馈环节，可分为开环伺服系统、闭环伺服系统和半闭环伺服系统。

4) 按输出被控制量的性质，可分为位置伺服系统、速度伺服系统。

数控机床的精度与其使用的伺服系统类型有关。步进电动机开环伺服系统的定位精度是0.01～0.005mm；对精度要求高的大型数控设备，通常采用交流或直流伺服电动机，闭环或半闭环伺服系统。对高精度系统必须采用高精度检测元件，如感应同步器、光电编码器或磁尺等。对传动机构也必须采取相应措施，如采用高精度滚珠丝杠等。闭环伺服系统定位精度可达0.001～0.003mm。

四、进给伺服电动机类型

进给驱动用的伺服电动机主要有以下几类：

(1) 改进型直流电动机 这种电动机在结构上与传统的直流电动机没有区别，只是它的设计转动惯量较小，过载能力较强，且具有较好的换向性能。它在静态特性和动态特性方面较普通直流电动机有所改进。在早期的数控机床上多用这种电动机。

(2) 小惯量直流电动机 这类电动机又分无槽圆柱体电枢结构和带印刷绕组的盘形结构两种。因为小惯量直流电动机最大限度地减少了电枢的转动惯量，所以获得了较好的快速性。在早期的数控机床上应用这类电动机也较多。

为了获得电动机的高角加速度，无论是小惯量直流电动机还是改进型直流电动机，都设计成具有高的额定转速和低的转动惯量。因此，一般都要经过中间的机械传动（如齿轮减速器）才能与丝杠相连接。

(3) 步进电动机 由于步进电动机制造容易，它所组成的开环进给驱动装置也比较简单易调。目前，除经济型数控机床外，一般数控机床已不再使用。另外，在某些机床上也有用作补偿刀具磨损运动以及精密角位移的驱动源。

(4) 永磁直流伺服电动机 由于永磁直流电动机能在较大过载转矩下长期工作以及电动机的转动惯量较大，因此，它能直接与丝杠相连而不需要中间传动装置，而且因为无励磁回路损耗，所以它的外形尺寸比励磁式直流电动机小。它还有一个特点是可在低速下运行，如能在 1r/min 甚至在 0.1r/min 下平稳运转。因此，这种电动机获得广泛的应用，从 20 世纪 70 年代到 80 年代中期，在数控机床的进给驱动装置中应用极为广泛。

(5) 无刷直流电动机　无刷直流电动机也称无换向器直流电动机，由同步电动机和逆变器组成，逆变器是由装在转子上的转子传感器控制。因此，它实质上是交流调整电动机的一种。由于这种电动机的性能达到直流电动机的水平，又取消了换向器和电刷部件，电动机的寿命大大提高。

(6) 交流调速电动机　自 20 世纪 80 年代中期开始，以异步电动机和永磁同步电动机为基础的交流进给驱动电动机得到了迅速的发展，已经形成了趋势，是数控机床进给驱动的一个方向。目前生产的数控机床大多采用交流进给伺服驱动。

第二节　步进电动机开环伺服系统

一、步进电动机

步进电动机是一种将电脉冲信号转换成机械角位移的电磁机械装置。由于所用电源是脉冲电源，所以也称为脉冲马达。

步进电动机是一种特殊的电动机，一般电动机通电后连续旋转，而步进电动机则跟随输入脉冲按节拍一步一步地转动。对步进电动机施加一个电脉冲信号时，步进电动机就旋转一个固定的角度，称为一步。每一步所转过的角度叫做步距角。步进电动机的角位移量和输入脉冲的个数严格地成正比例，在时间上与输入脉冲同步。因此，只需控制输入脉冲的数量、频率及电动机绕组通电相序，便可获得所需的角位移量、转速及旋转方向。在无脉冲输入时，在绕组电源激励下，气隙磁场能使转子保持原有位置而处于定位状态。

1. 步进电动机的分类

按步进电动机输出转矩的大小，可分为快速步进电动机和功率步进电动机。快速步进电动机连续工作频率高，而输出转矩较小，可用于控制小型精密机床的工作台（例如线切割机），可以和液压伺服阀、液压马达一起组成电液脉冲马达，驱动数控机床工作台。功率步进电动机的输出转矩比较大，可直接驱动数控机床的工作台。

按励磁组数可分为三相、四相、五相、六相甚至八相步进电动机。

按转矩产生的工作原理可分为电磁式、反应式以及混合式步进电动机。数控机床上常用 3～6 相反应式步进电动机。这种步进电动机的转子无绕组，当定子绕组通电励磁后，转子产生力矩使步进电动机实现步进。下面介绍反应式步进电动机的工作原理。

2. 步进电动机的工作原理

图 5-3 所示是三相反应式步进电动机工作原理图。步进电动机由转子和定子组成。定子上有 U、V、W 三对绕组磁极，分别称为 U 相、V 相、W 相。转子是硅钢片等软磁材

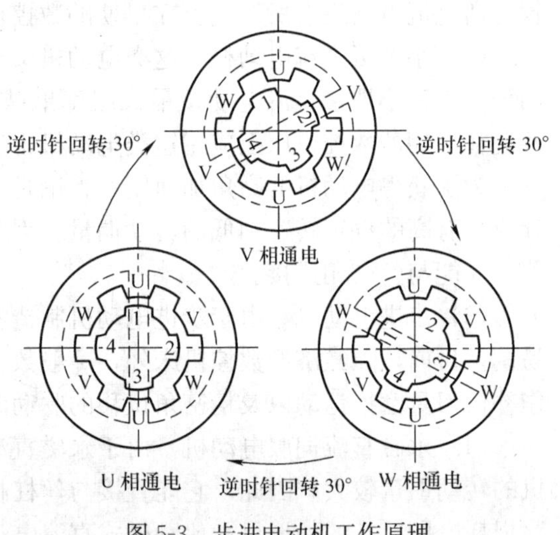

图 5-3　步进电动机工作原理

料叠合成的带齿廓形状的铁心，这种步进电动机称为三相步进电动机。如果在定子的三对绕组中通直流电流，就会产生磁场。当 U、V、W 三对磁极的绕组依次轮流通电，则 U、V、W 三对磁极依次产生磁场吸引转子转动。

1）当 U 相通电、V 相和 W 相不通电时，电动机铁心的 UU 方向产生磁通，在磁拉力的作用下，转子 1、3 齿与 U 相磁极对齐。2、4 两齿与 V、W 两磁极相对错开 30°。

2）当 V 相通电、W 相和 U 相断电时，电动机铁心的 VV 方向产生磁通，在磁拉力的作用下，转子沿逆时针方向旋转 30°，2、4 齿与 V 相磁极对齐。1、3 两齿与 W、U 两磁极相对错开 30°。

3）当 W 相通电、U 相和 V 相断电时，电动机铁心的 WW 方向产生磁通，在磁拉力的作用下，转子沿逆时针方向又旋转 30°，1、3 齿与 W 相磁极对齐。2、4 两齿与 U、V 两磁极相对错开 30°。

若按 U→V→W……通电相序连续通电，则步进电动机就连续地沿逆时针方向旋动，每换接一次通电相序，步进电动机沿逆时针方向转过 30°，即步距角为 30°。如果步进电动机定子磁极通电相序按 U→W→V……进行，则转子沿顺时针方向旋转。上述通电方式称为三相单三拍通电方式。所谓“单”是指每次只有一相绕组通电。从一相通电换接到另一相通电称为一拍，每一拍转子转动一个步距角，故所谓“三拍”是指通电换接三次后完成一个通电周期。

还有一种通电方式称为三相六拍通电方式，即按照 U→UV→V→VW→W→WU……相序通电，工作原理如图 5-4 所示。如果 U 相通电，1、3 齿与 U 相磁极对齐。当 U、V 两相同时通电，因 U 相磁极吸引 1、3 齿，V 相磁极吸引 2、4 齿，转子逆时针旋转 15°。随后 U 相断电，只有 V 相通电，转子又逆时针旋转 15°，2、4 齿与 V 相磁极对齐。如果继续按 VW→W→WU→U……的相序通电，步进电动机就沿逆时针方向，以 15°的步距角一步一步转动。这种通电方式单、双相轮流通电，在通电换接时，总有一相通电，所以工作比较平稳。

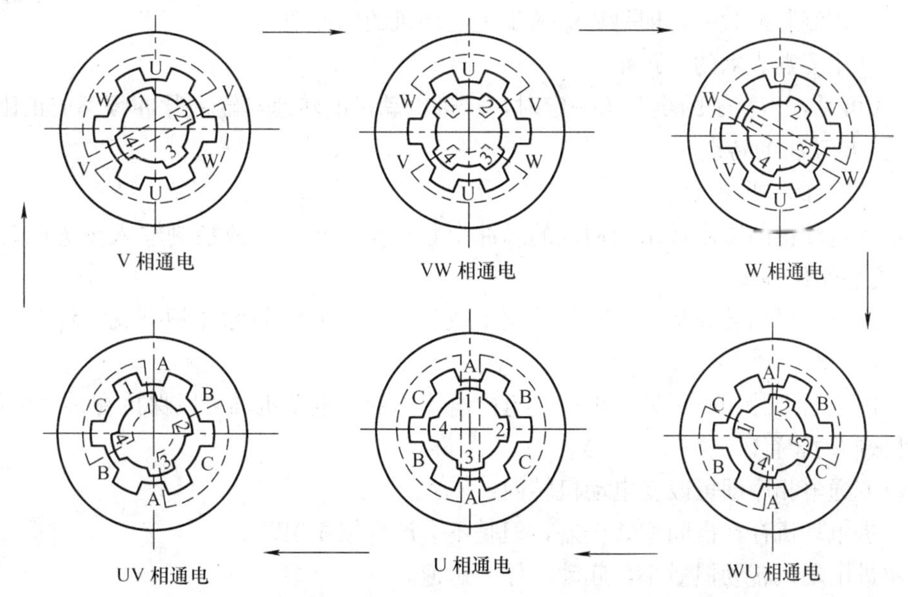

图 5-4 三相六拍通电方式工作原理

实际使用的步进电动机，一般都要求有较小的步距角，步距角越小它所达到的位置精度越高。图 5-5 所示是步进电动机实例，转子上有 40 个齿，相邻两个齿的齿距角 360°/40＝9°。三对定子磁极均匀分布在圆周上，相邻磁极间的夹角为 60°。定子的每个磁极上有 5 个齿，相邻两个齿的齿距角也是 9°。因为相邻磁极夹角（60°）比 7 个齿的齿距角总和（9°×7＝63°）小 3°，而 120°比 14 个齿的齿距角总和（9°×14＝126°）小 6°，这样当转子齿和 U 相磁极定子齿对齐时，V 相齿相对转子齿逆时针方向错过 3°，而 W 相齿相对转子齿逆时针方向错过 6°。按照此结构，采用三相单三拍通电方式时，转子沿逆时针方向，以 3°步距角转动。采用三相六拍通电方式时，则步距角减为 1.5°。如通电相序相反，则步进电动机将沿着顺时针方向转动。

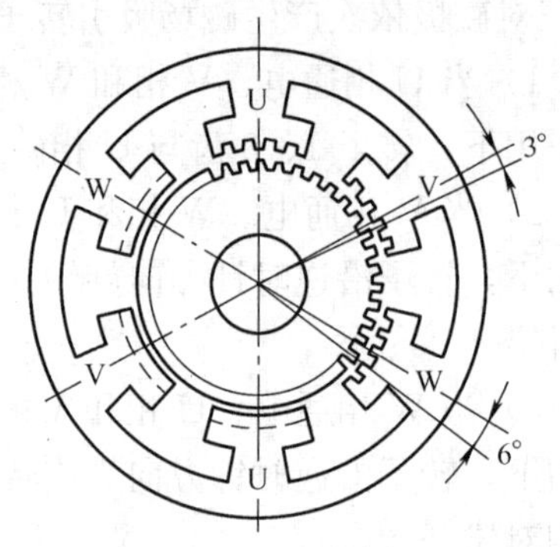

图 5-5 步进电动机实例

如上所述，步进电动机的步距角大小不仅与通电方式有关，而且还与转子的齿数有关。步距角计算公式为

$$\theta=\frac{360^\circ}{mzk}$$

式中 m——定子励磁绕组相数；

z——转子齿数；

k——通电方式，相邻两次通电相数相同时，$k=1$，不同时，$k=2$。

步进电动机转速计算公式为

$$n=\frac{\theta}{360^\circ}\times 60f=\frac{\theta f}{6}$$

式中 n——转速（r/min）；

f——控制脉冲频率，即每秒输入步进电动机的脉冲数；

θ——用度数表示的步距角。

由上式可见，当转子的步距角一定时，步进电动机的转速与输入脉冲频率成正比。

3. 步进电动机的特点

步进电动机的主要特点如下：

1）步进电动机的输出转角与输入的脉冲个数严格成正比，故控制输入步进电动机的脉冲个数就能控制位移量。

2）步进电动机的转速与输入的脉冲频率成正比，只要控制脉冲频率就能调节步进电动机的转速。

3）当停止送入脉冲时，只要维持绕组内电流不变，电动机轴可以保持在某固定位置上，不需要机械制动装置。

4）改变通电相序即可改变电动机转向。

5）步进电动机存在齿间相邻误差，但是不会产生累积误差。

6）步进电动机转动惯量小，起动、停止迅速。

由于步进电动机有这些特点，所以在开环数控系统中获得广泛应用。

二、步进电动机的性能指标

1. 单相通电的矩角特性

当步进电动机不改变通电状态时，转子处在不动状态，即静态。如果在电动机轴上外加一个负载转矩，使转子按一定方向（如顺时针）转过一个角度 θe，此时，转子所受的电磁转矩 M 称为静态转矩，角度 θe 称为失调角，如图 5-6a 所示。步进电动机的静态转矩和失调角之间的关系叫矩角特性，大致上是一条正弦曲线，如图 5-6b 所示，此曲线的峰值表示步进电动机所能承受的最大静态转矩。在静态稳定区内，当外加转矩消除后，转子在电磁转矩作用下，仍能回到稳定平衡点。

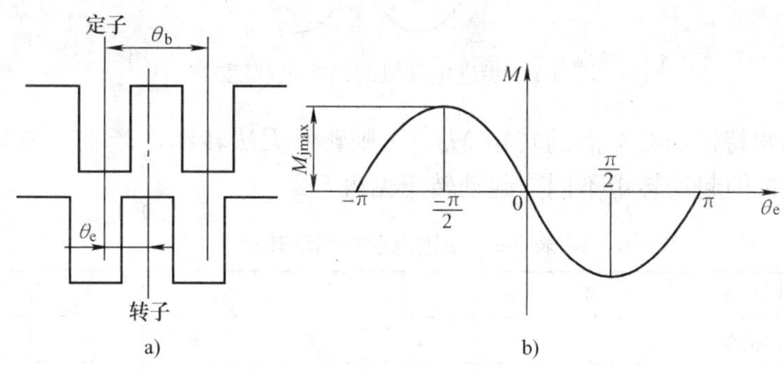

图 5-6　步进电动机的失调角和矩角特性

a）失调角　b）矩角特性

多项通电时的矩角特性，可根据单相通电的矩角特性以向量和的方式算出，计算结果见表 5-1。其中最后一列表示多相通电时的合成转矩与单相通电时最大静态转矩的比值。

表 5-1　步进电动机多相通电时的转矩

<table>
<tr><th>电动机相数</th><th>同时通电相数</th><th>合成转矩 M_{jmax}</th><th>电动机相数</th><th>同时通电相数</th><th>合成转矩 M_{jmax}</th></tr>
<tr><td rowspan="2">3</td><td>1</td><td>1</td><td rowspan="2">5</td><td>3</td><td>1.619</td></tr>
<tr><td>2</td><td>1</td><td>4</td><td>1</td></tr>
<tr><td rowspan="3">4</td><td>1</td><td>1</td><td rowspan="5">6</td><td>1</td><td>1</td></tr>
<tr><td>2</td><td>1.414</td><td>2</td><td>1.732</td></tr>
<tr><td>3</td><td>1</td><td>3</td><td>2</td></tr>
<tr><td rowspan="2">5</td><td>1</td><td>1</td><td>4</td><td>1.732</td></tr>
<tr><td>2</td><td>1.619</td><td>5</td><td>1</td></tr>
</table>

由表 5-1 可知，当步进电动机励磁绕组相数大于 3 时，多相通电方式能提高输出转矩。所以功率较大的步进电动机多数采用多于三相的励磁绕组，且多相通电。

2. 起动转矩

图 5-7 所示为三相步进电动机的矩角特性曲线，U 相和 V 相的矩角特性曲线交点的纵坐标值 M_q 称为起动转矩。起动转矩表示三相步进电动机单相励磁时所能带动的最大负载。

当电动机所带负载 $M_L < M_q$ 时，U 相通电，工作点在 m 点，在此点 $M_{Am} = M_L$。当励磁电流从 U 相切换到 V 相，而转子在 m 点位置时，V 相励磁绕组产生的电磁转矩是 $M_{Bm} > M_L$，转子旋转，前进到 n 点时，$M_{Bm} = M_L$，转子到达新的平衡位置。显然，负载转矩不可

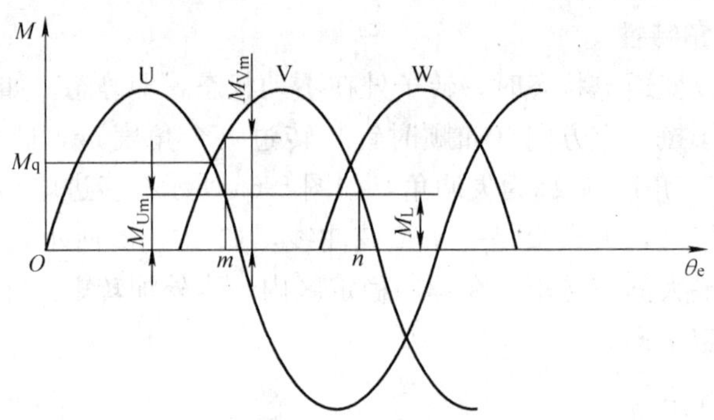

图 5-7 步进电动机的最大负载能力

能大于 U、V 两相特性曲线交点的转矩 M_q，否则转子无法转动，产生“失步”现象。不同相数的步进电动机的起动转矩不同，起动转矩见表 5-2。

表 5-2 步进电动机起动转矩

步进电动机	相数	3		4		5		6	
	拍数	3	6	4	8	5	10	6	12
M_q/M_{jmax}		0.5	0.866	0.707	0.707	0.809	0.951	0.866	0.866

3. 空载起动频率 f_q

步进电动机在空载情况下，不失步起动所能允许的最高频率称为空载起动频率。在有负载情况下，不失步起动所能允许的最高频率将大大降低。例如 70BF3 型步进电动机的空载起动频率是 1400Hz，负载达到最大静转矩 M_{jmax} 的 0.5 倍时，降为 50Hz。为了缩短起动时间，可使加到电动机上的电脉冲频率按一定速率逐渐增加。

4. 运行矩频特性与动态转矩

在步进电动机正常运转时，若输入脉冲的频率逐渐增加，则电动机所能带动的负载转矩将逐渐下降，如图 5-8 所示，图中的曲线称为步进电动机的矩频特性曲线。可见，矩频特性曲线是描述步进电动机连续稳定运行时输出转矩与运行频率之间的关系的。在不同频率下步进电动机产生的转矩称为动态转矩。

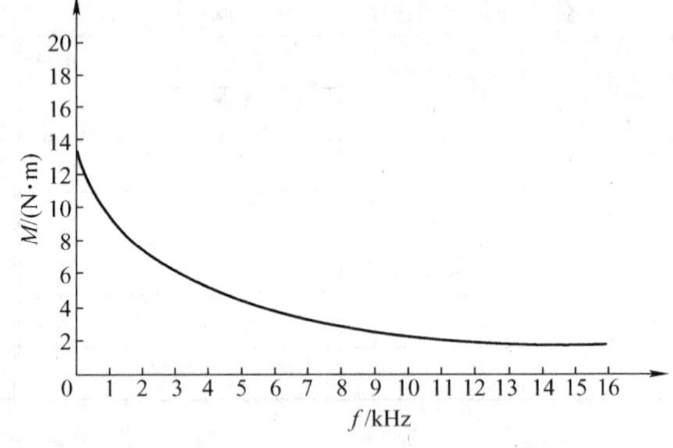

图 5-8 运行矩频特性

定子静态电流：9A（两相通电），双电压供电：80V/12V

5. 反应式步进电动机的型号

型号的含义：

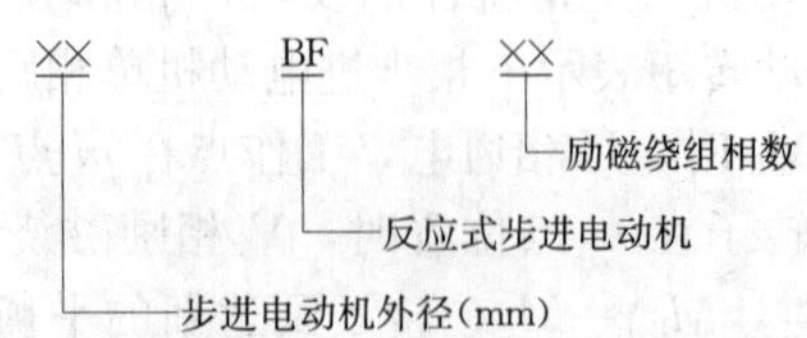

例如，110BF3 表示该步进电动机是反应式、外径 110mm、三相励磁绕组。

三、步进电动机开环控制

图 5-9 所示是步进电动机驱动原理图，图中脉冲信号源是一个脉冲发生器，脉冲的频率可以连续调整，送出的脉冲个数和脉冲频率由控制信号进行控制。在 CNC 系统中由数控装置根据程序控制脉冲个数和脉冲频率。脉冲分配器是将脉冲信号按一定顺序分配，然后送到驱动电路中进行功率放大，驱动步进电动机工作。下面分别介绍脉冲分配器和驱动电路。

图 5-9 步进电动机驱动原理图

1. 脉冲分配器

步进电动机各励磁绕组按一定节拍，依次轮流通电工作，为此，需将控制脉冲按规定通电方式分配到定子各励磁绕组中。完成脉冲分配的功能元件称脉冲分配器。脉冲分配可由硬件实现，也可以用软件完成。

(1) 硬件脉冲分配器 脉冲分配器可用逻辑元件及其逻辑电路构成。图 5-10 所示是一个简单的三相六拍脉冲分配逻辑电路，它是由 FF1、FF2、FF3 三位 D 触发器组成。D 触发器的特征方程是 $Q_{n+1}=Dn$。方程表明，D 触发器的输出状态 Q 等于时钟脉冲 CP 到来前输入信号 D 的状态。图 5-10 中 S 为 D 触发器的置“1”端，R 为置“0”端。由图 5-10 可以写出脉冲分配器的输入条件（驱动方程）为

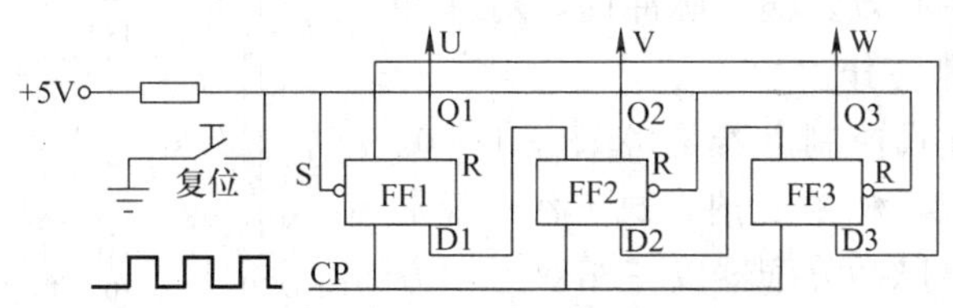

图 5-10 三相六拍脉冲分配器

$$D1=\overline{Q}2 \qquad D2=\overline{Q}3 \qquad D3=\overline{Q}1$$

运行时，先按一下复位开关，使电路进入初始状态：

U=Q1=1　　V=Q2=0　　W=Q3=0

$D1=\overline{Q}2=1$　　$D2=\overline{Q}3=1$　　$D3=\overline{Q}1=0$

第一个时钟脉冲 CP 到来后：

U=Q1=1　　V=Q2=1　　W=Q3=0

$D1=\overline{Q}2=0$　　$D2=\overline{Q}3=1$　　$D3=\overline{Q}1=0$

第二个时钟脉冲 CP 到来后：

U=Q1=0　　V=Q2=1　　W=Q3=0

$D1=\overline{Q}2=0$　　$D2=\overline{Q}3=1$　　$D3=\overline{Q}1=1$

第三个时钟脉冲 CP 到来后：

U=Q1=0　　V=Q2=1　　W=Q3=1

$D1=\overline{Q}2=0$　　$D2=\overline{Q}3=0$　　$D3=\overline{Q}1=1$

依次类推，可获得脉冲分配器的状态转换表，见表 5-3。

表 5-3 脉冲分配器状态转换表

输入脉冲数	触发器状态		
	Q1（U）	Q2（V）	Q3（W）
0	1	0	0
1	1	1	0
2	0	1	0
3	0	1	1
4	0	0	1
5	1	0	1
6	1	0	0

由表 5-1 可知，脉冲分配器的分配顺序是 U→UV→V→UW→W→WU→U→…，可以使步进电动机顺时针方向转动。

目前，在驱动电路中大多采用可靠性高、外形尺寸小、使用方便的集成脉冲分配器。市场上提供的国产脉冲分配器有三相、四相、五相和六相，它们的型号分别是 YB 013、YB 014、YB 015 及 YB 016 。YB 系列脉冲分配器均为 18 个引脚的直插式扁平封装的芯片。

图 5-11a 所示为 YB013 芯片的引线图，各引脚功能如下：

E0：选通输出控制，低电平有效。控制脉冲分配器是否输出顺序脉冲。

R：清零，低电平有效。输出脉冲前，对脉冲分配器清零，使其正常工作。

A0、A1：通电方式控制。若是 A0、A1＝0、0 状态，脉冲分配器以三相单三拍方式工作；若是 A0、A1＝0、1 状态，脉冲分配器以三相双三拍方式工作；若是 A0 ＝1 状态，脉冲分配器以三相六拍方式工作。

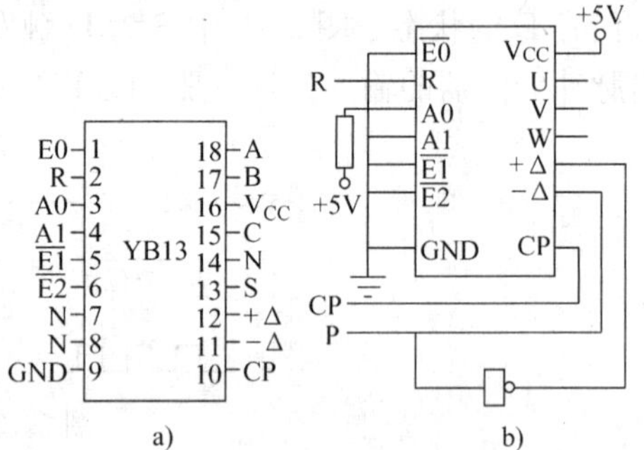

图 5-11 YB013 三相六拍接线图

a）芯片引线图 b）接线图

$\overline{E1}$、$\overline{E2}$：选通输入控制，低电平有效。决定控制指令起作用的时刻。

CP：时钟输入。

△：正、反转控制端。决定步进电动机旋转方向。

S：出错报警输出。某控制信号出错或脉冲分配器运行错误时，该端口发出报警信号。

图 5-11b 所示为 YB013 三相六拍接线图，图中 R 是清零信号，低电平清零，恢复高电平时，脉冲分配器工作。时钟 CP 的上升沿使脉冲分配器改变输出状态，因此 CP 的频率决定了步进电动机的转速。P 端控制步进电动机的转向：P＝1 时为正转，P＝0 时为反转。

（2）软件脉冲分配器　在微机控制系统中，脉冲的分配常用软件实现。图 5-12 所示为 8031 单片机控制步进电动机的控制电路。8031 单片机的 P1 口作为输出口，用程序实现脉冲分配功能。因为控制对象是三相步进电动机，所以只需三个端口 P1. 0、

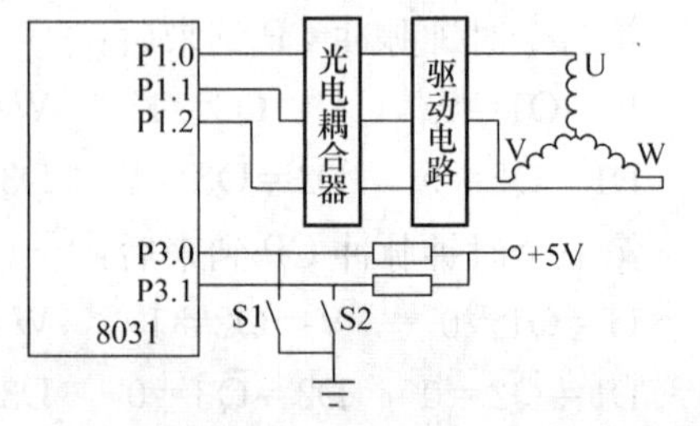

图 5-12 步进电动机的单片机控制电路

P1.1、P1.2。三个端口输出的脉冲信号，经光电隔离电路，再由驱动电路放大后驱动步进电动机运转。在外部设置两个开关 S1 和 S2，开关 S1 控制步进电动机的起动和停止，开关 S2 控制步进电动机的正转和反转。将 P3.0 和 P3.1 设置成输入口，分别连接开关 S1 和 S2。当 P3.0 口输入高电平时，电动机起动，输入低电平时，电动机停止。当 P3.1 口输入高电平时，电动机正转，输入低电平时，电动机反转。

由 P1 口输出控制信号的状态字，即可控制电动机的正反转。状态字由 D0～D7 八位构成，因为被控制的步进电动机是三相电动机，故只用 D0～D2 三位，D3～D7 位取 0。例如，若三相步进电动机的 U 相通电，V 相和 W 相断电时，状态字的组成结构是 00000001，用 16 进制表示为 01H。同理，若是 W 相和 U 相通电，V 相断电时，状态字的结构是 00000101，用 16 进制表示为 05H。同理，可以推出步进电动机正转和反转时全部状态字的结构，见表 5-4。

表 5-4 状态字表

转向	通电顺序	D7	D6	D5	D4	D3	D2	D1	D0	状态字
正转	U						0	0	1	01H
	UV						0	1	1	03H
	V						0	1	0	02H
	VW						1	1	0	06H
	W						1	0	0	04H
	WU						1	0	1	05H
反转	U						0	0	1	01H
	WU						1	0	1	05H
	W						1	0	0	04H
	WV						1	1	0	06H
	V						0	1	0	02H
	VU						0	1	1	03H

由表 5-4 可以看出，步进电动机第一个状态字为 01H，从上到下输出状态字时，步进电动机正转。从正转最后一个状态字 05H 之后，加上反转的第一个状态字 01H，此时从下向上输出状态字时，步进电动机反转。这样，状态字只占用七个存储单元，而不是十二个，就能实现对步进电动机的正反转控制，如图 5-13 所示。根据状态字在存储器的地址以及读取状态字的顺序，可以绘出步进电动机恒速控制流程图，如图 5-14 所示。根据流程图可编写出步进电动机正反转控制程序。

流程图的含义是：计算机先读出 P3 口的状态，若 P3.0 为“0”时，表示开关 S1 关闭，故转为停机状态；若 P3.0 为“1”，P3.1 也为“1”，要求步进电动机正转，此时让地址指针指向 2400H；接着设定六拍输出，首先，取出状态字 01H 作为控制信号由 P1 口输出给步进电动机，电动机转过一个步距角；调延时子程序，完成一拍延时；地址指针加 1，指向 2401H；判断六拍是否执行完毕，若没有完，返回输出控制信号处，直至六拍执行完毕。六拍结束后，返回到程序起点，查询 P3 口状态，如果开关 S1、S2 位置不变，则程序循环运行，步进电动机保持恒速运转，如果 S1 置“0”，转入停机。如果 S1 置“1”，S2 置 0，转入反转程序。

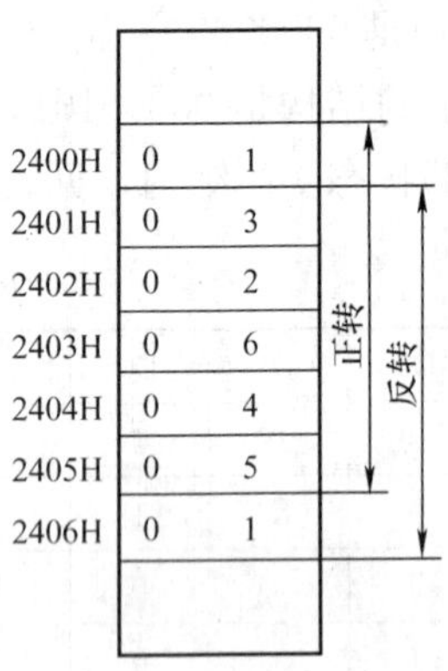

图 5-13 状态字在存储器中存放示意图

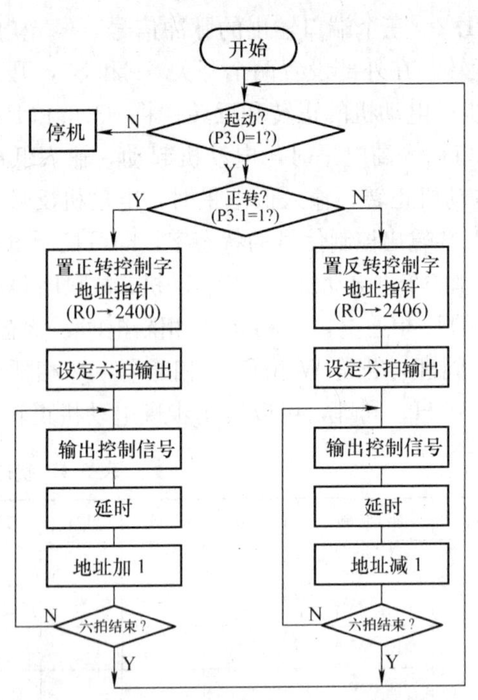

图 5-14 步进电动机恒速控制流程图

反转程序运行和正转程序运行相似，只是地址指针设置指向 2406H，并且每完成一拍后，地址指针减 1。

延时子程序的长短决定了步进电动机运行一拍的时间，从而控制了步进电动机的转速。

2. 步进电动机驱动电路

在数控机床中，微型计算机根据加工程序中进给速度及坐标值输出脉冲，并依次将脉冲分配给步进电动机的各相绕组。由于微机发出的脉冲功率很小，电压为 3V，电流为毫安级，不能直接驱动步进电动机，必须经驱动电路将信号电流放大若干倍，才能驱动步进电动机。因此，驱动电路实际上是一个功率放大器。

驱动电路的质量直接影响步进电动机的性能。对驱动电路的主要要求是，信号失真要小，脉冲电源要有较好的前沿、后沿和足够的幅值，效率要高。此外，要求工作可靠，安装调试和维修方便。常用的电路有单电源驱动电路、高低压双电源驱动电路和恒流斩波驱动电路。下面对三种驱动电路作简单介绍。

（1）单电源驱动电路　图 5-15 是一实际应用的单电源驱动电路，图中的 L_U、L_V、L_W 分别是步进电动机的三相绕组，每相绕组由一组放大电路驱动，所以，驱动电路由三组放大电路组成。三组放大电路的结构完全相同，现以 U 组放大电路为例说明驱动电路的结构及原理。

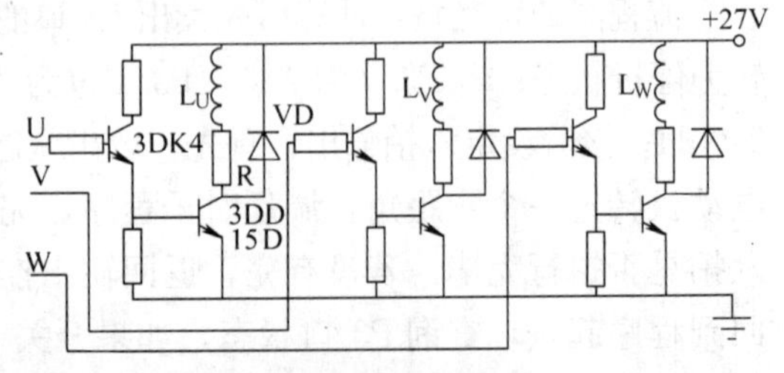

图 5-15 单电源驱动电路

由 U 端输入的脉冲信号为高电平时，输入信号使开关管 3DK4 饱和导通。开关管 3DK4 的发射极电压加在功率放大管 3DD15D 的基极，使其导通。此时＋27V 的电源导通，电流经步

进电动机 L_U 绕组、电阻 R 和功放管 3DD15D 接地，输入信号被放大。如果 A 端输入的脉冲信号为低电平时，开关管 3D4K 和功放管 3DD15D 均截止，电动机绕组 L_U 无电流通过。因为驱动放大电路放大的是脉冲信号，因此，也叫脉冲放大器。

如果把脉冲信号按相序输送到 U、V 和 W，则三组放大电路依次工作。当第一个脉冲输入到 U 时，两晶体管均饱和导通，L_U 有电流通过，电动机转动一步；当第二个脉冲输入到 V 时，L_V 有电流通过，电动机再转动一步；当第三个脉冲输入到 W 时，L_W 有电流通过，电动机又转动一步。如此不断循环，电动机就会一步一步连续转动，这就是三相单三拍通电方式。

图 5-15 中二极管 VD 是续流二极管，用来释放电感绕组 L 中储存的能量，从而保护功放管免遭击穿损坏。R 为限流电阻，限制通过电动机绕组的电流，使其不致超过额定值，避免电动机发热烧毁。R 的阻值在 5～20Ω 范围内选取。

该电路结构简单。由于 R 串联在大电流输出回路中，要消耗一定的能量，因此发热严重，效率低。这种驱动电路通常用在对速度要求不高的小型步进电动机中。

（2）高低压双电源驱动电路　图 5-16 是高低压双电源驱动原理图。图中 L_A 是步进电动机 U 相绕组，它接在两个大功放管 VF1 和 VF2 之间，VT1 为高压管，VT2 为低压管。当脉冲分配器输出低电平时，VF1、VF2 均截止，L_U 中无电流通过。

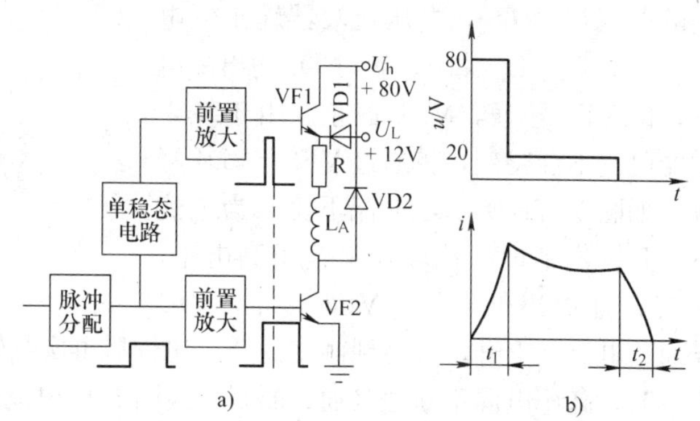

图 5-16　高低压双电源驱动原理图

当脉冲分配器输出高电平时，单稳态电路翻转成高电平，经前置放大，使功放管 VF1 处于导通状态，同时功放管 VF2 也处于导通状态，所以高压电源 U_h（+80V）经 VF1 和 VF2 加至 L_U 上。此时，二极管 VD1 因承受反向电压而截止，切断低压电源 U_L（+12V）。由于高压电源电压很高，线圈中的电流上升迅速，上升前沿变陡。当电流值接近步进电动机的额定值时，单稳态电路翻转变成低电平，使功放管 VF1 截止，高压电源被切断。功放管 VF2 继续导通。此时，二极管 VD1 处于正向导通状态，接通低压电源 U_L，低压电源 U_L 经二极管 VD1 和 VF2 加到绕组 L_A 上，使电流继续流过绕组 L_U。当脉冲分配器输出的脉冲信号由高电平转变为低电平后，功放管 VF2 截止，低压电源 U_L 被切断。图 5-16a 中 VD2 是续流二极管，作用在步进电动机绕组 L_U 上的电压和电流的波形如图 5-16b 所示。图 5-16b 中 t_1 是两个功放管 VF1 和 VF2 同时导通的时间，t_2 是两管截止后，绕组 L_U 通过 VD2 放电的时间。

同单电源驱动电路比较，高低压双电源驱动电路的电流波形得到明显改善，步进电动机的力矩和运行频率等主要性能明显提高。

（3）恒流斩波驱动电路　大功率场效应晶体管（VMOSFET）是一种高压、高速大电流器件，它的驱动功率很小，适宜作步进电动机的驱动元件，图 5-17a 是采用大功率场效应晶体管的恒流斩波驱动电路。

VF1 和 VF2 是大功率场效应功放管，电动机绕组 L 串接在 VF1 和 VF2 之间。VF3 为

VF1 的驱动管。LM339 是电压比较器，其同相端接参考电压 U_R，由电位器 RP 调节，反相端接在取样电阻 R_1 上。比较器的输出连接与非门 D_3 的一个输入端。D_1、D_2 是两级反相驱动器。D_1、D_2、D_3 均是 CMOS 集成电路。

无信号时，VF2 因栅极电位为零而截止，此时 D_3 的输出为 1，VF3 饱和导通，VF1 的栅极也是零电位，因此 VF1 也截止，绕组 L 中无电流通过。

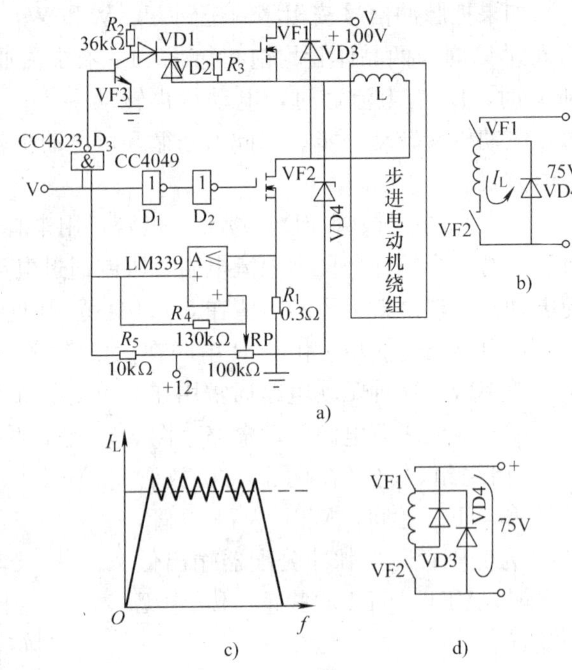

图 5-17 恒流斩波驱动电路

有脉冲输入时，脉冲的高电平经反相器 D_1、D_2 驱动 VF2，使 VF2 饱和导通。由于在开始阶段比较器输出高电平，故与非门 D_3 打开且输出低电平，VF3 截止，VF1 的栅极是高电平。故 VF1 饱和导通，高压加到电动机绕组 L 上，电流迅速增长。当电流上升到额定值时，取样电阻 R_1 上的电压 $U_1>U_R$，电压比较器输出低电平，将与非门 D_3 关闭。此时 D_3 输出高电平，使 VF3 导通，VF1 截止。由于绕组中的电流不会突变，将通过 VF2、VD4 释放，如图 5-17b 所示，电流下降。当电流下降到一定值时，比较器又输出高电平，D_3 打开且输出低电平，VF3 截止，VF1 导通，电流又上升，升高到额定值时，比较器再次翻转，如此循环。所以，在输入脉冲为高电平时，高压电源不断地接通、断开，线圈 L 中电流在额定值上下波动，如图 5-17c 所示。

当输入脉冲为低电平时，VF1 和 VF2 均断开，绕组中的电流经 VD3、电源、VD4 构成续流回路，向电源送回能量，并形成很陡的电流脉冲后沿，如图 5-17d 所示。

这种电路的优点是：

1）效率高，VF1 和 VF2 工作于开关状态，以斩波方式获得步进电动机所需工作电流，效率比高低压电路高得多。

2）输出电流的幅值和波形调整方便，通过改变电压比较器同相输入端的整定电压的幅值和波形，就可以改变步进电动机绕组电流波形。例如很容易形成一个前高后低的电流波形，以提高动态转矩，减少静态损耗。

3）开关管所承受的电压不会超过电源电压，所以可以采用较高的电源电压以获得数控机床所需的快速移动。

四、混合式步进电动机

常用的步进电动机除了上面介绍的反应式以外，还有混合式。它的结构和工作原理兼有反应式和永磁式两种步进电动机的特点，所以称为混合式。

1. 混合式步进电动机的结构和工作原理

图 5-18a 所示是混合式步进电动机的结构图，图 5-18b 为它的转子结构图。

这种电动机的定子结构与反应式电动机基本相同，由铁心和绕组两部分构成，但常在一

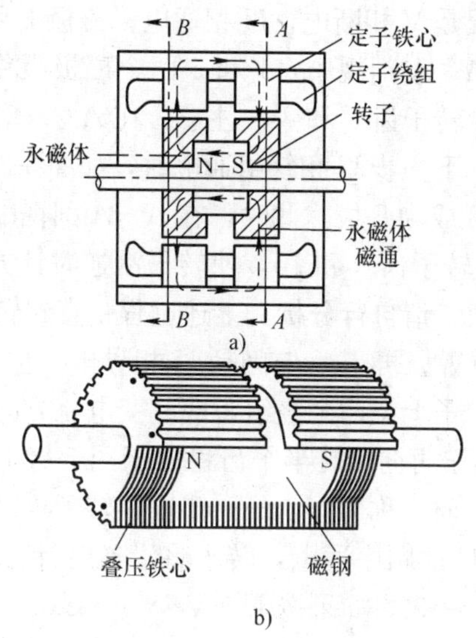

图 5-18 混合式步进电动机结构图

个铁心上绕两个互相独立的绕组。转子轴上固定圆柱形的永久磁钢，沿轴向充磁。磁钢两端均安装由软磁材料制成的带齿的导磁体，但两块导磁体沿圆周方向错开半个齿距，即左半边的齿廓对着右半边的齿槽，左半边的齿槽对着右半边的齿廓。这样转子磁钢的磁通将沿轴向穿过转子，再沿径向穿过端部导磁体、气隙、定子铁心，沿轴向穿过铁轭，再转为径向穿过另一端的定子铁心、气隙和端部导磁体而闭合，如图 5-18a 中虚线所示。沿转子磁钢的 N 和 S 端作剖视 $B—B$ 和 $A—A$，如图 5-19 所示。

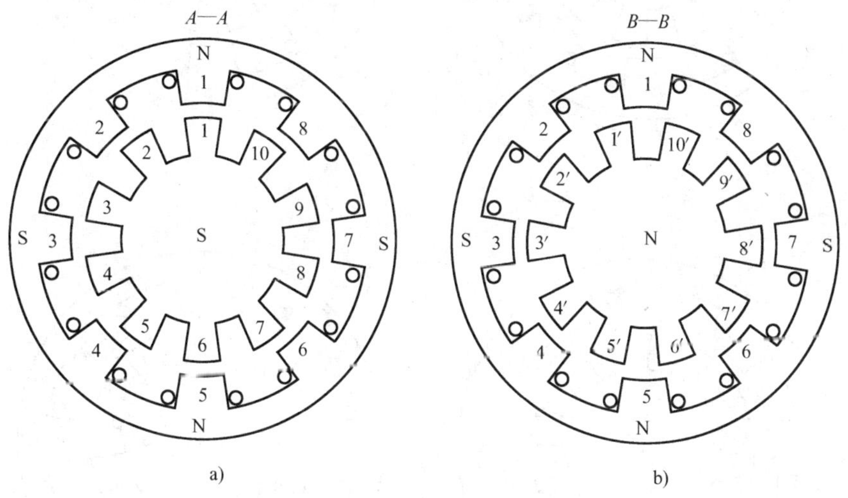

图 5-19 混合式步进电动机的两个端剖面

在 $A—A$ 剖视中，转子磁钢的磁力线全部由外向内进入转子导磁体，所以此导磁体上的每一个小齿都是 S 极。在 $B—B$ 剖视中，转子磁钢的磁力线全部由内向外穿出转子导磁体，所以此导磁体上的每一个小齿都是 N 极。

图 5-19a 中，转子有 10 个齿，而在定子上有 8 个磁极，其中 1、3、5、7 是 U 相，2、

4、6、8 是 V 相。图中的情况是 V 相断电，U 相通电；磁极 1 和 5 是 N 极，磁极 3 和 7 是 S 极。此时，转子被吸住，在 $A—A$ 剖视中，1 和 5 两个磁极吸住转子齿 1 和 6；而在 $B—B$ 剖视中，则是磁极 3 和 7 吸住转子齿 $3'$和 $8'$。注意：在 $A—A$ 和 $B—B$ 两个剖视中，两块转子导磁体相互错开半个齿距。下一步 U 相绕组通电时，如图 5-20a 所示，励磁电流方向使磁极 2 和 6 成为 N 极，而 4 和 8 成为 S 极。此时，在 $A—A$ 剖视中，磁极 2 和 6 将吸引转子齿 2 和 7；而磁极 4 和 8 将推斥转子齿 5 和 10，使转子沿逆时针方向移动半个齿。$B—B$ 剖视的情况与 $A—A$ 剖视协调一致，请自行分析。上述过程一直到转子齿 2 和 7 对准磁极 2 和 6 时为止，如图 5-20b 所示的位置。再下一步仍是 U 相导电，但使定子磁极中的磁力线方向与前一次相反，这可采用在定子上绕两个绕组，或改变电流方向实现。这一步用 U（一）表示，如图 5-20c 所示，此时转子再向前转半个齿稳定于图 5-20d 所示的位置。之后，又转为 V 相导电，且改变磁力线的方向，称为 V（一）步，则转子再沿逆时针方向转半个齿。这样按 U→V→U(一)→V(一)→U 的顺序通电，转子将沿逆时针方向一步步地转动。每步转四分之一齿距，即 360°/(10×4)=9°。如果按 U→V(一)→U(一)→V→U 的顺序通电，转子将沿顺时针方向一步步地转动。

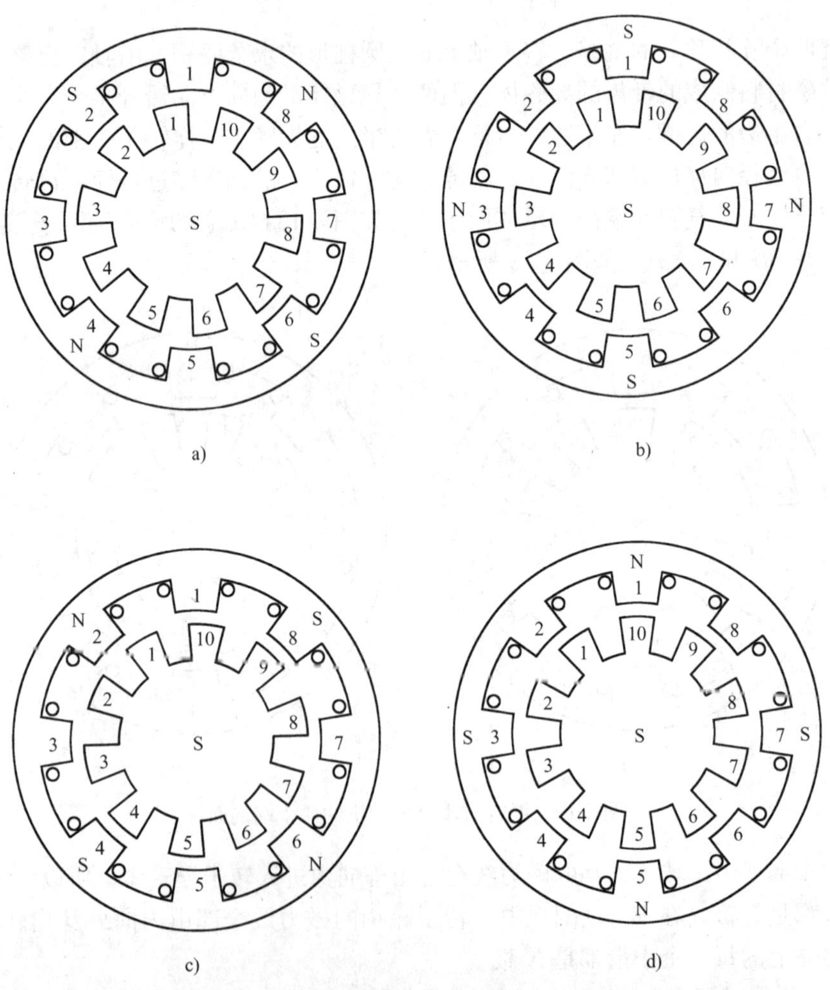

图 5-20　混合式步进电动机的 $A—A$ 剖视

这种形式的步进电动机，因为转子上有永磁钢，所以产生同样大小的转矩，需要的励磁电流大大减小。它的励磁绕组只需要单一电源供电，不像反应式步进电动机需要高、低压电源。同时，它还具有步距角小、起动和运行频率较高、不通电时有定位转矩等优点，所以在数控机床、计算机外围设备等领域得到广泛的应用。

2. 混合式步进电动机的型号

混合式步进电动机的型号也由三段组成。型号的含义：

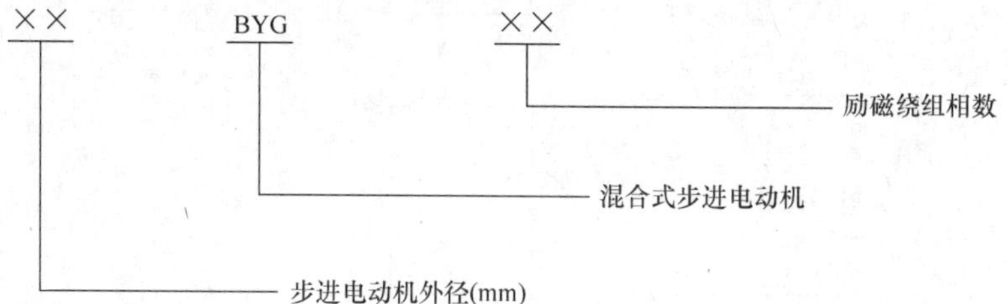

例如，55BYG4 表示该步进电动机是混合式、外径 55mm、四相励磁绕组。

第三节　闭环伺服驱动系统

闭环伺服驱动系统采用直流伺服电动机和交流伺服电动机。伺服电动机和普通电动机在工作原理上并无本质的区别，但因控制电动机的性能指标不同，所以在结构上有很大的差别。普通电动机构成的系统称为电力拖动系统，电力拖动系统对电动机性能要求不高，仅仅要求起动和运动状态的性能指标。伺服电动机构成的系统常称为伺服驱动系统，伺服驱动系统对伺服电动机的要求很高，既要求高精度，又要求动态响应性能好。所以，伺服电动机比普通电动机的价格昂贵。

同交流伺服电动机比较，直流伺服电动机具有容易调速、调速范围大等优点。但直流伺服电动机结构复杂，造价高，使用维修不方便，所以人们一直致力于交流伺服电动机调速系统的研究工作。由于计算机技术和电子技术的飞速发展，交流伺服驱动系统的应用得到迅速发展，进入 20 世纪 80 年代中期，交流伺服驱动系统迅速取代了直流伺服驱动系统而占据了主导地位。

伺服驱动系统主要控制方式是速度控制和位置控制。利用速度传感器将速度信号反馈到输入端构成速度环反馈的闭环回路；利用位置传感器将位置信号反馈到输入端构成位置环反馈的闭环回路；同时利用速度环和位置环构成双闭环系统（见图 5-1）。

伺服控制涉及模拟数字电子技术和电动机控制原理等知识，下面只简单讨论一下交、直流伺服系统及控制。

一、直流电动机控制

直流电动机具有良好的调速特性，为一般交流电动机所不及。因此，在对电动机的调速性能和起动性能要求较高的机械设备上，以往大都采用直流电动机驱动，而不顾及结构复杂和价格较贵等缺点。

1. 直流电动机的分类及其特性

直流电动机的工作原理是建立在电磁力定律基础上的，电磁力的大小正比于电动机中的气隙磁场。直流电动机的励绕组所建立的磁场是电动机的主磁场。按对励磁绕组的励磁方式不同，直流电动机可分为他励式（包括永磁式）、并励式、串励式和复励式四种，如图 5-21 所示。

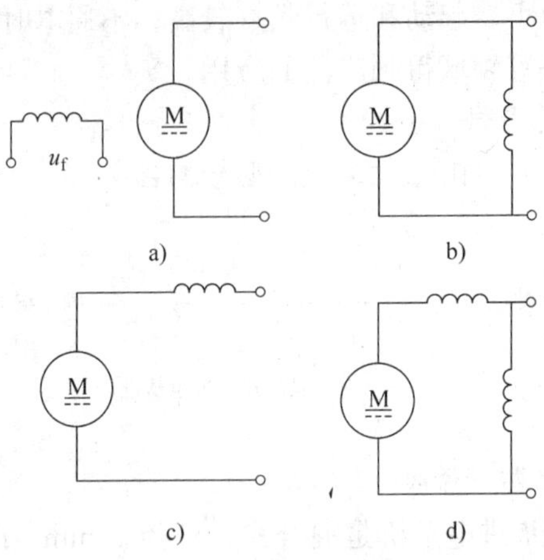

图 5-21 直流电动机电路原理图

a）他励式 b）并励式 c）串励式 d）复励式

直流电动机的机械特性是指电动机转速 n、电动机电枢电流 I 与电磁转矩 T 的关系曲线，如图 5-22 所示。

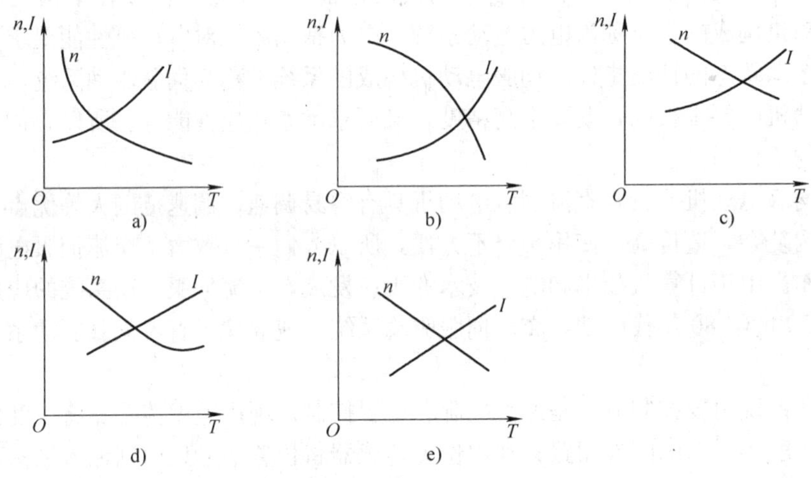

图 5-22 直流电动机的机械特性

a）串励电动机 b）并励电动机 c）复励电动机 d）他励电动机 e）永磁电动机

从图 5-22 可见，复励电动机和他励电动机，尤其是永磁电动机能满足进给驱动系统对执行元件的要求。

从图 5-22b 中也可看出，一般并励电动机有一个明显的缺点，即在大转矩时，机械特性曲线呈非线性。这是由于电动机内电枢反应磁场作用，使电动机主磁场发生畸变，从而引起了机械特性的非线性。

在普通的他励直流电动机中，由于电枢反应磁场的影响，使每极的磁通降低，从而造成机械特性在大负载时呈上翘，为此，在主磁极上加入一个匝数很少的串励绕组（即与电枢绕组相串联），利用串励绕组产生的磁势抵消电枢反应磁场的去磁作用，以便获得近似线性的机械特性。这种补偿式直流电动机也就是前面提到的改进型直流电动机，它与一般的直流电动机相比具有下述优点：① 过载能力强，能达到额定转矩的5～10倍；② 电气时间常数短；③ 转子的转动惯量较小；④ 调速范围宽；⑤ 允许有大电流上升率，上升率可达2000A/s。

从图5-22e中可以看出，永磁直流电动机的机械特性曲线在整个范围内呈线性关系。这是由于永磁电动机中的永磁体磁导极低，几乎与空气相同。另一方面，永磁体的高矫顽力也阻止电枢反应磁场的进入。所以磁极下的气隙磁场几乎没有畸变，从而获得了线性的机械特性。

在数控机床的直流进给驱动中，常采用改进型直流电动机和永磁式直流电动机，永磁式直流电动机使用最普遍。这是因为永磁直流电动机不需要励磁功率，具有较高的堵转转矩，在同样的输出功率下有较小的体积和较轻的重量。

2. 永磁直流伺服电动机的结构

永磁直流电动机可分为驱动用永磁直流电动机和永磁直流伺服电动机两大类。驱动用永磁直流电动机通常是指不带稳速装置、没有伺服要求的电动机，而永磁直流伺服电动机则除具有驱动用永磁直流电动机的性能外，还具有一定的伺服特性和快速响应能力。在结构上往往与反馈部件做成一体。当然，永磁直流伺服电动机也可作为驱动用电动机。因为永磁直流伺服电动机允许有宽的调速范围，所以也称宽调速直流电动机，其结构如图5-23所示。电动机本体由三部分组成：机壳、定子磁极和转子电枢。反馈用的检测部件有高精度的测速发电机、旋转变压器以及脉冲编码器等，检测部件安装在电动机的尾部。检测部件的工作原理将在第四节介绍。

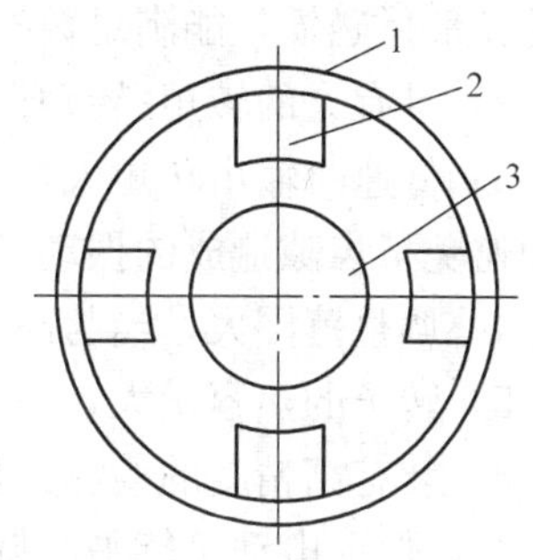

图5-23 四极永磁直流伺服电动机
1—机壳 2—定子磁极 3—电枢

（1）定子磁极材料 定子磁极是一个永磁体，永磁体材料有三类。

1）铸造型铝镍和钼镍合金。这种材料有价格昂贵、加工性能差和过载能力低的缺点。

2）各向异性铁氧体磁铁。铁氧体磁铁的矫顽力很高，有很强的抗去磁能力；磁铁装配后不需要进行开路、短路、堵转或反转等稳定性处理；原料价格便宜，铁氧体的密度很小，重量轻，电阻率高。因此，采用铁氧体磁铁的永磁电动机不但成本低、重量轻，而且电枢反应的去磁作用很小，电动机过载能力强。但环境温度对磁性能的影响较大，不适用于环境温度变化大而又要求温度稳定性高的场合。

3）稀土钴永磁合金。稀土钴永磁合金具有极大的矫顽力，是铁氧体磁铁的2～3倍；具有很高的最大磁能积，是铁氧体磁铁的10倍。因此，采用稀土钴永磁合金的永磁电动机具有很高的去磁能力，尤其适用于瞬时短路、堵转和突然反转等运行状态。用稀土钴永磁合金制造的永磁电动机的体积可以大为缩小。稀土钴永磁合金是一种极有前途的永磁材料。由于它的原料贵重，制造工艺复杂，因而影响大量推广应用。

（2）电枢结构 在电枢方面，可以分为普通型和小惯量型两大类。小惯量型电枢又要分为空心杯形电枢、无槽电枢和印刷绕组电枢三类。空心杯形电枢的主要特点是电枢由漆包线编织成杯形，用环氧树脂将其固化成一整体，且无铁心。因此，这种电动机特别轻巧、惯量极小、电枢绕组电感很小、电气时间常数小，重复起、停频率可达200Hz以上。其缺点是气隙较大，单位体积的输出功率较小，且电枢结构复杂，工艺难度大。无槽电枢的电枢铁心上没有槽，为一光滑的由矽钢片叠成的圆柱体，用漆包线在其表面编织成包子形的绕组。由于电枢上无槽，所以气隙磁密度高，且无齿槽效应，使电动机运转平稳，噪声小。印刷绕组电枢，因电枢圆盘很轻，惯量很小；由于电枢无铁心，铁耗很小；电气时间常数和机械时间常数均很小，很适合于低速和频繁起动及反转的场合。上述三种小惯量型电枢的共同特点是电枢惯量小，适合于要求快速响应的伺服系统，因此，在早期的数控机床上得到应用。但由于过载能力低，电枢惯量与机械传动系统匹配较差，因此目前在数控机床上多采用普通型的有槽电枢。普通型有槽电枢的结构与一般的直流电动机电枢相同，只是电枢铁心上的槽数较多，采用斜槽，即将铁心叠片扭转一个齿距，且在一个槽内分几个虚槽，以减小转矩的波动。

(3) 普通型永磁直流伺服电动机的特点 普通型电枢的永磁直流伺服电动机与改进型直流电动机和小惯量直流电动机相比，具有如下优点：

1) 能承受的峰值电流和过载能力高，能产生高达数倍的瞬时转矩。电动机采用高矫顽力的铁氧体磁铁，能满足数控系统执行元件应具有快加速和快减速能力的要求。

2) 具有大的转矩/转动惯量比，电动机的加速度高，响应快。

3) 低速时输出转矩大，惯量比较大，能与机械设备直接相连，省去了齿轮等传动机构，因而避免了齿隙造成的振动和噪声以及齿间误差，提高了机床的加工精度。

4) 调整范围大，当与高性能的速度控制单元组合时，调整范围超过 1∶1000 以上。

5) 转子的热容量大，一般能加倍过载几十分钟。

6) 装有高精度的检测元件，包括速度检测元件和位置检测元件。检测元件与电动机同轴安装，保证电动机能平滑旋转和稳定工作，使伺服机构具有良好的低速刚度和高的动态性能，能实现高精度定位。

这类电动机的缺点：一是电动机允许温度可达 150～180℃。由于转子温度高，温度可通过转轴传到机械装置上，会影响精密机床的精度。二是转子转动惯量相对比较大，为了满足快速响应的要求，需要加大电动机的加速转矩，因此需要增大电源装置的容量以及加强机械传动链等的刚度。

3. 直流电动机速度控制单元

(1) 直流电动机的调速方法 直流电动机速度控制单元的任务是控制电动机的转速。现以他励直流电动机为例予以说明，电路原理图如图 5-24 所示。

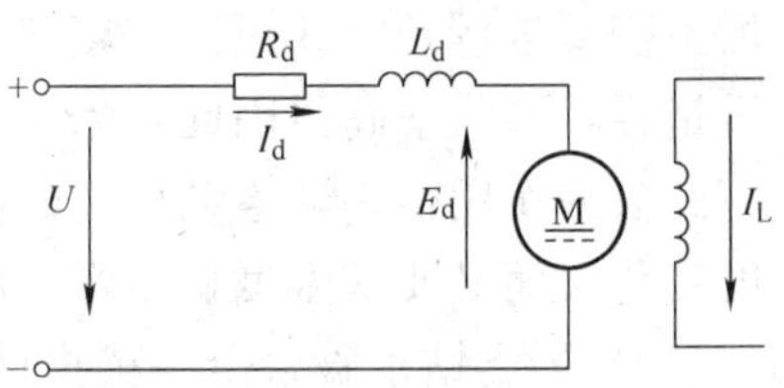

图 5-24 他励直流电动机电路原理图

他励直流电枢电路的电势平衡方程式为

$$U=E_d+I_dR_d$$

感应电势为

$$E_d=C_e\Phi n$$

由以上两个方程式可以得电动机转速特性

$$n=\frac{U-I_dR_d}{C_e\Phi}=\frac{U}{C_e\Phi}-\frac{I_dR_d}{C_e\Phi}$$

式中 n——电动机转速 (r/min)；

U——电动机电枢回路外加电压 (V)；

R_d——电枢回路电阻（Ω）；

I_d——电枢回路电流（A）

E_d——电动机电枢反电动势（V）；

C_e——反电动势系数；

Φ——气隙磁通量（Wb）；

而电动机的电磁转矩

$$T=C_T\Phi I_d$$

由上面两式可得电动机机械特性方程式，

$$n=\frac{U-I_dR_d}{C_e\Phi}=\frac{U}{C_e\Phi}-\frac{R_d}{C_eC_T\Phi^2}T$$

式中 C_T——转矩系数。

从上式可以看出，对于已经给定的直流电动机，要改变它的转速，有三种方法：① 改变电枢回路电阻；② 改变气隙磁通量；③ 改变外加电压。前两种方法的调速特性不能满足数控机床的要求。第三种方法的机械特性如图 5-25 所示。

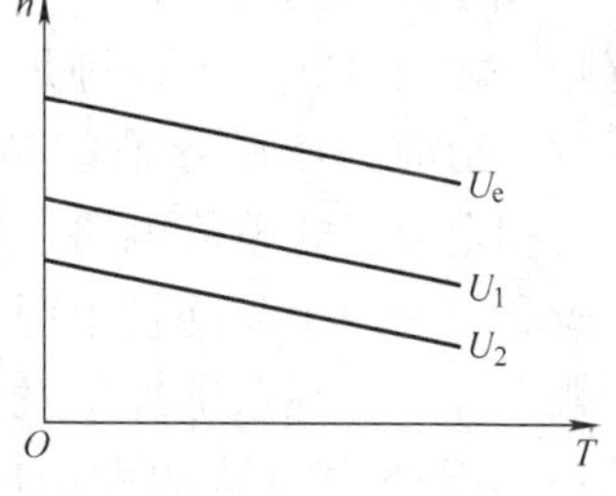

图 5-25 改变外加电压时的机械特性（$U_e>U_1>U_2$）

图 5-25 中 U_e 为额定电压值。改变外加电压调速方法的特点是具有恒转矩的调速特性，机械特性好。因为采用减小输入功率方式减小输出功率，所以经济性能好，调速方法得到了广泛应用。永磁直流伺服电动机的调速都采用这种方式。所以，直流电动机控制单元的作用是将转速指令信号（多为电压值）改变为相应的电枢电压值。

直流速度控制单元大多采用晶闸管调速系统和晶体管脉宽调制调速系统。下面对这两种控制方式作简单介绍。

(2) 晶闸管-直流电动机调速系统（SCR-M 系统） 由晶闸管组成的整流电路是利用触发脉冲改变晶闸管的导通角，从而改变整流电路输出的平均直流电压。

图 5-26 所示为晶闸管-直流电动机调速系统开环控制原理图，这种调速系统通过改变电位器滑动触点的位置控制电动机转速。图中，电位器的输出电压 U_g 控制触发脉冲信号的频率，若输出电压 U_g 增大，触发脉冲信号频率增加，晶闸管的导通角度变大，输出直流电压 U_d 增大，电动机转速增高；若操作电位器，使输出电压 U_g 减小，触发脉冲信号的频率减小，晶闸管的导通角度变小，使电动机转速下降。

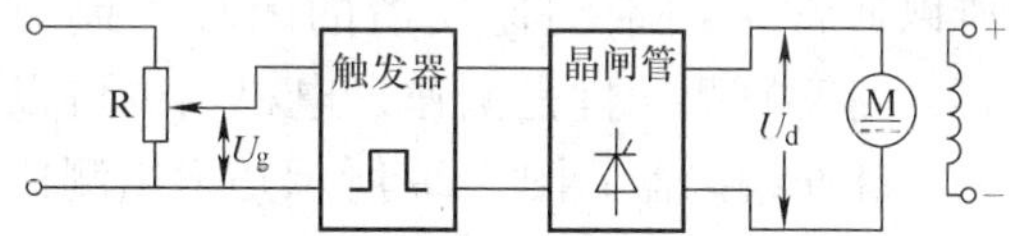

图 5-26 晶闸管-直流电动机调速系统开环控制

图 5-26 中的电位器 R 实际上是数模转换器，其输出电压值 U_g 由速度指令自动控制，电压范围 0～10V。

晶闸管可以构成多种整流电路，如单相半波整流、单相全波整流、三相半波整流、三相全波整流等。虽然单相整流电路简单，但其输出波形较差，容量有限，因而采用较少。在对输出电压波形要求较高的数控机床中，多采用三相全控桥式整流电路作为直流速度控制单元的主电路。图 5-27 所示是三相桥式反并联整流电路。三相全控桥式整流电路的工作波形如图 5-28所示。

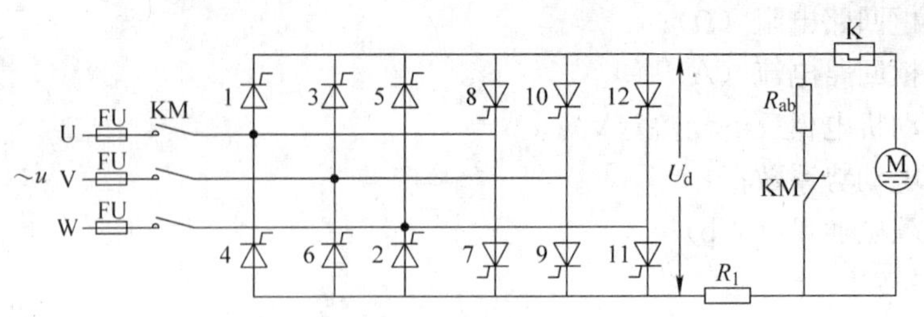

图 5-27 三相桥式反并联整流电路

为了保证在电流断续情况下（即低输出电压的情况），晶闸管能再次导通，必须对每组中相应要导通的两个晶闸管同时有触发脉冲。为此，可有两种方案：一是使每个触发脉冲宽度大于60°，并且必须小于120°，通常为80°～100°，称宽脉冲触发方式；另一种是在触发某一晶闸管的同时，给前一个已导通的晶闸管补发一个脉冲，使三相全控桥式整流电路上共阴极组和共阳极组中应导通的两个晶闸管上都有触发脉冲，称双脉冲触发方式。在双脉冲触发方式中，每个晶闸管在一个周期内连续触发两次，触发间隔为60°。这种双窄脉冲触发方式虽然比较复杂，但可以减小触发装置的输入、输出功率，减小脉冲变压器的铁心体积，触发脉冲前沿较好等，因而被广泛使用。

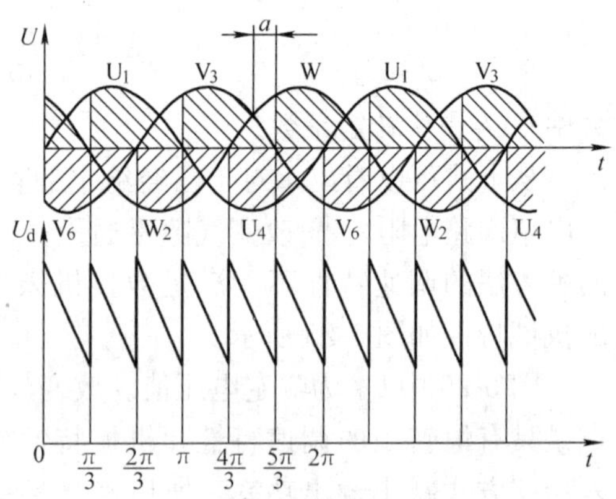

图 5-28 三相全控桥式整流电路工作波形

虽然改变晶闸管触发角可改变永磁直流伺服电动机的外加电压，从而达到调速的目的，但其调速范围很小，只有1∶8～1∶10的范围，不能满足数控机床的要求。这是由于开环调速本身特性软，使低速度控制受到限制。所以通常采用带测速反馈的闭环控制方式，速度检测元件是测速发电机，也可以采用脉冲编码器。图 5-29 所示是采用测速发电机的晶闸管-直流电动机调速系统闭环控制原理图。与图 5-26 相比，此系统增设了转速负反馈环节。图 5-29 中 CP 是测速发电机，与直流电动机同步旋转。

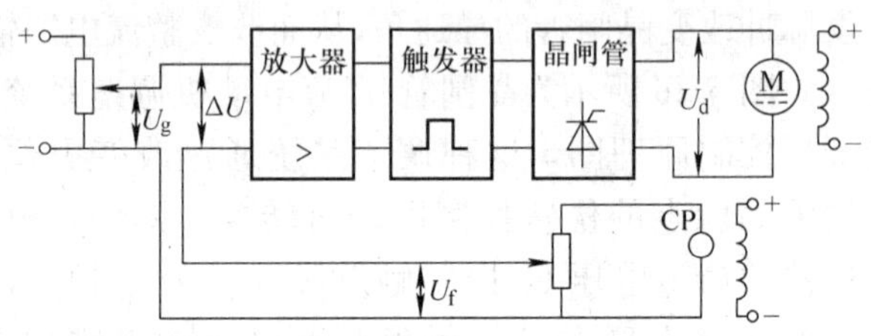

图 5-29 晶闸管-直流电动机调速系统闭环控制

增设了转速负反馈环节后，送到放大器的电压不再是电位器的输出电压U_g，而是U_g与测速反馈电压U_f比较后的偏差电压ΔU，其值$\Delta U = U_g - U_f$。闭环控制的工作过程简述如下：当给定的速度指令信号U_g增大时，则有较大的偏差电压ΔU送到放大器的输入端，使触发器的触发脉冲前移（即触发器的控制角减小，导通角增大），晶闸管整流器输出电压提高，电动机转速相应上升。同时，测速发电机输出电压U_f也逐渐增加，当它接近或等于给定值U_g时，系统达到新的动态平衡，电动机就以较高的转速稳定旋转。如果系统受到外界干扰，如负载增加时，直流电动机的转速下降时，测速发电机转速同步下降，因为反馈电压

U_f 值与电动机转速成正比，所以 U_f 随着下降。偏差电压 ΔU 因反馈电压 U_f 的下降而升高，使晶闸管导通角变大，输出电压 U_d 增加，从而使电动机转速自动回升直至恢复到外界干扰前的转速值。

实际的调速系统是双环调速系统，除上面讲到的速度环外，还有电流环。速度环反映速度偏差大小的控制信号，电流环反映主回路电流的电流反馈信号。如当电网电压突然降低时，整流器输出电压也随之降低。在电动机转速由于惯性尚未变化之前，首先引起主回路电流减小，利用电流调节电路，使触发脉冲前移，从而使整流器输出电压恢复到原来的值，抑制了主回路电流的变化。晶闸管触发电路此处没有讨论，可参阅《模拟电子技术》教材，双环调速系统的详细原理可参阅《自动控制原理》等教材。

(3) 脉冲宽度调制器直流伺服电动机调速系统（PWM-M 系统） 所谓脉冲宽度调速，是利用脉冲宽度调制器对大功率晶体管开关放大器的开关时间进行控制，将直流电压转换成某一频率的方波电压，加到直流电动机的电枢两端，通过对方波脉冲宽度的控制，改变电枢两端的平均电压，从而达到调节电动机转速的目的。

PWM 速度控制单元的核心是脉冲宽度式的开关放大器和脉宽调制器。下面分别对 PWM-M 调速原理和速度控制单元的核心部分给予简要说明。

1）PWM-M 调速原理：图 5-30 所示是 PWM-M 调速原理。在图 5-30a 中，如果开关 S 按一定的周期闭合、断开，闭合和断开的周期为 T，若外加电源电压 U 为常数，则电源加在直流电动机电枢上的电压波形是矩形方波，其高度为电源电压 U，宽度为开关 S 闭合时间 t，如图 5-30b 所示。加在电枢上的电压平均值为

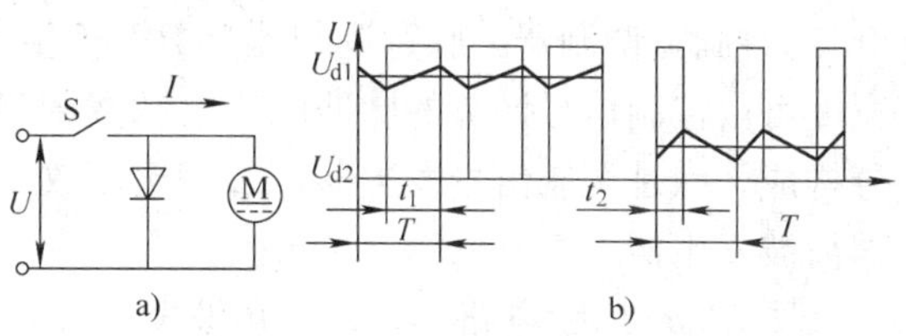

图 5-30 PWM-M 调速原理

$$U_d=\frac{t}{T}U=\delta U$$

$\delta=t/T$，称为导通角。显然，导通角大，平均电压值高，电动机转速快；导通角小，平均电压值低，电动机转速慢。当开关周期 T 不变时，只要改变导通时间 t，即可改变导通角 δ，从而改变电动机转速。

图 5-30a 中的二极管是续流二极管。当 S 断电时，电枢绕组产生感应电动势可以通过续流二极管释放，对系统起保护作用。

2）开关放大器：图 5-31 所示为 T 形单极性开关放大电路，它由晶体管 VT1、VT2 和续流二极管 VD1、VD2 组成。在 VT1 和 VT2 的基极分别施加来自脉宽调制器的两个极性相反的脉冲信号。开关放大器的输出电压 U_{AB} 是在 0V 和 $+E_d$ 之间变化的脉冲电压。因为电动机电枢两端电压 U_{AB} 的极性不变，因此称为单极性工作方式

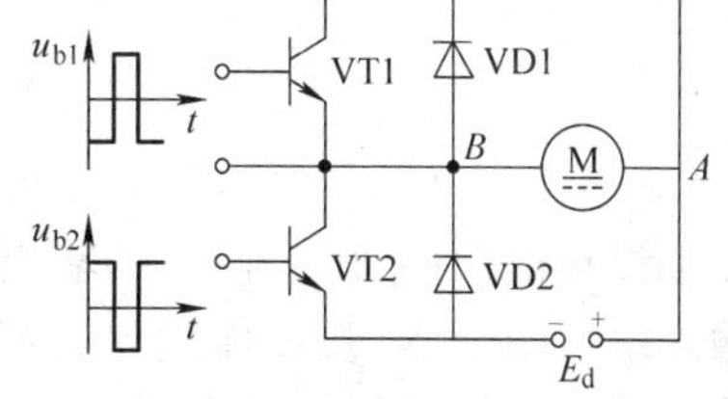

图 5-31 T 形单极性开关放大电路

图 5-32 所示是 H 形双极性开关放大电路，它是由四个晶体管和四个续流二极管构成的桥式电路，形似字母 H。它的控制方法是将两个相位相反的脉冲控制信号分别加在 VT1、VT4 和 VT2、VT3 的基极，即 $u_{b1}=u_{b4}$，$u_{b2}=u_{b3}$。当在 $0\leqslant t<t_1$ 的时间区间内，VT2 和

VT3 导通，$+E_d$ 加在电枢的 AB 两端（即 $U_{AB}=+E_d$），而在 $t_1\leqslant t<T$ 的时间区间内，VT1 和 VT4 导通，此时电源 $+E_d$ 加在 BA 两端（即 $U_{AB}=-E_d$）。因为开关放大器的输出电压是在 $-E_d$ 到 $+E_d$ 之间变化的脉冲电压，因此这种电路是双极性工作方式。

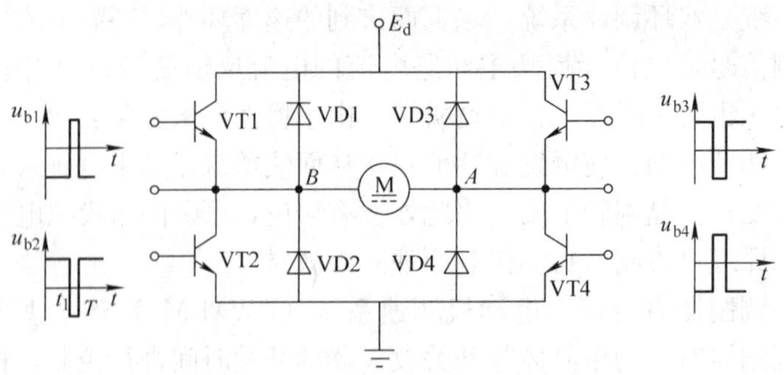

图 5-32 H 形双极性开关放大电路

当调制器输出的脉宽 $t_1>T/2$ 时，电枢两端平均电压大于零，电动机正转。反之，当 $t_1<T/2$时，电枢两端平均电压小于零，电动机反转。当 $t_1=T/2$ 时，电枢两端平均电压等于零，电动机转速为零。

3）脉宽调制器：脉宽调制器是 PWM 控制方式的核心，其作用是将电压量转换成脉冲宽度可由控制信号调节的脉冲电压。脉宽调制器的种类很多，从基本构成来看，都是由两部分构成，一是调制信号发生器，二是比较放大器。调制信号发生器都是采用三角波发生器或锯齿波发生器。

图 5-33a 所示电路是一种三角波发生器，其中运算放大器 N_1 构成方波发生器，即是一个多谐振荡器，在它的输出端接上一个由运算放大器 N_2 构成的反相积分器。它们共同组成正反馈电路，形成自激振荡。

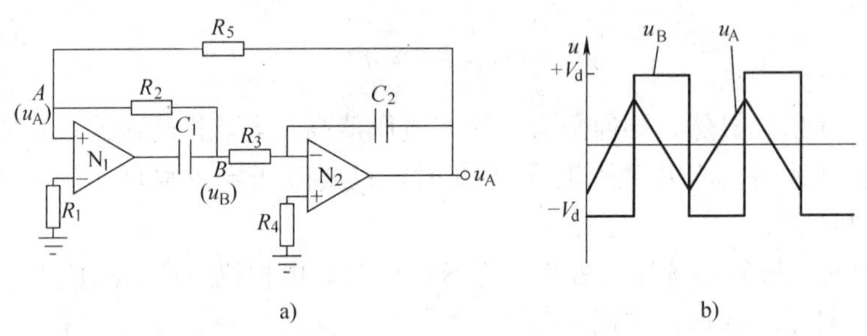

图 5-33 三角波发生器

a）电路图 b）波形图

设在电源接通瞬间 N_1 的输出电压 u_B 为 $-V_d$（运算放大器的电源电压），被送到 N_2 的输入端。由于 N_2 反相作用，电容 C_2 被正向充电，输出电压 u_A 逐渐升高，同时 u_A 又被反馈到 N_1 的输入端与 u_B 进行比较。因为 N_1 由 R_2 接成正反馈电路，所以当比较之后的 $u_A>0$ 时，N_1 就立即翻转，u_B 电位由 $-V_d$ 变为 $+V_d$。此时，$t=t_1$，而 $u_A=(R_5/R_2)V_d$。而在 $t_1<t<T$ 区间，N_2 的输出电压 u_A 线性下降。当 $t=T$ 时，u_A 略小于零时，N_1 再次翻转到原态。此时，$u_B=-V_d$ 而 $u_A=(-R_5/R_2)V_d$。如此周而复始，形成自激振荡，在 N_2 的输出端得到一串三角波电压，各点波形如图 5-33b 所示。其三角波的频率为

$$f=\frac{R_2}{4R_5R_3C_2}$$

图 5-34 所示是比较放大器电路。三角波电压 u_A 与控制电压 u_{er} 比较后送入运算放大器的输入端。当 $u_{er}=0$ 时，运算放大器 N 输出电压的正负半波相等，输出平均电压为零。当 $u_{er}>0$ 时，比较放大器输出脉冲的正半波宽度小于负半波宽度。而当 $u_{er}<0$ 时，比较放大器输出脉冲的正半波宽度大于负半波宽度。如果三角波的线性度很好，则输出脉冲的宽度正比于控制电压 u_{er}，从而实现模拟电压脉冲转换。图 5-34 中的晶体管 VT1 是为了增加脉宽调制器的驱动功率并保证在正脉冲时输出。晶体管应工作在开关状态。

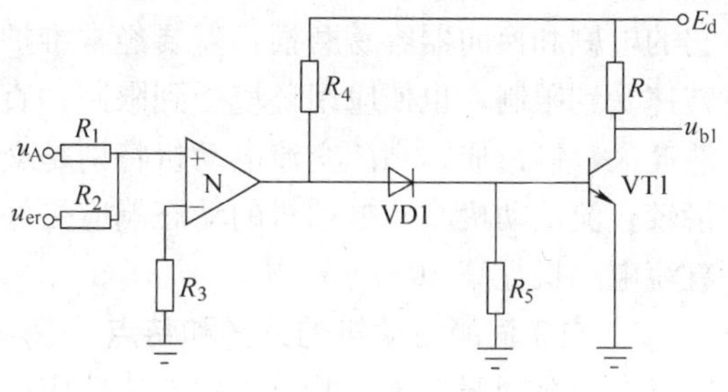

图 5-34　比较放大器电路

注意：以上只讨论了一个大功率晶体管的脉宽调制器原理。

（4）PWM-M 系统和 SCR-M 系统性能比较　采用晶体管脉宽调制方式的直流伺服系统与晶闸管控制方式相比具有许多优点。

1）避开了与机械的共振。在晶闸管控制方式中，由于电枢电流脉动频率很低，转子会产生振动，影响机床工作的平稳性和机床加工精度。而采用 PWM 控制方式，晶体管工作频率高达 2kHz，比转子的固有频率高得多，即避开了机械的共振。

2）电枢电流脉动小。在晶闸管控制方式中，整流电压波形差，特别是在低电压轻负载时，电枢电流的不连续，严重影响低速运行的稳定性，这是产生低速振动的原因之一。为此，不得不增大滤波电抗器的容量。而晶体管 PWM 控制方式中，因开关频率选得很高，所以仅靠电枢线组的滤波作用就能获得脉动很小的的直流电流，电枢电流连续，机械在低速时工作十分平滑、稳定。因此，调速比可做得很大。

3）电流波形系数（电流有效值和平均值之比）较小。由于 PWM 控制方式的输出电流波形系数只有 1.001～1.03，而晶闸管控制方式为 1.05～1.6，所以电动机在同样输出转矩下（与电流平均值成正比），PWM 控制方式的电动机损耗和发热都较小，因而电动机产生的热传到机床上造成的热变形也小，对机床精度影响很小。

4）功率损耗小。晶体管只工作在两种状态——饱和导通和截止状态。由于饱和导通时管压降很小，而截止状态时的漏电流很小，所以在两种状态下晶体管的功率损耗都很小。

5）频带宽。PWM 控制方式的速度控制单元与较小转动惯量的电动机相匹配时，可以充分发挥系统的性能，从而获得很宽的频带。因此，速度控制系统的快速响应好，能给出极快的定位速度和很高的定位精度，适合起、制动频繁的场合应用。

6）动态硬度好。动态硬度是指伺服系统校正瞬态负载扰动的能力。伺服系统的频带越宽，系统的动态的硬度就越高。所以，PWM 控制方式用在负载周期变化的场合，如铣床，能克服铣刀引起的周期性负载变化，使机床运行平稳，从而延长刀具的寿命，改善被加工零件的表面粗糙度。

7）响应很快。PWM 控制方式具有四象限的运行能力，即电动机既能驱动负载，也能制动负载，所以响应很快。

晶体管 PWM 控制方式虽有上述的优点，但与晶闸管比较，还是有一些缺点，如不能承受高的峰值电流。因此，必须采用限流电路来限制峰值电流。

二、交流伺服电动机控制

由于直流伺服电动机具有优良的调速性能，因此长期以来，在要求调速性能较高的场合，直流电动机调速系统的应用一直占据主导地位。但直流电动机存在一些固有的缺点，如它的电刷和换向器容易磨损，需要经常维护；由于换向器换向时会产生火花，电动机的最高转速受到限制，也使应用环境受到限制；直流电动机的结构复杂，制造困难，所以铜铁材料消耗大，制造成本高。交流电动机特别是交流感应电动机没有上述缺点，并且转子的转动惯量较直流电动机小，电动机的动态响应更好。在同样的体积下，交流电动机的输出功率可比直流电动机提高10%～70%。

1. 交流伺服电动机的分类和特点

在交流伺服系统中既可以用交流感应电动机也可以用交流同步电动机。

交流感应电动机按所用电源种类可以分为三相和单相两种。从结构上分又带换向器和不带换向器两种。通常多用不带换向器的三相感应电动机，其结构是定子上装有对称三相绕组，而在圆柱体的转子铁心上嵌有均匀分布的导条，导条两端分别用金属环联成一个整体(称笼式转子)，因此这种电动机也称笼型电动机。当对称三相绕组接三相电源后，由电源提供励磁电流，在定子和转子之间的气隙内建立起同步转速的旋转磁场，依靠电磁感应作用，在转子导条内产生感应电动势。因为转子上的导条已构成闭合回路，转子导条中就有电流流过，从而产生电磁转矩，实现由电能转变成机械能的能量变换。

交流同步电动机与感应电动机的最大差别是同步电动机的转速与电源的频率之间存在严格的关系，即在电源电压和频率固定不变时，其转速保持稳定不变。因此，由变频电源供电给同步电动机时，便可获得与频率成正比的可变转速，调速范围宽，机械特性硬。

交流同步电动机的定子结构与感应电动机一样，而转子结构不一样。在数控机床进给驱动中常采用永磁式同步电动机，即转子用永磁式结构。永磁式的优点是结构简单，运行可靠，效率较高。若采用高剩磁感应，高矫顽力的稀土类磁铁等，可比直流电动机的外形尺寸约减小1/2，重量减轻60%，转子的转动惯量减到1/5。与异步电动机相比，由于采用永磁铁励磁消除了励磁损耗和杂散损耗，所以效率高。

通常，永磁交流伺服电动机是指永磁同步电动机。

2. 永磁交流伺服电动机的结构及工作原理

永磁交流伺服电动机纵剖面图如图5-35，横剖面图如图5-36所示。由图可见，永磁交流伺服电动机主要由三部分组成：定子、转子和检测元件。其中定子具有齿槽，内有三相绕组，形状与普通感应电动机的定子相同。但其外部表面呈多边形，并且无外壳，这有利于散热，可以避免电动机发热对机床精度的影响。转子由多块永久磁铁等组成，这种结构的优点是气隙磁密较高，极数较多。

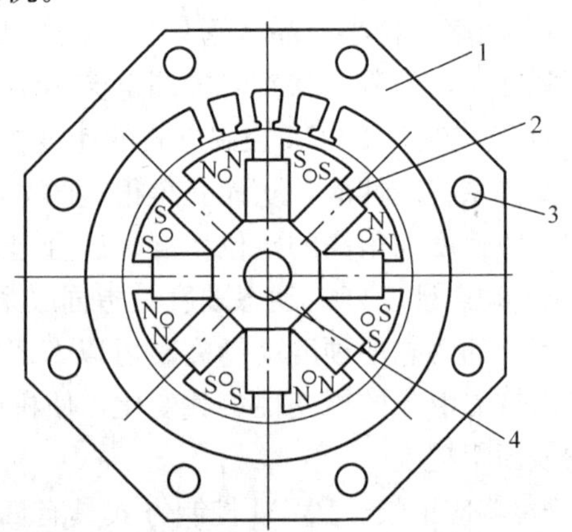

图5-35 永磁交流伺服电动机纵剖面图
1—定子 2—永久磁铁 3—轴向通风孔 4—转轴

图5-37所示是永磁交流伺服电动机工作原理简图，图中只画了一对永磁转子，当定子三

相绕组通上交流电后，就产生一个旋转磁场。旋转磁场将以同步转速 n_s 旋转。根据磁极的同性相斥、异性相吸的原理，定子旋转磁极吸引转子永磁磁极，并带动转子一起同步旋转。当转子加上负载转矩后，将造成定子磁场轴线与转子磁极轴线不重合，如图 5-37 中所示的 θ 角。负载增加，θ 角随之增大；负载减小时，θ 角也随之减小。当负载超过一定极限后，转子不再按同步转速旋转，甚至可能不转。这就是同步电动机的失步现象。因此负载极限称为最大同步转矩。

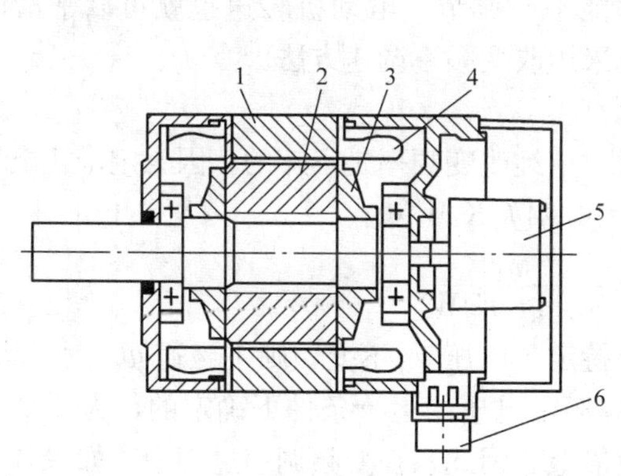

图 5-36　永磁交流伺服电动机横剖面图
1—定子　2—转子　3—压板　4—定子绕组
5—脉冲编码器　6—出线盒

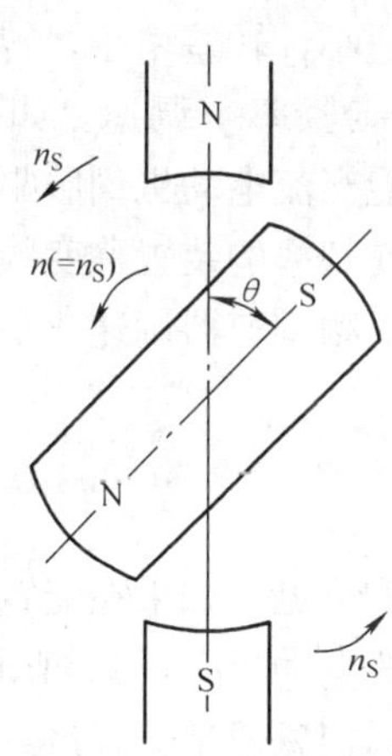

图 5-37　永磁交流伺服电动机工作原理图

永磁同步电动机的缺点是起动比较困难。这是因为当三相电源供给定子绕组时，虽已产生旋转磁场，但转子处于静止状态，惯性较大而无法跟随旋转磁场转动。解决的办法是在转子上装起动绕组，常采用笼式起动绕组。笼式起动绕组将使永磁同步电动机如同感应电动机一样，产生起动转矩，使转子开始转动，然后电动机将以同步转速旋转。另一种办法是在设计中设法减低转子的转动惯量或采用多磁极等使定子旋转磁场的同步转速不很大，使永磁交流伺服电动机能直接起动。还可以在速度控制单元中采取措施，让电动机先在低速下起动，然后再提高到所要求的速度。

3. 交流电动机速度控制单元

（1）交流电动机的调速方法　根据交流电动机工作原理，当电动机定子三相绕组通三相交流正弦电源时，将建立旋转磁场，其主磁通 Φ_m 的空间转速称为同步转速 n_0，其值为

$$n_0=\frac{60f}{p}$$

若电动机的实际转速为 n，则电动机的转差率为

$$S=\frac{n_0-n}{n_0}$$

故

$$n=\frac{60f}{p}(1-S)=n_0(1-S)$$

式中　f——电源电压频率；

p——电动机磁极对数。

由上式可见，改变异步电动机转速的方法有三种：

1）改变磁极对数 p 调速。磁极对数可变的交流电动机称为多速电动机。磁极对数通常设计成 4/2、8/4、6/4、8/6/4 等几种。显然，磁极对数只能成对的改变，转速只能成倍的变化。

2）改变转差率 S 调速。只能在绕线式异步电动机中使用，在转子绕组回路中串入电阻，通过改变电阻值的大小，可以改变转差率的大小。串入电阻值大，转差率大，转速低；串入电阻值小，转差率小，转速高。调速系统的调速范围为 3∶1。

3）改变频率 f 调速。如果电源频率能平滑调节，电动机转速也就可以平滑改变。目前，高性能交流电动机伺服驱动系统大都采用改变频率调速方法。

能改变频率的装置称变频器（VFD）。

（2）变频调速器调速　在实际调速时，单纯改变频率是不够的，因为定子相电压为

$$u_1 = E_1 = 4.44 f_1 K_1 W_1 \Phi_m$$

所以

$$\Phi_m = \frac{u_1}{4.44 f_1 K_1 W_1}$$

由上式可见，如果在变频调速中，保持定子电压 u_1 不变，则主磁通 Φ_m 大小将会改变。因为在一般电动机中，Φ_m 值通常是在工频额定电压的运行条件下确定的，为了充分利用电动机铁心，把磁通量选在接近磁饱和的数值上。因此，在变频调速过程中，如果频率从工频往下调节，则 Φ_m 上升，将导致铁心过饱和而使励磁电流迅速上升，铁心过热，功率因数下降，电动机带负载能力降低。因此，必须在降低频率的同时，降低电压，以保持 Φ_m 不变。这种 u_1 和 f_1 的配合变化称为恒磁通变频调速中的协调控制。

我国电网频率为 50Hz，是固定不变的，而数控机床的能源都是取自交流电网。因此，设计一个价格便宜、工作可靠、控制方便的变频器已成为自动控制系统中的一个重要研究课题。目前，国内主要采用晶闸管和功率晶体管组成的静态变频器。这种变频器先将工频交流电压整流成直流电压，再经过变频器变换成可变频率的交流电压，这种变频器称间接变频器，或称交-直-交变频器，如图 5-38a 所示。另一类变频器没有中间环节，直接由电网的工频电压变换成频率、电压可调的交流电压，这种变频器称直接变频器，或称交-交变频器，如图 5-38b 所示。

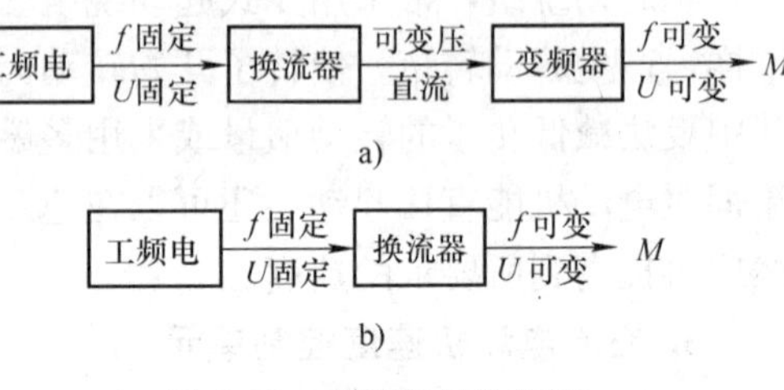

图 5-38　变频器结构框图

直接变频器只需进行一次电能的变换，所以变换效率高，工作可靠。缺点是频率的变化范围有限，多用于低频大容量的调速。间接变频器需进行两次电能的变换，所以变换效率低，但频率变化范围大，不受限制，目前已成为交流电动机变频调速的典型方法。

（3）正弦波脉宽调制（SPWM）原理　间接变频器输出的都是矩形波，含有较大的谐波分量。用这种矩形波作为电动机电源，不但效率低，而且工作性能也差。若用交流滤波器滤去谐波分量，会使脉冲波形特性变坏。目前广泛采用的脉宽调制技术（PWM 变频器）可解决上述问题。PWM 变频器输出的是一系列频率可调的脉冲波，脉冲的幅值恒定，宽度可调。根据 u_1/f_1 的比值，在变频的同时改变电压，如按正弦波规律调制，就能得到接近于正弦波的输出电压，从而使谐波分量大大减小，提高了电动机的运行性能。

PWM变频器的工作原理如图5-39所示。图中，将正弦波正半周等分成十二等份，每等份可用一矩形脉冲等效。所谓等效是指在相应的时间间隔内，每等份正弦波所包含的面积与矩形脉冲的面积相等，系列脉冲波就等效于正弦波。这种用相等时间间隔正弦波的面积调制的脉冲宽度，称为正弦波脉宽调制（SPWM）。显然，单位周期内脉冲数越多，等效的精度越高，输出越接近正弦波。

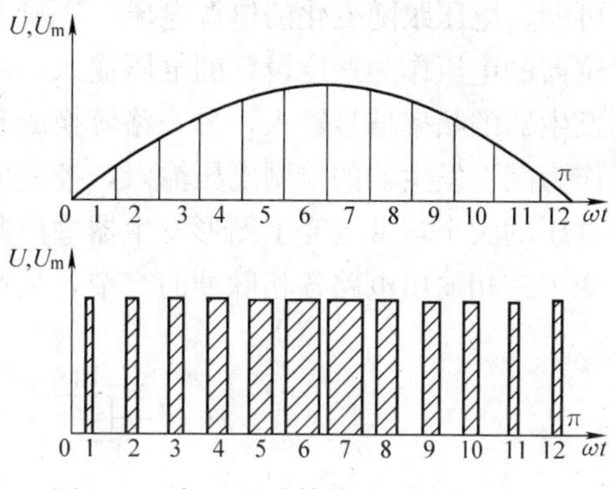

图5-39 与正弦波等效的矩形脉冲波

脉宽调制分为单极性和双极性两种。图5-40所示是双极性SPWM的通用型主回路，图5-41所示是三角波调制原理。

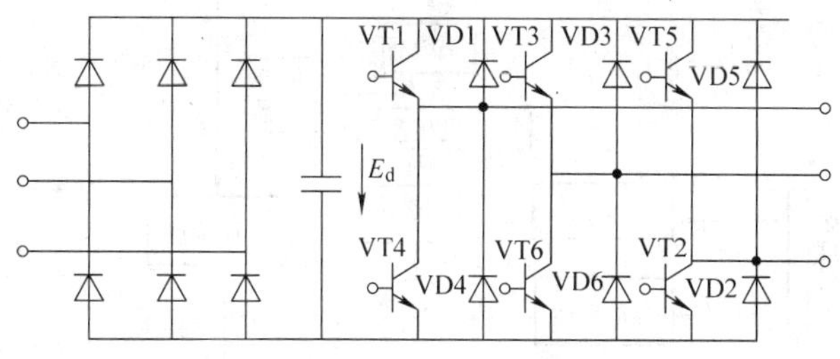

图5-40 双极性SPWM的通用型主回路

图5-41中V_S为一相（如U相）正弦波基准信号，其幅值为E_S，频率为f_S，V_T为等幅等距三角载波信号，其幅值为E_T，频率为f_T。V_S、V_T两波形的交点，如图5-41所示的数字位置，就是相应变流器的某相（U相）开关点，控制图5-40中VT1和VT4的开断信号。交点间隔为被调制脉冲的宽度。图5-40中产生的直流电压为E_d，则当VT1在正半周工作脉宽调制状态时，VT4处于截止状态，U相绕组的相电压为$+E_d/2$，而当VT1截止时，电动机绕组中的磁场能量通过VD4续流二极管释放，使该相绕组承受$-E_d/2$电压，所以称为双极性SPWM调制。输出电压为负半周时，VT4工作于脉宽调制状态，VT1则处于截止状态。

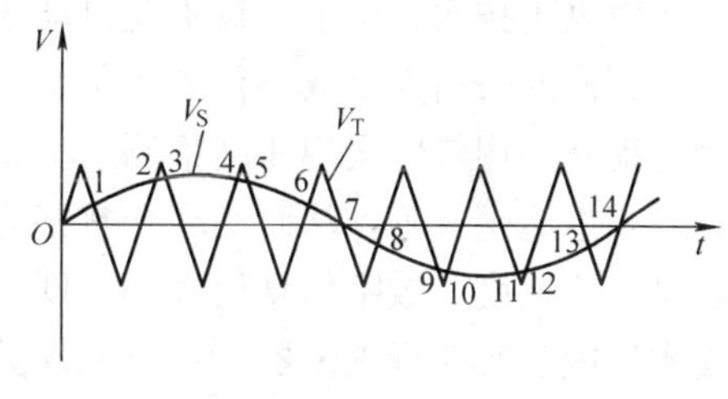

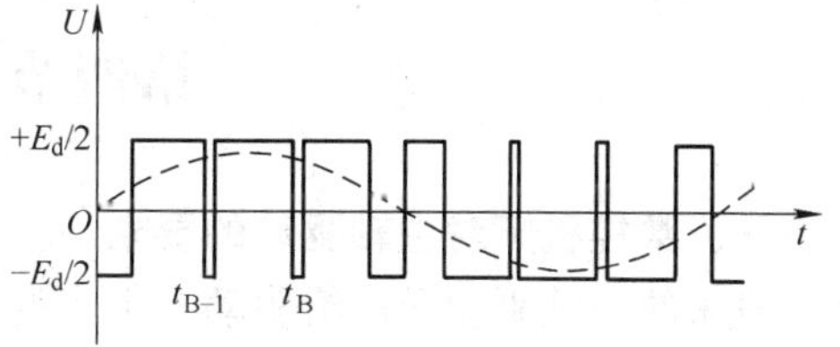

图5-41 三角波调制原理

可以看出，随着V_S幅值和频率f_T的变化，调制出的脉冲波在宽度上和频率上也相应地变化，从而保证前面讨论的u_1/f_1=常数，实现恒磁通变频调速。载波频率f_T高，输出的谐波分量小，即输出正弦波性能好。但受功率变换电路的限制，载波频率不能太高，用晶闸管作开关元件时，载波频率一般为数百赫兹，而用大功率晶体管时，载波频率可达（2～3）kHz。

图5-42所示为u_1/f_1=常数时变频器控制系统框图。由三相整流器提供的直流电压，采用大容量电容滤波后，作为三相输出电路的电源电压。三相输出电路由大功率晶体管组成，

PWM 控制基极驱动电路，按调制规律开通或关断功率输出晶体管，使三相电动机获得频率可调、电压跟随变化的电源电压。PWM 的调制信号由三角波发生器和图形发生器提供。电位器的电压作为速度设定的电压输入，一路通过电压频率转换器（V/F）输出 u_f，作为图形发生器的频率信号输入，另一路转换成基准电压与电动机电压的反馈值进行比较，经放大后作为图形发生器的控制电压输入，控制电压与输入脉冲的频率成比例。因此，改变速度设定电压的大小，就改变了图形发生器输出基准信号的信号幅值和频率，通过 PWM 调制也就改变了三相输出电路各相脉冲的宽窄，从而控制了电动机的转速。

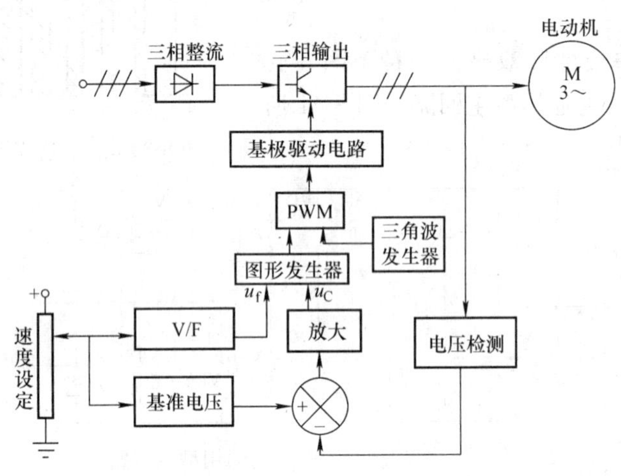

图 5-42 晶体管电压变频器系统

电力电子技术、微电子技术及自动控制技术的不断发展，促进了交流伺服系统的飞速发展。计算机的采用为全数字化的控制系统开辟了道路，可以使硬件数量大为减少，抗干扰能力随之提高，用软件实现速度检测运算、位置的检测、辨向与运算控制、电流相位检测和运算、三相电流生成等，从而实现全数字化控制。在采用计算机控制软件方案时，主要考虑的问题是运算速度。数字信息处理器（DSP）是专为处理高速信息信号而开发的一种电动机控制技术，内装有并行乘法器，可以实现数字滤波和频率分析的快速傅里叶变换的乘法运算。

第四节 主 轴 驱 动

一、数控机床对主轴驱动的要求

机床的主轴驱动和进给驱动有很大的差别。机床主传动的工作运动通常是旋转运动，不需要丝杠或其他直线运动装置。20 世纪 60～70 年代，数控机床的主轴采用三相感应电动机配上多级变速箱驱动方式。随着社会生产率不断提高，要求进一步提高机床的生产率和刀具的利用率，对主轴驱动提出了更高的要求。包括要求主传动电动机应有 2.2～250kW 的功率范围，既要输出大的功率，又要求主轴的结构简单。如果要求低速恒功率调速，还要使用机械传动。要改变主轴的动态性能，需要主传动有更大的无级调速范围，如能在 1∶100～1∶1000有范围内进行恒转矩调速和 1∶10 的恒功率调速，而且要求主轴的两个转向中任何一个方向都可进行传动和减速。

在数控机床中，数控车床占 42%，数控钻、镗、铣床占 33%，数控磨床、冲床占

23%，其他机床只占2%。为了满足前两类数控机床的要求，例如数控车床等应具有螺纹车削功能，要求主轴能与进给系统实现同步控制；为了自动换刀加工中心上还要求主轴能进行高精度准停控制；有的数控机床还要求主轴具有角度分度控制功能。

另外，主轴驱动装置应提供加工各类零件所需的切削功率，无论采用何种速度（这取决于不同的材料）、用什么刀具加工，都必须提供所需的切削功率。因此，要求主轴驱动在尽可能大的调速范围内保持恒功率输出。随着刀具的不断改进，要求提高切削速度，以满足生产率的提高，即要求主轴转速要高。另外，主轴调速范围要大，因为加工一些难加工材料所要求的转速范围相差很大，如钛需要低速加工，而铝合金材料却需要高速加工。用齿轮变速箱扩大调速范围已经不能满足这类要求。

为了实现上述要求，在早期的数控机床上多采用直流主轴驱动系统，但由于直流电动机的换向限制，大多数系统恒功率调速范围都非常小。到了20世纪70年代末80年代初期，随着微处理技术和大功率晶体管技术的进展，在数控机床的主轴驱动中开始应用交流驱动系统。目前，国际上新生产的数控机床已有九成采用交流主轴驱动系统。这是因为，一方面，制造交流电动机不像直流电动机那样在高转速和大容量方面受到限制；另一方面，交流主轴驱动的性能已达到直流驱动系统的水平，甚至在噪声方面还有所降低，而且价格也不比直流主轴驱动系统高。

二、直流主轴电动机

1. 结构特点

为了满足上述数控机床对主轴驱动的要求，主轴电动机必须具备下述性能：① 电动机的输出功率要大；② 在大的调速范围内速度应该稳定；③ 在断续负载下电动机转速波动小；④ 加速和减速时间短；⑤ 电动机温升低；⑥ 振动、噪声小；⑦ 电动机可靠性高，寿命长，容易维护；⑧ 体积小，重量轻，容易与机械连接；⑨ 电动机过载能力强。

直流主轴电动机的结构与永磁式直流伺服电动机的结构不同。因为要求主轴电动机输出很大的功率，所以在结构上不能做成永磁式，而是与普通的直流电动机相同，也是由定子和转子两部分组成，如图5-43所示。转子与直流伺服电动机的转子相同，由电枢绕组和换向器组成；而定子则完全不同，它由主磁极和换向极组成。有的主轴电动机主磁极上不但有主磁极绕组，还带有补偿绕组。

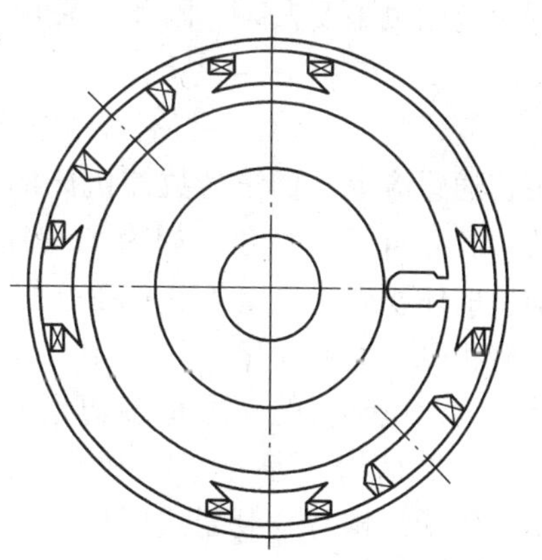
图5-43 直流主轴电动机结构示意图

这类电动机在结构上的特点是：为了改善换向性能，在电动机结构上都有换向极；为缩小体积，改善冷却效果，以免使电动机热量传到主轴上，采用了轴向强迫通风冷却或水管冷却。为适应主轴调速范围宽的要求，一般主轴电动机都能在调速比1∶100的范围内实现无极调速，而且在基本速度以上达到恒功率输出，在基本速度以下为恒转矩输出，以适应重负荷的要求。电动机的主极和换向极都采用矽钢片叠成，以便在负荷变化或加速、减速时有良好的换向性能。电动机外壳结构为密封式，以适应机加工车间的环境。在电动机的尾部一般都同轴安装有测速发电动机作为速度反馈元件。

2. 直流主轴电动机性能

直流主轴电动机的转矩-速度特性曲线如图 5-44 所示。在基本速度以下时，属于恒转矩范围，采用改变电枢电压来调速；在基本速度以上时，属于恒功率范围，采用控制励磁的调速方法调速。一般来说，恒转矩的速度范围与恒功率的速度范围之比为 1∶2。

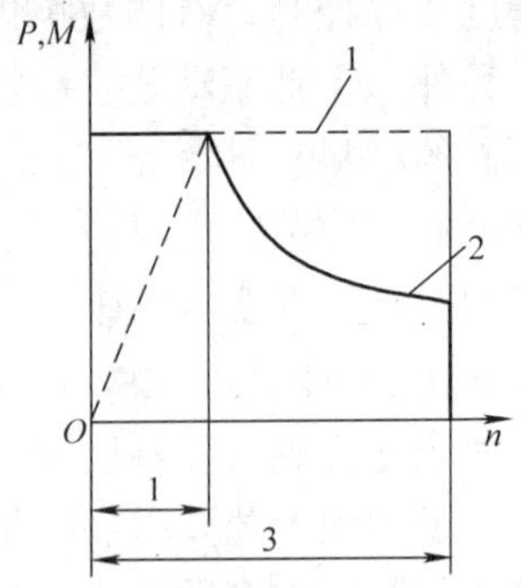

图 5-44 直流主轴电动机的转矩-速度特性曲线

1—功率特性曲线 2—转矩特性曲线

直流主轴电动机一般都有过载能力，且大都能过载 150%（即为连续额定电流的 1.5 倍）。至于过载的时间，则根据生产厂的不同，有较大的差别，从 1～30min 不等。

3. 直流主轴控制单元

主轴控制系统类似于直流速度控制系统，也是由速度环和电流环构成的双环控制系统，来控制直流主轴电动机的电枢电压。主回路采用可逆整流电路。因为主轴电动机的容量较大，所以主回路的功率开关采用晶闸管。此处不再细述。

一般来说，采用主轴控制系统之后，只需要二级机械变速，就可以满足一般数控机床的变速要求。

三、交流主轴电动机

1. 结构特点

前面提到，交流伺服电动机的结构有笼式感应电动机和永磁式同步电动机两种结构，而且大都为后一种结构形式。而交流主轴电动机与伺服电动机不同，交流主轴电动机采用感应电动机形式。这是因为受永磁体的限制，当容量做得很大时电动机成本太高，数控机床无法使用。另外，数控机床主轴驱动系统不必像伺服驱动系统那样，要求很高的性能，调速范围也不要太大，因此，采用感应电动机进行矢量控制就完全能满足数控机床主轴的要求。

笼式感应电动机在总体结构上是由三相绕组的定子和有笼条的转子构成。虽然，也可采用普通感应电动机作为数控机床的主轴电动机，但一般而言，交流主轴电动机是专门设计的，各有自己的特色。如为了增加输出功率，缩小电动机的体积，采用定子铁心在空气中直接冷却的办法，没有机壳，而且在定子铁心上加工有轴向孔以利通风等，为此电动机的外形呈多边形而不是圆形。交流主轴电动机结构和普通感应电动机的比较如图 5-45 所示。转子结构与一般笼式感应电动机相同，多为带斜槽的铸铝结构。在这类电动机轴的尾部安装检测用脉冲发生器或脉冲编码器。

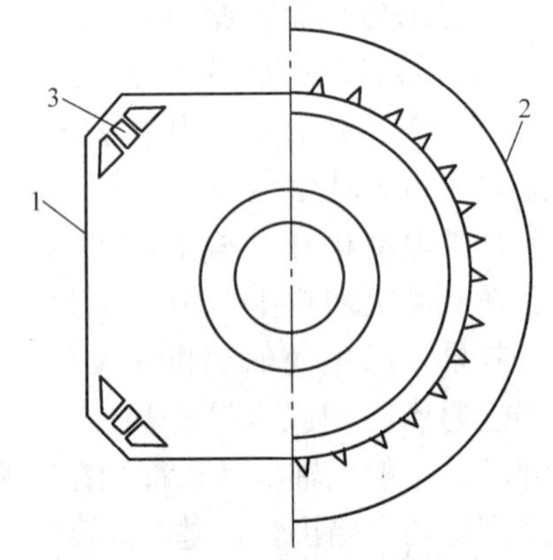

图 5-45 比较示意图

1—交流主轴电动机

2—普通感应电动机 3—冷却通风孔

在电动机安装上，一般有法兰式和底脚式两种，可根据不同需要选用。

2. 交流主轴电动机性能

交流主轴电动机的特性曲线如图 5-46 所示，从图中曲线可以看出，交流主轴电动机的特性曲线与直流

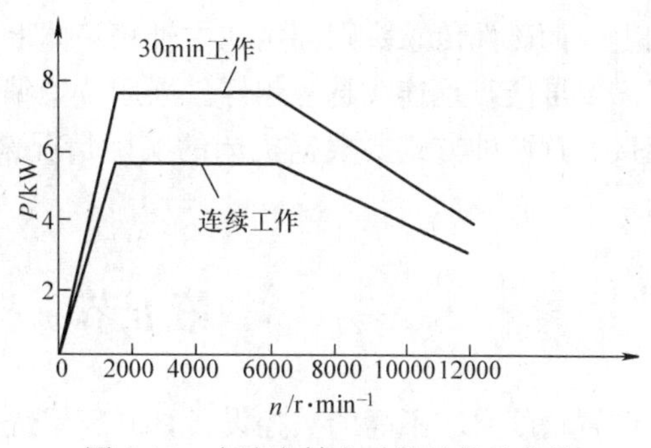

图 5-46 交流主轴电动机的特性曲线

主轴电动机类似：在基本速度以下为恒转矩区域，而在基本速度以上为恒功率区域。但有些电动机，如图中所示，当电动机速度超过某一定值之后，其功率-速度曲线又会向下倾斜，不能保持恒功率。对于一般主轴电动机，恒功率的速度范围只有 1∶3 的速度比。另外，交流主轴电动机也有一定的过载能力，一般为额定值的 1.2～1.5 倍，过载时间则从几分钟到半小时不等。

四、主轴定向控制（准停）

1. 主轴定向控制的作用和特点

主轴定向控制是将主轴准确停在某一固定位置上，以便在该处进行换刀等动作。传统的做法是采用机械挡块等来定位。在现代数控机床上，一般都采用电气方式使主轴定向，只要数控系统发出 M19 指令，主轴就能准确定向。电气方式的主轴定向控制，是利用装在主轴上的位置编码器或磁性传感器作为位置反馈部件，它们输出的信号，使主轴准确停在规定的位置上。

电气方式主轴定向控制的特点如下：

1）不需要机械部件。它只需简单地连接编码器或磁性传感器，即可实现主轴定向。

2）减少定向时间。因为使用与主轴相连的主轴电动机，可以在主轴高速旋转时直接定向，而不必用齿轮减速，所以定向时间大为缩短。

3）只需要简单的逻辑顺序控制。通常需要主轴定向指令信号、定向完成信号和主轴高低速信号即可完成主轴定向控制。

4）可靠性好。因为控制主轴定向的全是电子元器件而没有机械部件易损件，故不受外部冲击的影响，因此，主轴定向的可靠性很好。

5）电气式主轴定向控制的精度和刚性很高，完全能满足自动换刀的要求。

6）可减少镗削工序。当镗孔结束时，可按主轴旋转方向进行主轴定向，因此工件不会被刀具损坏。另外，可按相对刀具的某一固定方向准确停止，以便自动装卸刀具。

2. 主轴定向控制方案

主轴定向控制，实际上是在主轴速度控制基础上增加一个位置控制环。为了进行主轴位置检测，需要采用磁性传感器或位置编码器等检测元件。图 5-47 所示是检测元件的连接方式。

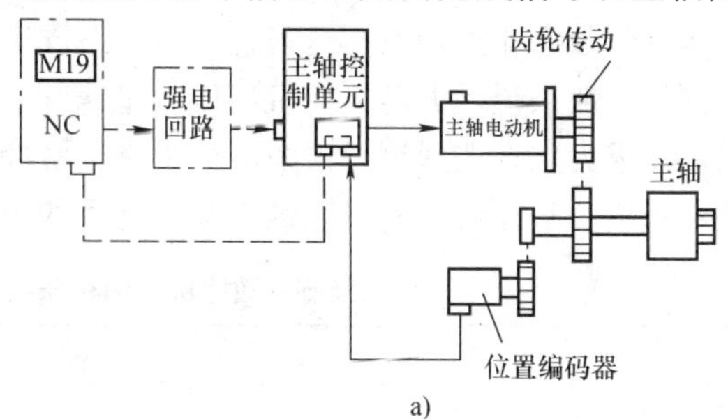

a)

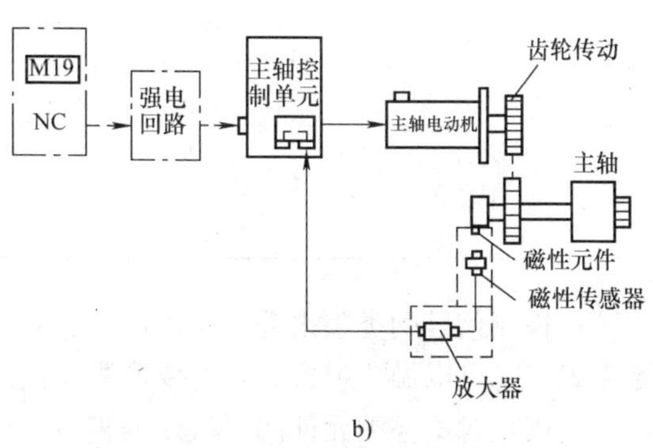

b)

图 5-47 检测元件的连接方式
a）使用位置编码器 b）使用磁性传感器

采用磁性传感器时，磁性元件直接装在

主轴上，而磁性传感头则固定在主轴箱箱体上。为了减少干扰，磁性传感头和放大器之间的连线需要屏蔽，且连线越短越好。采用位置编码器时，由于安装不方便，要采用1：1的齿轮连接。这两种方式要根据机床的实际情况来选用。两种检测方式所需的定向时间是不一样的。

第五节 检测元件

位置精度要求不高的数控设备，开环系统即可满足要求。位置精度要求较高时，均应采用闭环系统。位置闭环控制系统采用一个或多个位置检测装置（常称传感器）测出工作机构的实际位置，并将实际位置输入计算机与预先给定的理想位置相比较，得到一个差值，根据差值，计算机向伺服系统发出相应的控制指令，伺服电动机根据控制指令带动工作机构向理想位置趋近，直到差值为零时，工作机构停止动作。位置检测元件是闭环控制系统中的重要组成元件。

一、检测元件的作用与检测元件分类

检测元件的作用是检测位移和速度，发送反馈信号，构成闭环控制。数控机床的加工精度主要由检测系统的精度决定。位移检测系统能够测量的最小位移量称为分辨率。分辨率不仅取决于检测元件本身，也取决于测量线路。

数控机床对检测元件的主要要求是：① 寿命长，可靠性要高，抗干扰能力强；② 满足精度和速度要求；③ 使用维护方便，适合机床运行环境；④ 成本低；⑤便于与计算机连接。

数控机床采用的位置检测元件是电传感器类型，即能将被测对象的位置变化量转换成电信号，经数字化处理后再送入计算机。不同类型的数控机床对检测系统的精度与速度的要求不同。一般来说，大型数控机床以满足速度要求为主，而中小型和高精度数控机床则以满足精度要求为主。选择测量系统的分辨率或脉冲当量时，要求检测元件的精度比加工精度高一个数量级。数控机床和机床数字显示常用的位置检测元件见表5-5。

表5-5 数控机床和机床数字显示常用的位置检测元件

	增 量 式	绝 对 式
回转式	脉冲编码器 旋转变压器 圆感应同步器 圆光栅、圆磁栅	多速旋转变压器 绝对脉冲编码器 三速圆感应同步器
直线式	直线感应同步器 计量光栅 磁尺激光干涉仪	三速感应同步器 绝对值式磁尺

从检测信号的类型来分，又可以分成数字式与摸拟式两大类。同一检测元件既可以做成数字式，也可以做成摸拟式，主要取决于使用方式和测量线路。

采用直线式检测元件测量机床的直线位移量，称为直接测量。其测量精度主要取决于测量元件的精度，不受机床机械传动链精度的直接影响，例如闭环控制。

采用回转式检测元件测量机床的直线位移量，称为间接测量。其测量精度取决于测量元

件和机床机械传动链两方面的精度，例如半闭环控制。为了提高半闭环控制定位精度，常常需要对机床的机械传动链误差进行补偿。

在机床上，除了位置检测以外，还有速度检测，其目的是精确控制转速。转速检测元件常用测速发电机，测速发电机与驱动电动机同轴安装。也有用回转式脉冲发生器、脉冲编码器和频率-电压转换线路产生速度检测信号。

下面逐一介绍常用的位置检测元件。

二、旋转变压器

1. 旋转变压器的工作原理

图 5-48 所示是旋转变压器工作原理图。定子绕组是旋转变压器的一次侧，转子绕组是旋转变压器的二次侧。当励磁电压 U_1 接到定子绕组上时，通过电磁耦合，在转子绕组中产生感应电动势 e。励磁频率通常为 400Hz、500Hz、1000Hz、2000Hz 及 5000Hz。旋转变压器的工作原理和普通变压器基本相似，区别在于普通变压器的一次、二次绕组是相对固定的，所以输出电压和输入电压之比是常数，而旋转变压器的一次、二次绕组则随转子的角位移发生相对位置的改变，因而其输出电压的大小也随之变化。

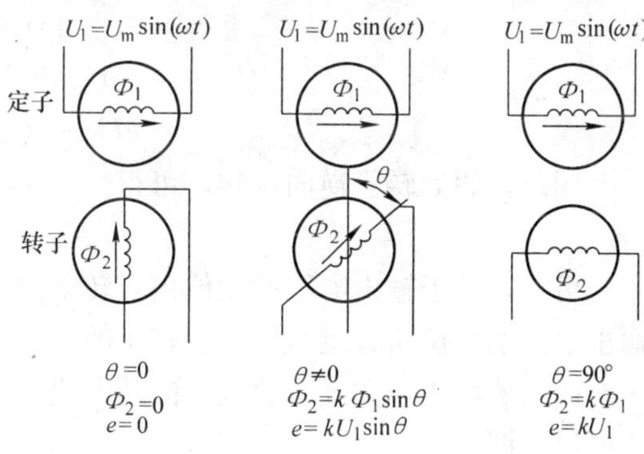

图 5-48 旋转变压器工作原理

旋转变压器分为单极型和多极型。单极型旋转变压器的工作情况如图 5-48 所示，如果转子绕组与定子绕组互相垂直，即转子的偏转角 θ 为零时，则转子绕组感应电动势为零；如果转子绕组自垂直位置偏转角 θ 不为零时，转子绕组中产生的感应电动势为

$$e=kU_1\sin\theta=kU_m\sin(\omega t)\sin\theta$$

式中 k——变压器电压耦合系数；

U_m——励磁电压的幅值；

ω——励磁电压的角频率；

θ——转子绕组轴线的偏转角；

U_1——定子绕组励磁电压。

由上式可见，如果转子转到与定子绕组平行时，即偏转角度为 $\theta=90°$时，转子绕组中的感应电动势最大，其值为

$$e=kU_m\sin(\omega t)$$

通常使用的是正弦、余弦旋转变压器，其定子和转子绕组中各有互相垂直的两个绕组。图 5-49 所示是正弦、余弦旋转变压器原理图，为了讲述方便，图中转子只画了一个绕组。如果用两个相位差为 90°的励磁电压分别加在两个定子绕组上，励磁电压的公式为

$$U_1=U_m\sin(\omega t)$$

$$U_2=U_m\cos(\omega t)$$

则 U_1 和 U_2 在转子绕组上产生的感应电动势分别为

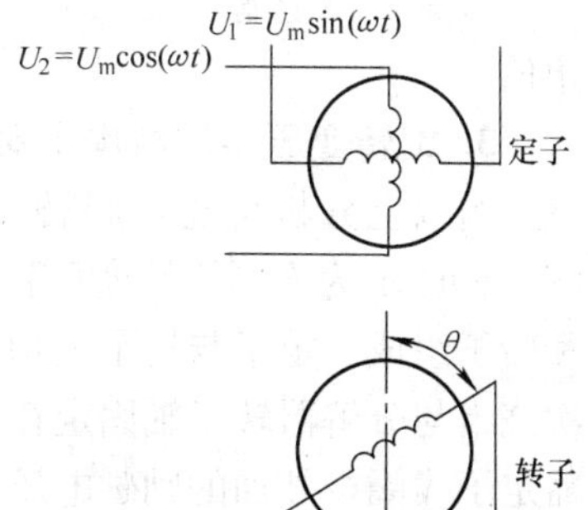

图 5-49 正弦、余弦旋转变压器

$$e_1 = kU_m \sin(\omega t)\sin\theta$$
$$e_2 = kU_m \cos(\omega t)\cos\theta$$

由于感应电动势是关于转子转角 θ 的正弦和余弦函数，所以称为正弦、余弦变压器。

2. 旋转变压器的工作方式

以正弦、余弦旋转变压器为例，在定子的两个绕组分别通以励磁电压，应用叠加原理，可以得到两种典型的工作方式。

（1）鉴相工作方式　给定子的两个绕组分别通以同幅、同频，但相位差为 90°的励磁电压，这两个励磁电压在转子绕组中产生的感应电动势是叠加在一起的，因而转子中的感应电动势为两个电动势的代数和

$$\begin{aligned} e &= e_1 + e_2 = kU_1 \sin\theta + kU_2 \cos\theta \\ &= k[U_m \sin(\omega t)\sin\theta + U_m \cos(\omega t)\cos\theta] \\ &= kU_m \cos(\omega t - \theta) \end{aligned}$$

同理，假如转子逆向旋转，可得

$$e = kU_m \cos(\omega t + \theta)$$

可见，转子输出电压的相位角和转子的偏转角之间有严格的对应关系，只要检测出转子输出电压的相位角，就可以知道转子的转角。

（2）鉴幅工作方式　给定子的两个绕组分别通以同频率、同相位，但幅值不同的交流励磁电压，即

$$U_1 = U_{1m} \sin(\omega t)$$
$$U_2 = U_{2m} \sin(\omega t)$$

其中，幅值分别是正、余弦函数：

$$U_{1m} = U_m \sin\alpha$$
$$U_{2m} = U_m \cos\alpha$$

则在定子上的叠加感应电压为

$$\begin{aligned} e &= e_1 + e_2 = kU_1 \sin\theta + kU_2 \cos\theta \\ &= k[U_m \sin\alpha \sin(\omega t)\sin\theta + U_m \cos\alpha \sin(\omega t)\cos\theta] \\ &= kU_m \cos(\alpha - \theta)\sin(\omega t) \end{aligned}$$

同理，如果转子逆向转动，可得

$$e = kU_m \cos(\alpha + \theta)\sin(\omega t)$$

可见，转子输出电压的幅值随转子的偏转角 θ 而变化，测量出幅值即可求得转子转角值。

3. 旋转变压器的结构及安装

由以上分析可见，旋转变压器是一种旋转式的交流电动机，它由定子和转子组成。图 5-50所示为无刷旋转变压器的结构，由两部分组成：一部分叫分解器，其结构是由定子和转子组成，定子与转子上均为两相交流分布绕组，相位 90°；另一部分叫变压器，它的一次绕组与分解器转子轴固定在一起，并与转子一起旋转，它的二次绕组在定子线轴上。分解器定子线圈接外加的励磁电压，它的转子线圈输出的信号接到变压器一次绕组，从变压器的二次绕组引出最后输出信号。无刷旋转变压器具有高可靠性、寿命长、不用维修以及输出信号大等优点，是数控机床使用的主要位置检测元件之一。

旋转变压器又分为单极型和多极型。单极型的定子和转子上各有一对磁极。多极型则有多对磁极。在使用时，伺服电动机的轴与单极旋转变压器的轴通过精密升速齿轮连接，升速比通常为 1∶2，1∶3，1∶4，2∶3，1∶5，2∶5 等几种。根据机床传动丝杠螺距的不同，选用不同的升速比，以保证机床的脉冲当量与 CNC 设定单位一致。使用多极型变压器时，不用中间齿轮，直接与伺服电动机同轴安装，因而精度很高。

使用旋转变压器时，必须同时使用测速发电机。图 5-51 所示是单极旋转变压器的安装结构图。

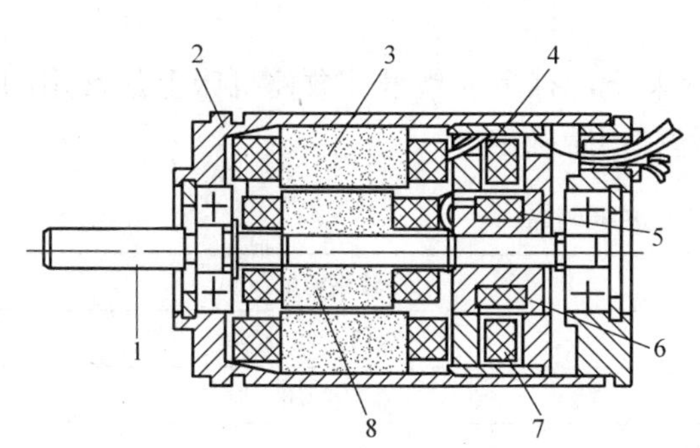

图 5-50　无刷旋转变压器的结构

1—转子轴承　2—壳体　3—分解器定子　4—变压器定子　5—变压器一次绕组　6—变压器转子线轴　7—变压器二次绕组　8—分解器转子

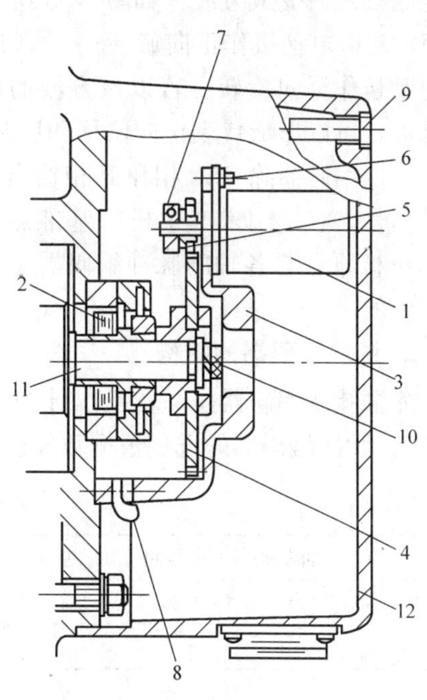

图 5-51　单极旋转变压器的安装结构图

1—单极旋转变压器　2—测速发电机　3—安装板　4—大齿轮　5—小齿轮　6—M3 螺钉　7—夹紧块　8—电缆夹与螺钉　9—M14 螺钉　10—M6 螺钉　11—电动机轴　12—防护罩

三、脉冲编码器

脉冲编码器是一种旋转式脉冲发生器，其作用是把机械转角变成电脉冲，是一种常用的角位移检测装置。

1. 脉冲编码器的工作原理

脉冲编码器分光电式、接触式和电磁感应式三种。数控机床上常使用光电式脉冲编码器。

图 5-52 所示是光电盘工作原理示意图。在码盘的边缘上开有间距相等的透光窄缝隙，在码盘的两则分别安装光源与光敏元件。当码盘随被测工作轴一起旋转时，每转过一个缝隙就发生一次光线的明暗变化，使光敏元件的电阻值改变，这样就把光线的明

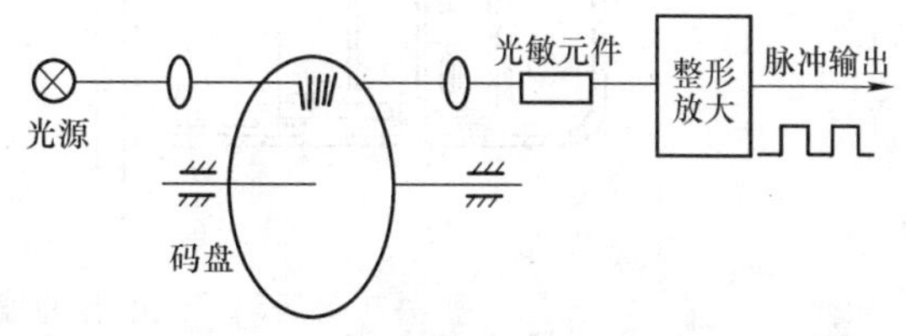

图 5-52　光电盘工作原理示意图

暗变化转变成电信号的强弱变化，经放大、整形处理后，光电盘输出脉冲信号。脉冲的个数就等于转过的缝隙数。如果将脉冲信号送到计数器中计数，计数显示就反映了码盘转过的角度。

为了判别旋转方向，可在码盘两侧再装一套光电转换装置，分别用A和B表示。两套光电转换装置在光电元件上形成两条明暗变化的光线，产生两组近似于正弦波的电流信号A与B，两者的相位相差90°，经放大和整形电路处理后变成方波，如图5-53所示。若A相超前于B相，对应电动机作正向旋转；若B相超前于A相，对应电动机作反向旋转。若以该方波的前沿或后沿产生计数脉冲，可以形成代表正向位移和反向位移的脉冲序列。

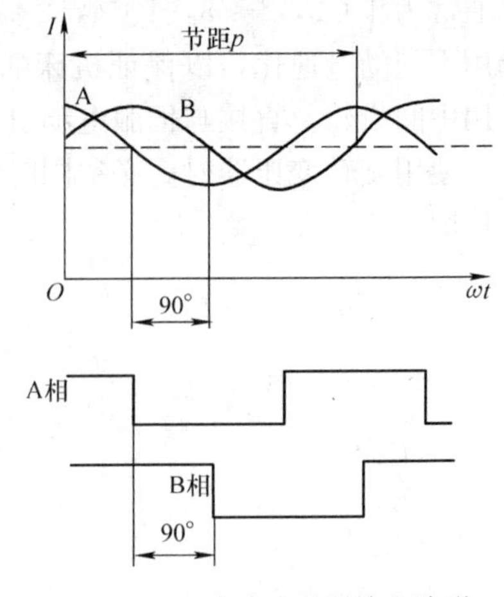

图5-53 脉冲编码器输出波形

脉冲编码器除有A相和B相输出信号外，还有Z相输出信号，它是用来产生机床基准点的。通常，数控机床的机械原点与各轴的脉冲编码器Z相输出信号的位置是一致的。

2. 脉冲编码器的结构

光电脉冲编码器按每转发出脉冲数的多少来分，有多种型号，数控机床上最常用的见表5-6。脉冲编码器的选用根据数控机床滚珠丝杠螺距确定。

表5-6 光电脉冲编码器

脉冲编码器发出脉冲量/(脉冲/r)	每转移动量/mm
2000	2，3，4，6，8
2500	5，10
3000	3，6，12

图5-52所示光电盘结构是早期使用的光电脉冲编码器，实际使用圆光栅。因为光电盘读数方法测得的角度值都是相对于上一次读数的增量值，所以是一种增量式角位移检测装置。其输出信号是脉冲。通过计量脉冲的数目和频率即可测出工作轴的转角和转速。光电脉冲编码器结构示意图如图5-54所示。

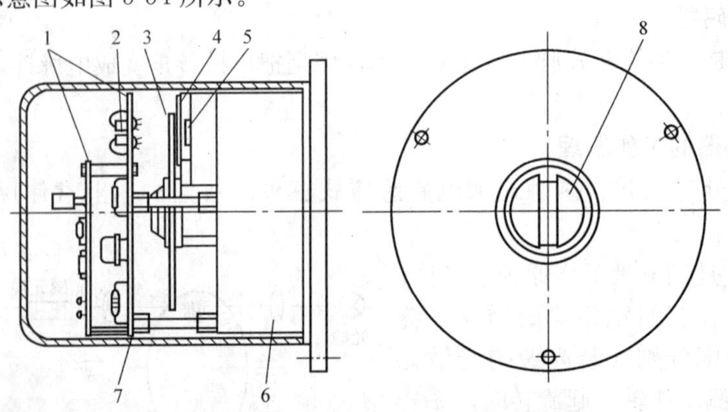

图5-54 光电脉冲编码器结构示意图

1—印制电路板 2—光源 3—圆光栅 4—指示光栅 5—光电池组 6—底座 7—防护罩 8—轴

高精度脉冲编码器要求提高光电盘圆周等分狭缝的密度，实际上变成了圆光栅线纹。它的制造工艺是在一块具有一定直径的玻璃圆盘上用真空镀膜的方法镀上一层不透光的金属薄膜，再涂上一层均匀的感光材料，然后用照相腐蚀工艺，制成沿圆周等距的透光和不透光相间的辐射状线纹，一个相邻的透光与不透光线纹构成一个节距 p。在圆盘的里圈不透光圆环上还刻有一条透光条纹，用来产生一转脉冲信号。辨向指示光栅上有两段线纹组 A 和 B，每一组线纹间的节距相同，而 A 组与 B 组的线纹彼此错开 1/4 节距。指示光栅固定在底座上，与圆光栅的线纹平行放置，两者保持很小间距。当圆光栅旋转时，光线透过这两光栅的线纹部分，形成明暗相间的条纹，被光电元件接受，并变换成测量脉冲，其分辨率取决于圆光栅的一圈线纹数和测量线路的细分倍数。光栅的工作原理见后。

编码器通过十字连接头与伺服电动机连接，它的法兰盘固定在电动机端面上，罩上防护罩构成完整的驱动部件。

脉冲编码器主要技术性能见表 5-7。

表 5-7 脉冲编码器主要技术性能

电　源	(5±0.25)V≤0.35A	温度范围	0～60℃
输出信号	A，A；B，B；Z，Z	轴向窜动	0.02mm
一转脉冲数（普通型）	2000，2500，3000	转子转动惯量	<5.7kg·cm²
		质量	2.0kg
最高转速	2000r/min	阻尼转矩	<8N·cm

四、绝对值脉冲编码器

与增量式脉冲编码器不同，绝对值脉冲编码器是通过读取编码盘上的图案确定轴的位置。码盘的读取方式有接触式、光电式和电磁式等几种。最常用的是光电式编码器。

光电编码器是目前使用最广泛的角位移检测装置，码盘采用绝对值编码。图 5-55a 所示是光电绝对值编码器的编码盘原理图，图 5-55b 所示是结构图。图 5-55a 中，码盘上有四条码道，码道就是码盘上的同心圆，四条码道分成 16 个扇形区域，组成 16 个四位二进制数。按照二进制分布规律，把每个区域的码道加工成透明和不透明相间的形式。码盘的一侧安装光源，另一侧安装一排径向排列的光电管，每个光电管对准一条码道。当光源照射码盘时，如果是透明区，则光线被光电管接收，并转变成电信号，输出信号为“1”；如果是不透明区，光电管接收不到光线，输出信号为“0”。被测工作轴带动码盘旋转时，光电管输出的信息代表了轴的对应位置，即绝对位置。

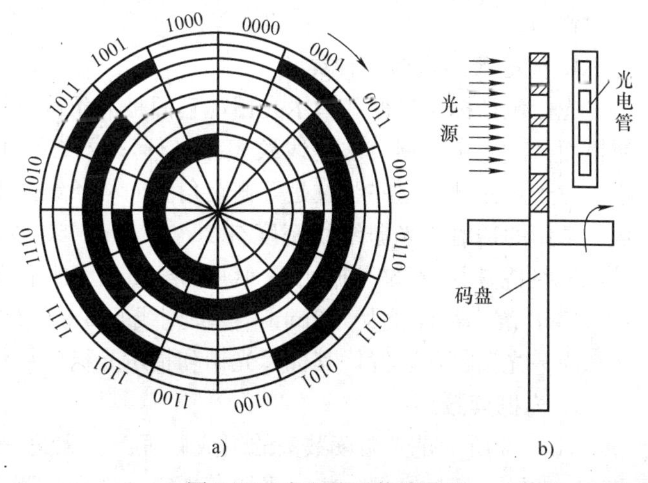

图 5-55 光电绝对值编码器

光电编码盘大多采用格雷码编码盘，格雷码数码见表 5-8。格雷码的特点是每一相邻数码之间仅改变一位二进制数，这样，即使制作和安装不十分准确，产生的误差最多也只是最低位的一位数。

表 5-8 格雷码数码

角度	二进制数码	格雷码	对应十进制数
0	0000	0000	0
α	0001	0001	1
2α	0010	0011	2
3α	0011	0010	3
4α	0100	0110	4
5α	0101	0111	5
6α	0110	0101	6
7α	0111	0100	7
8α	1000	1100	8
9α	1001	1101	9
10α	1010	1111	10
11α	1011	1110	11
12α	1100	1010	12
13α	1101	1011	13
14α	1110	1001	14
15α	1111	1000	15

四位二进制码盘能分辨的最小角度（分辨率）为

$$\alpha=\frac{360^\circ}{2^4}=22.5^\circ$$

码道越多，分辨率越小。目前，码盘码道可做到 18 条，能分辨的最小角度 $\alpha=360^\circ/2^{18}\approx0.0014^\circ$。

五、光栅测量装置

计量光栅有长光栅和圆光栅两种，是数控机床和数显系统常用的检测元件。光栅是利用光的透射、衍射现象制成的光电检测元件，也称光电脉冲发生器，它主要由标尺光栅和光栅读数头两部分组成。通常，标尺光栅固定在机床活动部件上（如工作台或丝杠上），光栅读数头装在机床的固定部件上（如机床底座）。当工作台移动时，标尺光栅和光栅读数头产生相对移动。

1. 光栅尺的构造与种类

光栅包括标尺光栅和指示光栅，它们是一条刻有均匀密集线纹的透明玻璃片或长条形金属镜面。对于长光栅，这些线纹相互平行，线纹之间的距离相等，称线纹之间的间距为栅距。对于圆光栅，这些线纹是等栅距角的向心条纹。栅距和栅距角是决定光栅性质的基本参数。常用的透射长光栅线纹密度有 25 条/mm、50 条/mm、100 条/mm 和 250 条/mm 等四种，某些特殊用途的光栅可达 1000 条/mm。对于直径为 70mm 圆光栅，一周内刻线为 100～768 条；若直径为 199mm，一周刻线 600～1024 条。

同一光栅检测装置，其标尺光栅和指示光栅的线纹密度必须相等。

2. 光栅读数头

图 5-56 所示是光栅读数头的组成原理图。无论是长光栅还是圆光栅，其读数头都是由光源、透镜、标尺光栅、指示光栅、光敏元件和检测电路组成。读数头光源采用白炽灯，白

炽灯发出辐射光线，经过透镜后变为平行光束，照射光栅尺。光敏元件接受透过光栅尺的光强信号，并将其转换成相应的电压信号。由于光敏元件产生的电压信号比较微弱，在长距离传递时，很容易被各种干扰信号淹没，造成传递失真，所以，首先应将电压信号进行电压和功率放大。检测电路的作用就是对光敏元件输出的信号进行电压和功率放大。

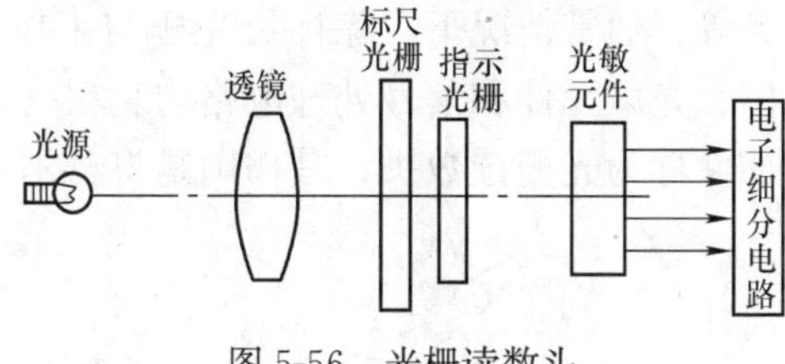

图 5-56 光栅读数头

根据不同要求，读数头常安装两个或四个光敏元件，供检测电路辨向和对测量值细分。

上面介绍的光栅读数头是垂直入射式读数头，还有分光读数头、反射读数头和镜像读数头，此处不再介绍。

3. 光栅读数——摩尔条纹

光栅读数是利用摩尔条纹的形成原理进行的。图 5-57 所示是摩尔条纹形成原理图，将指示光栅和标尺光栅叠合在一起，中间保持 0.01～0.1mm 的间隙，并使指示光栅和标尺光栅的线纹相互交叉保持一个很小的夹角 θ。当光源照射光栅时，在 a—a 线上，两块光栅的线纹彼此重合，形成一条横向透光亮带；在 b—b 线上，两块光栅的线纹彼此错开，形成一条不透光的暗带。这些横向明、暗相间出现的亮带和暗带就是摩尔条纹。

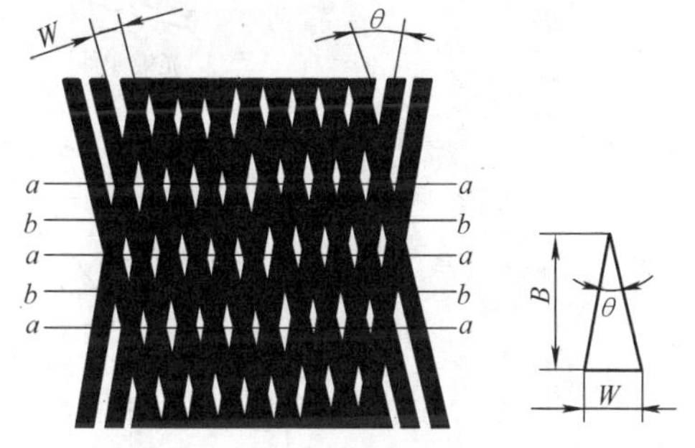

图 5-57 摩尔条纹形成原理图

两条暗带或两条亮带之间的距离称为摩尔条纹的间距 B，设光栅的栅距为 W，两光栅线纹的夹角为 θ，则它们之间的几何关系为

$$B=\frac{W}{2\sin(\theta/2)}$$

因为夹角 θ 很小，所以可取 $\sin(\theta/2)\approx\theta/2$，故上式可改写成

$$B=\frac{W}{\theta}$$

由上式可见，θ 越小，B 越大。相当于把栅距 W 扩大了 $1/\theta$ 倍后，转化为摩尔条纹。例如：栅距 $W-0.01$mm，夹角 $\theta=0.001$rad，则摩尔条纹的间距 B 等于 10mm。这说明，不需要复杂的光学系统和电子系统处理，就可以把光栅的栅距 W 放大 1000 倍并转变成横向移动的摩尔条纹。

不难理解，如果两块光栅相对移动一个栅距，则光栅某一固定点的光强按明→暗→明规律变化一个周期，即摩尔条纹移动一个摩尔条纹的间距。因此，光电元件只要读出移动的摩尔条纹数目，就可以知道光栅移动了多少栅距，也就知道了运动部件的准确位移量。

光栅具有精度高、响应速度较快等优点，是一种非接触式检测装置。但它对外界环境条件要求高，使用时应注意加强维护和保养。

4. 光栅测量系统

（1）光栅测量的基本电路　光栅测量系统由光源、透镜、光栅尺、光敏元件和一系列信号处理电路组成，光栅测量系统如图 5-58a 所示。信号处理电路又包括放大、整形和鉴向倍频等。通常情况下，除标尺光栅与工作台装在一起随工作台移动外，光源、透镜、指示光栅、光敏元件和信号处理电路均装在一个壳体内，做成一个单独的部件固定在机床上，这个部件称为光栅读数头，其作用是将莫尔条纹的光信号转换成所需的电脉冲信号。

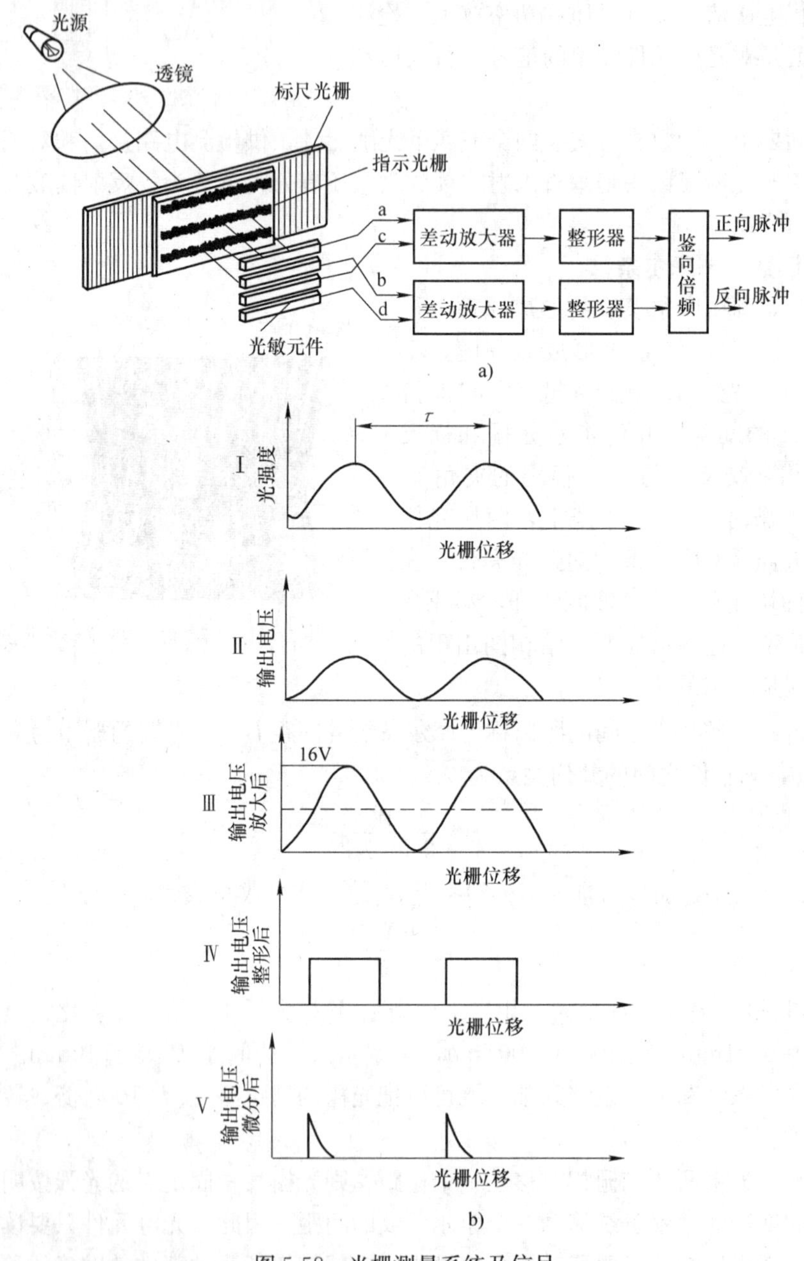

图 5-58 光栅测量系统及信号

光栅移动过程中位移量与各转换信号的相互关系如图 5-58b 所示。当光栅移动一个栅距 W 时，莫尔条纹便移动一个间距 B。假定开辟一个小窗口来观察莫尔条纹的变化情况，就会发现莫尔条纹移动一个间距期间光强明暗变化了一个周期，且光强变化近似一个正弦波，如图 5-58b 所示波形Ⅰ；实际上，观察窗口的任务是由光敏元件来完成的，光敏元件常使用硅光电池，其作用是将近似正弦变化的光强信号变为同频率的电压信号，如图 5-58b 所示波形Ⅱ；但由于硅光电池产生的电压信号较弱，所以经差动放大器放大到幅值足够大（约 16V 左右）的同频正弦波，如图 5-58b 所示波形Ⅲ；再经整流器变为方波，如图 5-58b 所示波形Ⅳ，由此可以看出，每产生一个方波，就表示光栅移动了一个栅距 W；最后通过鉴向倍频电路中的微分电路变成窄脉冲，如图 5-58b 所示波形Ⅴ。这样，莫尔条纹的栅距就变成了电脉冲，通过对脉冲计数便可得到工作台的移动距离。鉴向倍频电路的作用除了能将栅距变为电脉冲外，还可以辨别工作台移动的方向和对电脉冲进行细分。

（2）鉴向倍频电路　按前面所述只开一个窗口观察时，虽然可根据莫尔条纹光强明暗的周期变化得到移动距离，但是不能判断工作台移动的方向。因为无论莫尔条纹上移或下移，若从一个固定位置观察明暗周期变化，其结果都是相同的。如果开两个窗口，让相距保持 1/4 莫尔条纹间距，那么从这两个窗口同时观察，就可以看出莫尔条纹明暗变化的先后关系，从而可以确定光栅移动的方向。可见，至少要放置两个光敏元件，两者相距 1/4 莫尔条纹间距，这样，当莫尔条纹移动时，将会得到两路相位相差 $\pi/2$ 的波形，如图 5-59 所示。当莫尔条纹上移时，光敏元件 2 的波形信号 S_2 比光敏元件 1 上得到的波形信号 S_1 超前；反之，当莫尔条纹下移时，光敏元件 2 的波形信号 S_2 比光敏元件 1 上得到的波形信号 S_1 滞后。这两路信号经整形放大后送鉴向倍频电路判别出光栅的移动方向。

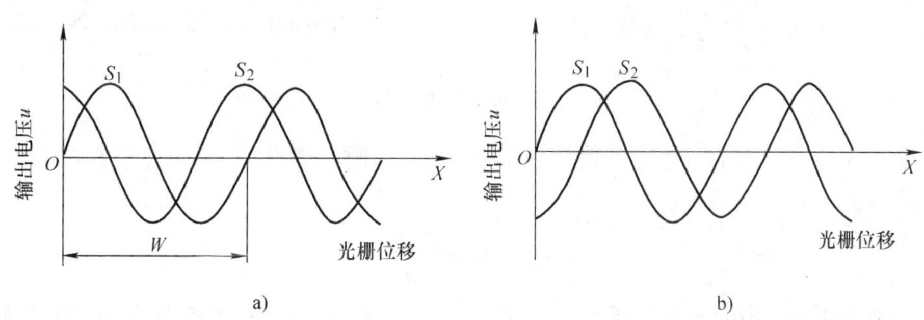

图 5-59　两光敏元件的波形

为了提高光栅的分辨精度，除了增大刻线密度和提高刻线精度外，还可用倍频的方法细分。下面介绍四倍频电路。所谓四倍频细分，就是从一个莫尔条纹只产生一个电脉冲信号，变为在 0、$\pi/2$、π、$3\pi/2$ 都有脉冲输出，从而使精度提高了 4 倍。

在图 5-60 中，每隔 1/4 莫尔条纹间距放置一个硅光电池，其中硅光电池 1、3 接差动放大器 1，经放大整形后变为正弦方波；硅光电池 2、4 接差动放大器 2，经放大整形后变为余弦方波。方波再经微分电路变为窄脉冲信号。由于脉冲是在方波上升沿产生的，为了使 0、$\pi/2$、π、$3\pi/2$ 的位置上都有脉冲，可先把正弦、余弦方波各自反相一次，然后再微分，就可以获得 4 个两两相差 $\pi/2$ 的窄脉冲 A′、B′、C′、D′，这些脉冲再经过与或门与 4 个方波 A、B、C、D 进行逻辑组合，以判断正、反方向。如果是正向，就会通过与或门 YH_1 每隔 $\pi/2$ 送出一个脉冲，如果是反向，就会通过与或门 YH_2 每隔 $\pi/2$ 送出一个脉冲。这样，在一个周期内，送出了 4 个脉冲，如图 5-60b 所示的波形图。显然，分辨精度提高了 4 倍。

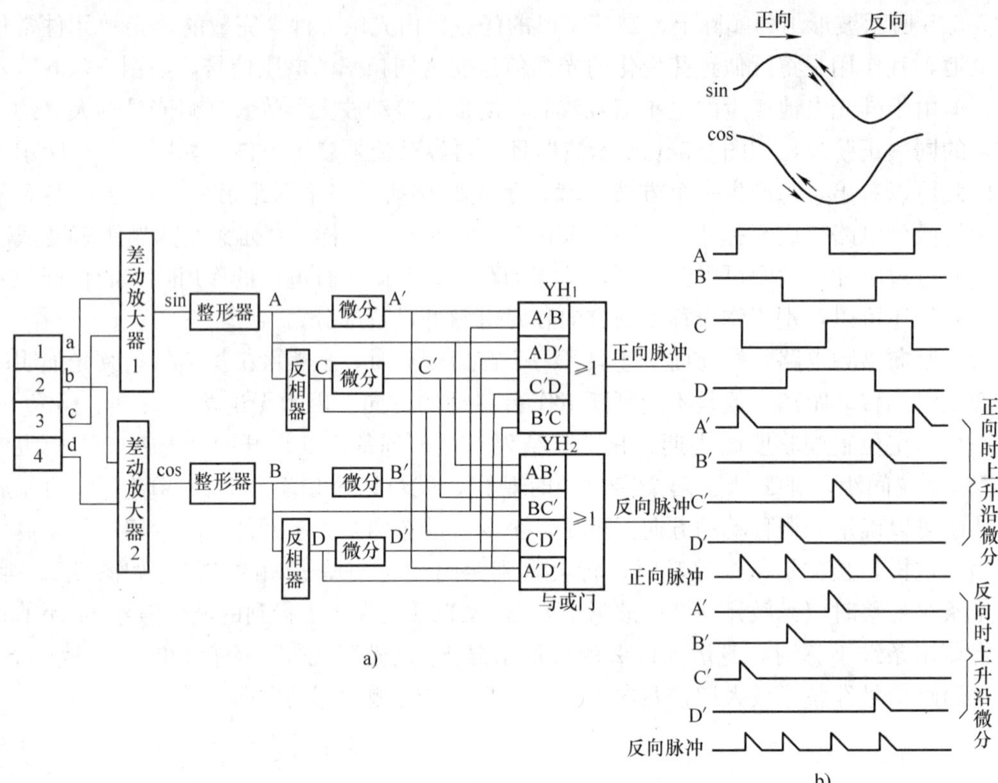

图 5-60　鉴向与四倍频电路

由此可见，光栅检测系统的分辨率不仅取决于光栅的栅距，还取决于鉴向倍频的倍数 n，即

$$分辨率=\frac{栅距}{n}$$

除四倍频鉴向倍频电路外，还有十倍频、二十倍频电路。若 100 线/mm 的光栅和十倍频电路配合，即可达到 1μm 的分辨率，能用于精密数控机床。

六、磁尺测量装置

磁尺测量装置是将一定波长的方波或正弦波信号用记录磁头记录在用磁性材料制成的磁性标尺上，作为测量基准。在测量时，拾磁磁头相对磁性标尺移动，并将磁性标尺上的磁化信号转换成电信号，再送到检测电路中去，把拾磁磁头相对于磁性标尺的位置或位移量用数字显示出来或转换成控制信号输送到数控装置。

磁尺测量装置由磁性标尺、拾磁磁头和检测电路组成。

1. 磁性标尺

磁性标尺（简称磁尺）由两部分构成，即磁性标尺基体和磁性膜。磁性标尺的基体一般由非导磁材料（如玻璃、不锈钢、铜、铝或其他合金材料）制成。磁性膜是采用涂敷、化学沉积或电镀等工艺方法，在磁性标尺基体上产生一层厚度为 10～20μm 的磁性材料，磁性材料均匀分布在磁性标尺的基体上，且成膜状，故称磁性膜。磁性膜上有用录磁方法录制的波长为 λ 的磁波。对于长磁性标尺来说，磁尺波长一般取 0.05mm、0.10mm、0.20mm、1mm 。

在实际应用中，为防止磁头对磁性膜的磨损，一般在磁性膜上均匀地涂上一层1～2mm的耐磨塑料保护层，以提高磁性标尺的寿命。

2. 拾磁磁头

磁头是进行磁电转换的元件，能够将反映位置变化的磁化信号检测出来，并转换成电信号输送给检测电路。

机床要求在低速甚至是静止时也能检测出磁性标尺上的磁信号，所以不能使用一般录音机用的磁头。录音机磁头是速度响应型磁头，它只有在磁头和磁带之间有一定相对速度时才能读取磁化信号。

机床上使用的磁头称为磁通响应型磁头，其结构如图5-61所示。

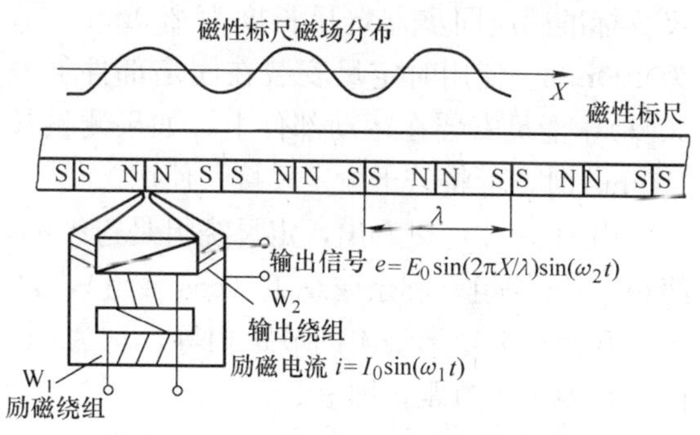

图5-61　磁通响应型磁头构造原理图

磁通响应型磁头有两组绕组，绕在截面尺寸较小的横臂上的绕组 W_1 是励磁绕组，绕在截面尺寸较大的竖杆上的绕组 W_2 是输出绕组。横臂铁心材料是可饱和铁心，所以，励磁电流在一个周期内可使铁心材料饱和两次。铁心材料饱和后，磁阻很大，磁路被阻断；铁心材料非饱和时，磁阻减小，磁路开通。可见，励磁绕组的作用相当于磁开关，只要有周期变化的励磁电流存在，输出绕组的磁路中磁通量产生周期变化，输出绕组就会有电压信号输出。电压值为

$$e=E_0\sin\frac{2\pi X}{\lambda}\sin(\omega_2 t)$$

式中　e——输出绕组中输出的感应电动势；

E_0——输出电动势的峰值；

λ——磁性标尺的波长；

X——磁头在磁性标尺上的位移量；

ω_2——输出感应电动势的频率，是励磁电流频率的2倍。

由上式可见，e 和磁性标尺与磁头相对速度无关，而与磁头在磁性标尺上的位置有关。

3. 多间隙磁通响应型磁头

使用单个磁头读取磁性标尺上的磁信号，不但输出信号小，而且对磁性标尺上的磁化信号的波长和波形要求也高，所以实际应用时总是将几十个磁头以一定方式串联，构成多间隙磁头。多间隙磁头中，所有磁头之间的间隔均为 $\lambda/2$，这样得到的总输出信号是每个磁头输出信号的叠加，不但增大了输出信号的强度，同时也降低了对磁性标尺的精度要求。多间隙磁通响应型磁头的原理图如图5-62所示。

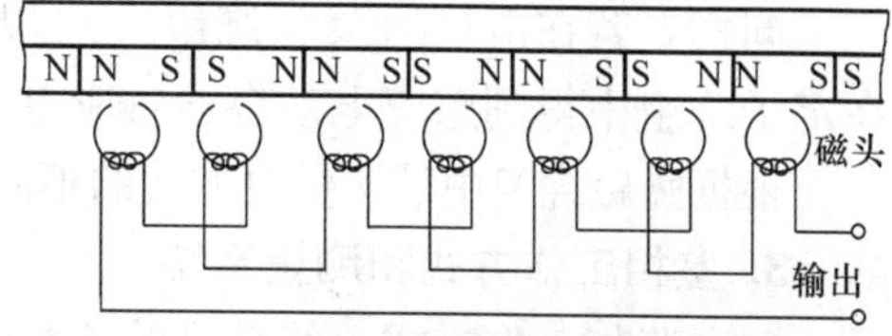

图5-62　多间隙磁通响应型原理图

七、感应同步器

感应同步器是一种电磁式位置检测元件。按其结构特点一般可分为直线式和旋转式两种。直线式感应同步器由定尺和滑尺组成，用于直线位移量的检测；旋转式感应同步器由转

子和定子组成，用于角度位移量的检测。感应同步器具有检测精度高、抗干扰性强、寿命长、维护方便、成本低、工艺性好等优点，广泛应用于高精度数控机床。下面以直线式感应同步器为例，介绍其结构和工作原理。

1. 感应同步器结构

感应同步器的结构如图 5-63 所示，其定尺和滑尺的基板采用与机床热膨胀系数相近的钢板制成，钢板上用绝缘粘结剂贴有铜箔，并利用腐蚀的办法做成图 5-63 所示矩形绕组，长尺叫定尺，短尺叫滑尺。标准感应同步器定尺长度为 250mm，滑尺长度为 100mm。使用时定尺安装在固定部件上（如机床床身），滑尺安装在运动部件上。如果测量长度超过 170mm 时，可将若干根定尺接长使用。

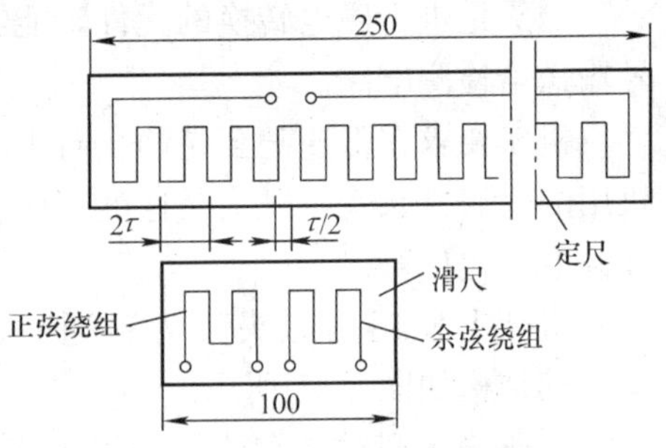

图 5-63 感应同步器结构图

由图 5-63 可以看出，定尺绕组是连续的，而滑尺上分布两个励磁绕组，分别称为正弦绕组（sin 绕组）和余弦绕组（cos 绕组），它们在长度方向上相差 1/4 节距。感应同步器的定尺和滑尺上矩形绕组的节距相等，均为 2τ。但是，滑尺上正弦绕组和余弦绕组在长度方向上相差 1/4 节距，即 $\tau/2$。

2. 工作原理

由图 5-63 可以看出，当滑尺的两个绕组中任一相通有励磁电流时，由于电磁感应作用，在定尺绕组中必然产生感应电动势。定尺绕组中感应的总电动势是滑尺上正弦绕组和余弦绕组所产生的感应电动势的相量和。

图 5-64 所示为滑尺绕组相对定尺绕组移动时定尺绕组感应电动势的变化情况。若向滑尺上的正弦绕组通以交流励磁电压，则在绕组中产生励磁电流，因而绕组周围产生了磁场。A 点表示滑尺绕组与定尺绕组重合，这时定尺绕组中感应电动势最大，当滑尺从 A 点向右平移，感应电动势相应逐渐减小，到两绕组刚好错开 1/4 节距位置即图中 B 点，感应电动势为零。再继续移动到 1/2 节距的位置 C 点时，得到的感应电动势与 A 点大小相同，但极性相反。再移动到 3/4 节距即图中 D 点时，感应电动势又变为零。当移动一个节距到达 E 点时，情况与 A 点相同。可见，滑尺在移动一个节距的过程中，定子绕组中的感应电动势按余弦波形变化一个周期。

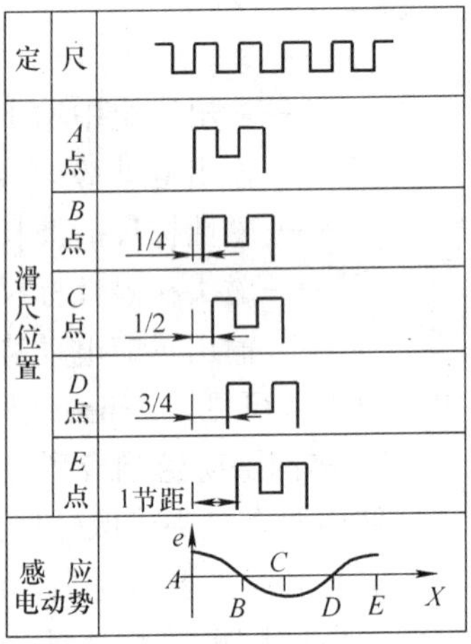

图 5-64 感应同步器工作原理

同样，若在滑尺的余弦绕组中通以交流励磁电压，也能在定子绕组中得到感应电动势，感应电动势按正弦波形变化。

根据励磁绕组中励磁供电方式的不同，感应同步器可分为鉴相工作方式和鉴幅工作方式。

3. 鉴相工作方式和测量系统

（1）鉴相工作方式　给滑尺的正弦绕组和余弦绕组分别通以频率相同、幅值相同但时间相位相差 $\pi/2$ 的交流励磁电压，即

$$u_s = U_m \sin(\omega t)$$

$$u_c = U_m \cos(\omega t)$$

若起始时，正弦绕组与定尺的感应绕组重合，当滑尺移动时，在定子绕组中产生的感应电动势为

$$e_{d1}=ku_s\cos\theta=kU_m\sin(\omega t)\cos\theta$$

式中 k——耦合系数。

滑尺移动一个节距 2τ，对应的感应电动势余弦函数变化了 2π，若滑尺移动的距离为 X，则对应的感应电动势中余弦函数将变化 θ 角，其值为

$$\theta=\frac{X}{2\tau}2\pi=\frac{X\pi}{\tau}$$

同理，由于余弦绕组与定子绕组相差 1/4 节距，故在定子绕组中的感应电动势为

$$e_{d2}=ku_s\cos(\theta+\pi/2)=-kU_m\cos(\omega t)\sin\theta$$

应用叠加原理，定尺上的感应电动势为

$$\begin{aligned}e_d&=e_{d1}+e_{d2}\\&=kU_m\sin(\omega t)\cos\theta-kU_m\cos(\omega t)\sin\theta\\&=kU_m\sin(\omega t-\theta)\end{aligned}$$

由此可见，在鉴相工作方式中，由于耦合系数 k、励磁电压幅值 U_m 以及频率 ωt 均是常数，所以定尺的感应电动势 e_d 就只随着相位角 θ 的变化而改变。因此，通过鉴别定尺感应电动势的相位，就能测得滑尺和定尺间的相对位移。

(2) 鉴相测量系统　图 5-65 所示是感应同步器鉴相测量系统框图，此系统测量的前提是感应同步器应工作在鉴相工作方式，这时感应同步器将工作台机械位移量变为电压信号的相位变化，定尺的感应电动势 e_d，经放大整形滤波后作为实际相位 θ_2 送鉴相器。

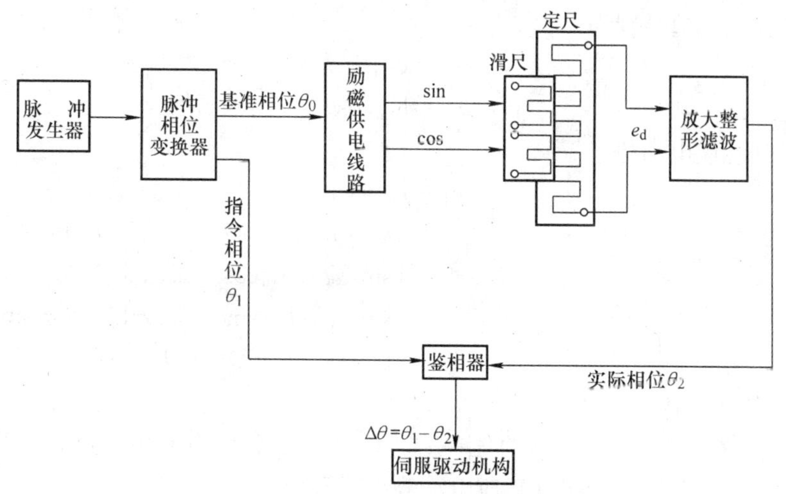

图 5-65　感应同步器鉴相测量系统框图

CNC 系统发出指令脉冲，经脉冲-相位变换器转换成相对基准相位 θ_0，同时送出指令相位 θ_1。其中 θ_1 的大小取决于指令脉冲数，θ_1 随时间变化的快慢取决于指令脉冲频率，而其相对于 θ_0 的超前与滞后，则取决于指令的方向。

脉冲相位变换器输出的基准相位信号经励磁供电线路给感应同步器滑尺的两励磁绕组供电，其过程为基准相位 θ_0 经 $\pi/2$ 移相，变为幅值相等、频率相同、相位相差 $\pi/2$ 的正弦、余弦信号给正弦、余弦绕组励磁。这样，由于是同一基准相位 θ_0，所以定尺绕组上所取的感应电动势 e_d 的相位 θ_2 则反映出两者的相对位置。因此，将指令相位 θ_1 和实际相位 θ_2 在鉴相器中进行比较，若两者相一致，即 $\theta_1=\theta_2$，则表示感应同步器的实际位置与给定指令位置相同，$\Delta\theta=0$，相位差为零。反之，若两者位置不一致，则利用其产生的相位差作为伺服驱动机构的控制信号，控制执行机构带动工作台向减小相位差的方向移动。

具体的控制过程为：由于脉冲-相位变换器每接受一个脉冲便产生一个指令相位增量，此相位增量的大小取决于脉冲-相位变换器的分频系数 N，而分频系数取决于系统的分辨率。如果感应同步器一个节距为 2mm，脉冲当量选定为 0.002mm/脉冲，则一个脉冲对应的相位增量为

$$(0.002/2)\times 2\pi=0.002\pi$$

这样，每发一个指令脉冲，指令相位增加 0.002π，若原来 $\Delta\theta=0$，此时便产生了一个 0.002π 的相位差，此偏差信号控制伺服机构带动工作台移动。随着过程中 θ_2 逐渐增大，$\Delta\theta$ 逐渐减小，直到 $\Delta\theta=0$，此时，指令脉冲又使指令相位增加 0.002π，又产生一个 $\Delta\theta$，如此循环，使 θ_1 随指令连续变化，而 θ_2 紧跟 θ_1 变化，从而控制伺服电动机带动工作台连续移动，直至 CNC 装置不再发出脉冲时，工作台停止移动。

4. 鉴幅工作方式和测量系统

（1）鉴幅工作方式　给滑尺的正弦绕组和余弦绕组分别通以相位相同、频率相同但幅值不同的交流励磁电压，即

$$u_s=u_{sm}\sin(\omega t)$$
$$u_c=u_{cm}\sin(\omega t)$$

其中两励磁电压的幅值分别为

$$u_{sm}=U_m\sin\theta_1$$
$$u_{cm}=U_m\cos\theta_1$$

则定尺上的叠加感应电动势为

$$\begin{aligned}e_d&=e_{d1}+e_{d2}\\&=ku_{sm}\sin(\omega t)\cos\theta-ku_{cm}\sin(\omega t)\sin\theta\\&=k\sin(\omega t)(u_{sm}\cos\theta-u_{cm}\sin\theta)\\&=k\sin(\omega t)(U_m\sin\theta_1\cos\theta-U_m\cos\theta_1\sin\theta)\\&=kU_m\sin(\omega t)\sin(\theta_1-\theta)\end{aligned}$$

若 $\theta_1=\theta$，则 $e_d=0$。

在滑尺移动中，在一个节距内的任一 $e_d=0$，$\theta_1=\theta$ 点称为节距零点。若改变滑尺的位置，则 θ_1 不等于 θ，在定尺上出现感应电动势，其值为

$$e_d=kU_m\sin(\omega t)\sin(\theta_1-\theta)=kU_m\sin(\omega t)\sin\Delta\theta$$

当 $\Delta\theta$ 很小时，定尺上感应电动势可近似表示

$$e_d=kU_m\sin(\omega t)\Delta\theta$$

又因为

$$\Delta\theta=\frac{\pi}{\tau}\Delta x$$

所以

$$e_{\mathrm{d}}=kU_{\mathrm{m}}\Delta X\ \frac{\pi}{\tau}\sin(\omega t)$$

可以看出，定尺感应电动势 e_{d} 实际上是误差电压，当位移增量 ΔX 很小时，误差电压的幅值和 ΔX 成正比，因此可以通过测量 e_{d} 的幅值来测定位移增量 ΔX 的大小。

在鉴幅工作方式中，每当改变一个 ΔX 的位移增量，就相应产生一个误差电压 e_{d}，当 e_{d} 超过某一预先设定的门槛电平，就产生脉冲信号，并用此来修正励磁信号 u_{s}、u_{c}，使误差信号降低到门槛电平以下，这样就把位移量转化为模拟量，实现了对位移的测量。

（2）鉴幅测量系统　鉴幅测量系统是通过鉴别定尺绕组输出的误差信号的幅值来进行位移测量的，前提条件是感应同步器必须工作在鉴幅工作状态，即滑尺的正弦、余弦绕组的励磁电压分别是同频、同相而幅值不同的励磁电压。因为励磁电压幅值的变化是关于 θ_1 的正、余弦函数，鉴幅测量系统不间断通过位移量修正 θ_1，使电压幅值的变化，提供给正弦、余弦绕组。当定尺和滑尺作相对移动时，两绕组间的相对相位角 θ 在不断地改变，并且每移动一个增量距离，便由测量电路发出一个脉冲，这些脉冲信号可不断地自动修改滑尺绕组的励磁信号，从而使 θ_1 不断跟随 θ 而变化。

图 5-66 所示为感应同步器鉴幅测量系统框图。由于感应同步器定尺绕组输出的误差信号 e_{d} 比较弱，所以要经前置放大器放大到一定幅值后，送到误差变换器。误差变换器有两个作用，一是经方向辨别后将表示方向正、负的符号送到脉冲混合器；二是产生实际脉冲值。由于此环节包含有门槛电路，而门槛电平的整定是根据脉冲当量确定的，例如，当系统的脉冲当量要求为 0.01mm/脉冲时，则门槛值应整定在 0.007mm 的数值上，即位移 0.007mm 产生的误差信号经放大刚好达到门槛电平。一旦定尺上输出的感应电动势（误差电压）超过门槛值，便产生输出脉冲。这些脉冲一方面作为实际位移值送入脉冲混合器，另

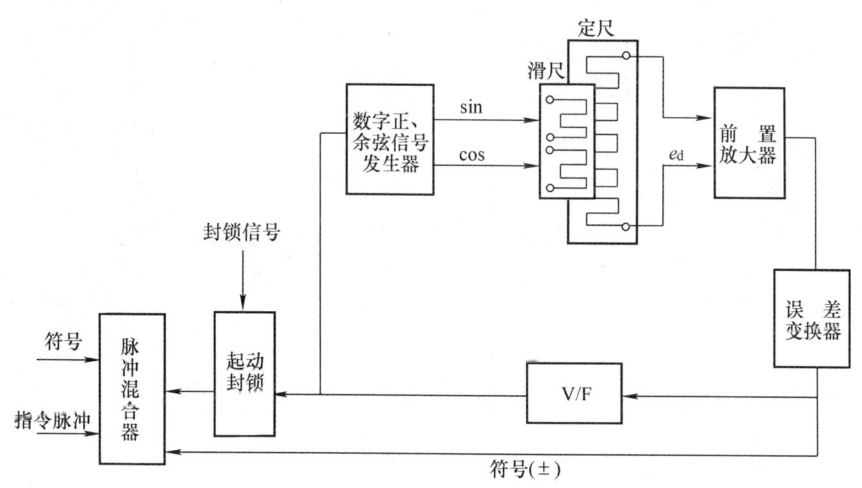

图 5-66　感应同步器鉴幅测量系统框图

一方面作用于正弦、余弦信号发生器上，修正励磁电压的幅值，使其满足按 θ_1 的正、余弦规律变化。

脉冲混合器的作用是将 CNC 装置发出的指令脉冲与反馈回来的实际脉冲值进行比较，得到系统的数字量位置误差，后经 D/A 变换器转换为模拟电压信号，控制伺服机构带动工

作台移动。

习题与思考题

5-1 什么是伺服驱动系统？伺服驱动系统的特点是什么？由哪几部分组成？

5-2 步进电动机开环伺服系统由哪几部分组成？简述工作原理。

5-3 步进电动机的硬件环形分配器和软件环形分配器各有何特点？

5-4 试编写一个步进电动机三相单三拍脉冲环形分配软件，并画波形图。

5-5 步进电动机三相绕组若有一相断电能否继续运行？

5-6 简述单电源驱动、高低压电源驱动和恒流斩波驱动电路的工作原理。

5-7 与晶闸管直流电动机调速系统相比，脉冲宽度调制器直流电动机调速系统有什么特点？

5-8 交流异步电动机调速方法有哪几种？

5-9 在伺服系统中，常用的位置检测元件有哪几种？各有什么特点？

第六章　数控机床用可编程序控制器

第一节　可编程序控制器概述

一、PLC与RLC在数控机床上的应用比较

1969年，美国DEC公司研制出世界第一台型号为PDP—14的可编程控制器，在通用汽车公司的自动装配线上使用，获得了成功。因为这种控制装置当时称为可编程逻辑控制器（Programmable Logic Controller），故简称PLC。1980年，美国电气制造协会NEMA（National Electrical Manufacturers Association）正式将这类装置命名为Programmable Logic Controller，简称PC。但由于个人电脑（Personal Computer）也简称PC，而且已被广泛使用，故可编程控制器，习惯上仍称作PLC。1987年，国际电工委员会（IEC）在颁布的可编程控制器国际标准草案中，对PLC作了如下的规定："可编程控制器是一种数字运算电子系统，专为在工业环境下运用而设计。它采用可编程序的存储器，用于存储执行逻辑运算、顺序控制、定时、计数和算术运算等特定功能的用户指令，并通过数字式或模拟式的输入和输出，控制各种类型的机械或生产过程。可编程控制器及其辅助设备都应按易于构成一个工业控制系统，且它们所具有的全部功能易于应用的原则设计。"

数控机床所用的顺序控制装置（或系统）主要有两种，一种是传统的继电器逻辑电路，简称RLC（Relay Logic Circuit），另一种是可编程控制器，即PLC。

RLC是将继电器、接触器、按钮、开关等机电式控制器件用导线连接成一个电路，以实现规定的顺序控制功能。RLC存在一些难以克服的缺点：只能解决开关量的简单逻辑运算，以及定时、计数功能；修改控制逻辑时，需要增减控制元器件和重新布线，安装和调整周期长，工作量大；继电器、接触器等器件体积较大，每个器件工作触点却有限。当机床受控对象较多或控制动作顺序较复杂时，需要采用大量的器件，整个RLC体积庞大，功耗高，可靠性差等，因此，只适用于一般的工业设备和简单的数控机床。

PLC是一种与RLC工作原理完全不同的顺序控制装置，具有如下特点：

1）PLC是一种专用于工业顺序控制的微机。为了适应顺序控制的要求，PLC省去了微机的一些数字运算功能，强化了逻辑运算控制功能，是一种功能介于继电器控制和微型计算机控制之间的自动控制装置。

PLC具有与微机类似的一些功能器件和单元，包括CPU、程序存储器和数据存储器、数据通信接口及工作电源。为了与外部机器和过程控制实现信号传递，PLC还具有输入/输出信号的接口。PLC系统的基本功能结构框图如图6-1所示。

2）具有面向用户的指令和专用于存储用户程序的存储器。用户控制逻辑用软件实现，适用于控制动作复杂和逻辑需要灵活变动的场合。

3）用户程序可采用"梯形图"编辑。梯形图与继电器逻辑控制电路图十分相似，图形符号形象直观，工作原理易于理解和掌握。

4）PLC可与编程机、编程器和个人计算机等连接，可以很方便地实现程序的显示、编

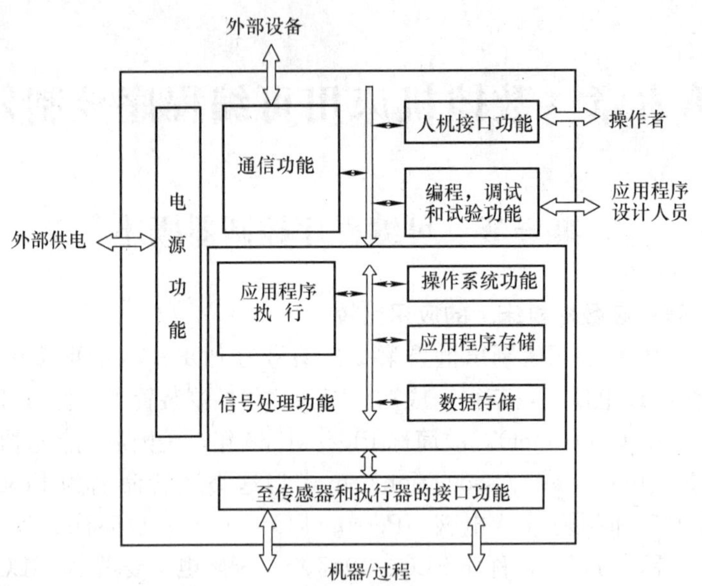

图 6-1 PLC 系统基本功能结构框图

辑、诊断、存储和传送等操作。

5）PLC 没有继电器那种机械触点，因此不存在触点的接触不良、熔焊、磨损和绕组损坏等故障，所以抗干扰能力强，工作稳定可靠。

6）PLC 结构紧凑、体积小，容易装入机床内部或电气箱内，便于实现数控机床的机电一体化。

PLC 已成为数控机床的一种基本控制装置。对于车削中心、加工中心、FMC、FMS 等机械运动复杂、自动化程度高的加工设备和生产制造系统，PLC 是不可缺少的控制装置。

二、数控机床用 PLC

数控机床用 PLC 可分为两类，一类是专为数控机床顺序控制而设计制造的内装型（Built-in Type）PLC；另一类是输入/输出信号接口技术规范，输入/输出点数、程序存储容量以及运算和控制功能均能满足数控机床控制要求的独立型（Stand-alone Type）PLC。

1. 内装型 PLC

内装型 PLC 从属于 CNC 装置，PLC 与 NC 之间的信号传送在 CNC 装置内部即可实现。PLC 与机床之间则通过 CNC 输入/输出接口电路实现信号传送，如图 6-2 所示。

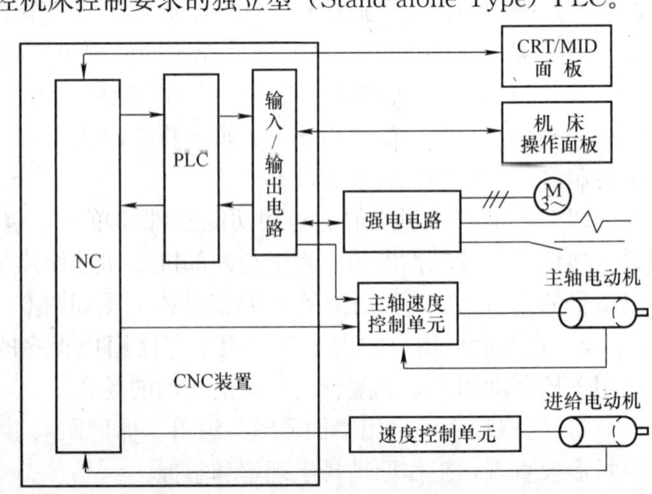

图 6-2 具有内装型 PLC 的 CNC 机床系统框图

内装型 PLC 具有如下特点：

1）内装型 PLC 实际上是 CNC 装置带有的 PLC 功能。一般是作为一种基本的或可选择的功能提供给用户。

2）内装型 PLC 的性能指标是根

据所从属的CNC系统的规格、性能、适用机床的类型等确定的。其硬件和软件部分是作为CNC系统的基本功能或附加功能与CNC系统其他功能一起统一设计、制造的。因此，系统的硬件和软件整体结构十分紧凑，且PLC所具有的功能针对性强，技术指标合理、实用，尤其适用于单机数控设备的应用场合。

3）在系统的具体结构上，内装型PLC可与CNC共用CPU，也可以单独使用一个CPU；硬件控制电路可与CNC其他电路制作在同一块印制电路板上，也可以单独制成一块附加板，当CNC装置需要附加PLC功能时，再将此附加板插装到CNC装置上；内装PLC一般不单独配置输入/输出接口电路，而是使用CNC系统本身的输入/输出电路；PLC所用电源由CNC装置提供，不需另备电源。

4）采用内装型PLC结构，CNC系统可以具有某些高级的控制功能。如梯形图编辑和传送功能，在CNC内部直接处理大量信息等。

一般来说，采用内装型PLC省去了PLC与NC间的连线，具有结构紧凑、可靠性好、安装和操作方便等优点，与另配通用型PLC的情况相比较，无论在技术上还是经济上对用户都是有利的。

2. 独立型PLC

独立型PLC又称通用型PLC。独立型PLC是独立于CNC装置，具有完备的硬件和软件功能，能够独立完成规定控制任务的装置。采用独立型PLC的数控机床系统框图如图6-3所示。

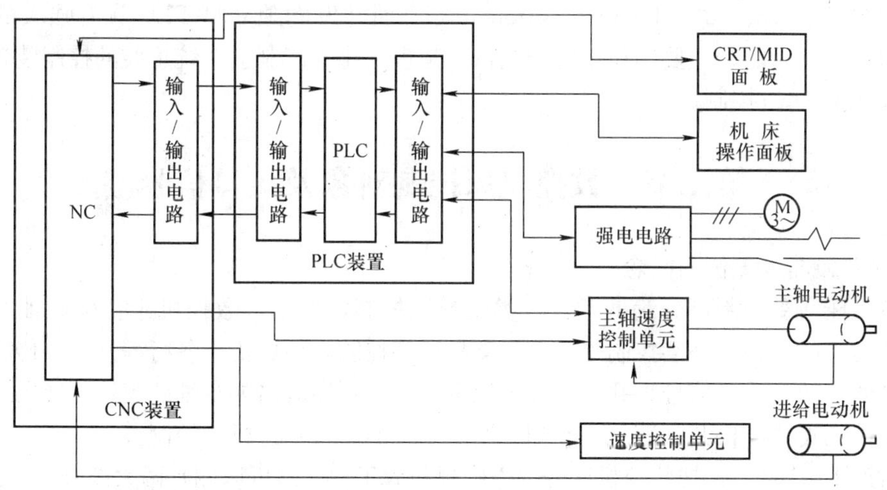

图6-3 独立型PLC的数控机床系统框图

独立型PLC具有如下特点：

1）独立型PLC具有如下基本的功能结构：CPU及其控制电路、系统程序存储器、用户程序存储器、输入/输出接口电路、与编程机等外部设备通信的接口和电源等，如图6-4所示。

2）独立型PLC一般采用积木式模块结构或插板式结构，各功能电路多做成独立的模块或印制电路板，具有安装方便、功能易于扩展和变更等优点。例如，可采用通信模块与外部输入/输出设备、编程设备、上机位、下机位等进行数据交换；采用D/A模块可以对外部伺

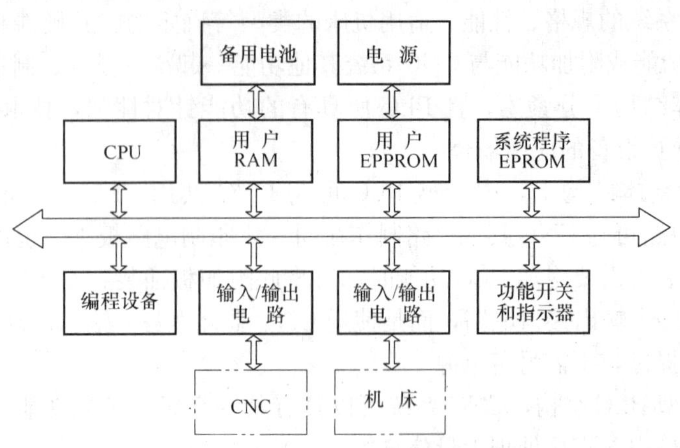

图 6-4 独立型 PLC 功能结构框图

服装置直接进行控制；采用计数模块可以对加工数量、刀具使用次数、回转体回转分度数等进行检测和控制；采用定位模块可以直接对诸如刀库、回转工作台、旋转轴等机械运动部件或装置进行控制。

3）独立型 PLC 的输入/输出点数可以通过 I/O 模块或插板的增减灵活配置。有的独立型 PLC 还可通过多个远程终端连接器构成有大量输入/输出点的网络，以实现大范围的集中控制。

专门用于 FMS、FA（Factory Automation）而开发的独立型 PLC 具有强大的数据处理、通信和诊断功能，主要用作单元控制器，是现代化生产制造系统重要的控制装置。独立型 PLC 也用于单机控制。

第二节　数控机床控制对象及接口信号

一、NC 侧与 MT 侧的概念

数控机床所受控制可分为两类：一类是数字控制，例如，数控机床各坐标轴的移动距离，各轴运行的插补、补偿控制等；另一类是顺序控制，根据机床各行程开关、传感器、按钮、继电器等的开关量信号，并按照预先规定的逻辑顺序对诸如主轴的起停、换向，刀具的更换，工件的夹紧、松开，液压、冷却、润滑系统的运行等进行的控制。

在讨论 PLC 时，常把数控机床分为 NC 侧和 MT 侧（即机床侧）两大部分。NC 侧包括 CNC 系统的硬件、软件以及 CNC 系统外部设备。MT 侧则包括机床机械部分及其液压、气压、冷却、润滑、排屑等辅助装置，机床操作面板、继电器线路、机床强电线路等。PLC 处于 NC 与 MT 之间，并对 NC 和 MT 的输入/输出信号进行处理。图 6-5 所示是带 PLC 数控机床信号流向框图。

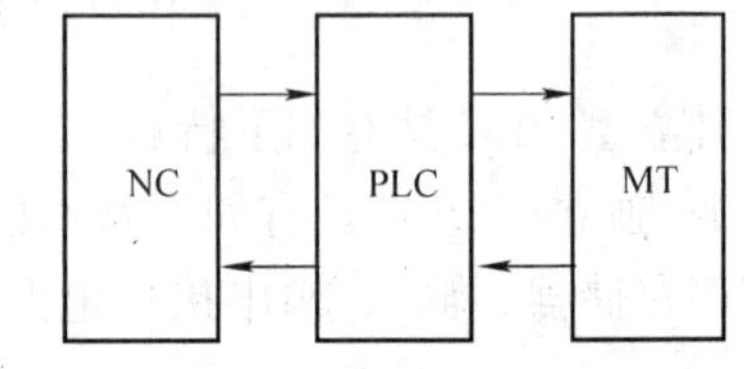

图 6-5 带 PLC 数控机床信号流向框图

MT 侧顺序控制的最终对象、数量随数控机床的类型、结构、辅助装置等的不同而有很大的差别。一般来说，机床结构越复杂，辅助装置越多，受控对象、数量就越多。FMC、FMS 的受控对象数量多，数控车床、数控铣床的受控对象数量较少。

二、数控机床接口

1. 接口定义及功能分类

数控机床接口是指数控装置与机床及机床电气设备之间的电气连接部分。接口分为四种类型，如图 6-6 所示。第一类是与驱动命令有关的连接电路；第二类是与测量系统和测量装置的连接电路；第三类是电源及保护电路；第四类是开关量信号和代码信号的连接电路。第一、二类连接电路传送的是控制信息，属于数字控制、伺服控制及检测信号处理，与 PLC 无关。

第三类电源及保护电路由数控机床强电线路中的电源控制电路构成。强电线路由电源变压器、控制变压器、各种继电器、保护开关、接触器、功率继电器等连接而成，以便为辅助交流电动机、电磁铁、电磁离合器、电磁阀等功率执行元件供电。强电线路不能与弱电线路直接连接，必须经中间继电器转换。

第四类开关量和代码信号是数控装置与外部传送的输入/输出控制信号。数控机床不带 PLC 时，这些信号直接在 NC 侧和 MT 侧之间传送。当数控机床带有 PLC 时，这些信号除少数高速信号外，均需通过 PLC。

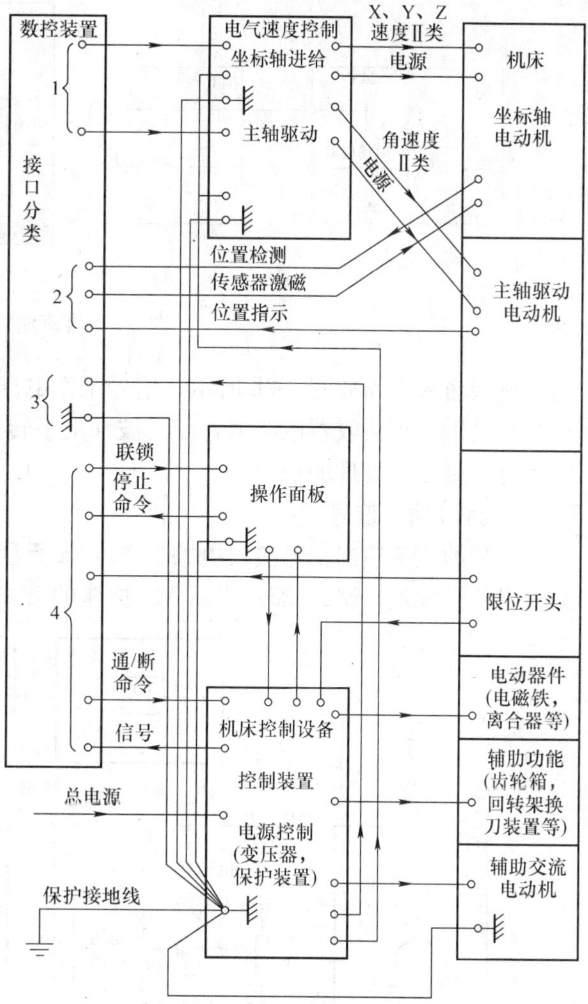

图 6-6 数控机床接口框图

2. 数控机床第四类接口信号分类

第四类信号根据其功能的必要性分为两类。

1）必须信号。这类信号是用来保护人身安全和设备安全，或者是为了操作的。如“急停”、“进给保持”、“循环启动”、“NC 准备好”等。

2）任选信号。指并非任何数控机床都必须有、而是在特定的数控装置和机床配置条件下才需要的信号。如“行程极限”、“NC 报警”、“程序停止”、“复位”、“M、S、T 信号”等。

三、输入/输出信号规范

对 CNC 装置而言，由 MT 侧向 CNC 传送的信号称为输入信号；由 CNC 向 MT 侧传送的信号称为输出信号。

1. 直流输入信号

一种典型的直流输入信号接口如图 6-7a 所示，图中，RV（Receiver）为信号接收器。根据被处理信号的要求，RV 可以是无隔离的滤波和电平转换电路，也可以是光电耦合转换电路。图 6-7a 中 X2.7 为输入信号地址，M18（24）表示 M18 插座的第 24 号脚。直流输入信号是机床侧的开关、按钮、继电器触点、检测传感器等采集的闭合/断开状态信号。这些状态信号需经上述接口电路处理，才能变成 PLC 或 NC 能够接受的信号。

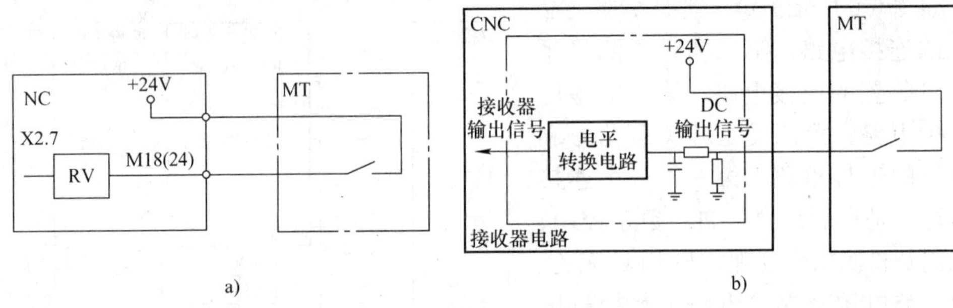

图 6-7　直流输入信号接口

典型输入电路如图 6-7b 所示，信号工作电压由 CNC 内部提供，当 MT 侧触点闭合时，+24V 电压加到接收器电路上，经滤波和电平转换处理后，输出至 NC 内部，成为内部电子电路可以接受和处理的信号。

2. 直流输出信号

典型的直流输出信号接口电路如图 6-8a 所示，图中 DV（Drive）为信号驱动器，Y48.0 为输出信号地址，M2（25）表示 M2 插座的第 25 号脚。

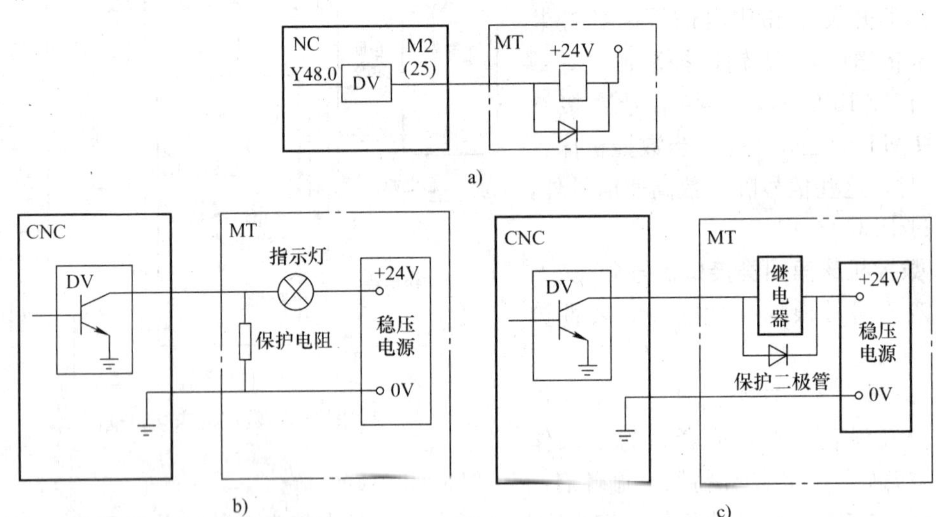

图 6-8　直流输出信号接口

直流输出信号是来自 NC 或 PLC，经驱动电路送至 MT 侧以驱动继电器线圈、指示灯等的信号。图 6-8b、c 是负载分别为指示灯和继电器线圈的典型信号输出电路。当 NC 有信号输出时，基极为高电平，晶体管导通。此时输出信号状态为“1”，电流将流过指示灯和继电器线圈，指示灯亮，继电器动作。当 NC 无输出时，基极为低电平，晶体管不导通，输出信号状态为“0”，不能驱动负载。

在输出电路中，需要注意对驱动电路和负载器件的保护。当被驱动的负载是电磁开关、电磁离合器、电磁阀线圈等交流负载，或虽是直流负载，但工作电压或工作电流超过输出信号的工作范围时，应先用输出信号驱动小型继电器（一般工作电压＋24V），然后用它们的触点接通强电线路的继电器或直接激励这些负载，如图 6-9 所示。

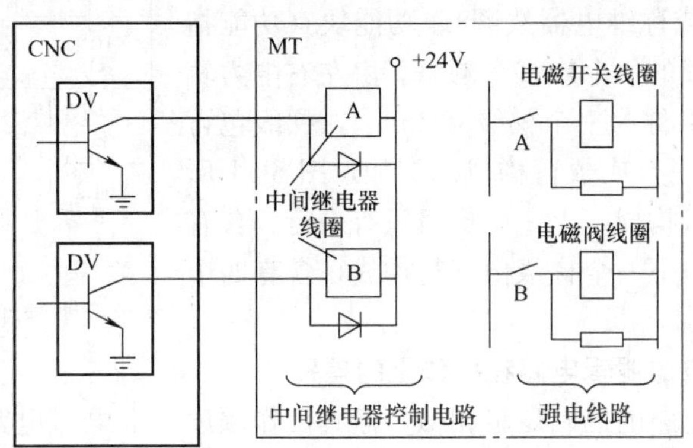

图 6-9　大负载驱动控制原理图

第三节　梯形图工作原理

与 PLC 有关的程序包括两类，一类是面向 PLC 内部的程序，即系统管理程序（或解释程序），这些程序由 PLC 厂家设计并固化到存储器中；另一类是面向用户或面向生产过程的应用程序（Application Program），也称 PLC 程序或用户程序。本节讨论的是面向用户、面向生产过程的应用程序。在应用程序中，以梯形图应用最为广泛。

图 6-10a 所示为用于电动机起停两地控制的继电器控制电路，图中，S1 和 S3，S2 和 S4 分别为相距较远的两个操作台上的电动机起、停按钮。K 为起动电动机的接触器线圈。当任一起动按钮被按下时，接触器线圈得电，并通过触点 K 闭合实现自保，电动机进入运行状态。当任一停止按钮被按下时，接触器线圈失电，其触点 K 断开，电动机停止运转。这样，两个控制台都可以独立地控制电动机的起动和停止。图 6-10b 所示是采用 PLC 控制的等效梯形图。

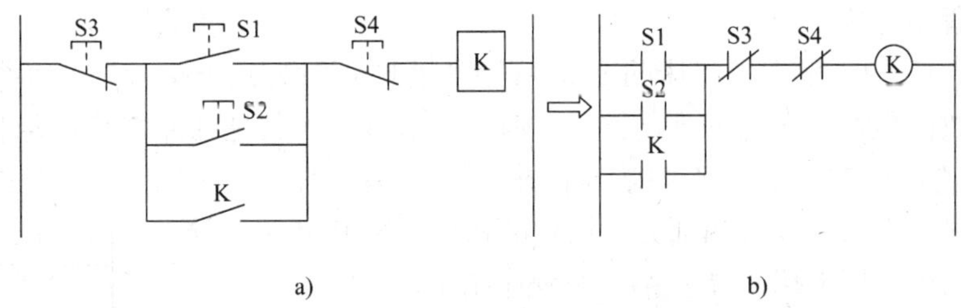

图 6-10　电动机起停两地控制电路
a）继电器控制　b）梯形图控制

由上面实例可见，梯形图的控制逻辑结构及工作原理与继电器逻辑控制电路是十分相似的。本章将以 FANUC 数控系统使用的 PMC—L 为例，讨论数控机床用梯形图的一般工作原理、PLC 的指令、PLC 程序的调试及应用举例。

一、梯形图结构

图 6-11 所示是用梯形图表示的一段简单 PLC 程序，左右两条竖线称为“电力轨”(Power Rail)。梯形图是电力轨和夹在电力轨间的节点(或称触点)、线圈（或称继电器线圈)、功能块（功能指令，图中未画）等构成的一个或多个网络。由左右电力轨间的梯形图构成的网络称为一个梯级（Rung)，梯级包含电力轨。每个梯级由一行或数行构成。例如，图 6-11 所示的梯形图由两个梯级构成，上一个梯级只有一行，含有三个节点和一个线圈；下一个梯级由三行构成，含有四个节点和一个线圈。

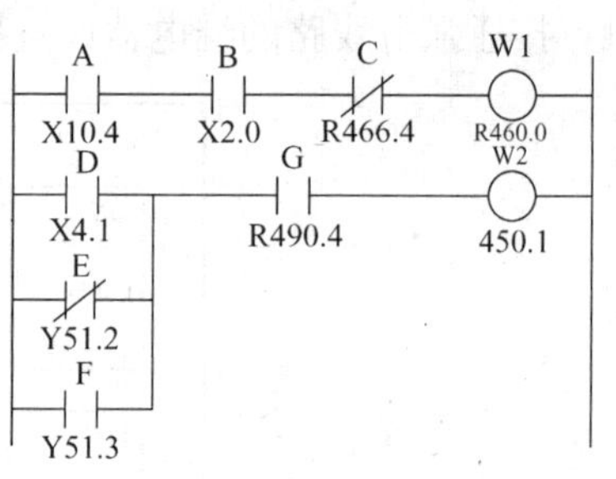

图 6-11　梯形图结构

二、梯形图与继电器逻辑电路在操作上的差别

梯形图与继电器电路的控制逻辑相似，但其工作顺序与继电器电路不同。若图 6-12 所示是继电器逻辑电路（RLC)，当继电器触点 A 接通时，电流流过线圈 B 和 C，而 D 断开时，B 断电，虽然电路排列顺序不同，但功能相同。若图 6-12是 PLC 的梯形图，因程序运行从上到下，因而分析功能时，要考虑梯形图排列顺序。图 6-12a 与继电器逻辑电路功能一样，接通 A 时，B 和 C 被接通，断开 D 时，程序经过一个循环后，B 断电；但在图 6-12b 中，接通 A，则接通 C，此刻断开 D 时，B 不能断开。

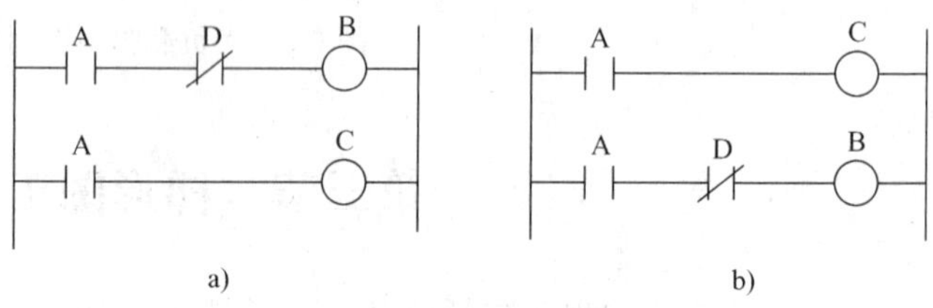

图 6-12　梯形图与 RLC 工作顺序比较

在 RLC 中，逻辑控制的结果取决于继电器线圈、触点和其他机电器件的动作。而梯形图则是沿从上到下、从左到右，一个梯级一个梯级顺序地进行工作。当执行至顺序程序结束时，又返回开头重复执行。

从梯形图开始至结束的执行时间称为顺序处理时间（Sequence Processing Time)，又称扫描周期或循环周期。处理时间随第一级程序和第二级程序的步数而变化。步数越少，则处理时间越短，信号响应越快。

三、执行程序的优先顺序

采用 PMC—L 的一般数控机床的 PLC 程序的处理时间为几十毫秒至上百毫秒。对数控机床的绝大多数信号，这个速度已足够了。但有些信号（尤其是脉冲信号）要求响应时间约 20ms。为适应整机控制信号的不同响应要求，PLC 程序常分为第一级程序和第二级程序两部分。用功能指令 END1 指定第一级程序结束，用 END2 指定第二级程序结束。

在编辑程序时，PLC 编程机（或 PLC 编程器）自动地将第二级程序划分为 1，2，…，n 段，并将划分结果与顺序程序一同输入 RAM 或写入 EPROM 中。图 6-13 所示是顺序程序的划分，n 的数值随着步数增加而增大。PLC 在每个段执行周期（如 16ms）执行一次第一级程序，第二级程序以“段执行周期×n”执行一次。在段执行周期内，第一级程序

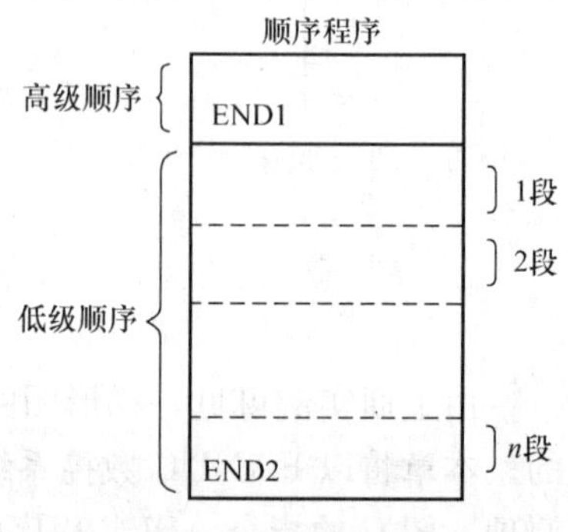

图 6-13　顺序程序划分

占用步数越多，则执行第二级程序的时间就越少，这样就要增加分割段数 n，PLC 程序被全部扫描一次的时间将加长。理想的 PLC 程序是将第一级程序部分压缩至最小，例如少于 100 步。所以，只应把需要迅速处理的信号及快速响应的顺序编在第一级程序中，如急停、坐标轴极限超程等逻辑，其他信号编在第二级程序中。

四、输入信号同步处理

1. 第二级程序输入信号的同步处理

第二级程序在执行时，输入信号接通或断开的确切时间是不确定的。这样，在输入信号切换和程序之间就存在一个时间关系问题。

在图 6-14 中，假设执行顺序①～⑥中信号 A 和 B 始终是“1”，信号 C 在执行到③之前是“1”，在执行到④是“0”，则 D=1，E=1。但在顺序程序一次扫描循环中，输入到梯形图的 C 的状态不应改变，也就是说 D 和 E 不应是相同的状态。为解决这个问题，在 PLC 内设置了同步信号存储器，如图 6-15 所示。在第二级程序开始时，从 NC 或 MT 来的输入信号先被送到同步输入信号存储器中。在程序执行时，第二级程序从开始至结束的一次循环中，同步输入信号存储器内的输入信号状态保持不变，这样就解决了第二级程序的输入信号同步问题。这些信号称为同步输入信号。

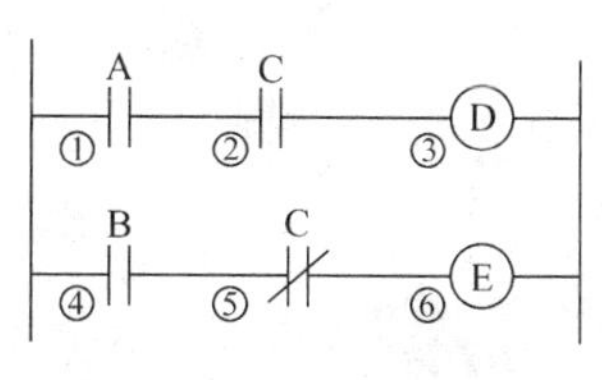

图 6-14　电路举例

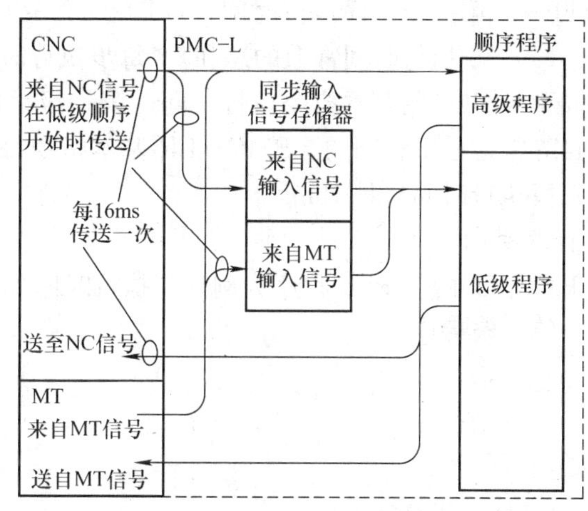

图 6-15　输入信号的同步处理

2. 第一级程序与第二级程序间的输入信号同步处理

输入第二级程序的信号经过同步处理，滞后了处理时间。而在第一级程序中，由 NC 和 MT 输入的信号不能滞后，是经过异步输入信号存储器进入第一级程序的，这些信号称为异步输入信号。在第一级程序和第二级程序间，也存在相同信号如何处理的问题。

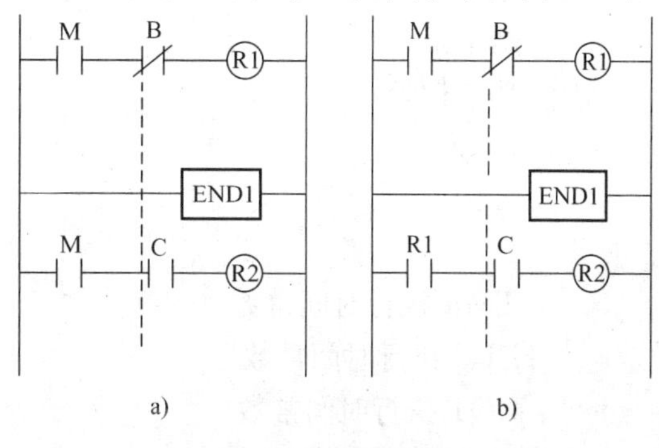

图 6-16　电路举例

如图 6-16a 所示，第一级程序和第二级程序共用信号 M。假设在执行第一级程序时，M、C 是“1”，B 是“0”。当执行进入第二级程序后，如果 M 变为“0”，则 R1=1，R2=0。这样，在一次循环中，就出现 R1 和 R2 不一致的情况。在图 6-16b 所示第二级程序中，用 R1 接点代替 M，则结果为 R1=1，R2=1。从而解决了第一级程序与第二级程序的输入信号在一次循环周期中的同步问题。

五、顺序处理时间的计算

1. 计算公式

梯形图处理时间取决于程序步数、每步执行时间、所用功能指令的类型和数目。计算公式为

$$顺序处理时间=PLCUT\times n$$

式中 PLCUT——每段执行时期；

n——第二级程序分段数。

n 可按下式求出

$$n=\frac{LT}{PUCT-HT}+1$$

式中 LT——第二级程序执行时间，LT=(第二级程序基本指令步数+第二级程序功能指令执行时间常数的总和)×每步执行时间；

PUCT——第一级程序循环周期；

HT——第一级程序执行时间，HT=(第一级程序基本指令步数+第一级程序功能指令执行时间常数的总和)×每步执行时间。

不同型号 PLC 的基本指令执行时间、第一级程序循环时间、功能指令的类型、功能指令的数目等常常是不相同的。PMC—LR 基本指令每步执行时间是 30μs，第一级程序循环周期（即每段执行时间）是 16ms。

2. 计算举例

以 PMC—L 的某 PLC 程序为例计算执行时间如下：

（1）第一级程序

基本指令	30 步
功能指令	CTR 1 次
	COMP 1 次
CTR 执行时间常数	25
COMP 执行时间常数	28

$HT=(30+(25+28))\times 30\mu s=2490\mu s$

（2）第二级程序

基本指令	1200 步
功能指令	TMR 8 次
	DEC 25 次
	ROT 2 次
	END1 1 次
TMR 执行时间常数	18
DEC 执行时间常数	24
ROT 执行时间常数	85
END1 执行时间常数	97

$$LT=[1200+(18\times8+24\times25+85\times2+97)]\times30\mu s=66330\mu s$$

注意：END1 指令计算时包含在第二级程序中，而 END2 不包含在计算内。

(3) 分割数 n 的时间计算

$$n=\frac{66330}{16000-2490}+1=5.9\approx5$$

(4) 顺序处理时间计算

$$PLCUT\times n=16ms\times5=80ms$$

六、顺序程序的执行

图 6-17 所示为顺序程序执行过程示意图，编制好的梯形图程序由编程机以机器语言的形式输入到 PMC 内的顺序程序存储器中。当 PMC 执行程序时，CPU 以高速逐条读出顺序程序存储器内的程序。根据 RD X4.0 指令，读出 X4.0 地址的输入电路信号，并把它置入操作寄存器，然后 CPU 又根据 AND R450.0 指令中的 R450.0 地址的内部继电器状态执行“与”运算，并将结果置入操作寄存器。CPU 继续根据程序指令读出 X6.2、R460.0 的状态并进行相应的运算。如果 X4.0 和 R450.0 的状态为“1”，R460.0 的状态为“0”，则 CPU 将运算结果经 Y48.2 地址的输出电路输出至机床侧，以驱动执行器件。

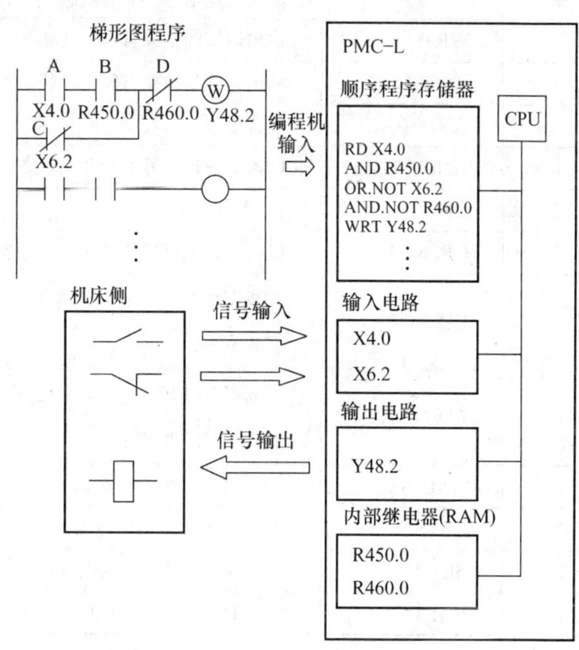

图 6-17　顺序程序的执行

第四节　PMC 指令系统和编程

PMC—L 有两种指令：基本指令和功能指令。在设计顺序程序时，使用得最多的是基本指令，如 RD、AND、OR 等。数控机床执行的顺序逻辑往往比较复杂，仅使用基本指令编程是十分困难的，即使可以实现，程序规模往往也很庞大，因此必须借助功能指令以简化程序。功能指令如 DEC、ROT、COIN 等。

在基本指令和功能指令执行中，逻辑操作的中间结果暂时存放在堆栈寄存器。PMC—L 堆栈寄存器由九位组成，如图 6-18 所示，按先进后出、后进先出的堆栈原理工作。操作的

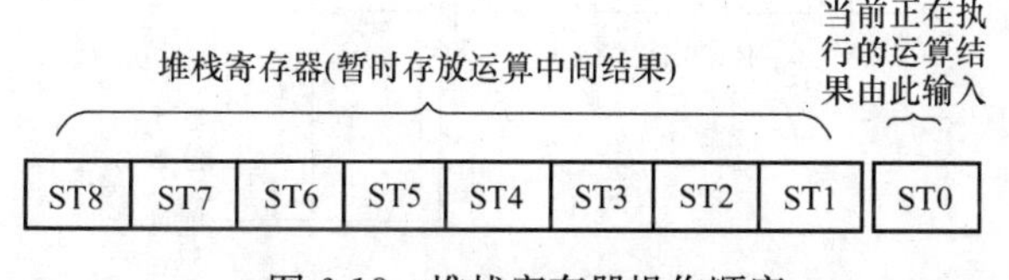

图 6-18　堆栈寄存器操作顺序

中间结果进栈时，寄存器左移一位；出栈时，寄存器右移一位。

一、基本指令

表 6-1 列出 PMC 的 14 种基本指令及处理内容。

表 6-1　PMC 基本指令

NO	指　　令	处 理 内 容
1	RD	读入指定信号状态置入 ST0，在梯级开始的节点是┤├时使用
2	RD. NOT	读入指定信号“非”状态置入 ST0，在梯级开始的节点是┤/├时使用
3	WRT	输出运算的结果（ST0 的状态）到指定地址
4	WRT. NOT	输出运算的结果（ST0 的状态）的“非”状态到指定地址
5	AND	执行逻辑“与”
6	AND. NOT	以指定地址信号的“非”状态执行逻辑“与”
7	OR	执行逻辑“或”
8	OR. NOT	以指定地址信号的“非”状态执行逻辑“或”
9	RD. STK	堆栈寄存器 ST0 内容左移至 ST1，并将指定地址信号置入 ST0，指定信号的节点是┤├时使用
10	RD. NOT. STK	堆栈寄存器 ST0 内容左移至 ST1，并将指定信号的“非”状态置入 ST0，指定信号的节点是┤/├时使用
11	AND. STK	ST0 和 ST1 的内容逻辑“与”，结果存于 ST0，堆栈寄存器右移一位
12	OR. STK	ST0 和 ST1 的内容逻辑“或”，结果存于 ST0，堆栈寄存器右移一位
13	SET	ST0 和指定地址中的内容逻辑“或”，结果返回指定地址
14	RST	ST0 的状态取反后和指定地址中的内容逻辑“与”，结果返回指定地址

基本指令格式如下：

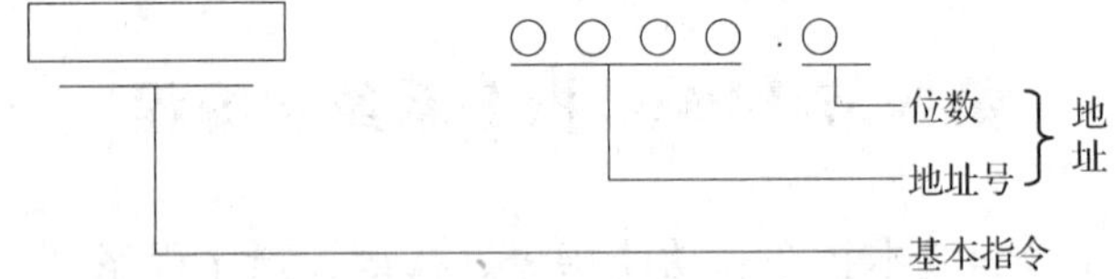

图 6-19 和表 6-2 是用基本指令编辑的梯形图程序及其编码表和运算结果状态的实例。

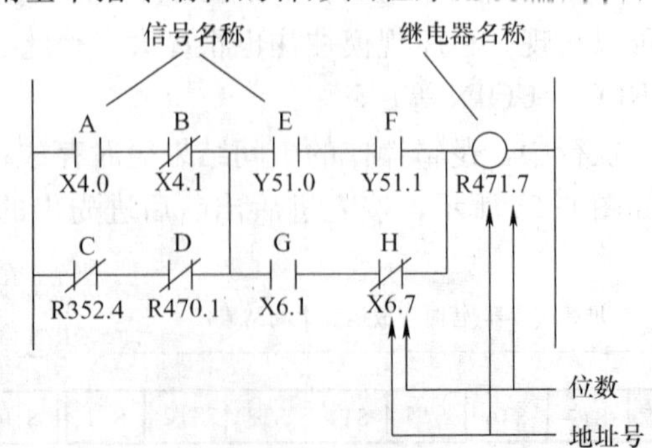

图 6-19　梯形图实例

表 6-2　编码表和运算结果状态

步号	指　　令	地址号．位数	注释	运算结果状态		
				ST2	ST1	ST0
1	RD	X4.0	A			A
2	AND. NOT	X4.1	B			A. $\overline{B}$
3	RD. NOT. STK	R352.4	C		A. $\overline{B}$	$\overline{C}$
4	AND. NOT	R470.1	D		A. $\overline{B}$	$\overline{C}$. $\overline{D}$
5	OR. STK					A. $\overline{B}$+$\overline{C}$. $\overline{D}$
6	RD. STK	Y51.0	E		A. $\overline{B}$+$\overline{C}$. $\overline{D}$	E
7	AND	Y51.1	F		A. $\overline{B}$+$\overline{C}$. $\overline{D}$	E. F
8	RD. STK	X6.1	G	A. $\overline{B}$+$\overline{C}$. $\overline{D}$	E. F	G
9	AND. NOT	X6.7	H	A. B+C. D	E. F	G. $\overline{H}$
10	OR. STK				A. $\overline{B}$+$\overline{C}$. $\overline{D}$	E. F+G. $\overline{H}$
11	AND. STK					(A. $\overline{B}$+$\overline{C}$. $\overline{D}$) (E. F+G. $\overline{H}$)
12	WRT	R471.7	W			(A. $\overline{B}$+$\overline{C}$. $\overline{D}$) (E. F+G. $\overline{H}$)

二、功能指令

数控机床用 PLC 的指令必须满足数控机床信息处理和动作控制的特殊要求。例如，由 NC 输出的 M、T、S 二进制代码信号的译码，机械部件运动状态或液压系统动作状态的延时确认，加工零件计数，刀库、分度工作台沿最短路径旋转和现在位置至目标位置步数的计算等。

在为数控机床编辑顺序程序时，对于上述译码、定时、计数、最短路径选择，以及比较、检索、转移、代码转换、数据四则运算、信息显示等控制功能，仅用执行一位操作的基本指令编程，实现起来将会十分困难。因此，就需要增加一些具有专门控制功能的指令来解决基本指令无法处理的控制问题。这些专门指令就是功能指令。

表 6-3 列出 PMC—L 的 34 种功能指令和处理内容，更多的请参阅编程说明书。

表 6-3　功能指令和处理内容（PMC—L）

序号	指　　令			执行时间常数	处 理 内 容
	格式 1（梯形图）	格式 2（穿孔带）	格式 3（程序输入）		
1	END1	SUB1	S1	97	第一级顺序程序结束
2	END2	SUB2	S2	0	第二级顺序程序结束
3	TMR	TMR	T	18	定时器处理
4	TMRB	SUB24	S24	18	固定定时器处理
5	DEC	DEC	D	24	译码
6	CTR	SUB5	S5	25	计数
7	ROT	SUB6	S6	85	旋转控制
8	COD	SUB7	S7	51	代码转换
9	MOVE	SUB8	S8	37	逻辑乘后数据转移

（续）

序号	指令			执行时间常数	处理内容
	格式1（梯形图）	格式2（穿孔带）	格式3（程序输入）		
10	COM	SUB9	S9	5	公共线控制
11	COMB	SUB29	S29	2	公共线控制结束
12	JMP	SUB10	S10	7	跳转
13	JMPB	SUB30	S30	2	跳转结束
14	PARI	SUB11	S11	18	奇偶检查
15	DCNN	SUB14	S14	52	数据转换
16	COMP	SUB15	S15	28	比较
17	COIN	SUB16	S16	28	符合检查
18	DSCH	SUB17	S17	239	数据检索
19	XMOV	SUB18	S18	62	变址数据转移
20	ADD	SUB19	S19	39	加
21	SUB	SUB20	S20	39	减
22	MUL	SUB21	S21	95	乘
23	DIV	SUB22	S22	103	除
24	NUME	SUB23	S23	39	常数定义
25	PACTL	SUB25	S25	43	位置 Mate-A
26	CODB	SUB27	S27	28	二进制代码转换
27	DCNVB	SUB31	S31	86	扩展数据转换
28	COMPB	SUB32	S32	19	二进制数比较
29	ADDB	SUB36	S36	51	二进制加
30	SUBB	SUB37	S37	51	二进制减
31	MULB	SUB38	S38	86	二进制乘
32	DIVB	SUB39	S39	87	二进制除
33	NUMEB	SUB40	S40	13	二进制常数定义
34	DISP	SUB49	S49	88	信息显示

1. 功能指令格式

功能指令不能用继电器符号表示，必须采用图 6-20 所示的格式。格式包括：控制条件、

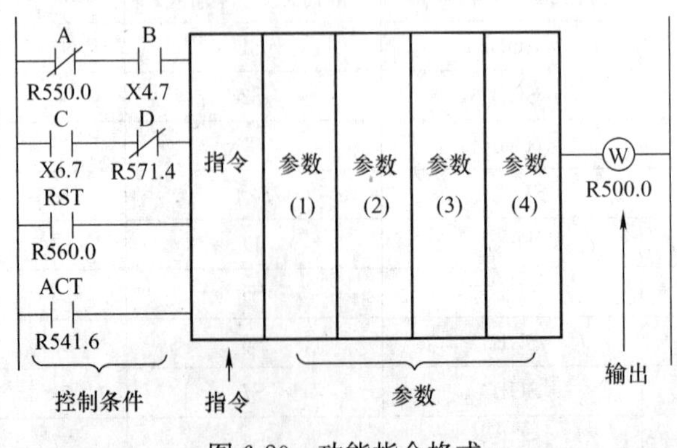

图 6-20 功能指令格式

指令、参数和输出。表 6-4 为图 6-20 所示功能指令的编码表和运算结果状态。

表 6-4　编码表及运算结果状态

步　号	指　令	地 址 号	注　释	运算结果状态			
				ST3	ST2	ST1	ST0
1	RD. NOT	R550. 0	A				$\overline{A}$
2	AND	X4. 7	B				$\overline{A}$. B
3	RD. STK	X6. 7	C			$\overline{A}$. B	C
4	AND. NOT	R571. 4	D			$\overline{A}$. B	C. $\overline{D}$
5	RD. STK	R560. 0	RST		$\overline{A}$. B	C. $\overline{D}$	RST
6	RD. STK	R541. 6	ACT	$\overline{A}$. B	C. $\overline{D}$	RST	ACT
7	SUB	o o	指令	$\overline{A}$. B	C. $\overline{D}$	RST	ACT
8	(PRM)	o o o o	参数 1	$\overline{A}$. B	C. $\overline{D}$	RST	ACT
9	(PRM)	o o o o	参数 2	$\overline{A}$. B	C. $\overline{D}$	RST	ACT
10	(PRM)	o o o o	参数 3	$\overline{A}$. B	C. $\overline{D}$	RST	ACT
11	(PRM)	o o o o	参数 4	$\overline{A}$. B	C. $\overline{D}$	RST	ACT
12	WRT	R500. 0	W	$\overline{A}$. B	C. $\overline{D}$	RST	ACT

指令格式中各部分内容说明如下：

(1) 控制条件　每条功能指令控制条件的数量和含义各不相同，控制条件存在于堆栈寄存器中，控制条件以及指令、参数和输出（W）必须无一遗漏地按固定的编码顺序编写。

(2) 指令　指令有三种格式（见表 6-3)。格式 1 用于梯形图；格式 2 用于纸带穿孔和程序显示；格式 3 是编程机输入时的简化指令。TMR 和 DEC 指令分别用编程机的 T 和 D 键输入，其他指令用 SUB 键和对应于 SUB 后面序号的数字键输入。

(3) 参数　与基本指令不同，功能指令可处理数据。也就是说，数据或存有数据的地址可作为参数写入功能指令。参数的数目和含义随指令而异。

(4) 输出（W)　功能指令操作结果用逻辑“0”或“1”状态输出到 W。W 地址由编程者任意指定。有些功能指令不用 W，如 MOVE、COM、JMP 等。

功能指令具有基本指令所没有的数据处理功能。功能指令处理的数据包括 BCD 代码数据和二进制代码数据。

BCD 代码数据由 1 字节（0～99）或相邻的 2 字节（0～9999）组成。例如，图 6-21 表示四位 BCD 数据 1234，顺序存储器在相邻的两个字节地址中。R400 存储低位数据，R401 存储高位数据。二进制代码由 1 字节、2 字节或 4 字节数据组成。图 6-22 所示为 4 字节二进制数据。不论 BCD 数据或二进制数据是几个字节，在功能指令中指定的地址都应是低位地址。

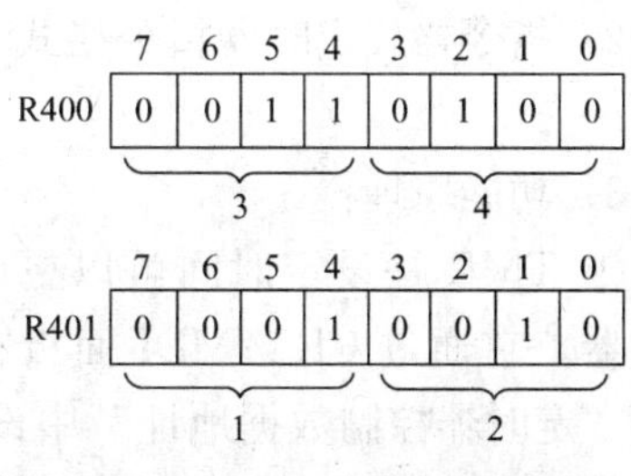

图 6-21　四位 BCD 数据

	7	6	5	4	3	2	1	0
R400	2^7	2^6	2^5	2^4	2^3	2^2	2^1	2^0
R401	2^{15}	2^{14}	2^{13}	2^{12}	2^{11}	2^{10}	2^9	2^8
R402	2^{23}	2^{22}	2^{21}	2^{20}	2^{19}	2^{18}	2^{17}	2^{16}
R403	±	2^{30}	2^{29}	2^{28}	2^{27}	2^{26}	2^{25}	2^{24}

4位数据 (−9999999 ～+9999999)

图 6-22 4 字节二进制数据

2. PMC—L 部分功能指令说明

PMC 功能指令数目和型号有关，仅选择一般数控机床常用的部分指令介绍如下：

（1）顺序结束指令（END1，END2）

END1：第一级程序结束指令。

END2：第二级程序结束指令。

指令格式：

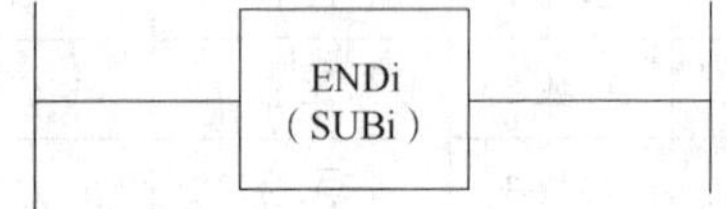

其中 i=1 或 2，分别表示第一级程序和第二级程序结束指令。

END1 在顺序程序中必须指定一次，其位置在第一级程序的末尾；当无第一级程序时，则在第二级程序的开头指定。

END2 在第二级程序末尾指定。

（2）定时器指令（TMR，TMRB）

1）定时器指令应用场合。在数控机床梯形图中，定时器是不可缺少的功能指令，常用于如下情况：

① 机械动作完成状态或稳定状态的延时确认。如卡盘夹紧/松开、自动夹具夹紧/松开、回转工作台锁紧/释放、刀具夹紧/松开、主轴起动/停止等。

② 机床液压、润滑、冷却、供气系统执行器件稳定工作状态的延时确认。如液压缸、气缸、电磁阀、压力阀、气阀等动作完成确认。

③ 顺序程序中其他需要与时间建立逻辑顺序关系的场合。

2）指令格式定时器指令格式如图 6-23 所示。

3）功能原理：

① TMR 是设定时间可以更改的延时定时器。它通过 CRT/MDI 面板在指令规定的“定时器控制数据地址”中设定时间，设定值用二进制表示。二进制数 1 相当于

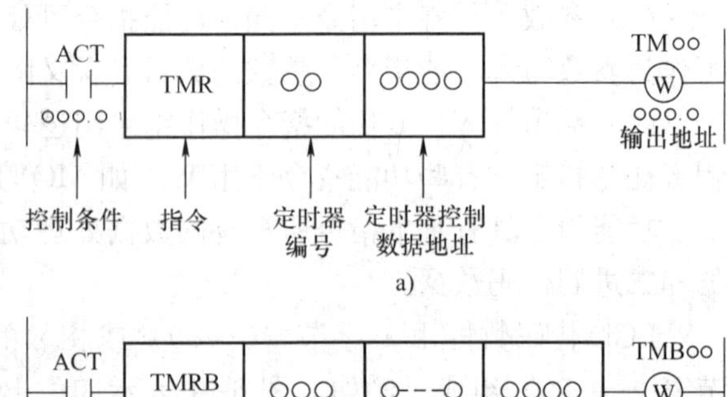

a)

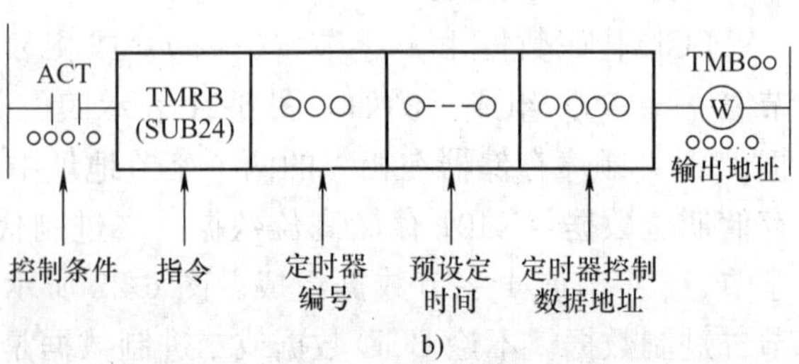

b)

图 6-23 TMR 和 TMRB 指令格式

50ms。设定范围：0.05～1638.35ms。每个定时器控制数据在保持型存储器中需要连续5字节存储区，如图6-24所示，指令控制数据地址要用其中的起始地址号作设定数据。

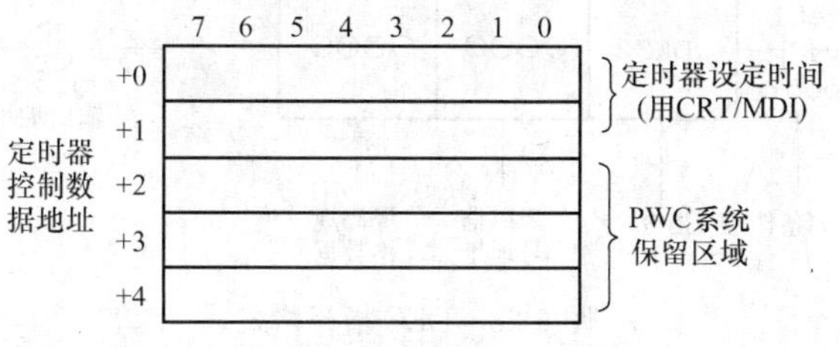

图6-24 定时器控制数据地址

② TMRB的设定时间与顺序程序一起被写入EPROM（又称固定定时器）。所设定的时间不能用CRT/MDI改变，除非修改梯形图设定时间，再重新写入EPROM。所以，TMRB是设定时间固定不变的延时定时器。预设定时间以十进制表示，每50ms为一挡，设定范围：0.05～1638.35ms，每个TMRB在内部继电器存储区域中需要3字节存储区，如图6-25所示，指令的控制数据地址要用其中的起始地址号作设定数据。

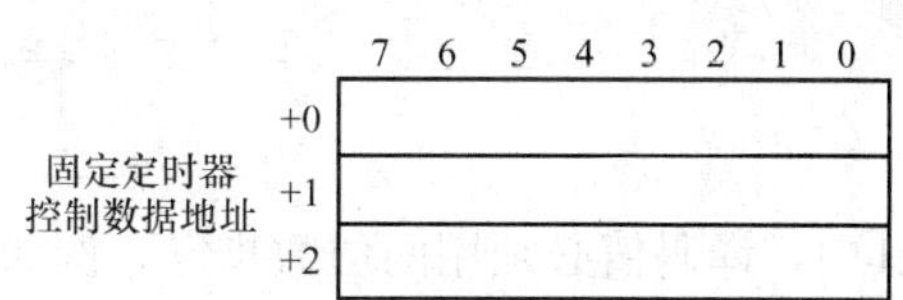

图6-25 固定定时器控制数据地址

③ 定时器操作，定时器工作时序如图6-26所示，其中T为设定时间。当控制条件ACT=0时，输出W=0。当ACT=1时，定时器开始计时，在到达预定时间T后，W=1。W地址由编程员任意设定。

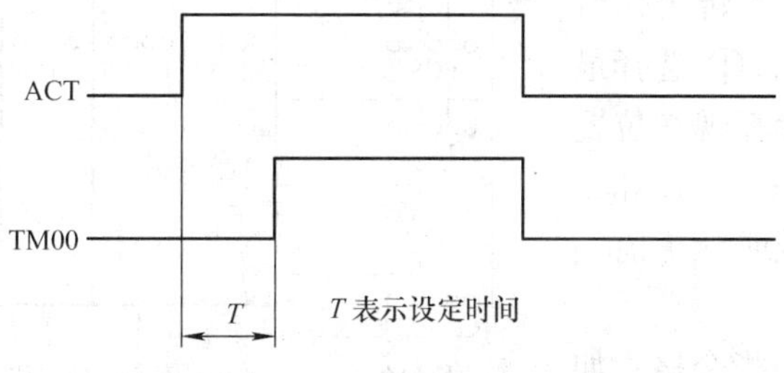

图6-26 定时器工作时序

（3）译码指令（DEC） 数控机床在执行加工程序的过程中，各坐标轴除要按程序指令运行外，还要执行程序指令规定的M机能、S机能和T机能。CNC以BCD代码形式输出M、S、T代码信号。这些信号需要经过译码才能从BCD编码状态转换成具有特定功能含义的一位逻辑状态，如图6-27所示。在为CNC机床编制顺序程序时，经常要用DEC指令对M和T功能进行译码。

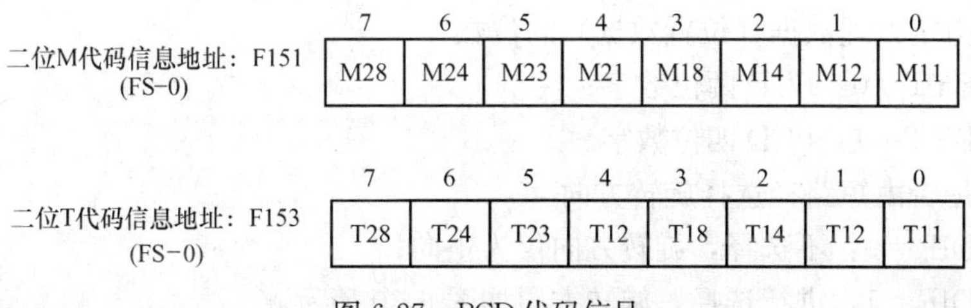

图6-27 BCD代码信号

1）指令格式译码指令格式如图 6-28 所示。

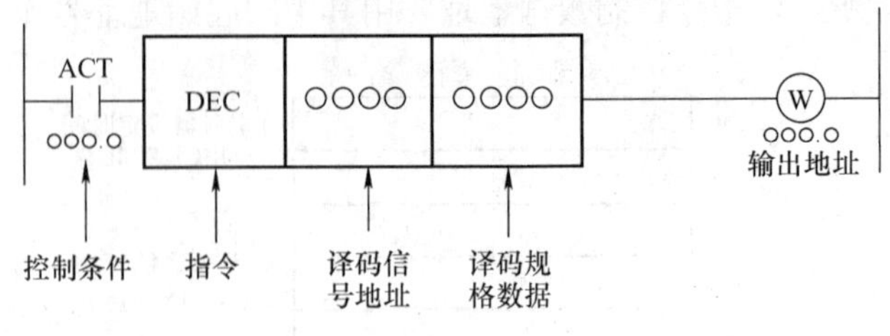

图 6-28 DEC 指令格式

2）功能原理：

① 译码信号地址指由 NC 至 PMC 的两位 BCD 代码信号地址。如 F151（M 代码信号地址）、F153（T 代码信号地址）等。译码规格数据由译码值和译码位数两部分组成。

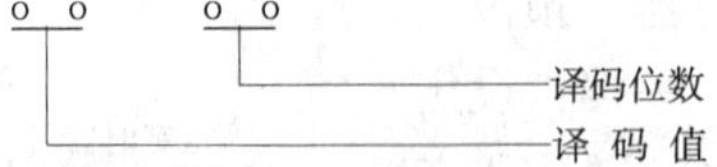

其中，译码值必须用两位数指定，例如，对 M03 译码，这两位数即为 03。译码位数的设定有三种情况：a 01：对低位数译码；b 10：对高位数译码；c 11：对两位数译码。

② 当指定译码信号地址的代码信号状态与指定序号相同时，输出 W=1；反之，W=0。译码输出 W 的地址由编程员任意确定。

(4) 旋转指令（ROT） 该指令可以对刀架、ATC、回转工作台等旋转体实现如下控制：① 选择最短路径旋转方向；② 计算现在位置和目标位置之间的步数；③ 计算目标位置前一相邻位置号或计算前一相邻位置的步数。

1）指令格式。旋转指令格式如图 6-29 所示。

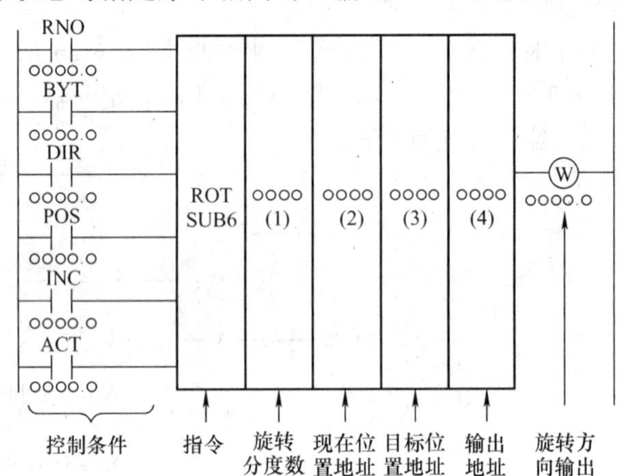

图 6-29 ROT 指令格式

2）功能原理：

① 该指令有六项控制条件，前五项决定 ROT 的工作方式，第六项为旋转执行命令。

第一项：指定旋转起始号

RNO=0：旋转位置号由“0”开始；

RNO=1：旋转位置号由“1”开始。

第二项：指定处理数据（位置数据）的位数

BYT=0：BCD 两位数字；

BYT=1：BCD 四位数字。

第三项：是否由短路径选择旋转方向

DIR=0：不选择，旋转方向仅为正向；

DIR=1：进行选择，旋转方向如图 6-30 所示。

第四项：指定计算条件

POS=0：计算现在位置和目标位置之间的步数；

POS=1：计算目标前一相邻位置。

第五项：指定位置或步数

INC=0：计算位置。如果要计算目标位置前一相邻位置，同时设定 POS=1；

INC=1：计算步数。如果要计算现在位置和目标位置的步数，同时设定 POS=0。

第六项：执行命令

ACT=0：ROT 指令不执行。W 不改变。

ACT=1：ROT 指令执行。

② 旋转体分度数。指定旋转体一周的分度位数。

③ 现在位置地址。指定存储现在位置的地址。

④ 目标位置地址。指定存储目标位置（或指令值）的地址，例如，存储 NC 输出 T 代码的地址。

⑤ 运算结果输出地址。将计算旋转体到目标位置的步数或计算到目标位置前一相邻位置的步数输出地址。

⑥ 旋转方向输出（W）。为控制旋转体沿最短途径旋转的转向被输入到 W，当 W=0 时，为正向旋转（FOR）；W=1 时，为反向旋转（REV）。FOR 与 REV 的定义如图 6-30 所示。

若旋转位置号随旋转递增，则旋向为 FOR；若随旋向递减，则旋向为 REV。W 的地址可以任意选择。当然，使用 W 的结果时，必须检测 ACT=1 的条件。

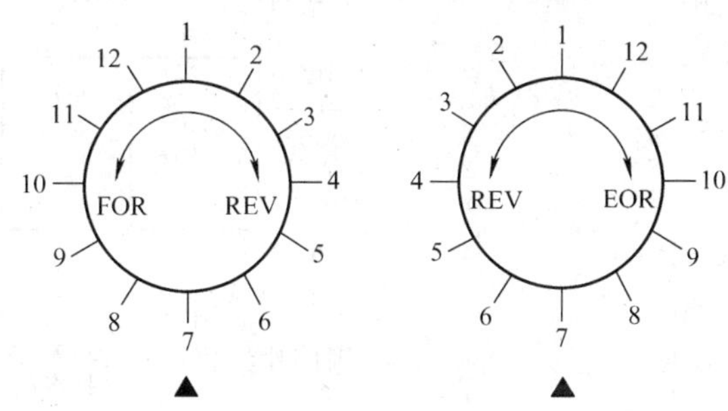

图 6-30　旋转体旋向规定

（5）逻辑乘转移指令（MOVE）　该指令的作用：使比较数据和处理数据进行逻辑乘运算，并将结果转移到指定地址。也可以用于将指定地址里的 8 位信号中不需要的位去掉。

1）指令格式。逻辑乘转移指令格式如图 6-31 所示。

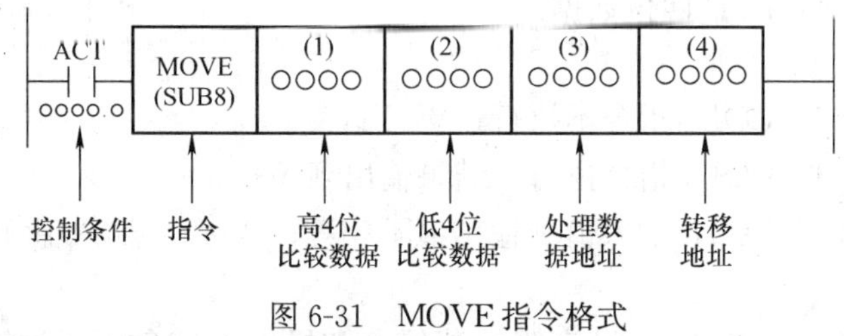

图 6-31　MOVE 指令格式

2）功能原理：当 ACT=0 时，MOVE 指令不执行；当 ACT=1 时，MOVE 指令执行。

3）应用举例。如果由机床侧输入的信号地址 X20 中的 0～4 位为欲采集的编码信号，用 MOVE 指令可以去掉 5～7 位不需要的干扰信号，并将编码信号转移到地址 R470 中，如图 6-32 所示。

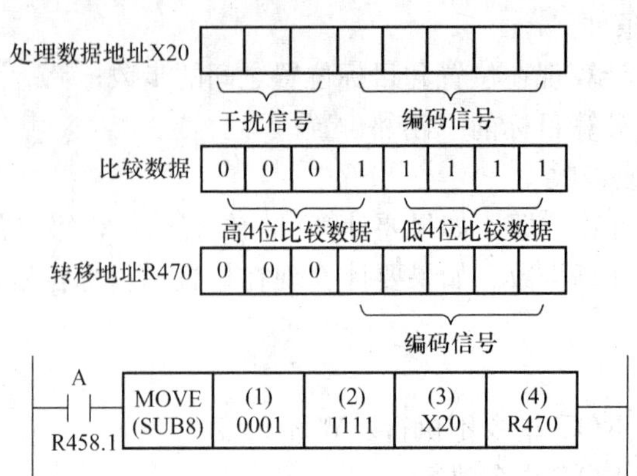

图 6-32 MOVE 指令梯形图

(6) 一致性检测（COIN） 该指令检查用 BCD 数据表示的输入数据与比较数据是否符合。此功能可用于检查刀库、回转工作台等旋转体是否到达减速位置或目标位置，也可以用于梯形图中各种地址状态之间的逻辑关系处理。

1）指令格式。一致性检测指令格式如图 6-33 所示，图中数据输入格式，0——用常数指定输入数据；1——用地址指定输入数据。

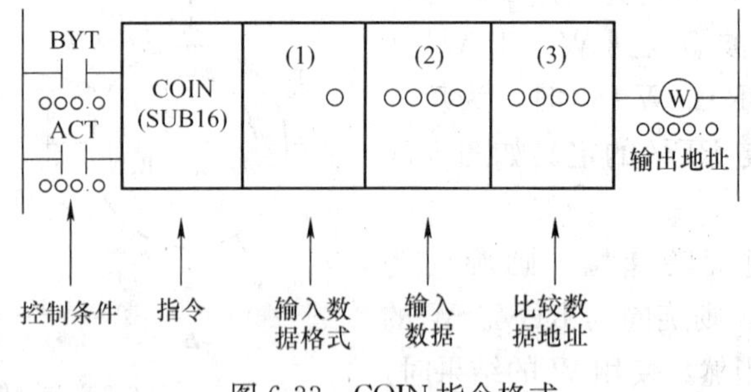

图 6-33 COIN 指令格式

2）功能原理：有两项控制条件。

第一项：指定处理数据（输入数据和比较数据）位数。

BYT=0：BCD 两位数据；

BYT=1：BCD 四位数据。

第二项：执行命令。

ACT=0：COIN 指令不执行；W 不改变；

ACT=1：COIN 指令执行；结果输出到 W。

比较结果输出时，W=0：输入值和输出值不相等；W=1：输入值和输出值相等。应用实例见第五节。

(7) 信息显示指令（DISP） 机床侧报警信息和操作者信息可通过顺序程序中的 DISP 指令显示在 CRT 上。

一个 DISP 指令可定义 16 种显示信息，被显示信息数据由指令参数定义。显示用设置控制条件 ACT=1 实现。

1）指令格式。信息显示指令格式如图 6-34 所示，其编码表见表 6-5。

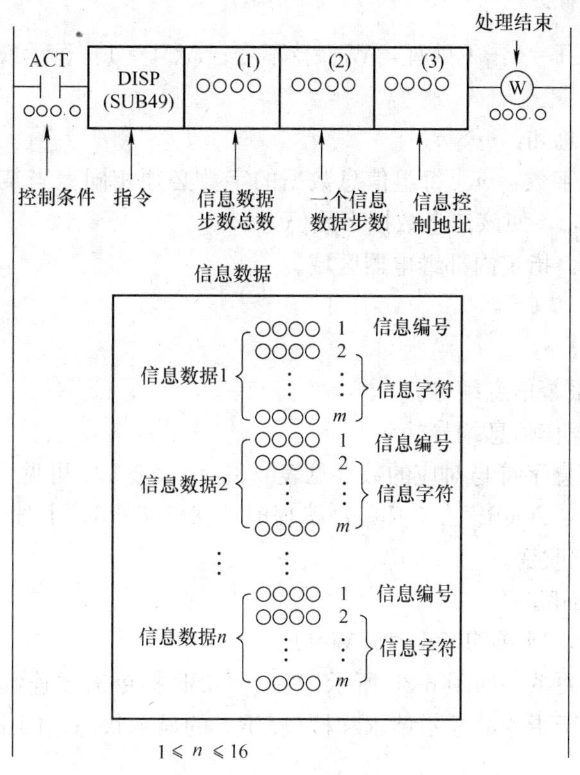

图 6-34　DISP 指令格式

表 6-5　编码表

步　　号	指　　令	地址号，位号	注　　释	控制条件存储状态		
				ST2	ST1	ST0
0001	RD	○○○．○	ACT			ACT
0002	SUB	49	DISP			
0003	(PRM)	○○○○	信息数据步数总数			
0004	(PRM)	○○○○	一个信息数据步数			
⋮	(PRM)	○○○○	信息控制地址			
	(PRM)	○○○○	1			
	(PRM)	○○○○	2			
	(PRM)	○○○○	3			
	⋮	⋮	⋮			
	(PRM)	○○○○	m			
	(PRM)	○○○○	1			
	(PRM)	○○○○	2			
	(PRM)	○○○○	3			
	⋮	⋮	⋮			
	(PRM)	○○○○	m			
	⋮	⋮				
	(PRM)	○○○○	1			
	(PRM)	○○○○	2			
	(PRM)	○○○○	3			
	⋮	⋮	⋮			
	(PRM)	○○○○	m			
	WRT	○○○○．○	处理结束（W）			W

2）功能原理：

① 控制条件：ACT=0：不处理，W 保持不变；ACT=1：显示或清除指定信息。

② 参数如下：

a）信息数据字数总和：$m\times n$。

b）一组信息数据字数：m。每组信息数据的字数必须相同。当某信息数据字数小于 m 时，可以将该字设置 00，使该信息数据字数仍为 m。

c）信息控制地址：指定内部继电器区域。

③ 信息数据

a）信息编码

1000～1999：为报警信息编号。

2000～2999：为操作信息编号。

b）信息字符：信息字符与对应的数字见表 6-8。由表 6-8 中可见，两位数字对应一个字符，例如，若要显示“TOOL”（工具）编程时为 84797976。上述所有信息都被固化到 EPROM 中，不能任意改变。

④ W=0：处理结束。

W=1：在处理中，当 ACT=1 时，W=1。

⑤ 参数与数据的关系。如图 6-35 所示，一个 DISP 指令需要连续四字节内部继电器地址（R500～R503）用于指令的显示请求和检查 CRT 的显示状态。四字节的首地址即为指令的信息控制地址。

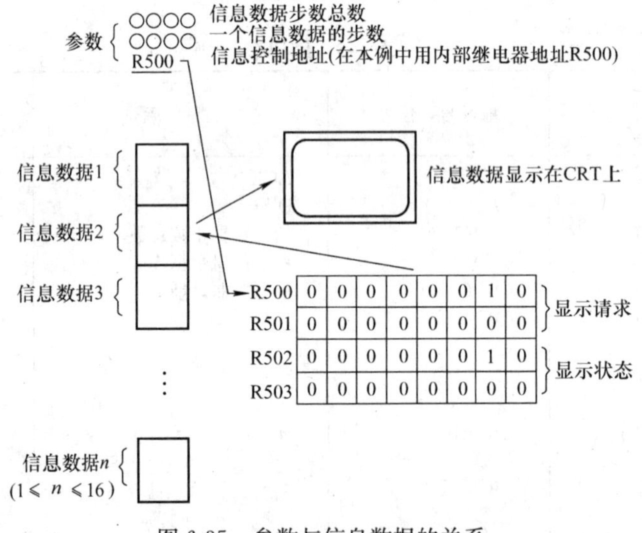

图 6-35 参数与信息数据的关系

当 ACT=1，两字节显示请求地址中被置为“1”的状态时，与该位对应的信息数据显示在 CRT 上，被置为“0”时，显示即被清除。显示在 CRT 上的信息可通过对应的两字节“显示状态”位来检查。有显示的位为“1”，无显示的位为“0”。

PMC—L 信息显示应用举例见第五节。采用 PMC—PA1/SA1/SA3 的信息显示同上略有区别，请参阅相关编程说明书。

第五节 梯形图应用举例

一、润滑系统自动控制梯形图

图 6-36 所示为一台数控车床润滑系统自动控制梯形图，它处理来自机床侧的 4 个以 X 字母开头的输入地址信号、2 个以 Y 字母开头的输出地址信号、12 个以 R 字母开头的内部

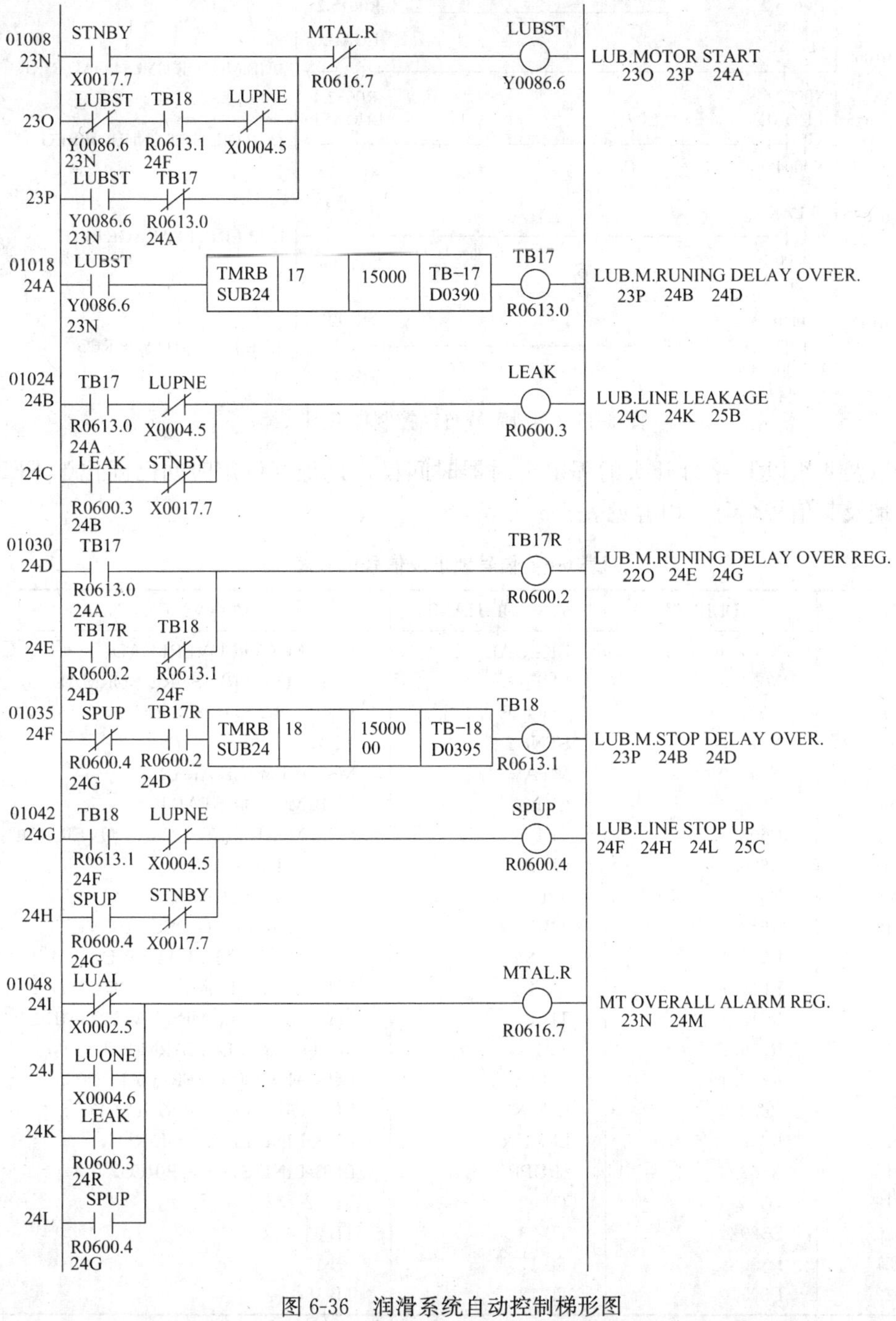

01008 23N STNBY X0017.7 MTAL.R R0616.7 LUBST Y0086.6 LUB.MOTOR START 23O 23P 24A
23O LUBST Y0086.6 23N TB18 R0613.1 24F LUPNE X0004.5
23P LUBST Y0086.6 23N TB17 R0613.0 24A
01018 24A LUBST Y0086.6 23N TMRB SUB24 17 15000 TB−17 D0390 TB17 R0613.0 LUB.M.RUNING DELAY OVFER. 23P 24B 24D
01024 24B TB17 R0613.0 24A LUPNE X0004.5 LEAK R0600.3 LUB.LINE LEAKAGE 24C 24K 25B
24C LEAK R0600.3 24B STNBY X0017.7
01030 24D TB17 R0613.0 24A TB17R R0600.2 LUB.M.RUNING DELAY OVER REG. 22O 24E 24G
24E TB17R R0600.2 24D TB18 R0613.1 24F
01035 24F SPUP R0600.4 24G TB17R R0600.2 24D TMRB SUB24 18 15000 00 TB−18 D0395 TB18 R0613.1 LUB.M.STOP DELAY OVER. 23P 24B 24D
01042 24G TB18 R0613.1 24F LUPNE X0004.5 SPUP R0600.4 LUB.LINE STOP UP 24F 24H 24L 25C
24H SPUP R0600.4 24G STNBY X0017.7
01048 24I LUAL X0002.5 MTAL.R R0616.7 MT OVERALL ALARM REG. 23N 24M
24J LUONE X0004.6
24K LEAK R0600.3 24R
24L SPUP R0600.4 24G

图 6-36 润滑系统自动控制梯形图

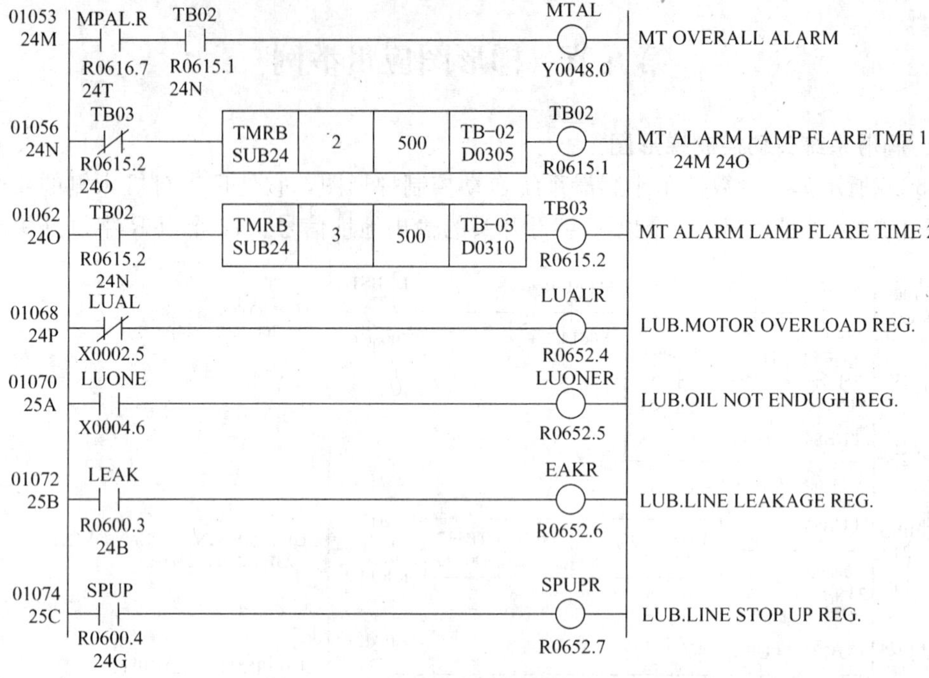

图 6-36 润滑系统自动控制梯形图（续）

继电器以及 4 组以 D 字母开头的固定定时器时间设定地址（设定时间已固化于 EPROM）。上述地址及其信号名称、内容见表 6-6。

表 6-6 信号地址及信号内容表

NO.	ADDRESS	SYMBOL-HAME	CONMMENT-NAME
0001	X002. 5	DKLUAL	LUB. MOTOR OVERLOAD
0002	X004. 5	LUPNE	LUB. LINE PRESSURE NORMAL
0003	X004. 6	LUONE	LUB，OIL NOT ENOUGH
0004	X017. 7	STNBY	STAND-BY
0005	Y048. 0	MTAL	MT OVERALL ALARM
0006	Y086. 6	LUBST	LUB. MOTOR START
0007	R600. 2	TB17R	LUB. M. RUNING DELAY OVER REG.
0008	R600. 3	LEAK	LUB，LINE LEAKAGE
0009	R600. 4	SPUP	LUB. LINE STOP UP
0010	R613. 0	TB17	LUB. M. RUNING DELAY OVER
0011	R613. 1	TB18	LUB. M. STOP DELAY OVER
0012	R615. 1	TB02	MT ALARM LAMP FLARE TIME 1
0013	R615. 2	TB03	MT ALARM LAMP FLARE TIME 1
0014	R616. 7	TALR	MT OVERALL ALARM REG.
0015	R652. 4	LUALR	LUB. MOTOR OVERLOAD REG.
0016	R652. 5	LUONER	LUB. OIL NOT ENOUGH REG.
0017	R652. 6	LEAKR	LUB. LINE LEAKAGE REG.
0018	R652. 7	SPUPR	LUB. LINE STOP UP REG.
0019	D305	TB-02	TB-02
0020	D320	TB-03	TB-03
0021	D390	TB-17	TB-17
0022	D395	TB-18	TB-18

图 6-37 所示是本例控制电路图，图 6-38 所示是强电线路图，图 6-37、图 6-38 中各图形符号名称说明如下：

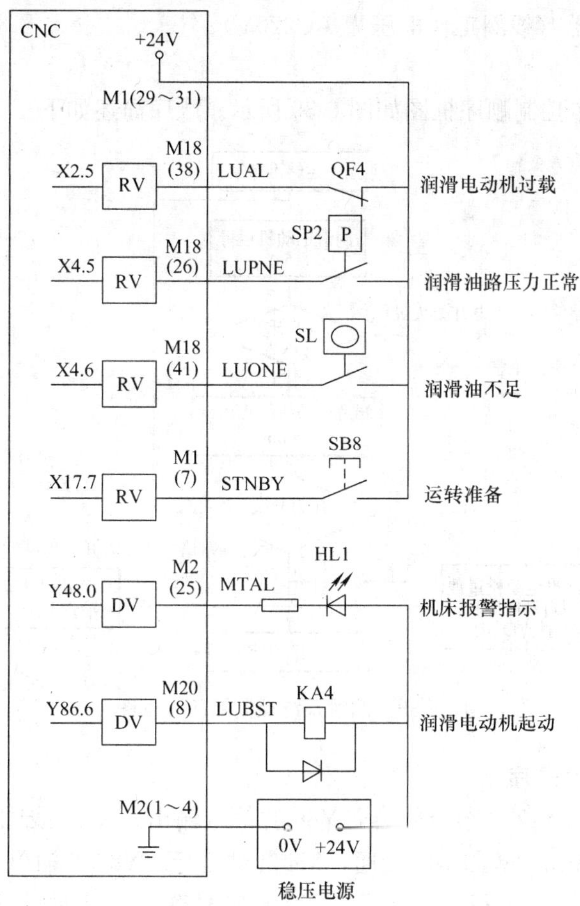

图 6-37　润滑系统及其报警控制电路图

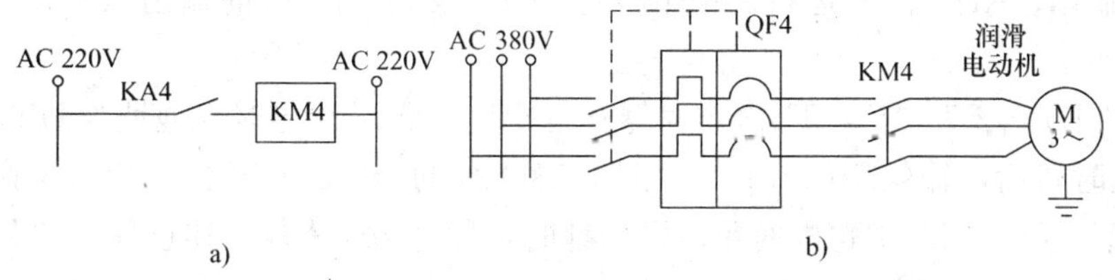

图 6-38　润滑电动机控制强电线路图

M1、M2、M18、M20：CNC 装置信号电缆插座，图 6-37 中括号内数字为插脚编号。

RV：输入信号接收器。

DV：输出信号驱动器。

QF4：润滑电动机过载保护自动断路器（过载时自动断开）。

SP2：润滑油路压力开关（工作压力正常时接通）。

SL：润滑油液面开关（润滑油不足时接通）。

SB8：运转准备按钮（位于机床操作面板，按下时，机床处于运行准备状态）。

HL1：机床报警指示发光二极管（位于机床操作面板，用于指示机床报警状态）。

KA4：瞬时通断继电器（用于起动电磁接触器）。

KM4：电磁接触器（线圈工作电压为 AC220V）。

M4：润滑电动机。

梯形图设计的基本控制顺序框图如图 6-39 所示。顺序简述如下：

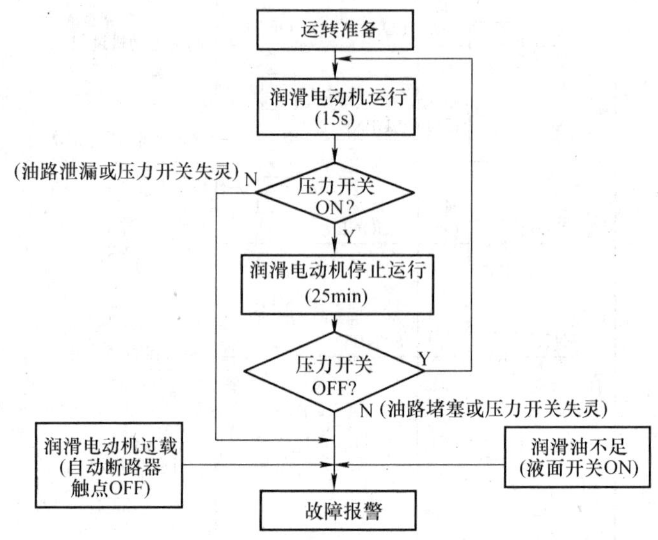

图 6-39 润滑系统控制顺序方框图

1. 正常工作时控制顺序

按下 SB8，23N 行 X17.7 节点闭合，Y86.6 信号输出，KA4 线圈接通，其触点闭合又使 KM4 接通，于是 AC380V 与 M4 接通，M4 起动运行。Y86.6 输出由 23P 行自保。

Y86.6 为“1”时，24A 行触点闭合，TB17 定时器开始计时。TB17 设定时间地址为 D390，设定时时间为 15s。到达时间后输出 R613.0 为“1”，23P 行 R613.0 触点断开，于是 Y86.6 停止输出，KM4 停止运行。R613.0 为“1”又使 24D 行的输出 R600.2 为“1”，并由 24E 行自保。

24F 行的 R600.2 为“1”，TB18 定时器开始计时。TB18 设定时间地址为 D395，设定时间 25min。到达时间后，输出 R613.1 为“1”，23O 行的 R613.1 闭合，Y86.6 输出并自保，KM4 重新起动运行，TB17 也同时重新开始计时，程序运行重复上述过程，如图 6-40 所示。

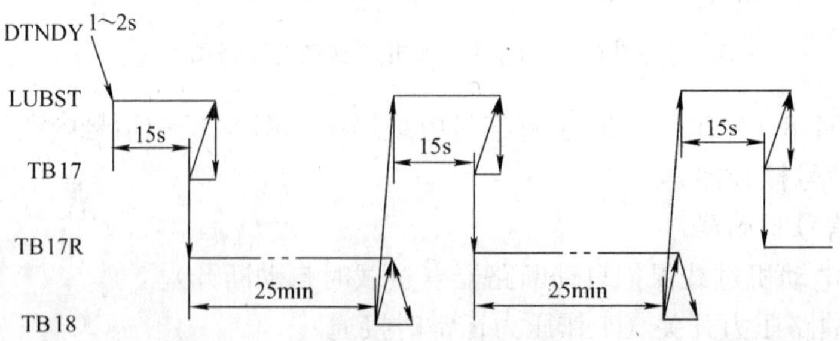

图 6-40 润滑系统正常起动运行时序图

2. 故障监控

梯形图程序对如下四种故障状态进行监控：

1）当润滑系统出现泄漏时或其他故障使得 M4 运行 15s 后油路压力仍不能达到正常设定值（即 SP2 未闭合），则 24B 行 R600.3 为“1”并自保，使 24I 行 R616.7 为“1”，又使 23N 的 R616.7 断开，润滑电动机将不能再起动。

2）当润滑油路堵塞或其他故障使得 M4 在停止运行 25min 后，油路压力仍降不下来（SP2 处于闭合状态），24G 行的 R600.4 为“1”并自保，又使 23N 行的 R616.7 断开，润滑电动机将不能再起动。

3）如果润滑油不足，SL 闭合，24I 行 R616.7 为“1”，23N 行的 R616.7 断开，Y86.6 无输出，电动机不能起动或停止运转。

4）如果润滑电动机过载，QF4 断开，24I 行 R616.7 为“1”，23N 行 R616.7 断开，Y86.6 无输出，电动机不能起动或停止运转。

上述四种故障中有任何一种出现，将使 24I 行 R616.7 为“1”，并使 24M 行 Y48.0 信号输出，接通机床报警指示发光二极管，向操作者发出报警指示。

为使报警指示容易引起操作者注意，采用 24N 行和 24O 行控制逻辑，使报警灯以频闪示警。频闪时间控制时序图如图 6-41 所示。

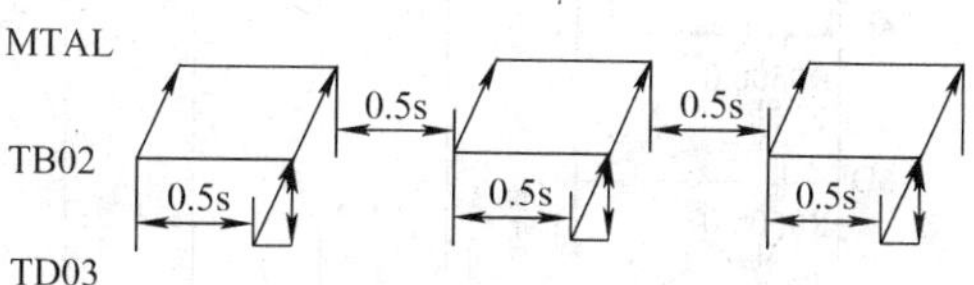

图 6-41　机床报警指示灯频闪时间控制时序图

通过 24P、25A、25B、25C 行，将四种报警状态移到内部继电器 R652 地址中。操作者可通过 CRT/MDI 检索并检查诊断地址 DGN No.652 的对应位状态，即可确认润滑系统报警时的具体故障原因和部位，如图 6-42 所示。

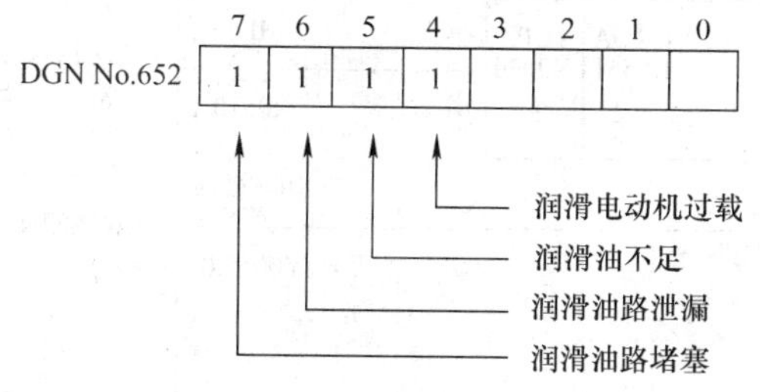

图 6-42　故障诊断地址

R600.3 和 R600.4 的自保状态由运转准备按钮 SB8 解除。

本例中，润滑电动机运行和停止时间周期是根据整机工作状况选定的。如最佳运行周期难以事先确定，可将 17、18 两固定定时器功能指令改为可变定时器功能 TMR，则可通过 CRT/MDI 灵活修改定时器设定时间，经运行验证，确定理想的润滑控制周期后，再改用 TMRB 指令，将设定时间固化于 EPROM。

二、刀库自动选刀控制梯形图

图 6-43 所示是经简化的刀库自动选择指定刀具的局部梯形图，用于加工中心转盘式刀库控制。刀库可容纳 12 把刀，刀具号与刀座号一一对应。采用的 PLC 型号为 PMC—L。根据 ROT 指令的规定，本例中刀库逆时针旋转为正向旋转，顺时针旋转为反向旋转。在加工运行中，刀库先以正常速度沿最短路径旋转，使目标刀具趋近换刀位置。在到达目标位置前

一刀座位置时，刀库减速，使目标刀具实现稳定、精确定位，如图 6-44 所示。

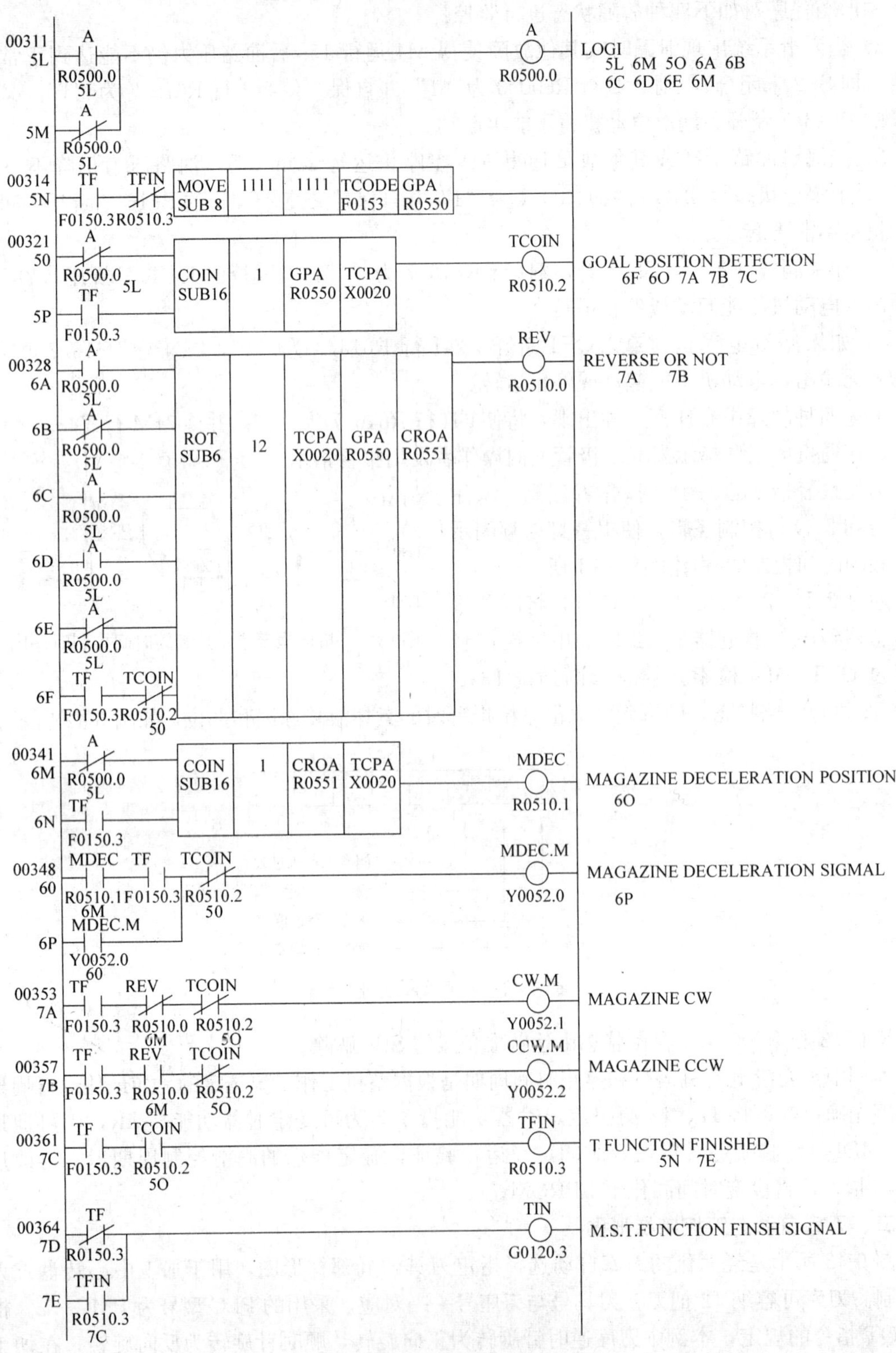

图 6-43　刀库自动选刀控制梯形图

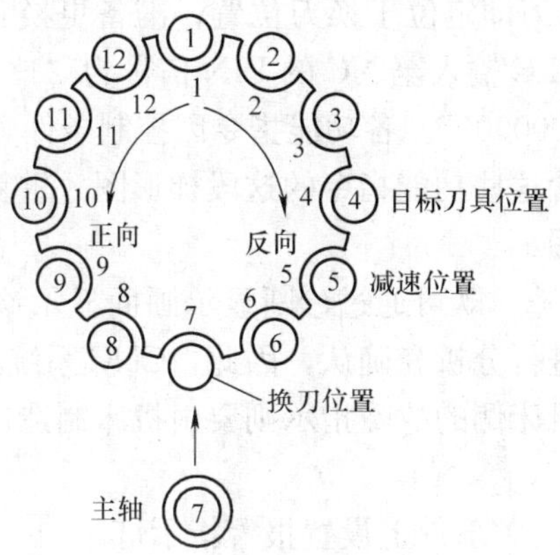

图 6-44　加工中心刀库

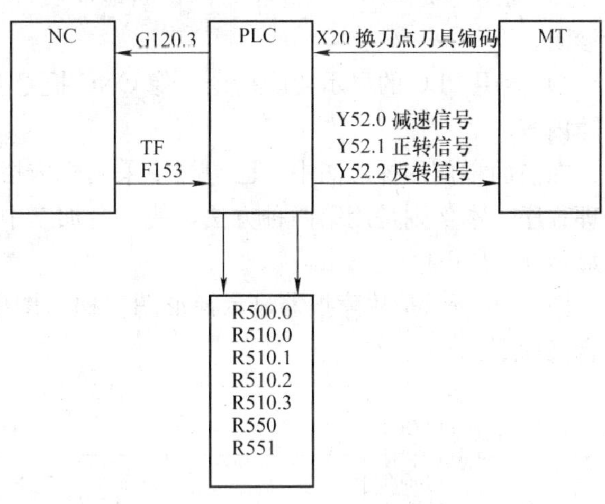

图 6-45　信息传递关系

梯形图控制顺序如下：

假设在加工运行中主轴正在使用 7 号刀具，后面的工序需要使用 4 号刀具。NC 程序执行包含更换 4 号刀具的 T04 程序段，此时，主轴返回换刀位置把 7 号刀放入 7 号刀座，接着刀库机构处于旋转状态，再根据图 6-43 所示把 4 号刀具转到换刀位置。NC 执行该程序段的同时，由 NC 输出至 PLC 的信号 TF 为“1”，并将目标刀具 4 号值放入 F153，故 F153 的状态为“00000100”。图 6-45 所示为 NC、PLC、MT 和 PLC 数据存储区之间信息传递关系。

执行逻辑乘转移指令 MOVE，F153 的刀号数据（数值为 4）传送至 R550 中。

执行第一个一致性检测 COIN 时，R550 存放刀具目标地址，X20 是机床刀库上的一组编码开关输入的以两位 BCD 信号表示的换刀位置上的刀具位置地址，由于 R550 中与 X20 中的两位 BCD 值不相符，故输出 TCOIN 为“0”。

执行旋转指令 ROT。在 ROT 指令参数中，12 为刀库容量，R550 为目标位置地址，R551 为目标刀具位置的前一相邻位置的计算结果输出地址。根据控制条件的设定，ROT 指令自动判别旋转方向（即选择最短路径）。在本例中，输出 REV 为“1”，刀库沿反向旋转。

执行第二个一致性检测 COIN。由于 R551 中的两位 BCD 值（数值为 5）与 X20 中的两位 BCD 值（数值为 7）不相符，故输出 MDEC 为“0”。

在 7A 和 7B 行中，因 REV 为“1”、TCOIN 为“0”，故 CW. M 为“0”，而 CCW. M 为“1”，输出反向旋转信号，使刀库反向旋转。4 号刀沿最短路径趋近换刀位置。在到达目标的前一相邻位置时，X20 状态为“00000101”，于是第二个 COIN 指令中的 X20 与 R551 的数据相符合，输出 MDEC 为“1”，导致 MDEC. M 信号输出，刀库减速。当到达目标位置时，第一个 COIN 指令中的 X20 与 R550 的数据相符合，TCOIN 为“1”，CCW. M 信号停止输出，刀库停止旋转，4 号刀即定位于换刀位置，准备更换到主轴上。在 TCOIN 为“1”的同时，TFIN 为“1”，使 PLC 输入至 NC 的 FIN 信号为“1”，NC 侧的 TF 信号变成“0”状态，F153 的状态变为“00000000”。各功能指令因控制条件 ACT=0 而停止执行。直到加工需要重新更换刀具时，包含这些功能指令的这段梯形图才重复上述控制顺序。

三、故障报警显示梯形图

数控机床 CNC 系统的故障，既可通过诊断显示画面显示诊断数据，又可由报警显示画面显示故障编号和故障内容进行分析和确认，因此，CNC 系统故障诊断和显示可由 CNC 装置本身具有的功能来实现。机床侧的故障指示则要由机床制造厂家来处理。一般采用如下 n 种方法：

1）在操作面板或机床的有关部件上设置报警指示灯。

2）用输入/输出信号指示灯提示故障状态。

3）向用户提供用于故障检查的诊断地址表，操作者依据诊断地址通过诊断显示画面进行诊断。

4）运用 PLC 的显示功能指令，像 CNC 报警显示一样，在 CRT 上直接显示故障编号和故障内容。

在前面举例的梯形图中，已包括了采用机床报警灯和故障诊断地址实现机床故障诊断的处理程序。本例则是用第四种方法，使一台加工中心可能出现的部分故障编号和故障内容直接显示在 CRT 上。

图 6-46 所示是故障报警显示梯形图。梯形图中输入信号及内部继电器名称、状态和功能含义如下：

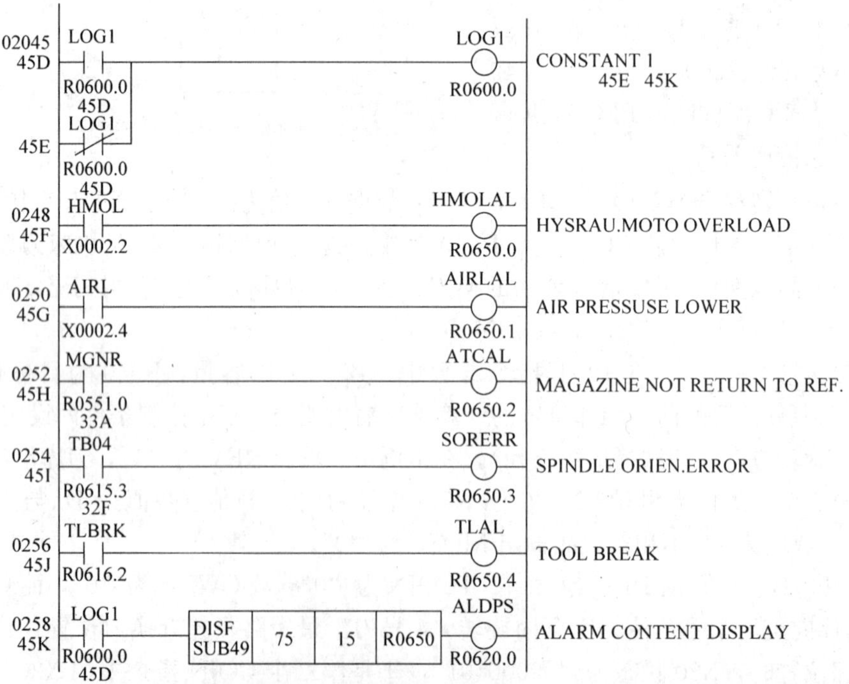

图 6-46 故障报警显示梯形图

X2.2　　HMOL　液压电动机过载输入信号，正常时断开，过载时闭合。

X2.4　　AIRL　气压过低输入信号，正常时断开，过低时闭合。

R0551.0　MGNR　刀库未返回基准点状态，此状态为梯形图其他部分的执行结果。

R0615.3　TBO4　主轴准停故障状态，此状态为梯形图其他部分的执行结果。

R0616.2　TLBRK　刀具折断状态，此状态为梯形图其他部分的执行结果。

R0650.0　ALDSP　报警内容显示。

R0650.0　HMOLAL　液压电动机过载报警。

R0650.1　AIRLAL　气压过低报警。

R0650.2　ATCAL　刀库未返回参考点报警。

R0650.3　SORERR　主轴准停故障报警。

R0650.4　TLAL　刀具折断报警。

上述 5 个报警信息以参数数据的形式由 DISP 功能指令设定。DISP 功能指令的全部设定数据见表 6-7 中的 2059 步～2138 步所示；设定数据与字符对照表见表 6-8；PLC 程序步号、报警号、报警内容及显示条件之间的关系见表 6-9。

表 6-7　信号地址及信号内容

No.	LADDER PROGRAM	SYMBOL CONMMENT DATA
02045	RD R600.0	(LOG1) CONSTANT 1
02046	OR. NOT R600.0	(LOG1) CONSTANT 1
02047	WRT R600.0	(LOG1) CONSTANT 1
02048	SR. NOT X2.2	(HMOL)
02049	WRT R650.0	(HMCLAX) HYDRAU. MOTOR OVERLXAD
02050	RD. NOT X4.4	(AIRL)
02051	WRT R650.1	(AIRLAL) AIR PRESSUSH LOWHR
02052	RD R551.0	(MGNR)
02053	WRT R650.2	(ATCAL) MAGAZINE NOT RETURN TO REF
02054	RD R615.3	(TB04)
02055	WRT R650.3	(SCRERR) SPINDLE ORIHN. ERRIH
02056	RD R616.2	(TLBRK)
02057	WRT R650.0	(TLAL) TOOL BREAK
02058	RD R600.0	(LOG1) CONSTANT 1
02059	SUB 49	
02060	75	
02061	15	
02062	R650	
02063	1000	1000
02064	7289	HY
02065	6882	DR
02066	6585	AU
02067	4632	.
02068	7779	MO
02069	8479	TO
02070	8232	R
02071	7986	OV
02072	6982	ER
02073	7679	LO

（续）

No.	LADDER PROGRAM	SYMBOL CONMMENT DATA
02074	6568	AD
02075	0	
02076	0	
02077	0	
02078	1015	1015
02079	6573	AI
02080	8232	R
02081	8082	PR
02082	6983	ES
02083	8335	SU
02084	8269	RE
02085	3276	L
02086	7987	OW
02087	6982	ER
02088	0	
02089	0	
02090	0	
02091	0	
02092	0	
02093	1030	1030
02094	7765	MA
02095	7165	GA
02096	9073	ZI
02097	7869	NE
02098	3278	N
02099	7984	OT
02100	3282	R
02101	6984	ET
02102	8582	UR
02103	7832	N
02104	8479	TO
02105	3282	R
02106	6970	EF
02107	4632	.
02108	1045	1045
02109	8380	SP
02110	7378	IN
02111	6876	DL
02112	6932	E
02113	7982	OR
02114	7369	IE
02115	7846	N.
02116	3269	E
02117	8282	RR
02118	7982	OR
02119	0	
02120	0	
02121	0	

（续）

No.	LADDER PROGRAM	SYMBOL CONMMENT DATA
02122	0	
02123	1060	1060
02124	8479	TO
02125	7976	OL
02126	3266	B
02127	8269	RE
02128	6575	AK
02129	0	
02130	0	
02131	0	
02132	0	
02133	0	
02134	0	
02135	0	
02136	0	
02137	0	
02138	WRT R620.0	(ALDSP) ALARM CONTENT DISPLAY

表 6-8 设定数据与字符对照表

设定数据	对应字符	设定数据	对应字符	设定数据	对应字符
32	（空格）	54	6	76	L
33	!	55	7	77	M
34	■	56	8	78	N
35	#	57	9	79	O
36	$	58	:	80	P
37	%	59	;	81	Q
38	&	60	<	82	R
39	’	61	=	83	S
40	(	62	>	84	T
41	)	63	?	85	U
42	*	64	@	86	V
43	+	65	A	87	W
44	’	66	B	88	X
45	—	67	S	89	Y
46	.	68	D	90	Z
47	/	69	E	91	[
48	0	70	F	92	
49	1	71	G	93	]
50	2	72	H	94	∧
51	3	73	I	95	—
52	4	74	J		
53	5	75	K		

表 6-9 显示内容与显示条件对照表

步 号	报 警 号	显示内容	显示条件
2063～2077	1000	HYDRAU. MOTOR OVERLOAD	R650.0 为“1”
2078～2092	1015	AIR PRESSURE LOWER	R650.1 为“1”
2093～2107	1030	MAGAZINE NOT RETURN TO REF.	R650.2 为“1”
2108～2122	1045	SPINDLE ORIEN. ERROR	R650.3 为“1”
2123～2147	1060	TOOL BREAK	R650.4 为“1”

当 R650.0～R650.4 中有任何一个内部继电器状态为“1”，CRT 将自动显示对应的故障报警信息。例如，主轴准停出现故障时，R615.3 为“1”，使表示“显示请求”的内部继电器 R650.3 为“1”，又导致表示“显示状态”的内部继电器 R652.3 为“1”，此时自动显示报警信息如图 6-47 所示。

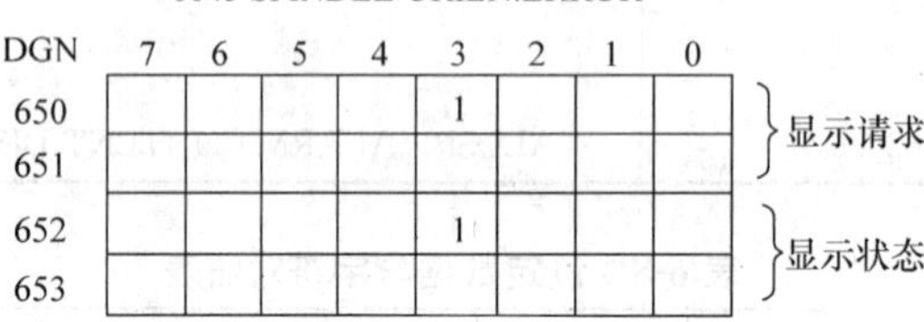

图 6-47 显示请求和显示状态诊断

习题与思考题

6-1 PLC 的含义是什么？

6-2 RLC 的含义是什么？这种控制方式存在什么问题？

6-3 PLC 控制的特点是什么？

6-4 数控机床用 PLC 可分为几类？简述各类的特点。

6-5 数控机床接口是指什么？数控机床接口分几种类型？

6-6 什么信号称为输入信号？什么信号称为输出信号？

6-7 简述梯形图的结构组成。

6-8 第一级程序和第二级程序的区别是什么？

6-9 输入信号为什么要进行同步处理？

6-10 PMC—L 中的堆栈寄存器是怎样工作的？

第七章　数控机床的使用与维修

第一节　数控机床的选用

我国已能生产多种类型的数控机床，并且其中许多机床在技术性能上已经比较完善。如何从品种繁多、价格昂贵的设备中选择适用的设备，如何使这些设备在机械制造中发挥作用，如何正确、合理地选购与主机相配套的附件及软件技术，这是广大使用单位十分关心的问题。以下介绍选择数控机床时应考虑的一些问题。

一、确定典型加工工件

选购数控机床首先必须确定用户所要加工的典型工件。每一种机床的性能只适用于一定的使用范围，只有在满足工件的加工条件下，数控机床才能发挥最佳效果。

用户单位应当确定哪些工件的哪些工序准备用数控机床来完成，然后采用成组技术把这些工件进行归类。确定比较满意的典型工件之后，再来选择适合加工的数控机床。每一种数控机床都有其特定加工的典型工件，如卧式加工中心适用于加工箱体零件——箱体、泵体、阀体和壳体等；立式加工中心适用于加工板类零件——箱体、盖板、壳体和平面凸轮等平面曲线工件。若在立式加工中心上加工复杂箱体，则工件的多面加工需要使用夹具和掉换工艺基准，这就会降低生产率和加工精度。若在卧式加工中心上加工平面曲线工件，则需要增加弯板夹具，会降低工件加工时的刚度，加工中心也不能充分发挥其效益。就一般情况而言，卧式机床的价格要比立式机床贵80%～100%，所需加工费用也高，所以这样加工是不经济的。当然卧式加工中心的工艺性比较广泛，这也是选购数控机床考虑的一个因素。据资料介绍，在工厂车间设备配置中，卧式机床占60%～70%，而立式机床只占30%～40%。

二、数控机床规格的选择

数控机床的最主要规格就是几个数控坐标轴的行程范围和主轴电动机功率。机床在空间坐标系中三个坐标轴的行程（x、y、z）反映该机床允许的加工范围。一般情况下，加工工件的轮廓尺寸应在机床的加工空间范围之内，例如，典型零件是450mm×450mm×450mm的箱体，应选取工作台面尺寸为500mm×500mm的加工中心。选用工件台面比加工工件稍大一些是考虑到安装夹具所需的空间。加工中心的工作台面尺寸和三个坐标轴的直线行程都有一定比例关系，如上述工作台为500mm×500mm的机床，X轴行程一般为700～800mm、Y轴为550～700mm、Z轴为500～600mm。因此，工作台面的大小基本上确定了加工空间的大小。个别情况下也可以有工件尺寸大于机床坐标轴行程，这时必须要求工件上的加工区处在机床的行程范围之内，而且要考虑机床工作台的允许承载能力，以及工件是否与机床换刀空间干涉及其在工作台上回转时是否与防护罩附件干涉等一系列问题。

主轴电动机功率反映了数控机床的切削效率，也从一个侧面反映了机床在切削时的刚性。目前，一般加工中心都配置了功率较大的直流或交流主轴驱动电动机，可用于高速切削，但在低速切削中转矩受到了一定的限制，这是由于调速电动机在低转速时功率输出下降。因此，当需要加工大直径和余量很大的工件，如镗削时，必须对低速转矩进行校核。

用户应当根据加工工件毛坯余量的大小、所需切削力、要求达到的加工精度以及刀具配置等因素综合考虑选择机床。

如果某些工件采用三坐标数控机床不能满足加工要求，则应增加坐标轴数，例如增加回转坐标轴（A、B、C）。

三、机床精度的选择

机床的精度等级应根据典型零件关键部位加工精度的要求来定。国产加工中心按精度可分为普通型和精密型两种。加工中心的精度项目很多，关键的项目见表 7-1。

表 7-1　机床精度主要项目　（单位：mm）

精度项目	普通型	精密型
单轴定位精度	±0.01/300 或全长	±0.005/全长
重复定位精度	±0.006	±0.003
铣圆加工精度	0.03～0.05	0.02

数控机床的其他精度与表中所列数据都有一定的对应关系。定位精度和重复定位精度综合反映了该轴各运动元部件的综合精度，尤其是重复定位精度，它反映了该控制轴在行程内任意定位点的定位稳定性，这是衡量该控制轴能否稳定可靠工作的基本指标。目前的数控系统软件功能比较丰富，一般都具有控制轴向螺距误差补偿功能和反向间隙补偿功能，能对进给传动链上各环节系统误差进行稳定的补偿。如丝杠的螺距误差和累积误差可以用螺距补偿功能来补偿；进给传动链的反向死区可用反向间隙补偿来消除。实际造成这种反向移动量误差的原因是，存在驱动元部件的反向死区、传动链各环节的间隙、弹性变形和接触刚度变化等因素。其中有些误差是随机误差，它们往往随着工作台的负载大小、移动距离长短、移动定位速度的改变而表现出不同的损失移动量。所以，即便是经过仔细的调整补偿，还是会有单轴定位误差，不可能获得更高的重复定位精度。

铣圆精度是综合评价数控机床有关数控轴的伺服跟随运动特性和数控系统插补功能的指标。由于数控机床具有圆弧插补功能，所以可以采用铣削方式，加工大直径圆弧曲线。测定数控机床铣圆精度的方法是用一把精加工立铣刀铣削一个标准圆柱试件；中小型机床圆柱试件的直径一般在ϕ200～ϕ300mm。将标准圆柱试件放到圆度仪上，测出加工圆柱的轮廓线，取其最大包络圆和最小包络圆，两者间的半径差即为其精度（一般圆轮廓曲线仅附在每台机床的精度检验单中，而机床样本只给出铣圆精度允差）。

表 7-1 中所列的单轴定位精度是指在该轴行程内任意一个点定位时的误差范围。它反映了在数控装置控制下通过伺服执行机构运动时，在这个指定点的周围一组随机分散的点群定位误差分布范围。在整个行程内一连串定位点的定位误差包络线构成了全行程定位误差范围，也就确定了定位误差，如图 7-1 所示。

例如，一台加工中心的某一坐标轴，在某段 300mm 长度上的检查结果为 0.01mm/300mm，重复定位精度为±0.004mm。那么在这 300mm 长度上定位是不是最大误差为 0.01mm 呢？不是的。这只是若干次定位的结果，在有些情况下就会超出这个数值。假设测定定位位置在起点和终点的值正好取在重复定位误差的平均值上，重复定位点数 $n=7$ 时，其精度实际测定值分别为：$+4\mu$m、$+2\mu$m、$+1\mu$m、0、-1μm、-2μm、-4μm。按误差统计规律分析：

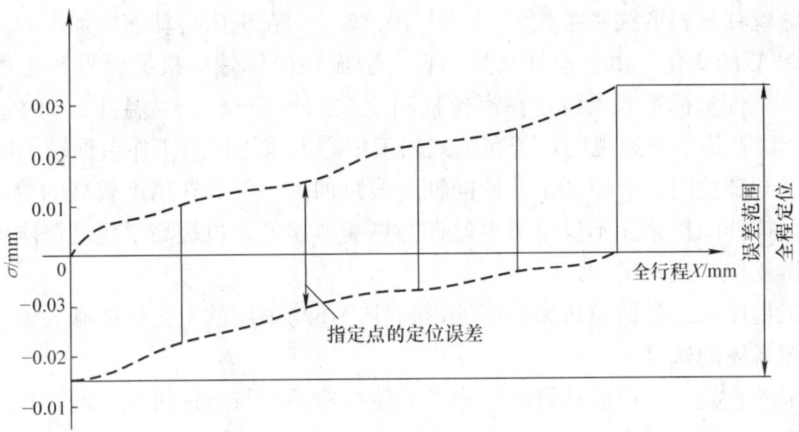

图 7-1　定位误差曲线

在起点和终点，其散差平均值为 $\Delta X_n = \sum \Delta X/n = 0$，其散差为

$$3\sigma = \sqrt{\frac{\sum(\Delta X)^2}{n-1} - \frac{(\sum X)^2}{n(n-1)}} \approx 7.9\mu\text{m}$$

(用这种计算方法可以概括 99.75%定位点范围)。在上述这段距离内反复定位，必然会有极少数 n 次定位误差可达到 $0.01+6\sigma=(0.01+2\times0.0079)\ \mu\text{m}=0.0258\text{mm}$。国际标准化组织（ISO）推荐的标准中，在定位精度内都要加入 $\pm3\sigma$ 的误差分散因素（见图 7-2）。我国采用国际标准化组织推荐的标准。

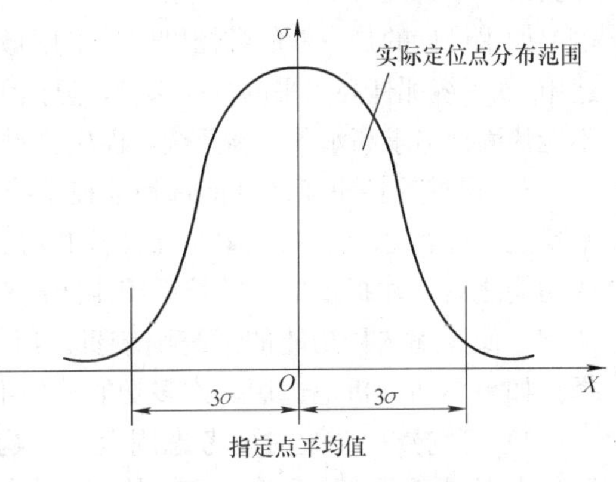

图 7-2　定位误差分布范围

从机床的定位精度可估算出该机床在加工时的相关加工精度。例如，刀具在坐标轴方向移动时加工相邻两孔，孔距精度约为单轴定位精度的 1.5～2 倍（具体误差值与工艺因素密切相关）。因此，普通型加工中心可以批量加工出公差等级 IT8 的零件，精密型加工中心可以批量加工出公差等级 IT6～IT7 的零件，这些都是选择数控机床的一些基本参考因素。此外，普通型数控机床进给伺服驱动机构大都采用半闭环方式，对滚珠丝杠受温度变化造成的位置伸长无法检测，因此会影响加工件的加工精度。图 7-3 所示是目前常用的数控机床进给传动链结构，安装滚珠丝杠轴时，靠电动机一端固定，另一端可自由伸长。丝杠伸长时，工作台产生附加的偏移量。

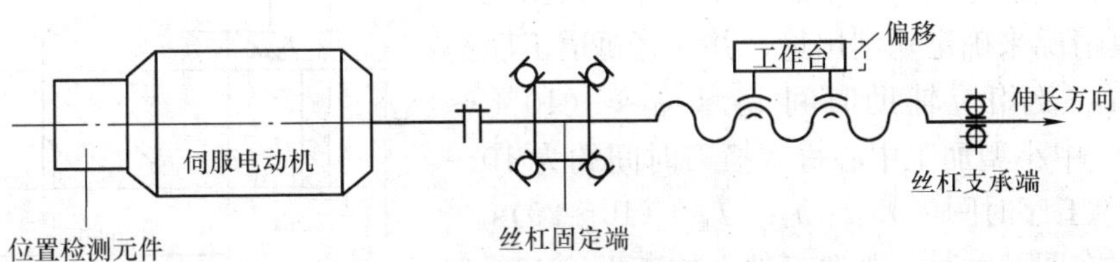

图 7-3　数控机床进给传动链

一般滚珠丝杠材料的线胀系数为 $11.2\times10^{-6}K^{-1}$，在机床自动连续加工时，丝杠局部温度经常有 1～2℃的变化。由于丝杠受热伸长，造成该坐标轴的机械原点和工件坐标系原点漂移。例如，工件坐标系原点设定在离丝杠固定端约 400mm 处，温升 2℃时造成的漂移达 8.9μm，这个误差是不容忽视的，若在卧式加工中心上采用回转工作台回转 180°加工箱体两端面上的 2 个同轴孔时，会使 2 个孔的同轴度误差加大一倍。在精度较高的数控机床上，常对丝杠采取预拉伸的措施。不仅可减少丝杠的热变形误差，也提高了传动链刚度，但传动机构的结构变得复杂，成本增加。

工件加工精度除了受数控机床精度的影响外，还与采用的工艺措施有关。

四、数控系统的选择

数控系统的种类、规格极其繁多。为了能使数控系统与所选机床匹配，在选择数控系统时应遵循下述几条基本原则：

1）根据数控机床类型选择相应的数控系统。一般来说，数控系统有适用于车、铣、镗、磨、冲压等类别，所以应有针对性地进行选择。

2）根据数控机床的设计指标选择数控系统。在可供选择的数控系统中，它们的性能高低差别很大。如日本 FANUC 公司生产的 15 系统，它的最高切削进给速度可达 240m/min（当脉冲当量为 1μm/脉冲时），而该公司生产的 0 系统，只能达到 24m/min。它们的价格也可相差数倍。如果设计的是一般的数控机床，采用最高速度 20m/min 的数控系统就可以了。此时，如选用 15 系统那样高水平的数控系统，显然很不合理，且会使数控机床的成本大为增加。因此，不能片面地追求高水平、新系统，而应该对性能和价格等进行综合分析，选用合适的系统。

3）根据数控机床的性能选择数控系统功能。一个数控系统具有许多功能，有的属于基本功能，即在选定的系统中原已具备的功能；有的属于选择功能，只有当用户确定选择了这些功能之后，才提供的。数控系统生产厂对系统的定价原则往往是，具备基本功能的系统很便宜，而具备选择功能的系统则较贵。所以，对选择功能，一定要根据机床性能需要来选择，如果不加分析地选用，许多功能就用不上，也会大幅度增加产品成本。

4）订购数控系统时要考虑周全。订购时把需要的系统功能一次考虑周全，不能遗漏，避免由于漏订而造成损失。如有的用户在订购数控系统时漏订了螺距补偿功能、刀具偏置功能，直到联机调试时才发现，结果由于无法增补这些功能而造成数控机床性能降级，甚至有的不能使用。

在选择数控系统时，要考虑的因素还很多，上述几点是必须考虑的。

五、工时和节拍的估算

选择机床时必须作可行性分析：一年之内该机床能加工出多少典型零件。对每个典型零件，按照工艺分析，可以初步确定一个工艺路线，从中挑出准备在数控机床上加工的工序内容，根据机床配置的刀具情况来确定切削用量，并计算每道工序的切削时间 $t_{切}$ 及相应辅助时间 $t_{辅}$ （$t_{辅}\approx(10\%\sim20\%)\ t_{切}$）。中小型加工中心每次换刀时间约为 10～20s，这时单工序时间为 $t_{工序}=t_{切}+t_{辅}+(10\sim20)s$。

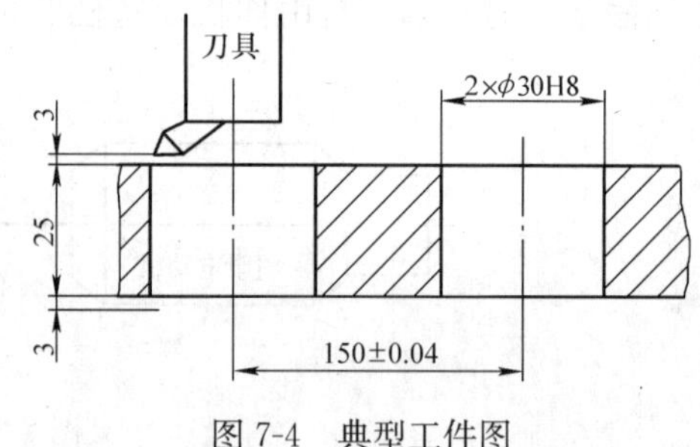

图 7-4　典型工件图

例如，在图 7-4 所示典型工件上加工两个φ30H8 的孔，其切削用量见表 7-2。根据表中的参数可以计

算出工件总工时为 $t_{总}=314s$。按 300 个工作日、两班制，一天有效工作时间 14～15h 计算，就可以算出机床的年生产能力。在算出所占工时和节拍后，考虑设计要求或工序平衡要求，可以重新调整在加工中心的加工工序数量，达到整个加工过程的平衡。对加工工件品种较多，又希望经常开发新工件的加工，在机床的满负荷工时计算中，必须考虑更换工件品种时所需的机床调整时间。作为选机估算可以根据加工品种多少乘以修正系数。这个修正系数可根据用户单位的使用技术水平高低估算得出。

表 7-2 典型工件切削用量表

工序内容	主轴转速/(r/min)	进给速度/(mm/min)	走刀长度/mm	$t_{切}$/s	$t_{辅}$/s	刀具准备时间/s
钻ϕ29mm	300	90	31＋10	27×2	8	15
半精镗ϕ29.8mm	600	50	31	37×2	11	15
精镗ϕ29H8	500	35	31	53×2	16	15

六、自动换刀装置的选择及刀柄的配置

自动换刀装置（ATC）是加工中心、车削中心和带交换冲头数控冲床的基本特征，尤其是加工中心，它的工作质量直接关系到整机的质量。ATC 装置的投资往往占整机投资的 30%～50%。因此，用户十分重视 ATC 的工作质量和刀库存储量。ATC 的工作质量主要表现为换刀时间和故障率。

经验表明，加工中心故障中有 50%以上与 ATC 有关，因此，用户应在满足使用要求的前提下，尽量选用结构简单、可靠的 ATC，这样也可以相应降低整机的价格。

ATC 刀库中存储刀具的数量，由十几把到 40、60、100 把不等，一些柔性加工单元（FMC）配置中央刀库后，刀具存储量可以达到近千把。如果选用的加工中心不准备用于柔性加工单元或柔性制造系统（FMS）中，一般刀库容量不宜选的太大。因为容量大，刀库成本高，结构复杂，故障率也相应增加，刀具的管理也相应复杂化。有一些新的机床用户往往把刀库作为一个车间的工具室来对待，在更换不同工件时想用什么工具就从刀库里取用，而这些工具又必须是人工事先准备好后装到刀库中去的。这样的使用方法如果没有丰富的刀库工具自动管理功能，对操作者反而是一种沉重的负担。因此，在单台加工中心使用中，当更换一种新的工件时，操作者要根据新的工艺资料对刀库进行一次清理。刀库中无关的刀具越多，整理工作量也就越大，也越容易出现人为差错。所以，用户一般应根据典型工件的工艺分析算出需用的刀具数，来确定刀库的容量。一般加工中心的刀库只考虑能满足一种工件、一次装夹所需的全部刀具（即一个独立的加工程序所需要的全部刀具）。根据对中小型加工中心加工典型工件的工艺分析，认为这类机床刀库储存刀具数在 4～48 把之间（见表 7-3）。通常，在立式加工中心上选用 20 把左右刀具容量的刀库，在卧式加工中心上选用 40 把左右刀具容量的刀库基本上能满足要求。对一些复杂工件，如果考虑一次完成全部加工所需刀具数量会超过刀库容量，但全面考虑综合工艺因素，如插入消除内应力的热处理工序，粗、精加工分为两道或三道工序进行，工件装夹掉换工艺基准等，就把一个复杂工件分为两个或三个加工程序进行加工，这样，每个程序所需刀具数就不一定超过 40 把。此外，编制 50～60 把刀具的加工程序，对程编员、试切操作者的要求较高，调试中重复修改工作量大，调试工时也会成倍增加长。

表 7-3　所需库存刀具数

所需刀具数/把	<10	<20	<30	<40	<50
工件数在总工件数中所占的百分比（%）	18	50	17	10	5

主机和 ATC 选定后，接着就要选择所需的刀柄和刀具。加工中心使用专用的工具系统，各国都有相应标准系列。我国由成都工具研究所制订了 TSG 工具系统刀柄。

选择刀柄应注意以下几个问题：

1）标准刀具与机床主轴连接的结合面是 7∶24 锥面。刀柄有多种规格，常用的有 ISO 标准的 40 号、45 号、50 号，个别的还有 35 号和 30 号。另外，还必须考虑换刀机械手夹持尺寸的要求和主轴上拉紧刀柄的拉钉尺寸的要求。因此，在选定机床后选择刀柄之前必须了解该机床主轴的规格，机械手夹持尺寸及刀柄的拉钉尺寸。

2）在 TSG 工具系统中有相当部分产品是不带刃具的，这些刀柄相当于过渡的连接杆，必须再配置相应的刀具（如立铣刀、钻头、镗刀头和丝锥等）和附件（如钻夹头、弹簧卡头和丝锥卡头等）。

3）全套 TSG 系统刀柄有数百种，用户只能根据典型工件工艺所需的工序及其工艺卡片来填制所需工具卡片（举例见表 7-4）。

表 7-4　加工中心用工具卡片

<table>
<tr><td colspan="2">机床型号</td><td>JCS—018</td><td>工　件　号　X—0123</td><td colspan="2">程序编号</td><td>O3210</td><td>制　　表</td></tr>
<tr><td rowspan="2">刀具号（T）</td><td rowspan="2">工步号</td><td rowspan="2">刀柄型号</td><td rowspan="2">刀具型号</td><td colspan="2">刀具</td><td rowspan="2">偏置值</td><td rowspan="2">备注</td></tr>
<tr><td>直径</td><td>长度</td></tr>
<tr><td>T1</td><td>1</td><td>JT45-M3-60</td><td>ϕ29mm 锥柄钻头</td><td>ϕ29mm</td><td>实测</td><td>H01</td><td></td></tr>
<tr><td>T2</td><td>2</td><td>JT45-TZC25-135</td><td>8mm×8mm 镗刀头</td><td>ϕ9.8mm</td><td>实测</td><td>H02</td><td></td></tr>
<tr><td>T3</td><td>3</td><td>JT45-TOW29-135</td><td>镗刀头 TQW2</td><td>ϕ30H8</td><td>实测</td><td>H03</td><td></td></tr>
</table>

加工中心用户根据各种典型工件的刀具卡片可以确定需配刀柄、刃具及附件等的数量。

用户在订购机床时必须同时考虑订购刀柄。最佳订购刀柄的办法还是根据典型工件确定刀柄的品种和数量，这是最经济的。在没有确定具体加工对象之前，很难配置齐刀柄。

要慎重对待刀柄的选择，它直接影响机床的开动率和设备投资大小。目前，一个最普通的刀柄价格在 500 元左右，一套刀柄需要几万元以上，再加上刃具费用数目就更可观了。

4）选用模块式刀柄和复合式刀柄要综合考虑。选用模块式刀柄，必须按一个小的工具系统来考虑才有意义。与模块式刀柄比较，使用单个普通刀柄肯定是不合算的。例如，工艺要求镗一个ϕ60mm 的孔，购买一根普通的镗刀杆若需 400 元，而采用模块式刀柄则必须买一根柄部、一根接杆和一个镗刀头部，价格约为 1000 元。但是，如果机床刀库的容量是 30 把刀，需要配置 100 套普通刀柄。若采用模块式刀柄，只需要配置 30 个柄部、50～60 根接杆、70～80 个头部，就能满足需要，而且还具有更大灵活性。但对一些长期反复使用、不需要拼装的简单刀柄，如钻头刀柄等，还是配置普通刀柄合算。

对一些批量较大，年产几千件到上万件，又反复生产的典型工件，应尽可能考虑选用复合刀具。尽管复合刀柄价格要贵些，但在加工中心上采用复合刀具加工，可把多道工序并成一道工序，由一把刀具完成，大大减少了机加工时间。加工一批工件只要能减少几十小时工时，就可以考虑采用复合刀具。一般数控机床的主轴电动机功率较大，机床刚度较好，能够承受多刃强力切削，采用复合刀具可以充分发挥数控机床的切削功能、提高生产率、缩短生产节拍。

5）选用复合式的刀具预调仪。为了提高数控制机床开动率，加工前，刀具的准备工作尽量不要占用机床工时。测定刀具径向尺寸和轴向尺寸的工作不要在数控机床上进行，应预先在刀具预调仪上完成。测量装置可以采用光学仪器、光栅或感应同步器等。检测精度：径向为±0.005mm，轴向为±0.01mm左右。刀具预调仪对刀精度的要求必须与刀具系统综合加工精度全面考虑。因为预调仪上测得的刀具尺寸是在光屏投影下或接触测量下、没有承受切削力的静态下测量的结果，如果测定的是镗刀精度，它并不等于加工出的孔能达到此精度。数控机床实际加工出的孔径往往会比预调仪上测出尺寸小0.01～0.02mm。因此，如在实际加工中要控制0.01mm左右孔径公差，则还需通过试切削后现场修调刀具，因此对刀具预调仪的精度不一定追求过高。为了提高预调仪的利用率，最好是一台预调仪为多台机床服务，把它纳入数控机床技术准备中，作为一个重要环节。此外，用户也可以装备一些简易工具、装卸器等来实现现场快速调整测量、装卸刀柄和刃具。

七、数控机床驱动电动机的选择

机床的驱动电动机包括进给驱动伺服电动机和主轴驱动电动机两大类。机床制造厂在选购这些电动机时，担心切削力不够，往往选择较大规格的电动机。这不但会增加机床的成本，而且使它的体积增大，结构布局不紧凑。因此，在选购驱动电动机时应当通过分析计算，选用合适规格的电动机。

下面对电动机的选择仅作简单介绍。

1. 进给驱动伺服电动机的选择

1）当机床作空载运行时，在整个速度范围内，加在伺服电动机轴上的负载转矩应在电动机连续额定转矩范围以内，即应在转矩-速度特性曲线的连续工作区。

2）最大负载转矩、加载周期以及过载时间都应在提供的特性曲线的允许范围内。

3）电动机在加速或减速过程中的转矩应在加减速区或间断工作区之内。

4）对要求频繁起动、制动以及周期性变化的负载，必须检查它的一个周期中的转矩方均根值，并应使其小于电动机的连续额定转矩。

5）加在电动机轴上的负载转动惯量大小对电动机的灵敏度和整个伺服系统精度将产生影响。通常，当负载转动惯量小于电动机转子转动惯量时，上述影响不大，但当负载转动惯量达到甚至超过转子转动惯量的3倍时，会使灵敏度和响应时间受到很大影响，甚至会使伺服放大器不能在正常调节范围内工作。推荐负载转动惯量 J_L 和电动机转子转动惯量 J_M 之间的关系为：$J_L/J_M<3$，最佳为 $J_L/J_M=1$。

2. 主轴驱动电动机的选择

1）所选择的电动机应能满足机床设计的切削功率要求。

2）根据要求的主轴加减速时间计算出的电动机功率不应超过电动机的最大输出功率。

3）在要求主轴频繁起动、制动的场合，应计算平均功率，其值不能超过电动机连续额定输出功率。

4）在要求有恒线速控制的场合，恒线速控制所需的切削功率和加速所需功率之和应在电动机能够提供的功率范围之内。

八、机床选择功能及附件的选择

在选购数控机床时，除了认真考虑它应具备的基本功能及基本件外，还应选用一些选择件、选择功能及附件。选择的基本原则是：全面配置、长远综合考虑。对一些价格增加不多，但对使用带来很多方便的，应尽可能配置齐全，附件也应配置成套，保证机床到厂立即投入使用。切忌几十万元购买来的一台数控机床，到用户厂后因缺少一个几十元或几百元的附件而长期不能使用。用户单位选用的机床，数控系统不宜太多、太杂，否则会给维修带来极大困难。对可以多台机床合用的附件（如数控系统输入/输出装置），只要接口通用，应多台机床合用，这样可减少投资。一些功能的选择应进行综合比较，以经济、实用为目的。例如，现代数控系统都有一些随机程序编制、运动图形显示、人机对话程序编制功能，这些确实会给在机床上快速程序编制带来很大方便，但费用也相应增加很多。而且，在程序编制时整个数控系统和整台机床的加工受到影响，必然造成一定占机程序编制工时。这时，就要与选用单独自动程编机在机外程序编制的方式作综合投资比较。选择市场新出现的附件时，原则上是保证性能可靠，不盲目追求新颖。

九、技术服务

数控机床要得到合理使用，发挥其技术和经济效益，仅有一台好的机床是不够的，还必须有好的技术服务。对一些新的用户来说，最困难的不是设备，而是缺乏一支高素质的技术队伍。因此，新用户在选择设备时，就应考虑到设备的操作、程序编制、机械和电气维修人员的培养。实践证明，数控机床使用并不神秘，只要领导重视，选择责任心强，肯刻苦钻研的技术人员和有一定实践经验的技术工人，经过培训学习是能在较短时间（半年到一年）内适应机床操作要求的。当前，各机床制造厂普遍重视产品的售前、售后服务，协助用户对典型工件作工艺分析、进行加工可行性工艺试验以及承担成套技术服务，包括工艺装备设计，程序编制，安装调试，试切工件，直至全面投产。最普遍的是为用户举办技术培训班，对电气维修人员、程序编制人员和操作人员进行培训和技术实习，帮助用户掌握设备使用。总之，凡重视技术队伍的建设，重视职工素质的提高，数控机床就能得到合理的使用。

第二节　安装与调试

安装、调试工作是指将机床安装到工作场地直至能正常工作的这一阶段所做的工作。对于小型的数控机床，这项工作比较简单，而对大中型数控机床，由于机床厂发货时已将机床解体成几部分，到用户后要进行组装和重新调试，工作就较复杂。现以需要组装的机床为例介绍安装、调试过程。

一、机床初就位

用户在机床到达之前，应按机床厂提供的机床基础图样做好机床基础，在安装地脚螺栓的部位做好预留孔。机床拆箱后，首先找到随机的文件资料，找出机床装箱单，按照装箱单清点各包装箱内零部件、电缆、资料等是否齐全。然后按机床说明书的介绍把组成机床的各大部件分别在地基上就位。就位时，垫铁、调整垫板和地脚螺栓等也应相应对号入座。

二、机床连接

机床各部件组装前，首先去除安装连接面、导轨和各运动面上的防锈涂料，做好各部件外表清洁工作。然后把机床各部件组装成整机，如将立柱、数控柜、电气柜装在床身上，刀库机械手装到立柱上，在床身上装上接长床身等。组装时，要使用原来的定位销、定位块和定位元件，使安装位置恢复到机床拆卸前的状态，以利于下一步的精度调试。

部件组装完成后就进行电缆、油管和气管的连接。机床说明书中有电气接线图和气、液压管路图，应据此把有关电缆和管道按标记一一对号接好。连接时特别要注意清洁工作和可靠的接触及密封，并检查有无松动和损坏。电缆插上后一定要拧紧紧固螺钉，保证接触可靠。油管、气管连接中要特别防止异物从接口进入管路，造成整个液压、气动系统故障。管路连接时每个接头都要拧紧，否则在试车时，尤其在一些大的分油器上如有一根管子渗漏油，往往需要拆下一批管子，返修工作量很大。电缆和油管连接完毕后，要做好各管线的就位固定，防护罩壳的安装，保证整齐的外观。

三、数控系统的连接和调试

1. 数控系统的开箱检查

无论是单个购入的数控系统还是与机床配套整机购入的数控系统，到货开箱后都应进行仔细检查。检查包括：系统本体和与之配套的进给速度控制单元和伺服电动机、主轴控制单元和主轴电动机。检查它们的包装是否完好无损，实物和订单是否相符。此外，还应检查数控柜内各插接件有无松动，接触是否良好。详细步骤参见本章第三节中数控柜的外观检查部分。

2. 外部电缆的连接

外部电缆连接是指数控装置与外部 MDI/CRT 单元、强电柜、机床操作面板、进给伺服电动机动力线与反馈线、主轴电动机动力线与反馈线的连接，以及与手摇脉冲发生器等的连接。应使这些连接符合随机提供的连接手册的规定。最后还应进行地线连接，地线要采用一点接地法，即辐射式接地法，如图 7-5所示。

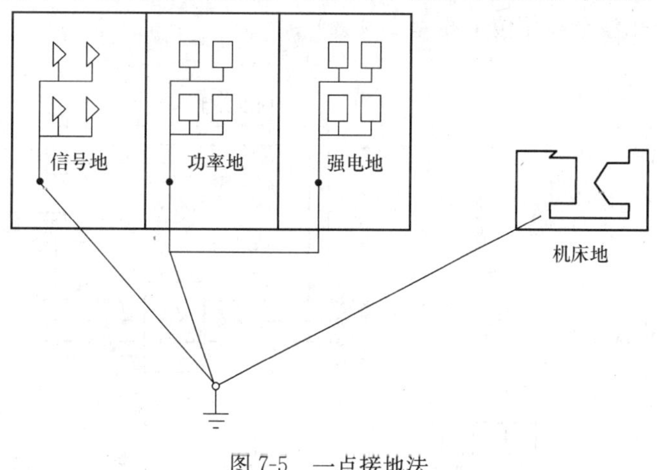

图 7-5　一点接地法

这种接地法要求将数控柜中的信号地、强电地、机床地等连接到公共接地点上。而且，数控柜与强电柜之间应有足够粗的保护接地电缆，如截面积为 5.5～14mm^2 的接地电缆。而总的公共接地点必须与大地接触良好，一般要求地电阻小于 4～7Ω。

3. 数控系统电源线的连接

应在切断数控柜电源开关的情况下连接数控柜电源变压器一次输入电缆。检查电源变压器和伺服变压器的绕组抽头连接是否正确。对于进口的数控系统或数控机床更是如此，因为有些国家的电源电压等级与我国不一致。

4. 线路板及驱动器设定确认

数控系统内的印制电路板上有许多用短路棒短路的设定点，需要对其适当设定以适应各种型号机床的不同要求。一般来说，用户购入的整台数控机床，这项设定已由机床制造厂完成，用户只需确认一下即可。但对于单体购入的数控装置，用户则必须根据需要自行设定。因为数控装置出厂时是按标准方式设定的，不一定适合具体用户的要求。设定确认工作应按随机维修说明书的要求进行。设定确定的内容随数控系统而异，一般有以下三个方面：

(1) 确认控制部分印制电路板上的设定　主要确认主板、ROM板、连接单元、附件轴控制板以及旋转变压器或感应同步器控制板上的设定。这些设定与机床返回基准点的方法、速度反馈用检测元件、检测增益调节及分度精度调节等有关。

(2) 确认速度控制单元印制电路板上的设定　在直流速度控制单元和交流控制单元上都有许多设定点，用于选择检测元件种类、回路增益以及各种报警等。

(3) 确定主轴控制单元印制电路板上的设定　无论是直流或是交流主轴控制单元上，均有一些用于选择主轴电动机电流极限和主轴转速等的设定点。但数字式交流主轴控制单元上已用数字式代替短路棒设定，故只能在通电时才能进行设定和确认。

5. 输入电源电压、频率及相序的确认

1) 检查确认变压器的容量是否满足控制单元和伺服系统的电能消耗。

2) 检查电源电压波动范围是否在数控系统的允许范围之内。一般日本的数控系统允许在电压额定值的110%～85%范围内波动，而欧美的一些系统要求较高一些，否则需要外加交流稳压器。

3) 对于采用晶闸管控制元件的速度控制单元和主轴控制单元的供电单元，一定要检查相序。在相序不正确的情况下接通电源，可能使速度控制单元的输入熔断器烧毁。

相序检查方法有两种：一种是用相序表测量，当相序接法正确时，相序表按顺时针方向旋转，如图7-6a所示；另一种是用双线示波器来观察两相之间的波形，如图7-6b所示，两相波形在相位上相差120°。

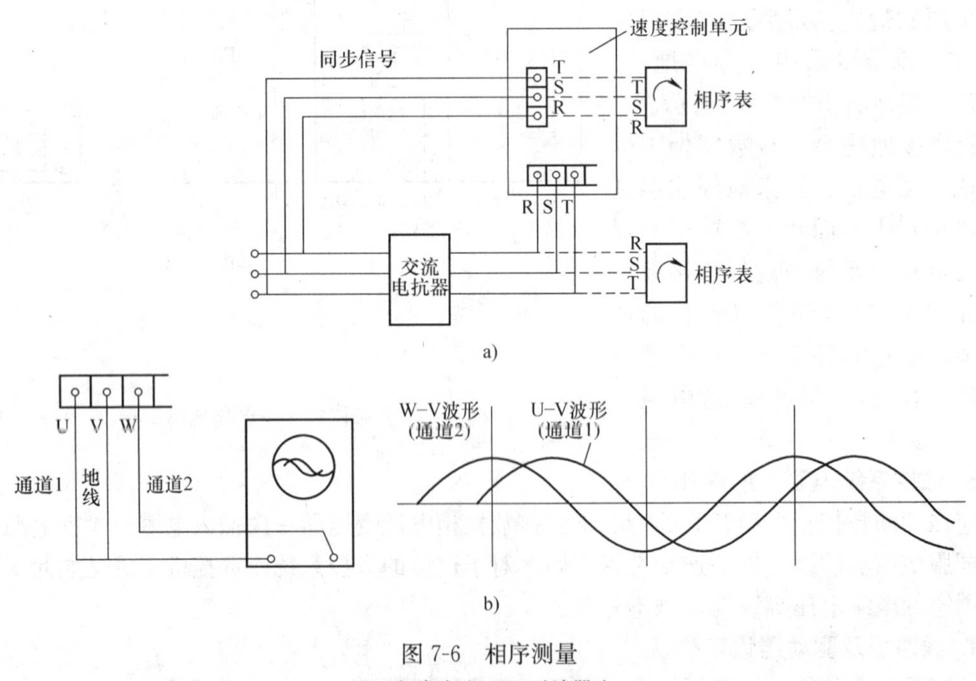

图7-6　相序测量

a) 相序表法　b) 示波器法

6. 确认直流电源单元的电压输出端是否对地短路

各种数控系统内部都有直流稳压电源单元，为系统提供所需的＋5V、±15V、＋24V

等直流电压。因此，在系统通电前，应检查这些电源的负载是否有对地短路现象。这可用万用表来确认。

7. 接通数控柜电源，检查各输出电压

在接通电源之前，为了确保安全，可先将电动机动力线断开，这样，在系统工作时不会引起机床运动。但是，应根据维修说明书的介绍对速度控制单元作一些必要的设定，不致因断开电动机动力线而造成报警。

接通电源之后，首先检查数控柜中各风扇是否旋转，据此也可确认电源是否已接通。

检查各印制电路板上的电压是否正常，各种直流电压是否在允许的波动范围之内。一般来说，对+5V电源要求较高，波动范围在±5%，因为它是供给逻辑电路用的。

8. 确认数控系统各种参数的设定

设定系统参数（包括PLC参数等）的目的，是当数控装置与机床相连接时，能使机床具有最佳的工作性能。即使是同一种数控系统，其参数设定也随机床而异。随机附带的参数表是机床的重要技术资料，应妥善保管，不得遗失，否则将给机床的维修和恢复性能带来困难。

显示参数的方法随各类数控系统而异，大多数可通过按压MDI/CRT单元上的“PARAM”（参数）键来显示已存入系统存储器的参数。显示的参数内容应与机床安装调试完成后的参数表一致。

如果所用的进给和主轴控制单元是数字式的，那么它的设定也都是数字设定参数，而不是用短路棒。此时，需根据随机所带的说明书予以确认。

9. 确认数控系统与机床侧的接口

现代数控系统一般都具有自诊断的功能。在光屏CRT画面上可以显示出数控系统与机床接口以及数控系统内部的状态。在带有可编程序控制器（PLC）时，可以反映出从NC到PLC、从NC到MT（机床）以及从MT到PLC、从PLC到NC的各种信号状态。至于各个信号的含义及相互逻辑关系，随每个PLC的梯形图（即顺序程序）而异。用户可根据机床厂提供的梯形图说明书（内含诊断地址表），通过自诊断画面确认数控系统与机床之间的接口信号状态是否正确。

完成上述步骤，可以认为数控系统已经调整完毕，具备了与机床联机通电试车的条件。此时，可切断数控系统的电源，连接电动机的动力线，恢复报警设定。

四、通电试车

按机床说明书要求给机床润滑油箱、润滑点灌注规定的油液和油脂，清洗液压油箱及过滤器，灌入规定标号的液压油。液压油事先要经过过滤。接通外界输入的气源。

机床通电操作可以是一次性全面供电，或各部件分别供电，然后再做总供电试验。分别供电比较安全，但时间较长。通电后首先观察有无报警故障，然后用手动方式陆续启动各部件。检查安全装置是否起作用，能否达到额定的工作指标。例如，启动液压系统时判断液压泵电动机转动方向是否正确，液压泵工作后液压管道中是否形成油压，各液压元件是否正常工作，有无异常噪声，各接头有无渗漏，液压系统冷却装置能否正常工作等。总之，根据机床说明书资料粗略检查机床主要部件、功能是否正常、齐全，使机床各环节都能操作、运动起来。

然后，调整机床床身水平，粗调机床的主要几何精度，再调整重新组装的主要运动部件与主机的相对位置，如机械手、刀库与主机换刀位置的校正，APC托盘站与机床工作台交换位置的找正等。这些工作完成后，就可以用快干水泥灌注主机和各附件的地脚螺栓，把各个预留孔灌平，等水泥完全干固以后，就可进行下一步工作。

在数控系统与机床联机通电试车时，虽然数控系统已经确认，工作正常无任何报警，但为了预防万一，应在接通电源的同时，做好按压急停按钮的准备，以备随时切断电源。例如，伺服电动机的反馈信号线接反了或断线，均会出现机床“飞车”现象，这时就需要立即切断电源，检查接线是否正确。在正常情况下，电动机首次通电的瞬时，可能会有微小转动，但系统的自动漂移补偿功能会使电动机轴立即返回。此后，即使电源再次断开、接通，电动机轴也不会转动。可以通过多次通、断电源或按急停按钮的操作，观察电动机是否转动，从而也确认系统是否有自动漂移补偿功能。

在检查机床各轴的运转情况时，应用手动连续进给移动各轴，通过CRT或DPL（数字显示器）的显示值检查机床部件移动方向是否正确，如方向相反，则应将电动机动力线及检测信号线反接。然后检查各轴移动距离是否与移动指令相符，如不符，应检查有关指令、反馈参数以及位置控制环增益等参数设定是否正确。

随后，再用手动进给，以低速移动各轴，并使它们碰到超程开关，用以检查超程限位是否有效，数控系统是否在超程时发出报警。

最后，还应进行一次返回机械原点动作。机床的机械原点是以后机床进行加工的程序基准位置，因此，必须检查有无机械原点功能以及每次返回机械原点的位置是否完全一致。

五、机床精度和功能的调试

在已经固化的地基上用地脚螺栓和垫铁精调机床主床身的水平，找正水平后移动床身上的各运动部件（立柱、滑板和工作台等），观察各坐标全程内机床的水平变化情况，并相应调整机床几何精度，使之在允差范围之内。使用的检测工具有精密水平仪、标准方尺、平尺、平行光管等。在调整时，主要以调整垫铁为主，必要时可稍微改变导轨上的镶条和预紧滚轮等。一般来说，只要机床质量稳定，通过上述调试可将机床调整到出厂精度。

让机床自动运动到刀具交换位置（可用G28 Y0 Z0或G30 Y0 Z0等程序），用手动方式调整装刀机械手和卸刀机械手相对主轴的位置。在调整中采用一个校对心棒进行检测，有误差时可调整机械手的行程，移动机械手支座和刀库位置等，必要时还可以修改换刀位置点的设定（改变数控系统内的参数设定）。调整完毕后紧固各调整螺钉及刀库地脚螺栓，然后装上几把接近规定允许重量的刀柄，进行多次从刀库到主轴的往复自动交换，要求动作准确无误，不撞击，不掉刀。

带APC交换工作台的机床要把工作台运动到交换位置，调整托盘站与交换台面的相对位置，达到工作台自动交换时动作平稳、可靠、正确。然后在工作台面上装上70%～80%的允许负载，进行多次自动交换动作，正确无误后紧固各有关螺钉。

仔细检查数控系统和PLC装置中参数设定值是否符合随机资料中规定数据，然后试验各主要操作功能、安全措施、常用指令执行情况等。例如，各种运行方式（手动、点动、MDI、自动方式等）、主挂挡指令、各级转速指令等是否正确无误。

检查辅助功能及附件的正常工作，例如，机床的照明灯、冷却防护罩和各种护板是否完整；往切削液箱中加满切削液，试验喷管是否能正常喷出切削液；在用冷却防护罩条件下切削液是否外漏；排屑器能否正确工作；机床主轴箱的恒温油箱能否起作用等。

六、试运行

数控机床安装调试完毕后，要求整机在一定负载条件下经过一段较长时间的自动运行，较全面地检查机床功能及工作可靠性。运行时间尚无统一的规定，一般采用每天运行8小时，连续运行2～3天或24小时连续运行1～2天。这个过程称为安装后的试运行。试运行中采用的程序叫考机程序，可以直接采用机床厂调试时用的考机程序或自行编制一个程序。考机程序中应包括：主要数控系统的功能使用，自动更换取用刀库中三分之二的刀具，主轴的最高、最低及常用的转速，快速和常用的进给速度，工作台面的自动交换，主要M指令的使用等。试运行时，机床刀库上应插满刀柄，取用刀柄重量应接近规定重量，交换工作台面时也应加上负载。在试运行时间内，除操作失误引起的故障以外，不允许机床有故障出现，否则表明机床的安装调试存在问题。

对一些机电一体化设计的小型机床，它的整体刚性很好，对地基没有什么要求，而且机床到安装地后也不必再组装连接，一般只要通上电源，调整床身水平后就可以投入使用。

第三节　数控机床的验收

一、检测验收概述

一台数控机床全部检测验收工作是一项复杂的工作，对试验检测手段及技术要求也很高。它需要使用各种高精度仪器，对机床的机、电、液、气等部分及整机进行综合性能及单项性能的检测，包括进行刚度和热变形等一系列机床试验，最后得出对该机床的综合评价。这项工作目前在国内还必须由国家指定的几个机床检测中心进行，才能得出权威性的结论意见。因此，这一类验收工作只适合于新型机床样机和行业产品评比检验。对一般的数控机床用户，其验收工作主要根据机床出厂检验合格证上规定的验收条件及实际提供的检验手段来部分地或全部地测定机床合格证上各项技术指标。如果各项数据都符合要求，用户应将数据列入该设备进厂的原始技术档案中，以作为日后维修时的技术指标依据。以下介绍用户在机床验收工作中可以做的一些主要工作。

二、机床几何精度检测

数控机床的几何精度综合反映该设备的关键机械零部件以及组装后的几何误差。数控机床的几何精度检测和普通机床的几何精度检测基本类似，使用的检测工具和方法也很相似，但是检测要求更高。以下列出一台普通立式加工中心的几何精度检测内容：① 工作台面的平面度；② 各坐标方向移动的相互垂直度；③ X坐标方向移动时工作台面的平面度；④ Y坐标方向移动时工作台面的平面度；⑤ Z坐标方向移动时工作台面T形槽侧面的平行度；⑥ 主轴的轴向窜动；⑦ 主轴孔的径向圆跳动；⑧ 主轴箱沿Z坐标方向移动时主轴轴线的平行度；⑨ 主轴回转轴线对工作台面的垂直度；⑩ 主轴箱在Z坐标方向移动的直线度。

从上述十项精度要求中可以看出，第一类精度要求是机床各运动大部件如床身、立柱、滑板、主轴箱等运动的直线度、平行度、垂直度的要求。第二类是对执行切削运动主要部件——主轴的自身回转精度及直线运动精度（切削运动中进刀）的要求。因此，这些几何精度综合反映了该机床的机床坐标系的几何精度和代表切削运动的部件——主轴在机床坐标系的几何精度。工作台面及台面上T形槽相对机床坐标系的几何精度要求反映数控机床加工中的工件坐标系对机床坐标系的几何关系，因为工作台面及定位基准T形槽都是工件或工件夹具的定位基准，加工工件用的工件坐标系往往都以此为基准。

目前，国内检测机床几何精度的常用工具有：精密水平仪、直角尺、精密方箱、平尺、平行光管、千分表或千分尺、高精度主轴检验棒及一些刚性较好的千分表杆等。每项几何精度的具体检测办法见各机床的检测条件规定。但检测工具的精度等级必须比所测的几何精度要高一个等级。例如，用平尺来检验 X 轴方向移动对工作台面的平行度，要求公差为 0.025/750mm，则平尺本身的直线度及上下基面平行度误差应在 0.01mm/750mm 以内。

每种数控机床的检测项目也略有区别，如卧式机床要比立式机床要求多几项与平面回转工作台有关的几何精度。

在几何精度检测中，必须对机床地基有严格要求，必须在地基及地脚螺栓的固定混凝土完全固化以后才能进行。精调时要把机床的主床身先调到较精密的水平面，然后再精调其他几何精度。考虑到水泥基础不够稳定，一般要求在使用数个月到半年后再精调一次机床水平。有一些中小型数控机床的床身大件具有很高的刚性，可以在对地基没有特殊要求的情况下保持其几何精度，但为了长期工作的精度稳定性，还是需要调整到一个较好机床水平，并且要求有关垫铁都处于垫紧的状态。

有一些几何精度项目是互相联系的，例如在立式加工中心检测中，如发现 Y 轴和 Z 轴方向移动的相互垂直度误差较大，则可以适当调整立柱底部床身的地脚垫铁，使立柱适当前倾或后仰，来减小这项误差。但这样也会改变主轴回转中心对工作台面的垂直度误差。因此，对数控机床的各顶几何精度检测工作应在精调后一气呵成，不允许检测一项调整一项，分别进行，否则会造成由于调整后一项几何精度而把已检测合格的前一项精度调成不合格。

在检测工作中要注意尽可能消除检测工具和检测方法的误差，例如，检测主轴回转精度时检验棒自身的振摆和弯曲等误差；在表架上安装千分表和千分尺时由表架刚性带来的误差；在卧式机床上使用千分尺时重力的影响；在测头的抬头位置和低头位置的测量数据误差等。

机床的几何精度在机床处于冷态和热态时是不同的，检测时应按国家标准的规定即在机床稍有预热的状态下进行，所以，机床通电以后各移动坐标往复运动几次、主轴按中等转速回转几分钟之后才能进行检测。

三、数控柜的外观检查

在对数控机床做详细检查验收以前，还应对数控柜的外观进行检查验收，主要包括下述几个方面：

1. 外观检查

用肉眼检查数控柜中的 MDI/CRT 单元、位置显示单元、直流稳压单元和各印制电路板（包括伺服单元）等是否有破损、污染，连接电缆捆绑处是否有破损，如是屏蔽线还应检查屏蔽层是否有剥落现象。

2. 数控柜内部件紧固情况检查

（1）螺钉紧固检查　检查输入变压器、伺服用电源变压器、输入单元、电源单元和纸带阅读机等有接线端子处的螺钉是否都已拧紧；凡是需要盖罩的接线端子座（该处电压较高）是否都有盖罩。

（2）连接器紧固检查　在数控柜内所有连接器、扁平电缆插座等都应有紧固螺钉紧固，以保证它们联接牢固、接触良好。

(3) 印制电路板的紧固检查　在数控柜的结构布局方面，有的是笼式结构，一块块印制电路板都在笼子里；有的是主从结构式，即一块大板（也称主板）上插了若干块小板（附加选择板）。无论是哪种形式，都应检查固定印制电路板的紧固螺钉是否拧紧（包括大板和小板之间的联接螺钉）。还应检查印制电路板上各个 EPROM 和 RAM 片等是否插入到位。

3. 伺服电动机的外观检查

特别是对带有脉冲编码器的伺服电动机的外壳应做认真检查，尤其是后端盖处。如发现有磕碰现象，应将电动机后盖打开，取出脉冲编码器外壳，检查光码盘是否碎裂。

四、机床定位精度检测

数控机床的定位精度有其特殊意义，它是表明所测量的机床各运动部件在数控装置控制下运动所能达到的精度。因此，根据实测的定位精度数值，可以判断出这台机床以后自动加工能达到的最好的工件加工精度。

定位精度主要检测内容有：① 直线运动定位精度（包括 X、Y、Z、U、W 轴）；② 直线运动重复定位精度；③ 直线运动轴机械原点的返回精度；④ 直线运动失动量的测定；⑤ 回转运动的重复定位精度（回转工作台 A、B、C 轴）；⑥ 回转运动的重复定位精度；⑦ 回转轴原点的返回精度；⑧ 回转轴运动失动量测定。

测量直线运动的检测工具有：千分尺和成组量块，标准刻线尺和光学读数显微镜及双频激光干涉仪等。标准长度测量以双频激光干涉仪为准。回转运动检测工具有：360 齿精确分度的标准转台或角度多面体、高精度圆光栅及平行光管等。

1. 直线运动定位精度检测

直线运动定位精度一般都在机床和工作台空载条件下进行。常用检测方法如图 7-7 所示。

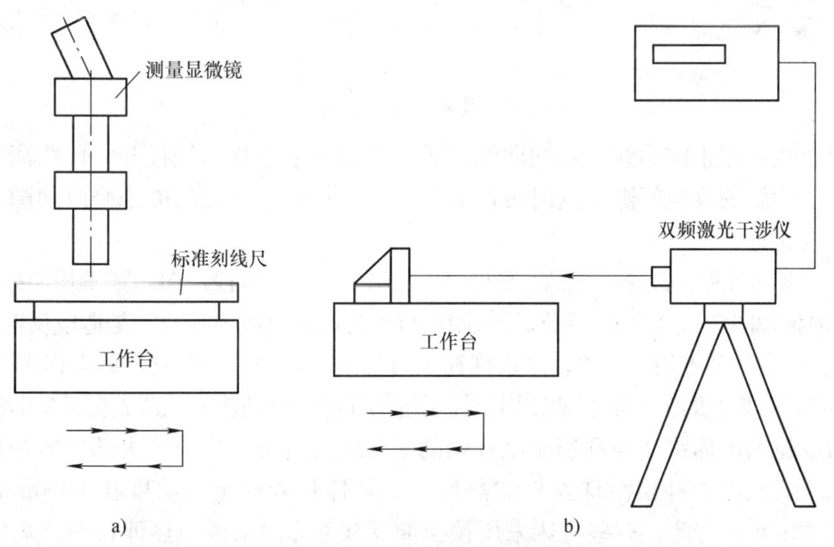

图 7-7　直线运动定位精度检测

按国家标准和国际标准化组织的规定（ISO 标准），对数控机床的检测，应以激光测量为准，如图 7-7b 所示。有的数控机床生产厂的出厂检测及用户验收检测还是采用标准刻线尺进行比较测量，如图 7-7a 所示。这种检测方法的检测精度与检测技巧有关，较好的情况下可控制到 0.004mm/1000mm～0.005mm/1000mm，而用激光测量，测量精度可较标准刻线尺检测方法提高一倍。

为了反映出多次定位中的全部误差，ISO 标准规定每个定位点按五次测量数据算出平均值和散差±3σ。所以这时的定位精度曲线已不是一条曲线，而是一个由各定位点平均值连贯起来的一条曲线加上±3σ 散差带构成的定位点散差带，如图 7-8 所示。

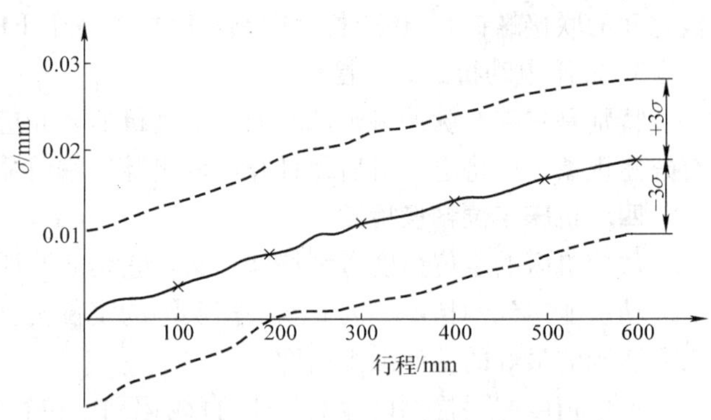

图 7-8 定位精度曲线

此外，数控机床现有定位精度都以快速定位测定，这也是不全面的。在一些进给传动链刚度不太好的数控机床上，采用各种进给速度定位时会得到不同的定位精度曲线和不同的反向死区（间隙）。因此，对一些质量不高数控机床，即使有很好的出厂定位精度检测数据，也不一定能成批加工出高加工精度的零件。

另外，机床运行时正、反向定位精度曲线由于综合原因，不可能完全重合，甚至出现图 7-9所示的几种情况。

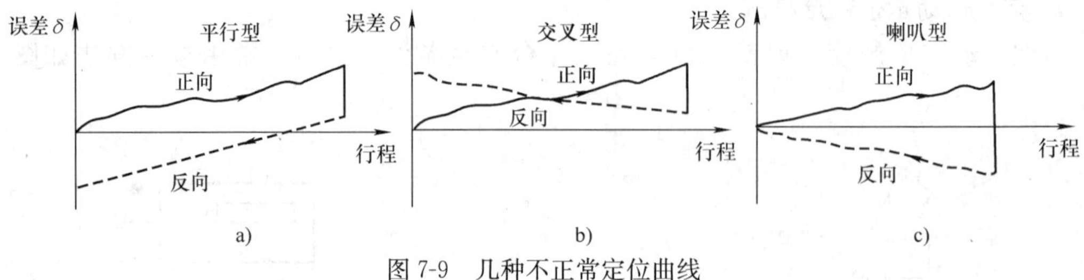

图 7-9 几种不正常定位曲线

平行型曲线，即正向曲线和反向曲线在垂直坐标系上很均匀地拉开一段距离，这段距离即反映了该坐标轴的反向间隙。这时可以利用数控系统间隙补偿功能来修改间隙补偿值，使正、反向曲线接近。

交叉型和喇叭型曲线。这两类曲线都是由于被测坐标轴上各段反向间隙不均匀造成的。滚珠丝杠在行程内各段间隙、过盈不一致和导轨副在行程各段的负载不一致等是造成反向间隙不均匀的主要原因。反向间隙不均匀现象较多表现在全行程内一头松、一头紧，结果得到喇叭型的正、反向定位曲线。如果此时又不恰当地使用数控系统的间隙补偿功能，就造成交叉型曲线。

测定的定位精度曲线还与环境温度和轴的工作状态有关。目前，大部分数控机床都是半闭环伺服系统，它不能补偿滚珠丝杠的热伸长。热伸长能使定位精度在 1000mm 行程上相差 0.01～0.02mm。为此，有些机床采用预拉伸丝杠的方法来减小热伸长的影响。

2. 直线运动重复定位精度的检测

检测用的仪器与检测定位精度所用的相同。一般检测方法是在靠近各坐标行程中点及两端的任意三个位置进行测量，每个位置用快速移动定位，在相同条件下重复作七次定位，测出停止位置数值并求出读数最大差值。以三个位置中最大一个差值的 1/2、附上正负符号，作为该坐标的重复定位精度。它是反映轴向运动精度稳定性的最基本的指标。

3. 直线运动的原点返回精度的检测

原点返回精度，实质上是该坐标轴上一个特殊点的重复定位精度，因此它的检测方法完全与重复定位精度相同。

4. 直线运动失动量的检测

失动量的测定方法是在所测量坐标轴的行程内，预先向正向或反向移动一个距离，并以此停止位置为基准，再在同一方向给予一定移动指令值，使之移动一段距离，然后再往相反方向移动相同的距离，测量停止位置与基准位置之差，如图 7-10 所示。在靠近行程的中点及两端的三个位置分别进行多次测定（一般为七次），求出各个位置的平均值，以所得平均值中的最大值为失动量测量值。

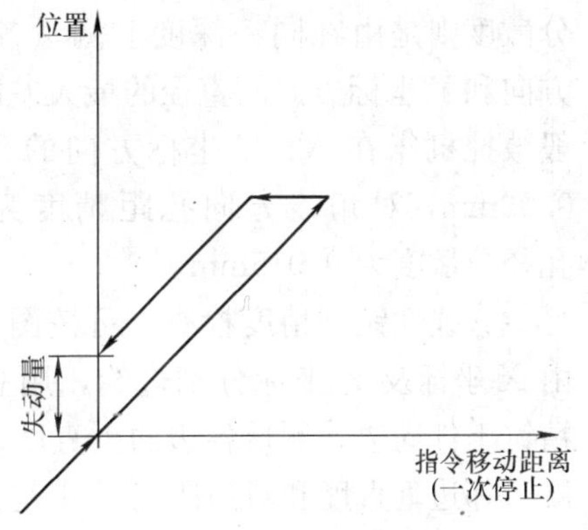

图 7-10 失动量测定

坐标轴的失动量是该坐标轴进给传动链上驱动部件（如伺服电动机、伺服液压马达和步进电动机等）的反向死区、各机械运动传动副的反向间隙和弹性变形等误差的综合反映。这项误差越大，则定位精度和重复定位精度也越差。

5. 回转轴运动精度的检测

回转运动各项精度的检测方法与上述各项直线运动精度的检测方法相同，但用于检测回转精度的仪器是标准转台、平行光管（准直仪）等。考虑到实际使用要求，一般对 0°、90°、180°、270°等几个直角等分点作重点测量 ，要求这些点的精度较其他角度位置提高一个等级。

五、机床切削精度检查

机床切削精度检查实质是对机床的几何精度和定位精度在切削和加工条件下的一项综合考核。一般来说，进行切削精度检查的加工，可以是单项加工或加工一个标准的综合性试件。国内多以单项加工为主。对于加工中心，主要单项精度有：① 镗孔精度；② 面铣刀铣削平面的精度（$X-Y$ 平面）；③ 镗孔的孔距精度和孔径分散度；④ 直线铣削精度；⑤ 斜线铣削精度；⑥ 圆弧铣削精度。对卧式机床，还有：⑦ 箱体掉头镗孔同轴度；⑧ 水平回转工作台回转 90°铣四方加工精度。

对于特殊要求的高效机床，还要做单位时间金属切削量的试验等。切削加工试件材料除特殊要求外，一般都为一级铸铁，使用硬质合金刀具按标准的切削用量切削。

镗孔精度试验，如图 7-11a 所示。这项精度与切削时使用的切削用量、刀具材料、切削刀具几何角度等都有一定关系。主要是考虑机床主轴的运动精度及低速进给时的平稳性。在现代数控机床中，主轴都装配有高精度带预负荷的成组滚动轴承，进给伺服系统采用摩擦因数小和灵敏度高的导轨副及高灵敏度的驱动部件，所以这项精度一般都较高。

图 7-11b 所示是采用精调过的多齿面铣刀精铣平面的进给方向。面铣刀铣削平面精度主要反映 X 轴和 Y 轴两轴运动的平面度及主轴轴线对 $X-Y$ 运动平面的垂直度（直接在阶梯上表现）。一般精度数控机床的平面度和垂直度公差在 0.01mm 左右。

镗孔的孔距精度和孔径分散度检查是按图 7-11c 所示以快速移动进给定位精镗 4 个孔，

测量各孔位置的 X 坐标和 Y 坐标的坐标值，以实测值和指令值之差的最大值作为孔距精度测量值。对角线方向的孔距可由各坐标方向的坐标值经计算求得，或各孔插入配合紧密的检验棒后用千分尺测量对角线距离求得。而孔径分散度则是由在同一深度上测量各孔 X 坐标方向和 Y 坐标方向的直径的最大差值求得。一般数控机床在 X、Y 坐标方向的孔距精度为 0.02mm，对角线方向孔距精度为 0.03mm，孔径分散度为 0.015mm。

直线性铣削精度检查，可按图 7-11d 所示由 X 坐标及 Y 坐标分别进给，用立铣刀侧刃精铣工件周边，测量各边的垂直度、对边平行度、邻边垂直度和对边距离尺寸差。这项精度主要考核机床各向导轨运动的几何精度。

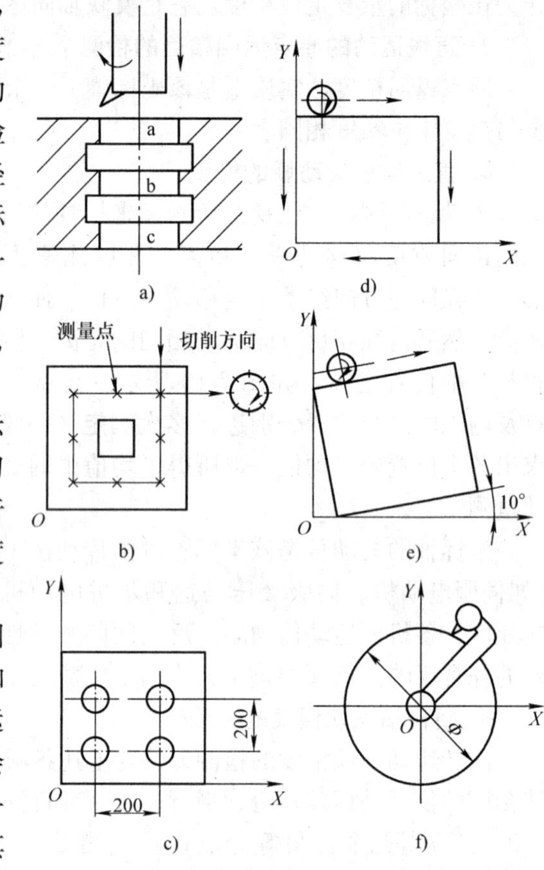

图 7-11　各种单项精度试验

斜线铣削精度检查是用立铣刀侧刃精铣图 7-11e 所示的工件周边。它是用同时控制 X 和 Y 两坐标来实现的，可以反映两轴直线插补运动的品质特性。进行这项精度检查时，有时会发现在加工面上（两直角边上）出现一边密一边稀的很有规律的条纹，这是由两轴联动时其中一轴的进给速度不均匀造成的，可以通过修调该轴速度控制和位置控制回路来解决。有时，由于机械负载变化不均匀，如导轨低速爬行、机床导轨防护板不均匀摩擦及位置检测反馈元件传动不均匀等也会造成上述条纹。

圆弧铣削精度检测是用立铣刀侧刃精铣图 7-11f 所示外圆表面，然后在圆度仪上测出圆度曲线。一般加工中心类机床铣削ϕ200～ϕ300mm 工件时，圆度可达到 0.03mm 左右，表面粗糙度值在 3.2μm 左右。

在圆试件测量中常会遇到图 7-12 所示图形。

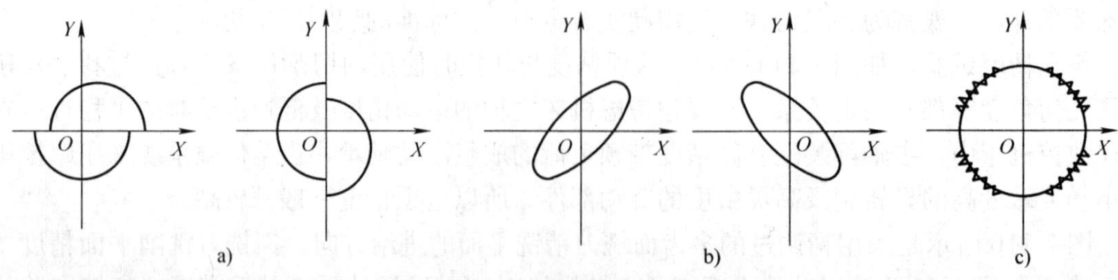

图 7-12　有质量问题的圆形图

a）两半圆错位　b）斜椭圆　c）锯齿形条纹

两半圆错位的图形一般都由一个坐标或两个坐标的反向失动量造成的，可以通过适当改变数控系统的失动量补偿值或修调该坐标传动链来解决。斜椭圆是由于两坐标实际的系统误差不一致造成的，此时可适当调整速度反馈增益、位置环增益来改善。锯齿形条纹是由两轴联动时一轴进给速度不均匀造成的。

这里还要指出一点，现有机床的切削精度、几何精度及定位精度公差没有完全封闭，即要保证切削精度必须要求机床的定位精度和几何精度实际数值要比公差高。

六、机床性能及NC功能试验

数控机床性能试验一般有十几项内容。现以一台立式加工中心为例说明一些主要的项目。

1. 主轴系统性能

1）用手动方式选择高、中、低三个主轴转速，连续进行5次正转和反转的起动和停止动作，试验主轴动作的灵活性和可靠性。

2）用数据输入方式，主轴从最低一级转速开始运转，逐级提高到允许的最高转速，实测各级转速数值，误差不超过设定值的±10%，同时观察机床的振动。主轴在长时间高速运转后（一般为2h）允许温升15℃。

3）主轴准停装置连续操作5次，试验动作的可靠性和灵活性。

2. 进给系统性能

1）分别对各坐标轴进行手动操作，试验正、反方向的低、中、高速度进给和快速移动的起动、停止、点动等动作的平稳性和可靠性。

2）用数据输入方式或MDI方式测定G00和G01指令时各种进给速度，误差不超过±5%。

3. 自动换刀系统

1）检查自动换刀的可靠性和灵活性，包括手动操作及自动运行时刀库满负载条件下（装满各种刀柄）运动的平稳性，机械手抓取最大允许重量刀柄的可靠性，刀库内刀号选择的准确性等。

2）测量自动交换刀具的时间。

4. 机床噪声

机床空转时的总噪声不得超过标准规定（80dB）。数控机床由于大量采用电调速装置，主轴箱的齿轮往往不是最大噪声源，而主轴电动机的冷却风扇和液压系统液压泵的噪声等可能成为最大噪声源。

5. 电气装置

在运转试验前、后分别作一次绝缘检查，检查接地线质量，确认绝缘的可靠性。

6. 数字控制系统

检查数控柜的各种指示灯，检查程序输入/输出装置、操作面板、电柜冷却风扇和密封性等动作及功能是否正常可靠。

7. 安全装置

检查对操作者的安全性和机床保护功能的可靠性，如各种安全防护罩、机床各运动坐标轴行程极限保护自动停止功能，各种电源电压过载保护和主轴电动机过热、过负荷时紧急停止功能等。

8. 润滑装置

检查定时、定量润滑装置的可靠性，检查润滑油路有无渗漏、到各润滑点的油量分配等功能的可靠性。

9. 气、液装置

检查压缩空气和液压油路的密封、调压功能，以及液压油箱的工作情况。

10. 附属装置

检查机床各附属装置机能的工作可靠性，如切削液装置能否正常工作，排屑器的工作质量，冷却防护罩有无泄露，APC交换工作台工作是否正常，试验带重负载的工作台面自动交换，配置接触式测头的测量装置能否正常工作及有无相应测量程序等。

11. 数控功能

按照该机床配置的数控系统说明书，用手动或自动编程的检查方法，检查数控系统主要的使用功能，如定位、直线插补、圆弧插补、暂停、自动加减速、坐标选择、平面选择、刀具位置补偿，刀具直线补偿、拐角功能选择、固定循环、行程停止、选择停机、程序结束、冷却的启动和停止、单程序段、原点偏置、跳读程序段、程序暂停、进给速度超调、进给保持、紧急停止、程序号显示及检索、位置显示、镜像功能、螺距误差补偿、间隙补偿及用户宏程序等功能的准确及可靠性。

12. 连续无载荷运转

综合检查整台机床自动实现各种功能可靠性的最好方法是让机床长时间连续运行，如8h、16h和24h等。一般数控机床在出厂以前都经过80h自动连续运行，到用户验收时不一定再要求经过这么长时间的检验，但进行一次8～16h的自动连续运行还是必要的。这可以考核机床是否已比较稳定（一般自动化机床8h连续运行不出故障表明可靠性已达到一定水平），而且也是使机床用户对这台机床建立信心的最好办法。

在连续运行中必须事先编制一个功能比较齐全的程序，它应包括：

1）主轴转动要包括最低、中间及最高转速在内的五种以上速度的正转、反转及停止等运行。

2）各坐标运动要包括最低、中间及最高进给速度及快速移动，进给移动范围应接近全行程，快速移动距离应在各坐标轴全行程的1/2以上。

3）一般自动加工所用的一些功能和代码要尽量用到。

4）自动换刀应至少交换刀库中2/3以上的刀号，而且都要装上中等重量以上的刀柄进行实际交换。

5）必须使用特殊功能，如测量功能、APC交换和用户宏程序等。

连续运行含上述内容的程序，以检查机床各项运动、动作的平稳性和可靠性，并且要强调在规定时间内不允许出故障，否则要在修理后重新开始规定时间考核，不允许分段进行累积到规定运行时间。

七、机床外观检查

机床外观要求一般可参照通用机床有关标准，但数控机床是价格昂贵的高技术设备，对外观的要求更高。对各级防护罩，油漆质量，机床照明，切屑处理，电线和气、油管走线固定防护等都有较高的要求。

第四节　数控机床的使用与维修

一、机床使用要点

机床使用要点的内容是非常广泛的，各种数控机床的使用要点大部分是类似的，但每种机床都有其独特的部分。现以数控机床中使用技术比较复杂的加工中心为例进行探讨。

对于一个已经购买了加工中心的用户来说，他们最关心的问题是如何使该设备达到良好的使用效果，获得高的经济效益。要达到这一目的，必须充分了解所选用机床的性能、特点和加工工艺特点；采用合理的工艺措施，选择合适的加工对象，并在生产组织管理上充分认识它与普通机床的区别，分别对待；处理好加工中心上加工工序和一般机床加工工序的衔接，熟练地掌握操作技巧、调整技术等，这些都是最佳使用数控机床的必要前提。以下是使用过程中的一些要点。

1. 选择合适的加工对象

一般来说，只要工件的形状、外形尺寸与所用机床的工作台尺寸和行程大小相适应，在普通机床上能加工的工件，在加工中心上都可以加工。而在普通机床上不能加工的一些工件（如特殊曲线的凸轮、有三维空间曲面的模具和异形零件等），也可以在加工中心上加工。卧式加工中心可加工的典型工件是齿轮箱体、减速机壳和阀体等箱形零件，利用机床上的回转工作台一次装夹能对四个面进行加工。立式加工中心可加工的典型零件是箱体、法兰和盖板等板类零件的一个面的加工。立式加工中心尽管没有卧式加工中心那么大的适用范围，但对板类或箱体的顶面、底面等单面加工工艺有要求的零件，由于立式机床价格便宜（只有同规格卧式加工中心的一半），工件在机床上安装稳定等特点，同样可以取得很好的效果。

为了充分发挥机床经济效率，建议用户生产管理部门在给这类机床安排加工工件时考虑以下一些原则：

（1）应安排重复投产的加工工件　加工中心加工工时与机动切削加工工时比较，准备工时所占比例较高，如工艺准备和程序编制等的工时，往往是工件单件加工工时的几十倍。但这些工作信息（如专用工具夹具、工艺文件、程序单等）都可以保存起来，反复使用，所以一种工件在加工中心上试加工后，再重复投产时，生产周期可大大缩短，成本减少，能取得更好的效益。

（2）工件的加工批量应大于经济批量　在普通机床上加工中小批量工件时，由于种种原因，纯切削时间只能占实际工时的 10%～20%，但如果采用数控机床，这个比例可能上升到 70%～80%，因此，与普通机床相比，加工中心的单件机动工时要短得多，但准备调整工时又往往要长得多，所以用来加工批量太小的工件是不经济的，而且生产周期也不一定缩短。经济批量建议参考下式估算

$$经济批量=\frac{数控机床准备工时-普通机床准备工时}{K(普通机床单件工时-数控机床单件工时)}$$

数控机床准备工时应包括工艺准备、程序准备、现场调试（机床调整、工作程序试运行和试切削等）工时。这里只有现场调试真正是占用机床时间。对重复性生产的零件，工艺准备和程序准备工时应再除以重复投产次数。

普通机床单件加工工时应包括对应数控加工各加工工序的工时总和再适当考虑工序集中

后工件整个加工周期缩短的影响。例如，原来用普通机床需要五道加工工序，在生产线上需流转达 15 天，而在加工中心上一次就能完成，节省了工件流转时间，而且还可节省一些工艺设备等，具有明显的经济效益。

考虑到加工中心的工时成本要比普通机床高得多，希望一台加工中心能顶几台普通机床使用，所以修正系数 K 至少要取 2 以上。

经济批量与准备工时成正比，而准备工时多少又取决于使用机床的技术水平、管理水平和配置的附件，初学者和熟练者所需准备工时可相差几倍到十倍以上。因此随着使用水平的提高、配置工具和手段的齐全，经济批量的基数是可以越来越小的。对一般复杂程度的工件，有 10 倍左右的批量就可以考虑使用加工中心加工。

(3) 尽量发挥机床的各种工艺特点　尽可能安排一些有加工精度要求的铣、镗、钻、铰和攻螺纹等综合加工的工件在加工中心中加工。

(4) 工件加工内容要合适　孔加工尺寸一般不要大于机床自动换刀装置（ATC）允许的自动更换刀具的最大尺寸。当要求加工大孔径孔时，只能用手动装刀或用立铣刀以圆弧插补铣孔的方法进行，此时孔的加工精度就稍低一些。

(5) 工件的形状、大小要与机床相适应　加工件的形状、大小应与机床工作台和行程大小相适应。在个别情况下，也可考虑用移动工件两次的方法加工，但这样效率就降低了。

(6) 安排加工形状复杂的工件　作为单台机床的加工中心，不可能完成一个工件的全部加工工序，必然有和其他设备的工序转接，有生产节拍要求，所以安排工序时既要考虑发挥加工中心的特长，又要合理。

(7) 能适应各种零件加工　有些工件批量虽然很小，甚至是单件的，但因形状复杂，要求保证质量、互换性等，在一般机床上不易加工的也可以考虑用加工中心加工。

2. 确定工件的加工部位和具体内容

(1) 决定工件在本机床上完成的工序内容与其前后工序的联系　例如，要求确定工件在上此加工中心之前，在其他机床上应加工出的基准面和基准孔等，以及后续加工工序和加工余量等。

(2) 安排能充分发挥机床效率的加工内容　对于使用其他机床比使用本机床更适合、效率更高的加工工序尽量不安排在本机床上加工。例如，一些大的平面采用龙门刨床、铣床和立式车床等加工效率更高，在加工中心上就应避免安排这些工序。

(3) 确定工件加工工序　根据工件加工所需要的刀具数量、工件精度要求、热处理要求等，确定工件的装夹次数及加工工序。

(4) 应注意的一些工艺问题

1) 在加工中心上加工的工件，一次装夹要完成多少加工内容应经过慎重考虑。加工中心的最大工艺特点就是工艺集中，提高了生产率，所以，一般使用者往往希望工件能在一次装夹中全部加工完毕。但实际上对一些比较复杂的工件，由于加工时的热变形、内应力引起的变形、夹紧变形和加工精度等工艺因素及编程操作因素，很难一次全部完成，有时不得不分成两次或多次进行，因此对每一次装夹所完成的加工工序及加工内容要安排适当。

2) 在流水线生产中，根据各工序间平衡的原则考虑加工该工件的节拍，适当安排加工内容。

3) 对一个工件的完整工艺过程不排斥必要的手工调整和检测等工作，但这一类工作内容尽量不安排在加工工序中，否则将大大影响机床效率。

3. 决定工件的装夹方式和设计夹具

根据已确定的工件加工部位、定位夹紧要求，就可以提出夹具设计要求。设计夹具必须考虑夹具与机床工作台面及工件定位面间的定位连接方式。机床工作台面上一般都有基准T形槽，回转工作台中心有定位圆孔，台面侧面有基准挡板等定位元件。夹具在工作台上安装时，需要利用这些定位件，夹紧方式一般都利用T形槽螺钉或工作台面上的紧固螺纹孔，用螺栓或压板压紧。夹具上用于紧固的孔和槽的位置必须与工作台上的T形槽和螺纹孔位置相对应。夹具底面由于直接和机床工作台面接触，必须具有不低于 Ra 为3.2μm的表面粗糙度和0.01～0.02mm的平面度，这样才能保证夹具重复使用时定位精度稳定，并保护精制的机床工作台面。

对批量小又经常变换品种的加工工件，应优先考虑使用组合夹具和成组夹具，以节省夹具费用和准备时间。目前，一般工厂中使用的槽系定位组合夹具，在精度和刚性上稍差一些，应用孔系定位夹具和成组夹具效果较好。

对个别装夹定位精度要求很高，而批量又很小的工件可用检测仪器在机床工作台上找正，然后设定工件坐标系进行加工，这样对每个工件都要有找正的辅助时间，但节省了夹具费用。现在一些机床上配制了接触式测头，找正工件的定位基准（工件坐标系），可用编制测量程序自动完成。

对于一些小型的或窄长形工序不多的工件，可以考虑在工作台上同时装夹几个进行加工，既提高效率，又有利于粗加工和精加工之间的零件冷却和时效。

4. 编制加工工艺文件

工艺文件中最主要的就是工艺卡片，工艺卡片有多种形式，使用者可以根据工厂的生产习惯和需要采用适当的格式。表7-5是一种工艺卡片格式。

表7-5 数控机床用工艺卡片

零件号	THM6350—40341			零件名称	夹块	材料		45
程序编号	O200			机床型号		制表		
工步内容	顺序号(N)	工步号	刀具号(T)	刀具种类	补偿号(D・H)	主轴转速(S)/(r/min)	进给速度(F)/(mm/min)	备注
粗铣 R28mm，R24mm两圆弧	1	1	01	ϕ20mm立铣刀	H01，D20	300	30	
精铣 R28mm，R24mm两圆弧	29	2	02	ϕ20mm立铣刀	H02，D22	300	30	
钻中心孔	42	3	03	中心钻	H03	800	60	
钻孔	49	4	04	ϕ7.5mm钻头	H04	700	60	
扩孔	56	5	05	ϕ7.8mm扩孔钻	H05	500	40	
铰孔	63	6	06	ϕ8mm铰刀	H06	300	40	

工艺卡片是编制程序单、刀具调整单和调整机床的依据，同时也是机床操作者的工作内容表。

加工中心上使用的刀具应包括：通用刃具、通用连接刀柄及少量专用刀具。由于加工对象大多是中小批量生产，所以刀具选择基本以通用刀具为主，在部分要求保证特殊加工质量、加工效率的情况下，也可以采用一些专用刀具、复合多刃刀具和多轴小动力头刀具等。按选用通用刃具的连接柄部要求来选择加工中心用的通用连接刀柄。

针对加工工件，根据工艺卡片和 TSG 工具系统可制订出工具卡片，见表 7-6。

表 7-6 数控机床用工具卡片

机床型号		JCS—018A	零件号 THM6350—40—341			程序编号	O200	制表
刀具号 T	工步号	刀柄型号	刀具型号	刀具		偏置值（DH）		备注
				直径/mm	长度			
T01		BT45—2—45	立铣刀	20		D20 H01		
T02		BT45—2—45	莫氏 2 号	20		D22 H02		
T03		BT45—10—45	中心钻	2.5		H03		
T04		BT45—10—45	钻头	7.5		H04		
T05		BT45—10—45	扩孔钻	7.8		H05		
T06		BT45—10—45	铰刀	8		H06		

根据已确定的刀具卡片、选用的刀具材料和加工工件的材料，参考刀具切削手册选择合适的切削用量。由于工具厂生产的刀具质量差异很大，所以切削用量必须根据实际所用的刀具和现场经验加以修正，但完全按照通用机床的切削用量又偏于保守。因为加工中心的工时费用昂贵，相对于昂贵的工时费用，刀具损耗费用在总费用中所占比重就降低，应该尽量用高的切削用量。切削用量还要根据加工工艺系统的综合刚性加以修正，避免由于刚性不足产生大的切削振动，影响工件加工精度和表面粗糙度。在中小批量工件加工中，采用在一批工件加工中不要刃磨和更换的刀具，以减少调整时间。而对个别切削负荷很大的刀具，如面铣刀、深孔粗镗刀等，为了缩短加工时间，有意采用较高切削用量，这样会降低刀具寿命，但保证了机床的高生产率。

5. 程序编制

目前，国内大部分数控机床用户还是以手工编程为主，所以掌握手工编程也是使用数控机床的基本条件之一。掌握手工编程首先要了解下列四方面内容：

1）掌握程序编制所需的文字、地址、代码等指令的含义。

2）掌握程序编制的规则，即各指令代码的使用方法和组合形式等。

3）了解工件在加工中心上加工内容的全部工艺过程，以及机床的各种操作要求和细节。

4）用已掌握的代码、指令按程序编制规则规定的使用方法，来描述在加工中心上加工工件的完整过程。

6. 输入程序

将已编好的程序输入机床控制系统存储器的方法有多种，传统的是用编程机或数控纸带穿孔机制作成纸带，通过数控装置的光电阅读机送入存储器。有的装置也可以用磁盘或磁带盒；目前使用得较多的是通过计算机接口从上级计算机或编程机输入加工程序。

目前，一些数控系统具有丰富的会话程序编制功能，有的还可以做到机床加工和新的工件会话程序编制同时进行，而且还能绘制图形校验，对一些简单工件采用这种方法是很好的。车床加工的工件一般比较简单，所以在数控车床上已很普遍使用这些功能（如GPS图形过程动态模拟）。但一些复杂工件（如箱体）用会话程序编制只能解决一些程序加工内容，其他许多程序内容要靠人工补充。这时，占用整机进行程序编制及输入是否经济需作综合考虑。

7. 程序试运行

初次编出的工件加工程序难免存在错误，所以在加工以前常要试运行检查。有条件的用户和新型数控系统，可以先在自动编程机上绘图检查运动轨迹，或在有图形显示功能的数控系统上绘图检查。如果没有这些条件，也可以在机床上直接试运行。试运行的工作如下：

1）安装、找正、紧固工夹具。

2）按照程序和工艺文件要求向刀库按座号安装刀具，并检查其正确性。

3）根据刀具预调仪实测数据或现场对刀调整测量，设定刀具补偿值；输入工件坐标系、子程序等有关参数。

4）闭合机床锁住开关，运行程序，这时机床不动作，只有数控系统运行程序，从而检查程序有无错误。

5）数控机床不安装工件，锁住Z坐标轴（关闭主轴进给运动）使机床试运行。这时机床完全按加工程序运行，只是刀具不作轴向移动。通过这一运动可以检查加工位置和运动轨迹是否符合要求，刀具的选择和交换是否正确，刀具运动与夹具等是否会干涉，加工所需各种辅助功能是否符合要求。

采用上述步骤对程序进行试运行，可以有效避免数控机床发生重大损坏性事故。

8. 试切削

操作者通过试运行对加工程序有了初步了解后，就可以在夹具上安装第一个工件进行试切削。试切削的快慢和质量反映了机床操作者的技术水平，初学者和熟练操作者在这方面所花的时间可以相差十倍以上，这项工作最好由程序编制员和操作者共同完成。

当对程序内容了解不深时一般都采用单程序段进行工作，即现场先了解这一程序段内容，然后启动执行一个程序段。运行中适当降低进给倍率，尤其是刀具快速趋近工件的速度。这样虽然慢一点，但能及时发现问题，避免意外事故。

9. 试加工后应注意事项

1）全面检查加工完成试件的各项加工精度，根据结果调整参数、修改有关程序。

2）及时输出经过试切合格的加工程序（纸带或磁盘），以便保存。

3）对制订有关工艺文件和程序单的工作进行总结。要重视程序等软技术资料的积累、总结和提高。

二、数控机床维修的基本概念

1. 可靠性

所谓可靠性是指在规定的条件下（如环境温度、使用条件及使用方法等）数控机床维持无故障工作的能力。常用的衡量可靠性的指标有下述几种：

(1) 平均无故障时间MTBF　平均无故障时间是指一台数控机床在使用中两次故障间隔的平均时间，即数控机床在寿命范围内总工作时间与总故障次数之比，即

$$\text{MTBF}=\frac{\text{总工件时间}}{\text{总故障次数}}$$

(2) 平均修复时间 MTTR 平均修复时间是指数控机床从出现故障开始直至能恢复正常使用期间所用平均修复时间。显然，要求这段时间越短越好。

(3) 有效度 A 有效度是指一台可维修的机床，在某一段时间内，维持其性能的概率。

$$A=\frac{\text{MTBF}}{\text{MTBF}+\text{MTTR}}$$

由此可见，有效度 A 是一个小于 1 的数，但越接近 1 越好。

应当纠正两种看法：一是认为维修即是意味着数控机床需要修理。虽然，修理是维修工作中的一项重要内容，但并不是唯一的内容。从提高数控机床的有效度来看，维修应包含两方面的含义：① 日常的维护（或称预防性维修），这是为了延长 MTBF；② 故障维修，此时要尽量缩短 MTTR。二是一谈到数控机床的可靠性，就认为数控系统的可靠性是主要问题，这是一种旧的观念。由于采用了高速微处理器和大规模或超大规模的集成电路，数控系统的可靠性有了极大的提高，有的数控系统的平均无故障时间可达 20000h。因此，现代数控机床的故障有很多都是由数控系统之外的因素引起的，如操作面板上的零件，换刀机构及机床本身的零、部件的损坏和失灵。所以，在分析判断故障时一定要扩大视野，从多方面考虑。

2. 维修前必备的基本知识

数控机床具有集机、电、液于一身，技术密集和知识密集的特点，所以要求数控机床的维修人员，不但要有机械、加工工艺以及液压、气动方面的知识，也要具备计算机、自动控制、驱动及测量技术等知识，这样才能全面了解、掌握数控机床，及时搞好维修工作。

维修人员在维修前应详细了解数控机床的各种有关说明书，要对数控机床有一个详尽的了解，包括机床结构、特点，机床的梯形图（即 PLC 程序）和数控系统的工作原理及框图，以及它们的电缆连接。

三、预防性维修

1. 人员培训

应为数控机床配置经过专门技术培训的编程、操作和维修人员，他们必须熟悉各自的业务。切忌不熟悉数控机床的人上机操作，应尽量避免操作不当引起的故障。通常，当用户首次使用数控机床或由不熟练工人操作时，在使用的第一年内，有许多故障是由操作不当引起的。

2. 设备的日常保养

每台数控机床在工作一段时间以后有一些零部件会损坏，延长各元器件的寿命和正常机械磨损周期，防止意外恶性事故的发生，争取机床能在较长时间内正常工作，这是对数控机床进行日常保养的宗旨。具体的维护保养要求在机床说明书上都有明确规定。表 7-7 中列举了一台数控机床定期维护的检查顺序。

表 7-7 只列出了一些常规检查内容，对一些机床上频繁运动的零部件，无论是机械部分还是控制驱动部分，都应作为重点检查对象定时检查。例如，加工中心的自动换刀装置，由于动作频繁最易发生故障，所以刀库选刀及定位状况、机械手相对刀库和主轴的定位等也列入了加工中心的日常维护内容。总之，做好日常维护工作，机床的故障率可以大为减少。

表 7-7　定期维护表

序　号	检查周期	检查部位	检查要求
1	每天	导轨润滑油箱	检查游标、油量，及时添加润滑油，润滑泵能定时起动泵油及停止
2	每天	X、Y、Z 轴向导轨面	清除切屑及脏物，将查润滑油是否充分，导轨面有无划伤损坏
3	每天	压缩空气气源压力	检查气动控制系统压力，应在正常范围
4	每天	气源自动分水滤气器、自动空气干燥器	及时清理分水器中滤出的水分，保证自动空气干燥器工作正常
5	每天	气液转换器和增压器油面	发现油液不够时及时补足
6	每天	主轴润滑油恒温油箱	工作正常、油量充足并调节温度范围
7	每天	机床液压系统	油箱、液压泵无异常噪声，压力表指示正常管路及各接头无泄漏，工作油面高度正常
8	每天	液压平衡系统	平衡压力指示正常。快速移动时平衡阀工作正常
9	每天	CNC 的输出/输入单元	如光电阅读机清洁，机械结构润滑良好等
10	每天	各种电气柜散热通风装置	各电气柜冷却风扇工作正常，风道过滤网无堵塞
11	每天	各种防护装置	导轨、机床防护罩等应无松动、漏水
12	每周	清洗各电气柜过滤网	
13	每半年	滚珠丝杠	清洗丝杠上旧的润滑脂，涂上新润滑脂
14	每半年	液压回路	清洗溢流阀、减压阀、过滤器，清洗油箱箱底，更换或过滤液压油
15	每半年	主轴润滑恒温油箱	清洗过滤器，更换润滑油
16	每年	检查并更换直流伺服电动机电刷	检查换向器表面，吹净碳粉，去除毛刺，更换长度较短的电刷，并应磨合后才能使用
17	每年	润滑油泵、过滤器清洗	清理润滑油池底，更换过滤器
18	不定期	检查各轴导轨上镶条、压紧滚轮松紧状态	按机床说明书调整
19	不定期	冷却水箱	检查液面高度，切削液太脏时需要更换并清理水箱底部，经常清洗过滤器
20	不定期	排屑器	经常清理切屑，检查有无卡住等
21	不定期	清理废油池	及时取走废油池中的废油，以免外溢
22	不定期	调整主轴驱动带松紧	按机床说明书调整

此外，在使用数控机床时，还要注意下述几个方面。

（1）应尽量少开数控柜的门　因为机加车间空气中飘浮的灰尘、油雾和金属粉末落在印制电路板或电子组件上，很容易造成元器件间绝缘电阻下降，从而发生故障甚至损坏元器件及印制电路板。有些数控机床的主轴速度控制单元安装在强电柜中，强电柜门关得不严是使电器件损坏、主轴控制失灵的原因之一。

（2）定期更换直流电动机电刷　如果数控机床上用的是直流伺服电动机和直流主轴电动机，应对电刷进行定期检查。检查周期随机床品种和使用频繁程度而异，一般为半年或一年检查一次。如果数控机床闲置不用在半年以上，应将电刷从电动机中取出，以免由于化学腐蚀作用，使换向器表面腐蚀，引起换向性能变坏，甚至损坏整台电动机。

（3）尽量提高数控机床利用率　由于数控机床价格昂贵，结构复杂，数控系统出现故障时用户又难以排除，因此有一些用户从“保护”设备出发，宁可闲置，万不得已时才启用，设备利用率极低。其实，这种“保护”方法是不可取的，对于数控系统更是如此。数控系统是由成千上万个电子元器件组成，而它们的性能和寿命具有很大的离散性。虽经严格筛选，但在使用过程中仍不免会有某些元器件出现故障。因此，可以认为数控系统存在着一种失效率曲线，即故障曲线，如图 7-13 所示。

失效率曲线可以分成三个区域，在第Ⅰ个区域，亦即初期运行区，系统的故障率呈负指数函数曲线，故障率较高；第Ⅱ区域，为数控系统的有效寿命区，失效率较低；第Ⅲ个区域为系统的衰老区，此时的失效率随时间推延而急剧增加，亦即系统已到了寿命的极限。

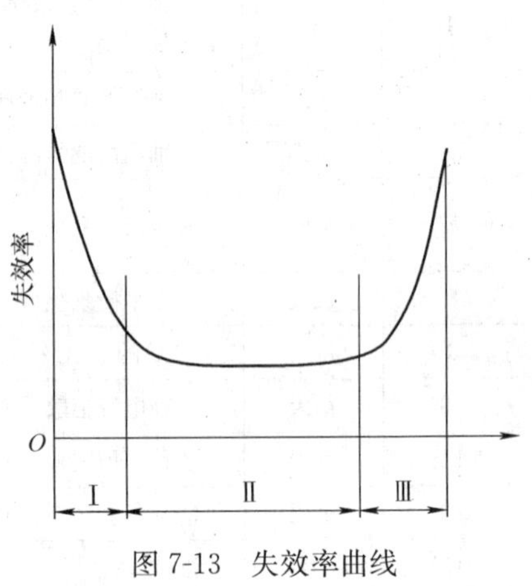

图 7-13　失效率曲线

一般来说，数控系统要经过 9～14 个月的运行才能进入有效寿命区。因此，用户在安装数控机床后，要长期连续运行。要充分利用一年保修的有利条件，让初期运行区在保修期内结束。数控机床闲置不用时，也应经常给数控系统通电，在机床锁住不动的情况下，使系统空运行，这在空气湿度较大的霉雨季节尤为重要。实践证明，经常停置不用的数控机床，过了霉雨季节，一开机，十有八九要发生故障。

四、常见故障分类

数控机床的故障可按故障的性质、产生的原因等作多种分类。

1）以故障出现的必然性和偶然性，可分为系统性故障和随机性故障。系统故障是指只要满足一定的条件，机床或数控系统部分必然出故障。而随机性故障则在同样的条件下只偶然出现一两次。因此随机性故障的分析和排除较为困难。一般来说，随机性故障往往与机械结构的局部松动、错位，数控系统中部分元件工作特性漂移及机床电气元件工作可靠性下降等因素有关，因此，这类故障的排除要经过反复试验，综合判断。

2）以故障出现时有无自诊断显示，分为有诊断显示故障和无诊断显示故障。现今的数控系统都有较丰富的自诊断功能，如目前国内配置较多的 FANUC 和 SIEMENS 的数控系统都具有几百条报警号。有诊断显示的故障一般都与控制部分有关，根据报警内容，较易找到故障原因。无诊断显示的故障，往往机床停在某一位置不能动，甚至手动操作也失灵，维修人员只能根据出现故障前后的现象来分析判断，故障排除的难度较大。还有一种情况，虽有诊断显示，但却是由其他原因引起的。例如，由于刀库运动误差造成换刀位置不到位，机械手卡在取刀中途位置，过一定时间后却显示出机械手换刀位置开关未压合报警。此时，应去调整刀库的定位误差，而不是调整机械手位置开关。这类报警提供了分析造成故障原因的线索。

3）以故障有无破坏性，可分为破坏性故障和非破坏性故障。对破坏性故障，例如伺服系统失控造成飞车等，维修人员在维修时不允许重演故障现象，而只能根据现场人员介绍，经过检查、分析来排除，所以技术难度较高，且有一定风险。

4）以机床的运动品质特性来衡量，是机床运动品质特性下降的故障。在这种情况下，机床仍可照常运行，但加工不出合格的零件。因无任何报警显示，只能用检测仪器来发现。例如，机床定位精度超差、反向死区过大、两坐标直线插补运动中发生振荡等。这类故障必须配合应用检测仪器，采取对机械、CNC和伺服系统等进行调整的措施来解决。

5）以发生故障的部位，可分为硬件故障和软件故障两种。硬件故障是指只有更换已损坏的器件，故障才能排除；另一类是程序编制等错误造成的软件故障，只要相应改变程序内容或修改参数等就能排除故障。

数控机床故障是多种多样的，每一种机床都附有有关说明书及机械修理手册。受篇幅限制，本教材中不再一一罗列说明。

第五节 普通机床数控化改造

顾名思义，普通机床的数控化改造就是在普通机床上增加微机控制装置，使其具有一定的自动化能力，以实现预定的加工工艺目标。

一、改造的一般步骤

普通机床的数控化改造是根据生产的实际需要而提出来的，改造是为了达到使机床具有一定的柔性，提高生产效率和质量，解决复杂零件的加工问题的目的。机床改造的一般步骤如下所述。

1. 明确数控化改造的任务和目标

在确定机床数控化改造的总体方案时，首先要提出明确的技术经济指标。例如，有的是为了解决难加工的曲线、曲面，有的是为了提高劳动生产率，有的是为了提高零件加工的一致性等，一般都应有明确的工艺目的，由此确定改造的对象和技术要求，将具体的技术参数用文件形式固定下来，编写出设计任务书，作为设计的原始依据。

2. 总体方案设计

总体方案设计的内容包括：系统运动方式的确定、伺服系统的选择、执行机构的结构及传动方式的确定、数控系统的选择等。应根据设计任务和要求进行调研，查阅技术资料，提出系统的总体方案，并对方案进行分析比较和论证，最后确定总体方案。确定方案时，应仔细地考虑机床与控制部分相互间的各种要求，作出合理的设计，不仅要考虑各种高效能、自动化要求，也要考虑被改造机床的具体条件，使技术的先进性与经济的合理性较好地统一起来。

3. 设计计算及结构改装

根据改造后机床的加工工艺范围，初步选定切削用量、刀具运动路线等，计算切削力及切削功率，从而计算出进给系统需要的功率和力矩等，以选择数控系统及驱动元件。大多数的微机数控装置配用步进电动机，也有一些性能要求较高的系统采用直流伺服电动机。机床的工作台（或刀架）及其传动机构是机床数控化改造的重点，直接影响伺服系统的品质。可以说机床的数控化改造是从机械部分改造的整体方案入手的，设计时可借鉴数控机床的结构特点及设计要求。随着数控机床的发展，许多数控机床的零配件也已经开始成批生产，形成专门的配套供应，如滚珠丝杠副、车床的自动换刀刀架等目前都有现成产品供应，这给机床改造工作带来很大方便。

为防止出错，机械、液压气动回路、软件、接口电路和强电逻辑回路需交叉设计，还应充分注意信号检测元件的安装、连接设计。

4. 制造、安装、调试

制造、安装、调试是改造的关键之一。一般应预先将数控系统、接口电路等脱机运行，机械及液压气动装置也应单独运行，在确定无误后，才能联机调试。调试时应遵循先手动、后自动，先空运行、后试切的原则。

调试合格后，要按设计要求进行负荷切削试验和各项精度指标的考核，直至加工出合格的产品为止，然后交车间使用，并协助培训操作和维修人员。

设备投产后要及时总结，在可能的条件下，采用更新的技术，进一步完善原设计。

二、普通机床数控化改造实例

1. 卧式车床的数控化改造

我国普通机床的拥有量很大，许多机床效率低，采用数控系统改造普通机床和机械设备，经济效果比较明显。现以 C616 型卧式车床数控化改造为例作一介绍。

（1）总体方案设计

1）设计任务：利用微机对 C616 型卧式车床的纵、横向进给系统进行开环控制，纵向脉冲当量为 0.01mm/脉冲，横向脉冲当量为 0.005mm/脉冲，驱动元件采用步进电动机。改造后的机床能完成一般车削及加工任意锥面、球面、螺纹等加工工序，并能控制主轴起停变速、刀架转位及一些辅助功能，使加工实现自动化。

2）总体方案确定：根据设计任务，系统应采用轮廓控制形式。控制系统硬件由微机部分、键盘及显示器、I/O 接口及光电隔离电路、步进电动机功率放大电路等组成。纵向、横向均采用步进电动机→减速齿轮→滚珠丝杠副→滑板的传动方式。刀架更换为四刀位自动回转刀架。改造后的车床传动系统如图 7-14 所示。

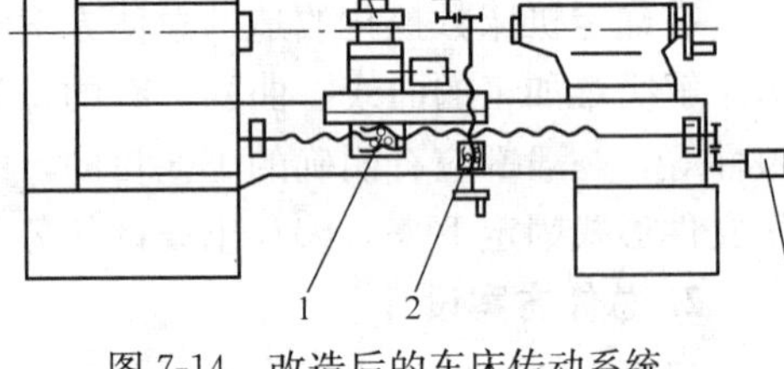

图 7-14 改造后的车床传动系统

1—纵向滚珠丝杠副 2—横向滚珠丝杠副 3、4—步进电动机 5—自动刀架

（2）机械部分改造设计与计算 机械部分设计内容包括：传动元件的设计计算及选用，运动部件的惯性计算，步进电动机的选择等。

1）纵向进给系统的设计计算。

已知条件：

工作台重量： $W=80\ \text{kg}\times10\text{m/s}^2=800\ \text{N}$

加速时间常数 $t=25\ \text{ms}$

滚珠丝杠公称导程 $L_0=6\ \text{mm}$

快速进给速度 $v_{max}=2\ \text{m/min}$

切削力计算：由《机床设计手册》可知，切削功率

$$P_c=P\eta k$$

式中 P——电动机功率，C616 型车床 $P=4\text{kW}$；

η——主传动系统总效率，一般为 0.75～0.85，取 $\eta=0.8$；

k——进给系统功率系数，取 $k=0.96$。

则 $$P_c=4\times0.8\times0.96\text{kW}=3.072\text{ kW}$$

切削功率应按在各种加工情况下经常遇到的最大切削力（或转矩）和最大切削速度（或转速）来计算，即

$$P_c=\frac{F_z v\times10^{-3}}{60}$$

或 $$P_c=\frac{Tn}{9550}$$

式中 F_z——主切削力（N）；

v——切削速度（m/min）；

T——切削转矩（N·m）；

n——主轴转速（r/min）。

设按最大切削速度来计算，取 $v=100\text{m/min}$。

则 $$F_z=60P_c\times10^3/v=\frac{60\times3.072\times10^3}{100}\text{N}=1843.2\text{N}$$

查《机床设计手册》，在一般外圆车削时

$$F_x=(0.1\sim0.55)F_z, F_y=(0.15\sim0.65)F_z$$

取 $$F_x=0.5F_z=0.5\times1843.2\text{N}=921.6\text{N}$$

$$F_y=0.6F_z=0.6\times1843.2\text{N}=1105.92\text{N}$$

2）滚珠丝杠设计计算。滚珠丝杠副已经标准化，因此，滚珠丝杠副的设计归结为滚珠丝杠副型号的选择。

① 计算作用在丝杠上的最大动负荷 F_Q。首先根据切削力和运动部件的重量引起的进给力，计算出丝杠的轴向载荷，再根据要求的寿命值计算出丝杠副应能承受的最大动载荷 F_Q。

$$F_Q=\sqrt[3]{L}f_w f_h F_P$$

式中 F_Q——最大动载荷（N）；

F_P——工作负载（N），指数控机床工作时实际作用在滚珠丝杠上的进给力；

f_w——运转系数，一般运转系数 f_w 取 1.2～1.5，有冲击的运转系数 f_w 取1.5～2.5；

f_h——硬度系数，工件硬度为60HRC时，f_h 为1；<60HRC时，$f_h>1$；

L——寿命（万 r）。

寿命 L 可按下式计算

$$L=\frac{60nT}{10^6}$$

式中 n——滚珠丝杠的转速（r/min）；

T——使用寿命（h），数控机床取15000h。

工作负载的数值可用《机床设计手册》中进给牵引力的实验公式计算，对于三角形或综合导轨

$$F_P=kF_x+f'(F_z+W)$$

式中 F_z、F_x——切削分力；

W——移动部件的重力（800N）；

k——考虑颠覆力矩影响的系数，$k=1.15$；

f'——导轨上的摩擦因数，$f'=0.15\sim0.18$，此处取 $f'=0.16$。

则 $$F_P=[1.15\times921.6+0.16\times(1843.2+800)]\text{N}=1482.752\text{N}$$

当机床以线速度 $v=100$ m/min、进给量 $f=0.3$ mm/r 车削直径为 $D=80$mm 的外圆时，滚珠丝杠的转速为

$$n=\frac{vf\times10^3}{\pi DL_0}=\frac{100\times0.3\times10^3}{3.14\times80\times6}\text{r/min}=19.9\text{r/min}$$

则 $$L=\frac{60nT}{10^6}=\frac{60\times19.9\times15000}{10^6}\text{万 r}=17.91\text{ 万 r}$$

根据工作负载 F_P、寿命 L，计算出滚珠丝杠副承受的最大动负荷，取 $f_w=1.2$，$f_h=1$，则

$$F_Q=\sqrt[3]{L}f_wf_hF_P=\sqrt[3]{17.91}\times1.2\times1\times1482.752\text{N}=4655.3\text{N}$$

由 F_Q 查滚珠丝杠的产品样本或《机床设计手册》，选择丝杠的型号。例如参照某厂滚珠丝杠的产品样本，选择滚珠丝杠的直径为 32mm，型号为 CDM3206—3—P3，其额定动载荷是 20500N，强度足够用。

② 效率计算。根据机械原理课程中的公式，丝杠副的传动效率

$$\eta_0=\frac{\tan\gamma}{\tan(\gamma+\varphi)}$$

式中 γ——螺纹的螺旋升角，该丝杠为 $3°25'$；

φ——摩擦角，φ 约等于 $10'$。

则 $$\eta_0=\frac{\tan3°25'}{\tan(3°25'+10')}=0.953$$

③ 刚度验算。滚珠丝杠工作时受轴向力和扭矩的作用，它将引起导程 L_0 发生变化，因滚珠丝杠受扭时引起的导程变化量很小，可忽略不计，故工作负载引起的导程变化量 ΔL 为

$$\Delta L=\pm\frac{F_PL_0}{ES}$$

式中 E——弹性模量，对钢，$E=20.6\times10^6\text{N/cm}^2$；

S——滚珠丝杠截面积（按丝杠螺纹底径确定，$d_1=2.77$cm）；

$\pm$——“+”用于拉伸时，“−”用于压缩时。

$$S=\frac{\pi}{4}\times2.77^2\text{cm}^2=6.023\text{cm}^2$$

则 $$\Delta L=\pm\frac{1482.752\times0.6}{20.6\times10^6\times6.023}\text{cm}=\pm7.17\times10^{-6}\text{cm}$$

滚珠丝杠 1m 长度上导程变形总误差

$$\Delta L_{总}=\frac{100}{L_0}\Delta L=\frac{100}{0.6}\times7.17\times10^{-6}\text{cm}=11.95\mu\text{m}$$

3 级精度丝杠允许的螺距误差为 15μm/1m，故刚度足够。

3）确定齿轮传动比。根据系统的脉冲当量，选步进电动机的步距角 $\theta=0.75°$，

则传动比 $$i=\frac{0.75\times6}{360\times0.01}=1.25$$

取齿轮齿数 $Z_1=24$，$Z_2=30$，齿轮模数 $m=2$mm。取齿轮传动效率 $\eta_1=0.98$。

4）步进电动机的选择。

① 负载转动惯量估算。折算到步进电动机轴上的转动惯量可按下式估算

$$J_F = J_1 + \frac{J_2 + J_3}{i^2} + \frac{W}{i^2 g}\left(\frac{180\delta}{\pi\theta}\right)^2$$

式中　J_F——折算到电动机轴上的转动惯量（kg · cm²）；

J_1——齿轮 Z_1 的转动惯量（kg · cm²）；

J_2——齿轮 Z_2 的转动惯量（kg · cm²）；

J_3——丝杠的转动惯量（kg · cm²）。

材料为钢的圆柱形零件，其转动惯量可按下式估算

$$J = 7.8 \times 10^{-4} D^4 L$$

式中　D——圆柱零件的直径（cm）；

L——零件轴向长度（cm）。

所以

$$J_1 = 7.8 \times 10^{-4} \times 4.8^4 \times 1\text{kg} \cdot \text{cm}^2 = 0.414\text{kg} \cdot \text{cm}^2$$

$$J_2 = 7.8 \times 10^{-4} \times 6^4 \times 1\text{kg} \cdot \text{cm}^2 = 1.01\text{kg} \cdot \text{cm}^2$$

$$J_3 = 7.8 \times 10^{-4} \times 3.2^4 \times 140\text{kg} \cdot \text{cm}^2 = 11.45\text{kg} \cdot \text{cm}^2$$

$$J_1 = \frac{800}{1.25^2 \times 9.8}\left(\frac{180 \times 0.01}{3.14 \times 0.75}\right)^2 \text{kg} \cdot \text{mm}^2 = 0.299\ \text{kg} \cdot \text{cm}^2$$

总转动惯量　$J_F = \left(0.414 + \dfrac{1.01 + 11.45}{1.25^2} + 0.299\right)\text{kg} \cdot \text{mm}^2 = 8.687\ \text{kg} \cdot \text{cm}^2$

② 负载转矩计算及最大静转矩选择。根据能量守恒原理，电动机等效负载转矩

$$T_F = \frac{F_P L_0 \times 10^{-3}}{2\pi \eta_0 \eta_i i} = \frac{1482.752 \times 6 \times 10^{-3}}{2\pi \times 0.953 \times 0.98 \times 1.25}\text{N} \cdot \text{m} = 1.2\text{N} \cdot \text{m}$$

若不考虑起动时运动部件惯性的影响，则起动转矩

$$T_q = \frac{T_F}{0.3 \sim 0.5}$$

取安全系数为 0.3，则 $T_q = 1.2/0.3\text{N} \cdot \text{m} = 4\text{N} \cdot \text{m}$

对于工作方式为三相六拍的步进电动机

$$T_{jmax} = \frac{T_q}{0.866} = 4.62\text{N} \cdot \text{m}$$

因数控机床对动态性能要求较高，确定电动机最大静转矩时应满足快速空载起动时所需转矩 T 的要求

$$T = T_{amax} + T_f + T_0$$

式中　T_{amax}——空载快速起动时所需的转矩；

T_f——克服摩擦所需的转矩；

T_0——丝杠预紧所引起的折算到电动机轴上的附加转矩。

当工作台快速移动时，电动机的转速

$$n_{max} = \frac{v_{max} i}{L_0} = \frac{2000 \times 1.25}{6}\text{r/min} = 416.7\text{r/min}$$

由动力学知，$T_{amax} = J_F \varepsilon$

式中　ε——角加速度。

$$\varepsilon = \frac{\pi n}{30t}$$

式中，n 的单位为 r/min；t 的单位为 s。

则 $$T_{amax}=J_{F}\varepsilon=8.687\times10^{-4}\times\frac{3.14\times416.7}{30\times0.025}\text{N}\cdot\text{m}=1.516\ \text{N}\cdot\text{m}$$

$$T_{f}=\frac{Wf'L_0\times10^{-3}}{2\pi\eta_0\eta_i i}=\frac{800\times0.16\times6\times10^{-3}}{2\pi\times0.953\times0.98\times1.25}\text{N}\cdot\text{m}=0.105\text{N}\cdot\text{m}$$

$$T_{0}=\frac{F_0L_0\times10^{-3}}{2\pi\eta_0\eta_i i}=\frac{494.25\times6\times10^{-3}}{2\pi\times0.953\times0.98\times1.25}\text{N}\cdot\text{m}=0.406\text{N}\cdot\text{m}$$

式中 F_0——预加载荷，一般为最大轴向载荷的 1/3，即 $F_P/3$。

则 $$T=T_{amax}+T_f+T_0=(1.516+0.105+0.406)\text{N}\cdot\text{m}=2.027\text{N}\cdot\text{m}$$

③ 步进电动机的最高工作频率

$$f_{max}=\frac{1000v_{max}}{60\delta}=\frac{1000\times2}{60\times0.01}\text{Hz}=3333.33\text{Hz}$$

根据计算综合考虑，查表选用 110BF003 型步进电动机。

（3）横向进给系统的设计计算

已知条件：

工作台重量　　$W=30\times10\text{m/s}^2=300\text{N}$

时间常数　　$t=25$ ms

滚珠丝杠公称导程　　$L_0=4\text{mm}$，左旋

快速进给速度　　$v_{max}=1$ m/min

由于横向进给系统的设计计算与纵向类似，故计算过程略。

选择　滚珠丝杠型号　　CDM2004LH—2.5—P3

　　　减速齿轮　　$Z_1=18$，$Z_2=30$

　　　步进电动机型号　　110BF003

（4）车床数控化改造的机械结构特点

1）纵向滚珠丝杠。纵向滚珠丝杠必须采用三点支承形式。步进电动机可布置在丝杠的任一端。由于拆除了进给箱，可在原安装进给箱处布置步进电动机和减速齿轮，也可在滚珠丝杠的左端设计一个专用轴承支承座，而在丝杠托架处布置步进电动机和减速箱。机床数控化改造常采用后一种布置方案。车床纵向传动结构的布置如图 7-15 所示。

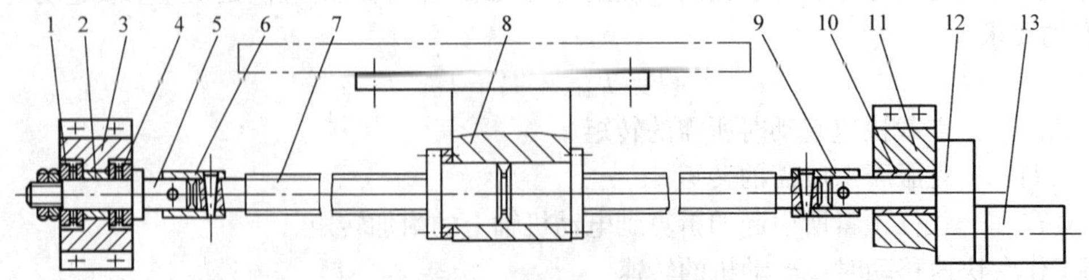

图 7-15　车床纵向传动的支承结构

1、4—推力球轴承　2、10—径向滑动轴承　3—左端轴承座　5—左接杆　6、9—联轴套　7—滚珠丝杠副　8—螺母座　11—丝杠托架　12—消隙变速箱　13—步进电动机

在丝杠的左端设计了一个专用轴承支承座，采用一个轴套式滑动轴承作为径向支承，在滑动轴承的两侧分别布置一对推力球轴承，承受两个方向的轴向力。支承短轴与滚珠丝杠通过联轴套连接起来。滚珠丝杠的右端通过联轴套和变速箱的输出轴连接，在丝杠托架上布置

一个轴套式滑动轴承作为径向支承，变速箱固定在丝杠托架上。滚珠丝杠的中间支承为滚珠螺母，其与床鞍直接连接。

2）横向滚珠丝杠。横向滚珠丝杠也采用三点支承形式。步进电动机一般都安装在床鞍的后部。靠近操作者一端，布置一根支承短轴，通过一个联轴套与滚珠丝杠连接起来。利用车床原横向进给丝杠的滑动轴套作为径向支承，并对原支承处进行适当改装，布置一对推力球轴承，以实现轴向支承。在远离操作者的一端，用一个联轴套和一根连接短轴把滚珠丝杠与变速箱输出轴连接起来。滚珠螺母直接固定在中滑板上。车床横向传动的支承结构如图 7-16所示。

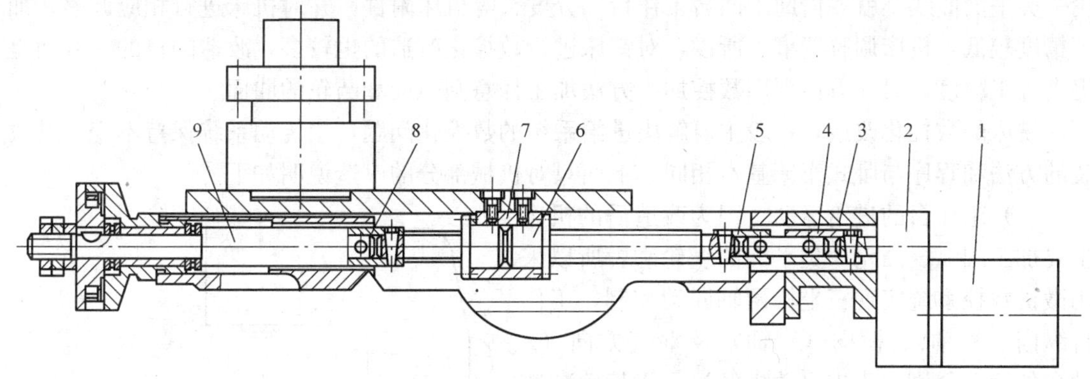

图 7-16　车床横向传动的支承结构

1—步进电动机　2—消隙变速箱　3—支承架　4、5、8—联轴套　6—滚珠丝杠副　7—螺母座　9—支承短轴

3）导轨副。为减少运动部件移动时的摩擦阻力，尤其是减少静摩擦阻力，床鞍和刀架移动部件的导轨可粘贴摩擦因数低的聚四氟乙烯软带。

4）主轴脉冲发生器。改造后的简易数控车床需要自动加工螺纹时，可以在主轴后端同轴安装或者异轴安装一个主轴脉冲发生器，作为主轴位置的信号反馈元件，目的是检测主轴转角的位置，并且将其变化情况输送给数控装置，使其能按照所需加工的螺距进行处理。

5）安装电动卡盘。为了提高经济型数控车床的加工效率，还可考虑采用电动自定心卡盘装置。这种装置也可与数控装置的收发信电路相配合，实现自动夹紧、松开，提高加工过程的自动化程度。

（5）安装调整中应注意的问题

1）利用螺母的间隙调整装置调整丝杠副间隙时，应使调整后产生的预紧力为丝杠副最大负载的 1/3 为宜。在实际调整中，可以把车床处于最大工作负载，使丝杠内部仍不产生间隙，或者间隙量小于 0.01mm，而且运转灵活，并以此作为螺母间隙调整装置预紧量的判断标准。

2）传动丝杠轴线上各联轴套上的锥销孔应按十字分布方式进行配作。这是因为同一联轴套上分布的锥销孔都由同一方向加工时，往往会引起轴线的直线度误差增大，从而使安装在传动丝杠上各零件间的同轴度误差增大，产生传动附加载荷，影响丝杠副的传动性能。

3）消除齿轮间隙的方法很多，调整中心距的方法是最简便的一种。安装时将大齿轮所在支承架转动中心与丝杠对中，首先固定，然后把电动机小齿轮按无间隙啮合调整好中心距，再固定。

4）滚珠丝杠副的制造精度要求较高，加工工艺比较复杂，都是由专业工厂按系列化进行生产。因此，在进行设备改造时，要按厂家生产标准进行选择。选择合适以后，再决定被改造设备的其他相关部分的结构和尺寸。

5）主轴脉冲发生器的引出轴与车床主轴按 1∶1 无间隙柔性连接传动，连接后应保证两者有很好的同步性。安装中要注意主轴脉冲发生器是玻璃器件，不能随意敲打碰撞。使用中车床主轴转速不能超过主轴脉冲发生器的最高许用转速。

2. 铣床的数控化改造

铣床的应用十分广泛，主要用于加工平面或成形表面。若要在立式铣床上加工圆弧、凸轮一类平面曲线，就要借助于回转工作台、分度头等机床附件，并对机床进行相应调整，加工精度较低，机床调整费事。所以，对铣床进行数控化改造的也较多，改造的目的一方面是提高加工精度，另一方面利用数控加工方法加工任意圆弧面和凸轮的曲面。

铣床的数控化改造，一般主要解决进给系统的数控化问题，主传动系统保持不变。其改装的方法和程序与卧式车床基本相同。下面只对机械部分的改造说明如下。

（1）工作台的进给运动　因为改造后的机床主要加工圆弧、凸轮一类平面曲线轮廓，所以采用微机数控系统实现三坐标两轴联动控制，工作台纵向（X 轴）、横向（Y 轴）及垂直方向（Z 轴）的运动分别由步进电动机经过一级齿轮减速后由滚珠丝杠副拖动。

由于铣削时作用在电动机轴上的负载转矩较大，所以要选择大功率的步进电动机，而大功率步进电动机的驱动较困难。步进电动机没有过载能力，在高速运动时转矩下降很多，容易丢步。要使改造后的铣床进给伺服性能较好，在改造中也常采用直流伺服电动机驱动。铣床改造方案如图 7-17 所示。

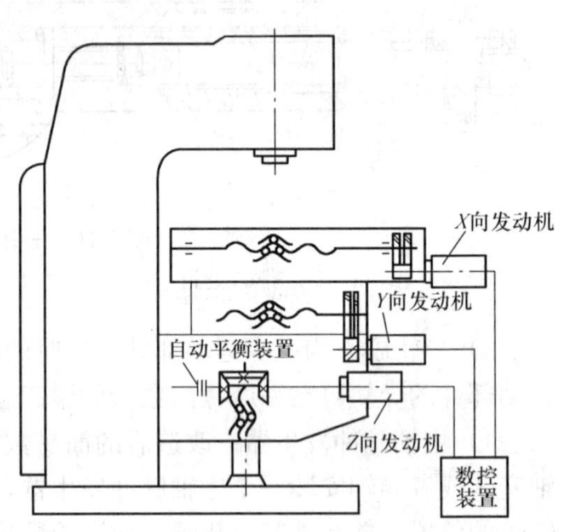

图 7-17　铣床改造方案

（2）结构设计

1）应尽量消除齿轮副和丝杠副的间隙，齿轮采用双片薄齿轮错齿法消除间隙。除采用间隙消除装置消除间隙外，也可以用软件补偿进给量的方法（即编程序固化在计算机中来补偿）消除间隙，以提高工件的加工精度。

2）若采用直流伺服电动机作驱动元件，伺服电动机的轴端为光轴，齿轮与电动机轴、电动机轴与传动轴采用锥环无键连接较方便。图 7-18 所示为采用无键连接消隙联轴器的结构。

图 7-18 中 2、3 为锥面相互配合的锥环，当拧紧螺钉 6 经压盖 4 施加轴向力时，由于锥环之间的楔紧作用，内外环分别产生径向弹性变形，靠摩擦力使轴与套筒连接在一起，消除了配合间隙。根据所传递转矩的大小，选取锥环的对数。这种连接方式的特点是不需要开键槽，而且两连接件之间的相对角度可任意调节，配合无间隙，因而对中性好。

为了能补偿因同轴度及垂直度误差引起的“别劲”现象，可采用挠性联轴器，如图 7-19 所示。柔性片 4 通过螺钉和球面垫圈 3 与两边的联轴套 2 相连，通过柔性片传递转矩。柔性片每片厚 0.25mm，材料为不锈钢，可根据传递转矩大小选取片数，两端的位置偏差由柔性片的变形抵消。

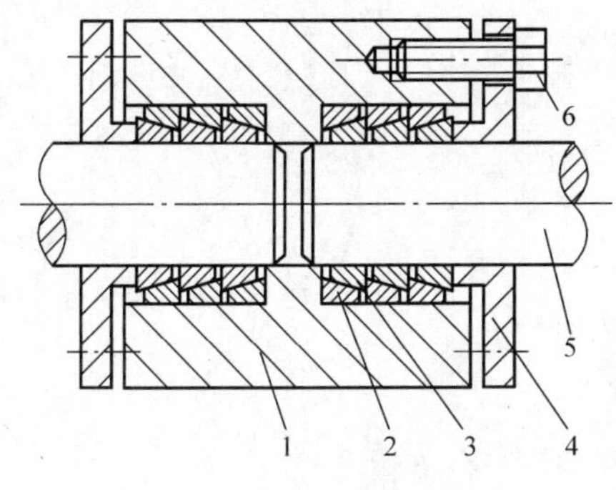

图 7-18 消隙联轴器

1—套筒 2、3—锥环 4—压盖 5—轴 6—螺钉

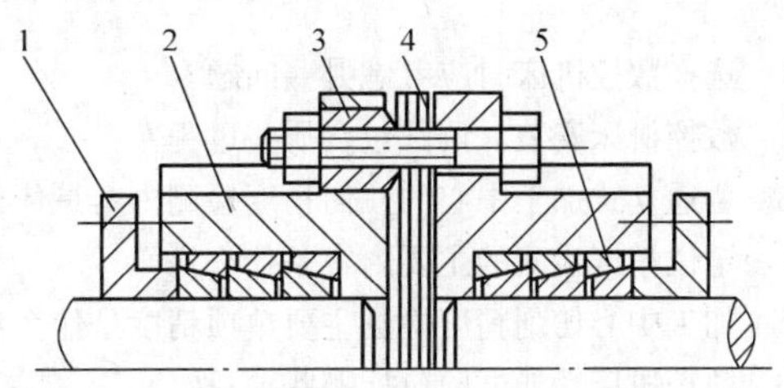

图 7-19 挠性联轴器

1—压盖 2—联轴套 3—球面垫圈 4—柔性片 5—锥环

3）升降台式铣床工作台重，而且铣削力也较大，垂直丝杠要配备功率较大的驱动电动机，且比较难选，因此可在工作台上加配重或平衡液压缸来平衡（见图 7-20）。

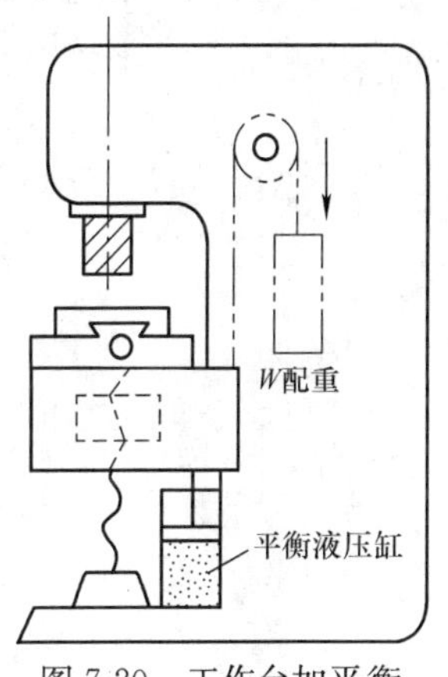

图 7-20 工作台加平衡液压缸或配重

此外，滚珠丝杠没有自锁能力，垂直坐标不能锁住，工作台会自动下降，通常采用超越离合器和摩擦离合器产生制动达到自锁目的。图 7-21 所示为采用超越离合器的自动平衡装置。

工作台的升降由驱动电动机通过联轴器带动锥齿轮 2 、3 使升降丝杠转动，工作台上升或下降。锥齿轮 3 同时带动锥齿轮 4，这一部分是自动平衡机构，其工作原理是：锥齿轮 4 转动时通过锥销带动单向超越离合器的星轮 5 ，当工作台上升时，星轮的转向是使滚子 6 与外壳 7 脱开方向，外壳不转，摩擦片不起作用。当工作台下降时，星轮的转向使滚子 6 楔紧在星轮与外壳 7 之间，使外壳 7 随着锥齿轮 4 转动，通过花键与外壳连在一起的内摩擦片与固定的外摩擦片之间产生相对运动，因为内、外摩擦片之间由弹簧压紧，有一定的摩擦阻力，从而起到阻尼作用，使上升与

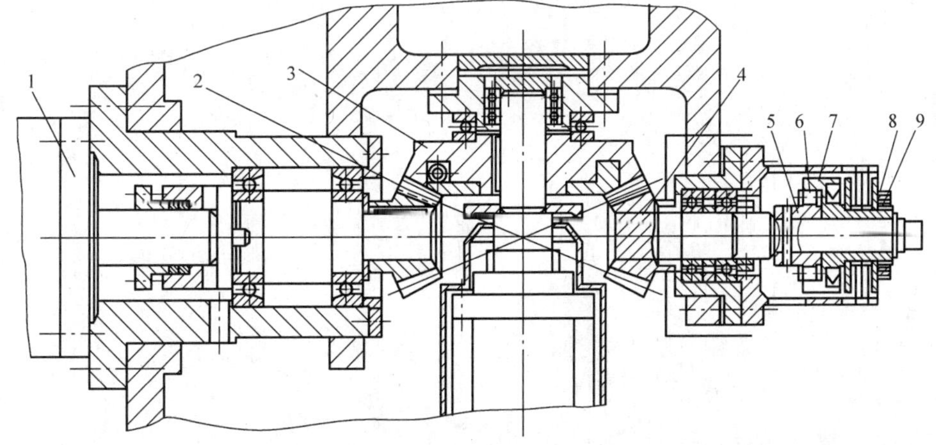

图 7-21 采用超越离合器的自动平衡装置

1—驱动电动机 2、3、4—锥齿轮 5—星轮 6—滚子 7—外壳 8—螺母 9—锁紧螺钉

下降的力量得以平衡。

习题与思考题

7-1 选择数控机床时应考虑哪些问题?

7-2 数控机床安装、调试包含哪些过程?

7-3 普通立式加工中心的几何精度检测内容是什么?

7-4 定位精度检测的主要内容是什么?

7-5 加工中心切削精度检测主要单项精度是什么?

7-6 数控机床性能试验包括哪些项目?

7-7 简述数控机床的使用要点。

7-8 常用的衡量数控机床可靠性的指标有几种?

7-9 预防性维修包括哪些方面内容?

附　　录

附录 A　EIA RS—244A 代码

			b8	0	0	0	0	1
			b7	0	0	1	1	0
			b6	0	1	0	1	0
b4	b3	b2	b1					
0	0	0	0	SP	0	—	+	CR or EOB
0	0	0	1	1	/	j	a	
0	0	1	0	2	s	k	b	
0	0	1	1	3	t	l	c	
0	1	0	0	4	u	m	d	
0	1	0	1	5	v	n	e	
0	1	1	0	6	w	o	f	
0	1	1	1	7	x	p	g	
1	0	0	0	8	y	q	h	
1	0	0	1	9	z	r	i	
1	0	1	0		BS		LC	
1	0	1	1	EOR	,	%	•	
1	1	0	0				UC	
1	1	0	1					
1	1	1	0	&	TAB			
1	1	1	1					

附录 B　ISO—840 代码

			b7	0	0	0	0	1	1	1	1
			b6	0	0	1	1	0	0	1	1
			b5	0	1	0	1	0	1	0	1
b4	b3	b2	b1								
0	0	0	0	NUL		SP	0		P		
0	0	0	1				1	A	Q		
0	0	1	0				2	B	R		
0	0	1	1				3	C	S		
0	1	0	0				4	D	T		
0	1	0	1			%	5	E	U		
0	1	1	0				6	F	V		
0	1	1	1				7	G	W		
1	0	0	0	BS		(	B	H	X		
1	0	0	1	HT	EM	)	9	I	Y		
1	0	1	0	LForNL		*	:	J	Z		
1	0	1	1			+		K			
1	1	0	0			,		L			
1	1	0	1	CR		—	=	M			
1	1	1	0			•		N			
1	1	1	1			/		O			DEL

附录C 数控机床用EIA编码表

代码孔									代码符号	定义
8	7	6	5	4		3	2	1		
		○			∘				0	数字0
					∘			○	1	数字1
					∘		○		2	数字2
			○		∘		○	○	3	数字3
					∘	○			4	数字4
			○		∘	○		○	5	数字5
			○		∘	○	○		6	数字6
					∘	○	○	○	7	数字7
				○	∘				8	数字8
			○	○	∘			○	9	数字9
	○	○			∘			○	A	绕着X轴的转角
	○	○			∘		○		B	绕着Y轴的转角
	○	○	○		∘		○	○	C	绕着Z轴的转角
	○	○			∘	○			D	第三进给速度机能
	○	○	○		∘	○		○	E	第二进给速度机能
	○	○	○		∘	○	○		F	进给速度机能
	○	○			∘	○	○	○	G	准备机能
	○	○		○	∘				H	输入（或引入）
	○	○	○	○	∘			○	I	不用
	○		○		∘			○	J	没有被指定
	○		○		∘		○		K	没有被指定
	○				∘		○	○	L	不用
	○		○		∘	○			M	辅助机能
	○				∘	○		○	N	序号
	○				∘	○	○		O	不用
	○		○		∘	○	○	○	P	平行于X轴的第三坐标
	○		○	○	∘				Q	平行于Y轴的第三坐标
	○			○	∘			○	R	平行于Z轴的第三坐标
		○	○		∘		○		S	主轴速度机能
		○			∘		○	○	T	刀具机能
		○	○		∘	○			U	平行于X轴的第二坐标
		○			∘	○		○	V	平行于Y轴的第二坐标
		○			∘	○	○		W	平行于Z轴的第二坐标
		○	○		∘	○	○	○	X	X轴方向的主运动坐标
		○	○	○	∘				Y	Y轴方向的主运动坐标
		○		○	∘			○	Z	Z轴方向的主运动坐标
	○	○		○	∘		○	○	·	小数点（句号）
	○	○	○		∘				+	加
	○				∘				—	减
	○			○	∘	○			*	乘
		○	○		∘			○	/	省略/除
		○	○	○	∘		○	○	,	逗号
			○		∘	○	○		=	等号
		○		○	∘	○			(	括号开
	○	○	○	○	∘	○			)	括号闭
	○		○	○	∘		○	○	$	存元符号
		○	○		∘			○	:	选择（或计划）倒带停止
				○	∘		○	○	STOP（EOR）	纸带倒带停止
		○	○	○	∘	○	○		TAB	制表（或分隔符号）
○					∘				CR	程序段结束
	○	○	○	○	∘	○	○	○	DELETE	注销
			○		∘				SPACE	空格

附录 D 数控机床用 ISO 编码表

代码孔 8	7	6	5	4		3	2	1	代码符号	定义
		○	○		o				0	数字 0
○		○	○		o			○	1	数字 1
○		○	○		o		○		2	数字 2
			○		o		○	○	3	数字 3
○		○	○		o	○			4	数字 4
		○	○		o	○		○	5	数字 5
		○	○		o	○	○		6	数字 6
○		○	○		o	○	○	○	7	数字 7
○		○	○	○	o				8	数字 8
		○	○	○	o			○	9	数字 9
	○				o			○	A	绕着 X 坐标的角度
	○				o		○		B	绕着 Y 坐标的角度
○	○				o		○	○	C	绕着 Z 坐标的角度
	○				o	○			D	特殊坐标的角度尺寸或第三进给速度功能
○	○				o	○		○	E	特殊坐标的角度尺寸或第二进给速度功能
○	○				o	○	○		F	进给速度功能
	○				o	○	○	○	G	准备功能
	○			○	o				H	永不指定（可作特殊用途）
○	○			○	o			○	I	沿 X 坐标圆弧起点对圆心值
○	○			○	o		○		J	沿 Y 坐标圆弧起点对圆心值
	○			○	o		○	○	K	沿 Z 坐标圆弧起点对圆心值
○	○			○	o	○			L	永不指定
	○			○	o	○		○	M	辅助功能
	○			○	o	○	○		N	序号
○	○			○	o	○	○	○	O	不用
	○		○		o				P	平行于 X 坐标的第三坐标
○	○		○		o			○	Q	平行于 Y 坐标的第三坐标
○	○		○		o		○		R	平行于 Z 坐标的第三坐标
	○		○		o		○	○	S	主轴速度功能
○	○		○		o	○			T	刀具功能
	○		○		o	○		○	U	平行于 X 坐标的第二坐标
	○		○		o	○	○		V	平行于 Y 坐标的第二坐标
○	○		○		o	○	○	○	W	平行于 Z 坐标的第二坐标
○	○		○	○	o				X	X 坐标方向的主运动
	○		○	○	o			○	Y	Y 坐标方向的主运动
	○		○	○	o		○		Z	Z 坐标方向的主运动
		○		○	o	○	○		.	小数点
		○		○	o		○	○	+	加/正
		○		○	o	○		○	−	减/负
○		○		○	o		○		*	星号/乘号
○		○		○	o	○	○	○	/	跳过任选程序段（省略/除）
○		○		○	o	○			,	逗号
○		○	○	○	o	○		○	=	等号
		○		○	o				(	左圆括号/控制暂停
○		○		○	o			○	)	右圆括号/控制恢复
		○			o	○			$	单元符号
		○	○	○	o		○		:	对准功能/选择（或计划）倒带停止
				○	o		○		NLorLF	程序段结束，新行或换行
○		○			o	○		○	%	程序开始
				○	o			○	HT	制表（或分隔符号）
○				○	o	○		○	CR	滑座返回（仅对打印机适用）
○	○	○	○	○	o	○	○	○	DEL	注销
○		○			o				SP	空格
○				○	o				BS	反绕（退格）
					o				NUL	空白纸带
○			○	○	o			○	EM	载体终了

附录E G代码一览表

代码	分组	功能	代码	分组	功能
G00	01	快速点定位	G57	14	预置工件坐标系 4
* G01		直线插补	G58		预置工件坐标系 5
G02		顺时针圆弧插补	G59		预置工件坐标系 6
G03		逆时针圆弧插补	G65	00	宏程序调用
G04	00	暂停，准停	G66	12	宏程序模态调用
G09		准确停止	* G67		宏程序模态调用取消
G10		编程数据输入	G68	16	坐标系旋转有效
G11		编程数据输入取消	* G69		坐标系旋转取消
* G15	17	极坐标指令取消	G70	00	精车加工循环
G16		极坐标指令	G71		外圆粗车循环
* G17	02	选择 *XY* 平面	G72		端面粗车循环
G18		选择 *ZX* 平面	G73	09	高速渐进钻削，轮廓粗车循环
G19		选择 *YZ* 平面	G74	09	左旋攻螺纹循环
G20	06	英制输入	G75	00	切槽循环
G21		米制输入	G76	09	精镗循环，螺纹切削循环
G27	00	返回参考点检测	G77	00	圆柱车削固定循环
G28		返回参考点	G79	00	端面车削固定循环
G29		从参考点返回	* G80	09	固定循环取消
G30		返回 2、3、4 参考点	G81		钻、锪孔循环
G31		跳转功能	G82		钻、镗孔循环
G33	01	螺纹切削	G83		渐进钻削循环
G39	00	棱角过渡	G84		攻螺纹循环
* G40	07	刀具半径补偿取消	G85		镗孔循环
G41		刀具半径左补偿	G86		镗孔循环
G42		刀具半径右补偿	G87		反镗循环
G43	08	刀具长度正向补偿	G88		镗孔循环
G44		刀具长度负向补偿	G89		镗孔循环
G45	00	刀具增加一个偏置值	* G90	03	绝对值编程
G46		刀具减少一个偏置值	G91		增量值编程
G47		刀具增加两个偏置值	G92	00	坐标系设定，主轴转速限制
G48		刀具减少两个偏置值	* G94	05	每分进给
* G49	08	刀具长度补偿取消	G95		每转进给
G50	00	工件坐标系设定（车床）	G96	13	恒线速控制
* G54	14	预置工件坐标系 1	* G97		恒线速控制取消
G55		预置工件坐标系 2	* G98	10	固定循环返回初始点
G56		预置工件坐标系 3	G99		固定循环返回 *R* 点

参 考 文 献

[1] 毕承恩．现代数控机床 [M]. 北京：机械工业出版社，1992.
[2] 张新义．经济型数控机床系统设计 [M]. 北京：机械工业出版社，1994.
[3] 叶伯生等．计算机数控系统原理、编程与操作 [M]. 武汉：华中理工大学出版社，1999.
[4] 吴祖育，秦鹏飞．数控机床 [M]. 上海：上海科学技术出版社．2000.
[5] 林其骏．数控技术及应用 [M]. 北京：机械工业出版社，2001.
[6] 张海根．机电传动控制 [M]. 北京：高等教育出版社，2001.
[7] 王润孝．先进制造技术 [M]. 西安：西北工业大学出版社，2004.
[8] 李诚人．数控化改造 [M]. 北京：清华大学出版社，2006.
[9] 周宏甫，机电传动控制 [M]. 北京：化学工业出版社，2006.